前 言

高等数学是大学工科及经济管理类专业最重要的数学基础课程,为很多工科和经济管理类专业的后续数学课程或与数学相关的课程(如:概率论与数理统计、复变函数、信号与系统、差分方程等)提供了重要的数学理论基础,同时,高等数学也是占全国硕士研究生招生考试数学试卷分值最高的课程(数学一、数学三分值占比大约60%,数学二分值占比大约80%),所以学好高等数学至关重要。

本书是作者根据近三十年大学数学的教学及从事全国硕士研究生招生考试数学课程指导的经验,编写的与同济大学数学科学学院主编的《高等数学》(第八版)配套的适合大学一年级学生及全国硕士研究生招生考试复习基础阶段使用的《高等数学考试辅导及习题精解》,该套丛书分为上册和下册。

本书每章由如下四部分构成:

一、期末高分必备知识:梳理该节的基本概念、基本性质、基本原理及公式,从而建立该节的理论体系。

二、60分必会题型:在建立该节理论体系的同时,为了能够更好地掌握该节的原理、性质、公式以及理论的应用,总结出60分必会题型及解决这些基本题型所使用的方法。

三、同济八版教材习题解答:给出同济《高等数学》第八版相应部分的习题及详细解答,并且根据作者多年教学经验的总结,对很多习题给出新颖的解题方法。

四、本章同步测试:高等数学每章都有完整的知识理论体系,为了能够全面掌握该章理论,根据该章的特点,在每章的最后给出本章同步测试试卷,以达到全面考查该章的基础知识、重要理论及方法的目的。

为使大家更扎实有效地学习高等数学,根据教学进度,每学期作者会定期安排重点章节及期末考试前的直播。

欢迎各位同学在学习之余能关注作者新浪微博、微信公众号、B 站等平台。

汤家凤

抖音：汤家凤　　小红书：数学汤家凤
B 站：数学汤家凤　视频号：数学汤家凤

高等数学
考试辅导及习题精解
（上册）

汤家凤 编著

图书在版编目(CIP)数据

高等数学考试辅导及习题精解. 上册 / 汤家凤编著. -- 北京：高等教育出版社，2023.11

ISBN 978-7-04-061311-7

Ⅰ. ①高… Ⅱ. ①汤… Ⅲ. ①高等数学-高等学校-教学参考资料 Ⅳ. ①O13

中国国家版本馆 CIP 数据核字（2023）第 200344 号

高等数学考试辅导及习题精解（上册）
GAODENG SHUXUE KAOSHI FUDAO JI XITI JINGJIE(SHANGCE)

策划编辑	王　蓉	责任编辑	雷旭波	封面设计	王　洋	版式设计	李彩丽
责任校对	窦丽娜	责任印制	刘思涵				

出版发行	高等教育出版社	网　　址	http://www.hep.edu.cn
社　　址	北京市西城区德外大街 4 号		http://www.hep.com.cn
邮政编码	100120	网上订购	http://www.hepmall.com.cn
印　　刷	三河市骏杰印刷有限公司		http://www.hepmall.com
开　　本	787mm×1092mm　1/16		http://www.hepmall.cn
印　　张	21		
字　　数	600 千字	版　　次	2023 年 11 月第 1 版
购书热线	010-58581118	印　　次	2023 年 11 月第 1 次印刷
咨询电话	400-810-0598	定　　价	88.00 元

本书如有缺页、倒页、脱页等质量问题，请到所购图书销售部门联系调换
版权所有　侵权必究
物　料　号　61311-00

目录

第一章 函数与极限 　　001

- 第一节　映射与函数　　001
- 第二节　数列的极限　　011
- 第三节　函数的极限　　014
- 第四节　无穷小与无穷大　　020
- 第五节　极限运算法则　　024
- 第六节　极限存在准则　两个重要极限　　028
- 第七节　无穷小的比较　　032
- 第八节　函数的连续性与间断点　　035
- 第九节　连续函数的运算与初等函数的连续性　　040
- 第十节　闭区间上连续函数的性质　　043
- 总习题一及答案解析　　046
- 本章同步测试　　051
- 本章同步测试答案及解析　　053

第二章 导数与微分 　　055

- 第一节　导数概念　　055
- 第二节　函数的求导法则　　062
- 第三节　高阶导数　　069
- 第四节　隐函数及由参数方程所确定的函数的导数　相关变化率　　074
- 第五节　函数的微分　　080
- 总习题二及答案解析　　087
- 本章同步测试　　092
- 本章同步测试答案及解析　　093

第三章 微分中值定理与导数的应用 　　096

- 第一节　微分中值定理　　096
- 第二节　洛必达法则　　106
- 第三节　泰勒公式　　111
- 第四节　函数的单调性与曲线的凹凸性　　118
- 第五节　函数的极值与最大值最小值　　129
- 第六节　函数图形的描绘　　136
- 第七节　曲率　　140
- 第八节　方程的近似解　　144
- 总习题三及答案解析　　145
- 本章同步测试　　151
- 本章同步测试答案及解析　　152

· 1 ·

第四章　不定积分　155

- 第一节　不定积分的概念与性质 …………………………… 155
- 第二节　换元积分法 ………………………………………… 161
- 第三节　分部积分法 ………………………………………… 170
- 第四节　有理函数的积分 …………………………………… 175
- 第五节　积分表的使用 ……………………………………… 183
- 总习题四及答案解析 ………………………………………… 186
- 本章同步测试 ………………………………………………… 194
- 本章同步测试答案及解析 …………………………………… 195

第五章　定积分　197

- 第一节　定积分的概念与性质 ……………………………… 197
- 第二节　微积分基本公式 …………………………………… 204
- 第三节　定积分的换元法和分部积分法 …………………… 211
- 第四节　反常积分 …………………………………………… 222
- *第五节　反常积分的审敛法　Γ函数 ……………………… 226
- 总习题五及答案解析 ………………………………………… 231
- 本章同步测试 ………………………………………………… 240
- 本章同步测试答案及解析 …………………………………… 241

第六章　定积分的应用　243

- 第一节　定积分的元素法 …………………………………… 243
- 第二节　定积分在几何学上的应用 ………………………… 243
- 第三节　定积分在物理学上的应用 ………………………… 257
- 总习题六及答案解析 ………………………………………… 262
- 本章同步测试 ………………………………………………… 267
- 本章同步测试答案及解析 …………………………………… 268

第七章　微分方程　270

- 第一节　微分方程的基本概念 ……………………………… 270
- 第二节　可分离变量的微分方程 …………………………… 272
- 第三节　齐次方程 …………………………………………… 278
- 第四节　一阶线性微分方程 ………………………………… 284
- 第五节　可降阶的高阶微分方程 …………………………… 291
- 第六节　高阶线性微分方程 ………………………………… 297
- 第七节　常系数齐次线性微分方程 ………………………… 301
- 第八节　常系数非齐次线性微分方程 ……………………… 305
- *第九节　欧拉方程 …………………………………………… 312
- *第十节　常系数线性微分方程组解法举例 ………………… 315
- 总习题七及答案解析 ………………………………………… 319
- 本章同步测试 ………………………………………………… 327
- 本章同步测试答案及解析 …………………………………… 328

第一章 函数与极限

第一节 映射与函数

> **期末高分必备知识**

1.函数

设 $D \subset \mathbf{R}$,若对任意的 $x \in D$,按照某种对应关系总有唯一确定的 y 与 x 对应,称 y 为 x 的函数,记为 $y = f(x)$,其中 D 为函数的定义域,$R_f = \{y \mid y = f(x), x \in D\}$ 为函数的值域.

> **抢分攻略**
>
> 常见的特殊函数有:
>
> (1) 狄利克雷函数 $y = D(x) = \begin{cases} 1, x \in \mathbf{Q}, \\ 0, x \in \mathbf{R} \backslash \mathbf{Q}. \end{cases}$
>
> (2) 符号函数 $y = \operatorname{sgn} x = \begin{cases} 1, & x > 0, \\ 0, & x = 0, \\ -1, & x < 0. \end{cases}$
>
> (3) 取整函数 $y = [x] = \begin{cases} m, & x = m, \\ m-1, & m-1 \leqslant x < m \end{cases} (m \in \mathbf{Z}).$
>
> $[x]$ 的值等于不大于 x 的最大整数值,如:$[\sqrt{2}] = 1, [-0.6] = -1, [6] = 6$ 等.
>
> 取整函数的常见性质有:$[x] \leqslant x$;$[x + k] = [x] + k$(其中 k 为整数).

2.复合函数

设函数 $y = f(u)(u \in D_1)$,函数 $u = \varphi(x)(x \in D_2)$,且其值域 $R_u \subset D_1$,则函数 $y = f[\varphi(x)](x \in D_2)$ 称为由函数 $y = f(u)$ 与 $u = \varphi(x)$ 构成的复合函数.

3.反函数

设 $y = f(x)(x \in D)$ 为一一对应的函数,值域为 $R = \{y \mid y = f(x), x \in D\}$,对任意 $y \in R$,按照对应关系有唯一确定的 x 与 y 对应,从而确定 x 为 y 的函数,记为 $x = f^{-1}(y)(y \in R)$,称 $x = f^{-1}(y)$ 为函数 $y = f(x)$ 的反函数.

4.函数的性质

(1) 单调性

设 $y = f(x)(x \in D)$,若对任意的 $x_1, x_2 \in D$ 且 $x_1 < x_2$,有 $f(x_1) \leqslant f(x_2)$,称 $y = f(x)$ 在 D 上单调递增(如图 1-1,若 $f(x_1) < f(x_2)$,称 $y = f(x)$ 在 D 上严格单调递增);若对任意的 $x_1, x_2 \in D$ 且 $x_1 < x_2$,有 $f(x_1) \geqslant f(x_2)$,称 $y = f(x)$ 在 D 上单调递减(如图 1-2,若 $f(x_1) > f(x_2)$,称 $y = f(x)$ 在 D 上严格单调递减).

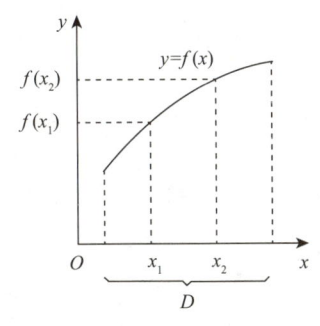

图 1-1　表示单调递增

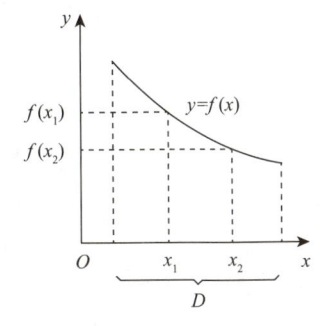

图 1-2　表示单调递减

(2) 有界性

设 $y=f(x)(x\in D)$，若存在 $M>0$，对一切的 $x\in D$，有 $|f(x)|\leqslant M$，称 $f(x)$ 在 D 上有界。若存在 M_1，对一切的 $x\in D$，有 $f(x)\geqslant M_1$，称 $f(x)$ 在 D 上有下界；若存在 M_2，对一切的 $x\in D$，有 $f(x)\leqslant M_2$，称 $f(x)$ 在 D 上有上界。

注意：$f(x)$ 在 D 上有界的充分必要条件是 $f(x)$ 在 D 上既有上界又有下界。

(3) 奇偶性

设函数 $y=f(x)(x\in D)$，其中 D 关于原点对称，

若对任意的 $x\in D$，有 $f(-x)=f(x)$，称 $f(x)$ 在 D 上为偶函数；

若对任意的 $x\in D$，有 $f(-x)=-f(x)$，称 $f(x)$ 在 D 上为奇函数。

注意：偶函数的图形关于 y 轴对称；奇函数的图形关于坐标原点对称。

(4) 周期性

设 $y=f(x)(x\in D)$，若存在常数 $T>0$，对任意的 $x\in D$，有 $(x\pm T)\in D$，且 $f(x+T)=f(x)$，称 $f(x)$ 为周期函数，其中 T 称为 $f(x)$ 的周期。

5. 基本初等函数

(1) 幂函数

$y=x^a$（a 为常数）称为幂函数。

(2) 指数函数

$y=a^x$（a 为常数且 $a>0$，$a\neq 1$）称为指数函数。

(3) 对数函数

$y=\log_a x$（a 为常数且 $a>0$，$a\neq 1$）称为对数函数。

(4) 三角函数

$y=\sin x$，$y=\cos x$，$y=\tan x$，$y=\cot x$，$y=\sec x$，$y=\csc x$ 统称为三角函数。

(5) 反三角函数

$y=\arcsin x(-1\leqslant x\leqslant 1)$，$y=\arccos x(-1\leqslant x\leqslant 1)$，$y=\arctan x(-\infty<x<+\infty)$，$y=\operatorname{arccot} x(-\infty<x<+\infty)$ 统称为反三角函数。

幂函数、指数函数、对数函数、三角函数、反三角函数统称为基本初等函数。

6. 初等函数

由常数及基本初等函数经过有限次的四则运算和有限次的函数复合运算而成，并可用一个式子表示的函数，称为初等函数。

▶ 60分必会题型

题型一：求函数的表达式

例1 设 $f(x)=\dfrac{x}{1+x}(x\geqslant 0)$，求 $f\{f[f(x)]\}$。

解 $f[f(x)]=\dfrac{f(x)}{1+f(x)}=\dfrac{\dfrac{x}{1+x}}{1+\dfrac{x}{1+x}}=\dfrac{x}{1+2x}$；

$$f\{f[f(x)]\}=\dfrac{f[f(x)]}{1+f[f(x)]}=\dfrac{\dfrac{x}{1+2x}}{1+\dfrac{x}{1+2x}}=\dfrac{x}{1+3x}.$$

例2 $f\left(x+\dfrac{1}{x}\right)=x^2+\dfrac{1}{x^2}$，求 $f(x)$。

解 由 $f\left(x+\dfrac{1}{x}\right)=x^2+\dfrac{1}{x^2}=\left(x+\dfrac{1}{x}\right)^2-2$ 得 $f(x)=x^2-2$，$|x|\geqslant 2$。

例3 设 $f(x) = \begin{cases} e^x, & x < 1, \\ x, & x \geqslant 1, \end{cases} g(x) = \begin{cases} x+2, & x < 0, \\ x^2-1, & x \geqslant 0, \end{cases}$ 求 $f[g(x)]$.

解 $f[g(x)] = \begin{cases} e^{g(x)}, & g(x) < 1, \\ g(x), & g(x) \geqslant 1, \end{cases}$

由 $\begin{cases} x+2 < 1, \\ x < 0 \end{cases}$ 得 $x < -1$, 由 $\begin{cases} x^2-1 < 1, \\ x \geqslant 0 \end{cases}$ 得 $0 \leqslant x < \sqrt{2}$, 此时 $g(x) < 1$.

由 $\begin{cases} x+2 \geqslant 1, \\ x < 0 \end{cases}$ 得 $-1 \leqslant x < 0$, 由 $\begin{cases} x^2-1 \geqslant 1, \\ x \geqslant 0 \end{cases}$ 得 $x \geqslant \sqrt{2}$, 此时 $g(x) \geqslant 1$.

故 $f[g(x)] = \begin{cases} e^{x+2}, & x < -1, \\ x+2, & -1 \leqslant x < 0, \\ e^{x^2-1}, & 0 \leqslant x < \sqrt{2}, \\ x^2-1, & x \geqslant \sqrt{2}. \end{cases}$

题型二：函数的定义域

例 求函数 $y = \arcsin \dfrac{2x-1}{7} + \dfrac{\sqrt{2x-x^2}}{\ln(2x-1)}$ 的定义域.

解 由 $\begin{cases} -1 \leqslant \dfrac{2x-1}{7} \leqslant 1, \\ 2x-x^2 \geqslant 0, \\ 2x-1 > 0, \\ 2x-1 \neq 1 \end{cases}$ 得 $\begin{cases} -3 \leqslant x \leqslant 4, \\ 0 \leqslant x \leqslant 2, \\ x > \dfrac{1}{2}, \\ x \neq 1. \end{cases}$ 故函数的定义域为 $\left(\dfrac{1}{2}, 1\right) \cup (1, 2]$.

题型三：函数的性质

例1 判断函数 $y = f(x) = \ln(x + \sqrt{x^2+1})$ 的奇偶性.

解 函数 $f(x)$ 的定义域为 $(-\infty, +\infty)$, 因为
$$f(-x) = \ln(-x + \sqrt{x^2+1}) = \ln \dfrac{1}{x + \sqrt{x^2+1}} = -\ln(x + \sqrt{x^2+1}) = -f(x),$$
所以 $f(x)$ 为奇函数.

例2 证明：任何一个定义域关于原点对称的函数都可以表示为一个奇函数与一个偶函数之和.

证明 设 $f(x)$ 的定义域为 D, D 关于原点对称, 则对于任意 $x \in D$, 都有 $-x \in D$, 且
$$f(x) = \dfrac{f(x) + f(-x)}{2} + \dfrac{f(x) - f(-x)}{2},$$
令 $F(x) = \dfrac{f(x) + f(-x)}{2}, G(x) = \dfrac{f(x) - f(-x)}{2}$, 则 $f(x) = F(x) + G(x)$.

因为 $F(-x) = \dfrac{f(-x) + f(x)}{2} = F(x)$, 所以 $F(x)$ 为偶函数；

因为 $G(-x) = \dfrac{f(-x) - f(x)}{2} = -\dfrac{f(x) - f(-x)}{2} = -G(x)$, 所以 $G(x)$ 为奇函数, 故 $f(x)$ 可表示为一个奇函数与一个偶函数之和.

题型四：求函数的反函数

例1 求函数 $y = \ln(x + \sqrt{x^2+1})$ 的反函数.

解 由 $y = \ln(x + \sqrt{x^2+1})$ 得 $x + \sqrt{x^2+1} = e^y$.

因为 $(-x+\sqrt{x^2+1})(x+\sqrt{x^2+1})=1$,所以 $-x+\sqrt{x^2+1}=e^{-y}$.

两式相减得 $2x=e^y-e^{-y}$,交换 x 与 y 的位置可得函数 $y=\ln(x+\sqrt{x^2+1})$ 的反函数为 $y=\dfrac{e^x-e^{-x}}{2}$.

例 2 求函数 $y=\dfrac{\sqrt{2x+1}-1}{\sqrt{2x+1}+1}$ 的反函数.

解 函数的定义域为 $x\geqslant-\dfrac{1}{2}$,由 $y=\dfrac{\sqrt{2x+1}-1}{\sqrt{2x+1}+1}$ 得 $\sqrt{2x+1}=\dfrac{1+y}{1-y}$,解得 $x=\dfrac{2y}{(1-y)^2}$,且 $\dfrac{1+y}{1-y}>0,1-y\neq 0$,即 $y\in[-1,1)$.故原函数的反函数为 $y=\dfrac{2x}{(1-x)^2},x\in[-1,1)$.

同济八版教材 习题解答

习题 1－1　映射与函数

勇夺60分	1、2、3、4、5、9、10、12
超越80分	1、2、3、4、5、6、7、8、9、10、11、12、13、14
冲刺90分与考研	1、2、3、4、5、6、7、8、9、10、11、12、13、14、15、16、17、18

1. 求下列函数的自然定义域:

(1) $y=\sqrt{3x+2}$;

(2) $y=\dfrac{1}{1-x^2}$;

(3) $y=\dfrac{1}{x}-\sqrt{1-x^2}$;

(4) $y=\dfrac{1}{\sqrt{4-x^2}}$;

(5) $y=\sin\sqrt{x}$;

(6) $y=\tan(x+1)$;

(7) $y=\arcsin(x-3)$;

(8) $y=\sqrt{3-x}+\arctan\dfrac{1}{x}$;

(9) $y=\ln(x+1)$;

(10) $y=e^{\frac{1}{x}}$.

解 (1) 由 $3x+2\geqslant 0$ 得 $x\geqslant-\dfrac{2}{3}$,则函数 $y=\sqrt{3x+2}$ 的自然定义域为 $\left\{x\,\Big|\,x\geqslant-\dfrac{2}{3}\right\}$.

(2) 由 $1-x^2\neq 0$ 得 $x\neq\pm 1$,则函数 $y=\dfrac{1}{1-x^2}$ 的自然定义域为 $\{x\mid x\in\mathbf{R},x\neq\pm 1\}$.

(3) 由 $\begin{cases}x\neq 0,\\ 1-x^2\geqslant 0\end{cases}$ 得 $0<|x|\leqslant 1$,则函数 $y=\dfrac{1}{x}-\sqrt{1-x^2}$ 的自然定义域为 $[-1,0)\cup(0,1]$.

(4) 由 $4-x^2>0$ 得 $-2<x<2$,则函数 $y=\dfrac{1}{\sqrt{4-x^2}}$ 的自然定义域为 $(-2,2)$.

(5) 显然函数 $y=\sin\sqrt{x}$ 的自然定义域为 $[0,+\infty)$.

(6) 由 $x+1\neq k\pi+\dfrac{\pi}{2}$ 得 $x\neq k\pi+\dfrac{\pi}{2}-1(k\in\mathbf{Z})$,函数 $y=\tan(x+1)$ 的自然定义域为 $\left\{x\,\Big|\,x\in\mathbf{R},x\neq k\pi+\dfrac{\pi}{2}-1(k\in\mathbf{Z})\right\}$.

(7) 由 $-1\leqslant x-3\leqslant 1$ 得 $2\leqslant x\leqslant 4$,则函数 $y=\arcsin(x-3)$ 的自然定义域为 $[2,4]$.

(8) 由 $\begin{cases} 3-x \geqslant 0, \\ x \neq 0 \end{cases}$ 得 $x \leqslant 3$ 且 $x \neq 0$,函数 $y = \sqrt{3-x} + \arctan \dfrac{1}{x}$ 的自然定义域为 $(-\infty,0) \cup (0,3]$.

(9) 显然函数 $y = \ln(x+1)$ 的自然定义域为 $(-1,+\infty)$.

(10) 显然函数 $y = e^{\frac{1}{x}}$ 的自然定义域为 $(-\infty,0) \cup (0,+\infty)$.

2.下列各题中,函数 $f(x)$ 和 $g(x)$ 是否相同?为什么?

(1) $f(x) = \lg x^2, g(x) = 2\lg x$;

(2) $f(x) = x, g(x) = \sqrt{x^2}$;

(3) $f(x) = \sqrt[3]{x^4 - x^3}, g(x) = x\sqrt[3]{x-1}$;

(4) $f(x) = 1, g(x) = \sec^2 x - \tan^2 x$.

解 (1) 函数 $f(x) = \lg x^2$ 的定义域为 $(-\infty,0) \cup (0,+\infty)$,而函数 $g(x) = 2\lg x$ 的定义域为 $(0,+\infty)$,因为定义域不同,所以两个函数不同.

(2) $f(x) = x, g(x) = |x| = \begin{cases} x, & x \geqslant 0, \\ -x, & x < 0, \end{cases}$ 因为两个函数对应法则不同,所以两个函数不同.

(3) 两个函数相同,因为定义域相同,且对应法则相同.

(4) $f(x)$ 的定义域为 $\mathbf{R}, g(x)$ 的定义域为 $\left\{ x \mid x \neq k\pi + \dfrac{\pi}{2}, k \in \mathbf{Z} \right\}$.因为两个函数定义域不同,所以两个函数不同.

3.设 $\varphi(x) = \begin{cases} |\sin x|, & |x| < \dfrac{\pi}{3}, \\ 0, & |x| \geqslant \dfrac{\pi}{3}, \end{cases}$ 求 $\varphi\left(\dfrac{\pi}{6}\right), \varphi\left(\dfrac{\pi}{4}\right)$,

$\varphi\left(-\dfrac{\pi}{4}\right), \varphi(-2)$,并作出函数 $y = \varphi(x)$ 的图形.

解 $\varphi\left(\dfrac{\pi}{6}\right) = \left|\sin\dfrac{\pi}{6}\right| = \dfrac{1}{2}, \varphi\left(\dfrac{\pi}{4}\right) = \left|\sin\dfrac{\pi}{4}\right| = \dfrac{\sqrt{2}}{2}$,

$\varphi\left(-\dfrac{\pi}{4}\right) = \left|\sin\left(-\dfrac{\pi}{4}\right)\right| = \dfrac{\sqrt{2}}{2}, \varphi(-2) = 0$.

函数 $y = \varphi(x)$ 的图形如图 1-3 所示.

图 1-3 函数 $y = \varphi(x)$ 的图形

4.讨论下列函数的有界性:

(1) $f(x) = \dfrac{x}{1+x^2}$;

(2) $f(x) = \dfrac{1+x^2}{1+x^4}$.

解 (1) 因为 $1+x^2 \geqslant 2|x|$,所以 $\left|\dfrac{x}{1+x^2}\right| \leqslant \dfrac{1}{2}$,即 $|f(x)| \leqslant \dfrac{1}{2}$,故函数 $f(x) = \dfrac{x}{1+x^2}$ 为有界函数.

(2) 因为 $1+x^4 \geqslant 2x^2$,即 $0 < \dfrac{x^2}{1+x^4} \leqslant \dfrac{1}{2}$,又因为 $0 < \dfrac{1}{1+x^4} \leqslant 1$,所以 $|f(x)| = \dfrac{1}{1+x^4} + \dfrac{x^2}{1+x^4} \leqslant \dfrac{3}{2}$,故函数 $f(x) = \dfrac{1+x^2}{1+x^4}$ 为有界函数.

5.试证下列函数在指定区间内的单调性:

(1) $y = \dfrac{x}{1-x}, x \in (-\infty,1)$;

(2) $y = x + \ln x, x \in (0,+\infty)$.

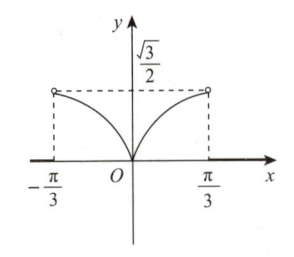

证明 (1) $y = \dfrac{x}{1-x} = -1 + \dfrac{1}{1-x}$,任取 $x_1, x_2 \in (-\infty, 1)$ 且 $x_1 < x_2$,因为

$$f(x_2) - f(x_1) = \dfrac{1}{1-x_2} - \dfrac{1}{1-x_1} = \dfrac{x_2 - x_1}{(1-x_1)(1-x_2)} > 0,$$

所以 $f(x_1) < f(x_2)$,即 $y = \dfrac{x}{1-x}$ 在 $(-\infty, 1)$ 内单调递增.

(2) 任取 $x_1, x_2 \in (0, +\infty)$ 且 $x_1 < x_2$,因为

$$f(x_2) - f(x_1) = x_2 + \ln x_2 - x_1 - \ln x_1 = x_2 - x_1 + \ln \dfrac{x_2}{x_1} > 0,$$

所以 $f(x_1) < f(x_2)$,即 $y = x + \ln x$ 在 $(0, +\infty)$ 内单调递增.

6.讨论下列函数的单调性:

(1) $f(x) = ax^2 + bx + c$,其中 $a, b, c \in \mathbf{R}, a \neq 0$;

(2) $f(x) = \dfrac{ax+b}{cx+d}$,其中 $a, b, c, d \in \mathbf{R}, c > 0$.

解 (1) 当 $a > 0$ 时,$f(x) = a\left(x + \dfrac{b}{2a}\right)^2 + c - \dfrac{b^2}{4a}$,则当 $x \in \left(-\infty, -\dfrac{b}{2a}\right)$ 时,$f(x)$ 单调递减;当 $x \in \left(-\dfrac{b}{2a}, +\infty\right)$ 时,$f(x)$ 单调递增;当 $a < 0$ 时,$f(x) = a\left(x + \dfrac{b}{2a}\right)^2 + c - \dfrac{b^2}{4a}$,则当 $x \in \left(-\infty, -\dfrac{b}{2a}\right)$ 时,$f(x)$ 单调递增;当 $x \in \left(-\dfrac{b}{2a}, +\infty\right)$ 时,$f(x)$ 单调递减.

(2) $f(x) = \dfrac{ax+b}{cx+d} = \dfrac{a}{c} + \dfrac{\frac{bc-ad}{c}}{cx+d}$,当 $b > \dfrac{ad}{c}$ 时,$f(x)$ 分别在 $\left(-\infty, -\dfrac{d}{c}\right)$ 和 $\left(-\dfrac{d}{c}, +\infty\right)$ 内单调递减;当 $b < \dfrac{ad}{c}$ 时,$f(x)$ 分别在 $\left(-\infty, -\dfrac{d}{c}\right)$ 和 $\left(-\dfrac{d}{c}, +\infty\right)$ 内单调递增;当 $b = \dfrac{ad}{c}$ 时,$f(x) = \dfrac{a}{c}$,无单调性.

7.设 $f(x)$ 为定义在 $(-l, l)$ 内的奇函数,若 $f(x)$ 在 $(0, l)$ 内单调增加,证明 $f(x)$ 在 $(-l, 0)$ 内也单调增加.

证明 任取 $x_1, x_2 \in (-l, 0)$ 且 $x_1 < x_2$,则 $0 < -x_2 < -x_1 < l$,因为 $f(x)$ 在 $(0, l)$ 内单调增加,所以 $f(-x_2) < f(-x_1)$,又因为 $f(x)$ 为奇函数,所以 $-f(x_2) < -f(x_1)$,从而 $f(x_2) > f(x_1)$,故 $f(x)$ 在 $(-l, 0)$ 内单调增加.

8.设下面所考虑的函数都是定义在区间 $(-l, l)$ 上的,证明:

(1) 两个偶函数的和是偶函数,两个奇函数的和是奇函数;

(2) 两个偶函数的乘积是偶函数,两个奇函数的乘积是偶函数,偶函数与奇函数的乘积是奇函数.

证明 (1) 设 $F(x) = f(x) + g(x)$.若 $f(x), g(x)$ 都是偶函数,则
$F(-x) = f(-x) + g(-x) = f(x) + g(x) = F(x)$,即 $F(x)$ 为偶函数;
若 $f(x), g(x)$ 都是奇函数,则 $F(-x) = f(-x) + g(-x) = -[f(x) + g(x)] = -F(x)$,即 $F(x)$ 为奇函数.

(2) 设 $F(x) = f(x)g(x)$.
若 $f(x), g(x)$ 为偶函数,则 $F(-x) = f(-x)g(-x) = f(x)g(x) = F(x)$,即 $F(x)$ 为偶函数;
若 $f(x), g(x)$ 为奇函数,则 $F(-x) = f(-x)g(-x) = [-f(x)][-g(x)] = F(x)$,即 $F(x)$ 为偶函数;
若 $f(x)$ 为偶函数,$g(x)$ 为奇函数,则 $F(-x) = f(-x)g(-x) = -f(x)g(x) = -F(x)$,即 $F(x)$ 为奇函数.

9.下列函数中哪些是偶函数,哪些是奇函数,哪些既非偶函数又非奇函数?

(1) $y = x^2(1-x^2)$;

(2) $y = 3x^2 - x^3$;

(3) $y = \dfrac{1-x^2}{1+x^2}$;

(4) $y = x(x-1)(x+1)$;

(5) $y = \sin x - \cos x + 1$;

(6) $y = \dfrac{a^x + a^{-x}}{2}(a>0, a \neq 1)$.

解 (1) 令 $f(x) = x^2(1-x^2)$,因为函数的定义域关于原点对称,且 $f(-x) = f(x)$,故 $f(x)$ 为偶函数;

(2) 令 $f(x) = 3x^2 - x^3$,因为 $f(-x) \neq f(x)$ 且 $f(-x) \neq -f(x)$,故 $f(x)$ 既非偶函数又非奇函数;

(3) 令 $f(x) = \dfrac{1-x^2}{1+x^2}$,因为函数的定义域关于原点对称,且 $f(-x) = f(x)$,故 $f(x)$ 为偶函数;

(4) 令 $f(x) = x(x-1)(x+1)$,因为函数的定义域关于原点对称,且
$$f(-x) = -x(-x-1)(-x+1) = -x(x-1)(x+1) = -f(x),$$
故 $f(x)$ 为奇函数;

(5) 令 $f(x) = \sin x - \cos x + 1$,因为 $f(-x) \neq f(x)$ 且 $f(-x) \neq -f(x)$,故 $f(x)$ 既非偶函数又非奇函数;

(6) 令 $f(x) = \dfrac{a^x + a^{-x}}{2}$,因为函数的定义域关于原点对称,且 $f(-x) = f(x)$,故 $f(x)$ 为偶函数.

10. 下列各函数中哪些是周期函数? 对于周期函数,指出其周期:

(1) $y = \cos(x-2)$;

(2) $y = \cos 4x$;

(3) $y = 1 + \sin \pi x$;

(4) $y = x \cos x$;

(5) $y = \sin^2 x$.

解 (1) $y = \cos(x-2)$ 是以 2π 为周期的周期函数;

(2) $y = \cos 4x$ 是以 $\dfrac{\pi}{2}$ 为周期的周期函数;

(3) $y = 1 + \sin \pi x$ 是以 2 为周期的周期函数;

(4) $y = x \cos x$ 不是周期函数;

(5) $y = \sin^2 x = \dfrac{1 - \cos 2x}{2}$ 是以 π 为周期的周期函数.

期末小锦囊 $y = A\sin(\omega x + B) + C\,(\omega > 0)$ 的周期为 $\dfrac{2\pi}{\omega}$,判断 $y = \sin^m(\omega x + B)\,(\omega > 0)$ 的周期时,应先进行降幂,转化为一次方的情形再套用公式.

11. 求下列函数的反函数:

(1) $y = \sqrt[3]{x+1}$;

(2) $y = \dfrac{1-x}{1+x}$;

(3) $y = \dfrac{ax+b}{cx+d}(ad - bc \neq 0)$;

(4) $y = 2\sin 3x \left(-\dfrac{\pi}{6} \leqslant x \leqslant \dfrac{\pi}{6}\right)$;

(5) $y = 1 + \ln(x+2)$;

(6) $y = \dfrac{2^x}{2^x + 1}$.

解 (1) 由 $y = \sqrt[3]{x+1}$ 得 $x = y^3 - 1$,则反函数为 $y = x^3 - 1$.

(2) 由 $y = \dfrac{1-x}{1+x}$ 得 $x = \dfrac{1-y}{1+y}$,则反函数为 $y = \dfrac{1-x}{1+x}$.

(3) 由 $y = \dfrac{ax+b}{cx+d}$ 得 $x = \dfrac{-dy+b}{cy-a}$,则反函数为 $y = \dfrac{-dx+b}{cx-a}$.

(4) 由 $y = 2\sin 3x$ 得 $x = \dfrac{1}{3}\arcsin \dfrac{y}{2}$,则反函数为 $y = \dfrac{1}{3}\arcsin \dfrac{x}{2}(-2 \leqslant x \leqslant 2)$.

(5) 由 $y = 1 + \ln(x+2)$ 得 $x = e^{y-1} - 2$,则反函数为 $y = e^{x-1} - 2$.

(6) 由 $y = \dfrac{2^x}{2^x+1}$ 得 $\dfrac{1}{y} = 1 + \dfrac{1}{2^x}$,从而得 $x = \log_2 \dfrac{y}{1-y}$,则反函数为 $y = \log_2 \dfrac{x}{1-x}(0 < x < 1)$.

12. 在下列各题中,求由所给函数构成的复合函数,并求该复合函数分别对应于给定自变量值 x_1 和 x_2 的函数值:

(1) $y = u^2, u = \sin x, x_1 = \dfrac{\pi}{6}, x_2 = \dfrac{\pi}{3}$;

(2) $y = \sin u, u = 2x, x_1 = \dfrac{\pi}{8}, x_2 = \dfrac{\pi}{4}$;

(3) $y = \sqrt{u}, u = 1 + x^2, x_1 = 1, x_2 = 2$;

(4) $y = e^u, u = x^2, x_1 = 0, x_2 = 1$;

(5) $y = u^2, u = e^x, x_1 = 1, x_2 = -1$.

解 (1) $y = \sin^2 x, y_1 = \sin^2 \dfrac{\pi}{6} = \dfrac{1}{4}, y_2 = \sin^2 \dfrac{\pi}{3} = \dfrac{3}{4}$.

(2) $y = \sin 2x, y_1 = \sin \dfrac{\pi}{4} = \dfrac{\sqrt{2}}{2}, y_2 = \sin \dfrac{\pi}{2} = 1$.

(3) $y = \sqrt{1+x^2}, y_1 = \sqrt{2}, y_2 = \sqrt{5}$.

(4) $y = e^{x^2}, y_1 = 1, y_2 = e$.

(5) $y = e^{2x}, y_1 = e^2, y_2 = e^{-2}$.

13. 设 $f(x)$ 的定义域 $D = [0,1]$,求下列各函数的定义域:

(1) $f(x^2)$;

(2) $f(\sin x)$;

(3) $f(x+a)(a > 0)$;

(4) $f(x+a) + f(x-a)(a > 0)$.

解 (1) 由 $0 \leqslant x^2 \leqslant 1$ 得函数 $f(x^2)$ 的定义域为 $[-1, 1]$.

(2) 由 $0 \leqslant \sin x \leqslant 1$ 得函数 $f(\sin x)$ 的定义域为 $[2n\pi, (2n+1)\pi](n \in \mathbf{Z})$.

(3) 由 $0 \leqslant x + a \leqslant 1$ 得函数 $f(x+a)$ 的定义域为 $[-a, 1-a]$.

(4) 由 $\begin{cases} 0 \leqslant x+a \leqslant 1, \\ 0 \leqslant x-a \leqslant 1 \end{cases}$ 得 $\begin{cases} -a \leqslant x \leqslant 1-a, \\ a \leqslant x \leqslant 1+a. \end{cases}$

当 $1-a \geqslant a$,即 $0 < a \leqslant \dfrac{1}{2}$ 时,函数 $f(x+a) + f(x-a)$ 的定义域为 $[a, 1-a]$;

当 $1-a < a$,即 $a > \dfrac{1}{2}$ 时,函数 $f(x+a) + f(x-a)$ 的定义域为 $\varnothing$.

14. 设 $f(x) = \begin{cases} 1, & |x| < 1, \\ 0, & |x| = 1, \\ -1, & |x| > 1, \end{cases} g(x) = e^x$,求 $f[g(x)]$ 和 $g[f(x)]$,并作出这两个函数的图形.

解 $f[g(x)] = f(e^x) = \begin{cases} 1, & x < 0, \\ 0, & x = 0, \\ -1, & x > 0. \end{cases}$

$g[f(x)] = e^{f(x)} = \begin{cases} e, & |x| < 1, \\ 1, & |x| = 1, \\ e^{-1}, & |x| > 1. \end{cases}$

$f[g(x)]$ 与 $g[f(x)]$ 的图形如图 1-4 所示.

(a) 函数 $f[g(x)]$ 的图形　　　　(b) 函数 $g[f(x)]$ 的图形

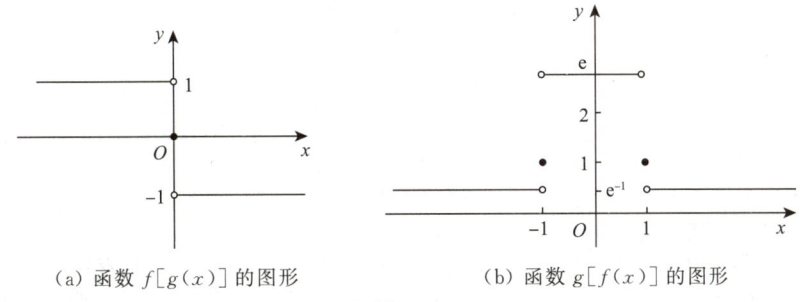

图 1-4

15. 已知水渠的横断面为等腰梯形,斜角 $\varphi = 40°$(如图 1-5). 当过水断面 $ABCD$ 的面积为定值 S_0 时,求湿周 $L(L = AB + BC + CD)$ 与水深 h 之间的函数关系式,并指明其定义域.

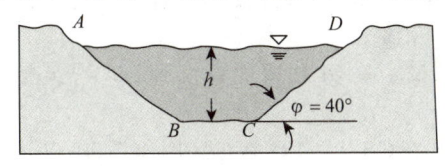

图 1-5

解 如图 1-5 所示,$AB = CD$,$S_0 = \dfrac{1}{2}h(BC + AD)$,得 $h = CD\sin\varphi$,

设 $BC = b$,$AD = b + 2CD\cos\varphi$,从而有 $S_0 = h(b + h\cot\varphi)$.

又 $L = AB + BC + CD = b + 2CD = b + \dfrac{2h}{\sin\varphi}$,

因此,得到 $L = \dfrac{S_0}{h} + \dfrac{2h}{\sin\varphi} - h\cot\varphi$,

所以,湿周 L 与水深 h 之间的函数关系式为 $L = \dfrac{S_0}{h} + \dfrac{2 - \cos 40°}{\sin 40°}h$.

其定义域可通过 $h > 0$ 和 $b > 0$ 确定,由 $S_0 = h(b + h\cot\varphi)$ 解得 $0 < h < \sqrt{S_0\tan 40°}$,所以其定义域为 $(0, \sqrt{S_0\tan 40°})$.

16. 设 xOy 平面上有正方形 $D = \{(x,y) \mid 0 \leqslant x \leqslant 1, 0 \leqslant y \leqslant 1\}$ 及直线 $l: x + y = t(t \geqslant 0)$. 若 $S(t)$ 表示正方形 D 位于直线 l 左下方部分的面积,试求 $S(t)$ 与 t 之间的函数关系.

解 当 $0 \leqslant t \leqslant 1$ 时,$S(t) = \dfrac{1}{2}t^2$;

当 $1 < t \leqslant 2$ 时,$S(t) = 1 - \dfrac{1}{2}(2-t)^2 = -\dfrac{1}{2}t^2 + 2t - 1$;

当 $t > 2$ 时,$S(t) = 1$. 所以

$$S(t) = \begin{cases} \dfrac{1}{2}t^2, & 0 \leqslant t \leqslant 1, \\ -\dfrac{1}{2}t^2 + 2t - 1, & 1 < t \leqslant 2, \\ 1, & t > 2. \end{cases}$$

17. 求联系华氏温度(用 F 表示)和摄氏温度(用 C 表示)的转换公式,并求

(1) 90 ℉ 的等价摄氏温度和 −5 ℃ 的等价华氏温度;

(2) 是否存在一个温度值,使华氏温度计和摄氏温度计的读数是一样的?如果存在,那么该温度值是多少?

解 因为华氏温度与摄氏温度为线性关系,且 $F = 32$ ℉ 时,$C = 0$ ℃;$F = 212$ ℉ 时,$C = 100$ ℃. 所以,设关系式为 $F = kC + b$,其中 k, b 为常数.

将 $F = 32\ °F$ 时, $C = 0\ °C$; $F = 212\ °F$ 时, $C = 100\ °C$ 代入上述关系式, 得到 $b = 32, k = 1.8$, 所以 $F = 1.8C + 32$ 或 $C = \dfrac{5}{9}(F - 32)$.

(1) $F = 90\ °F$ 时, $C = \dfrac{5}{9}(90 - 32) \approx 32.2\ °C$; $C = -5\ °C$ 时, $F = 1.8 \times (-5) + 32 = 23\ °F$.

(2) 设满足题意的温度值为 x, 则 $x = 1.8x + 32$, 得 $x = -40$, 即 $-40\ °F(°C)$ 时, 华氏温度计和摄氏温度计的读数是一样的.

18. 已知 $Rt\triangle ABC$ 中, 直角边 AC, BC 的长度分别为 $20, 15$, 动点 P 从 C 出发, 沿三角形边界按 $C \to B \to A$ 方向移动; 动点 Q 从 C 出发, 沿三角形边界按 $C \to A \to B$ 方向移动, 移动到两动点相遇时为止, 且点 Q 移动的速度是点 P 移动的速度的 2 倍. 设动点 P 移动的距离为 x, $\triangle CPQ$ 的面积为 y, 试求 y 与 x 之间的函数关系.

解 在 $Rt\triangle ABC$ 中, 因为 $AC = 20, BC = 15$, 所以 $AB = \sqrt{20^2 + 15^2} = 25$.

显然, 点 P, Q 在斜边 AB 上相遇.

令 $x + 2x = 15 + 20 + 25$, 得 $x = 20$, 即当 $x = 20$ 时, 点 P, Q 在斜边 AB 上相遇.

从而, 所求函数的定义域为 $(0, 20)$.

(1) 当 $0 < x < 10$ 时, 点 P 在 CB 上, 点 Q 在 CA 上 [如图 $1-6(a)$ 所示],

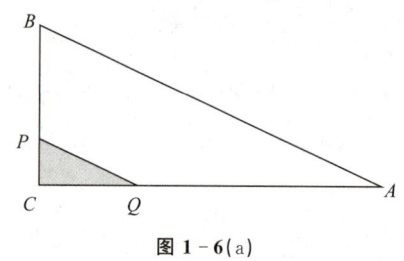

图 $1-6(a)$

由 $CP = x, CQ = 2x$, 得 $y = x^2$.

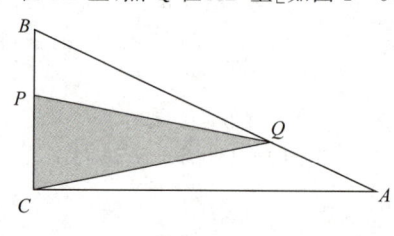

(2) 当 $10 \leqslant x \leqslant 15$ 时, 点 P 在 CB 上, 点 Q 在 AB 上 [如图 $1-6(b)$ 所示],

图 $1-6(b)$

有 $CP = x, AQ = 2x - 20$, 设点 Q 到 BC 的距离为 h, 则 $\dfrac{h}{20} = \dfrac{BQ}{25} = \dfrac{45 - 2x}{25}$, 所以

$$y = \dfrac{2}{5}x(45 - 2x) = -\dfrac{4}{5}x^2 + 18x.$$

(3) 当 $15 < x < 20$ 时, 点 P, Q 都在斜边 AB 上 [如图 $1-6(c)$ 所示],

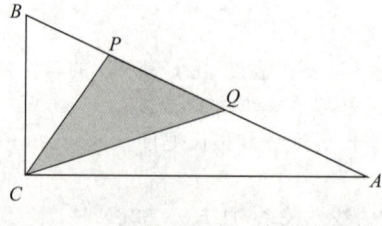

图 $1-6(c)$

此时 $PQ=60-3x$. 设点 C 到 AB 的距离为 H, 则 $H=\dfrac{15\times 20}{25}=12$, 所以 $y=\dfrac{1}{2}PQ\cdot H=-18x+360$. 因此,

$$y=\begin{cases} x^2, & 0<x<10, \\ -\dfrac{4}{5}x^2+18x, & 10\leqslant x\leqslant 15, \\ -18x+360, & 15<x<20. \end{cases}$$

第二节　数列的极限

▶ 期末高分必备知识

一、概念部分

定义(数列极限)　若对任意的 $\varepsilon>0$, 总存在 $N>0$, 当 $n>N$ 时, 有
$$|a_n-A|<\varepsilon,$$
称 A 为数列 $\{a_n\}$ 的极限, 记为 $\lim\limits_{n\to\infty}a_n=A$.

抢分攻略

(1) 数列极限的本质是无限接近的常数, 如 $\lim\limits_{n\to\infty}\dfrac{n}{2n+1}=\dfrac{1}{2}$, 表示 $\dfrac{n}{2n+1}$ 当 $n\to\infty$ 时无限接近 $\dfrac{1}{2}$, 但 $\dfrac{n}{2n+1}\neq\dfrac{1}{2}$.

(2) "若对任意的 $\varepsilon>0$, 存在 $N>0$, 当 $n\geqslant N$ 时, 有 $|a_n-A|\leqslant k\varepsilon$(其中 k 为大于 0 的常数)" 仍然可以作为数列极限的定义.

二、数列极限的性质

定理 1(唯一性)　数列若有极限必唯一, 即若 $\lim\limits_{n\to\infty}a_n=A$, $\lim\limits_{n\to\infty}a_n=B$, 则 $A=B$.

定理 2(有界性)　若数列 $\{a_n\}$ 收敛(即 $\lim\limits_{n\to\infty}a_n$ 存在), 则存在 $M>0$, 对一切的 n, 有 $|a_n|\leqslant M$, 反之不成立.

定理 3(保号性)　设 $\lim\limits_{n\to\infty}a_n=A>0$(或 <0), 则存在 $N>0$, 当 $n>N$ 时, $a_n>0$(或 $a_n<0$).

定理 4(数列极限与子列极限的关系)　若数列 $\{a_n\}$ 极限存在, 则数列的任一子列存在相同的极限, 反之不成立.

▶ 60分必会题型

题型一: 用数列极限定义判断极限存在

例 1　用极限定义证明 $\lim\limits_{n\to\infty}\dfrac{n}{2n+1}=\dfrac{1}{2}$.

证明　对任意的 $\varepsilon>0$, $\left|\dfrac{n}{2n+1}-\dfrac{1}{2}\right|<\varepsilon$ 等价于 $n>\dfrac{1}{2}\left(\dfrac{1}{2\varepsilon}-1\right)$, 取 $N=\left[\dfrac{1}{2}\left(\dfrac{1}{2\varepsilon}-1\right)\right]+1$, 则当 $n>N$ 时, 有 $\left|\dfrac{n}{2n+1}-\dfrac{1}{2}\right|<\varepsilon$, 由数列极限的定义得 $\lim\limits_{n\to\infty}\dfrac{n}{2n+1}=\dfrac{1}{2}$.

例 2　用极限的定义证明 $\lim\limits_{n\to\infty}\dfrac{2n}{n^2+1}\sin 2n=0$.

证明　对任意的 $\varepsilon>0$, 由 $\left|\dfrac{2n}{n^2+1}\sin 2n-0\right|\leqslant\dfrac{2n}{n^2+1}\leqslant\dfrac{2}{n}<\varepsilon$ 得 $n>\dfrac{2}{\varepsilon}$.

取 $N=\left[\dfrac{2}{\varepsilon}\right]+1$, 则当 $n>N$ 时, $\left|\dfrac{2n}{n^2+1}\sin 2n-0\right|<\varepsilon$, 由数列极限的定义得

$$\lim_{n\to\infty}\frac{2n}{n^2+1}\sin 2n = 0.$$

例 3 证明：若极限 $\lim\limits_{n\to\infty}a_n$ 存在，则 $\lim\limits_{n\to\infty}|a_n|$ 存在，反之不成立．

证明 设 $\lim\limits_{n\to\infty}a_n = A$，即对任意的 $\varepsilon > 0$，存在 $N > 0$，当 $n > N$ 时，有 $|a_n - A| < \varepsilon$．
因为 $||a_n| - |A|| \leqslant |a_n - A|$，所以对任意的 $\varepsilon > 0$，当 $n > N$ 时，有 $||a_n| - |A|| < \varepsilon$．
由极限的定义得 $\lim\limits_{n\to\infty}|a_n|$ 存在，且 $\lim\limits_{n\to\infty}|a_n| = |A|$．

反之，设 $a_n = \dfrac{(-1)^n n}{2n+1}$，显然 $\lim\limits_{n\to\infty}|a_n| = \dfrac{1}{2}$，但 $\lim\limits_{n\to\infty}a_n$ 不存在．

题型二：数列极限与子列极限的关系

例 举例说明子列极限存在，但数列极限不一定存在．

解 $a_n = 1 + (-1)^n$，显然 $\lim\limits_{n\to\infty}a_{2n} = 2$，但 $\lim\limits_{n\to\infty}a_n$ 不存在．

同济八版教材 ▶ 习题解答

习题 1－2　数列的极限

勇夺60分	1、2
超越80分	1、2、3
冲刺90分与考研	1、2、3、4、5、6、7、8

1. 下列各题中，哪些数列收敛，哪些数列发散？对收敛数列，通过观察 $\{x_n\}$ 的变化趋势，写出它们的极限：

(1) $\left\{\dfrac{1}{2^n}\right\}$；　　　　　　　　(2) $\left\{(-1)^n\dfrac{1}{n}\right\}$；

(3) $\left\{2+\dfrac{1}{n^2}\right\}$；　　　　　　(4) $\left\{\dfrac{n-1}{n+1}\right\}$；

(5) $\{n(-1)^n\}$；　　　　　　　(6) $\left\{\dfrac{2^n-1}{3^n}\right\}$；

(7) $\left\{n-\dfrac{1}{n}\right\}$；　　　　　　　(8) $\left\{[(-1)^n+1]\dfrac{n+1}{n}\right\}$．

解 (1) 数列前 3 项依次为 $\dfrac{1}{2},\dfrac{1}{4},\dfrac{1}{8}$，观察可知 $\lim\limits_{n\to\infty}x_n = \lim\limits_{n\to\infty}\dfrac{1}{2^n} = 0$，该数列收敛；

(2) 数列前 3 项依次为 $-1,\dfrac{1}{2},-\dfrac{1}{3}$，观察可知 $\lim\limits_{n\to\infty}x_n = \lim\limits_{n\to\infty}(-1)^n\dfrac{1}{n} = 0$，该数列收敛；

(3) 数列前 3 项依次为 $3,\dfrac{9}{4},\dfrac{19}{9}$，观察可知 $\lim\limits_{n\to\infty}x_n = \lim\limits_{n\to\infty}\left(2+\dfrac{1}{n^2}\right) = 2$，该数列收敛；

(4) 数列前 3 项依次为 $0,\dfrac{1}{3},\dfrac{1}{2}$，观察可知 $\lim\limits_{n\to\infty}x_n = \lim\limits_{n\to\infty}\dfrac{n-1}{n+1} = 1$，该数列收敛；

(5) 数列前 3 项依次为 $-1,2,-3$，观察可知 $\lim\limits_{n\to\infty}x_n = \lim\limits_{n\to\infty}n(-1)^n$ 不存在，该数列发散；

(6) 数列前 3 项依次为 $\dfrac{1}{3},\dfrac{1}{3},\dfrac{7}{27}$，观察可知 $\lim\limits_{n\to\infty}x_n = \lim\limits_{n\to\infty}\dfrac{2^n-1}{3^n} = 0$，该数列收敛；

(7) 数列前 3 项依次为 $0,\dfrac{3}{2},\dfrac{8}{3}$，观察可知 $\lim\limits_{n\to\infty}x_n = \lim\limits_{n\to\infty}\left(n-\dfrac{1}{n}\right)$ 不存在，该数列发散；

(8) 数列前 3 项依次为 $0,3,0$,观察可知 $\lim\limits_{n\to\infty}x_n = \lim\limits_{n\to\infty}[(-1)^n+1]\dfrac{n+1}{n}$ 不存在,该数列发散.

2.(1) 数列的有界性是数列收敛的什么条件?

(2) 无界数列是否一定发散?

(3) 有界数列是否一定收敛?

解 (1) 数列的有界性是数列收敛的必要条件.

(2) 无界数列一定发散.可采用反证法证明,假设无界数列 $\{a_n\}$ 收敛,则数列 $\{a_n\}$ 一定有界,与 $\{a_n\}$ 无界矛盾,故无界数列一定发散.

(3) 有界数列不一定收敛.如数列 $\{(-1)^n\}$ 有界,但不收敛.

3.下列关于数列 $\{x_n\}$ 的极限是 a 的定义,哪些是对的,哪些是错的? 如果是对的,试说明理由;如果是错的,试给出一个反例.

(1) 对于任意给定的 $\varepsilon>0$,存在 $N\in\mathbf{N}_+$,当 $n>N$ 时,不等式 $x_n-a<\varepsilon$ 成立;

(2) 对于任意给定的 $\varepsilon>0$,存在 $N\in\mathbf{N}_+$,当 $n>N$ 时,有无穷多项 x_n,使不等式 $|x_n-a|<\varepsilon$ 成立;

(3) 对于任意给定的 $\varepsilon>0$,存在 $N\in\mathbf{N}_+$,当 $n>N$ 时,不等式 $|x_n-a|<c\varepsilon$ 成立,其中 c 为某个正常数;

(4) 对于任意给定的 $m\in\mathbf{N}_+$,存在 $N\in\mathbf{N}_+$,当 $n>N$ 时,不等式 $|x_n-a|<\dfrac{1}{m}$ 成立.

解 (1) 错误.取 $x_n=\dfrac{n}{n+1}, a=2$,对任意的 $\varepsilon>0, x_n-a<\varepsilon$,但 $\lim\limits_{n\to\infty}x_n\neq a$.

(2) 错误.取 $x_n=(-1)^n, a=1$,对任意的 $\varepsilon>0$,存在无穷多项 x_n,使得 $|x_n-a|<\varepsilon$ 成立,但 $\lim\limits_{n\to\infty}x_n\neq a$.

(3) 正确.因为对任意的 $\varepsilon>0, c\varepsilon>0$ 也是任意的,从而 $\lim\limits_{n\to\infty}x_n=a$.

(4) 正确.因为 $\dfrac{1}{m}>0$ 具有任意性,所以 $\lim\limits_{n\to\infty}x_n=a$.

*4.设数列 $\{x_n\}$ 的一般项 $x_n=\dfrac{1}{n}\cos\dfrac{n\pi}{2}$,问 $\lim\limits_{n\to\infty}x_n=?$ 求出 N,使当 $n>N$ 时,x_n 与其极限之差的绝对值小于正数 ε.当 $\varepsilon=0.001$ 时,求出数 N.

解 显然 $\lim\limits_{n\to\infty}x_n=0$,用数列极限定义证明如下:

对任意的 $\varepsilon>0, |x_n-0|=\left|\dfrac{1}{n}\cos\dfrac{n\pi}{2}\right|\leqslant\dfrac{1}{n}$,要使 $|x_n-0|<\varepsilon$ 成立,只要 $\dfrac{1}{n}<\varepsilon$,即 $n>\dfrac{1}{\varepsilon}$,

对任意的 $\varepsilon>0$(不妨设 $\varepsilon<1$),存在 $N=\left[\dfrac{1}{\varepsilon}\right]$,当 $n>N$ 时,$|x_n-0|<\varepsilon$,根据数列极限定义得 $\lim\limits_{n\to\infty}x_n=0$,

当 $\varepsilon=0.001$ 时,取 $N=\left[\dfrac{1}{\varepsilon}\right]=1\ 000$,即若 $\varepsilon=0.001$ 时,只要当 $n>1\ 000$ 时,$|x_n-0|<0.001$.

*5.根据数列极限的定义证明:

(1) $\lim\limits_{n\to\infty}\dfrac{1}{n^2}=0$;

(2) $\lim\limits_{n\to\infty}\dfrac{3n+1}{2n+1}=\dfrac{3}{2}$;

(3) $\lim\limits_{n\to\infty}\dfrac{\sqrt{n^2+a^2}}{n}=1$;

(4) $\lim\limits_{n\to\infty}0.\underbrace{999\cdots9}_{n\uparrow}=1$.

证明 (1) 对任意的 $\varepsilon>0$,要使得 $\left|\dfrac{1}{n^2}-0\right|=\dfrac{1}{n^2}<\varepsilon$ 成立,只要 $n>\dfrac{1}{\sqrt{\varepsilon}}$,取 $N=\left[\dfrac{1}{\sqrt{\varepsilon}}\right]+1$,当 $n>$

N 时,$\left|\dfrac{1}{n^2}-0\right|<\varepsilon$,由数列极限定义得 $\lim\limits_{n\to\infty}\dfrac{1}{n^2}=0$.

(2) $\left|\dfrac{3n+1}{2n+1}-\dfrac{3}{2}\right|=\dfrac{1}{2(2n+1)}<\dfrac{1}{4n}$,对任意的 $\varepsilon>0$,要使得 $\left|\dfrac{3n+1}{2n+1}-\dfrac{3}{2}\right|<\varepsilon$,只要使 $\dfrac{1}{4n}<\varepsilon$,即 $n>\dfrac{1}{4\varepsilon}$,取 $N=\left[\dfrac{1}{4\varepsilon}\right]+1$,对任意的 $\varepsilon>0$,当 $n>N$ 时,$\left|\dfrac{3n+1}{2n+1}-\dfrac{3}{2}\right|<\varepsilon$ 成立,由数列极限的定义得 $\lim\limits_{n\to\infty}\dfrac{3n+1}{2n+1}=\dfrac{3}{2}$.

(3) $\left|\dfrac{\sqrt{n^2+a^2}}{n}-1\right|=\dfrac{\sqrt{n^2+a^2}-n}{n}=\dfrac{a^2}{n(\sqrt{n^2+a^2}+n)}<\dfrac{a^2}{2n^2}$,对任意的 $\varepsilon>0$,要使得 $\left|\dfrac{\sqrt{n^2+a^2}}{n}-1\right|<\varepsilon$,只要 $\dfrac{a^2}{2n^2}<\varepsilon$,即 $n>\dfrac{|a|}{\sqrt{2\varepsilon}}$,取 $N=\left[\dfrac{|a|}{\sqrt{2\varepsilon}}\right]+1$,对任意的 $\varepsilon>0$,当 $n>N$ 时,$\left|\dfrac{\sqrt{n^2+a^2}}{n}-1\right|<\varepsilon$,由数列极限的定义得 $\lim\limits_{n\to\infty}\dfrac{\sqrt{n^2+a^2}}{n}=1$.

(4) $|0.\underbrace{999\cdots9}_{n\text{个}}-1|=\dfrac{1}{10^n}$,要使得 $|0.\underbrace{999\cdots9}_{n\text{个}}-1|<\varepsilon$,只要 $\dfrac{1}{10^n}<\varepsilon$,即 $n>\lg\dfrac{1}{\varepsilon}$,对任意的 $\varepsilon>0$(不妨设 $\varepsilon<1$),取 $N=\left[\lg\dfrac{1}{\varepsilon}\right]+1$,则当 $n>N$ 时,有 $|0.\underbrace{999\cdots9}_{n\text{个}}-1|<\varepsilon$,由极限的定义得 $\lim\limits_{n\to\infty}0.\underbrace{999\cdots9}_{n\text{个}}=1$.

*6. 若 $\lim\limits_{n\to\infty}u_n=a$,证明 $\lim\limits_{n\to\infty}|u_n|=|a|$.并举例说明:即使数列 $\{|x_n|\}$ 有极限,数列 $\{x_n\}$ 也未必有极限.

证明 因为 $\lim\limits_{n\to\infty}u_n=a$,所以对任意的 $\varepsilon>0$,存在 $N>0$,当 $n>N$ 时,$|u_n-a|<\varepsilon$ 成立.因为 $||u_n|-|a||\leqslant|u_n-a|$,所以对任意的 $\varepsilon>0$,当 $n>N$ 时,$||u_n|-|a||<\varepsilon$,由数列极限的定义得 $\lim\limits_{n\to\infty}|u_n|=|a|$.

若 $\lim\limits_{n\to\infty}|x_n|=|a|$,则 $\lim\limits_{n\to\infty}x_n$ 不一定存在,如:$x_n=(-1)^n$,显然 $\lim\limits_{n\to\infty}|x_n|=1$,但 $\lim\limits_{n\to\infty}x_n$ 不存在.

期末小锦囊 若 $\lim\limits_{n\to\infty}|u_n|=0$,则 $\lim\limits_{n\to\infty}u_n=0$.证明过程如下:

因为 $\lim\limits_{n\to\infty}|u_n|=0$,所以对任意的 $\varepsilon>0$,存在 $N>0$,当 $n>N$ 时,$||u_n|-0|<\varepsilon$ 成立,即 $|u_n|<\varepsilon$,因此 $\lim\limits_{n\to\infty}u_n=0$.

*7. 设数列 $\{x_n\}$ 有界,又 $\lim\limits_{n\to\infty}y_n=0$,证明:$\lim\limits_{n\to\infty}x_n y_n=0$.

证明 因为数列 $\{x_n\}$ 有界,所以存在 $M>0$,对一切的 n,有 $|x_n|\leqslant M$.因为 $\lim\limits_{n\to\infty}y_n=0$,对任意的 $\varepsilon>0$,存在 $N>0$,当 $n>N$ 时,有 $|y_n|<\dfrac{\varepsilon}{M}$,故对任意的 $\varepsilon>0$,当 $n>N$ 时,$|x_n y_n|\leqslant M|y_n|<\varepsilon$,即 $\lim\limits_{n\to\infty}x_n y_n=0$.

*8. 对于数列 $\{x_n\}$,若 $x_{2k-1}\to a(k\to\infty)$,$x_{2k}\to a(k\to\infty)$,证明:$x_n\to a(n\to\infty)$.

证明 对任意的 $\varepsilon>0$,因为 $\lim\limits_{k\to\infty}x_{2k-1}=a$,所以存在 $N_1>0$,当 $k>N_1$ 时,$|x_{2k-1}-a|<\varepsilon$;又因为 $\lim\limits_{k\to\infty}x_{2k}=a$,所以存在 $N_2>0$,当 $k>N_2$ 时,$|x_{2k}-a|<\varepsilon$.取 $N=2\max\{N_1,N_2\}+1$,当 $n>N$ 时,$|x_n-a|<\varepsilon$,即 $\lim\limits_{n\to\infty}x_n=a$.

第三节 函数的极限

▶ **期末高分必备知识**

一、函数极限的概念

定义 1(自变量趋于一点的函数极限) 设函数 $f(x)$ 在 $x=a$ 的去心邻域内有定义,若对任意的 $\varepsilon>$

0,存在 $\delta > 0$,当 $0 < |x-a| < \delta$ 时,有 $|f(x) - A| < \varepsilon$,称当 $x \to a$ 时,函数 $f(x)$ 以 A 为极限,记为 $\lim\limits_{x \to a} f(x) = A$,或 $f(x) \to A(x \to a)$.

> **抢分攻略**
>
> (1) $x \to a$ 时,$x \neq a$,则 $\lim\limits_{x \to a} f(x)$ 与 $f(a)$ 无关,如:
>
> $f(x) = \dfrac{x^2 + x - 2}{x^2 - 1}$ 在 $x = 1$ 处没有定义,但 $\lim\limits_{x \to 1} f(x) = \lim\limits_{x \to 1} \dfrac{(x-1)(x+2)}{(x-1)(x+1)} = \lim\limits_{x \to 1} \dfrac{x+2}{x+1} = \dfrac{3}{2}$.
>
> (2) $x \to a$ 包含 $x \to a^-$ 和 $x \to a^+$.
>
> 若对任意的 $\varepsilon > 0$,存在 $\delta > 0$,当 $x \in (a - \delta, a)$ 时,有 $|f(x) - A| < \varepsilon$,则称 A 为函数 $f(x)$ 在 $x \to a$ 的左极限,记为 $\lim\limits_{x \to a^-} f(x) = A$ 或 $f(a - 0) = A$;
>
> 若对任意的 $\varepsilon > 0$,存在 $\delta > 0$,当 $x \in (a, a + \delta)$ 时,有 $|f(x) - B| < \varepsilon$,则称 B 为函数 $f(x)$ 在 $x \to a$ 的右极限,记为 $\lim\limits_{x \to a^+} f(x) = B$ 或 $f(a + 0) = B$.
>
> 注意:$\lim\limits_{x \to a} f(x)$ 存在的充要条件是 $f(a-0)$,$f(a+0)$ 都存在且相等.

定义 2(自变量趋于无穷大量的函数极限)

(1) 若对任意的 $\varepsilon > 0$,存在 $X_0 > 0$,当 $x > X_0$ 时,有 $|f(x) - A| < \varepsilon$,称 A 为 $f(x)$ 当 $x \to +\infty$ 时的极限,记为 $\lim\limits_{x \to +\infty} f(x) = A$ 或 $f(x) \to A(x \to +\infty)$.

(2) 若对任意的 $\varepsilon > 0$,存在 $X_0 > 0$,当 $x < -X_0$ 时,有 $|f(x) - A| < \varepsilon$,称 A 为 $f(x)$ 当 $x \to -\infty$ 时的极限,记为 $\lim\limits_{x \to -\infty} f(x) = A$ 或 $f(x) \to A(x \to -\infty)$.

(3) 若对任意的 $\varepsilon > 0$,存在 $X_0 > 0$,当 $|x| > X_0$ 时,有 $|f(x) - A| < \varepsilon$,称 A 为 $f(x)$ 当 $x \to \infty$ 时的极限,记为 $\lim\limits_{x \to \infty} f(x) = A$ 或 $f(x) \to A(x \to \infty)$.

二、函数极限的性质

定理 1(唯一性) 函数极限若存在必唯一.

定理 2(保号性) 设 $\lim\limits_{x \to a} f(x) = A$,

若 $A > 0$,则存在 $\delta > 0$,当 $0 < |x-a| < \delta$ 时,$f(x) > 0$;

若 $A < 0$,则存在 $\delta > 0$,当 $0 < |x-a| < \delta$ 时,$f(x) < 0$.

推论 1 设 $\lim\limits_{x \to a} f(x) = A$,若 $f(x) \geq 0$,则 $A \geq 0$;若 $f(x) \leq 0$,则 $A \leq 0$.

推论 2 设 $\lim\limits_{x \to a} f(x) = A$,$\lim\limits_{x \to a} g(x) = B$,且在 $x = a$ 的去心邻域内有 $f(x) \geq g(x)$,则 $A \geq B$.

定理 3(局部有界性) 设 $f(x)$ 在 $x = a$ 的去心邻域内有定义,若 $\lim\limits_{x \to a} f(x) = A$,则存在 $M > 0$ 及 $\delta > 0$,当 $0 < |x-a| < \delta$ 时,$|f(x)| \leq M$.

▶ **60分必会题型**

题型一:用函数极限的定义证明函数极限

例1 利用函数极限的定义证明:$\lim\limits_{x \to 2}(3x - 2) = 4$.

证明 对任意的 $\varepsilon > 0$,由 $|(3x-2) - 4| = 3|x-2| < \varepsilon$ 得 $|x-2| < \dfrac{\varepsilon}{3}$.

取 $\delta = \dfrac{\varepsilon}{3} > 0$,当 $0 < |x-2| < \delta$ 时,$|(3x-2) - 4| < \varepsilon$,由极限的定义得 $\lim\limits_{x \to 2}(3x-2) = 4$.

例2 利用极限的定义证明 $\lim\limits_{x \to 3} \dfrac{x^2 - x - 6}{x - 3} = 5$.

证明 对任意的 $\varepsilon > 0$，由 $\left|\dfrac{x^2-x-6}{x-3}-5\right| = |x-3| < \varepsilon$ 得 $|x-3| < \varepsilon$.

取 $\delta = \varepsilon > 0$，当 $0 < |x-3| < \delta$ 时，$\left|\dfrac{x^2-x-6}{x-3}-5\right| < \varepsilon$，由极限的定义得 $\lim\limits_{x \to 3}\dfrac{x^2-x-6}{x-3} = 5$.

题型二：左右极限

例1 设 $f(x) = \dfrac{2-3^{\frac{1}{x}}}{1+3^{\frac{1}{x}}}$，求 $\lim\limits_{x\to 0} f(x)$.

解 $f(0-0) = \lim\limits_{x\to 0^-} f(x) = \dfrac{2-0}{1+0} = 2$，

$f(0+0) = \lim\limits_{x\to 0^+} f(x) = -1$，

因为 $f(0-0) \neq f(0+0)$，所以极限 $\lim\limits_{x\to 0} f(x)$ 不存在.

例2 求 $\lim\limits_{x\to 0}\left(\dfrac{2+2^{\frac{1}{x}}}{1+2^{\frac{2}{x}}} + \dfrac{|x|}{x}\right)$.

解 $f(0-0) = \lim\limits_{x\to 0^-}\left(\dfrac{2+2^{\frac{1}{x}}}{1+2^{\frac{2}{x}}} + \dfrac{|x|}{x}\right) = \dfrac{2+0}{1+0} - 1 = 1$，

$f(0+0) = \lim\limits_{x\to 0^+}\left(\dfrac{2+2^{\frac{1}{x}}}{1+2^{\frac{2}{x}}} + \dfrac{|x|}{x}\right) = 0 + 1 = 1$，

因为 $f(0-0) = f(0+0) = 1$，所以 $\lim\limits_{x\to 0}\left(\dfrac{2+2^{\frac{1}{x}}}{1+2^{\frac{2}{x}}} + \dfrac{|x|}{x}\right) = 1$.

期末小锦囊 需要分左、右极限求极限的问题主要有以下几种情形：

(1) 分段函数在分界点处的极限，如 $\lim\limits_{x\to 0}\dfrac{|x|}{x}$；

(2) "e^∞" 型极限，如 $\lim\limits_{x\to 0}\mathrm{e}^{\frac{1}{x}}$，$\lim\limits_{x\to\infty}\mathrm{e}^x$；

(3) "$\arctan\infty$" 型极限，如 $\lim\limits_{x\to 0}\arctan\dfrac{1}{x}$，$\lim\limits_{x\to\infty}\arctan x$.

题型三：数列极限与子列极限的关系

例 $\lim\limits_{x\to 0}\dfrac{1}{x}\cos\dfrac{1}{x}$ 为（　　）.

(A) 0　　　　　(B) 1　　　　　(C) ∞　　　　　(D) 不存在但不是 ∞

解 取 $x_n = \dfrac{1}{2n\pi} \to 0 (n\to\infty)$，$\lim\limits_{n\to\infty}\dfrac{1}{x_n}\cos\dfrac{1}{x_n} = \lim\limits_{n\to\infty} 2n\pi\cos(2n\pi) = \infty$；

再取 $y_n = \dfrac{1}{2n\pi+\dfrac{\pi}{2}} \to 0 (n\to\infty)$，$\lim\limits_{n\to\infty}\dfrac{1}{y_n}\cos\dfrac{1}{y_n} = \lim\limits_{n\to\infty}\left(2n\pi+\dfrac{\pi}{2}\right)\cos\left(2n\pi+\dfrac{\pi}{2}\right) = 0$，

由数列极限与子列极限的关系，$\lim\limits_{x\to 0}\dfrac{1}{x}\cos\dfrac{1}{x}$ 不存在但不是 ∞.

同济八版教材 习题解答

习题 1-3 函数的极限

勇夺60分	1、2、3
超越80分	1、2、3、4
冲刺90分与考研	1、2、3、4、5、6、7、8、9、10、11、12

1. 对图 1-7 所示的函数 $f(x)$，求下列极限，如极限不存在，说明理由.

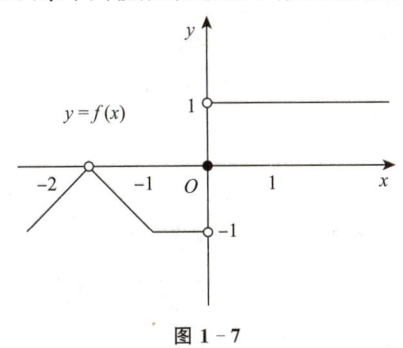

图 1-7

(1) $\lim\limits_{x \to -2} f(x)$；   (2) $\lim\limits_{x \to -1} f(x)$；   (3) $\lim\limits_{x \to 0} f(x)$.

解 (1) $\lim\limits_{x \to -2} f(x) = 0$；

(2) $\lim\limits_{x \to -1} f(x) = -1$；

(3) 因为 $f(0-0) = -1 \neq f(0+0) = 1$，所以 $\lim\limits_{x \to 0} f(x)$ 不存在.

2. 对图 1-8 所示的函数 $f(x)$，下列陈述中哪些是对的，哪些是错的？

(1) $\lim\limits_{x \to 0} f(x)$ 不存在；   (2) $\lim\limits_{x \to 0} f(x) = 0$；

(3) $\lim\limits_{x \to 0} f(x) = 1$；   (4) $\lim\limits_{x \to 1} f(x) = 0$；

(5) $\lim\limits_{x \to 1} f(x)$ 不存在；   (6) 对每个 $x_0 \in (-1, 1)$，$\lim\limits_{x \to x_0} f(x)$ 存在.

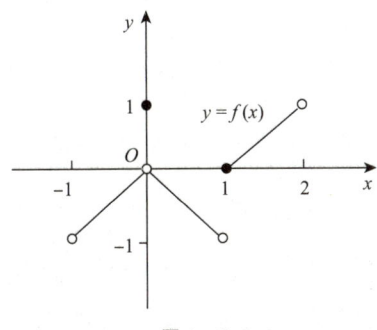

图 1-8

解 (1) 错误，因为 $\lim\limits_{x \to 0} f(x)$ 存在与否与 $f(x)$ 在 $x = 0$ 处有无定义无关；

(2) 正确，因为 $f(0-0) = f(0+0) = 0$，所以 $\lim\limits_{x \to 0} f(x) = 0$；

(3) 错误，因为 $\lim\limits_{x \to 0} f(x)$ 与 $f(x)$ 在 $x = 0$ 处的函数值无关；

(4)错误,因为 $f(1-0) = -1 \neq f(1+0) = 0$,所以 $\lim\limits_{x \to 1} f(x)$ 不存在;

(5)正确,理由同(4);

(6)正确.

3.对图 1-9 所示的函数 $y = f(x)$,下列陈述中哪些是对的,哪些是错的?

(1) $\lim\limits_{x \to -1^+} f(x) = 1$;   (2) $\lim\limits_{x \to -1^-} f(x)$ 不存在;

(3) $\lim\limits_{x \to 0} f(x) = 0$;   (4) $\lim\limits_{x \to 0} f(x) = 1$;

(5) $\lim\limits_{x \to 1^-} f(x) = 1$;   (6) $\lim\limits_{x \to 1} f(x) = 0$;

(7) $\lim\limits_{x \to 2^-} f(x) = 0$;   (8) $\lim\limits_{x \to 2} f(x) = 0$.

解 (1) 正确;

(2) 正确,因为当 $x < -1$ 时, $f(x)$ 无定义;

(3) 正确,因为 $f(0-0) = f(0+0) = 0$,所以 $\lim\limits_{x \to 0} f(x) = 0$;

(4) 错误,因为 $\lim\limits_{x \to 0} f(x)$ 与 $f(x)$ 在 $x = 0$ 处的取值无关;

(5) 正确;

(6) 正确;

(7) 正确;

(8) 错误,因为当 $x > 2$ 时, $f(x)$ 无定义.

图 1-9

4.求 $f(x) = \dfrac{x}{x}, \varphi(x) = \dfrac{|x|}{x}$ 当 $x \to 0$ 时的左、右极限,并说明它们在 $x \to 0$ 时的极限是否存在.

解 $\lim\limits_{x \to 0^-} f(x) = \lim\limits_{x \to 0^-} \dfrac{x}{x} = 1, \lim\limits_{x \to 0^+} f(x) = \lim\limits_{x \to 0^+} \dfrac{x}{x} = 1$,因为 $\lim\limits_{x \to 0^-} f(x) = \lim\limits_{x \to 0^+} f(x) = 1$,所以 $\lim\limits_{x \to 0} f(x) = 1$;

$\lim\limits_{x \to 0^-} \varphi(x) = \lim\limits_{x \to 0^-} \dfrac{|x|}{x} = -1, \lim\limits_{x \to 0^+} \varphi(x) = \lim\limits_{x \to 0^+} \dfrac{|x|}{x} = 1$,因为 $\lim\limits_{x \to 0^-} \varphi(x) \neq \lim\limits_{x \to 0^+} \varphi(x)$,所以 $\lim\limits_{x \to 0} \varphi(x)$ 不存在.

*5.根据函数极限的定义证明:

(1) $\lim\limits_{x \to 3}(3x - 1) = 8$;   (2) $\lim\limits_{x \to 2}(5x + 2) = 12$;

(3) $\lim\limits_{x \to -2} \dfrac{x^2 - 4}{x + 2} = -4$;   (4) $\lim\limits_{x \to -\frac{1}{2}} \dfrac{1 - 4x^2}{2x + 1} = 2$.

证明 (1) 对任意的 $\varepsilon > 0$,由 $|(3x - 1) - 8| = 3|x - 3| < \varepsilon$,得 $|x - 3| < \dfrac{\varepsilon}{3}$,取 $\delta = \dfrac{\varepsilon}{3}$,对任意的 $\varepsilon > 0$,存在 $\delta = \dfrac{\varepsilon}{3} > 0$,当 $0 < |x - 3| < \delta$ 时, $|(3x - 1) - 8| < \varepsilon$,即 $\lim\limits_{x \to 3}(3x - 1) = 8$.

(2) 对任意的 $\varepsilon > 0$,由 $|(5x + 2) - 12| = 5|x - 2| < \varepsilon$,得 $|x - 2| < \dfrac{\varepsilon}{5}$,取 $\delta = \dfrac{\varepsilon}{5}$,对任意的 $\varepsilon > 0$,存在 $\delta = \dfrac{\varepsilon}{5} > 0$,当 $0 < |x - 2| < \delta$ 时, $|(5x + 2) - 12| < \varepsilon$,即 $\lim\limits_{x \to 2}(5x + 2) = 12$.

(3) 对任意的 $\varepsilon > 0$,由 $\left|\dfrac{x^2 - 4}{x + 2} - (-4)\right| = |x - (-2)| < \varepsilon$,得 $|x - (-2)| < \varepsilon$,取 $\delta = \varepsilon$,对任意的 $\varepsilon > 0$,存在 $\delta = \varepsilon > 0$,当 $0 < |x - (-2)| < \delta$ 时, $\left|\dfrac{x^2 - 4}{x + 2} - (-4)\right| < \varepsilon$,即 $\lim\limits_{x \to -2} \dfrac{x^2 - 4}{x + 2} = -4$.

(4) 对任意的 $\varepsilon > 0$,由 $\left|\dfrac{1 - 4x^2}{2x + 1} - 2\right| = |1 - 2x - 2| = 2\left|x - \left(-\dfrac{1}{2}\right)\right| < \varepsilon$,得 $\left|x - \left(-\dfrac{1}{2}\right)\right| < \dfrac{\varepsilon}{2}$,取 $\delta = \dfrac{\varepsilon}{2}$,对任意的 $\varepsilon > 0$,存在 $\delta = \dfrac{\varepsilon}{2} > 0$,当 $0 < \left|x - \left(-\dfrac{1}{2}\right)\right| < \delta$ 时, $\left|\dfrac{1 - 4x^2}{2x + 1} - 2\right| < \varepsilon$,

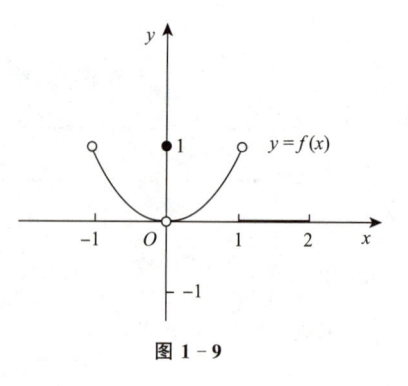

即 $\lim\limits_{x\to \frac{1}{2}} \frac{1-4x^2}{2x+1} = 2$.

*6. 根据函数极限的定义证明：

(1) $\lim\limits_{x\to\infty} \frac{1+x^3}{2x^3} = \frac{1}{2}$;   (2) $\lim\limits_{x\to+\infty} \frac{\sin x}{\sqrt{x}} = 0$.

证明 (1) 对任意的 $\varepsilon > 0$, 由 $\left|\frac{1+x^3}{2x^3} - \frac{1}{2}\right| = \frac{1}{2|x|^3} < \varepsilon$, 得 $|x| > \sqrt[3]{\frac{1}{2\varepsilon}}$, 取 $X = \sqrt[3]{\frac{1}{2\varepsilon}}$, 对任意的 $\varepsilon > 0$, 存在 $X = \sqrt[3]{\frac{1}{2\varepsilon}} > 0$, 当 $|x| > X$ 时, $\left|\frac{1+x^3}{2x^3} - \frac{1}{2}\right| < \varepsilon$, 即 $\lim\limits_{x\to\infty} \frac{1+x^3}{2x^3} = \frac{1}{2}$.

(2) 对任意的 $\varepsilon > 0$, 由 $\left|\frac{\sin x}{\sqrt{x}} - 0\right| \leqslant \frac{1}{\sqrt{x}} < \varepsilon$, 得 $x > \frac{1}{\varepsilon^2}$, 取 $X = \frac{1}{\varepsilon^2}$, 对任意的 $\varepsilon > 0$, 存在 $X = \frac{1}{\varepsilon^2} > 0$, 当 $x > X$ 时, $\left|\frac{\sin x}{\sqrt{x}} - 0\right| < \varepsilon$, 即 $\lim\limits_{x\to+\infty} \frac{\sin x}{\sqrt{x}} = 0$.

*7. 当 $x \to 2$ 时, $y = x^2 \to 4$. 问 δ 等于多少, 使当 $|x-2| < \delta$ 时, $|y-4| < 0.001$?

解 不妨设 $|x-2| < 1$, 即 $1 < x < 3$.
由 $|x^2 - 4| = |x+2| \cdot |x-2| < 5|x-2| < 0.001$, 得 $|x-2| < 0.0002$, 取 $\delta = 0.0002$, 则当 $0 < |x-2| < 0.0002$ 时, $|x^2 - 4| < 0.001$.

*8. 当 $x \to \infty$ 时, $y = \frac{x^2-1}{x^2+3} \to 1$. 问 X 等于多少, 使当 $|x| > X$ 时, $|y-1| < 0.01$?

解 由 $\left|\frac{x^2-1}{x^2+3} - 1\right| = \frac{4}{x^2+3} < \frac{4}{x^2} < 0.01$, 得 $x > 20$, 取 $X = 20$, 当 $|x| > X$ 时, $\left|\frac{x^2-1}{x^2+3} - 1\right| < 0.01$.

*9. 证明函数 $f(x) = |x|$ 当 $x \to 0$ 时极限为 0.

证明 对任意的 $\varepsilon > 0$, 由 $||x| - 0| = |x - 0| < \varepsilon$, 得 $|x - 0| < \varepsilon$, 取 $\delta = \varepsilon$, 对任意的 $\varepsilon > 0$, 存在 $\delta = \varepsilon > 0$, 当 $0 < |x - 0| < \delta$ 时, 即 $\lim\limits_{x\to 0} |x| = 0$.

*10. 证明：若 $x \to +\infty$ 及 $x \to -\infty$ 时, 函数 $f(x)$ 的极限存在且都等于 A, 则 $\lim\limits_{x\to\infty} f(x) = A$.

证明 对任意的 $\varepsilon > 0$, 因为 $\lim\limits_{x\to -\infty} f(x) = A$, 所以存在 $X_1 > 0$, 当 $x < -X_1$ 时,
$$|f(x) - A| < \varepsilon;$$
又因为 $\lim\limits_{x\to +\infty} f(x) = A$, 所以存在 $X_2 > 0$, 当 $x > X_2$ 时,
$$|f(x) - A| < \varepsilon;$$
取 $X = \max\{X_1, X_2\}$, 则当 $|x| > X$ 时, $|f(x) - A| < \varepsilon$, 故 $\lim\limits_{x\to\infty} f(x) = A$.

*11. 根据函数极限的定义证明：函数 $f(x)$ 当 $x \to x_0$ 时极限存在的充分必要条件是左、右极限各自存在并且相等.

证明 "必要性" 设 $\lim\limits_{x\to x_0} f(x) = A$, 则对任意的 $\varepsilon > 0$, 存在 $\delta > 0$, 当 $0 < |x - x_0| < \delta$ 时,
$$|f(x) - A| < \varepsilon,$$
即当 $0 < x_0 - x < \delta$ 及 $0 < x - x_0 < \delta$ 时, 都有 $|f(x) - A| < \varepsilon$, 故 $\lim\limits_{x\to x_0^-} f(x) = A$ 及 $\lim\limits_{x\to x_0^+} f(x) = A$.

"充分性" 设 $\lim\limits_{x\to x_0^-} f(x) = A$ 且 $\lim\limits_{x\to x_0^+} f(x) = A$. 对任意的 $\varepsilon > 0$, 因为 $\lim\limits_{x\to x_0^-} f(x) = A$, 所以存在 $\delta_1 > 0$, 当 $0 < x_0 - x < \delta_1$ 时,
$$|f(x) - A| < \varepsilon.$$
又因为 $\lim\limits_{x\to x_0^+} f(x) = A$, 所以存在 $\delta_2 > 0$, 当 $0 < x - x_0 < \delta_2$ 时,
$$|f(x) - A| < \varepsilon.$$

取 $\delta = \min\{\delta_1, \delta_2\}$，当 $0 < |x - x_0| < \delta$ 时，
$$|f(x) - A| < \varepsilon,$$
故 $\lim\limits_{x \to x_0} f(x) = A.$

*12. 试给出 $x \to \infty$ 时函数极限的局部有界性的定理，并加以证明.

解 局部有界性定理：若 $\lim\limits_{x \to \infty} f(x) = A$，则存在 $X > 0$ 及 $M > 0$，当 $|x| > X$ 时，$|f(x)| \leqslant M.$

证明：取 $\varepsilon = 1$，因为 $\lim\limits_{x \to \infty} f(x) = A$，所以存在 $X > 0$，当 $|x| > X$ 时，
$$|f(x) - A| < 1.$$
由 $||f(x)| - |A|| \leqslant |f(x) - A| < 1$，得 $|f(x)| < 1 + |A|$，取 $M = 1 + |A|$，当 $|x| > X$ 时，$|f(x)| \leqslant M.$

第四节　无穷小与无穷大

▶ 期末高分必备知识

一、基本概念

定义 1（无穷小） 设 $\alpha(x)$ 在 $x = a$ 的去心邻域内有定义，若 $\lim\limits_{x \to a} \alpha(x) = 0$，称当 $x \to a$ 时 $\alpha(x)$ 为无穷小；若 $\lim\limits_{x \to \infty} \alpha(x) = 0$，称当 $x \to \infty$ 时 $\alpha(x)$ 为无穷小.

定义 2（无穷大） 设 $f(x)$ 在 $x = a$ 的去心邻域内有定义，若对任意的 $M > 0$，存在 $\delta > 0$，当 $0 < |x - a| < \delta$ 时，有 $|f(x)| > M$，称当 $x \to a$ 时，$f(x)$ 为无穷大；

若对任意的 $M > 0$，存在 $X > 0$，当 $|x| > X$ 时，有 $|f(x)| > M$，称当 $x \to \infty$ 时，$f(x)$ 为无穷大.

二、无穷小与无穷大的基本性质

性质 1 有限个无穷小之和或差仍为无穷小，

如：$\alpha \to 0, \beta \to 0 (x \to a)$，则 $\alpha \pm \beta \to 0 (x \to a).$

性质 2 有限个无穷小之积仍为无穷小，

如：$\alpha \to 0, \beta \to 0 (x \to a)$，则 $\alpha\beta \to 0 (x \to a).$

推论 1 常数与无穷小之积仍为无穷小.

推论 2 有界函数与无穷小之积仍为无穷小，

即 $|\alpha| \leqslant M, \beta \to 0 (x \to a)$，则 $\alpha\beta \to 0 (x \to a).$

如：$\lim\limits_{x \to 0} x^2 \sin\dfrac{1}{x} = 0.$

性质 3 无穷小的倒数为无穷大，无穷大的倒数为无穷小.

性质 4（极限与无穷小的关系） $\lim\limits_{x \to a} f(x) = A$ 的充要条件是 $f(x) = A + \alpha$，其中 $\alpha \to 0 (x \to a).$

▶ 60分必会题型

题型：无界与无穷大的关系

例 1 下列结论正确的是（　　）.

(A) 若 $\{a_n\}, \{b_n\}$ 无界，则 $\{a_n b_n\}$ 无界

(B) 若 $\lim\limits_{n \to \infty} a_n, \lim\limits_{n \to \infty} b_n$ 为无穷大，则 $\lim\limits_{n \to \infty} a_n b_n$ 为无穷大

(C) 若 $\{a_n\}$ 有界，$\{b_n\}$ 无界，则 $\{a_n b_n\}$ 无界

(D) 若 $\lim\limits_{n \to \infty} a_n$ 为无穷小，$\lim\limits_{n \to \infty} b_n$ 为无穷大，则 $\lim\limits_{n \to \infty} a_n b_n$ 为无穷大

解 取 $a_n = [1 + (-1)^n]n, b_n = [1 - (-1)^n]n$，显然 $\{a_n\}, \{b_n\}$ 都是无界的，但 $a_n b_n = 0$，(A) 选项错误；

取 $a_n = \dfrac{1}{2n+1}, b_n = n$,显然 $\{a_n\}$ 有界、$\{b_n\}$ 无界,$\lim\limits_{n\to\infty} a_n$ 是无穷小、$\lim\limits_{n\to\infty} b_n$ 是无穷大但 $|a_n b_n| = \dfrac{n}{2n+1} \leqslant \dfrac{1}{2}$,$\lim\limits_{n\to\infty} a_n b_n = \dfrac{1}{2}$,故(C)、(D)选项错误,应选(B).

例2 下列结论正确的是(　　).

(A) 当 $x \to a$ 时,若 $f(x)$ 与 $g(x)$ 都是无穷大,则 $f(x) - g(x)$ 为无穷大

(B) 当 $x \to a$ 时,若 $f(x)$ 与 $g(x)$ 都是无穷大,则 $f(x) + g(x)$ 为无穷大

(C) 当 $x \to a$ 时,若 $f(x)$ 为无穷大,$g(x)$ 为无穷小,则 $f(x)g(x)$ 为无穷大

(D) 当 $x \to a$ 时,若 $f(x)$ 为无穷大,$g(x)(g(x) \neq 0)$ 为无穷小,则 $\dfrac{f(x)}{g(x)}$ 为无穷大

解 取 $f(x) = 2 + \dfrac{1}{x}, g(x) = \dfrac{1}{x}$,当 $x \to 0$ 时,$f(x), g(x)$ 都是无穷大,但 $f(x) - g(x) = 2$ 不是无穷大,(A) 选项错误;

取 $f(x) = 2 + \dfrac{1}{x}, g(x) = 2 - \dfrac{1}{x}$,当 $x \to 0$ 时,$f(x), g(x)$ 都是无穷大,但 $f(x) + g(x) = 4$ 不是无穷大,(B) 选项错误;

取 $f(x) = \dfrac{1}{x}, g(x) = 2x + x^2$,显然当 $x \to 0$ 时,$f(x)$ 为无穷大,$g(x)$ 为无穷小,但 $f(x)g(x) = 2 + x$ 不是无穷大,(C) 选项错误;

当 $x \to a$ 时,$g(x)$ 为无穷小,则 $\dfrac{1}{g(x)}$ 为无穷大,从而 $\dfrac{f(x)}{g(x)} = f(x) \cdot \dfrac{1}{g(x)}$ 为无穷大,应选(D).

同济八版教材 ▶ 习题解答

习题 1-4　无穷小与无穷大

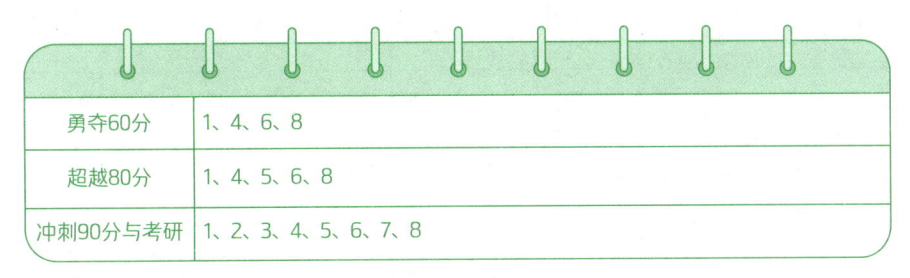

勇夺60分	1、4、6、8
超越80分	1、4、5、6、8
冲刺90分与考研	1、2、3、4、5、6、7、8

1. 两个无穷小的商是否一定是无穷小?举例说明之.

解 不一定,如:$\alpha(x) = x, \beta(x) = 2x + x^2$ 为当 $x \to 0$ 时的无穷小,但 $\lim\limits_{x \to 0} \dfrac{\alpha}{\beta} = \dfrac{1}{2}$,故 $\dfrac{\alpha}{\beta}$ 当 $x \to 0$ 不是无穷小.

*2. 根据定义证明:

(1) $y = \dfrac{x^2 - 9}{x + 3}$ 为当 $x \to 3$ 时的无穷小;

(2) $y = x \sin \dfrac{1}{x}$ 为当 $x \to 0$ 时的无穷小.

证明 (1) 对任意的 $\varepsilon > 0$,由 $\left|\dfrac{x^2-9}{x+3}\right| = |x-3| < \varepsilon$ 得 $|x-3| < \varepsilon$,取 $\delta = \varepsilon$,当 $0 < |x-3| < \delta$ 时,$\left|\dfrac{x^2-9}{x+3}\right| < \varepsilon$,即 $\lim\limits_{x \to 3} \dfrac{x^2-9}{x+3} = 0$,故当 $x \to 3$ 时 $\dfrac{x^2-9}{x+3}$ 为无穷小;

(2) 对任意的 $\varepsilon > 0$,由 $\left|x \sin \dfrac{1}{x}\right| \leqslant |x| < \varepsilon$ 得 $|x - 0| < \varepsilon$,取 $\delta = \varepsilon$,当 $0 < |x - 0| < \delta$ 时,

$\left| x\sin\dfrac{1}{x} \right| < \varepsilon$,即 $\lim\limits_{x\to 0} x\sin\dfrac{1}{x} = 0$,故当 $x \to 0$ 时 $x\sin\dfrac{1}{x}$ 为无穷小.

*3. 根据定义证明:$y = \dfrac{1+2x}{x}$ 为当 $x \to 0$ 时的无穷大.问 x 应满足什么条件,能使 $|y| > 10^4$?

证明 对任意的 $M > 0$,由 $\left| \dfrac{1+2x}{x} \right| = \left| \dfrac{1}{x} + 2 \right| \geq \dfrac{1}{|x|} - 2 > M$,得 $|x| < \dfrac{1}{M+2}$,取 $\delta = \dfrac{1}{M+2}$,对任意的 $M > 0$,存在 $\delta = \dfrac{1}{M+2} > 0$,当 $0 < |x-0| < \delta$ 时,$\left| \dfrac{1+2x}{x} \right| > M$,即当 $x \to 0$ 时,$\dfrac{1+2x}{x}$ 为无穷大.

令 $M = 10^4$,取 $\delta = \dfrac{1}{10^4 + 2}$,当 $0 < |x-0| < \delta$ 时,$\left| \dfrac{1+2x}{x} \right| > 10^4$.

4. 求下列极限并说明理由:

(1) $\lim\limits_{x\to\infty} \dfrac{2x+1}{x}$;   (2) $\lim\limits_{x\to 0} \dfrac{1-x^2}{1-x}$.

解 (1) $\lim\limits_{x\to\infty} \dfrac{2x+1}{x} = \lim\limits_{x\to\infty}\left(2 + \dfrac{1}{x}\right) = 2$,由性质 3,当 $x \to \infty$ 时,$\dfrac{1}{x}$ 为无穷小,再由定理 1 可知 $\lim\limits_{x\to\infty}\left(2 + \dfrac{1}{x}\right) = 2$;

(2) $\lim\limits_{x\to 0} \dfrac{1-x^2}{1-x} = \lim\limits_{x\to 0}(1+x) = 1$,由定理 1 可知,$\lim\limits_{x\to 0}(1+x) = 1$.

5. 根据函数极限或无穷大定义,填写下表:

	$f(x) \to A$	$f(x) \to \infty$	$f(x) \to +\infty$	$f(x) \to -\infty$
$x \to x_0$	$\forall \varepsilon > 0, \exists \delta > 0$,使当 $0 < |x - x_0| < \delta$ 时,有 $|f(x) - A| < \varepsilon$			
$x \to x_0^+$				
$x \to \infty$		$\forall M > 0, \exists X > 0$,使当 $|x| > X$ 时,$|f(x)| > M$		
$x \to +\infty$				
$x \to -\infty$				

解

	$f(x) \to A$	$f(x) \to \infty$	$f(x) \to +\infty$	$f(x) \to -\infty$
$x \to x_0$	$\forall \varepsilon > 0, \exists \delta > 0,$ 使得当 $0 < \|x-x_0\| < \delta$ 时,有 $\|f(x)-A\| < \varepsilon$	$\forall M > 0, \exists \delta > 0,$ 当 $0 < \|x-x_0\| < \delta$ 时, $\|f(x)\| > M$	$\forall M > 0, \exists \delta > 0,$ 当 $0 < \|x-x_0\| < \delta$ 时, $f(x) > M$	$\forall M > 0, \exists \delta > 0,$ 当 $0 < \|x-x_0\| < \delta$ 时, $f(x) < -M$
$x \to x_0^+$	$\forall \varepsilon > 0, \exists \delta > 0,$ 使得当 $0 < x-x_0 < \delta$ 时,有 $\|f(x)-A\| < \varepsilon$	$\forall M > 0, \exists \delta > 0,$ 当 $0 < x-x_0 < \delta$ 时, $\|f(x)\| > M$	$\forall M > 0, \exists \delta > 0,$ 当 $0 < x-x_0 < \delta$ 时, $f(x) > M$	$\forall M > 0, \exists \delta > 0,$ 当 $0 < x-x_0 < \delta$ 时, $f(x) < -M$
$x \to x_0^-$	$\forall \varepsilon > 0, \exists \delta > 0,$ 使得当 $-\delta < x-x_0 < 0$ 时,有 $\|f(x)-A\| < \varepsilon$	$\forall M > 0, \exists \delta > 0,$ 当 $-\delta < x-x_0 < 0$ 时, $\|f(x)\| > M$	$\forall M > 0, \exists \delta > 0,$ 当 $-\delta < x-x_0 < 0$ 时, $f(x) > M$	$\forall M > 0, \exists \delta > 0,$ 当 $-\delta < x-x_0 < 0$ 时, $f(x) < -M$
$x \to \infty$	$\forall \varepsilon > 0, \exists X > 0,$ 当 $\|x\| > X$ 时, $\|f(x)-A\| < \varepsilon$	$\forall M > 0, \exists X > 0,$ 使得当 $\|x\| > X$ 时, $\|f(x)\| > M$	$\forall M > 0, \exists X > 0,$ 当 $\|x\| > X$ 时, $f(x) > M$	$\forall M > 0, \exists X > 0,$ 当 $\|x\| > X$ 时, $f(x) < -M$
$x \to +\infty$	$\forall \varepsilon > 0, \exists X > 0,$ 当 $x > X$ 时, $\|f(x)-A\| < \varepsilon$	$\forall M > 0, \exists X > 0,$ 当 $x > X$ 时, $\|f(x)\| > M$	$\forall M > 0, \exists X > 0,$ 当 $x > X$ 时, $f(x) > M$	$\forall M > 0, \exists X > 0,$ 当 $x > X$ 时, $f(x) < -M$
$x \to -\infty$	$\forall \varepsilon > 0, \exists X > 0,$ 当 $x < -X$ 时, $\|f(x)-A\| < \varepsilon$	$\forall M > 0, \exists X > 0,$ 当 $x < -X$ 时, $\|f(x)\| > M$	$\forall M > 0, \exists X > 0,$ 当 $x < -X$ 时, $f(x) > M$	$\forall M > 0, \exists X > 0,$ 当 $x < -X$ 时, $f(x) < -M$

6. 函数 $y = x\cos x$ 在 $(-\infty, +\infty)$ 内是否有界?这个函数是不是 $x \to +\infty$ 时的无穷大?为什么?

解 取 $x_n = 2n\pi \to \infty(n \to \infty)$,因为 $\lim\limits_{n \to \infty} x_n \cos x_n = +\infty$,所以 $y = x\cos x$ 在 $(-\infty, +\infty)$ 内无界.

取 $x_n = 2n\pi + \dfrac{\pi}{2} \to \infty(n \to \infty)$,因为 $\lim\limits_{n \to \infty} x_n \cos x_n = 0$,所以 $y = x\cos x$ 当 $x \to +\infty$ 时不是无穷大.

*7. 证明:函数 $y = \dfrac{1}{x}\sin\dfrac{1}{x}$ 在区间 $(0,1]$ 内无界,但这个函数不是 $x \to 0^+$ 时的无穷大.

证明 取 $x_n = \dfrac{1}{2n\pi + \dfrac{\pi}{2}}(n \in \mathbf{N})$,则当 $n \to \infty$ 时, $x_n \to 0$,因为

$$\lim_{n \to \infty} \dfrac{1}{x_n}\sin\dfrac{1}{x_n} = \lim_{n \to \infty}\left(2n\pi + \dfrac{\pi}{2}\right)\sin\left(2n\pi + \dfrac{\pi}{2}\right) = +\infty,$$

所以 $y = \dfrac{1}{x}\sin\dfrac{1}{x}$ 在 $(0,1]$ 上无界.

取 $x_n = \dfrac{1}{2n\pi}(n \in \mathbf{N})$,则当 $n \to \infty$ 时, $x_n \to 0$,因为

$$\lim_{n \to \infty} \dfrac{1}{x_n}\sin\dfrac{1}{x_n} = \lim_{n \to \infty} 2n\pi\sin(2n\pi) = 0,$$

所以 $y = \dfrac{1}{x}\sin\dfrac{1}{x}$ 当 $x \to 0^+$ 时也不是无穷大.

8. 求函数 $f(x) = \dfrac{4}{2-x^2}$ 的图形的渐近线.

解 因为 $\lim\limits_{x\to\infty} f(x) = 0$，所以 $y = 0$ 为曲线 $y = \dfrac{4}{2-x^2}$ 的水平渐近线；

因为 $\lim\limits_{x\to\pm\sqrt{2}} f(x) = \infty$，所以 $x = -\sqrt{2}$ 及 $x = \sqrt{2}$ 为曲线 $y = \dfrac{4}{2-x^2}$ 的铅直渐近线.

第五节　极限运算法则

▶ **期末高分必备知识**

一、极限的四则运算法则

法则 1　设 $\lim\limits_{x\to a} f(x) = A$，$\lim\limits_{x\to a} g(x) = B$，则 $\lim\limits_{x\to a}[f(x) \pm g(x)] = A \pm B$.

法则 2　设 $\lim\limits_{x\to a} f(x) = A$，$\lim\limits_{x\to a} g(x) = B$，则 $\lim\limits_{x\to a} f(x)g(x) = AB$.

推论 1　设 $\lim\limits_{x\to a} f(x) = A$，则 $\lim\limits_{x\to a} kf(x) = k\lim\limits_{x\to a} f(x) = kA$.

推论 2　设 $\lim\limits_{x\to a} f(x) = A$，则 $\lim\limits_{x\to a} [f(x)]^n = [\lim\limits_{x\to a} f(x)]^n = A^n$.

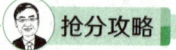

法则 3　设 $\lim\limits_{x\to a} f(x) = A$，$\lim\limits_{x\to a} g(x) = B \neq 0$，则 $\lim\limits_{x\to a} \dfrac{f(x)}{g(x)} = \dfrac{A}{B}$.

▶ **抢分攻略**

$$\lim_{x\to\infty} \dfrac{b_m x^m + \cdots + b_1 x + b_0}{a_n x^n + \cdots + a_1 x + a_0} = \begin{cases} 0, & m < n, \\ \dfrac{b_m}{a_n}, & m = n, \\ \infty, & m > n. \end{cases}$$

二、极限的复合运算法则

法则 4　设 $\lim\limits_{u\to a} f(u) = A$，又 $\lim\limits_{x\to x_0} \varphi(x) = a$ 且当 x 在 x_0 的去心邻域内 $\varphi(x) \neq a$，则 $\lim\limits_{x\to x_0} f[\varphi(x)] = A$.

▶ **60分必会题型**

题型：利用极限运算法则求极限

例 1　求极限 $\lim\limits_{x\to 2} \dfrac{x^2 + 4x - 12}{x^2 - 4}$.

解 $\lim\limits_{x\to 2} \dfrac{x^2+4x-12}{x^2-4} = \lim\limits_{x\to 2} \dfrac{(x-2)(x+6)}{(x+2)(x-2)} = \lim\limits_{x\to 2} \dfrac{x+6}{x+2} = \dfrac{\lim\limits_{x\to 2}(x+6)}{\lim\limits_{x\to 2}(x+2)} = \dfrac{8}{4} = 2$.

例 2　求极限 $\lim\limits_{x\to +\infty} \left(\sqrt{4x^2 + 12x + 1} - 2x\right)$.

解 $\lim\limits_{x\to +\infty} \left(\sqrt{4x^2+12x+1} - 2x\right) = \lim\limits_{x\to +\infty} \dfrac{12x+1}{\sqrt{4x^2+12x+1}+2x} = \lim\limits_{x\to +\infty} \dfrac{12 + \dfrac{1}{x}}{\sqrt{4+\dfrac{12}{x}+\dfrac{1}{x^2}}+2}$

$= \dfrac{\lim\limits_{x\to +\infty}\left(12+\dfrac{1}{x}\right)}{\lim\limits_{x\to +\infty}\left(\sqrt{4+\dfrac{12}{x}+\dfrac{1}{x^2}}+2\right)} = \dfrac{12}{2+2} = 3$.

例3 求极限 $\lim\limits_{x\to\infty}\dfrac{3x^2-2x+1}{x^2+x+2}$.

解 $\lim\limits_{x\to\infty}\dfrac{3x^2-2x+1}{x^2+x+2}=\lim\limits_{x\to\infty}\dfrac{3-\dfrac{2}{x}+\dfrac{1}{x^2}}{1+\dfrac{1}{x}+\dfrac{2}{x^2}}=\dfrac{\lim\limits_{x\to\infty}\left(3-\dfrac{2}{x}+\dfrac{1}{x^2}\right)}{\lim\limits_{x\to\infty}\left(1+\dfrac{1}{x}+\dfrac{2}{x^2}\right)}=3.$

例4 求 $\lim\limits_{x\to 1}\left(\dfrac{1}{x-1}-\dfrac{3}{x^3-1}\right)$.

解 $\lim\limits_{x\to 1}\left(\dfrac{1}{x-1}-\dfrac{3}{x^3-1}\right)=\lim\limits_{x\to 1}\dfrac{x^2+x-2}{(x-1)(x^2+x+1)}$
$=\lim\limits_{x\to 1}\dfrac{(x-1)(x+2)}{(x-1)(x^2+x+1)}=\lim\limits_{x\to 1}\dfrac{x+2}{x^2+x+1}=1.$

期末小锦囊 $a^3-b^3=(a-b)(a^2+b^2+ab), a^3+b^3=(a+b)(a^2+b^2-ab).$

同济八版教材 习题解答

习题 1-5 极限运算法则

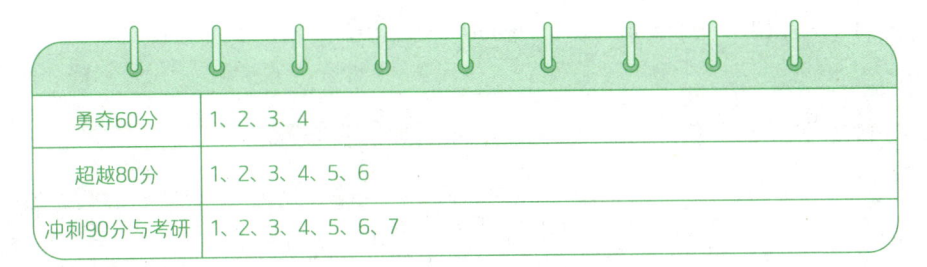

勇夺60分	1、2、3、4
超越80分	1、2、3、4、5、6
冲刺90分与考研	1、2、3、4、5、6、7

1. 计算下列极限：

(1) $\lim\limits_{x\to 2}\dfrac{x^2+5}{x-3}$；

(2) $\lim\limits_{x\to\sqrt{3}}\dfrac{x^2-3}{x^2+1}$；

(3) $\lim\limits_{x\to 1}\dfrac{x^2-2x+1}{x^2-1}$；

(4) $\lim\limits_{x\to 0}\dfrac{4x^3-2x^2+x}{3x^2+2x}$；

(5) $\lim\limits_{h\to 0}\dfrac{(x+h)^2-x^2}{h}$；

(6) $\lim\limits_{x\to\infty}\left(2-\dfrac{1}{x}+\dfrac{1}{x^2}\right)$；

(7) $\lim\limits_{x\to\infty}\dfrac{x^2-1}{2x^2-x-1}$；

(8) $\lim\limits_{x\to\infty}\dfrac{x^2+x}{x^4-3x^2+1}$；

(9) $\lim\limits_{x\to 4}\dfrac{x^2-6x+8}{x^2-5x+4}$；

(10) $\lim\limits_{x\to\infty}\left(1+\dfrac{1}{x}\right)\left(2-\dfrac{1}{x^2}\right)$；

(11) $\lim\limits_{n\to\infty}\left(1+\dfrac{1}{2}+\dfrac{1}{4}+\cdots+\dfrac{1}{2^n}\right)$；

(12) $\lim\limits_{n\to\infty}\dfrac{1+2+3+\cdots+(n-1)}{n^2}$；

(13) $\lim\limits_{n\to\infty}\dfrac{(n+1)(n+2)(n+3)}{5n^3}$；

(14) $\lim\limits_{x\to 1}\left(\dfrac{1}{1-x}-\dfrac{3}{1-x^3}\right)$.

解 (1) $\lim\limits_{x\to 2}\dfrac{x^2+5}{x-3}=\dfrac{\lim\limits_{x\to 2}(x^2+5)}{\lim\limits_{x\to 2}(x-3)}=\dfrac{4+5}{2-3}=-9.$

(2) $\lim\limits_{x\to\sqrt{3}}\dfrac{x^2-3}{x^2+1}=\dfrac{\lim\limits_{x\to\sqrt{3}}(x^2-3)}{\lim\limits_{x\to\sqrt{3}}(x^2+1)}=\dfrac{3-3}{3+1}=0.$

(3) $\lim\limits_{x\to 1}\dfrac{x^2-2x+1}{x^2-1}=\lim\limits_{x\to 1}\dfrac{(x-1)^2}{(x+1)(x-1)}=\lim\limits_{x\to 1}\dfrac{x-1}{x+1}=\dfrac{0}{2}=0.$

(4) $\lim\limits_{x\to 0}\dfrac{4x^3-2x^2+x}{3x^2+2x}=\lim\limits_{x\to 0}\dfrac{4x^2-2x+1}{3x+2}=\dfrac{\lim\limits_{x\to 0}(4x^2-2x+1)}{\lim\limits_{x\to 0}(3x+2)}=\dfrac{1}{2}.$

(5) $\lim\limits_{h\to 0}\dfrac{(x+h)^2-x^2}{h}=\lim\limits_{h\to 0}\dfrac{2xh+h^2}{h}=\lim\limits_{h\to 0}(2x+h)=2x.$

(6) $\lim\limits_{x\to\infty}\left(2-\dfrac{1}{x}+\dfrac{1}{x^2}\right)=2-\lim\limits_{x\to\infty}\dfrac{1}{x}+\lim\limits_{x\to\infty}\dfrac{1}{x^2}=2.$

(7) $\lim\limits_{x\to\infty}\dfrac{x^2-1}{2x^2-x-1}=\lim\limits_{x\to\infty}\dfrac{1-\dfrac{1}{x^2}}{2-\dfrac{1}{x}-\dfrac{1}{x^2}}=\dfrac{\lim\limits_{x\to\infty}\left(1-\dfrac{1}{x^2}\right)}{\lim\limits_{x\to\infty}\left(2-\dfrac{1}{x}-\dfrac{1}{x^2}\right)}=\dfrac{1}{2}.$

(8) $\lim\limits_{x\to\infty}\dfrac{x^2+x}{x^4-3x^2+1}=\lim\limits_{x\to\infty}\dfrac{\dfrac{1}{x^2}+\dfrac{1}{x^3}}{1-\dfrac{3}{x^2}+\dfrac{1}{x^4}}=\dfrac{\lim\limits_{x\to\infty}\left(\dfrac{1}{x^2}+\dfrac{1}{x^3}\right)}{\lim\limits_{x\to\infty}\left(1-\dfrac{3}{x^2}+\dfrac{1}{x^4}\right)}=\dfrac{0}{1}=0.$

(9) $\lim\limits_{x\to 4}\dfrac{x^2-6x+8}{x^2-5x+4}=\lim\limits_{x\to 4}\dfrac{(x-2)(x-4)}{(x-1)(x-4)}=\lim\limits_{x\to 4}\dfrac{x-2}{x-1}=\dfrac{\lim\limits_{x\to 4}(x-2)}{\lim\limits_{x\to 4}(x-1)}=\dfrac{2}{3}.$

(10) $\lim\limits_{x\to\infty}\left(1+\dfrac{1}{x}\right)\left(2-\dfrac{1}{x^2}\right)=\lim\limits_{x\to\infty}\left(1+\dfrac{1}{x}\right)\lim\limits_{x\to\infty}\left(2-\dfrac{1}{x^2}\right)=1\times 2=2.$

(11) $\lim\limits_{n\to\infty}\left(1+\dfrac{1}{2}+\cdots+\dfrac{1}{2^n}\right)=\lim\limits_{n\to\infty}\dfrac{1-\dfrac{1}{2^{n+1}}}{1-\dfrac{1}{2}}=\lim\limits_{n\to\infty}2\left(1-\dfrac{1}{2^{n+1}}\right)=2.$

(12) $\lim\limits_{n\to\infty}\dfrac{1+2+\cdots+(n-1)}{n^2}=\lim\limits_{n\to\infty}\dfrac{n(n-1)}{2n^2}=\dfrac{1}{2}\lim\limits_{n\to\infty}\left(1-\dfrac{1}{n}\right)=\dfrac{1}{2}.$

(13) $\lim\limits_{n\to\infty}\dfrac{(n+1)(n+2)(n+3)}{5n^3}=\dfrac{1}{5}\lim\limits_{n\to\infty}\left(1+\dfrac{1}{n}\right)\left(1+\dfrac{2}{n}\right)\left(1+\dfrac{3}{n}\right)$

$=\dfrac{1}{5}\lim\limits_{n\to\infty}\left(1+\dfrac{1}{n}\right)\lim\limits_{n\to\infty}\left(1+\dfrac{2}{n}\right)\lim\limits_{n\to\infty}\left(1+\dfrac{3}{n}\right)=\dfrac{1}{5}.$

(14) $\lim\limits_{x\to 1}\left(\dfrac{1}{1-x}-\dfrac{3}{1-x^3}\right)=\lim\limits_{x\to 1}\dfrac{1+x+x^2-3}{1-x^3}=\lim\limits_{x\to 1}\dfrac{(x-1)(x+2)}{(1-x)(1+x+x^2)}$

$=-\lim\limits_{x\to 1}\dfrac{x+2}{1+x+x^2}=-\dfrac{\lim\limits_{x\to 1}(x+2)}{\lim\limits_{x\to 1}(1+x+x^2)}=-1.$

2. 计算下列极限：

(1) $\lim\limits_{x\to 2}\dfrac{x^3+2x^2}{(x-2)^2}$;   (2) $\lim\limits_{x\to\infty}\dfrac{x^2}{2x+1}$;   (3) $\lim\limits_{x\to\infty}(2x^3-x+1).$

解 (1) 因为 $\lim\limits_{x\to 2}\dfrac{(x-2)^2}{x^3+2x^2}=\dfrac{\lim\limits_{x\to 2}(x-2)^2}{\lim\limits_{x\to 2}(x^3+2x^2)}=0$，所以 $\lim\limits_{x\to 2}\dfrac{x^3+2x^2}{(x-2)^2}=\infty$；

(2) 因为 $\lim\limits_{x\to\infty}\dfrac{2x+1}{x^2}=\lim\limits_{x\to\infty}\left(\dfrac{2}{x}+\dfrac{1}{x^2}\right)=0$，所以 $\lim\limits_{x\to\infty}\dfrac{x^2}{2x+1}=\infty$；

(3) 因为 $\lim\limits_{x\to\infty}\dfrac{1}{2x^3-x+1}=\lim\limits_{x\to\infty}\dfrac{\dfrac{1}{x^3}}{2-\dfrac{1}{x^2}+\dfrac{1}{x^3}}=\dfrac{\lim\limits_{x\to\infty}\dfrac{1}{x^3}}{\lim\limits_{x\to\infty}\left(2-\dfrac{1}{x^2}+\dfrac{1}{x^3}\right)}=0,$

所以 $\lim\limits_{x\to\infty}(2x^3-x+1)=\infty.$

3. 计算下列极限：

(1) $\lim\limits_{x\to 0}x^2\sin\dfrac{1}{x}$; (2) $\lim\limits_{x\to\infty}\dfrac{\arctan x}{x}$.

解 (1) 因为 $\lim\limits_{x\to 0}x^2=0$, $\left|\sin\dfrac{1}{x}\right|\leqslant 1$, 所以 $\lim\limits_{x\to 0}x^2\sin\dfrac{1}{x}=0$;

(2) 因为 $\lim\limits_{x\to\infty}\dfrac{1}{x}=0$, $|\arctan x|<\dfrac{\pi}{2}$, 所以 $\lim\limits_{x\to\infty}\dfrac{\arctan x}{x}=0$.

4.设 $\{a_n\}$,$\{b_n\}$,$\{c_n\}$ 均为非负数列,且 $\lim\limits_{n\to\infty}a_n=0$,$\lim\limits_{n\to\infty}b_n=1$,$\lim\limits_{n\to\infty}c_n=\infty$. 下列陈述中哪些是对的,哪些是错的?如果是对的,说明理由;如果是错的,试给出一个反例.

(1) $a_n<b_n$,$n\in\mathbf{N}_+$; (2) $b_n<c_n$,$n\in\mathbf{N}_+$;

(3) $\lim\limits_{n\to\infty}a_nc_n$ 不存在; (4) $\lim\limits_{n\to\infty}b_nc_n$ 不存在.

解 (1) 错误, 如 $a_n=\dfrac{2}{n}$,$b_n=\dfrac{n}{n+1}$, 显然 $\lim\limits_{n\to\infty}a_n=0$,$\lim\limits_{n\to\infty}b_n=1$, 但 $a_1>b_1$, 故对任意的 $n\in\mathbf{N}_+$, $a_n<b_n$ 不成立;

(2) 错误, 如 $b_n=\dfrac{n+1}{n}$,$c_n=n$, 显然 $\lim\limits_{n\to\infty}b_n=1$,$\lim\limits_{n\to\infty}c_n=\infty$, 但 $b_1>c_1$, 故对任意的 $n\in\mathbf{N}_+$, $b_n<c_n$ 不成立;

(3) 错误, 如 $a_n=\dfrac{1}{n}$,$c_n=2n$, 显然 $\lim\limits_{n\to\infty}a_n=0$,$\lim\limits_{n\to\infty}c_n=\infty$, 但 $\lim\limits_{n\to\infty}a_nc_n=2$;

(4) 正确, 若 $\lim\limits_{n\to\infty}b_nc_n$ 存在, 则 $\lim\limits_{n\to\infty}c_n=\lim\limits_{n\to\infty}b_nc_n\cdot\lim\limits_{n\to\infty}\dfrac{1}{b_n}$ 存在, 与已知条件矛盾, 故 $\lim\limits_{n\to\infty}b_nc_n$ 不存在.

5.下列陈述中,哪些是对的,哪些是错的?如果是对的,说明理由;如果是错的,试给出一个反例.

(1) 如果 $\lim\limits_{x\to x_0}f(x)$ 存在, 但 $\lim\limits_{x\to x_0}g(x)$ 不存在, 那么 $\lim\limits_{x\to x_0}[f(x)+g(x)]$ 不存在;

(2) 如果 $\lim\limits_{x\to x_0}f(x)$ 和 $\lim\limits_{x\to x_0}g(x)$ 都不存在, 那么 $\lim\limits_{x\to x_0}[f(x)+g(x)]$ 不存在;

(3) 如果 $\lim\limits_{x\to x_0}f(x)$ 存在, 但 $\lim\limits_{x\to x_0}g(x)$ 不存在, 那么 $\lim\limits_{x\to x_0}[f(x)\cdot g(x)]$ 不存在;

(4) 如果 $\lim\limits_{x\to x_0}f(x)$ 和 $\lim\limits_{x\to x_0}g(x)$ 都不存在, 那么 $\lim\limits_{x\to x_0}[f(x)\cdot g(x)]$ 不存在.

解 (1) 正确, 若 $\lim\limits_{x\to x_0}[f(x)+g(x)]$ 存在, 因为 $\lim\limits_{x\to x_0}f(x)$ 存在, 所以由极限的四则运算法则得

$$\lim_{x\to x_0}g(x)=\lim_{x\to x_0}[f(x)+g(x)]-\lim_{x\to x_0}f(x)$$

存在, 矛盾, 故 $\lim\limits_{x\to x_0}[f(x)+g(x)]$ 不存在;

(2) 错误, 令 $f(x)=2+\dfrac{1}{x-1}$,$g(x)=x^2-\dfrac{1}{x-1}$, 显然 $\lim\limits_{x\to 1}f(x)$ 与 $\lim\limits_{x\to 1}g(x)$ 都不存在, 但 $\lim\limits_{x\to 1}[f(x)+g(x)]=\lim\limits_{x\to 1}(2+x^2)=3$;

(3) 错误, 令 $f(x)=x^3-1$,$g(x)=\dfrac{1}{x-1}$, 显然 $\lim\limits_{x\to 1}f(x)$ 存在, 而 $\lim\limits_{x\to 1}g(x)$ 不存在, 但

$$\lim_{x\to 1}[f(x)\cdot g(x)]=\lim_{x\to 1}(1+x+x^2)=3.$$

(4) 错误, 令 $f(x)=\dfrac{2x+|x|}{x}$,$g(x)=\dfrac{2x-|x|}{x}$, 显然 $\lim\limits_{x\to 0}f(x)$ 与 $\lim\limits_{x\to 0}g(x)$ 都不存在, 但是 $\lim\limits_{x\to 0}[f(x)\cdot g(x)]=3$.

6.设有收敛数列 $\{x_n\}$ 和 $\{y_n\}$, 若从某项起, 有

$$x_n\geqslant y_n(n\geqslant N,N\in\mathbf{N}_+),$$

且 $\lim\limits_{n\to\infty}x_n=A$,$\lim\limits_{n\to\infty}y_n=B$, 证明: $A\geqslant B$.

证明 令 $z_n=x_n-y_n$, 则数列 $z_n\geqslant 0(n\geqslant N,N\in\mathbf{N}_+)$, 且

$$\lim_{n\to\infty}z_n=\lim_{n\to\infty}(x_n-y_n)=\lim_{n\to\infty}x_n-\lim_{n\to\infty}y_n=A-B,$$

根据数列极限的保号性, 有 $A-B\geqslant 0$, 即 $A\geqslant B$.

*7. 证明本节定理3中的(2).

法则：如果 $\lim f(x) = A, \lim g(x) = B$，则 $\lim[f(x)g(x)] = \lim f(x) \cdot \lim g(x) = AB$.

证明 由 $\lim f(x) = A$，得 $f(x) = A + \alpha$，其中 α 为无穷小量；

由 $\lim g(x) = B$，得 $g(x) = B + \beta$，其中 β 为无穷小量.

于是 $f(x)g(x) = AB + (A\beta + B\alpha + \alpha\beta)$，由无穷小量的性质得 $A\beta + B\alpha + \alpha\beta$ 为无穷小量. 故
$$\lim[f(x)g(x)] = \lim f(x)\lim g(x) = AB.$$

第六节　极限存在准则　两个重要极限

> **期末高分必备知识**

一、极限存在准则

准则 Ⅰ(夹逼准则)

定理1(数列型) 设(1) 从某项起，即存在 $n_0 \in \mathbf{N}_+$，当 $n > n_0$ 时，有 $a_n \leqslant b_n \leqslant c_n$；

(2) $\lim\limits_{n\to\infty} a_n = \lim\limits_{n\to\infty} c_n = A$，则 $\lim\limits_{n\to\infty} b_n = A$.

定理2(函数型) 设 $f(x), g(x)$ 在 $x = a$ 的去心邻域内有定义，且

(1) $f(x) \leqslant g(x) \leqslant h(x)$；

(2) $\lim\limits_{x\to a} f(x) = \lim\limits_{x\to a} h(x) = A$，则 $\lim\limits_{x\to a} g(x) = A$.

准则 Ⅱ(单调有界准则) 若数列 $\{a_n\}$ 单调有界，则 $\lim\limits_{n\to\infty} a_n$ 存在.

> **抢分攻略**
>
> (1) 设数列 $\{a_n\}$ 单调递增.
>
> 若数列 $\{a_n\}$ 无上界，则 $\lim\limits_{n\to\infty} a_n = +\infty$；
>
> 若存在常数 M，对一切的 n 有 $a_n \leqslant M$，则 $\lim\limits_{n\to\infty} a_n$ 存在.
>
> (2) 设数列 $\{a_n\}$ 单调递减.
>
> 若数列 $\{a_n\}$ 无下界，则 $\lim\limits_{n\to\infty} a_n = -\infty$；
>
> 若存在常数 M，对一切的 n 有 $a_n \geqslant M$，则 $\lim\limits_{n\to\infty} a_n$ 存在.

二、两个重要极限

1. $\lim\limits_{x\to 0} \dfrac{\sin x}{x} = 1$，一般地有 $\lim\limits_{\Delta\to 0} \dfrac{\sin \Delta}{\Delta} = 1$(其中 Δ 为含未知量的表达式)；

2. $\lim\limits_{x\to 0}(1+x)^{\frac{1}{x}} = e$，一般地有 $\lim\limits_{\Delta\to 0}(1+\Delta)^{\frac{1}{\Delta}} = e$(其中 Δ 为含未知量的表达式).

> **抢分攻略**
>
> (1) 当 $0 < x < \dfrac{\pi}{2}$ 时，$\sin x < x < \tan x$.
>
> (2) 当 $-1 < x < 0$ 或 $x > 0$ 时，$\ln(1+x) < x$.

> **60分必会题型**

题型一：用夹逼准则求极限

例1 设 $0 < c < b < a$，求 $\lim\limits_{n\to\infty}(a^n + b^n + c^n)^{\frac{1}{n}}$.

解 由 $a^n < a^n + b^n + c^n < 3a^n$ 得 $a < (a^n + b^n + c^n)^{\frac{1}{n}} < 3^{\frac{1}{n}}a$，因为 $\lim\limits_{n\to\infty} 3^{\frac{1}{n}} = 1$，所以

$$\lim_{n\to\infty}(a^n+b^n+c^n)^{\frac{1}{n}}=a.$$

例2 设 $x \geqslant 0$，求 $\lim_{n\to\infty}\sqrt[n]{1+x^n+\left(\dfrac{x^2}{2}\right)^n}$.

解 $\lim_{n\to\infty}\sqrt[n]{1+x^n+\left(\dfrac{x^2}{2}\right)^n}=\lim_{n\to\infty}\left[1^n+x^n+\left(\dfrac{x^2}{2}\right)^n\right]^{\frac{1}{n}}=\max\left\{1,x,\dfrac{x^2}{2}\right\}=\begin{cases}1, & 0\leqslant x<1,\\ x, & 1\leqslant x<2,\\ \dfrac{x^2}{2}, & x\geqslant 2.\end{cases}$

例3 求 $\lim_{n\to\infty}\left(\dfrac{1}{2n^2+1}+\dfrac{2}{2n^2+2}+\cdots+\dfrac{n}{2n^2+n}\right)$.

解 由 $\dfrac{i}{2n^2+n}\leqslant\dfrac{i}{2n^2+i}\leqslant\dfrac{i}{2n^2+1}(1\leqslant i\leqslant n)$ 得

$$\dfrac{1+2+\cdots+n}{2n^2+n}\leqslant\dfrac{1}{2n^2+1}+\dfrac{2}{2n^2+2}+\cdots+\dfrac{n}{2n^2+n}\leqslant\dfrac{1+2+\cdots+n}{2n^2+1},$$

即

$$\dfrac{n^2+n}{2(2n^2+n)}\leqslant\dfrac{1}{2n^2+1}+\dfrac{2}{2n^2+2}+\cdots+\dfrac{n}{2n^2+n}\leqslant\dfrac{n^2+n}{2(2n^2+1)}.$$

因为 $\lim_{n\to\infty}\dfrac{n^2+n}{2(2n^2+n)}=\lim_{n\to\infty}\dfrac{1+\dfrac{1}{n}}{2\left(2+\dfrac{1}{n}\right)}=\dfrac{1}{4}$，$\lim_{n\to\infty}\dfrac{n^2+n}{2(2n^2+1)}=\lim_{n\to\infty}\dfrac{1+\dfrac{1}{n}}{2\left(2+\dfrac{1}{n^2}\right)}=\dfrac{1}{4}$，

所以 $\lim_{n\to\infty}\left(\dfrac{1}{2n^2+1}+\dfrac{2}{2n^2+2}+\cdots+\dfrac{n}{2n^2+n}\right)=\dfrac{1}{4}$.

题型二：极限存在性证明

例1 设 $a_1=2$，$a_{n+1}=\dfrac{1}{2}\left(a_n+\dfrac{1}{a_n}\right)$，证明：$\lim_{n\to\infty}a_n$ 存在.

证明 $a_{n+1}=\dfrac{1}{2}\left(a_n+\dfrac{1}{a_n}\right)\geqslant\dfrac{1}{2}\times 2\sqrt{a_n\cdot\dfrac{1}{a_n}}=1$，即数列 $\{a_n\}$ 有下界 1.

由 $a_{n+1}-a_n=\dfrac{1}{2}\left(a_n+\dfrac{1}{a_n}\right)-a_n=\dfrac{1-a_n^2}{2a_n}\leqslant 0$ 得数列 $\{a_n\}$ 单调递减，由单调有界准则得 $\lim_{n\to\infty}a_n$ 存在.

例2 设 $0<a_1<6$，$a_{n+1}=\sqrt{a_n(6-a_n)}$，证明：$\lim_{n\to\infty}a_n$ 存在.

证明 由 $a_{n+1}=\sqrt{a_n(6-a_n)}\leqslant\dfrac{a_n+(6-a_n)}{2}=3$ 得数列 $\{a_n\}$ 有上界 3.

由 $a_{n+1}-a_n=\sqrt{a_n(6-a_n)}-a_n=\dfrac{2a_n(3-a_n)}{\sqrt{a_n(6-a_n)}+a_n}$ 又由 $0<a_n\leqslant 3$ 可知 $a_{n+1}-a_n\geqslant 0$ 得数列 $\{a_n\}$ 单调递增.

由单调有界准则，极限 $\lim_{n\to\infty}a_n$ 存在.

题型三：求两个基本不定型的极限

例1 求 $\lim_{x\to 0}\dfrac{\tan x-\sin x}{x^3}$.

解 $\lim_{x\to 0}\dfrac{\tan x-\sin x}{x^3}=\lim_{x\to 0}\dfrac{\sin x}{x}\cdot\dfrac{\dfrac{1}{\cos x}-1}{x^2}=\lim_{x\to 0}\dfrac{\dfrac{1}{\cos x}-1}{x^2}$

$=\lim_{x\to 0}\dfrac{1}{\cos x}\cdot\dfrac{1-\cos x}{x^2}=\lim_{x\to 0}\dfrac{1-\cos x}{x^2}=\lim_{x\to 0}\dfrac{2\sin^2\dfrac{x}{2}}{x^2}$

$$= \frac{1}{2}\lim_{x\to 0}\left(\frac{\sin\frac{x}{2}}{\frac{x}{2}}\right)^2 = \frac{1}{2}.$$

> **期末小锦囊** 三角函数倍角公式如下：
$$\sin 2x = 2\sin x\cos x;$$
$$\cos 2x = 2\cos^2 x - 1 = 1 - 2\sin^2 x = \cos^2 x - \sin^2 x;$$
$$\tan 2x = \frac{2\tan x}{1-\tan^2 x}.$$

对本题而言，$\cos x = 1 - 2\sin^2\frac{x}{2}$，故 $1 - \cos x = 2\sin^2\frac{x}{2}$。

例 2 求 $\lim\limits_{x\to 0}(1-2x^2)^{\frac{1}{x\sin 3x}}$.

解 $\lim\limits_{x\to 0}(1-2x^2)^{\frac{1}{x\sin 3x}} = \lim\limits_{x\to 0}\{[1+(-2x^2)]^{-\frac{1}{2x^2}}\}^{-\frac{2x^2}{x\sin 3x}} = e^{-\lim\limits_{x\to 0}\frac{2x^2}{x\sin 3x}} = e^{-\frac{2}{3}\lim\limits_{x\to 0}\frac{3x}{\sin 3x}} = e^{-\frac{2}{3}}.$

例 3 求 $\lim\limits_{x\to 0}(\cos 2x)^{\frac{1}{x^2}}$.

解 $\lim\limits_{x\to 0}(\cos 2x)^{\frac{1}{x^2}} = \lim\limits_{x\to 0}\{[1+(\cos 2x - 1)]^{\frac{1}{\cos 2x-1}}\}^{\frac{\cos 2x-1}{x^2}} = e^{\lim\limits_{x\to 0}\frac{\cos 2x-1}{x^2}}$
$= e^{\lim\limits_{x\to 0}\frac{-2\sin^2 x}{x^2}} = e^{-2\lim\limits_{x\to 0}\left(\frac{\sin x}{x}\right)^2} = e^{-2}.$

例 4 设 $\lim\limits_{x\to\infty}\left(\frac{x+c}{x-c}\right)^{2x} = e$，求 c。

解 $\lim\limits_{x\to\infty}\left(\frac{x+c}{x-c}\right)^{2x} = \lim\limits_{x\to\infty}\left[\left(1+\frac{2c}{x-c}\right)^{\frac{x-c}{2c}}\right]^{2x\cdot\frac{2c}{x-c}} = e^{4c\lim\limits_{x\to\infty}\frac{x}{x-c}} = e^{4c}.$

由 $e^{4c} = e$ 得 $c = \frac{1}{4}$。

同济八版教材 ▶ 习题解答

习题 1-6 极限存在准则 两个重要极限

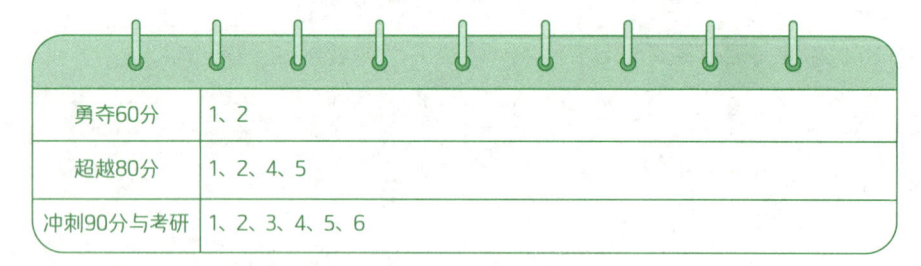

勇夺60分	1、2
超越80分	1、2、4、5
冲刺90分与考研	1、2、3、4、5、6

1. 计算下列极限：

(1) $\lim\limits_{x\to 0}\frac{\sin\omega x}{x}$；　　　　(2) $\lim\limits_{x\to 0}\frac{\tan 3x}{x}$；

(3) $\lim\limits_{x\to 0}\frac{\sin 2x}{\sin 5x}$；　　　　(4) $\lim\limits_{x\to 0}x\cot x$；

(5) $\lim\limits_{x\to 0}\frac{1-\cos 2x}{x\sin x}$；　　　(6) $\lim\limits_{n\to\infty}2^n\sin\frac{x}{2^n}$ (x 为不等于 0 的常数，$n\in\mathbf{N}_+$)。

解 (1) 当 $\omega \neq 0$ 时，$\lim\limits_{x\to 0}\frac{\sin\omega x}{x} = \omega\lim\limits_{x\to 0}\frac{\sin\omega x}{\omega x} = \omega$；当 $\omega = 0$ 时，$\lim\limits_{x\to 0}\frac{\sin\omega x}{x} = 0 = \omega$；故不论 ω 为

何值,均有 $\lim\limits_{x \to 0} \dfrac{\sin \omega x}{x} = \omega$.

(2) $\lim\limits_{x \to 0} \dfrac{\tan 3x}{x} = 3\lim\limits_{x \to 0} \dfrac{\tan 3x}{3x} = 3$.

(3) $\lim\limits_{x \to 0} \dfrac{\sin 2x}{\sin 5x} = \dfrac{2}{5}\lim\limits_{x \to 0}\left(\dfrac{\sin 2x}{2x} \cdot \dfrac{5x}{\sin 5x}\right) = \dfrac{2}{5}\lim\limits_{x \to 0}\dfrac{\sin 2x}{2x}\lim\limits_{x \to 0}\dfrac{5x}{\sin 5x} = \dfrac{2}{5}$.

(4) $\lim\limits_{x \to 0} x \cot x = \lim\limits_{x \to 0}\dfrac{x}{\tan x} = \lim\limits_{x \to 0}\dfrac{x}{\sin x} \cdot \lim \cos x = 1$.

(5) $\lim\limits_{x \to 0} \dfrac{1 - \cos 2x}{x \sin x} = \lim\limits_{x \to 0}\dfrac{2\sin^2 x}{x \sin x} = 2\lim\limits_{x \to 0}\dfrac{\sin x}{x} = 2$.

(6) $\lim\limits_{n \to \infty} 2^n \sin \dfrac{x}{2^n} = x \lim\limits_{n \to \infty} \dfrac{\sin \dfrac{x}{2^n}}{\dfrac{x}{2^n}} = x$.

2. 计算下列极限:

(1) $\lim\limits_{x \to 0}(1 - x)^{\frac{1}{x}}$; (2) $\lim\limits_{x \to 0}(1 + 2x)^{\frac{1}{x}}$;

(3) $\lim\limits_{x \to \infty}\left(\dfrac{1 + x}{x}\right)^{2x}$; (4) $\lim\limits_{x \to \infty}\left(1 - \dfrac{1}{x}\right)^{kx}$ (k 为正整数).

解 (1) $\lim\limits_{x \to 0}(1 - x)^{\frac{1}{x}} = \lim\limits_{x \to 0}[(1 - x)^{-\frac{1}{x}}]^{-1} = \mathrm{e}^{-1}$.

(2) $\lim\limits_{x \to 0}(1 + 2x)^{\frac{1}{x}} = \lim\limits_{x \to 0}[(1 + 2x)^{\frac{1}{2x}}]^2 = \mathrm{e}^2$.

(3) $\lim\limits_{x \to \infty}\left(\dfrac{1 + x}{x}\right)^{2x} = \lim\limits_{x \to \infty}\left[\left(1 + \dfrac{1}{x}\right)^{x}\right]^2 = \mathrm{e}^2$.

(4) $\lim\limits_{x \to \infty}\left(1 - \dfrac{1}{x}\right)^{kx} = \lim\limits_{x \to \infty}\left[\left(1 - \dfrac{1}{x}\right)^{-x}\right]^{-k} = \mathrm{e}^{-k}$.

*3. 根据函数极限的定义,证明极限存在准则 I′.

准则 I′:如果

(1) 当 $x \in \overset{\circ}{U}(x_0, r)$ (或 $|x| > M$) 时,$g(x) \leqslant f(x) \leqslant h(x)$;

(2) $\lim\limits_{\substack{x \to x_0 \\ (x \to \infty)}} g(x) = A$,$\lim\limits_{\substack{x \to x_0 \\ (x \to \infty)}} h(x) = A$,

那么 $\lim\limits_{\substack{x \to x_0 \\ (x \to \infty)}} f(x)$ 存在,且等于 A.

证明 对任意的 $\varepsilon > 0$,因为 $\lim\limits_{x \to x_0} g(x) = A$,所以存在 $\delta_1 > 0$,当 $0 < |x - x_0| < \delta_1$ 时,

$$|g(x) - A| < \varepsilon,\ \text{即}\ A - \varepsilon < g(x) < A + \varepsilon.$$

又因为 $\lim\limits_{x \to x_0} h(x) = A$,所以存在 $\delta_2 > 0$,当 $0 < |x - x_0| < \delta_2$ 时,

$$|h(x) - A| < \varepsilon,\ \text{即}\ A - \varepsilon < h(x) < A + \varepsilon.$$

取 $\delta = \min\{\delta_1, \delta_2, r\}$,当 $0 < |x - x_0| < \delta$ 时,

$$A - \varepsilon < g(x) \leqslant f(x) \leqslant h(x) < A + \varepsilon,$$

于是 $|f(x) - A| < \varepsilon$,故 $\lim\limits_{x \to x_0} f(x) = A$.

类似可证当 $x \to \infty$ 时对应的结论.

4. 利用极限存在准则证明:

(1) $\lim\limits_{n \to \infty}\sqrt{1 + \dfrac{1}{n}} = 1$; (2) $\lim\limits_{n \to \infty} n\left(\dfrac{1}{n^2 + \pi} + \dfrac{1}{n^2 + 2\pi} + \cdots + \dfrac{1}{n^2 + n\pi}\right) = 1$;

(3) $\lim\limits_{x \to 0}\sqrt[n]{1 + x} = 1$; (4) $\lim\limits_{x \to 0^+} x\left[\dfrac{1}{x}\right] = 1$.

证明 (1) $1 \leqslant \sqrt{1+\dfrac{1}{n}} \leqslant 1+\dfrac{1}{n}$,因为 $\lim 1 = \lim\left(1+\dfrac{1}{n}\right) = 1$,所以由夹逼准则得

$$\lim_{n\to\infty}\sqrt{1+\dfrac{1}{n}} = 1.$$

(2) $\dfrac{n^2}{n^2+n\pi} \leqslant n\left(\dfrac{1}{n^2+\pi} + \dfrac{1}{n^2+2\pi} + \cdots + \dfrac{1}{n^2+n\pi}\right) \leqslant \dfrac{n^2}{n^2+\pi}$.

因为 $\lim\limits_{n\to\infty}\dfrac{n^2}{n^2+n\pi} = \lim\limits_{n\to\infty}\dfrac{n^2}{n^2+\pi} = 1$,所以由夹逼准则得

$$\lim_{n\to\infty}n\left(\dfrac{1}{n^2+\pi} + \dfrac{1}{n^2+2\pi} + \cdots + \dfrac{1}{n^2+n\pi}\right) = 1.$$

(3) 当 $x>0$ 时,$1 < \sqrt[n]{1+x} < 1+x$;

当 $-1 < x < 0$ 时,$1+x < \sqrt[n]{1+x} < 1$.

由夹逼准则得 $\lim\limits_{x\to 0^+}\sqrt[n]{1+x} = 1$, $\lim\limits_{x\to 0^-}\sqrt[n]{1+x} = 1$,故 $\lim\limits_{x\to 0}\sqrt[n]{1+x} = 1$.

(4) 当 $x>0$ 时,因为 $\dfrac{1}{x}-1 < \left[\dfrac{1}{x}\right] \leqslant \dfrac{1}{x}$,所以 $1-x < x\left[\dfrac{1}{x}\right] \leqslant 1$,由夹逼准则得

$$\lim_{x\to 0^+}x\left[\dfrac{1}{x}\right] = 1.$$

5. 设数列 $\{x_n\}$ 满足:$x_1 = \sqrt{2}$, $x_{n+1} = \sqrt{2+x_n}$ $(n\in\mathbf{N}_+)$.证明 $\lim\limits_{n\to\infty}x_n$ 存在,并求此极限.

证明 $x_1 = \sqrt{2} < x_2 = \sqrt{2+\sqrt{2}}$,设 $x_k < x_{k+1}$,则 $\sqrt{2+x_k} < \sqrt{2+x_{k+1}}$,即 $x_{k+1} < x_{k+2}$,由数学归纳法得数列 $\{x_n\}$ 单调递增;

$x_1 = \sqrt{2} \leqslant 2$,设 $x_k \leqslant 2$,则 $x_{k+1} = \sqrt{2+x_k} \leqslant \sqrt{2+2} = 2$,

由数学归纳法得 $x_n \leqslant 2$,即数列 $\{x_n\}$ 有上界,根据单调有界准则可知 $\lim\limits_{n\to\infty}x_n$ 存在.

令 $\lim\limits_{n\to\infty}x_n = A$,$x_{n+1} = \sqrt{2+x_n}$ 两边取极限得 $A = \sqrt{2+A}$,解得 $A = \lim\limits_{n\to\infty}x_n = 2$.

6. 设数列 $\{x_n\}$ 满足:$x_1 \in (0,\pi)$, $x_{n+1} = \sin x_n$ $(n\in\mathbf{N}_+)$.证明 $\lim\limits_{n\to\infty}x_n$ 存在,并求此极限.

证明 由 $x_1 \in (0,\pi)$ 得 $x_2 = \sin x_1 \in (0,1] \subset \left(0,\dfrac{\pi}{2}\right)$,当 $k \geqslant 2$ 时,设 $x_k \in (0,1) \subset \left(0,\dfrac{\pi}{2}\right)$,

则 $x_{k+1} = \sin x_k \in (0,1) \subset \left(0,\dfrac{\pi}{2}\right)$,由数学归纳法,对一切的 n,有 $x_n > 0$,即 $\{x_n\}$ 有下界;因为当 $x > 0$ 时,$\sin x < x$,所以 $x_{n+1} = \sin x_n < x_n$,即 $\{x_n\}$ 单调递减,故 $\lim\limits_{n\to\infty}x_n$ 存在.

令 $\lim\limits_{n\to\infty}x_n = A$,$x_{n+1} = \sin x_n$ 两边取极限得 $A = \sin A$,解得 $A = 0$,即 $\lim\limits_{n\to\infty}x_n = 0$.

第七节 无穷小的比较

▶ **期末高分必备知识**

一、基本概念

设 α, β 为自变量某种趋向下的两个无穷小.

1. 若 $\lim\dfrac{\beta}{\alpha} = 0$,称 β 为 α 的高阶无穷小,记为 $\beta = o(\alpha)$;

2. 若 $\lim\dfrac{\beta}{\alpha} = k$ $(k \neq 0, \infty)$,称 β 为 α 的同阶无穷小,记为 $\beta = O(\alpha)$.

特别地,若 $\lim\dfrac{\beta}{\alpha} = 1$,称 α,β 为等价无穷小,记为 $\alpha \sim \beta$.

二、等价无穷小的性质

性质1 设 $\alpha \to 0, \beta \to 0$,则

(1) $\alpha \sim \alpha$;

(2) 若 $\alpha \sim \beta$,则 $\beta \sim \alpha$;

(3) 若 $\alpha \sim \beta, \beta \sim \gamma$,则 $\alpha \sim \gamma$.

性质2 若 $\alpha \sim \alpha_1, \beta \sim \beta_1$ 且 $\lim \dfrac{\beta_1}{\alpha_1} = A$,则 $\lim \dfrac{\beta}{\alpha} = A$.

性质3 设 $\alpha \to 0, \beta \to 0$,则 $\alpha \sim \beta$ 的充要条件是 $\beta = \alpha + o(\alpha)$.

三、$x \to 0$ 时常见的等价无穷小

1. $x \sim \sin x \sim \tan x \sim \arcsin x \sim \arctan x \sim e^x - 1 \sim \ln(1+x)$.

2. $1 - \cos x \sim \dfrac{1}{2}x^2$.

3. $(1+x)^a - 1 \sim ax$.

> **60分必会题型**

题型一：无穷小的比较

例1 设 $x \to 0$ 时, $\alpha = x^n \arcsin x$ 是比 $x\ln(1+2x)$ 高阶的无穷小,是比 $(e^{\tan x} - e^{\sin x})\arcsin 2x$ 低阶的无穷小,求正整数 n.

解 当 $x \to 0$ 时, $\alpha = x^n \arcsin x \sim x^{n+1}$, $x\ln(1+2x) \sim 2x^2$, 由

$$\lim_{x \to 0} \frac{e^{\tan x} - e^{\sin x}}{x^3} = \lim_{x \to 0} e^{\sin x} \cdot \frac{e^{\tan x - \sin x} - 1}{x^3} = \lim_{x \to 0} \frac{e^{\tan x - \sin x} - 1}{x^3} = \lim_{x \to 0} \frac{\tan x - \sin x}{x^3}$$

$$= \lim_{x \to 0} \frac{\tan x}{x} \cdot \frac{1 - \cos x}{x^2} = \frac{1}{2},$$

得 $e^{\tan x} - e^{\sin x} \sim \dfrac{1}{2}x^3$, 从而 $(e^{\tan x} - e^{\sin x})\arcsin 2x \sim x^4$, 由题意得 $n+1 = 3$, 故 $n = 2$.

例2 设 $\alpha = \ln(1+\sqrt{x}), \beta = 1 - \sqrt{\cos x}, \gamma = \sqrt{x}\arcsin x$, 当 $x \to 0^+$ 时, 下列无穷小的阶数从低到高的次序为( ).

(A) α, β, γ (B) α, γ, β (C) γ, β, α (D) β, α, γ

解 当 $x \to 0^+$ 时,

$$\alpha = \ln(1+\sqrt{x}) \sim \sqrt{x}, \beta = 1 - \sqrt{\cos x} = \frac{1 - \cos x}{1 + \sqrt{\cos x}} \sim \frac{1}{2}(1 - \cos x) \sim \frac{1}{4}x^2,$$

$\gamma = \sqrt{x}\arcsin x \sim x^{\frac{3}{2}}$, 无穷小的阶数从低到高的次序为 α, γ, β, 应选(B).

题型二：利用等价无穷小求极限

例1 求 $\lim\limits_{x \to 2} \dfrac{e^{x^2} - e^4}{x^3 - 8}$.

解 $\lim\limits_{x \to 2} \dfrac{e^{x^2} - e^4}{x^3 - 8} = e^4 \lim\limits_{x \to 2} \dfrac{e^{x^2 - 4} - 1}{x^3 - 8} = e^4 \lim\limits_{x \to 2} \dfrac{x^2 - 4}{x^3 - 8} = e^4 \lim\limits_{x \to 2} \dfrac{x+2}{x^2 + 2x + 4} = \dfrac{e^4}{3}$.

例2 求 $\lim\limits_{x \to 0} \dfrac{\left(\dfrac{1+\cos x}{2}\right)^x - 1}{x^3}$.

解 $\lim\limits_{x \to 0} \dfrac{\left(\dfrac{1+\cos x}{2}\right)^x - 1}{x^3} = \lim\limits_{x \to 0} \dfrac{e^{x \ln \frac{1+\cos x}{2}} - 1}{x^3} = \lim\limits_{x \to 0} \dfrac{\ln \dfrac{1+\cos x}{2}}{x^2}$

$$= \lim_{x \to 0} \frac{\ln\left(1 + \frac{\cos x - 1}{2}\right)}{x^2} = \frac{1}{2}\lim_{x \to 0} \frac{\cos x - 1}{x^2} = -\frac{1}{4}.$$

同济八版教材 ▶ 习题解答

习题 1－7　无穷小的比较

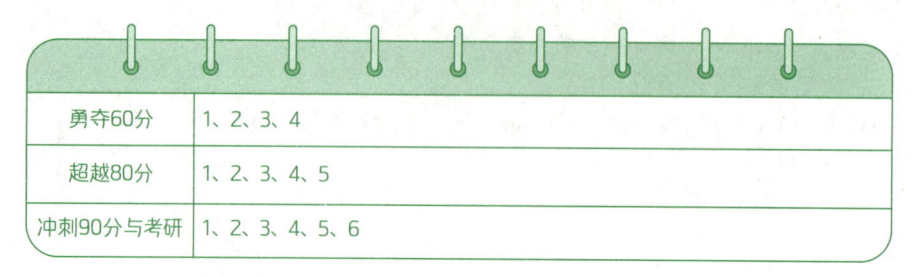

勇夺60分	1、2、3、4
超越80分	1、2、3、4、5
冲刺90分与考研	1、2、3、4、5、6

1. 当 $x \to 0$ 时，$2x - x^2$ 与 $x^2 - x^3$ 相比，哪一个是高阶无穷小？

解 因为 $\lim\limits_{x \to 0} \dfrac{x^2 - x^3}{2x - x^2} = \lim\limits_{x \to 0} \dfrac{x - x^2}{2 - x} = 0$，所以当 $x \to 0$ 时，$x^2 - x^3$ 是比 $2x - x^2$ 高阶的无穷小.

2. 当 $x \to 0$ 时，$(1 - \cos x)^2$ 与 $\sin^2 x$ 相比，哪一个是高阶无穷小？

解 因为 $\lim\limits_{x \to 0}(1 - \cos x)^2 = 0$，$\lim\limits_{x \to 0}\sin^2 x = 0$，

$$\lim_{x \to 0} \frac{(1 - \cos x)^2}{\sin^2 x} = \lim_{x \to 0} \frac{\left(\frac{1}{2}x^2\right)^2}{x^2} = 0,$$

所以，当 $x \to 0$ 时，$(1 - \cos x)^2$ 是比 $\sin^2 x$ 高阶的无穷小.

3. 当 $x \to 1$ 时，无穷小 $1 - x$ 和 (1) $1 - x^3$，(2) $\dfrac{1}{2}(1 - x^2)$ 是否同阶？是否等价？

解 (1) 因为 $\lim\limits_{x \to 1} \dfrac{1 - x^3}{1 - x} = \lim\limits_{x \to 1}(1 + x + x^2) = 3$，所以当 $x \to 1$ 时，$1 - x^3$ 与 $1 - x$ 是同阶而非等价的无穷小；

(2) 因为 $\lim\limits_{x \to 1} \dfrac{\frac{1}{2}(1 - x^2)}{1 - x} = \dfrac{1}{2}\lim\limits_{x \to 1}(1 + x) = 1$，所以当 $x \to 1$ 时，$1 - x$ 与 $\dfrac{1}{2}(1 - x^2)$ 为等价无穷小.

4. 证明：当 $x \to 0$ 时，有

(1) $\arctan x \sim x$；　　　　(2) $\sec x - 1 \sim \dfrac{x^2}{2}$.

证明 (1) 因为 $\lim\limits_{x \to 0} \dfrac{\arctan x}{x} \xlongequal{x = \tan t} \lim\limits_{t \to 0} \dfrac{t}{\tan t} = 1$，所以 $\arctan x \sim x\ (x \to 0)$；

(2) 因为 $\lim\limits_{x \to 0} \dfrac{\sec x - 1}{\frac{x^2}{2}} = \lim\limits_{x \to 0}\left(\dfrac{1}{\cos x} \cdot \dfrac{1 - \cos x}{\frac{x^2}{2}}\right) = \lim\limits_{x \to 0}\dfrac{1}{\cos x} \cdot \lim\limits_{x \to 0}\dfrac{1 - \cos x}{\frac{x^2}{2}}$

$$= \lim_{x \to 0} \frac{1 - \cos x}{\frac{x^2}{2}} = \lim_{x \to 0} \frac{2\sin^2 \frac{x}{2}}{\frac{x^2}{2}} = 1,$$

所以 $\sec x - 1 \sim \dfrac{x^2}{2}\ (x \to 0)$.

5. 利用等价无穷小的性质，求下列极限：

(1) $\lim\limits_{x\to 0}\dfrac{\tan 3x}{2x}$; (2) $\lim\limits_{x\to 0}\dfrac{\sin(x^n)}{(\sin x)^m}$ (n,m 为正整数);

(3) $\lim\limits_{x\to 0}\dfrac{\tan x-\sin x}{\sin^3 x}$; (4) $\lim\limits_{x\to 0}\dfrac{\sin x-\tan x}{(\sqrt[3]{1+x^2}-1)(\sqrt{1+\sin x}-1)}$.

解 (1) $\lim\limits_{x\to 0}\dfrac{\tan 3x}{2x}=\lim\limits_{x\to 0}\dfrac{3x}{2x}=\dfrac{3}{2}$;

(2) $\lim\limits_{x\to 0}\dfrac{\sin(x^n)}{(\sin x)^m}=\lim\limits_{x\to 0}\dfrac{x^n}{x^m}=\begin{cases}1,&m=n,\\ \infty,&m>n,\\ 0,&m<n;\end{cases}$

(3) $\lim\limits_{x\to 0}\dfrac{\tan x-\sin x}{\sin^3 x}=\lim\limits_{x\to 0}\dfrac{\tan x-\sin x}{x^3}=\lim\limits_{x\to 0}\left(\dfrac{\tan x}{x}\cdot\dfrac{1-\cos x}{x^2}\right)$

$=\lim\limits_{x\to 0}\dfrac{\tan x}{x}\cdot\lim\limits_{x\to 0}\dfrac{1-\cos x}{x^2}=\lim\limits_{x\to 0}\dfrac{1-\cos x}{x^2}=\lim\limits_{x\to 0}\dfrac{\frac{1}{2}x^2}{x^2}=\dfrac{1}{2}$;

(4) 因为 $\sqrt[3]{1+x^2}-1=(1+x^2)^{\frac{1}{3}}-1\sim\dfrac{1}{3}x^2$, $\sqrt{1+\sin x}-1\sim\dfrac{1}{2}\sin x\sim\dfrac{1}{2}x$ ($x\to 0$),

所以 $\lim\limits_{x\to 0}\dfrac{\sin x-\tan x}{(\sqrt[3]{1+x^2}-1)(\sqrt{1+\sin x}-1)}=\lim\limits_{x\to 0}\dfrac{\sin x-\tan x}{\frac{1}{3}x^2\cdot\frac{1}{2}x}=-6\lim\limits_{x\to 0}\dfrac{\tan x-\sin x}{x^3}$

$=-6\lim\limits_{x\to 0}\dfrac{\tan x}{x}\cdot\dfrac{1-\cos x}{x^2}=-3$.

6. 证明无穷小的等价关系具有下列性质:

(1) $\alpha\sim\alpha$ (自反性);

(2) 若 $\alpha\sim\beta$, 则 $\beta\sim\alpha$ (对称性);

(3) 若 $\alpha\sim\beta,\beta\sim\gamma$, 则 $\alpha\sim\gamma$ (传递性).

证明 (1) 因为 $\lim\dfrac{\alpha}{\alpha}=1$, 所以 $\alpha\sim\alpha$;

(2) 因为 $\alpha\sim\beta$, 即 $\lim\dfrac{\beta}{\alpha}=1$, 所以 $\lim\dfrac{\alpha}{\beta}=1$, 故 $\beta\sim\alpha$;

(3) 因为 $\alpha\sim\beta,\beta\sim\gamma$, 即 $\lim\dfrac{\beta}{\alpha}=1,\lim\dfrac{\gamma}{\beta}=1$,

所以 $\lim\dfrac{\gamma}{\alpha}=\lim\left(\dfrac{\beta}{\alpha}\cdot\dfrac{\gamma}{\beta}\right)=\lim\dfrac{\beta}{\alpha}\cdot\lim\dfrac{\gamma}{\beta}=1$, 故 $\alpha\sim\gamma$.

第八节　函数的连续性与间断点

> 期末高分必备知识

一、连续的基本概念

定义 1　设 $f(x)$ 在 $x=a$ 的邻域内有定义, 若 $\lim\limits_{x\to a}f(x)=f(a)$, 称函数 $f(x)$ 在 $x=a$ 处连续.

定义 2　设 $f(x)$ 在 $[a,b]$ 上有定义, 若:

(1) $f(x)$ 在 (a,b) 内处处连续;

(2) $f(a)=f(a+0),f(b)=f(b-0)$ (即 $f(x)$ 在 $x=a$ 处右连续, 在 $x=b$ 处左连续), 称函数 $f(x)$ 在闭区间 $[a,b]$ 上连续, 记为 $f(x)\in C[a,b]$.

二、间断点的分类

定义 3　若 $\lim\limits_{x\to a}f(x)\neq f(a)$, 称 $x=a$ 为函数 $f(x)$ 的间断点, 间断点的分类如下:

(1) 若 $f(a-0), f(a+0)$ 都存在,称 $x=a$ 为函数 $f(x)$ 的第一类间断点,其中

若 $f(a-0)=f(a+0)$,称 $x=a$ 为函数 $f(x)$ 的可去间断点;

若 $f(a-0)\neq f(a+0)$,称 $x=a$ 为函数 $f(x)$ 的跳跃间断点.

(2) 若 $f(a-0), f(a+0)$ 至少有一个不存在,称 $x=a$ 为函数 $f(x)$ 的第二类间断点.

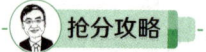

抢分攻略

函数 $f(x)$ 在 $x=a$ 处连续的充要条件是 $f(a-0)=f(a+0)=f(a)$.

▶ **60分必会题型**

题型一:讨论函数在一点的连续性及利用函数在一点处的连续性求待定参数

例1 设 $f(x)=\begin{cases}\dfrac{\ln(1+2x)}{x}, & x>0, \\ x^2+a, & x\leqslant 0\end{cases}$ 在 $x=0$ 处连续,求 a.

解 $f(0+0)=\lim\limits_{x\to 0^+}\dfrac{\ln(1+2x)}{x}=2, f(0)=f(0-0)=a$,因为 $f(x)$ 在 $x=0$ 处连续,所以 $f(0+0)=f(0)=f(0-0)$,故 $a=2$.

例2 设 $f(x)=\begin{cases}\dfrac{\ln(1+x\arcsin 2x)}{x^2}, & x>0, \\ a, & x=0, \\ \dfrac{e^{bx}-1}{x}, & x<0\end{cases}$ 在 $x=0$ 处连续,求 a,b.

解 $f(0+0)=\lim\limits_{x\to 0^+}f(x)=\lim\limits_{x\to 0^+}\dfrac{\ln(1+x\arcsin 2x)}{x^2}=\lim\limits_{x\to 0^+}\dfrac{x\arcsin 2x}{x^2}=2, f(0)=a$,

$f(0-0)=\lim\limits_{x\to 0^-}\dfrac{e^{bx}-1}{x}=b$,

因为 $f(x)$ 在 $x=0$ 处连续,所以 $f(0-0)=f(0)=f(0+0)$,故 $a=2, b=2$.

例3 设 $f(x)=\lim\limits_{n\to\infty}\dfrac{x-e^{nx}}{1+e^{nx}}$,讨论 $f(x)$ 在 $x=0$ 处的连续性.

解 当 $x<0$ 时,$f(x)=\lim\limits_{n\to\infty}\dfrac{x-e^{nx}}{1+e^{nx}}=x$;

当 $x>0$ 时,$f(x)=\lim\limits_{n\to\infty}\dfrac{x-e^{nx}}{1+e^{nx}}=-1$,又 $f(0)=-\dfrac{1}{2}$,因为 $f(0+0)\neq f(0-0)$,所以 $f(x)$ 在 $x=0$ 处不连续.

题型二:求函数的间断点及类型

例1 求函数 $f(x)=\dfrac{x}{\tan x}$ 的间断点,并分类.

解 $x=k\pi(k\in\mathbf{Z}), x=k\pi+\dfrac{\pi}{2}(k\in\mathbf{Z})$ 为函数 $f(x)$ 的间断点.

由 $\lim\limits_{x\to 0}f(x)=1$ 得 $x=0$ 为 $f(x)$ 的可去间断点;

由 $\lim\limits_{\substack{x\to k\pi \\ k\neq 0}}f(x)=\infty$ 得 $x=k\pi(k\in\mathbf{Z}$ 且 $k\neq 0)$ 为 $f(x)$ 的第二类间断点;

由 $\lim\limits_{x\to k\pi+\frac{\pi}{2}}f(x)=0$ 得 $x=k\pi+\dfrac{\pi}{2}(k\in\mathbf{Z})$ 为 $f(x)$ 的可去间断点.

例2 求函数 $f(x)=\dfrac{x}{1-e^{\frac{x}{1-x}}}$ 的间断点及分类.

解 $x=0$ 及 $x=1$ 为 $f(x)$ 的间断点.

由 $\lim\limits_{x\to 0}f(x)=\lim\limits_{x\to 0}\dfrac{x}{1-e^{\frac{x}{1-x}}}=\lim\limits_{x\to 0}\dfrac{x}{\frac{x}{x-1}}=-1$ 得 $x=0$ 为 $f(x)$ 的可去间断点；

由 $f(1-0)=0, f(1+0)=1$ 得 $x=1$ 为 $f(x)$ 的跳跃间断点.

例3 求函数 $f(x)=\lim\limits_{t\to x}\left(\dfrac{\sin t}{\sin x}\right)^{\frac{t}{\sin t-\sin x}}$ 的间断点及分类.

解 $f(x)=\lim\limits_{t\to x}\left(\dfrac{\sin t}{\sin x}\right)^{\frac{t}{\sin t-\sin x}}=\lim\limits_{t\to x}\left[\left(1+\dfrac{\sin t-\sin x}{\sin x}\right)^{\frac{\sin x}{\sin t-\sin x}}\right]^{\frac{t}{\sin x}}=e^{\frac{x}{\sin x}}.$

$x=k\pi(k\in\mathbf{Z})$ 为 $f(x)$ 的间断点.

由 $\lim\limits_{x\to 0}f(x)=e$ 得 $x=0$ 为 $f(x)$ 的可去间断点；

由 $f(\pi-0)=+\infty, f(\pi+0)=0$ 得 $x=\pi$ 为 $f(x)$ 的第二类间断点；

同理 $x=k\pi(k\in\mathbf{Z}$ 且 $k\neq 0)$ 为 $f(x)$ 的第二类间断点.

同济八版教材 ▶ 习题解答

习题 1－8　函数的连续性与间断点

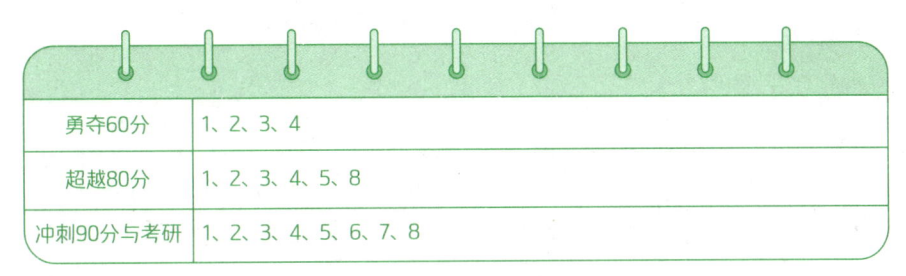

勇夺60分	1、2、3、4
超越80分	1、2、3、4、5、8
冲刺90分与考研	1、2、3、4、5、6、7、8

1. 设 $y=f(x)$ 的图形如图 1－10 所示，试指出 $f(x)$ 的全部间断点，并对可去间断点补充或修改函数值的定义，使它成为连续点.

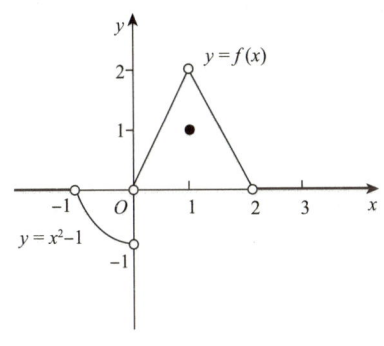

图 1－10

解 $x=-1,0,1,2$ 都是 $f(x)$ 的间断点.

因为 $f(0-0)=-1\neq f(0+0)=0$，所以 $x=0$ 为 $f(x)$ 的跳跃间断点；

$x=-1,1,2$ 都是 $f(x)$ 的可去间断点，补充 $f(-1)=0$ 并修改定义：

$f(1)=2, f(2)=0$，则 $f(x)$ 在 $x=-1,1,2$ 处连续.

2. 研究下列函数的连续性，并画函数的图形：

(1) $f(x)=\begin{cases}x^2, & 0\leqslant x\leqslant 1,\\ 2-x, & 1<x\leqslant 2;\end{cases}$ (2) $f(x)=\begin{cases}x, & -1\leqslant x\leqslant 1,\\ 1, & x<-1 \text{ 或 } x>1.\end{cases}$

解 (1) $f(x)$ 在 $[0,1)\cup(1,2]$ 内连续，因为 $f(1-0)=f(1+0)=1=f(1)$，所以 $f(x)$ 在

$x = 1$ 处连续,故 $f(x)$ 在 $[0,2]$ 上连续;其函数的图形如图 1-11(a) 所示.

(2) $f(x)$ 在 $(-\infty, -1) \cup (-1, +\infty)$ 内连续,因为 $f(-1-0) = 1 \neq f(-1+0) = -1$,所以 $x = -1$ 为 $f(x)$ 的跳跃间断点.

其函数的图形如图 1-11(b) 所示.

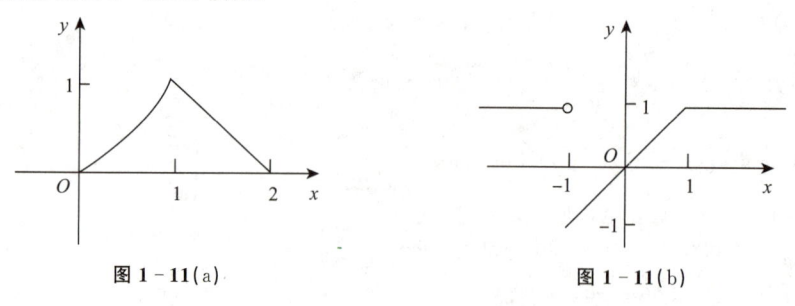

图 1-11(a) 图 1-11(b)

3. 下列函数在指出的点处间断,说明这些间断点属于哪一类. 如果是可去间断点,那么补充或改变函数的定义使它连续.

(1) $y = \dfrac{x^2 - 1}{x^2 - 3x + 2}, x = 1, x = 2$;

(2) $y = \dfrac{x}{\tan x}, x = k\pi, x = k\pi + \dfrac{\pi}{2} (k = 0, \pm 1, \pm 2, \cdots)$;

(3) $y = \cos^2 \dfrac{1}{x}, x = 0$;

(4) $y = \begin{cases} x - 1, & x \leqslant 1, \\ 3 - x, & x > 1, \end{cases} \; x = 1$.

解 (1) 令 $f(x) = \dfrac{x^2 - 1}{x^2 - 3x + 2}$,因为 $f(x)$ 在 $x = 1$ 处无定义,所以 $x = 1$ 为 $f(x)$ 的间断点,因为

$$\lim_{x \to 1} \dfrac{x^2 - 1}{x^2 - 3x + 2} = \lim_{x \to 1} \dfrac{(x+1)(x-1)}{(x-1)(x-2)} = \lim_{x \to 1} \dfrac{x+1}{x-2} = -2,$$

所以 $x = 1$ 为 $f(x)$ 的第一类间断点中的可去间断点,补充定义 $f(1) = -2$,则 $f(x)$ 在 $x = 1$ 处连续. 因为 $\lim\limits_{x \to 2} \dfrac{x^2 - 1}{x^2 - 3x + 2} = \infty$,所以 $x = 2$ 为 $f(x)$ 的第二类间断点.

(2) 令 $f(x) = \dfrac{x}{\tan x}$,因为 $f(x)$ 在 $x = 0$ 处无定义,所以 $f(x)$ 在 $x = 0$ 处间断.

因为 $\lim\limits_{x \to 0} \dfrac{x}{\tan x} = 1$,所以 $x = 0$ 为 $f(x)$ 的第一类间断点中的可去间断点,补充定义 $f(0) = 1$,则 $f(x)$ 在 $x = 0$ 处连续.

因为 $\lim\limits_{\substack{x \to k\pi \\ k \neq 0}} f(x) = \infty$,所以 $x = k\pi (k = \pm 1, \pm 2, \cdots)$ 为 $f(x)$ 的第二类间断点.

因为 $\lim\limits_{x \to k\pi + \frac{\pi}{2}} f(x) = 0$,所以 $x = k\pi + \dfrac{\pi}{2} (k = 0, \pm 1, \pm 2, \cdots)$ 为 $f(x)$ 的第一类间断点中的可去间断点,补充定义 $f\left(k\pi + \dfrac{\pi}{2}\right) = 0 (k = 0, \pm 1, \pm 2, \cdots)$,则 $f(x)$ 在 $x = k\pi + \dfrac{\pi}{2} (k = 0, \pm 1, \pm 2, \cdots)$ 处连续.

(3) 因为 $\lim\limits_{x \to 0^-} \cos^2 \dfrac{1}{x}$ 与 $\lim\limits_{x \to 0^+} \cos^2 \dfrac{1}{x}$ 都不存在,所以 $x = 0$ 为 $\cos^2 \dfrac{1}{x}$ 的第二类间断点.

(4) 因为 $\lim\limits_{x \to 1^-} f(x) = 0 \neq \lim\limits_{x \to 1^+} f(x) = 2$,所以 $x = 1$ 为 $f(x)$ 的第一类间断点中的跳跃间断点.

4. 讨论函数 $f(x) = \lim\limits_{n \to \infty} \dfrac{1 - x^{2n}}{1 + x^{2n}} x (n \in \mathbf{N}_+)$ 的连续性,若有间断点,则判别其类型.

解 $f(x) = \begin{cases} x, & |x| < 1, \\ 0, & |x| = 1, \\ -x, & |x| > 1. \end{cases}$ $f(x)$ 在 $(-\infty, -1) \cup (-1, 1) \cup (1, +\infty)$ 内是连续的.

$$f(-1-0) = 1, f(-1+0) = -1,$$

因为 $f(-1-0) \neq f(-1+0)$，所以 $x = -1$ 为 $f(x)$ 的第一类间断点中的跳跃间断点；

$f(1-0) = 1, f(1+0) = -1$，因为 $f(1-0) \neq f(1+0)$，所以 $x = 1$ 为 $f(x)$ 的第一类间断点中的跳跃间断点.

5. 下列陈述中,哪些是对的,哪些是错的? 如果是对的,说明理由;如果是错的,试给出一个反例.

(1) 如果函数 $f(x)$ 在 a 处连续,那么 $|f(x)|$ 也在 a 处连续;

(2) 如果函数 $|f(x)|$ 在 a 处连续,那么 $f(x)$ 也在 a 处连续.

解 (1) 正确,若 $f(x)$ 在 $x = a$ 处连续,则 $\lim\limits_{x \to a} f(x) = f(a)$，由

$$0 \leqslant ||f(x)| - |f(a)|| \leqslant |f(x) - f(a)|,$$

得 $\lim\limits_{x \to a} |f(x)| = |f(a)|$，即 $|f(x)|$ 在 $x = a$ 处连续.

(2) 错误,如 $f(x) = \begin{cases} 1, & x \in \mathbf{Q}, \\ -1, & x \in \mathbf{R} \backslash \mathbf{Q}, \end{cases}$ 因为 $|f(x)| = 1$，所以 $|f(x)|$ 在每个点处都连续,但 $f(x)$ 在每个点处都间断.

*6. 证明:若函数 $f(x)$ 在点 x_0 处连续且 $f(x_0) \neq 0$，则存在 x_0 的某一邻域 $U(x_0)$，当 $x \in U(x_0)$ 时,$f(x) \neq 0$.

证明 若 $f(x_0) > 0$，取 $\varepsilon = \frac{1}{2} f(x_0) > 0$，因为 $\lim\limits_{x \to x_0} f(x) = f(x_0)$，所以存在 $\delta > 0$，当 $x \in U(x_0, \delta)$ 时,$|f(x) - f(x_0)| < \frac{1}{2} f(x_0)$，从而 $f(x) > \frac{1}{2} f(x_0) > 0$；

若 $f(x_0) < 0$，取 $\varepsilon = -\frac{1}{2} f(x_0) > 0$，因为 $\lim\limits_{x \to x_0} f(x) = f(x_0)$，所以存在 $\delta > 0$，当 $x \in U(x_0, \delta)$ 时,$|f(x) - f(x_0)| < -\frac{1}{2} f(x_0)$，从而 $f(x) < \frac{1}{2} f(x_0) < 0$.

故无论 $f(x_0) > 0$ 或 $f(x_0) < 0$，总存在 $U(x_0)$，当 $x \in U(x_0)$ 时,$f(x) \neq 0$.

*7. 设 $f(x) = \begin{cases} x, & x \in \mathbf{Q}, \\ 0, & x \in \mathbf{R} \backslash \mathbf{Q}, \end{cases}$ 证明:

(1) $f(x)$ 在 $x = 0$ 处连续; (2) $f(x)$ 在非零的 x 处都不连续.

证明 (1) 对任意的 $\varepsilon > 0$，取 $\delta = \varepsilon > 0$，当 $0 < |x - 0| < \delta$ 时,

$$|f(x) - f(0)| = |f(x) - 0| = |f(x)| \leqslant |x| < \varepsilon,$$

即 $\lim\limits_{x \to 0} f(x) = f(0) = 0$，故 $f(x)$ 在 $x = 0$ 处连续.

(2) 当 $a \neq 0$ 且 $a \in \mathbf{Q}$ 时,对任意的 $x = a \neq 0$，

取有理子列 $\{x_n\}$，且 $x_n \to a(n \to \infty)$，有 $\lim\limits_{n \to \infty} f(x_n) = \lim\limits_{n \to \infty} x_n = a$；

取无理子列 $\{y_n\}$，且 $y_n \to a(n \to \infty)$，有 $\lim\limits_{n \to \infty} f(y_n) = 0$.

由数列与子列极限的关系得 $\lim\limits_{x \to a} f(x)$ 不存在,则 $f(x)$ 在 $x = a$ 处不连续.

当 $a \in \mathbf{R} \backslash \mathbf{Q}$ 时,对任意 $x = a$，

取有理子列 $\{x_n\}$，且 $x_n \to a(n \to \infty)$，有 $\lim\limits_{n \to \infty} f(x_n) = \lim\limits_{n \to \infty} x_n = x_n \neq 0$；

取无理子列 $\{y_n\}$，且 $y_n \to a(n \to \infty)$，有 $\lim\limits_{n \to \infty} f(y_n) = 0$.

由数列与子列极限的关系可知 $\lim\limits_{x \to a} f(x)$ 不存在.综上,$f(x)$ 除 $x = 0$ 外处处间断.

8. 设 $f(x)$ 对任意实数 x, y，有 $f(x+y) = f(x) + f(y)$，且 $f(x)$ 在 $x = 0$ 连续,证明:$f(x)$ 在 $\mathbf{R}$ 上连续.

证明 取 $x = y = 0$ 得 $f(0) = 0$，因为 $f(x)$ 在 $x = 0$ 连续，所以 $\lim\limits_{x \to 0} f(x) = f(0) = 0$，对任意的 $a \in \mathbf{R}$，由 $f(x) = f[a + (x-a)] = f(a) + f(x-a)$，

因为 $\lim\limits_{x \to a} f(x-a) \xrightarrow{x-a=t} \lim\limits_{t \to 0} f(t) = f(0) = 0$，所以 $\lim\limits_{x \to a} f(x) = f(a) + \lim\limits_{x \to a} f(x-a) = f(a) + \lim\limits_{t \to 0} f(t) = f(a)$，即 $f(x)$ 在 $x = a$ 处连续，再由 $a \in \mathbf{R}$ 的任意性得 $f(x)$ 在 $\mathbf{R}$ 上连续.

第九节 连续函数的运算与初等函数的连续性

▶ **期末高分必备知识**

一、基本概念

定义 1(基本初等函数) 称

(1) 幂函数 $y = x^a$；

(2) 指数函数 $y = a^x (a > 0$ 且 $a \neq 1)$；

(3) 对数函数 $y = \log_a x (a > 0$ 且 $a \neq 1)$；

(4) 三角函数 $y = \sin x, y = \cos x, y = \tan x, y = \cot x, y = \sec x, y = \csc x$；

(5) 反三角函数 $y = \arcsin x, y = \arccos x, y = \arctan x, y = \text{arccot } x$，

为基本初等函数.

定义 2(初等函数) 由常数和基本初等函数经过有限次的四则运算和复合运算而成的式子，称为初等函数.

二、连续函数四则和复合运算法则

(一) 连续函数的四则运算

设函数 $f(x), g(x)$ 在 $x = a$ 连续，则

1. $f(x) \pm g(x)$ 及 $f(x)g(x)$ 在 $x = a$ 连续；

2. 若 $g(a) \neq 0$，则 $\dfrac{f(x)}{g(x)}$ 在 $x = a$ 连续.

(二) 连续函数的复合运算

1. 设 $\lim\limits_{u \to a} f(u) = f(a)$，又 $\lim\limits_{x \to x_0} \varphi(x) = a$，且 $\varphi(x) \neq a$，则 $\lim\limits_{x \to x_0} f[\varphi(x)] = f[\lim\limits_{x \to x_0} \varphi(x)] = f(a)$.

2. 设函数 $f(u)$ 为连续函数，又 $\lim\limits_{x \to x_0} \varphi(x) = \varphi(x_0)$，则 $\lim\limits_{x \to x_0} f[\varphi(x)] = f[\varphi(x_0)]$.

抢分攻略

基本初等函数在其定义域内连续，初等函数在其定义区间内连续.

▶ **同济八版教材 ▶ 习题解答**

习题 1－9 连续函数的运算与初等函数的连续性

勇夺60分	1、3
超越80分	1、2、3、4
冲刺90分与考研	1、2、3、4、5、6

1. 求函数 $f(x) = \dfrac{x^3 + 3x^2 - x - 3}{x^2 + x - 6}$ 的连续区间，并求 $\lim\limits_{x \to 0} f(x), \lim\limits_{x \to -3} f(x)$ 及 $\lim\limits_{x \to 2} f(x)$.

解 $f(x)$ 在 $x=-3, x=2$ 处无定义,其余处处连续,故 $f(x)$ 的连续区间为
$$(-\infty,-3) \cup (-3,2) \cup (2,+\infty).$$
由 $f(x)=\dfrac{(x^2-1)(x+3)}{(x+3)(x-2)}=\dfrac{x^2-1}{x-2}$ 得
$$\lim_{x\to 0}f(x)=\dfrac{1}{2}, \lim_{x\to -3}f(x)=-\dfrac{8}{5}, \lim_{x\to 2}f(x)=\infty.$$

2.设函数 $f(x)$ 与 $g(x)$ 在点 x_0 处连续,证明函数
$$\varphi(x)=\max\{f(x),g(x)\}, \psi(x)=\min\{f(x),g(x)\}$$
在点 x_0 处也连续.

证明 $\varphi(x)=\dfrac{[f(x)+g(x)]+|f(x)-g(x)|}{2}, \psi(x)=\dfrac{[f(x)+g(x)]-|f(x)-g(x)|}{2},$
因为连续函数取绝对值,连续函数的和、差仍然是连续函数,所以 $\varphi(x)$ 与 $\psi(x)$ 都是连续函数.

3.求下列极限:

(1) $\lim\limits_{x\to 0}\sqrt{x^2-2x+5}$;

(2) $\lim\limits_{\alpha\to \frac{\pi}{4}}(\sin 2\alpha)^3$;

(3) $\lim\limits_{x\to \frac{\pi}{6}}\ln(2\cos 2x)$;

(4) $\lim\limits_{x\to 0}\dfrac{\sqrt{x+1}-1}{x}$;

(5) $\lim\limits_{x\to 1}\dfrac{\sqrt{5x-4}-\sqrt{x}}{x-1}$;

(6) $\lim\limits_{x\to a}\dfrac{\sin x-\sin \alpha}{x-\alpha}$;

(7) $\lim\limits_{x\to +\infty}(\sqrt{x^2+x}-\sqrt{x^2-x})$;

(8) $\lim\limits_{x\to 0}\dfrac{\left(1-\dfrac{1}{2}x^2\right)^{\frac{2}{3}}-1}{x\ln(1+x)}$.

解 (1) $\lim\limits_{x\to 0}\sqrt{x^2-2x+5}=\sqrt{0^2-2\times 0+5}=\sqrt{5}.$

(2) $\lim\limits_{\alpha\to \frac{\pi}{4}}(\sin 2\alpha)^3=(\lim\limits_{\alpha\to \frac{\pi}{4}}\sin 2\alpha)^3=\left(\sin\dfrac{\pi}{2}\right)^3=1.$

(3) $\lim\limits_{x\to \frac{\pi}{6}}\ln(2\cos 2x)=\ln(\lim\limits_{x\to \frac{\pi}{6}}2\cos 2x)=\ln\left(2\cos\dfrac{\pi}{3}\right)=\ln 1=0.$

(4) $\lim\limits_{x\to 0}\dfrac{\sqrt{x+1}-1}{x}=\lim\limits_{x\to 0}\dfrac{1}{\sqrt{x+1}+1}=\dfrac{1}{2}.$

(5) $\lim\limits_{x\to 1}\dfrac{\sqrt{5x-4}-\sqrt{x}}{x-1}=\lim\limits_{x\to 1}\dfrac{4}{\sqrt{5x-4}+\sqrt{x}}=2.$

(6) $\lim\limits_{x\to a}\dfrac{\sin x-\sin \alpha}{x-\alpha}=\lim\limits_{x\to a}\dfrac{2\cos\dfrac{x+\alpha}{2}\cdot\sin\dfrac{x-\alpha}{2}}{x-\alpha}=\lim\limits_{x\to a}\dfrac{\sin\dfrac{x-\alpha}{2}}{\dfrac{x-\alpha}{2}}\cdot\lim\limits_{x\to a}\cos\dfrac{x+\alpha}{2}=\cos \alpha.$

(7) $\lim\limits_{x\to +\infty}(\sqrt{x^2+x}-\sqrt{x^2-x})=\lim\limits_{x\to +\infty}\dfrac{2x}{\sqrt{x^2+x}+\sqrt{x^2-x}}=\lim\limits_{x\to +\infty}\dfrac{2}{\sqrt{1+\dfrac{1}{x}}+\sqrt{1-\dfrac{1}{x}}}=1.$

(8) $\lim\limits_{x\to 0}\dfrac{\left(1-\dfrac{1}{2}x^2\right)^{\frac{2}{3}}-1}{x\ln(1+x)}=\lim\limits_{x\to 0}\dfrac{\dfrac{2}{3}\cdot\left(-\dfrac{1}{2}x^2\right)}{x\cdot x}=-\dfrac{1}{3}.$

4.求下列极限:

(1) $\lim\limits_{x\to \infty}e^{\frac{1}{x}}$;

(2) $\lim\limits_{x\to 0}\ln\dfrac{\sin x}{x}$;

(3) $\lim\limits_{x\to \infty}\left(1+\dfrac{1}{x}\right)^{\frac{x}{2}}$;

(4) $\lim\limits_{x\to 0}(1+3\tan^2 x)^{\cot^2 x}$;

(5) $\lim\limits_{x\to\infty}\left(\dfrac{3+x}{6+x}\right)^{\frac{x-1}{2}}$;   (6) $\lim\limits_{x\to 0}\dfrac{\sqrt{1+\tan x}-\sqrt{1+\sin x}}{x\sqrt{1+\sin^2 x}-x}$;

(7) $\lim\limits_{x\to e}\dfrac{\ln x-1}{x-e}$;   (8) $\lim\limits_{x\to 0}\dfrac{e^{3x}-e^{2x}-e^x+1}{\sqrt[3]{(1-x)(1+x)}-1}$;

(9) $\lim\limits_{x\to\infty} x(e^{\frac{1}{2x}}-1)$;   (10) $\lim\limits_{x\to 1}\dfrac{x^2-1}{x-1}e^{\frac{1}{x-1}}$.

解 (1) $\lim\limits_{x\to\infty} e^{\frac{1}{x}} = e^{\lim\limits_{x\to\infty}\frac{1}{x}} = e^0 = 1.$

(2) $\lim\limits_{x\to 0}\ln\dfrac{\sin x}{x} = \ln\left(\lim\limits_{x\to 0}\dfrac{\sin x}{x}\right) = \ln 1 = 0.$

(3) $\lim\limits_{x\to\infty}\left(1+\dfrac{1}{x}\right)^{\frac{x}{2}} = \lim\limits_{x\to\infty}\left[\left(1+\dfrac{1}{x}\right)^x\right]^{\frac{1}{2}} = e^{\frac{1}{2}}.$

(4) $\lim\limits_{x\to 0}(1+3\tan^2 x)^{\cot^2 x} = \lim\limits_{x\to 0}\left[(1+3\tan^2 x)^{\frac{1}{3\tan^2 x}}\right]^3 = e^3.$

(5) $\lim\limits_{x\to\infty}\left(\dfrac{3+x}{6+x}\right)^{\frac{x-1}{2}} = \lim\limits_{x\to\infty}\left[\left(1-\dfrac{3}{6+x}\right)^{-\frac{6+x}{3}}\right]^{-\frac{3}{6+x}\cdot\frac{x-1}{2}} = e^{-\lim\limits_{x\to\infty}\frac{3}{6+x}\cdot\frac{x-1}{2}} = e^{-\frac{3}{2}}.$

(6) 由 $\sqrt{1+\sin^2 x}-1 = (1+\sin^2 x)^{\frac{1}{2}}-1 \sim \dfrac{1}{2}\sin^2 x \sim \dfrac{1}{2}x^2$, 得 $x\sqrt{1+\sin^2 x}-x =$

$x(\sqrt{1+\sin^2 x}-1) \sim \dfrac{1}{2}x^3$, 于是

$$\lim_{x\to 0}\dfrac{\sqrt{1+\tan x}-\sqrt{1+\sin x}}{x\sqrt{1+\sin^2 x}-x} = 2\lim_{x\to 0}\dfrac{\sqrt{1+\tan x}-\sqrt{1+\sin x}}{x^3}$$

$$= 2\lim_{x\to 0}\dfrac{1}{\sqrt{1+\tan x}+\sqrt{1+\sin x}}\cdot\dfrac{\tan x-\sin x}{x^3} = \lim_{x\to 0}\dfrac{\tan x-\sin x}{x^3}$$

$$= \lim_{x\to 0}\dfrac{\tan x}{x}\cdot\dfrac{1-\cos x}{x^2} = \dfrac{1}{2}.$$

(7) $\lim\limits_{x\to e}\dfrac{\ln x-1}{x-e} \xlongequal{x-e=t} \lim\limits_{t\to 0}\dfrac{\ln(e+t)-\ln e}{t} = \lim\limits_{t\to 0}\dfrac{\ln\left(1+\frac{t}{e}\right)}{t} = \dfrac{1}{e}.$

(8) $\lim\limits_{x\to 0}\dfrac{e^{3x}-e^{2x}-e^x+1}{\sqrt[3]{(1-x)(1+x)}-1} = \lim\limits_{x\to 0}\dfrac{(e^{2x}-1)(e^x-1)}{(1-x^2)^{\frac{1}{3}}-1} = \lim\limits_{x\to 0}\dfrac{2x\cdot x}{-\frac{1}{3}x^2} = -6.$

(9) 原式 $= \lim\limits_{x\to\infty}\dfrac{e^{\frac{1}{2x}}-1}{\frac{1}{x}} \xlongequal{\frac{1}{x}=t} \lim\limits_{t\to 0}\dfrac{e^{\frac{t}{2}}-1}{t} = \lim\limits_{t\to 0}\dfrac{\frac{t}{2}}{t} = \dfrac{1}{2}.$

(10) 令 $f(x) = \dfrac{x^2-1}{x-1}e^{\frac{1}{x-1}}$, 则

$f(1-0) = \lim\limits_{x\to 1^-}(x+1)e^{\frac{1}{x-1}} = 2\lim\limits_{x\to 1^-}e^{\frac{1}{x-1}} = 0, f(1+0) = \lim\limits_{x\to 1^+}(x+1)e^{\frac{1}{x-1}} = 2\lim\limits_{x\to 1^+}e^{\frac{1}{x-1}} = +\infty,$

因为 $f(1-0)\neq f(1+0)$, 所以 $\lim\limits_{x\to 1}\dfrac{x^2-1}{x-1}e^{\frac{1}{x-1}}$ 不存在.

5. 设 $f(x)$ 在 **R** 上连续, 且 $f(x)\neq 0, \varphi(x)$ 在 **R** 上有定义, 且有间断点, 则下列陈述中, 哪些是对的, 哪些是错的? 如果是对的, 试说明理由; 如果是错的, 试给出一个反例.

(1) $\varphi[f(x)]$ 必有间断点;

(2) $[\varphi(x)]^2$ 必有间断点;

(3) $f[\varphi(x)]$ 未必有间断点；

(4) $\dfrac{\varphi(x)}{f(x)}$ 必有间断点.

解 (1) 错误. 如：$f(x) \equiv 1, \varphi(x) = \begin{cases} 1, & x > 0, \\ 0, & x = 0, \\ -1, & x < 0. \end{cases} \varphi[f(x)] \equiv 1$ 处处连续.

(2) 错误. 如：$\varphi(x) = \begin{cases} 1, & x \in \mathbf{Q}, \\ -1, & x \in \mathbf{R} \backslash \mathbf{Q}, \end{cases}$ 显然 $\varphi(x)$ 处处间断, 但 $[\varphi(x)]^2 \equiv 1$ 处处连续.

(3) 正确. 如：$f(x) = x^2 + 1, \varphi(x) = \begin{cases} 1, & x \in \mathbf{Q}, \\ -1, & x \in \mathbf{R} \backslash \mathbf{Q}, \end{cases}$ 显然 $\varphi(x)$ 有间断点, 但 $f[\varphi(x)] \equiv 2$ 处处连续.

(4) 正确. 若 $\dfrac{\varphi(x)}{f(x)}$ 连续, 则由 $f(x) \neq 0$ 可知 $\dfrac{\varphi(x)}{f(x)} \cdot f(x) = \varphi(x)$ 连续, 矛盾, 故 $\dfrac{\varphi(x)}{f(x)}$ 必有间断点.

6. 设函数 $f(x) = \begin{cases} e^x, & x < 0, \\ a + x, & x \geqslant 0, \end{cases}$ 应当怎样选择数 a, 才能使得 $f(x)$ 成为在 $(-\infty, +\infty)$ 内的连续函数？

解 显然 $f(x)$ 在 $(-\infty, 0)$ 及 $(0, +\infty)$ 内连续,
$$f(0-0) = 1, f(0) = f(0+0) = a,$$
当 $f(0-0) = f(0+0) = f(0)$, 即 $a = 1$ 时, $f(x)$ 为 $(-\infty, +\infty)$ 内的连续函数.

第十节 闭区间上连续函数的性质

▶ 期末高分必备知识

闭区间上连续函数有如下四个性质：

定理 1(最值定理) 设 $f(x)$ 是定义在闭区间 $[a,b]$ 上的连续函数, 则 $f(x)$ 在 $[a,b]$ 上取到最小值 m 和最大值 M, 即存在 $x_1, x_2 \in [a,b]$, 使得 $f(x_1) = m, f(x_2) = M$(如图 1-12 所示).

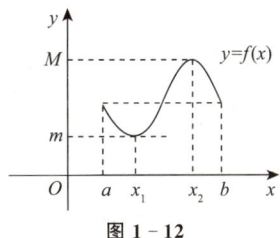

图 1-12

定理 2(有界性定理) 设 $f(x)$ 是定义在闭区间 $[a,b]$ 上的连续函数, 则存在 $k > 0$, 对一切的 $x \in [a,b]$, 有 $|f(x)| \leqslant k$.

定理 3(零点定理) 设 $f(x)$ 是定义在闭区间 $[a,b]$ 上的连续函数, 且 $f(a)f(b) < 0$, 则存在 $c \in (a,b)$, 使得 $f(c) = 0$.

定理 4(介值定理) 设 $f(x)$ 是定义在闭区间 $[a,b]$ 上的连续函数, 其最小值为 m, 最大值为 M, 对任意的 $\eta \in [m, M]$, 存在 $\xi \in [a,b]$, 使得 $f(\xi) = \eta$(如图 1-13 所示).

图 1-13

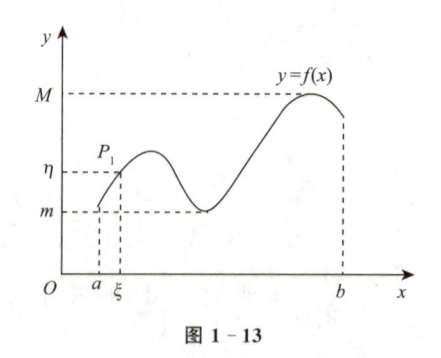

> **抢分攻略**
>
> (1) 设 $f(x)$ 是定义在闭区间 $[a,b]$ 上的连续函数,若命题中出现 $c\in(a,b)$ 时,一般使用零点定理.
> (2) 设 $f(x)$ 是定义在闭区间 $[a,b]$ 上的连续函数,若命题中出现几个函数值相加或 $\xi\in[a,b]$ 时,一般使用介值定理.

60分必会题型

题型一:零点定理问题

例1 证明:方程 $x^5-3x+1=0$ 至少有一个正根.

证明 令 $f(x)=x^5-3x+1$,显然 $f(x)$ 是定义在闭区间 $[0,1]$ 上的连续函数,$f(0)=1$,$f(1)=-1$,$f(0)f(1)=-1<0$,由零点定理,存在 $\xi\in(0,1)$,使得 $f(\xi)=0$,即 $x=\xi$ 为方程的正根.

例2 设 $f(x)$ 是定义在闭区间 $[0,1]$ 上的连续函数,$f(0)=0$,$f(1)=1$,证明:存在 $\xi\in(0,1)$,使得 $f(\xi)=\dfrac{2}{3}$.

证明 令 $\varphi(x)=f(x)-\dfrac{2}{3}$,显然 $\varphi(x)$ 是定义在闭区间 $[0,1]$ 上的连续函数,$\varphi(0)=-\dfrac{2}{3}$,$\varphi(1)=\dfrac{1}{3}$,$\varphi(0)\varphi(1)<0$,由零点定理,存在 $\xi\in(0,1)$,使得 $\varphi(\xi)=0$,即 $f(\xi)=\dfrac{2}{3}$.

题型二:介值定理问题

例1 设 $f(x)$ 是定义在闭区间 $[0,2]$ 上的连续函数,且 $f(0)+2f(1)+3f(2)=6$,证明:存在 $\xi\in[0,2]$,使得 $f(\xi)=1$.

证明 因为 $f(x)$ 是定义在闭区间 $[0,2]$ 上的连续函数,所以 $f(x)$ 在 $[0,2]$ 上取到最小值 m 和最大值 M,由 $6m\leqslant f(0)+2f(1)+3f(2)\leqslant 6M$ 及 $f(0)+2f(1)+3f(2)=6$ 得 $m\leqslant 1\leqslant M$,当 $m<1<M$ 时可根据介值定理,存在 $\xi\in[0,2]$,使得 $f(\xi)=1$.当 $m=1$ 或 $M=1$ 时,可知 $f(0)=f(1)=f(2)=1$,即当 $\xi=0$ 或 1 或 2 时均可满足 $f(\xi)=1$.综上,存在 $\xi\in[0,2]$,使得 $f(\xi)=1$.

例2 设 $f(x)$ 是定义在闭区间 $[a,b]$ 上的连续函数,$p>0$,$q>0$ 且 $p+q=1$,证明:存在 $\xi\in[a,b]$,使得

$$f(\xi)=pf(a)+qf(b).$$

证明 因为 $f(x)$ 是定义在闭区间 $[a,b]$ 上的连续函数,所以 $f(x)$ 在 $[a,b]$ 上取到最小值 m 和最大值 M,由 $(p+q)m\leqslant pf(a)+qf(b)\leqslant(p+q)M$,即 $m\leqslant pf(a)+qf(b)\leqslant M$,根据介值定理,存在 $\xi\in[a,b]$,使得

$$f(\xi) = pf(a) + qf(b).$$

同济八版教材 ▶ 习题解答

习题 1－10　闭区间上连续函数的性质

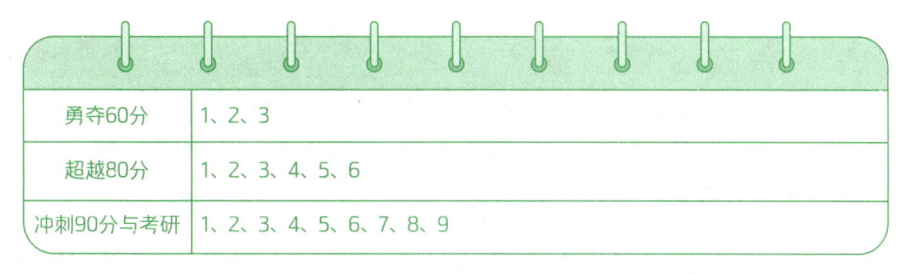

勇夺60分	1、2、3
超越80分	1、2、3、4、5、6
冲刺90分与考研	1、2、3、4、5、6、7、8、9

1. 假设函数 $f(x)$ 在闭区间 $[0,1]$ 上连续，并且对 $[0,1]$ 上任一点 x 有 $0 \leqslant f(x) \leqslant 1$. 试证明 $[0,1]$ 中必存在一点 c，使得 $f(c) = c$ (c 称为函数 $f(x)$ 的不动点).

证明 令 $\varphi(x) = f(x) - x$，当 $f(0) = 0$ 时，则不动点 $c = 0$；当 $f(1) = 1$ 时，则不动点 $c = 1$；当 $f(0) > 0, f(1) < 1$ 时，
$$\varphi(0) = f(0) > 0, \varphi(1) = f(1) - 1 < 0,$$
因为 $\varphi(0)\varphi(1) < 0$，所以由零点定理，存在 $c \in (0,1)$，使得 $\varphi(c) = 0, f(c) = c$.

2. 证明方程 $x^5 - 3x = 1$ 至少有一个根介于 1 和 2 之间.

证明 令 $f(x) = x^5 - 3x - 1$，则 $f(x)$ 在 $[1,2]$ 上连续，$f(1) = -3, f(2) = 25$，因为 $f(1)f(2) < 0$，所以存在 $c \in (1,2)$，使得 $f(c) = 0$，即方程 $x^5 - 3x = 1$ 在 $(1,2)$ 内至少有一个根.

3. 证明方程 $x = a\sin x + b$，其中 $a > 0, b > 0$，至少有一个正根，并且它不超过 $a + b$.

证明 令 $f(x) = x - a\sin x - b$，$f(x)$ 在 $[0, a+b]$ 上连续，
$$f(0) = -b < 0, f(a+b) = a[1 - \sin(a+b)],$$
当 $\sin(a+b) = 1$ 时，$f(a+b) = 0$，即 $x = a+b$ 为 $x = a\sin x + b$ 的不超过 $a+b$ 的正根；
当 $\sin(a+b) < 1$ 时，$f(a+b) > 0$，因为 $f(0)f(a+b) < 0$，所以由零点定理，存在 $c \in (0, a+b)$，使得 $f(c) = 0$，即 $x = c$ 为 $x = a\sin x + b$ 的不超过 $a+b$ 的正根.

4. 证明任一最高次幂的指数为奇数的代数方程 $a_0 x^{2n+1} + a_1 x^{2n} + \cdots + a_{2n} x + a_{2n+1} = 0$ 至少有一个实根，其中 $a_0, a_1, \cdots, a_{2n+1}$ 均为常数，$n \in \mathbf{N}$.

证明 不妨设 $a_0 > 0$，令
$$f(x) = a_0 x^{2n+1} + a_1 x^{2n} + \cdots + a_{2n} x + a_{2n+1},$$
等价变形，得
$$f(x) = a_0 x^{2n+1}\left(1 + \frac{a_1}{a_0}\frac{1}{x} + \cdots + \frac{a_{2n}}{a_0}\frac{1}{x^{2n}} + \frac{a_{2n+1}}{a_0}\frac{1}{x^{2n+1}}\right),$$
可以看出在 $x \to +\infty$ 的过程中，$f(x) \to +\infty$，在 $x \to -\infty$ 的过程中，$f(x) \to -\infty$. 因为 $f(x)$ 是连续函数，所以存在充分大的区间，使得区间两端处 $f(x)$ 异号，同理 $a_0 < 0$ 亦然. 由零点定理可知，$f(x)$ 在区间内某一点处必定为 0，故方程 $a_0 x^{2n+1} + a_1 x^{2n} + \cdots + a_{2n} x + a_{2n+1} = 0$ 至少有一个实根.

5. 证明：方程 $x^3 + 2x^2 - 4x - 1 = 0$ 有三个实根.

证明 令 $f(x) = x^3 + 2x^2 - 4x - 1$，显然 $f(x)$ 在 $\mathbf{R}$ 上连续，
因为 $\lim_{x \to -\infty} f(x) = -\infty, f(-2) = 7 > 0, f(0) = -1 < 0, \lim_{x \to +\infty} f(x) = +\infty$，
由零点定理，$f(x)$ 在 $(-\infty, -2), (-2, 0), (0, +\infty)$ 内至少各有一个零点，
即方程 $x^3 + 2x^2 - 4x - 1 = 0$ 至少有三个不同根，又方程 $x^3 + 2x^2 - 4x - 1 = 0$ 是三次方程，不可能超过三个根，故 $x^3 + 2x^2 - 4x - 1 = 0$ 有三个实根.

6. 若 $f(x)$ 在 $[a,b]$ 上连续，$a < x_1 < x_2 < \cdots < x_n < b (n \geqslant 3)$，证明：在 (x_1, x_n) 内至少有一点

ξ，使
$$f(\xi) = \frac{f(x_1)+f(x_2)+\cdots+f(x_n)}{n}.$$

证明 因为 $f(x)$ 在 $[x_1,x_n] \subset [a,b]$ 上连续，所以 $f(x)$ 在 $[x_1,x_n]$ 上取得最小值 m 和最大值 M.

因为 $m \leqslant \dfrac{f(x_1)+f(x_2)+\cdots+f(x_n)}{n} \leqslant M$，当不等式左右两边均为"<"时，可根据介值定理，存在 $\xi \in (x_1,x_n) \subset [a,b]$，使得 $f(\xi) = \dfrac{f(x_1)+f(x_2)+\cdots+f(x_n)}{n}.$

当不等式两边均为等号，如 $m = \dfrac{f(x_1)+f(x_2)+\cdots+f(x_n)}{n}$，则 $f(x_1)=f(x_2)=\cdots=f(x_n)$，即可取 ξ 为 $x_2,x_3,\cdots,x_{n-1}$ 中任意一个值，使得 $f(\xi) = \dfrac{f(x_1)+f(x_2)+\cdots+f(x_n)}{n}$ 同理，若 $\dfrac{f(x_1)+f(x_2)+\cdots+f(x_n)}{n} = M$ 亦成立.

*7. 设函数 $f(x)$ 对于闭区间 $[a,b]$ 上的任意两点 x,y，恒有 $|f(x)-f(y)| \leqslant L|x-y|$，其中 L 为正常数，且 $f(a) \cdot f(b) < 0$，证明：至少有一点 $\xi \in (a,b)$，使得 $f(\xi) = 0$.

证明 对任意的 $x_0 \in [a,b]$，$0 \leqslant |f(x) - f(x_0)| \leqslant L|x - x_0|$，由夹逼准则得 $\lim\limits_{x \to x_0} f(x) = f(x_0)$，即 $f(x)$ 在 x_0 处连续，由 $x_0 \in [a,b]$ 的任意性得 $f(x)$ 在 $[a,b]$ 上连续.

因为 $f(a) \cdot f(b) < 0$，所以由零点定理，存在 $\xi \in (a,b)$，使得 $f(\xi) = 0$.

*8. 证明：若 $f(x)$ 在 $(-\infty,+\infty)$ 内连续，且 $\lim\limits_{x \to \infty} f(x)$ 存在，则 $f(x)$ 必在 $(-\infty,+\infty)$ 内有界.

证明 令 $\lim\limits_{x \to \infty} f(x) = A$，取 $\varepsilon_0 = 1$，则存在 $X_0 > 0$，当 $|x| > X_0$ 时，$|f(x) - A| < 1$，从而 $|f(x)| \leqslant 1 + |A|$；

因为 $f(x)$ 是定义在闭区间 $[-X_0, X_0]$ 上的连续函数，所以存在 $M_0 > 0$，当 $x \in [-X_0, X_0]$ 时，$|f(x)| \leqslant M_0$，取 $M = \max\{1+|A|, M_0\}$，则当 $x \in (-\infty,+\infty)$ 时，$|f(x)| \leqslant M$.

*9. 在什么条件下，(a,b) 内的连续函数 $f(x)$ 为一致连续？

解 若 $f(a+0) = \lim\limits_{x \to a^+} f(x)$，$f(b-0) = \lim\limits_{x \to b^-} f(x)$ 都存在，定义
$$g(x) = \begin{cases} f(a+0), & x = a, \\ f(x), & a < x < b, \\ f(b-0), & x = b, \end{cases}$$

$g(x)$ 在 $[a,b]$ 上连续，从而在 $[a,b]$ 上一致连续，故 $g(x)$ 在 (a,b) 内一致连续，即 $f(x)$ 在 (a,b) 内一致连续.

总习题一及答案解析

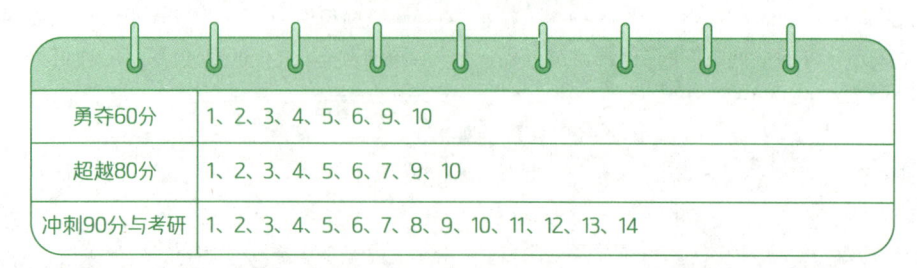

勇夺60分	1、2、3、4、5、6、9、10
超越80分	1、2、3、4、5、6、7、9、10
冲刺90分与考研	1、2、3、4、5、6、7、8、9、10、11、12、13、14

1. 在"充分""必要"和"充分必要"三者中选择一个正确的填入下列空格内：

(1) 数列 $\{x_n\}$ 有界是数列 $\{x_n\}$ 收敛的_____条件，数列 $\{x_n\}$ 收敛是数列 $\{x_n\}$ 有界的_____条件；

(2) $f(x)$ 在 x_0 的某一去心邻域内有界是 $\lim\limits_{x\to x_0} f(x)$ 存在的_____条件,$\lim\limits_{x\to x_0} f(x)$ 存在是 $f(x)$ 在 x_0 的某一去心邻域内有界的_____条件;

(3) $f(x)$ 在 x_0 的某一去心邻域内无界是 $\lim\limits_{x\to x_0} f(x) = \infty$ 的_____条件,$\lim\limits_{x\to x_0} f(x) = \infty$ 是 $f(x)$ 在 x_0 的某一去心邻域内无界的_____条件;

(4) $f(x)$ 当 $x\to x_0$ 时的右极限 $f(x_0^+)$ 及左极限 $f(x_0^-)$ 都存在且相等是 $\lim\limits_{x\to x_0} f(x)$ 存在的_____条件.

解 (1) 必要,充分. (2) 必要,充分. (3) 必要,充分. (4) 充分必要.

2. 已知函数 $f(x) = \begin{cases} (\cos x)^{-x^2}, & 0 < |x| < \dfrac{\pi}{2}, \\ a, & x = 0 \end{cases}$ 在 $x = 0$ 处连续,则 $a =$ _____.

解 $\lim\limits_{x\to 0} f(x) = \lim\limits_{x\to 0} (\cos x)^{-x^2} = 1$,因为 $f(x)$ 在 $x = 0$ 处连续,所以 $\lim\limits_{x\to 0} f(x) = f(0)$,故 $a = 1$.

3. 以下两题中给出了四个结论,从中选出正确的结论:

(1) 设 $f(x) = 2^x + 3^x - 2$,则当 $x \to 0$ 时,有( ).

(A) $f(x)$ 与 x 是等价无穷小量　　　　(B) $f(x)$ 与 x 同阶但非等价无穷小量

(C) $f(x)$ 是比 x 高阶的无穷小量　　　(D) $f(x)$ 是比 x 低阶的无穷小量

(2) 设 $f(x) = \dfrac{e^{\frac{1}{x}} - 1}{e^{\frac{1}{x}} + 1}$,则 $x = 0$ 是 $f(x)$ 的( ).

(A) 可去间断点　　　　　　　　　　　(B) 跳跃间断点

(C) 第二类间断点　　　　　　　　　　(D) 连续点

解 (1) 因为 $\lim\limits_{x\to 0} \dfrac{f(x)}{x} = \lim\limits_{x\to 0} \dfrac{2^x + 3^x - 2}{x} = \lim\limits_{x\to 0} (2^x \ln 2 + 3^x \ln 3) = \ln 6$,所以当 $x \to 0$ 时,$f(x)$ 与 x 是同阶而非等价的无穷小量,应选(B).

(2) $f(0 - 0) = -1, f(0 + 0) = 1$,因为 $f(0 - 0) \neq f(0 + 0)$,所以 $x = 0$ 为 $f(x)$ 的跳跃间断点,应选(B).

4. 设 $f(x)$ 的定义域是 $[0, 1]$,求下列函数的定义域:

(1) $f(e^x)$;　　　　　　　　　　　　(2) $f(\ln x)$;

(3) $f(\arctan x)$;　　　　　　　　　 (4) $f(\cos x)$.

解 (1) 由 $0 \leqslant e^x \leqslant 1$ 得 $x \leqslant 0$,从而 $f(e^x)$ 的定义域为 $(-\infty, 0]$.

(2) 由 $0 \leqslant \ln x \leqslant 1$ 得 $1 \leqslant x \leqslant e$,从而 $f(\ln x)$ 的定义域为 $[1, e]$.

(3) 由 $0 \leqslant \arctan x \leqslant 1$ 得 $0 \leqslant x \leqslant \tan 1$,从而 $f(\arctan x)$ 的定义域为 $[0, \tan 1]$.

(4) 由 $0 \leqslant \cos x \leqslant 1$ 得 $2k\pi - \dfrac{\pi}{2} \leqslant x \leqslant 2k\pi + \dfrac{\pi}{2}$,从而 $f(\cos x)$ 的定义域为

$$\left[2k\pi - \dfrac{\pi}{2}, 2k\pi + \dfrac{\pi}{2}\right] (k \in \mathbf{Z}).$$

5. 设 $f(x) = \begin{cases} 0, & x \leqslant 0, \\ x, & x > 0, \end{cases} g(x) = \begin{cases} 0, & x \leqslant 0, \\ -x^2, & x > 0, \end{cases}$ 求 $f[f(x)], g[g(x)], f[g(x)], g[f(x)]$.

解 $f[f(x)] = \begin{cases} 0, & f(x) \leqslant 0, \\ f(x), & f(x) > 0, \end{cases}$ 因为 $f(x) \geqslant 0$,所以 $f[f(x)] = f(x) = \begin{cases} 0, & x \leqslant 0, \\ x, & x > 0. \end{cases}$

$g[g(x)] = \begin{cases} 0, & g(x) \leqslant 0, \\ -g^2(x), & g(x) > 0. \end{cases}$ 因为 $g(x) \leqslant 0$,所以 $g[g(x)] = 0 (x \in \mathbf{R})$.

$f[g(x)] = \begin{cases} 0, & g(x) \leqslant 0, \\ g(x), & g(x) > 0. \end{cases}$ 因为 $g(x) \leqslant 0$,所以 $f[g(x)] = 0 (x \in \mathbf{R})$.

$$g[f(x)] = \begin{cases} 0, & f(x) \leqslant 0, \\ -f^2(x), & f(x) > 0. \end{cases} \text{因为} f(x) \geqslant 0, \text{所以} g[f(x)] = \begin{cases} 0, & x \leqslant 0, \\ -x^2, & x > 0 \end{cases} = g(x).$$

6. 利用 $y = \sin x$ 的图形作出下列函数的图形：

(1) $y = |\sin x|$;   (2) $y = \sin|x|$;   (3) $y = 2\sin\dfrac{x}{2}$.

解 (1) $y = |\sin x|$ 的图形是由 $y = \sin x$ 的图形在 x 轴下方的部分关于 x 轴作对称而得，如图 1-14(a).

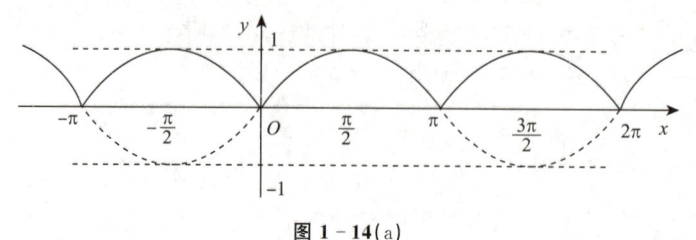

图 1-14(a)

(2) $y = \sin|x|$ 的图形是由 $y = \sin x$ 的图形在 y 轴右侧的部分关于 y 轴作对称而得，如图 1-14(b).

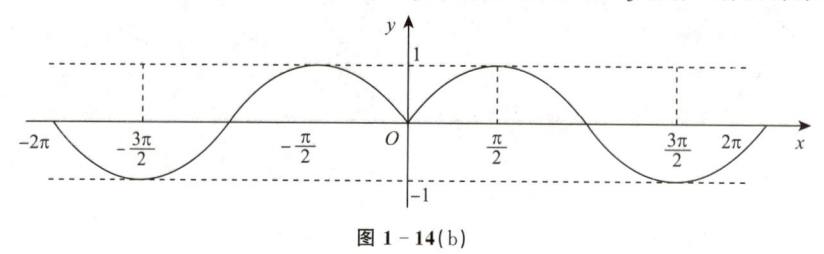

图 1-14(b)

(3) $y = 2\sin\dfrac{x}{2}$ 的图形是由 $y = \sin x$ 的图形横坐标扩大至 2 倍，纵坐标扩大至 2 倍而得，如图 1-14(c).

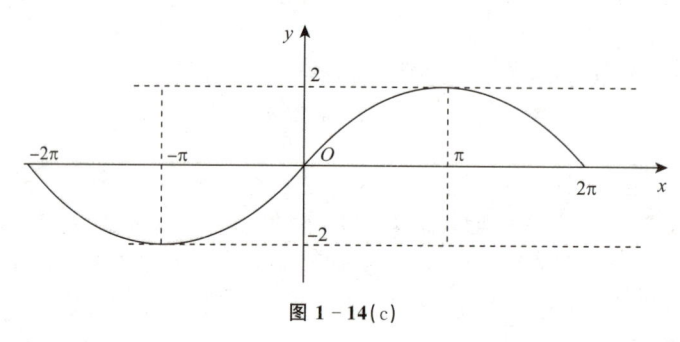

图 1-14(c)

7. 把半径为 R 的一圆形铁皮，自圆心处剪去圆心角为 α 的一扇形后围成一无底圆锥. 试建立该圆锥的体积 V 与角 α 间的函数关系.

解 设圆锥底面半径为 r，高为 h，则有 $2\pi r = (2\pi - \alpha)R$, $R^2 - r^2 = h^2$，解得

$$r = \frac{(2\pi - \alpha)R}{2\pi}, \quad h = \sqrt{R^2 - r^2} = \frac{\sqrt{4\pi\alpha - \alpha^2}}{2\pi}R,$$

故圆锥的体积为

$$V = \frac{\pi r^2}{3} \cdot h = \frac{R^3 (2\pi - \alpha)^2 \sqrt{4\pi\alpha - \alpha^2}}{24\pi^2} \quad (0 < \alpha < 2\pi).$$

*8. 根据函数极限的定义证明 $\lim\limits_{x \to 3} \dfrac{x^2 - x - 6}{x - 3} = 5$.

证明 $\left|\dfrac{x^2-x-6}{x-3}-5\right|=|x-3|$,对任意的 $\varepsilon>0$,取 $\delta=\varepsilon>0$,当 $0<|x-3|<\delta$ 时,

$$\left|\dfrac{x^2-x-6}{x-3}-5\right|<\varepsilon,$$

由极限的定义得 $\lim\limits_{x\to 3}\dfrac{x^2-x-6}{x-3}=5$.

9.求下列极限:

(1) $\lim\limits_{x\to 1}\dfrac{x^2-x+1}{(x-1)^2}$; (2) $\lim\limits_{x\to +\infty}x(\sqrt{x^2+1}-x)$;

(3) $\lim\limits_{x\to\infty}\left(\dfrac{2x+3}{2x+1}\right)^{x+1}$; (4) $\lim\limits_{x\to 0}\dfrac{\tan x-\sin x}{x^3}$;

(5) $\lim\limits_{x\to 0}\left(\dfrac{a^x+b^x+c^x}{3}\right)^{\frac{1}{x}}$ $(a>0,a\neq 1;b>0,b\neq 1;c>0,c\neq 1)$;

(6) $\lim\limits_{x\to\frac{\pi}{2}}(\sin x)^{\tan x}$; (7) $\lim\limits_{x\to a}\dfrac{\ln x-\ln a}{x-a}$ $(a>0)$;

(8) $\lim\limits_{x\to 0}\dfrac{x\tan x}{\sqrt{1-x^2}-1}$.

解 (1) 由 $\lim\limits_{x\to 1}\dfrac{(x-1)^2}{x^2-x+1}=0$ 得 $\lim\limits_{x\to 1}\dfrac{x^2-x+1}{(x-1)^2}=\infty$.

(2) 方法一:

$$\lim\limits_{x\to +\infty}x(\sqrt{x^2+1}-x)=\lim\limits_{x\to +\infty}\dfrac{x}{\sqrt{x^2+1}+x}=\lim\limits_{x\to +\infty}\dfrac{1}{\sqrt{1+\dfrac{1}{x^2}}+1}=\dfrac{1}{2}.$$

方法二:

$$\lim\limits_{x\to +\infty}x(\sqrt{x^2+1}-x)=\lim\limits_{x\to +\infty}x^2\left(\sqrt{1+\dfrac{1}{x^2}}-1\right)=\lim\limits_{x\to +\infty}\dfrac{\sqrt{1+\dfrac{1}{x^2}}-1}{\dfrac{1}{x^2}}$$

$$\xrightarrow{\frac{1}{x^2}=t}=\lim\limits_{t\to 0^+}\dfrac{\sqrt{1+t}-1}{t}=\lim\limits_{t\to 0^+}\dfrac{(1+t)^{\frac{1}{2}}-1}{t}=\lim\limits_{t\to 0^+}\dfrac{\dfrac{t}{2}}{t}=\dfrac{1}{2}.$$

(3) $\lim\limits_{x\to\infty}\left(\dfrac{2x+3}{2x+1}\right)^{x+1}=\lim\limits_{x\to\infty}\left[\left(1+\dfrac{2}{2x+1}\right)^{\frac{2x+1}{2}}\right]^{\frac{2x+2}{2x+1}}=\mathrm{e}$.

(4) $\lim\limits_{x\to 0}\dfrac{\tan x-\sin x}{x^3}=\lim\limits_{x\to 0}\left(\dfrac{\tan x}{x}\cdot\dfrac{1-\cos x}{x^2}\right)=\dfrac{1}{2}$.

(5) $\lim\limits_{x\to 0}\left(\dfrac{a^x+b^x+c^x}{3}\right)^{\frac{1}{x}}=\lim\limits_{x\to 0}\left[\left(1+\dfrac{a^x+b^x+c^x-3}{3}\right)^{\frac{3}{a^x+b^x+c^x-3}}\right]^{\frac{1}{3}\cdot\frac{a^x+b^x+c^x-3}{x}}$

$=\mathrm{e}^{\frac{1}{3}\lim\limits_{x\to 0}\left(\frac{a^x-1}{x}+\frac{b^x-1}{x}+\frac{c^x-1}{x}\right)}=\mathrm{e}^{\frac{1}{3}(\ln a+\ln b+\ln c)}=\sqrt[3]{abc}$.

(6) $\lim\limits_{x\to\frac{\pi}{2}}(\sin x)^{\tan x}=\lim\limits_{x\to\frac{\pi}{2}}\{[1+(\sin x-1)]^{\frac{1}{\sin x-1}}\}^{\tan x(\sin x-1)}=\mathrm{e}^{\lim\limits_{x\to\frac{\pi}{2}}\sin x\cdot\frac{\sin x-1}{\cos x}}=\mathrm{e}^{\lim\limits_{x\to\frac{\pi}{2}}\frac{\sin x-1}{\cos x}}$,

由 $\lim\limits_{x\to\frac{\pi}{2}}\dfrac{\sin x-1}{\cos x}=\lim\limits_{x\to\frac{\pi}{2}}\dfrac{\cos x}{-\sin x-1}=0$ $\left(\text{此处用到}\sin^2 x+\cos^2 x=1\text{ 的变形式}\dfrac{\sin x-1}{\cos x}=\dfrac{\cos x}{-\sin x-1}\right)$ 得

$\lim\limits_{x\to\frac{\pi}{2}}(\sin x)^{\tan x}=\mathrm{e}^0=1$.

(7) $\lim\limits_{x \to a} \dfrac{\ln x - \ln a}{x - a}(a > 0) \xlongequal{x - a = t} \lim\limits_{t \to 0} \dfrac{\ln\left(1 + \dfrac{t}{a}\right)}{t} = \dfrac{1}{a}\lim\limits_{t \to 0}\ln\left(1 + \dfrac{t}{a}\right)^{\frac{a}{t}} = \dfrac{1}{a}$.

(8) $\lim\limits_{x \to 0} \dfrac{x \tan x}{\sqrt{1 - x^2} - 1} = \lim\limits_{x \to 0} \dfrac{x \cdot x}{-\dfrac{1}{2}x^2} = -2$.

10. 设 $f(x) = \begin{cases} x\sin\dfrac{1}{x}, & x > 0, \\ a + x^2, & x \leqslant 0, \end{cases}$ 要使 $f(x)$ 在 $(-\infty, +\infty)$ 内连续,应当怎样选择数 a?

解 $f(x)$ 除 $x = 0$ 外处处连续,

$$f(0+0) = \lim\limits_{x \to 0^+} x\sin\dfrac{1}{x} = 0, f(0) = f(0-0) = a,$$

当 $f(0+0) = f(0-0) = f(0)$,即 $a = 0$ 时,$f(x)$ 在 $(-\infty, +\infty)$ 内连续.

11. 设 $f(x) = \lim\limits_{n \to \infty} \dfrac{1 + x}{1 + x^{2n}}$,求 $f(x)$ 的间断点,并说明间断点所属类型.

解 $f(x) = \lim\limits_{n \to \infty} \dfrac{1 + x}{1 + x^{2n}} = \begin{cases} 1 + x, & |x| < 1, \\ 0, & |x| > 1 \text{ 或 } x = -1, \\ 1, & x = 1. \end{cases}$

$x = -1$ 和 $x = 1$ 为分段点,当 $x = -1$ 时,$f(-1-0) = f(-1+0) = f(-1) = 0$,所以,$x = -1$ 为连续点;当 $x = 1$ 时,因为 $f(1-0) = 2, f(1+0) = 0, f(1-0) \neq f(1+0)$,所以 $x = 1$ 为 $f(x)$ 的第一类间断点,为跳跃间断点.

12. 证明 $\lim\limits_{n \to \infty}\left(\dfrac{1}{\sqrt{n^2 + 1}} + \dfrac{1}{\sqrt{n^2 + 2}} + \cdots + \dfrac{1}{\sqrt{n^2 + n}}\right) = 1$.

证明 由 $\dfrac{1}{\sqrt{n^2 + n}} \leqslant \dfrac{1}{\sqrt{n^2 + i}} \leqslant \dfrac{1}{\sqrt{n^2 + 1}} (i = 1, 2, \cdots, n)$ 得

$$\dfrac{n}{\sqrt{n^2 + n}} \leqslant \dfrac{1}{\sqrt{n^2 + 1}} + \dfrac{1}{\sqrt{n^2 + 2}} + \cdots + \dfrac{1}{\sqrt{n^2 + n}} \leqslant \dfrac{n}{\sqrt{n^2 + 1}},$$

因为 $\lim\limits_{n \to \infty} \dfrac{n}{\sqrt{n^2 + n}} = \lim\limits_{n \to \infty} \dfrac{1}{\sqrt{1 + \dfrac{1}{n}}} = 1, \lim\limits_{n \to \infty} \dfrac{n}{\sqrt{n^2 + 1}} = \lim\limits_{n \to \infty} \dfrac{1}{\sqrt{1 + \dfrac{1}{n^2}}} = 1$,所以由夹逼准则得

$$\lim\limits_{n \to \infty}\left(\dfrac{1}{\sqrt{n^2 + 1}} + \dfrac{1}{\sqrt{n^2 + 2}} + \cdots + \dfrac{1}{\sqrt{n^2 + n}}\right) = 1.$$

13. 证明方程 $\sin x + x + 1 = 0$ 在开区间 $\left(-\dfrac{\pi}{2}, \dfrac{\pi}{2}\right)$ 内至少有一个根.

证明 设 $f(x) = \sin x + x + 1$,显然 $f(x)$ 在 $\left[-\dfrac{\pi}{2}, \dfrac{\pi}{2}\right]$ 上连续,且

$$f\left(-\dfrac{\pi}{2}\right) = -1 - \dfrac{\pi}{2} + 1 = -\dfrac{\pi}{2} < 0, f\left(\dfrac{\pi}{2}\right) = 2 + \dfrac{\pi}{2} > 0,$$

由零点定理,存在 $c \in \left(-\dfrac{\pi}{2}, \dfrac{\pi}{2}\right)$,使得 $f(c) = 0$,即方程 $\sin x + x + 1 = 0$ 在 $\left(-\dfrac{\pi}{2}, \dfrac{\pi}{2}\right)$ 内至少有一个根.

14. 如果存在直线 $L: y = kx + b$,使得当 $x \to \infty$(或 $x \to +\infty, x \to -\infty$)时,曲线 $y = f(x)$ 上的动点 $M(x, y)$ 到直线 L 的距离 $d(M, L) \to 0$,则称 L 为曲线 $y = f(x)$ 的渐近线. 当直线 L 的斜率 $k \neq 0$ 时,称 L 为斜渐近线.

(1) 证明 直线 $L: y = kx + b$ 为曲线 $y = f(x)$ 的渐近线的充分必要条件是

$$k = \lim\limits_{\substack{x \to \infty \\ (x \to +\infty) \\ (x \to -\infty)}} \dfrac{f(x)}{x}, b = \lim\limits_{\substack{x \to \infty \\ (x \to +\infty) \\ (x \to -\infty)}} [f(x) - kx];$$

(2) 求曲线 $y = (2x-1)\mathrm{e}^{\frac{1}{x}}$ 的斜渐近线;

(3) 求曲线 $y = x\ln\left(\mathrm{e} + \frac{1}{x}\right)$ 的渐近线.

证明 ▶ (1) 仅证明 $x \to +\infty$ 时的情形,其他两种情形证明方法相同.

设直线 $L: y = kx + b$ 为曲线 $y = f(x)$ 的渐近线.

情形一:$k \neq 0$,直线 L 的倾角为 α,$k = \tan \alpha$,曲线 $y = f(x)$ 上任取点 $M(x,y)$,过点 M 作 L 的垂线交 L 于 N,则点 M 与直线 L 的距离为 $|MN|$.

过点 M 作 x 轴的垂线交直线 L 于 N_1,则 $|MN_1| = \dfrac{|MN|}{\cos \alpha}$,因为直线 L 为曲线 $y = f(x)$ 的渐近线,所以当 $x \to +\infty$ 时,$|MN| \to 0$,$|MN_1| \to 0$,即 $\lim\limits_{x \to +\infty}[f(x) - (kx+b)] = 0$,从而 $\lim\limits_{x \to +\infty}[f(x) - kx] = b$,再由 $\lim\limits_{x \to +\infty}[f(x) - (kx+b)] = 0$ 得

$$\lim_{x \to +\infty} \frac{f(x)}{x} = \lim_{x \to +\infty} \frac{kx+b}{x} = k.$$

反之,若 $\lim\limits_{x \to +\infty} \dfrac{f(x)}{x} = k$,$\lim\limits_{x \to +\infty}[f(x) - kx] = b$,则也可推出 $\lim\limits_{x \to +\infty}[f(x) - (kx+b)] = 0$,即直线 $L: y = kx + b$ 为曲线 $y = f(x)$ 的渐近线.

情形二:$k = 0$,若 $y = b$ 为曲线 $y = f(x)$ 的水平渐近线,则当 $x \to +\infty$ 时,$|MN| \to 0$,即

$$\lim_{x \to +\infty}[f(x) - b] = 0,$$

故有 $\lim\limits_{x \to +\infty} f(x) = b$,$\lim\limits_{x \to +\infty} \dfrac{f(x)}{x} = \lim\limits_{x \to +\infty} \dfrac{b}{x} = 0$;反之,若 $\lim\limits_{x \to +\infty} \dfrac{f(x)}{x} = 0$,$\lim\limits_{x \to +\infty} f(x) = b$,则 $\lim\limits_{x \to +\infty}|MN| = 0$,故 $y = b$ 也为曲线 $y = f(x)$ 的水平渐近线.

(2) $k = \lim\limits_{x \to \infty} \dfrac{f(x)}{x} = \lim\limits_{x \to \infty} \dfrac{(2x-1)\mathrm{e}^{\frac{1}{x}}}{x} = \lim\limits_{x \to \infty}\left(2 - \dfrac{1}{x}\right)\mathrm{e}^{\frac{1}{x}} = 2$,

$b = \lim\limits_{x \to \infty}[f(x) - kx] = \lim\limits_{x \to \infty}[(2x-1)\mathrm{e}^{\frac{1}{x}} - 2x] = \lim\limits_{x \to \infty}[2x(\mathrm{e}^{\frac{1}{x}} - 1) - \mathrm{e}^{\frac{1}{x}}]$

$= \lim\limits_{x \to \infty}\left(2 \cdot \dfrac{\mathrm{e}^{\frac{1}{x}} - 1}{\frac{1}{x}} - \mathrm{e}^{\frac{1}{x}}\right) = 1.$

所以 $y = kx + b = 2x + 1$. 即曲线 $y = (2x-1)\mathrm{e}^{\frac{1}{x}}$ 的斜渐近线方程是 $y = 2x + 1$.

(3) 由 $\lim\limits_{x \to \infty} y = \infty$ 得曲线没有水平渐近线;

由 $\lim\limits_{x \to -\frac{1}{\mathrm{e}}^+} y = \lim\limits_{x \to -\frac{1}{\mathrm{e}}^+} x\ln\left(\mathrm{e} + \dfrac{1}{x}\right) = +\infty$ 得曲线有铅直渐近线 $x = -\dfrac{1}{\mathrm{e}}$;

由 $\lim\limits_{x \to \infty} \dfrac{y}{x} = 1$,$\lim\limits_{x \to \infty}(y - x) = \lim\limits_{x \to \infty} \dfrac{\ln\left(\mathrm{e} + \frac{1}{x}\right) - 1}{\frac{1}{x}} \xlongequal{\frac{1}{x} = t} \lim\limits_{t \to 0} \dfrac{\ln(\mathrm{e} + t) - 1}{t} = \lim\limits_{t \to 0} \dfrac{\ln\left(1 + \frac{t}{\mathrm{e}}\right)}{t} = \dfrac{1}{\mathrm{e}}$,

得曲线的斜渐近线为 $y = x + \dfrac{1}{\mathrm{e}}$.

本章同步测试

(满分 100 分,时间 100 分钟)

一、填空题(本题共 6 小题,每小题 4 分,共 24 分)

1. $\lim\limits_{x \to 0}(1 - 2x^2)^{\frac{1}{x \sin x}} = $ _____ .

2. $\lim\limits_{x\to+\infty}(\sqrt{x^2+4x+12}-x)=$ _____.

3. 当 $x\to 0$ 时,$\dfrac{1}{\sqrt{1+ax^2}}-1\sim 3x^b$,则 $a=$ _____,$b=$ _____.

4. $\lim\limits_{n\to\infty}\left(\dfrac{1}{n^2+1}+\dfrac{2}{n^2+2}+\cdots+\dfrac{n}{n^2+n}\right)=$ _____.

5. 设函数 $f(x)=\begin{cases}\dfrac{\ln(1+ax)}{x}, & x>0,\\ 2, & x=0,\\ \dfrac{\sqrt{1+bx}-\sqrt{1-x}}{x}, & x<0\end{cases}$ 在 $x=0$ 处连续,则 $a=$ _____,$b=$ _____.

6. 设 $f(x)=\dfrac{1-2^{\frac{1}{x}}}{1+2^{\frac{1}{x}}}$,则 $x=0$ 为 $f(x)$ 的 _____ 间断点.

二、选择题(本题共 4 小题,每小题 4 分,共 16 分)

1. 当 $x\to 0$ 时,$1-\cos x$ 是比 $(\sqrt{1+x}-1)\ln(1+x^n)$ 低阶的无穷小量,而 $(1-\cos x)\tan^2 5x$ 又是比 $(\sqrt{1+x}-1)\ln(1+x^n)$ 高阶的无穷小量,则正整数 $n=$ ( ).
   (A) 1　　　　(B) 2　　　　(C) 3　　　　(D) 4

2. 下列结论正确的是( ).
   (A) 若 $\{a_n\}$,$\{b_n\}$ 无界,则 $\{a_nb_n\}$ 无界
   (B) 若 $\{a_n\}$ 有界,$\{b_n\}$ 无界,则 $\{a_nb_n\}$ 无界
   (C) 若 $\lim\limits_{n\to\infty}a_n$ 为无穷小量,$\lim\limits_{n\to\infty}b_n$ 为无穷大量,则 $\lim\limits_{n\to\infty}a_nb_n$ 为无穷大量
   (D) 若 $\lim\limits_{n\to\infty}a_n$,$\lim\limits_{n\to\infty}b_n$ 都是无穷大量,则 $\lim\limits_{n\to\infty}a_nb_n$ 为无穷大量

3. 设 $f(x)=\dfrac{x}{1-e^{\frac{1}{x-1}}}$,则 $\lim\limits_{x\to 1}f(x)=$ ( ).
   (A) 0　　　　(B) 1　　　　(C) -1　　　　(D) 不存在

4. 设 $f(x)=\lim\limits_{n\to\infty}\dfrac{x+e^{nx}}{1+e^{nx}}$,则 $x=0$ 为 $f(x)$ 的( ).
   (A) 可去间断点　　　　　　(B) 跳跃间断点
   (C) 第二类间断点　　　　　(D) 连续点

三、计算下列极限(每小题 5 分,满分 15 分)

1. $\lim\limits_{x\to 0}(\cos 2x)^{\frac{1}{x^2}}$;

2. $\lim\limits_{x\to 0}\dfrac{\tan x-\sin x}{x^3}$;

3. $\lim\limits_{x\to+\infty}(\sqrt{x^2+4x+1}-x)$.

四、计算题(本题 8 分)

计算 $\lim\limits_{n\to\infty}\left(\dfrac{1}{\sqrt{n^2+1}}+\dfrac{1}{\sqrt{n^2+2}}+\cdots+\dfrac{1}{\sqrt{n^2+n}}\right)$.

五、解答题(本题 8 分)

设 $f(x)=\dfrac{2-e^{\frac{1}{x-1}}}{1+e^{\frac{1}{x-1}}}$,讨论 $\lim\limits_{x\to 1}f(x)$ 的存在性.

第一章 函数与极限

六、证明题（本题 9 分）

设 $a_1 = 2, a_{n+1} = \dfrac{1}{2}\left(a_n + \dfrac{1}{a_n}\right)(n = 1, 2, \cdots)$，证明：$\lim\limits_{n\to\infty} a_n$ 存在．

七、证明题（本题 10 分）

设 $f(x)$ 在 $[0,1]$ 上连续，且 $f(0) + 2f(1) = 6$，证明：存在 $c \in [0,1]$，使得 $f(c) = 2$．

八、解答题（本题 10 分）

求函数 $f(x) = \dfrac{x^2 - 3x + 2}{x^2 - 1} e^{\frac{1}{x}}$ 的间断点及分类．

本章同步测试 答案及解析

一、填空题

1. 解 $\lim\limits_{x\to 0}(1-2x^2)^{\frac{1}{x\sin x}} = \lim\limits_{x\to 0}\left[(1-2x^2)^{\frac{1}{-2x^2}}\right]^{-2x^2 \cdot \frac{1}{x\sin x}} = e^{-2\lim\limits_{x\to 0}\frac{x}{\sin x}} = e^{-2}$．

2. 解 $\lim\limits_{x\to +\infty}(\sqrt{x^2 + 4x + 12} - x) = \lim\limits_{x\to +\infty}\dfrac{4x + 12}{\sqrt{x^2 + 4x + 12} + x} = \lim\limits_{x\to +\infty}\dfrac{4 + \dfrac{12}{x}}{\sqrt{1 + \dfrac{4}{x} + \dfrac{12}{x^2}} + 1} = 2$．

3. 解 由 $\dfrac{1}{\sqrt{1+ax^2}} - 1 = (1+ax^2)^{-\frac{1}{2}} - 1 \sim -\dfrac{a}{2}x^2$ 得 $a = -6, b = 2$．

4. 解 $\dfrac{1+2+\cdots+n}{n^2+n} \leqslant \dfrac{1}{n^2+1} + \dfrac{2}{n^2+2} + \cdots + \dfrac{n}{n^2+n} \leqslant \dfrac{1+2+\cdots+n}{n^2+1}$，即 $\dfrac{1}{2} \leqslant \dfrac{1}{n^2+1} + \dfrac{2}{n^2+2} + \cdots + \dfrac{n}{n^2+n} \leqslant \dfrac{n^2+n}{2(n^2+1)}$，且 $\lim\limits_{n\to\infty}\dfrac{n^2+n}{2(n^2+1)} = \dfrac{1}{2}$，由夹逼准则得

$$\lim\limits_{n\to\infty}\left(\dfrac{1}{n^2+1} + \dfrac{2}{n^2+2} + \cdots + \dfrac{n}{n^2+n}\right) = \dfrac{1}{2}.$$

5. 解 $f(0+0) = \lim\limits_{x\to 0^+}\dfrac{\ln(1+ax)}{x} = a$，

$f(0-0) = \lim\limits_{x\to 0^-}\dfrac{\sqrt{1+bx} - \sqrt{1-x}}{x} = \lim\limits_{x\to 0^-}\dfrac{b+1}{\sqrt{1+bx} + \sqrt{1-x}} = \dfrac{b+1}{2}$，

由 $f(0) = f(0+0) = f(0-0)$ 得 $a = 2, b = 3$．

6. 解 $f(0-0) = \lim\limits_{x\to 0^-}\dfrac{1 - 2^{\frac{1}{x}}}{1 + 2^{\frac{1}{x}}} = 1$，$f(0+0) = \lim\limits_{x\to 0^+}\dfrac{1 - 2^{\frac{1}{x}}}{1 + 2^{\frac{1}{x}}} = -1$，因为 $f(0-0) \neq f(0+0)$，所以 $x = 0$ 为 $f(x)$ 的跳跃间断点．

二、选择题

1. 解 $1 - \cos x \sim \dfrac{1}{2}x^2$，$(\sqrt{1+x} - 1)\ln(1+x^n) \sim \dfrac{1}{2}x^{n+1}$，$(1 - \cos x)\tan^2 5x \sim \dfrac{5^2}{2}x^4$，由题意得 $n = 2$，应选(B)．

2. 解 取 $a_n = \begin{cases} n, n = 1,3,5,\cdots, \\ 0, n = 2,4,6,\cdots, \end{cases}$ $b_n = \begin{cases} 0, n = 1,3,5,\cdots, \\ n, n = 2,4,6,\cdots, \end{cases}$ 显然 $\{a_n\}, \{b_n\}$ 无界，但 $a_n b_n \equiv 0$，选项(A)不正确；

取 $a_n = \dfrac{1}{n^2}, b_n = n$，$\{a_n\}$ 有界，$\{b_n\}$ 无界，但 $\{a_n b_n\}$ 有界，选项(B)，(C)不正确；应选(D)．

3. 解 $f(1-0) = \lim\limits_{x\to 1^-}\dfrac{x}{1 - e^{\frac{1}{x-1}}} = 1$，$f(1+0) = \lim\limits_{x\to 1^+}\dfrac{x}{1 - e^{\frac{1}{x-1}}} = 0$，$\lim\limits_{x\to 1} f(x)$ 不存在，应选(D)．

4. 解 当 $x < 0$ 时，$f(x) = \lim\limits_{n\to\infty}\dfrac{x + e^{nx}}{1 + e^{nx}} = x$；

当 $x>0$ 时，$f(x)=\lim\limits_{n\to\infty}\dfrac{x+\mathrm{e}^{nx}}{1+\mathrm{e}^{nx}}=1$，$f(0)=\dfrac{1}{2}$，即 $f(x)=\begin{cases}x, & x<0,\\ \dfrac{1}{2}, & x=0,\\ 1, & x>0.\end{cases}$

由 $f(0-0)=0\neq f(0+0)=1$，故 $x=0$ 为 $f(x)$ 的跳跃间断点，应选(B)。

三、计算下列极限

1. **解** $\lim\limits_{x\to 0}(\cos 2x)^{\frac{1}{x^2}}=\lim\limits_{x\to 0}\{[1+(\cos 2x-1)]^{\frac{1}{\cos 2x-1}}\}^{\frac{\cos 2x-1}{x^2}}=\mathrm{e}^{\lim\limits_{x\to 0}\frac{\cos 2x-1}{x^2}}=\mathrm{e}^{\lim\limits_{x\to 0}\frac{-2\sin^2 x}{x}}=\mathrm{e}^{-2}$.

2. **解** $\lim\limits_{x\to 0}\dfrac{\tan x-\sin x}{x^3}=\lim\limits_{x\to 0}\dfrac{\tan x}{x}\cdot\dfrac{1-\cos x}{x^2}=\dfrac{1}{2}$.

3. **解** $\lim\limits_{x\to+\infty}(\sqrt{x^2+4x+1}-x)=\lim\limits_{x\to+\infty}\dfrac{4x+1}{\sqrt{x^2+4x+1}+x}=\lim\limits_{x\to+\infty}\dfrac{4+\dfrac{1}{x}}{\sqrt{1+\dfrac{4}{x}+\dfrac{1}{x^2}}+1}=2$.

四、计算题

解 $\dfrac{n}{\sqrt{n^2+n}}\leqslant\dfrac{1}{\sqrt{n^2+1}}+\dfrac{1}{\sqrt{n^2+2}}+\cdots+\dfrac{1}{\sqrt{n^2+n}}\leqslant\dfrac{n}{\sqrt{n^2+1}}$，

$\lim\limits_{n\to\infty}\dfrac{n}{\sqrt{n^2+n}}=\lim\limits_{n\to\infty}\dfrac{1}{\sqrt{1+\dfrac{1}{n}}}=1$，$\lim\limits_{n\to\infty}\dfrac{n}{\sqrt{n^2+1}}=\lim\limits_{n\to\infty}\dfrac{1}{\sqrt{1+\dfrac{1}{n^2}}}=1$，

由夹逼准则 $\lim\limits_{n\to\infty}\left(\dfrac{1}{\sqrt{n^2+1}}+\dfrac{1}{\sqrt{n^2+2}}+\cdots+\dfrac{1}{\sqrt{n^2+n}}\right)=1$.

五、解答题

解 当 $x\to 1^-$ 时，$\dfrac{1}{x-1}\to -\infty$，则 $f(1-0)=\lim\limits_{x\to 1^-}\dfrac{2-\mathrm{e}^{\frac{1}{x-1}}}{1+\mathrm{e}^{\frac{1}{x-1}}}=2$；

当 $x\to 1^+$ 时，$\dfrac{1}{x-1}\to +\infty$，则 $f(1+0)=\lim\limits_{x\to 1^+}\dfrac{2-\mathrm{e}^{\frac{1}{x-1}}}{1+\mathrm{e}^{\frac{1}{x-1}}}=-1$.

因为 $f(1-0)\neq f(1+0)$，所以 $\lim\limits_{x\to 1}f(x)$ 不存在。

六、证明题

证明 $a_{n+1}=\dfrac{1}{2}\left(a_n+\dfrac{1}{a_n}\right)\geqslant 1$，即 $\{a_n\}$ 有下界；

由 $a_{n+1}-a_n=\dfrac{1}{2}\left(a_n+\dfrac{1}{a_n}\right)-a_n=\dfrac{1-a_n^2}{2a_n}\leqslant 0$ 得 $\{a_n\}$ 单调递减，由单调有界准则得 $\lim\limits_{n\to\infty}a_n$ 存在。

七、证明题

证明 因为 $f(x)$ 在 $[0,1]$ 上连续，所以 $f(x)$ 在 $[0,1]$ 上取到最小值 m 和最大值 M，$3m\leqslant f(0)+2f(1)\leqslant 3M$，即 $m\leqslant 2\leqslant M$，当 $m<2<M$ 时，可根据介值定理，存在 $c\in[0,1]$，使得 $f(c)=2$。当 $m=2$ 或 $M=2$ 时，可得 $f(0)=f(1)=2$，即当 $c=0$ 或 $c=1$ 时，均有 $f(c)=2$。综上，存在 $c\in[0,1]$，使得 $f(c)=2$。

八、解答题

解 $x=-1, x=0, x=1$ 为 $f(x)$ 的间断点。

由 $\lim\limits_{x\to -1}f(x)=\infty$ 得 $x=-1$ 为 $f(x)$ 的第二类间断点；

由 $\lim\limits_{x\to 0^-}f(x)=0$，$\lim\limits_{x\to 0^+}f(x)=\infty$ 得 $x=0$ 为 $f(x)$ 的第二类间断点；

由 $\lim\limits_{x\to 1}f(x)=\mathrm{e}\lim\limits_{x\to 1}\dfrac{x^2-3x+2}{x^2-1}=\mathrm{e}\lim\limits_{x\to 1}\dfrac{x-2}{x+1}=-\dfrac{\mathrm{e}}{2}$ 得 $x=1$ 为 $f(x)$ 的可去间断点。

第二章 导数与微分

第一节 导数概念

▶ **期末高分必备知识**

定义 1(导数) 设 $y=f(x)(x\in D), x_0 \in D$,当自变量 x 在 $x=x_0$ 处取得增量 $\Delta x(x_0+\Delta x \in D)$ 时,$y=f(x)$ 取得增量 $\Delta y=f(x_0+\Delta x)-f(x_0)$,若极限 $\lim\limits_{\Delta x \to 0}\dfrac{\Delta y}{\Delta x}$ 存在,称函数 $y=f(x)$ 在 $x=x_0$ 处可导,极限值称为函数 $y=f(x)$ 在 $x=x_0$ 处的导数,记为 $f'(x_0)$ 或 $\dfrac{\mathrm{d}y}{\mathrm{d}x}\bigg|_{x=x_0}$.

定义 2(左右导数) 设 $y=f(x)(x \in D), x_0 \in D$,若 $\lim\limits_{\Delta x \to 0^-}\dfrac{\Delta y}{\Delta x}$ 存在,称此极限为函数 $y=f(x)$ 在 $x=x_0$ 处的左导数,记为 $f'_-(x_0)$;

设 $y=f(x)(x \in D), x_0 \in D$,若 $\lim\limits_{\Delta x \to 0^+}\dfrac{\Delta y}{\Delta x}$ 存在,称此极限为函数 $y=f(x)$ 在 $x=x_0$ 处的右导数,记为 $f'_+(x_0)$.

注意:函数 $y=f(x)$ 在 $x=x_0$ 处可导的充要条件是 $f'_-(x_0)$ 与 $f'_+(x_0)$ 存在且相等.

▶ **抢分攻略**

(1) 导数的等价定义为
$$f'(x_0)=\lim_{x \to x_0}\frac{f(x)-f(x_0)}{x-x_0}.$$

(2) 若函数 $f(x)$ 在 $x=x_0$ 处可导,则函数 $f(x)$ 在 $x=x_0$ 处连续,反之不成立.

若函数 $f(x)$ 在 $x=x_0$ 处可导,即 $\lim\limits_{x \to x_0}\dfrac{f(x)-f(x_0)}{x-x_0}$ 存在,则 $\lim\limits_{x \to x_0}f(x)=f(x_0)$,即 $f(x)$ 在 $x=x_0$ 处连续;

令 $f(x)=\sqrt[3]{x}$,因为 $\lim\limits_{x \to 0}f(x)=0=f(0)$,所以 $f(x)$ 在 $x=0$ 处连续.

因为 $\lim\limits_{x \to 0}\dfrac{f(x)-f(0)}{x-0}=\lim\limits_{x \to 0}\dfrac{1}{\sqrt[3]{x^2}}=\infty$,所以 $f(x)$ 在 $x=0$ 处不可导.

(3) 设 $f(x)$ 在 $x=x_0$ 处可导,则曲线 $L:y=f(x)$ 在 $x=x_0$ 处的切线方程为
$$y-f(x_0)=f'(x_0)(x-x_0),$$

曲线 $L:y=f(x)$ 在 $x=x_0$ 处当 $f'(x_0)\neq 0$ 时的法线方程为 $y-f(x_0)=-\dfrac{1}{f'(x_0)}(x-x_0)$;

当 $f'(x_0)=0$ 时的法线方程为 $x=x_0$.

(4) 设物体的运动规律为 $S=S(t)$,在 $t=T$ 时刻物体的速度为 $v(T)=S'(T)$.

▶ **60分必会题型**

题型一:用导数的定义研究函数的可导性

例1 设 $f(x)$ 连续,$f(2)=1$,且 $\lim\limits_{x \to 2}\dfrac{f^2(x)-1}{x-2}=6$,求 $f'(2)$.

解 由 $6=\lim\limits_{x \to 2}\dfrac{f^2(x)-1}{x-2}=\lim\limits_{x \to 2}[f(x)+1]\cdot\dfrac{f(x)-1}{x-2}=2\lim\limits_{x \to 2}\dfrac{f(x)-1}{x-2}$

$$= 2\lim_{x \to 2} \frac{f(x) - f(2)}{x - 2} = 2f'(2), \text{则 } f'(2) = 3.$$

例2 设 $f(x)$ 在 $x = a$ 处可导,求 $\lim_{h \to 0} \frac{f(a + 2h) - f(a - h)}{h}$.

解
$$\lim_{h \to 0} \frac{f(a+2h) - f(a-h)}{h} = \lim_{h \to 0} \left[\frac{f(a+2h) - f(a)}{h} + \frac{f(a-h) - f(a)}{-h} \right]$$
$$= \lim_{h \to 0} \left[2 \cdot \frac{f(a+2h) - f(a)}{2h} + \frac{f(a-h) - f(a)}{-h} \right]$$
$$= 2f'(a) + f'(a) = 3f'(a).$$

例3 设 $\lim_{h \to 0} \frac{f(a+h) - f(a-h)}{h}$ 存在,问 $f(x)$ 在 $x = a$ 处是否可导?

解 不一定可导,如 $f(x) = x$ 时,$\lim_{h \to 0} \frac{f(a+h) - f(a-h)}{h}$ 存在,$f(x)$ 在任意点可导,又如 $f(x) = |x|$,取 $a = 0$,

$$f'_-(0) = \lim_{x \to 0^-} \frac{f(x) - f(0)}{x} = \lim_{x \to 0^-} \frac{|x|}{x} = -1,$$

$$f'_+(0) = \lim_{x \to 0^+} \frac{f(x) - f(0)}{x} = \lim_{x \to 0^+} \frac{|x|}{x} = 1,$$

因为 $f'_-(0) \neq f'_+(0)$,所以 $f(x)$ 在 $x = 0$ 处不可导,但

$$\lim_{h \to 0} \frac{f(0+h) - f(0-h)}{h} = \lim_{h \to 0} \frac{|h| - |-h|}{h} = 0.$$

例4 设 $f(x)$ 是周期为4的函数,$\lim_{x \to 1} \frac{f(x) - 2}{(x - 1)^2} = 0$,又 $\lim_{x \to 0} \frac{f(5) - f(1 - 2x)}{x} = 6$,求曲线 $y = f(x)$ 在点 $(5, f(5))$ 处的切线.

解 由 $6 = \lim_{x \to 0} \frac{f(5) - f(1-2x)}{x} = \lim_{x \to 0} \frac{f(1+4) - f(1-2x)}{x} = \lim_{x \to 0} \frac{f(1) - f(1-2x)}{x}$

$$= 2 \lim_{x \to 0} \frac{f(1-2x) - f(1)}{-2x} = 2f'(1) \text{ 得 } f'(1) = 3;$$

由 $\lim_{x \to 1} \frac{f(x) - 2}{(x-1)^2} = 0$ 得 $f(1) = 2$,故曲线 $y = f(x)$ 在点 $(5, f(5))$ 处的切线为

$y - f(5) = f'(5)(x - 5)$,即 $y - f(1) = f'(1)(x - 5)$,整理得 $y = 3x - 13$.

题型二:可导与连续的关系、左右导数

例1 (1) 设 $y = f(x)$ 在 $x = a$ 处连续,证明:$y = |f(x)|$ 在 $x = a$ 处也连续,反之不成立;

(2) 设 $y = f(x)$ 在 $x = a$ 处可导,且 $f(a) = 0$,研究 $y = |f(x)|$ 在 $x = a$ 处的可导性.

证明 (1) 因为 $f(x)$ 在 $x = a$ 处连续,所以 $\lim_{x \to a} f(x) = f(a)$.

因为 $0 \leqslant ||f(x)| - |f(a)|| \leqslant |f(x) - f(a)|$,所以由夹逼准则得 $\lim_{x \to a} |f(x)| = |f(a)|$,即 $|f(x)|$ 在 $x = a$ 处连续;

反之,设 $f(x) = \begin{cases} 1, & x \in \mathbf{Q} \\ -1, & x \in \mathbf{R} \backslash \mathbf{Q} \end{cases}$,$|f(x)| \equiv 1$,显然 $|f(x)|$ 处处连续,但 $f(x)$ 点点间断.

(2) 令 $F(x) = |f(x)|$,

$$F'_-(a) = \lim_{x \to a^-} \frac{F(x) - F(a)}{x - a} = \lim_{x \to a^-} \frac{|f(x)|}{x - a} = -\lim_{x \to a^-} \left| \frac{f(x) - f(a)}{x - a} \right| = -|f'(a)|,$$

$$F'_+(a) = \lim_{x \to a^+} \frac{F(x) - F(a)}{x - a} = \lim_{x \to a^+} \frac{|f(x)|}{x - a} = \lim_{x \to a^+} \left| \frac{f(x) - f(a)}{x - a} \right| = |f'(a)|,$$

当 $f'(a) \neq 0$ 时,$F'_-(a) \neq F'_+(a)$,即 $|f(x)|$ 在 $x = a$ 处不可导;

当 $f'(a) = 0$ 时,$F'_-(a) = F'_+(a) = 0$,即 $|f(x)|$ 在 $x = a$ 处可导.

例2 设 $f(x) = \begin{cases} ax + b, & x < 0, \\ e^{3x}, & x \geq 0, \end{cases}$ 且 $f'(0)$ 存在,求常数 a, b.

解 $f(0-0) = b, f(0) = f(0+0) = 1$,因为 $f(x)$ 在 $x = 0$ 处连续,所以 $f(0-0) = f(0) = f(0+0)$,从而 $b = 1$,即

$$f(x) = \begin{cases} ax + 1, & x < 0, \\ e^{3x}, & x \geq 0. \end{cases}$$

$$f'_-(0) = \lim_{x \to 0^-} \frac{f(x) - f(0)}{x - 0} = \lim_{x \to 0^-} \frac{ax + 1 - 1}{x} = a,$$

$$f'_+(0) = \lim_{x \to 0^+} \frac{f(x) - f(0)}{x - 0} = \lim_{x \to 0^+} \frac{e^{3x} - 1}{x} = 3,$$

因为 $f'(0)$ 存在,所以 $f'_-(0) = f'_+(0)$,故 $a = 3$.

例3 设 $f(x) = \begin{cases} \dfrac{x \cdot 2^{\frac{1}{x}}}{1 + 2^{\frac{1}{x}}}, & x \neq 0, \\ 0, & x = 0, \end{cases}$ 讨论函数 $f(x)$ 在 $x = 0$ 处的可导性.

解 $\lim_{x \to 0} \dfrac{f(x) - f(0)}{x - 0} = \lim_{x \to 0} \dfrac{2^{\frac{1}{x}}}{1 + 2^{\frac{1}{x}}}$,显然

$$f'_-(0) = \lim_{x \to 0^-} \frac{2^{\frac{1}{x}}}{1 + 2^{\frac{1}{x}}} = 0, \quad f'_+(0) = \lim_{x \to 0^+} \frac{2^{\frac{1}{x}}}{1 + 2^{\frac{1}{x}}} = 1,$$

因为 $f'_-(0) \neq f'_+(0)$,所以 $f(x)$ 在 $x = 0$ 处不可导.

同济八版教材 ▶ 习题解答

习题 2-1 导数概念

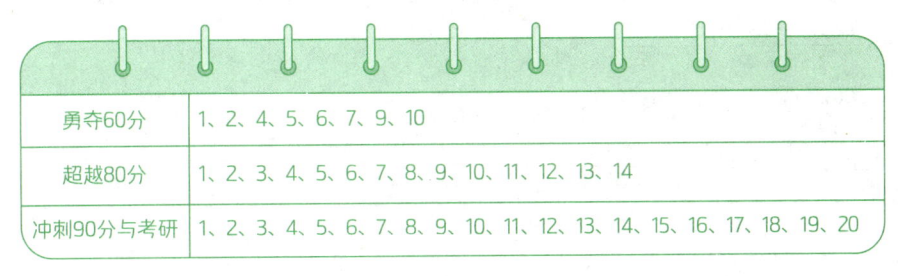

勇夺60分	1、2、4、5、6、7、9、10
超越80分	1、2、3、4、5、6、7、8、9、10、11、12、13、14
冲刺90分与考研	1、2、3、4、5、6、7、8、9、10、11、12、13、14、15、16、17、18、19、20

1. 设物体绕定轴旋转,在时间间隔 $[0, t]$ 上转过角度 θ,从而转角 θ 是 t 的函数:$\theta = \theta(t)$.如果旋转是匀速的,那么称 $\omega = \dfrac{\theta}{t}$ 为该物体旋转的角速度,如果旋转是非匀速的,应怎样确定该物体在时刻 t_0 的角速度?

解 在时间间隔 $[t_0, t_0 + \Delta t]$ 上的平均角速度为 $\overline{\omega} = \dfrac{\theta(t_0 + \Delta t) - \theta(t_0)}{\Delta t}$.

在时刻 t_0 的角速度为

$$\omega = \lim_{\Delta t \to 0} \frac{\theta(t_0 + \Delta t) - \theta(t_0)}{\Delta t} = \theta'(t_0).$$

2. 当物体的温度高于周围介质的温度时,物体就不断冷却.若物体的温度 T 与时间 t 的函数关系为 $T = T(t)$,应怎样确定该物体在时刻 t 的冷却速度?

解 在时间间隔 $[t, t+\Delta t]$ 上平均冷却速度为 $\bar{v} = \dfrac{T(t+\Delta t) - T(t)}{\Delta t}$.

在时刻 t 的冷却速度为 $v = \lim\limits_{\Delta t \to 0} \dfrac{T(t+\Delta t) - T(t)}{\Delta t} = T'(t)$.

3. 设某工厂生产 x 件产品的成本为 $C(x) = 2\,000 + 100x - 0.1x^2$(元), 函数 $C(x)$ 称为成本函数, 成本函数 $C(x)$ 的导数 $C'(x)$ 在经济学中称为边际成本. 试求:

(1) 当生产 100 件产品时的边际成本;

(2) 生产第 101 件产品的成本, 并与(1)中求得的边际成本作比较, 说明边际成本的实际意义.

解 (1) 边际成本为 $C'(x) = 100 - 0.2x$, 当 $x = 100$ 时, 边际成本为 $C'(100) = 80$(元/件).

(2) $C(100) = 2\,000 + 100 \times 100 - 0.1 \times 100^2 = 11\,000$(元),

$C(101) = 2\,000 + 100 \times 101 - 0.1 \times 101^2 = 11\,079.9$(元),

$C(101) - C(100) = 79.9$(元).

即生产第 101 件产品的成本为 79.9 元, 边际成本 $C'(x)$ 的实际含义即产量为 x 时, 多生产一件产品所需要的实际成本.

4. 设函数 $f(x) = \dfrac{(x-1)(x-2)\cdots(x-n)}{(x+1)(x+2)\cdots(x+n)}$, 求 $f'(1)$.

解 $f(1) = 0$,

$f'(1) = \lim\limits_{x \to 1} \dfrac{f(x) - f(1)}{x - 1} = \lim\limits_{x \to 1} \dfrac{(x-2)\cdots(x-n)}{(x+1)(x+2)\cdots(x+n)} = \dfrac{(-1)^{n-1}(n-1)!}{2 \cdot 3 \cdots (n+1)} = \dfrac{(-1)^{n-1}}{n(n+1)}$.

5. 证明 $(\cos x)' = -\sin x$.

证明 $(\cos x)' = \lim\limits_{\Delta x \to 0} \dfrac{\cos(x+\Delta x) - \cos x}{\Delta x} = \lim\limits_{\Delta x \to 0} \dfrac{-2\sin\left(x+\dfrac{\Delta x}{2}\right)\sin\dfrac{\Delta x}{2}}{\Delta x}$

$= -\lim\limits_{\Delta x \to 0} \sin\left(x+\dfrac{\Delta x}{2}\right) \dfrac{\sin\dfrac{\Delta x}{2}}{\dfrac{\Delta x}{2}} = -\sin x$.

6. 下列各题中均假定 $f'(x_0)$ 存在, 按照导数定义观察下列极限, 指出 A 表示什么:

(1) $\lim\limits_{\Delta x \to 0} \dfrac{f(x_0 - \Delta x) - f(x_0)}{\Delta x} = A$;

(2) $\lim\limits_{x \to 0} \dfrac{f(x)}{x} = A$, 其中 $f(0) = 0$, 且 $f'(0)$ 存在;

(3) $\lim\limits_{h \to 0} \dfrac{f(x_0 + h) - f(x_0 - h)}{h} = A$.

解 (1) $A = -\lim\limits_{\Delta x \to 0} \dfrac{f[x_0 + (-\Delta x)] - f(x_0)}{-\Delta x} = -f'(x_0)$.

(2) 因为 $f(0) = 0$, 所以 $A = \lim\limits_{x \to 0} \dfrac{f(x)}{x} = \lim\limits_{x \to 0} \dfrac{f(x) - f(0)}{x} = f'(0)$.

(3) $A = \lim\limits_{h \to 0} \left[\dfrac{f(x_0 + h) - f(x_0)}{h} + \dfrac{f(x_0 - h) - f(x_0)}{-h} \right] = 2f'(x_0)$.

7. 设 $f(x) = \begin{cases} \dfrac{2}{3}x^3, & x \leqslant 1, \\ x^2, & x > 1, \end{cases}$ 则 $f(x)$ 在 $x = 1$ 处的( ).

(A) 左、右导数都存在

(B) 左导数存在, 右导数不存在

(C) 左导数不存在, 右导数存在

(D) 左、右导数都不存在

解 因为 $f'_-(1) = \lim\limits_{x \to 1^-} \dfrac{f(x)-f(1)}{x-1} = \lim\limits_{x \to 1^-} \dfrac{\frac{2}{3}x^3 - \frac{2}{3}}{x-1} = \dfrac{2}{3}\lim\limits_{x \to 1^-}(x^2+x+1) = 2$;

$f'_+(1) = \lim\limits_{x \to 1^+} \dfrac{f(x)-f(1)}{x-1} = \lim\limits_{x \to 1^+} \dfrac{x^2 - \frac{2}{3}}{x-1} = \infty$，所以应选(B).

8. 设 $f(x)$ 可导，$F(x) = f(x)(1+|\sin x|)$，则 $f(0)=0$ 是 $F(x)$ 在 $x=0$ 处可导的（　　）.
(A) 充分必要条件
(B) 充分条件但非必要条件
(C) 必要条件但非充分条件
(D) 既非充分条件又非必要条件

解 $F'_-(0) = \lim\limits_{x \to 0^-} \dfrac{F(x)-F(0)}{x} = \lim\limits_{x \to 0^-} \dfrac{f(x)(1-\sin x) - f(0)}{x}$
$= \lim\limits_{x \to 0^-} \dfrac{f(x)-f(0)}{x} - \lim\limits_{x \to 0^-} f(x) \cdot \dfrac{\sin x}{x} = f'(0) - f(0)$,

$F'_+(0) = \lim\limits_{x \to 0^+} \dfrac{F(x)-F(0)}{x} = \lim\limits_{x \to 0^+} \dfrac{f(x)(1+\sin x) - f(0)}{x}$
$= \lim\limits_{x \to 0^+} \dfrac{f(x)-f(0)}{x} + \lim\limits_{x \to 0^+} f(x) \cdot \dfrac{\sin x}{x} = f'(0) + f(0)$.

当 $f(0)=0$ 时，$F'_-(0) = F'_+(0)$，即 $F(x)$ 在 $x=0$ 处可导；
反之，若 $F(x)$ 在 $x=0$ 处可导，即 $F'_-(0) = F'_+(0)$，则 $f(0)=0$，应选(A).

> **期末小锦囊** A 可推出 B，则 A 是 B 的充分条件；
> B 可推出 A，则 A 是 B 的必要条件；
> A 可推出 B，B 可推出 A，则 A 是 B 的充要条件.

9. 求下列函数的导数：
(1) $y = x^4$;
(2) $y = \sqrt[3]{x^2}$;
(3) $y = x^{1.6}$;
(4) $y = \dfrac{1}{\sqrt{x}}$;
(5) $y = \dfrac{1}{x^2}$;
(6) $y = x^3 \sqrt[5]{x}$;
(7) $y = \dfrac{x^2 \sqrt[3]{x^2}}{\sqrt{x^5}}$.

解 (1) $y' = 4x^3$.
(2) $y' = \dfrac{2}{3}x^{-\frac{1}{3}}$.
(3) $y' = 1.6x^{0.6}$.
(4) $y' = -\dfrac{1}{2}x^{-\frac{3}{2}} = -\dfrac{1}{2x\sqrt{x}}$.
(5) $y' = -2x^{-3} = -\dfrac{2}{x^3}$.
(6) $y = x^{\frac{16}{5}}$，$y' = \dfrac{16}{5}x^{\frac{11}{5}}$.
(7) $y = x^{2+\frac{2}{3}-\frac{5}{2}} = x^{\frac{1}{6}}$，$y' = \dfrac{1}{6}x^{-\frac{5}{6}}$.

10. 已知物体的运动规律为 $s = t^3$ m，求该物体在 $t = 2$ s 时的速度.

解 $v(t) = \dfrac{ds}{dt} = 3t^2$,当 $t = 2$ s 时,速度为 $v(2) = 12$ m/s.

11. 试证明:

(1) 若 $f(x)$ 为可导的奇函数,则 $f'(x)$ 为偶函数;

(2) 若 $f(x)$ 为可导的偶函数,则 $f'(x)$ 为奇函数;

(3) 若 $f(x)$ 为偶函数,且 $f'(0)$ 存在,则 $f'(0) = 0$.

证明 (1) 设 $f(x)$ 为奇函数,即 $f(-x) = -f(x)$,对 $f(x)$ 求导得

$$f'(x) = \lim_{\Delta x \to 0} \frac{f(x+\Delta x)-f(x)}{\Delta x} = \lim_{\Delta x \to 0} \frac{-f(-x-\Delta x)+f(-x)}{\Delta x}$$

$$= \lim_{-\Delta x \to 0} \frac{f[-x+(-\Delta x)]-f(-x)}{-\Delta x} = f'(-x),$$

故 $f'(x)$ 为偶函数.

(2) 设 $f(x)$ 为偶函数,即 $f(-x) = f(x)$,对 $f(x)$ 求导得

$$f'(x) = \lim_{\Delta x \to 0} \frac{f(x+\Delta x)-f(x)}{\Delta x} = \lim_{\Delta x \to 0} \frac{f(-x-\Delta x)-f(-x)}{\Delta x}$$

$$= -\lim_{-\Delta x \to 0} \frac{f[-x+(-\Delta x)]-f(-x)}{-\Delta x} = -f'(-x),$$

故 $f'(x)$ 为奇函数.

(3) 由 $f(-x) = f(x)$ 得

$$f'(0) = \lim_{x \to 0} \frac{f(x)-f(0)}{x} = \lim_{x \to 0} \frac{f(-x)-f(0)}{x} = -\lim_{x \to 0} \frac{f(-x)-f(0)}{-x} = -f'(0).$$

故 $f'(0) = 0$.

12. 求曲线 $y = \sin x$ 在具有下列横坐标的各点处切线的斜率:$x = \dfrac{2}{3}\pi$;$x = \pi$.

解 由导数的几何意义得 $k = y' = \cos x$.

当 $x = \dfrac{2}{3}\pi$ 时,$k = -\dfrac{1}{2}$;当 $x = \pi$ 时,$k = -1$.

13. 求曲线 $y = \cos x$ 上点 $\left(\dfrac{\pi}{3}, \dfrac{1}{2}\right)$ 处的切线方程和法线方程.

解 $y' = -\sin x$,当 $x = \dfrac{\pi}{3}$ 时,切线的斜率为 $-\dfrac{\sqrt{3}}{2}$,法线的斜率为 $\dfrac{2\sqrt{3}}{3}$,则曲线在点 $\left(\dfrac{\pi}{3}, \dfrac{1}{2}\right)$ 处的切线方程为

$$y - \dfrac{1}{2} = -\dfrac{\sqrt{3}}{2}\left(x - \dfrac{\pi}{3}\right), \text{即 } y + \dfrac{\sqrt{3}}{2}x - \dfrac{1}{2}\left(1 + \dfrac{\sqrt{3}}{3}\pi\right) = 0.$$

曲线在点 $\left(\dfrac{\pi}{3}, \dfrac{1}{2}\right)$ 处的法线方程为

$$y - \dfrac{1}{2} = \dfrac{2\sqrt{3}}{3}\left(x - \dfrac{\pi}{3}\right), \text{即 } y - \dfrac{2\sqrt{3}}{3}x - \dfrac{1}{2} + \dfrac{2\sqrt{3}}{9}\pi = 0.$$

14. 求曲线 $y = e^x$ 在点 $(0,1)$ 处的切线方程.

解 $y' = e^x$,曲线 $y = e^x$ 在 $(0,1)$ 处斜率为 $k = 1$,切线方程为 $y - 1 = x$,即 $y = x + 1$.

15. 在抛物线 $y = x^2$ 上取横坐标为 $x_1 = 1$ 及 $x_2 = 3$ 的两点,作过这两点的割线.问该抛物线上哪一点的切线平行于这条割线?

解 两点坐标为 $M_1(1,1)$,$M_2(3,9)$,割线的斜率为 $k = \dfrac{9-1}{3-1} = 4$.

设抛物线 $y = x^2$ 上点 (a, a^2) 处的切线平行于该割线,则有 $2a = 4$,即 $a = 2$,故抛物线 $y = x^2$ 上点 $(2,4)$ 处的切线平行于该割线.

16.讨论下列函数在 $x=0$ 处的连续性与可导性：

(1) $y=|\sin x|$；

(2) $y=\begin{cases} x^2\sin\dfrac{1}{x}, & x\neq 0, \\ 0, & x=0. \end{cases}$

解 (1) 由 $\lim\limits_{x\to 0}f(x)=0=f(0)$ 得，$f(x)$ 在 $x=0$ 处连续. 又

$$f'_-(0)=\lim_{x\to 0^-}\frac{f(x)-f(0)}{x}=-\lim_{x\to 0^-}\frac{\sin x}{x}=-1,$$

$$f'_+(0)=\lim_{x\to 0^+}\frac{f(x)-f(0)}{x}=\lim_{x\to 0^+}\frac{\sin x}{x}=1,$$

由 $f'_-(0)\neq f'_+(0)$ 得，$y=|\sin x|$ 在 $x=0$ 处不可导.

(2) 由 $\lim\limits_{x\to 0}f(x)=0=f(0)$ 得 $f(x)$ 在 $x=0$ 处连续.

由 $\lim\limits_{x\to 0}\dfrac{f(x)-f(0)}{x}=\lim\limits_{x\to 0}x\sin\dfrac{1}{x}=0$ 得 $f'(0)=0$，即 $f(x)$ 在 $x=0$ 处可导.

17.设函数 $f(x)=\begin{cases} x^2, & x\leqslant 1, \\ ax+b, & x>1. \end{cases}$ 为了使函数 $f(x)$ 在 $x=1$ 处连续且可导，a,b 应取什么值？

解 $f(1-0)=f(1)=1, f(1+0)=a+b$，由 $f(x)$ 在 $x=1$ 处连续，得 $f(1-0)=f(1+0)=f(1)$，即 $a+b=1$；

$$f'_-(1)=\lim_{x\to 1^-}\frac{f(x)-f(1)}{x-1}=\lim_{x\to 1^-}\frac{x^2-1}{x-1}=\lim_{x\to 1^-}(x+1)=2,$$

$$f'_+(1)=\lim_{x\to 1^+}\frac{f(x)-f(1)}{x-1}=\lim_{x\to 1^+}\frac{ax+b-(a+b)}{x-1}=a,$$

由 $f(x)$ 在 $x=1$ 处可导，得 $f'_-(1)=f'_+(1)$，于是 $a=2,b=-1$.

18.已知 $f(x)=\begin{cases} -x, & x<0, \\ x^2, & x\geqslant 0. \end{cases}$ 求 $f'_+(0)$ 及 $f'_-(0)$，又 $f'(0)$ 是否存在？

解 $f'_-(0)=\lim\limits_{x\to 0^-}\dfrac{f(x)-f(0)}{x}=\lim\limits_{x\to 0^-}\dfrac{-x-0}{x}=-1,$

$f'_+(0)=\lim\limits_{x\to 0^+}\dfrac{f(x)-f(0)}{x}=\lim\limits_{x\to 0^+}\dfrac{x^2-0}{x}=0,$ 因为 $f'_-(0)\neq f'_+(0)$，所以 $f'(0)$ 不存在.

19.已知 $f(x)=\begin{cases} \sin x, & x<0, \\ x, & x\geqslant 0, \end{cases}$ 求 $f'(x)$.

解 $f'_-(0)=\lim\limits_{x\to 0^-}\dfrac{f(x)-f(0)}{x}=\lim\limits_{x\to 0^-}\dfrac{\sin x}{x}=1,$

$$f'_+(0)=\lim_{x\to 0^+}\frac{f(x)-f(0)}{x}=\lim_{x\to 0^+}\frac{x}{x}=1.$$

因为 $f'_-(0)=f'_+(0)=1$，所以 $f'(0)=1$，

又当 $x<0$ 时，$f'(x)=\cos x$；当 $x>0$ 时，$f'(x)=1$，故

$$f'(x)=\begin{cases} \cos x, & x<0, \\ 1, & x\geqslant 0. \end{cases}$$

20.证明：双曲线 $xy=a^2$ 上任一点处的切线与两坐标轴构成的三角形的面积都等于 $2a^2$.

证明 设 (x_0,y_0) 为双曲线 $xy=a^2$ 上任一点，曲线在该点处切线的斜率为 $k=\left(\dfrac{a^2}{x}\right)'\bigg|_{x=x_0}=-\dfrac{a^2}{x_0^2}$，切线方程为 $y-y_0=-\dfrac{a^2}{x_0^2}(x-x_0)$，整理得 $\dfrac{x}{2x_0}+\dfrac{y}{2y_0}=1$，该切线与两坐标轴围成的三角形面积为

$$S=\frac{1}{2}\times|2x_0|\times|2y_0|=2x_0y_0=2a^2.$$

第二节　函数的求导法则

> **期末高分必备知识**

一、求导基本公式

1. $(C)' = 0$.

2. $(x^a)' = ax^{a-1}$,特别地,$(\sqrt{x})' = \dfrac{1}{2\sqrt{x}}$,$\left(\dfrac{1}{x}\right)' = -\dfrac{1}{x^2}$.

3. $(a^x)' = a^x \ln a$,特别地,$(e^x)' = e^x$.

4. $(\log_a x)' = \dfrac{1}{x \ln a}$,特别地,$(\ln x)' = \dfrac{1}{x}$.

5. (1) $(\sin x)' = \cos x$;　　　　　　(2) $(\cos x)' = -\sin x$;
   (3) $(\tan x)' = \sec^2 x$;　　　　　(4) $(\cot x)' = -\csc^2 x$;
   (5) $(\sec x)' = \sec x \tan x$;　　　(6) $(\csc x)' = -\csc x \cot x$.

6. (1) $(\arcsin x)' = \dfrac{1}{\sqrt{1-x^2}}$ $(-1 < x < 1)$;

   (2) $(\arccos x)' = -\dfrac{1}{\sqrt{1-x^2}}$ $(-1 < x < 1)$;

   (3) $(\arctan x)' = \dfrac{1}{1+x^2}$;

   (4) $(\text{arccot } x)' = -\dfrac{1}{1+x^2}$.

二、求导法则

(一) 四则运算求导法则

设 $u(x), v(x), w(x)$ 可导,则

1. $[u(x) \pm v(x)]' = u'(x) \pm v'(x)$.

2. $[u(x)v(x)]' = u'(x)v(x) + u(x)v'(x)$,特别地,
   (1) $[ku(x)]' = ku'(x)$;
   (2) $[u(x)v(x)w(x)]' = u'(x)v(x)w(x) + u(x)v'(x)w(x) + u(x)v(x)w'(x)$.

3. $\left[\dfrac{u(x)}{v(x)}\right]' = \dfrac{u'(x)v(x) - u(x)v'(x)}{v^2(x)}$.

(二) 复合函数求导法则

设 $y = f(u)$ 可导,$u = \varphi(x)$ 可导,且 $\varphi'(x) \neq 0$,则 $y = f[\varphi(x)]$ 可导,且

$$\frac{dy}{dx} = \frac{dy}{du} \cdot \frac{du}{dx} = f'(u)\varphi'(x) = f'[\varphi(x)]\varphi'(x).$$

(三) 反函数的导数

设函数 $y = f(x)$ 可导且 $f'(x) \neq 0$,则存在反函数 $x = \varphi(y)$,且

$$\varphi'(y) = \frac{1}{f'(x)}.$$

> **60分必会题型**

题型一:四则运算求导法则

例1 求 $y = x\sqrt{x} + e^x \sin x + \ln 2$.

解 $y = x^{\frac{3}{2}} + e^x \sin x + \ln 2$,

$$y' = (x^{\frac{3}{2}})' + (e^x \sin x)' + (\ln 2)' = \frac{3}{2}x^{\frac{1}{2}} + e^x \sin x + e^x \cos x.$$

例2 $y = \dfrac{1-x^2}{1+x^2}\arctan x$，求 y'.

解
$$y' = \left(\frac{1-x^2}{1+x^2}\right)'\arctan x + \frac{1-x^2}{1+x^2}(\arctan x)'$$
$$= \frac{(1-x^2)'(1+x^2) - (1-x^2)(1+x^2)'}{(1+x^2)^2}\arctan x + \frac{1-x^2}{1+x^2} \cdot \frac{1}{1+x^2}$$
$$= \frac{-4x}{(1+x^2)^2}\arctan x + \frac{1-x^2}{(1+x^2)^2}.$$

题型二：复合函数求导法则

例1 设 $y = x^3 \ln(\sin^2 x + 2)$，求 y'.

解 $y' = 3x^2 \ln(\sin^2 x + 2) + x^3 \cdot \dfrac{2\sin x \cdot \cos x}{\sin^2 x + 2} = 3x^2 \ln(\sin^2 x + 2) + \dfrac{x^3 \sin 2x}{\sin^2 x + 2}.$

例2 设 $y = x(x-1)(x+2)\cdots(x-99)(x+100)$，求 $y'(0)$.

解 **方法一**：由 $y' = (x-1)(x+2)\cdots(x+100) + x(x-2)\cdots(x+100) + \cdots + x(x-1)(x+2)\cdots(x-99)$ 得 $y'(0) = (-1) \cdot 2 \cdot (-3)\cdots(-99) \cdot 100 = 100!$.

方法二：$y'(0) = \lim\limits_{x\to 0}\dfrac{y(x) - y(0)}{x - 0} = \lim\limits_{x\to 0}(x-1)(x+2)\cdots(x+100) = 100!$.

例3 设 $y = e^{\sin^2 \frac{1}{x}}$，求 y'.

解 $y' = e^{\sin^2 \frac{1}{x}} \cdot 2\sin\dfrac{1}{x} \cdot \cos\dfrac{1}{x} \cdot \left(-\dfrac{1}{x^2}\right) = -\dfrac{1}{x^2}e^{\sin^2 \frac{1}{x}}\sin\dfrac{2}{x}.$

例4 设 $y = (1+x^3)^{\arcsin(2x+1)}$，求 y'.

解 **方法一**：由 $y = e^{\arcsin(2x+1)\ln(1+x^3)}$ 直接求导得
$$y' = e^{\arcsin(2x+1)\ln(1+x^3)} \cdot \left[\frac{2\ln(1+x^3)}{\sqrt{1-(2x+1)^2}} + \frac{3x^2\arcsin(2x+1)}{1+x^3}\right]$$
$$= (1+x^3)^{\arcsin(2x+1)} \cdot \left[\frac{2\ln(1+x^3)}{\sqrt{1-(2x+1)^2}} + \frac{3x^2\arcsin(2x+1)}{1+x^3}\right].$$

方法二：由 $y = (1+x^3)^{\arcsin(2x+1)}$ 先对两边取对数得 $\ln y = \arcsin(2x+1)\ln(1+x^3)$，两边求导得
$$\frac{y'}{y} = \frac{2\ln(1+x^3)}{\sqrt{1-(2x+1)^2}} + \frac{3x^2\arcsin(2x+1)}{1+x^3},$$
故 $y' = (1+x^3)^{\arcsin(2x+1)} \cdot \left[\dfrac{2\ln(1+x^3)}{\sqrt{1-(2x+1)^2}} + \dfrac{3x^2\arcsin(2x+1)}{1+x^3}\right].$

同济八版教材 ▶ 习题解答

习题 2-2　函数的求导法则

勇夺60分	1、2、3、4、5、6、7、8、9、10
超越80分	1、2、3、4、5、6、7、8、9、10、11、13
冲刺90分与考研	1、2、3、4、5、6、7、8、9、10、11、12、13、14

1. 推导余切函数及余割函数的导数公式：
$(\cot x)' = -\csc^2 x$；　　$(\csc x)' = -\csc x \cot x$.

解 $(\cot x)' = \left(\dfrac{\cos x}{\sin x}\right)' = \dfrac{(\cos x)'\sin x - \cos x(\sin x)'}{\sin^2 x} = -\dfrac{1}{\sin^2 x} = -\csc^2 x$.

$(\csc x)' = \left(\dfrac{1}{\sin x}\right)' = -\dfrac{\cos x}{\sin^2 x} = -\csc x \cdot \cot x$.

2. 求下列函数的导数：

(1) $y = x^3 + \dfrac{7}{x^4} - \dfrac{2}{x} + 12$；　　(2) $y = 5x^3 - 2^x + 3\mathrm{e}^x$；

(3) $y = 2\tan x + \sec x - 1$；　　(4) $y = \sin x \cos x$；

(5) $y = x^2 \ln x$；　　(6) $y = 3\mathrm{e}^x \cos x$；

(7) $y = \dfrac{\ln x}{x}$；　　(8) $y = \dfrac{\mathrm{e}^x}{x^2} + \ln 3$；

(9) $y = x^2 \ln x \cos x$；　　(10) $s = \dfrac{1 + \sin t}{1 + \cos t}$.

解 (1) $y' = 3x^2 - \dfrac{28}{x^5} + \dfrac{2}{x^2}$.

(2) $y' = 15x^2 - 2^x \ln 2 + 3\mathrm{e}^x$.

(3) $y' = 2\sec^2 x + \sec x \tan x$.

(4) $y' = (\sin x)'\cos x + \sin x(\cos x)' = \cos^2 x - \sin^2 x = \cos 2x$.

(5) $y' = 2x \ln x + x^2 \cdot \dfrac{1}{x} = 2x \ln x + x$.

(6) $y' = 3\mathrm{e}^x \cos x - 3\mathrm{e}^x \sin x = 3\mathrm{e}^x(\cos x - \sin x)$.

(7) $y' = \dfrac{\dfrac{1}{x} \cdot x - \ln x}{x^2} = \dfrac{1 - \ln x}{x^2}$.

(8) $y' = \dfrac{x^2 \mathrm{e}^x - 2x \mathrm{e}^x}{x^4} = \dfrac{(x-2)\mathrm{e}^x}{x^3}$.

(9) $y' = 2x \ln x \cos x + x^2 \cdot \dfrac{1}{x} \cdot \cos x - x^2 \ln x \sin x$
$\qquad = 2x \ln x \cos x + x \cos x - x^2 \ln x \sin x$.

(10) $s' = \dfrac{\cos t(1 + \cos t) - (1 + \sin t)(-\sin t)}{(1 + \cos t)^2} = \dfrac{1 + \sin t + \cos t}{(1 + \cos t)^2}$.

3. 求下列函数在给定点处的导数：

(1) $y = \sin x - \cos x$，求 $y'|_{x=\frac{\pi}{6}}$ 和 $y'|_{x=\frac{\pi}{4}}$；

(2) $\rho = \theta \sin \theta + \dfrac{1}{2}\cos \theta$，求 $\left.\dfrac{\mathrm{d}\rho}{\mathrm{d}\theta}\right|_{\theta=\frac{\pi}{4}}$；

(3) $f(x) = \dfrac{3}{5-x} + \dfrac{x^2}{5}$，求 $f'(0)$ 和 $f'(2)$.

解 (1) $y' = \cos x + \sin x$，$y'|_{x=\frac{\pi}{6}} = \dfrac{1+\sqrt{3}}{2}$，$y'|_{x=\frac{\pi}{4}} = \sqrt{2}$.

(2) $\dfrac{\mathrm{d}\rho}{\mathrm{d}\theta} = \sin\theta + \theta\cos\theta - \dfrac{1}{2}\sin\theta = \dfrac{1}{2}\sin\theta + \theta\cos\theta$，$\left.\dfrac{\mathrm{d}\rho}{\mathrm{d}\theta}\right|_{\theta=\frac{\pi}{4}} = \dfrac{\sqrt{2}}{4} + \dfrac{\sqrt{2}}{8}\pi$.

(3) $f'(x) = \dfrac{3}{(5-x)^2} + \dfrac{2x}{5}$，$f'(0) = \dfrac{3}{25}$，$f'(2) = \dfrac{17}{15}$.

4. 以初速度 v_0 竖直上抛的物体，其上升高度 s 与时间 t 的关系是 $s = v_0 t - \dfrac{1}{2}gt^2$. 求：

(1) 该物体的速度 $v(t)$;

(2) 该物体达到最高点的时刻.

解 (1) $v(t) = \dfrac{\mathrm{d}s}{\mathrm{d}t} = v_0 - gt$.

(2) 当物体达到最高点时,$v = 0$,令 $v_0 - gt = 0$,则达到最高点的时刻为 $t = \dfrac{v_0}{g}$.

5. 求曲线 $y = 2\sin x + x^2$ 上横坐标为 $x = 0$ 的点处的切线方程和法线方程.

解 $y' = 2\cos x + 2x$,由 $y(0) = 0, y'(0) = 2$ 得曲线在点 $(0,0)$ 处的切线方程为 $y = 2x$,法线方程为 $y = -\dfrac{1}{2}x$.

6. 求下列函数的导数:

(1) $y = (2x+5)^4$; (2) $y = \cos(4-3x)$;

(3) $y = \mathrm{e}^{-3x^2}$; (4) $y = \ln(1+x^2)$;

(5) $y = \sin^2 x$; (6) $y = \sqrt{a^2 - x^2}$;

(7) $y = \tan x^2$; (8) $y = \arctan(\mathrm{e}^x)$;

(9) $y = (\arcsin x)^2$; (10) $y = \ln \cos x$.

解 (1) $y' = 4(2x+5)^3 \cdot 2 = 8(2x+5)^3$.

(2) $y' = -\sin(4-3x) \cdot (-3) = 3\sin(4-3x)$.

(3) $y' = \mathrm{e}^{-3x^2} \cdot (-6x) = -6x\mathrm{e}^{-3x^2}$.

(4) $y' = \dfrac{1}{1+x^2} \cdot 2x = \dfrac{2x}{1+x^2}$.

(5) $y' = 2\sin x \cdot \cos x = \sin 2x$.

(6) $y' = \dfrac{1}{2\sqrt{a^2-x^2}} \cdot (-2x) = -\dfrac{x}{\sqrt{a^2-x^2}}$.

(7) $y' = \sec^2(x^2) \cdot 2x = 2x\sec^2(x^2)$.

(8) $y' = \dfrac{1}{1+(\mathrm{e}^x)^2} \cdot \mathrm{e}^x = \dfrac{\mathrm{e}^x}{1+\mathrm{e}^{2x}}$.

(9) $y' = 2\arcsin x \cdot \dfrac{1}{\sqrt{1-x^2}} = \dfrac{2\arcsin x}{\sqrt{1-x^2}}$.

(10) $y' = \dfrac{1}{\cos x} \cdot (-\sin x) = -\tan x$.

7. 求下列函数的导数:

(1) $y = \arcsin(1-2x)$; (2) $y = \dfrac{1}{\sqrt{1-x^2}}$;

(3) $y = \mathrm{e}^{-\frac{x}{2}}\cos 3x$; (4) $y = \arccos \dfrac{1}{x}$;

(5) $y = \dfrac{1-\ln x}{1+\ln x}$; (6) $y = \dfrac{\sin 2x}{x}$;

(7) $y = \arcsin \sqrt{x}$; (8) $y = \ln(x + \sqrt{a^2+x^2})$;

(9) $y = \ln(\sec x + \tan x)$; (10) $y = \ln(\csc x - \cot x)$.

解 (1) $y' = \dfrac{1}{\sqrt{1-(1-2x)^2}} \cdot (-2) = -\dfrac{1}{\sqrt{x-x^2}}$.

(2) $y' = -\dfrac{1}{(\sqrt{1-x^2})^2} \cdot \dfrac{-2x}{2\sqrt{1-x^2}} = \dfrac{x}{\sqrt{(1-x^2)^3}}$.

$(3) y' = -\dfrac{1}{2} e^{-\frac{x}{2}} \cos 3x - 3 e^{-\frac{x}{2}} \sin 3x = -\dfrac{1}{2} e^{-\frac{x}{2}} (\cos 3x + 6 \sin 3x).$

$(4) y' = -\dfrac{1}{\sqrt{1 - \dfrac{1}{x^2}}} \cdot \left(-\dfrac{1}{x^2}\right) = \dfrac{|x|}{x^2 \sqrt{x^2 - 1}}.$

$(5) y' = \dfrac{-\dfrac{1}{x}(1 + \ln x) - \dfrac{1}{x}(1 - \ln x)}{(1 + \ln x)^2} = -\dfrac{2}{x(1 + \ln x)^2}.$

$(6) y' = \dfrac{2\cos 2x \cdot x - \sin 2x}{x^2} = \dfrac{2x \cos 2x - \sin 2x}{x^2}.$

$(7) y' = \dfrac{1}{\sqrt{1 - (\sqrt{x})^2}} \cdot \dfrac{1}{2\sqrt{x}} = \dfrac{1}{2\sqrt{x - x^2}}.$

$(8) y' = \dfrac{1}{x + \sqrt{a^2 + x^2}} \cdot \left(1 + \dfrac{2x}{2\sqrt{a^2 + x^2}}\right) = \dfrac{1}{\sqrt{a^2 + x^2}}.$

$(9) y' = \dfrac{1}{\sec x + \tan x} \cdot (\sec x \tan x + \sec^2 x) = \sec x.$

$(10) y' = \dfrac{1}{\csc x - \cot x} \cdot (-\csc x \cot x + \csc^2 x) = \csc x.$

8. 求下列函数的导数：

$(1) y = \left(\arcsin \dfrac{x}{2}\right)^2;$

$(2) y = \ln \tan \dfrac{x}{2};$

$(3) y = \sqrt{1 + \ln^2 x};$

$(4) y = e^{\arctan \sqrt{x}};$

$(5) y = \sin^n x \cos nx;$

$(6) y = \arctan \dfrac{x + 1}{x - 1};$

$(7) y = \dfrac{\arcsin x}{\arccos x};$

$(8) y = \ln\ln\ln x;$

$(9) y = \dfrac{\sqrt{1 + x} - \sqrt{1 - x}}{\sqrt{1 + x} + \sqrt{1 - x}};$

$(10) y = \arcsin \sqrt{\dfrac{1 - x}{1 + x}}.$

解 $(1) y' = 2\arcsin \dfrac{x}{2} \cdot \dfrac{1}{\sqrt{1 - \left(\dfrac{x}{2}\right)^2}} \cdot \dfrac{1}{2} = \dfrac{2\arcsin \dfrac{x}{2}}{\sqrt{4 - x^2}}.$

$(2) y' = \dfrac{1}{\tan \dfrac{x}{2}} \cdot \sec^2 \dfrac{x}{2} \cdot \dfrac{1}{2} = \dfrac{1}{2\sin \dfrac{x}{2} \cos \dfrac{x}{2}} = \dfrac{1}{\sin x} = \csc x.$

$(3) y' = \dfrac{1}{2\sqrt{1 + \ln^2 x}} \cdot 2\ln x \cdot \dfrac{1}{x} = \dfrac{\ln x}{x \sqrt{1 + \ln^2 x}}.$

$(4) y' = e^{\arctan \sqrt{x}} \cdot \dfrac{1}{1 + (\sqrt{x})^2} \cdot \dfrac{1}{2\sqrt{x}} = \dfrac{e^{\arctan \sqrt{x}}}{2\sqrt{x}(1 + x)}.$

$(5) y' = n\sin^{n-1} x \cos x \cos nx + \sin^n x (-\sin nx) \cdot n = n \sin^{n-1} x \cos(n+1)x.$

$(6) y' = \dfrac{1}{1 + \left(\dfrac{x+1}{x-1}\right)^2} \cdot \dfrac{(x-1) - (x+1)}{(x-1)^2} = -\dfrac{1}{1 + x^2}.$

$(7) y' = \dfrac{\dfrac{1}{\sqrt{1-x^2}} \arccos x - \arcsin x \left(-\dfrac{1}{\sqrt{1-x^2}}\right)}{(\arccos x)^2} = \dfrac{\arccos x + \arcsin x}{\sqrt{1-x^2}(\arccos x)^2}$

$$= \frac{\pi}{2\sqrt{1-x^2}(\arccos x)^2}.$$

(8) $y' = \dfrac{1}{\ln\ln x} \cdot \dfrac{1}{\ln x} \cdot \dfrac{1}{x} = \dfrac{1}{x\ln x \ln\ln x}.$

(9) $y' = \dfrac{\left(\dfrac{1}{2\sqrt{1+x}}+\dfrac{1}{2\sqrt{1-x}}\right)(\sqrt{1+x}+\sqrt{1-x})-(\sqrt{1+x}-\sqrt{1-x})\left(\dfrac{1}{2\sqrt{1+x}}-\dfrac{1}{2\sqrt{1-x}}\right)}{(\sqrt{1+x}+\sqrt{1-x})^2}$

$= \dfrac{(\sqrt{1+x}+\sqrt{1-x})^2+(\sqrt{1+x}-\sqrt{1-x})^2}{2\sqrt{1-x^2}(\sqrt{1+x}+\sqrt{1-x})^2} = \dfrac{1-\sqrt{1-x^2}}{x^2\sqrt{1-x^2}}.$

(10) $y' = \dfrac{1}{\sqrt{1-\left(\sqrt{\dfrac{1-x}{1+x}}\right)^2}} \cdot \dfrac{1}{2\sqrt{\dfrac{1-x}{1+x}}} \cdot \dfrac{-(1+x)-(1-x)}{(1+x)^2} = -\dfrac{1}{(1+x)\sqrt{2x(1-x)}}.$

9. 设函数 $f(x)$ 和 $g(x)$ 可导, 且 $f^2(x)+g^2(x) \neq 0$, 试求函数 $y = \sqrt{f^2(x)+g^2(x)}$ 的导数.

解 $y' = \dfrac{1}{2\sqrt{f^2(x)+g^2(x)}} \cdot [2f(x)f'(x)+2g(x)g'(x)] = \dfrac{f(x)f'(x)+g(x)g'(x)}{\sqrt{f^2(x)+g^2(x)}}.$

10. 设 $f(x)$ 可导, 求下列函数的导数 $\dfrac{dy}{dx}$:

(1) $y = f(x^2)$; (2) $y = f(\sin^2 x)+f(\cos^2 x)$;

(3) $y = \dfrac{f(e^x)}{e^{f(x)}}.$

解 (1) $\dfrac{dy}{dx} = 2xf'(x^2).$

(2) $\dfrac{dy}{dx} = f'(\sin^2 x) \cdot 2\sin x\cos x + f'(\cos^2 x) \cdot (-2\cos x\sin x)$

$= \sin 2x[f'(\sin^2 x)-f'(\cos^2 x)].$

(3) $\dfrac{dy}{dx} = \dfrac{f'(e^x) \cdot e^x \cdot e^{f(x)}-f(e^x) \cdot e^{f(x)} \cdot f'(x)}{e^{2f(x)}} = \dfrac{f'(e^x) \cdot e^x - f(e^x) \cdot f'(x)}{e^{f(x)}}.$

11. 求下列函数的导数:

(1) $y = e^{-x}(x^2-2x+3)$; (2) $y = \sin^2 x \cdot \sin(x^2)$;

(3) $y = \left(\arctan\dfrac{x}{2}\right)^2$; (4) $y = \dfrac{\ln x}{x^n}$;

(5) $y = \dfrac{e^t - e^{-t}}{e^t + e^{-t}}$; (6) $y = \ln\cos\dfrac{1}{x}$;

(7) $y = e^{-\sin^2\frac{1}{x}}$; (8) $y = \sqrt{x+\sqrt{x}}$;

(9) $y = x\arcsin\dfrac{x}{2} + \sqrt{4-x^2}$; (10) $y = \arcsin\dfrac{2t}{1+t^2}.$

解 (1) $y' = -e^{-x}(x^2-2x+3)+e^{-x}(2x-2) = e^{-x}(-x^2+4x-5).$

(2) $y' = 2\sin x\cos x \cdot \sin(x^2)+\sin^2 x \cdot 2x\cos(x^2)$

$= \sin 2x\sin(x^2)+2x\sin^2 x\cos(x^2).$

(3) $y' = 2\arctan\dfrac{x}{2} \cdot \dfrac{1}{1+\left(\dfrac{x}{2}\right)^2} \cdot \dfrac{1}{2} = \dfrac{4}{x^2+4}\arctan\dfrac{x}{2}.$

(4) $y' = \dfrac{\dfrac{1}{x} \cdot x^n - \ln x \cdot nx^{n-1}}{x^{2n}} = \dfrac{1-n\ln x}{x^{n+1}}.$

$(5) y' = \dfrac{(e^t + e^{-t})(e^t + e^{-t}) - (e^t - e^{-t})(e^t - e^{-t})}{(e^t + e^{-t})^2} = \dfrac{4}{(e^t + e^{-t})^2}.$

$(6) y' = \dfrac{1}{\cos\dfrac{1}{x}} \cdot \left(-\sin\dfrac{1}{x}\right) \cdot \left(-\dfrac{1}{x^2}\right) = \dfrac{1}{x^2}\tan\dfrac{1}{x}.$

$(7) y' = e^{-\sin^2\frac{1}{x}} \cdot \left(-2\sin\dfrac{1}{x}\cos\dfrac{1}{x}\right) \cdot \left(-\dfrac{1}{x^2}\right) = \dfrac{1}{x^2}e^{-\sin^2\frac{1}{x}}\sin\dfrac{2}{x}.$

$(8) y' = \dfrac{1}{2\sqrt{x+\sqrt{x}}} \cdot \left(1 + \dfrac{1}{2\sqrt{x}}\right) = \dfrac{2\sqrt{x}+1}{4\sqrt{x}\cdot\sqrt{x+\sqrt{x}}}.$

$(9) y' = \arcsin\dfrac{x}{2} + x \cdot \dfrac{1}{\sqrt{1-\left(\dfrac{x}{2}\right)^2}} \cdot \dfrac{1}{2} + \dfrac{-2x}{2\sqrt{4-x^2}} = \arcsin\dfrac{x}{2}.$

$(10) y' = \dfrac{1}{\sqrt{1-\left(\dfrac{2t}{1+t^2}\right)^2}} \cdot \dfrac{2(1+t^2) - 2t\cdot 2t}{(1+t^2)^2} = \dfrac{2(1-t^2)}{|1-t^2|\cdot(1+t^2)}$

$= \begin{cases} \dfrac{2}{1+t^2}, & |t| < 1, \\ -\dfrac{2}{1+t^2}, & |t| > 1. \end{cases}$

*12. 求下列函数的导数：

(1) $y = \text{ch}(\text{sh}\, x)$; (2) $y = \text{sh}\, x \cdot e^{\text{ch}\, x}$;

(3) $y = \text{th}(\ln x)$; (4) $y = \text{sh}^3 x + \text{ch}^2 x$;

(5) $y = \text{th}(1-x^2)$; (6) $y = \text{arsh}(x^2+1)$;

(7) $y = \text{arch}(e^{2x})$; (8) $y = \arctan(\text{th}\, x)$;

(9) $y = \ln\text{ch}\, x + \dfrac{1}{2\text{ch}^2 x}$; (10) $y = \text{ch}^2\left(\dfrac{x-1}{x+1}\right)$.

解 (1) $y' = \text{sh}(\text{sh}\, x) \cdot \text{ch}\, x = \text{ch}\, x \cdot \text{sh}(\text{sh}\, x).$

(2) $y' = \text{ch}\, x \cdot e^{\text{ch}\, x} + \text{sh}\, x \cdot e^{\text{ch}\, x} \cdot \text{sh}\, x = e^{\text{ch}\, x}(\text{ch}\, x + \text{sh}^2 x).$

(3) $y' = \dfrac{1}{\text{ch}^2(\ln x)} \cdot \dfrac{1}{x} = \dfrac{1}{x\,\text{ch}^2(\ln x)}.$

(4) $y' = 3\text{sh}^2 x\,\text{ch}\, x + 2\text{ch}\, x\,\text{sh}\, x = \text{sh}\, x\,\text{ch}\, x(3\text{sh}\, x + 2).$

(5) $y' = \dfrac{1}{\text{ch}^2(1-x^2)} \cdot (-2x) = -\dfrac{2x}{\text{ch}^2(1-x^2)}.$

(6) $y' = \dfrac{1}{\sqrt{1+(x^2+1)^2}} \cdot 2x = \dfrac{2x}{\sqrt{x^4+2x^2+2}}.$

(7) $y' = \dfrac{1}{\sqrt{(e^{2x})^2-1}} \cdot 2e^{2x} = \dfrac{2e^{2x}}{\sqrt{e^{4x}-1}}.$

(8) $y' = \dfrac{1}{1+(\text{th}\, x)^2} \cdot \dfrac{1}{\text{ch}^2 x} = \dfrac{1}{\text{ch}^2 x + \text{sh}^2 x}.$

(9) $y' = \dfrac{1}{\text{ch}\, x}\cdot\text{sh}\, x - \dfrac{4\text{ch}\, x\,\text{sh}\, x}{(2\text{ch}^2 x)^2} = \dfrac{\text{sh}\, x}{\text{ch}\, x} - \dfrac{\text{sh}\, x}{\text{ch}^3 x} = \dfrac{\text{sh}^3 x}{\text{ch}^3 x} = \text{th}^3 x.$

(10) $y' = 2\text{ch}\dfrac{x-1}{x+1} \cdot \text{sh}\dfrac{x-1}{x+1} \cdot \dfrac{(x+1)-(x-1)}{(x+1)^2} = \dfrac{2}{(x+1)^2}\text{sh}\,2\left(\dfrac{x-1}{x+1}\right).$

13. 设函数 $f(x)$ 和 $g(x)$ 均在点 x_0 的某一邻域内有定义，$f(x)$ 在 x_0 处可导，$f(x_0) = 0$，$g(x)$ 在 x_0 处连续，试讨论 $f(x)g(x)$ 在 x_0 处的可导性.

解 $\lim\limits_{x \to x_0} \dfrac{f(x)g(x) - f(x_0)g(x_0)}{x - x_0} = \lim\limits_{x \to x_0} \dfrac{f(x)g(x)}{x - x_0} = \lim\limits_{x \to x_0} \dfrac{f(x)}{x - x_0} \cdot \lim\limits_{x \to x_0} g(x)$

$= \lim\limits_{x \to x_0} \dfrac{f(x) - f(x_0)}{x - x_0} \cdot \lim\limits_{x \to x_0} g(x) = f'(x_0) g(x_0),$

即 $f(x)g(x)$ 在 $x = x_0$ 处可导,且其导数为 $f'(x_0)g(x_0)$.

14. 设函数 $f(x)$ 满足下列条件:

(1) $f(x+y) = f(x) \cdot f(y)$,对一切 $x, y \in \mathbf{R}$;

(2) $f(x)$ 在 $x = 0$ 处可导.

试证明 $f(x)$ 在 $\mathbf{R}$ 上处处可导,且 $f'(x) = f(x) \cdot f'(0)$.

证明 取 $x = y = 0$ 得 $f(0) = f^2(0)$,则 $f(0) = 0$ 或 $f(0) = 1$.

当 $f(0) = 0$ 时,对任意 $x \in \mathbf{R}$,有

$f(x) = f(x + 0) = f(x)f(0) = 0$,即 $f(x) \equiv 0$,结论 $f'(x) = f(x)f'(0)$ 显然成立;

当 $f(0) = 1$ 时,对任意 $x \in \mathbf{R}$,有

$f'(x) = \lim\limits_{h \to 0} \dfrac{f(x+h) - f(x)}{h} = \lim\limits_{h \to 0} \dfrac{f(x)f(h) - f(x)}{h} = f(x)\lim\limits_{h \to 0} \dfrac{f(h) - 1}{h}$

$= f(x)\lim\limits_{h \to 0} \dfrac{f(h) - f(0)}{h} = f(x)f'(0).$

第三节 高 阶 导 数

▶ 期末高分必备知识

一、高阶导数的概念

设函数 $y = f(x)$,$f'(x)$ 的导数称为函数 $y = f(x)$ 的二阶导数,记为 $f''(x)$ 或 $\dfrac{\mathrm{d}^2 y}{\mathrm{d}x^2}$,$f''(x)$ 的导数称为函数 $y = f(x)$ 的三阶导数,记为 $f'''(x)$ 或 $\dfrac{\mathrm{d}^3 y}{\mathrm{d}x^3}$,类似可以定义更高阶导数的概念,$y = f(x)$ 的 n 阶导数记为 $f^{(n)}(x)$ 或 $\dfrac{\mathrm{d}^n y}{\mathrm{d}x^n}$,二阶及二阶以上的导数称为高阶导数.

二、高阶导数求导法则

设 $u(x), v(x)$ 为 n 阶可导函数,则

1. $[u(x) \pm v(x)]^{(n)} = u^{(n)}(x) \pm v^{(n)}(x)$;

2. $[u(x)v(x)]^{(n)} = C_n^0 u^{(n)}(x)v(x) + C_n^1 u^{(n-1)}(x)v'(x) + \cdots + C_n^n u(x)v^{(n)}(x).$

三、常见的高阶导数的公式

1. $(\sin x)^{(n)} = \sin\left(x + \dfrac{n\pi}{2}\right)$;

2. $(\cos x)^{(n)} = \cos\left(x + \dfrac{n\pi}{2}\right)$;

3. $\left(\dfrac{1}{ax+b}\right)^{(n)} = \dfrac{(-1)^n a^n n!}{(ax+b)^{n+1}}.$

▶ 60分必会题型

题型一:一般函数的高阶导数

例1 设 $y = x\ln(x + \sqrt{1+x^2}) - \sqrt{1+x^2}$,求 y''.

解 $y' = \ln(x + \sqrt{1+x^2}) + x \cdot \dfrac{1}{x + \sqrt{1+x^2}} \cdot \left(1 + \dfrac{x}{\sqrt{1+x^2}}\right) - \dfrac{x}{\sqrt{1+x^2}}$

$= \ln(x + \sqrt{1+x^2}),$

$$y'' = \frac{1}{x+\sqrt{1+x^2}} \cdot \left(1 + \frac{x}{\sqrt{1+x^2}}\right) = \frac{1}{\sqrt{1+x^2}}.$$

例2 设 $y = \frac{1}{2}\arcsin x + \frac{x}{2}\sqrt{1-x^2}$,求 y''.

解 $y' = \frac{1}{2\sqrt{1-x^2}} + \frac{1}{2}\sqrt{1-x^2} + \frac{x}{2} \cdot \frac{-2x}{2\sqrt{1-x^2}}$

$= \frac{1}{2\sqrt{1-x^2}} + \frac{1}{2}\sqrt{1-x^2} - \frac{x^2}{2\sqrt{1-x^2}} = \sqrt{1-x^2},$

则 $y'' = \frac{-2x}{2\sqrt{1-x^2}} = -\frac{x}{\sqrt{1-x^2}}.$

题型二:用归纳法求高阶导数

例1 设 $f(0) = 1, f'(x) = e^{f(x)}$,求 $f^{(n)}(0)$.

解 $f''(x) = e^{f(x)} \cdot f'(x) = e^{2f(x)}, f'''(x) = e^{2f(x)} \cdot 2f'(x) = 2e^{3f(x)},$
由归纳法得 $f^{(n)}(x) = (n-1)! \ e^{nf(x)}$,故 $f^{(n)}(0) = (n-1)! \ e^{nf(0)} = (n-1)! \ e^n.$

例2 设 $y = \frac{1}{ax+b}(a \neq 0)$,求 $y^{(n)}$.

解 $y = \frac{1}{ax+b} = (ax+b)^{-1},$

$y' = (-1)(ax+b)^{-2} \cdot a, y'' = (-1)(-2)(ax+b)^{-3} \cdot a^2,$由归纳法得

$$y^{(n)} = (-1)(-2)\cdots(-n)(ax+b)^{-(n+1)} \cdot a^n = \frac{(-1)^n n! \ a^n}{(ax+b)^{n+1}}.$$

例3 设 $y = \frac{5x-1}{x^2-x-2}$,求 $y^{(n)}$.

解 令 $\frac{5x-1}{x^2-x-2} = \frac{5x-1}{(x+1)(x-2)} = \frac{A}{x+1} + \frac{B}{x-2},$

由 $A(x-2) + B(x+1) = 5x-1$ 得 $\begin{cases} A+B = 5, \\ -2A+B = -1, \end{cases}$ 解得 $A = 2, B = 3,$

即 $y = 2 \cdot \frac{1}{x+1} + 3 \cdot \frac{1}{x-2}$,故 $y^{(n)} = 2 \cdot \frac{(-1)^n n!}{(x+1)^{n+1}} + 3 \cdot \frac{(-1)^n n!}{(x-2)^{n+1}}.$

例4 设 $y = \ln(3x-2)$,求 $y^{(n)}$.

解 $y' = \frac{3}{3x-2}$,从而 $y^{(n)} = 3 \cdot \frac{(-1)^{n-1}(n-1)! \ 3^{n-1}}{(3x-2)^n} = \frac{(-1)^{n-1}(n-1)! \ 3^n}{(3x-2)^n}.$

例5 设 $y = x^2 \ln(1+3x)$,求 $y^{(8)}(0)$.

解 $y^{(8)} = C_8^0 x^2 [\ln(1+3x)]^{(8)} + C_8^1 2x [\ln(1+3x)]^{(7)} + C_8^2 2 [\ln(1+3x)]^{(6)}$

$= x^2 \cdot \frac{(-1)^7 7! \ 3^8}{(1+3x)^8} + 16x \cdot \frac{(-1)^6 6! \ 3^7}{(1+3x)^7} + 56 \cdot \frac{(-1)^5 5! \ 3^6}{(1+3x)^6},$

故 $y^{(8)}(0) = 56 \cdot \frac{(-1)^5 5! \ 3^6}{(1+3x)^6}\bigg|_{x=0} = -56 \times 120 \times 3^6.$

期末小锦囊 若一个函数是多项式函数与其他函数的乘积,在求其高阶导数时,一般可用莱布尼茨公式求解.

同济八版教材 ▶ 习题解答

习题 2－3　高阶导数

勇夺60分	1、2、3
超越80分	1、2、3、4、5、6、7、8
冲刺90分与考研	1、2、3、4、5、6、7、8、9、10、11

1. 求下列函数的二阶导数：

(1) $y = 2x^2 + \ln x$；

(2) $y = e^{2x-1}$；

(3) $y = x\cos x$；

(4) $y = e^{-t}\sin t$；

(5) $y = \sqrt{a^2 - x^2}$；

(6) $y = \ln(1 - x^2)$；

(7) $y = \tan x$；

(8) $y = \dfrac{1}{x^3 + 1}$；

(9) $y = (1 + x^2)\arctan x$；

(10) $y = \dfrac{e^x}{x}$；

(11) $y = x e^{x^2}$；

(12) $y = \ln(x + \sqrt{1 + x^2})$.

解 (1) $y' = 4x + \dfrac{1}{x}, y'' = 4 - \dfrac{1}{x^2}$.

(2) $y' = 2e^{2x-1}, y'' = 4e^{2x-1}$.

(3) $y' = \cos x - x\sin x, y'' = -2\sin x - x\cos x$.

(4) $y' = -e^{-t}\sin t + e^{-t}\cos t, y'' = e^{-t}\sin t - e^{-t}\cos t - e^{-t}\cos t - e^{-t}\sin t = -2e^{-t}\cos t$.

(5) $y' = \dfrac{1}{2\sqrt{a^2 - x^2}} \cdot (-2x) = -\dfrac{x}{\sqrt{a^2 - x^2}}$,

$y'' = -\dfrac{\sqrt{a^2 - x^2} + \dfrac{x^2}{\sqrt{a^2 - x^2}}}{(\sqrt{a^2 - x^2})^2} = -\dfrac{a^2}{(a^2 - x^2)^{\frac{3}{2}}}$.

(6) $y' = \dfrac{1}{1 - x^2} \cdot (-2x) = \dfrac{2x}{x^2 - 1}, y'' = \dfrac{2(x^2 - 1) - 4x^2}{(x^2 - 1)^2} = -\dfrac{2(1 + x^2)}{(x^2 - 1)^2}$.

(7) $y' = \sec^2 x, y'' = 2\sec x \cdot \sec x \cdot \tan x = 2\sec^2 x \tan x$.

(8) $y' = -\dfrac{1}{(1 + x^3)^2} \cdot 3x^2 = -\dfrac{3x^2}{(1 + x^3)^2}$,

$y'' = -\dfrac{6x(1 + x^3)^2 - 3x^2 \cdot 2(1 + x^3) \cdot 3x^2}{(1 + x^3)^4} = \dfrac{6x(2x^3 - 1)}{(1 + x^3)^3}$.

(9) $y' = 2x\arctan x + 1, y'' = 2\arctan x + \dfrac{2x}{1 + x^2}$.

(10) $y' = \dfrac{xe^x - e^x}{x^2} = \dfrac{(x - 1)e^x}{x^2}$,

$y'' = \dfrac{[e^x + (x - 1)e^x] \cdot x^2 - (x - 1)e^x \cdot 2x}{x^4} = \dfrac{(x^2 - 2x + 2)e^x}{x^3}$.

(11) $y' = e^{x^2} + 2x^2 e^{x^2} = (1 + 2x^2)e^{x^2}, y'' = 4xe^{x^2} + 2x(1 + 2x^2)e^{x^2} = 2x(3 + 2x^2)e^{x^2}$.

(12) $y' = \dfrac{1}{x+\sqrt{1+x^2}} \cdot \left(1+\dfrac{x}{\sqrt{1+x^2}}\right) = \dfrac{1}{\sqrt{1+x^2}}$,

$y'' = -\dfrac{1}{(\sqrt{1+x^2})^2} \cdot \dfrac{2x}{2\sqrt{1+x^2}} = -\dfrac{x}{\sqrt{(1+x^2)^3}}$.

2. 设 $f(x) = (x+10)^6$，求 $f'''(2)$.

解 $f'(x) = 6(x+10)^5$，$f''(x) = 30(x+10)^4$，$f'''(x) = 120(x+10)^3$，$f'''(2) = 120 \times 12^3 = 207\,360$.

3. 设 $f''(x)$ 存在，求下列函数的二阶导数 $\dfrac{d^2 y}{dx^2}$：

(1) $y = f(x^2)$；

(2) $y = \ln[f(x)]$.

解 (1) $\dfrac{dy}{dx} = 2x f'(x^2)$，$\dfrac{d^2 y}{dx^2} = 2 f'(x^2) + 4x^2 f''(x^2)$.

(2) $\dfrac{dy}{dx} = \dfrac{f'(x)}{f(x)}$，$\dfrac{d^2 y}{dx^2} = \dfrac{f''(x) f(x) - f'^2(x)}{f^2(x)}$.

4. 试从 $\dfrac{dx}{dy} = \dfrac{1}{y'}$ 导出：

(1) $\dfrac{d^2 x}{dy^2} = -\dfrac{y''}{(y')^3}$； (2) $\dfrac{d^3 x}{dy^3} = \dfrac{3(y'')^2 - y' y'''}{(y')^5}$.

解 (1) 由 $\dfrac{dx}{dy} = \dfrac{1}{y'}$ 得

$$\dfrac{d^2 x}{dy^2} = \dfrac{d\left(\dfrac{1}{y'}\right)}{dy} = \dfrac{\dfrac{d}{dx}\left(\dfrac{1}{y'}\right)}{\dfrac{dy}{dx}} = \dfrac{-\dfrac{y''}{(y')^2}}{y'} = -\dfrac{y''}{(y')^3}.$$

(2) $\dfrac{d^3 x}{dy^3} = \dfrac{d\left(\dfrac{d^2 x}{dy^2}\right)}{dy} = \dfrac{\dfrac{d}{dx}\left[-\dfrac{y''}{(y')^3}\right]}{y'} = -\dfrac{\dfrac{y''' \cdot (y')^3 - y'' \cdot 3(y')^2 y''}{(y')^6}}{y'} = \dfrac{3(y'')^2 - y' y'''}{(y')^5}.$

5. 已知物体的运动规律为 $s = A\sin\omega t$（A, ω 为常数），求该物体运动的加速度，并验证：

$$\dfrac{d^2 s}{dt^2} + \omega^2 s = 0.$$

解 $\dfrac{ds}{dt} = A\omega\cos\omega t$，$\dfrac{d^2 s}{dt^2} = -A\omega^2 \sin\omega t$，则 $\dfrac{d^2 s}{dt^2} = -\omega^2 s$，即 $\dfrac{d^2 s}{dt^2} + \omega^2 s = 0$.

6. 密度大的陨星进入大气层时，当它离地心为 s 时的速度与 $\sqrt{s}$ 成反比，试证陨星的加速度与 s^2 成反比.

证明 由题意得 $v = \dfrac{ds}{dt} = \dfrac{k}{\sqrt{s}}$，则加速度

$$a = \dfrac{d^2 s}{dt^2} = \dfrac{dv}{dt} = -\dfrac{k}{2} s^{-\frac{3}{2}} \cdot \dfrac{ds}{dt} = -\dfrac{k}{2} s^{-\frac{3}{2}} \cdot \dfrac{k}{\sqrt{s}} = -\dfrac{k^2}{2s^2},$$

即陨星的加速度与 s^2 成反比.

7. 假设质点沿 x 轴运动的速度为 $\dfrac{dx}{dt} = f(x)$，试求该质点运动的加速度.

解 质点的加速度为

$$a = \dfrac{d^2 x}{dt^2} = \dfrac{d\left(\dfrac{dx}{dt}\right)}{dt} = \dfrac{d[f(x)]}{dt} = \dfrac{d[f(x)]}{dx} \dfrac{dx}{dt} = f'(x) f(x).$$

8. 设函数 $f(x) = \begin{cases} e^x \cos x, & x \leqslant 0, \\ ax^2 + bx + c, & x > 0, \end{cases}$ 试选择常数 a, b, c, 使 $f(x)$ 具有二阶导数.

解 由 $f(x)$ 在 $x = 0$ 处连续得 $f(0) = f(0-0) = f(0+0)$, 即 $c = 1$;

$$f'(x) = \begin{cases} e^x(\cos x - \sin x), & x \leqslant 0, \\ 2ax + b, & x > 0. \end{cases}$$

由 $f'(x)$ 在 $x = 0$ 处连续得 $b = 1$, 即

$$f'(x) = \begin{cases} e^x(\cos x - \sin x), & x \leqslant 0, \\ 2ax + 1, & x > 0, \end{cases}$$

$$f''_-(0) = \lim_{x \to 0^-} \frac{f'(x) - f'(0)}{x} = \lim_{x \to 0^-} \frac{e^x(\cos x - \sin x) - 1}{x} = \lim_{x \to 0^-} \frac{e^x \cos x - 1}{x} - \lim_{x \to 0^-} e^x \cdot \frac{\sin x}{x}$$

$$= \lim_{x \to 0^-} \frac{e^x \cos x - e^x}{x} + \lim_{x \to 0^-} \frac{e^x - 1}{x} - 1 = \lim_{x \to 0^-} e^x \cdot \frac{\cos x - 1}{x} = 0;$$

$$f''_+(0) = \lim_{x \to 0^+} \frac{f'(x) - f'(0)}{x} = \lim_{x \to 0^+} \frac{2ax + 1 - 1}{x} = 2a.$$

由 $f''(0)$ 存在得 $f''_-(0) = f''_+(0)$, 故 $a = 0$.

9. 求下列函数所指定的阶的导数:

(1) $y = e^x \cos x$, 求 $y^{(4)}$;

(2) $y = x^2 \sin 2x$, 求 $y^{(50)}$.

解 (1) $y^{(4)}$
$= C_4^0 (e^x)^{(4)} \cos x + C_4^1 (e^x)''' (\cos x)' + C_4^2 (e^x)'' (\cos x)'' + C_4^3 (e^x)' (\cos x)''' + C_4^4 e^x (\cos x)^{(4)}$
$= e^x \cos x - 4e^x \sin x - 6e^x \cos x + 4e^x \sin x + e^x \cos x = -4e^x \cos x.$

(2) $y^{(50)} = C_{50}^0 x^2 (\sin 2x)^{(50)} + C_{50}^1 \cdot 2x (\sin 2x)^{(49)} + C_{50}^2 \cdot 2(\sin 2x)^{(48)}$

$$= 2^{50} x^2 \sin\left(2x + \frac{50\pi}{2}\right) + 100 \cdot 2^{49} x \sin\left(2x + \frac{49\pi}{2}\right) + \frac{50 \cdot 49}{2} \cdot 2^{49} \sin\left(2x + \frac{48\pi}{2}\right)$$

$$= 2^{50} \left(-x^2 \sin 2x + 50x \cos 2x + \frac{1\,225}{2} \sin 2x\right).$$

*10. 求下列函数的 n 阶导数的一般表达式:

(1) $y = x^n + a_1 x^{n-1} + a_2 x^{n-2} + \cdots + a_{n-1} x + a_n$ ($a_1, a_2, \cdots, a_n$ 都是常数);

(2) $y = \sin^2 x$;   (3) $y = x \ln x$;   (4) $y = x e^x$.

解 (1) $y' = nx^{n-1} + (n-1)a_1 x^{n-2} + \cdots + a_{n-1}$,

$y'' = n(n-1)x^{n-2} + (n-1)(n-2)a_1 x^{n-3} + \cdots + 2a_{n-2}, \cdots, y^{(n)} = n!.$

(2) $y' = 2\sin x \cos x = \sin 2x, y'' = 2\cos 2x = 2\sin\left(2x + \frac{\pi}{2}\right), \cdots, y^{(n)} = 2^{n-1} \sin\left[2x + \frac{(n-1)\pi}{2}\right].$

(3) $y' = \ln x + 1, y'' = \frac{1}{x}, \cdots, y^{(n)} = \frac{(-1)^{n-2}(n-2)!}{x^{n-1}} (n \geqslant 2).$

(4) $y' = e^x + xe^x = (x+1)e^x, y'' = e^x + (x+1)e^x = (x+2)e^x, \cdots, y^{(n)} = (x+n)e^x.$

*11. 求函数 $f(x) = x^2 \ln(1+x)$ 在 $x = 0$ 处的 n 阶导数 $f^{(n)}(0) (n \geqslant 3)$.

解 设 $u = \ln(1+x), v = x^2$, 则

$$u^{(n)} = \frac{(-1)^{n-1}(n-1)}{(1+x)^n} (n = 1, 2, \cdots), v' = 2x, v'' = 2, v^{(k)} = 0 (k \geqslant 3).$$

由莱布尼茨公式可知

$$f^{(n)}(x) = \frac{(-1)^{n-1}(n-1)!}{(1+x)^n} x^2 + \frac{(-1)^{n-2}(n-2)!}{(1+x)^{n-1}} \cdot 2nx + \frac{(-1)^{n-3}(n-3)!}{(1+x)^{n-2}} \cdot n(n-1) (n \geqslant 3),$$

$$f^{(n)}(0) = \frac{(-1)^{n-1} n!}{n-2} (n \geqslant 3).$$

第四节 隐函数及由参数方程所确定的函数的导数 相关变化率

> **期末高分必备知识**

一、隐函数及其导数

定义 1 设 $F(x,y)=0 (x \in D)$, 若对任意 $x \in D$, 由 $F(x,y)=0$ 确定唯一的 y 与之对应, 称 $F(x,y)=0$ 确定 y 为 x 的隐函数.

若 $F(x,y)=0$ 确定 y 为 x 的隐函数, 求 $\dfrac{\mathrm{d}y}{\mathrm{d}x}$ 时, 只要将 y 视为关于 x 的函数即可, 如:

$\mathrm{e}^{xy} = x^2 + 2y$ 确定 y 为 x 的函数, 两边对 x 求导得

$\mathrm{e}^{xy} \cdot \left(y + x \dfrac{\mathrm{d}y}{\mathrm{d}x}\right) = 2x + 2\dfrac{\mathrm{d}y}{\mathrm{d}x}$, 解得 $\dfrac{\mathrm{d}y}{\mathrm{d}x} = \dfrac{y\mathrm{e}^{xy} - 2x}{2 - x\mathrm{e}^{xy}}$.

二、参数方程确定的函数求导

定义 2 设 $\begin{cases} x = \varphi(t), \\ y = \psi(t), \end{cases}$ 其中 $\varphi(t), \psi(t)$ 可导且 $\varphi'(t) \neq 0$, 则由 $\begin{cases} x = \varphi(t), \\ y = \psi(t) \end{cases}$ 可确定 y 为 x 的函数, 称为由参数方程确定的函数.

(1) 若 $\varphi(t), \psi(t)$ 可导且 $\varphi'(t) \neq 0$, 则 y 对 x 的导数为

$$\dfrac{\mathrm{d}y}{\mathrm{d}x} = \dfrac{\dfrac{\mathrm{d}y}{\mathrm{d}t}}{\dfrac{\mathrm{d}x}{\mathrm{d}t}} = \dfrac{\psi'(t)}{\varphi'(t)}.$$

(2) 若 $\varphi(t), \psi(t)$ 二阶可导且 $\varphi'(t) \neq 0$, 则 y 对 x 的二阶导数为

$$\dfrac{\mathrm{d}^2 y}{\mathrm{d}x^2} = \dfrac{\mathrm{d}\left(\dfrac{\mathrm{d}y}{\mathrm{d}x}\right)}{\mathrm{d}x} = \dfrac{\mathrm{d}\left[\dfrac{\psi'(t)}{\varphi'(t)}\right]}{\mathrm{d}x} = \dfrac{\dfrac{\mathrm{d}\left[\dfrac{\psi'(t)}{\varphi'(t)}\right]}{\mathrm{d}t}}{\dfrac{\mathrm{d}x}{\mathrm{d}t}} = \dfrac{\psi''(t)\varphi'(t) - \psi'(t)\varphi''(t)}{\varphi'^3(t)}.$$

> **60分必会题型**

题型一：对由隐函数确定的函数求导数

例1 设 $\mathrm{e}^{2x+y} = x^2 y + 1$, 求 $\dfrac{\mathrm{d}y}{\mathrm{d}x}$.

解 $\mathrm{e}^{2x+y} = x^2 y + 1$ 两边对 x 求导得

$$\mathrm{e}^{2x+y}\left(2 + \dfrac{\mathrm{d}y}{\mathrm{d}x}\right) = 2xy + x^2 \dfrac{\mathrm{d}y}{\mathrm{d}x},$$

解得 $\dfrac{\mathrm{d}y}{\mathrm{d}x} = \dfrac{2xy - 2\mathrm{e}^{2x+y}}{\mathrm{e}^{2x+y} - x^2}$.

例2 设由 $x^y = y^x$ 确定 $y = y(x)$, 求 $\dfrac{\mathrm{d}y}{\mathrm{d}x}$.

解 **方法一**：$x^y = y^x$ 两边求对数得 $y \ln x = x \ln y$, 两边对 x 求导得

$$\dfrac{\mathrm{d}y}{\mathrm{d}x} \ln x + \dfrac{y}{x} = \ln y + \dfrac{x}{y}\dfrac{\mathrm{d}y}{\mathrm{d}x}, \text{解得} \dfrac{\mathrm{d}y}{\mathrm{d}x} = \dfrac{\ln y - \dfrac{y}{x}}{\ln x - \dfrac{x}{y}}.$$

方法二：由 $x^y = y^x$ 得 $\mathrm{e}^{y \ln x} = \mathrm{e}^{x \ln y}$, 两边对 x 求导得

$$e^{y\ln x}\left(\frac{dy}{dx}\ln x + \frac{y}{x}\right) = e^{x\ln y}\left(\ln y + \frac{x}{y}\frac{dy}{dx}\right),$$

解得 $\dfrac{dy}{dx} = \dfrac{\ln y - \dfrac{y}{x}}{\ln x - \dfrac{x}{y}}.$

例3 设 $2^{xy} = 4x + y$，求 $y'(0)$.

解 当 $x = 0$ 时，$y = 1$，$2^{xy} = 4x + y$ 两边对 x 求导得

$$2^{xy}\ln 2 \cdot (y + xy') = 4 + y',$$

将 $x = 0, y = 1$ 代入得 $y'(0) = \ln 2 - 4$.

题型二：对参数方程确定的函数求导数

例1 设由 $\begin{cases} x = \arctan t, \\ y = \ln(1+t^2) \end{cases}$ 确定 $y = y(x)$，求 $\dfrac{dy}{dx}, \dfrac{d^2 y}{dx^2}$.

解
$$\frac{dy}{dx} = \frac{\dfrac{dy}{dt}}{\dfrac{dx}{dt}} = \frac{\dfrac{2t}{1+t^2}}{\dfrac{1}{1+t^2}} = 2t,$$

$$\frac{d^2 y}{dx^2} = \frac{d\left(\dfrac{dy}{dx}\right)}{dx} = \frac{d(2t)}{dx} = \frac{\dfrac{d(2t)}{dt}}{\dfrac{dx}{dt}} = \frac{2}{\dfrac{1}{1+t^2}} = 2(1+t^2).$$

例2 设 $y = y(x)$ 由 $\begin{cases} x = t(1-t), \\ e^{ty} = t^2 + y + 1 \end{cases}$ 确定，求 $\dfrac{dx}{dy}$.

解 $\dfrac{dx}{dy} = \dfrac{\dfrac{dx}{dt}}{\dfrac{dy}{dt}}$，由 $x = t(1-t)$ 得 $\dfrac{dx}{dt} = 1 - 2t$；

$e^{ty} = t^2 + y + 1$ 两边对 t 求导得 $e^{ty}\left(y + t\dfrac{dy}{dt}\right) = 2t + \dfrac{dy}{dt}$，解得 $\dfrac{dy}{dt} = \dfrac{2t - y e^{ty}}{t e^{ty} - 1}$，故

$$\frac{dx}{dy} = \frac{1 - 2t}{\dfrac{2t - y e^{ty}}{t e^{ty} - 1}} = \frac{(1 - 2t)(t e^{ty} - 1)}{2t - y e^{ty}}.$$

例3 设曲线 $L: \begin{cases} x = t - \sin t, \\ y = 1 - \cos t, \end{cases}$ 求 $t = \dfrac{\pi}{4}$ 对应的 L 上点的切线方程.

解 $t = \dfrac{\pi}{4}$ 对应的 L 上的点为 $M_0\left(\dfrac{\pi}{4} - \dfrac{\sqrt{2}}{2}, 1 - \dfrac{\sqrt{2}}{2}\right)$，

由 $\dfrac{dy}{dx} = \dfrac{\dfrac{dy}{dt}}{\dfrac{dx}{dt}} = \dfrac{\sin t}{1 - \cos t}$，得切线的斜率为 $k = \dfrac{dy}{dx}\bigg|_{t=\frac{\pi}{4}} = \dfrac{\sqrt{2}}{2 - \sqrt{2}}$，

故所求的切线方程为 $y = \dfrac{\sqrt{2}}{2 - \sqrt{2}}\left(x - \dfrac{\pi}{4} + \dfrac{\sqrt{2}}{2}\right) + 1 - \dfrac{\sqrt{2}}{2} = (\sqrt{2} + 1)x - \dfrac{\sqrt{2} + 1}{4}\pi + 2.$

同济八版教材 ▶ 习题解答

习题 2—4 隐函数及由参数方程所确定的函数的导数 相关变化率

勇夺60分	1、2、3、4、5、6、7、8、9
超越80分	1、2、3、4、5、6、7、8、9、11、12、13
冲刺90分与考研	1、2、3、4、5、6、7、8、9、10、11、12、13

1. 求由下列方程所确定的隐函数的导数 $\dfrac{\mathrm{d}y}{\mathrm{d}x}$：

   (1) $y^2 - 2xy + 9 = 0$；　　　　　　(2) $x^3 + y^3 - 3axy = 0$；

   (3) $xy = \mathrm{e}^{x+y}$；　　　　　　　　(4) $y = 1 - x\mathrm{e}^y$.

   解 (1) $y^2 - 2xy + 9 = 0$ 两边对 x 求导得 $2y\dfrac{\mathrm{d}y}{\mathrm{d}x} - 2y - 2x\dfrac{\mathrm{d}y}{\mathrm{d}x} = 0$，解得 $\dfrac{\mathrm{d}y}{\mathrm{d}x} = \dfrac{y}{y-x}$.

   (2) $x^3 + y^3 - 3axy = 0$ 两边对 x 求导得 $3x^2 + 3y^2\dfrac{\mathrm{d}y}{\mathrm{d}x} - 3ay - 3ax\dfrac{\mathrm{d}y}{\mathrm{d}x} = 0$，解得 $\dfrac{\mathrm{d}y}{\mathrm{d}x} = \dfrac{ay - x^2}{y^2 - ax}$.

   (3) $xy = \mathrm{e}^{x+y}$ 两边对 x 求导得 $y + x\dfrac{\mathrm{d}y}{\mathrm{d}x} = \mathrm{e}^{x+y}\left(1 + \dfrac{\mathrm{d}y}{\mathrm{d}x}\right)$，解得 $\dfrac{\mathrm{d}y}{\mathrm{d}x} = \dfrac{\mathrm{e}^{x+y} - y}{x - \mathrm{e}^{x+y}}$.

   (4) $y = 1 - x\mathrm{e}^y$ 两边对 x 求导得 $\dfrac{\mathrm{d}y}{\mathrm{d}x} = -\mathrm{e}^y - x\mathrm{e}^y\dfrac{\mathrm{d}y}{\mathrm{d}x}$，解得 $\dfrac{\mathrm{d}y}{\mathrm{d}x} = -\dfrac{\mathrm{e}^y}{1 + x\mathrm{e}^y}$.

2. 求曲线 $x^{\frac{2}{3}} + y^{\frac{2}{3}} = a^{\frac{2}{3}}$ 在点 $\left(\dfrac{\sqrt{2}}{4}a, \dfrac{\sqrt{2}}{4}a\right)$ 处的切线方程和法线方程.

   解 $x^{\frac{2}{3}} + y^{\frac{2}{3}} = a^{\frac{2}{3}}$ 两边对 x 求导得 $\dfrac{2}{3}x^{-\frac{1}{3}} + \dfrac{2}{3}y^{-\frac{1}{3}} \cdot \dfrac{\mathrm{d}y}{\mathrm{d}x} = 0$，解得 $\dfrac{\mathrm{d}y}{\mathrm{d}x} = -\dfrac{x^{-\frac{1}{3}}}{y^{-\frac{1}{3}}}$，

   切线的斜率为 $k = \dfrac{\mathrm{d}y}{\mathrm{d}x}\bigg|_{\left(\frac{\sqrt{2}}{4}a, \frac{\sqrt{2}}{4}a\right)} = -1$，

   所求的切线方程为 $y - \dfrac{\sqrt{2}}{4}a = -\left(x - \dfrac{\sqrt{2}}{4}a\right)$，即 $x + y - \dfrac{\sqrt{2}}{2}a = 0$；

   法线方程为 $y - \dfrac{\sqrt{2}}{4}a = \left(x - \dfrac{\sqrt{2}}{4}a\right)$，即 $y - x = 0$.

3. 设曲线 C 的方程为 $x^2y - xy^2 = 2$，试找出 C 上有水平切线和铅直切线的点.

   解 设水平切线的切点坐标为 (x_0, y_0)，$x^2y - xy^2 = 2$ 两边对 x 求导得 $2xy + x^2y' - y^2 - 2xyy' = 0$，取 $y' = 0$ 得 $2xy - y^2 = 0$，则水平切线的方程为 $y = 2x$，代入得 $x = -1$，故 C 上有水平切线的点为 $(-1, -2)$.

   设铅直切线的切点坐标为 (x_1, y_1)，$x^2y - xy^2 = 2$ 两边对 x 求导得 $2xy + x^2y' - y^2 - 2xyy' = 0$，解得 $y' = \dfrac{y}{x} \cdot \dfrac{2x - y}{2y - x}$，从而铅直切线的方程为 $x = 2y$，代入得 $y = 1$，故 C 上有铅直切线的点为 $(2, 1)$.

4. 求由下列方程所确定的隐函数的二阶导数 $\dfrac{\mathrm{d}^2y}{\mathrm{d}x^2}$：

   (1) $b^2x^2 + a^2y^2 = a^2b^2$；　　　　(2) $y = \tan(x + y)$；

   (3) $y = 1 + x\mathrm{e}^y$；　　　　　　　(4) $y - 2x = (x - y)\ln(x - y)$.

   解 (1) $b^2x^2 + a^2y^2 = a^2b^2$ 两边对 x 求导得 $2b^2x + 2a^2y\dfrac{\mathrm{d}y}{\mathrm{d}x} = 0$，解得 $\dfrac{\mathrm{d}y}{\mathrm{d}x} = -\dfrac{b^2}{a^2} \cdot \dfrac{x}{y}$，

$$\frac{\mathrm{d}^2 y}{\mathrm{d} x^2} = -\frac{b^2}{a^2} \cdot \frac{y - x \dfrac{\mathrm{d} y}{\mathrm{d} x}}{y^2} = -\frac{b^4}{a^2 y^3}.$$

(2) $y = \tan(x + y)$ 两边对 x 求导得

$$\frac{\mathrm{d} y}{\mathrm{d} x} = \sec^2(x + y) \cdot \left(1 + \frac{\mathrm{d} y}{\mathrm{d} x}\right) = (1 + y^2)\left(1 + \frac{\mathrm{d} y}{\mathrm{d} x}\right), \text{解得} \frac{\mathrm{d} y}{\mathrm{d} x} = -\frac{1}{y^2} - 1,$$

$$\frac{\mathrm{d}^2 y}{\mathrm{d} x^2} = \frac{2 \dfrac{\mathrm{d} y}{\mathrm{d} x}}{y^3} = -\frac{2(1 + y^2)}{y^5} = -2\csc^2(x+y)\cot^3(x+y).$$

(3) $y = 1 + x \mathrm{e}^y$ 两边对 x 求导得 $\dfrac{\mathrm{d} y}{\mathrm{d} x} = \mathrm{e}^y + x \mathrm{e}^y \dfrac{\mathrm{d} y}{\mathrm{d} x}$,解得 $\dfrac{\mathrm{d} y}{\mathrm{d} x} = \dfrac{\mathrm{e}^y}{1 - x \mathrm{e}^y}$,

$$\frac{\mathrm{d}^2 y}{\mathrm{d} x^2} = \frac{\mathrm{e}^y \dfrac{\mathrm{d} y}{\mathrm{d} x} \cdot (1 - x \mathrm{e}^y) - \mathrm{e}^y \cdot \left(-\mathrm{e}^y - x \mathrm{e}^y \dfrac{\mathrm{d} y}{\mathrm{d} x}\right)}{(1 - x \mathrm{e}^y)^2} = \frac{(2 - x \mathrm{e}^y) \mathrm{e}^{2y}}{(1 - x \mathrm{e}^y)^3}.$$

(4) $y - 2x = (x - y)\ln(x - y)$ 两边对 x 求导得 $y' - 2 = (1 - y')\ln(x - y) + 1 - y'$,解得

$$y' = \frac{\ln(x - y) + 3}{\ln(x - y) + 2},$$

$y' - 2 = (1 - y')\ln(x - y) + 1 - y'$ 两边对 x 求导得

$$y'' = \frac{(1 - y')^2}{(x - y) \cdot [\ln(x - y) + 2]} = \frac{1}{(x - y) \cdot [\ln(x - y) + 2]^3}.$$

5.用对数求导法求下列函数的导数：

(1) $y = \left(\dfrac{x}{1 + x}\right)^x$；　　　　　　(2) $y = \sqrt[5]{\dfrac{x - 5}{\sqrt[5]{x^2 + 2}}}$；

(3) $y = \dfrac{\sqrt{x + 2}(3 - x)^4}{(x + 1)^5}$；　　　　(4) $y = \sqrt{x \sin x \sqrt{1 - \mathrm{e}^x}}$.

解 (1) $y = \left(\dfrac{x}{1 + x}\right)^x$ 两边取对数得 $\ln y = x[\ln x - \ln(1 + x)]$,两边对 x 求导得

$$\frac{y'}{y} = [\ln x - \ln(1 + x)] + x\left(\frac{1}{x} - \frac{1}{1 + x}\right) = \ln \frac{x}{1 + x} + \frac{1}{1 + x},$$

故 $y' = \left(\dfrac{x}{1 + x}\right)^x \left(\ln \dfrac{x}{1 + x} + \dfrac{1}{1 + x}\right).$

(2) $y = \sqrt[5]{\dfrac{x - 5}{\sqrt[5]{x^2 + 2}}}$ 两边取对数得

$$\ln y = \frac{1}{5}\left[\ln(x - 5) - \frac{1}{5}\ln(x^2 + 2)\right] = \frac{1}{5}\ln(x - 5) - \frac{1}{25}\ln(x^2 + 2),$$

两边对 x 求导得 $\dfrac{y'}{y} = \dfrac{1}{5(x - 5)} - \dfrac{2x}{25(x^2 + 2)}$,故

$$y' = \sqrt[5]{\dfrac{x - 5}{\sqrt[5]{x^2 + 2}}} \left[\dfrac{1}{5(x - 5)} - \dfrac{2x}{25(x^2 + 2)}\right].$$

(3) $y = \dfrac{\sqrt{x + 2}(3 - x)^4}{(x + 1)^5}$ 两边取对数得

$$\ln y = \frac{1}{2}\ln(x + 2) + 4\ln(3 - x) - 5\ln(x + 1),$$

两边对 x 求导得 $\dfrac{y'}{y} = \dfrac{1}{2(x + 2)} - \dfrac{4}{3 - x} - \dfrac{5}{x + 1}$,故

$$y' = \dfrac{\sqrt{x + 2}(3 - x)^4}{(x + 1)^5} \left[\dfrac{1}{2(x + 2)} - \dfrac{4}{3 - x} - \dfrac{5}{x + 1}\right].$$

(4) $y = \sqrt{x \sin x \ \sqrt{1-e^x}}$ 两边取对数得 $\ln y = \frac{1}{2}\ln x + \frac{1}{2}\ln\sin x + \frac{1}{4}\ln(1-e^x)$,

两边对 x 求导得

$$\frac{y'}{y} = \frac{1}{2x} + \frac{1}{2\sin x} \cdot \cos x - \frac{e^x}{4(1-e^x)} = \frac{1}{2}\left[\frac{1}{x} + \cot x - \frac{e^x}{2(1-e^x)}\right],$$

故 $y' = \frac{1}{2}\sqrt{x \sin x \ \sqrt{1-e^x}}\left[\frac{1}{x} + \cot x - \frac{e^x}{2(1-e^x)}\right]$.

6. 求下列参数方程所确定的函数的导数 $\frac{dy}{dx}$：

(1) $\begin{cases} x = at^2, \\ y = bt^3; \end{cases}$ (2) $\begin{cases} x = \theta(1-\sin\theta), \\ y = \theta\cos\theta. \end{cases}$

解 (1) $\frac{dy}{dx} = \frac{\frac{dy}{dt}}{\frac{dx}{dt}} = \frac{3bt^2}{2at} = \frac{3b}{2a}t$.

(2) $\frac{dy}{dx} = \frac{\frac{dy}{d\theta}}{\frac{dx}{d\theta}} = \frac{\cos\theta - \theta\sin\theta}{1 - \sin\theta - \theta\cos\theta}$.

7. 已知 $\begin{cases} x = e^t\sin t, \\ y = e^t\cos t. \end{cases}$ 求当 $t = \frac{\pi}{3}$ 时 $\frac{dy}{dx}$ 的值.

解 $\frac{dy}{dx} = \frac{\frac{dy}{dt}}{\frac{dx}{dt}} = \frac{e^t\cos t - e^t\sin t}{e^t\sin t + e^t\cos t} = \frac{\cos t - \sin t}{\sin t + \cos t}$, 则 $\frac{dy}{dx}\bigg|_{t=\frac{\pi}{3}} = \frac{\frac{1}{2} - \frac{\sqrt{3}}{2}}{\frac{\sqrt{3}}{2} + \frac{1}{2}} = \frac{1-\sqrt{3}}{1+\sqrt{3}} = \sqrt{3} - 2$.

8. 写出下列曲线在所给参数值相应的点处的切线方程和法线方程：

(1) $\begin{cases} x = \sin t, \\ y = \cos 2t \end{cases}$ 在 $t = \frac{\pi}{4}$ 处； (2) $\begin{cases} x = \dfrac{3at}{1+t^2}, \\ y = \dfrac{3at^2}{1+t^2} \end{cases}$ 在 $t = 2$ 处.

解 (1) 当 $t = \frac{\pi}{4}$ 时，曲线上对应的点为 $\left(\frac{\sqrt{2}}{2}, 0\right)$,

$$\frac{dy}{dx} = \frac{\frac{dy}{dt}}{\frac{dx}{dt}} = \frac{-2\sin 2t}{\cos t} = -4\sin t, \frac{dy}{dx}\bigg|_{t=\frac{\pi}{4}} = -2\sqrt{2},$$

切线方程为 $y = -2\sqrt{2}\left(x - \frac{\sqrt{2}}{2}\right)$, 即 $y = -2\sqrt{2}x + 2$；

法线方程为 $y = \frac{1}{2\sqrt{2}}\left(x - \frac{\sqrt{2}}{2}\right)$, 即 $y = \frac{x}{2\sqrt{2}} - \frac{1}{4}$.

(2) $t = 2$ 对应的曲线上的点为 $\left(\frac{6}{5}a, \frac{12}{5}a\right)$,

由 $\dfrac{dy}{dx} = \dfrac{\frac{dy}{dt}}{\frac{dx}{dt}} = \dfrac{\dfrac{3a[2t(1+t^2) - t^2 \cdot 2t]}{(1+t^2)^2}}{\dfrac{3a[(1+t^2) - t \cdot 2t]}{(1+t^2)^2}} = \dfrac{2t}{1-t^2}$, 得 $\dfrac{dy}{dx}\bigg|_{t=2} = -\dfrac{4}{3}$,

故所求的切线方程为 $y - \frac{12}{5}a = -\frac{4}{3}\left(x - \frac{6}{5}a\right)$, 即 $4x + 3y - 12a = 0$,

法线方程为 $y - \dfrac{12}{5}a = \dfrac{3}{4}\left(x - \dfrac{6}{5}a\right)$，即 $3x - 4y + 6a = 0$.

9. 求下列参数方程所确定的函数的二阶导数 $\dfrac{d^2 y}{dx^2}$：

(1) $\begin{cases} x = \dfrac{t^2}{2}, \\ y = 1 - t; \end{cases}$ (2) $\begin{cases} x = a\cos t, \\ y = b\sin t; \end{cases}$

(3) $\begin{cases} x = 3e^{-t}, \\ y = 2e^{t}; \end{cases}$ (4) $\begin{cases} x = f'(t), \\ y = tf'(t) - f(t), \end{cases}$ 设 $f''(t)$ 存在且不为零.

解 (1) $\dfrac{dy}{dx} = \dfrac{\dfrac{dy}{dt}}{\dfrac{dx}{dt}} = \dfrac{-1}{t}, \dfrac{d^2 y}{dx^2} = \dfrac{\dfrac{d}{dt}\left(\dfrac{dy}{dx}\right)}{\dfrac{dx}{dt}} = \dfrac{\dfrac{1}{t^2}}{t} = \dfrac{1}{t^3}$.

(2) $\dfrac{dy}{dx} = \dfrac{\dfrac{dy}{dt}}{\dfrac{dx}{dt}} = \dfrac{b\cos t}{-a\sin t} = -\dfrac{b}{a}\cot t$,

$\dfrac{d^2 y}{dx^2} = \dfrac{\dfrac{d}{dt}\left(\dfrac{dy}{dx}\right)}{\dfrac{dx}{dt}} = \dfrac{\dfrac{b}{a}\csc^2 t}{-a\sin t} = -\dfrac{b}{a^2 \sin^3 t}$.

(3) $\dfrac{dy}{dx} = \dfrac{\dfrac{dy}{dt}}{\dfrac{dx}{dt}} = \dfrac{2e^t}{-3e^{-t}} = -\dfrac{2}{3}e^{2t}, \dfrac{d^2 y}{dx^2} = \dfrac{\dfrac{d}{dt}\left(\dfrac{dy}{dx}\right)}{\dfrac{dx}{dt}} = \dfrac{-\dfrac{4}{3}e^{2t}}{-3e^{-t}} = \dfrac{4}{9}e^{3t}$.

(4) $\dfrac{dy}{dx} = \dfrac{\dfrac{dy}{dt}}{\dfrac{dx}{dt}} = \dfrac{f'(t) + tf''(t) - f'(t)}{f''(t)} = t, \dfrac{d^2 y}{dx^2} = \dfrac{\dfrac{d}{dt}\left(\dfrac{dy}{dx}\right)}{\dfrac{dx}{dt}} = \dfrac{1}{f''(t)}$.

*10. 求下列参数方程所确定的函数的三阶导数 $\dfrac{d^3 y}{dx^3}$：

(1) $\begin{cases} x = 1 - t^2, \\ y = t - t^3; \end{cases}$ (2) $\begin{cases} x = \ln(1 + t^2), \\ y = t - \arctan t. \end{cases}$

解 (1) $\dfrac{dy}{dx} = \dfrac{\dfrac{dy}{dt}}{\dfrac{dx}{dt}} = \dfrac{1 - 3t^2}{-2t} = -\dfrac{1}{2t} + \dfrac{3}{2}t$,

$\dfrac{d^2 y}{dx^2} = \dfrac{\dfrac{d}{dt}\left(\dfrac{dy}{dx}\right)}{\dfrac{dx}{dt}} = \dfrac{\dfrac{1}{2t^2} + \dfrac{3}{2}}{-2t} = -\dfrac{1}{4}\left(\dfrac{1}{t^3} + \dfrac{3}{t}\right)$,

$\dfrac{d^3 y}{dx^3} = \dfrac{\dfrac{d}{dt}\left(\dfrac{d^2 y}{dx^2}\right)}{\dfrac{dx}{dt}} = \dfrac{-\dfrac{1}{4}\left(-\dfrac{3}{t^4} - \dfrac{3}{t^2}\right)}{-2t} = -\dfrac{3}{8t^5}(1 + t^2)$.

(2) $\dfrac{dy}{dx} = \dfrac{\dfrac{dy}{dt}}{\dfrac{dx}{dt}} = \dfrac{1 - \dfrac{1}{1+t^2}}{\dfrac{2t}{1+t^2}} = \dfrac{t}{2}, \dfrac{d^2 y}{dx^2} = \dfrac{\dfrac{d}{dt}\left(\dfrac{dy}{dx}\right)}{\dfrac{dx}{dt}} = \dfrac{\dfrac{1}{2}}{\dfrac{2t}{1+t^2}} = \dfrac{1}{4}\left(\dfrac{1}{t} + t\right)$,

$$\frac{d^3 y}{d x^3} = \frac{\frac{d}{dt}\left(\frac{d^2 y}{d x^2}\right)}{\frac{dx}{dt}} = \frac{\frac{1}{4}\left(-\frac{1}{t^2}+1\right)}{\frac{2t}{1+t^2}} = \frac{t^4-1}{8t^3}.$$

11. 落在平静水面上的石头,产生同心波纹,若最外一圈波纹半径的增大速率总是 6 m/s,问在 2 s 末扰动水面面积增大的速率为多少?

解 设最外圈波的半径为 $r = r(t)$,圆的面积为 $S(t) = \pi r^2$,$\frac{dS}{dt} = 2\pi r \cdot \frac{dr}{dt}$,

由已知条件得 $\frac{dr}{dt} = 6$,故当 $t = 2$ 时,半径 $r = 2 \times \frac{dr}{dt} = 12$,则 2 s 末扰动水面面积的增大速率为

$$\left.\frac{dS}{dt}\right|_{t=2} = 2\pi \times 12 \times 6 = 144\pi\,(\text{m}^2/\text{s}).$$

12. 注水入深 8 m,上顶直径 8 m 的正圆锥形容器中,其速率为 4 m³/min.当水深为 5 m 时,其表面上升的速率为多少?

解 设 t 时刻容器水面高度为 $h(t)$,此时水面半径为 r,水的体积为 $V(t)$,

由 $\frac{r}{h} = \frac{4}{8}$,得 $r = \frac{1}{2}h$,根据题意得

$$V(t) = \frac{1}{3}\pi r^2 \cdot h = \frac{\pi}{12}h^3,$$

两边对 t 求导得

$$\frac{dV}{dt} = \frac{\pi}{4}h^2 \frac{dh}{dt},$$

由 $\frac{dV}{dt} = 4$ 得 $\frac{dh}{dt} = \frac{16}{\pi h^2}$,故当 $h = 5$ 时,$\left.\frac{dh}{dt}\right|_{h=5} = \frac{16}{25\pi}\,(\text{m/min}).$

13. 溶液自深 18 cm、顶直径 12 cm 的正圆锥形漏斗中漏入一直径为 10 cm 的圆柱形筒中.开始时漏斗中盛满了溶液.已知当溶液在漏斗中深为 12 cm 时,其表面下降的速率为 1 cm/min.问此时圆柱形筒中溶液表面上升的速率为多少?

解 设 t 时刻漏斗中溶液深为 $h(t)$,圆柱形筒中溶液深为 $H(t)$,

$$\frac{1}{3}\pi \times 6^2 \times 18 - \frac{1}{3}\pi r^2 h = \pi \times 5^2 \times H,$$

由 $\frac{r}{6} = \frac{h}{18}$ 得 $r = \frac{h}{3}$,则 $216\pi - \frac{\pi}{27}h^3 = 25\pi H$,两边对 t 求导得

$$-\frac{\pi}{9}h^2 \frac{dh}{dt} = 25\pi \frac{dH}{dt},$$

当 $h = 12$ 时,$\frac{dh}{dt} = -1$,故当 $h = 12$ 时,圆柱形筒中溶液表面上升的速度为

$$\frac{dH}{dt} = \frac{16}{25}\,(\text{cm/min}).$$

第五节　函数的微分

▶ 期末高分必备知识

一、函数微分的概念

设 $y = f(x)(x \in D)$,$x_0 \in D$,自变量 x 在 $x = x_0$ 处取增量 Δx,函数 $y = f(x)$ 的增量为 $\Delta y = f(x_0 + \Delta x) - f(x_0)$,若 $\Delta y = A\Delta x + o(\Delta x)$,其中 A 为常数,称函数 $y = f(x)$ 在 $x = x_0$ 处可微,其中线性主部 $A\Delta x$ 称为函数 $y = f(x)$ 在 $x = x_0$ 处的微分,记为 $dy|_{x=x_0}$,即 $dy|_{x=x_0} = A\Delta x$,习惯上记为 $dy|_{x=x_0} = A dx$.

第二章 导数与微分

> **抢分攻略**
>
> (1) 函数 $y=f(x)$ 在 $x=x_0$ 处可导与可微等价.
>
> 若 $y=f(x)$ 在 $x=x_0$ 处可导,即 $\lim\limits_{\Delta x\to 0}\dfrac{\Delta y}{\Delta x}=f'(x_0)$,则 $\dfrac{\Delta y}{\Delta x}=f'(x_0)+\alpha$,其中 $\alpha\to 0(\Delta x\to 0)$,即 $\Delta y=f'(x_0)\Delta x+\alpha\Delta x$.
>
> 因为 $\lim\limits_{\Delta x\to 0}\dfrac{\alpha\Delta x}{\Delta x}=\lim\limits_{\Delta x\to 0}\alpha=0$,所以 $\alpha\Delta x=o(\Delta x)$,则 $\Delta y=f'(x_0)\Delta x+o(\Delta x)$,即函数 $y=f(x)$ 在 $x=x_0$ 处可微;
>
> 若函数 $y=f(x)$ 在 $x=x_0$ 处可微,即 $\Delta y=A\Delta x+o(\Delta x)$,则 $\dfrac{\Delta y}{\Delta x}=A+\dfrac{o(\Delta x)}{\Delta x}$,两边取极限得 $\lim\limits_{\Delta x\to 0}\dfrac{\Delta y}{\Delta x}=A$,即 $y=f(x)$ 在 $x=x_0$ 处可导,且 $A=f'(x_0)$.
>
> (2) 若 $\Delta y=A\Delta x+o(\Delta x)$,即 $y=f(x)$ 在 $x=x_0$ 处可微,则 $A=f'(x_0)$.
>
> (3) 若函数 $y=f(x)$ 处处可导,则 $y=f(x)$ 的微分为
> $$dy=df(x)=f'(x)dx.$$

二、微分基本公式

1. $d(C)=0$.

2. $d(x^\alpha)=\alpha x^{\alpha-1}dx$,特别地,$d(\sqrt{x})=\dfrac{1}{2\sqrt{x}}dx$,$d\left(\dfrac{1}{x}\right)=-\dfrac{1}{x^2}dx$.

3. $d(a^x)=a^x\ln a\,dx$,特别地,$d(e^x)=e^x dx$.

4. $d(\log_a x)=\dfrac{1}{x\ln a}dx$,特别地,$d(\ln x)=\dfrac{1}{x}dx$.

5. (1) $d(\sin x)=\cos x\,dx$;   (2) $d(\cos x)=-\sin x\,dx$;

   (3) $d(\tan x)=\sec^2 x\,dx$;   (4) $d(\cot x)=-\csc^2 x\,dx$;

   (5) $d(\sec x)=\sec x\tan x\,dx$;   (6) $d(\csc x)=-\csc x\cot x\,dx$.

6. (1) $d(\arcsin x)=\dfrac{1}{\sqrt{1-x^2}}dx\ (-1<x<1)$;

   (2) $d(\arccos x)=-\dfrac{1}{\sqrt{1-x^2}}dx\ (-1<x<1)$;

   (3) $d(\arctan x)=\dfrac{1}{1+x^2}dx$;

   (4) $d(\text{arccot}\,x)=-\dfrac{1}{1+x^2}dx$.

60分必会题型

题型一:求显函数的微分

例1 设 $y=\arctan^2\ln(1+x)$,求 dy.

解 $dy=[\arctan^2\ln(1+x)]'dx=2\arctan\ln(1+x)\cdot\dfrac{1}{1+\ln^2(1+x)}\cdot\dfrac{1}{1+x}dx$.

例2 $y=x^{\sin 2x}$,求 dy.

解 由 $y=e^{\sin 2x\cdot\ln x}$,得 $dy=(e^{\sin 2x\cdot\ln x})'dx=e^{\sin 2x\cdot\ln x}\cdot\left(2\cos 2x\cdot\ln x+\dfrac{\sin 2x}{x}\right)dx$

$$=x^{\sin 2x}\left(2\cos 2x\cdot\ln x+\dfrac{\sin 2x}{x}\right)dx.$$

题型二：隐函数求微分

例 1 由 $\ln\sqrt{x^2+y^2} = \arctan\dfrac{y}{x}$ 确定函数 $y=y(x)$，求 $\mathrm{d}y$.

解 $\ln\sqrt{x^2+y^2} = \arctan\dfrac{y}{x}$ 两边对 x 求导得

$$\dfrac{1}{\sqrt{x^2+y^2}} \cdot \dfrac{2x+2y\cdot\dfrac{\mathrm{d}y}{\mathrm{d}x}}{2\sqrt{x^2+y^2}} = \dfrac{1}{1+\left(\dfrac{y}{x}\right)^2} \cdot \dfrac{x\dfrac{\mathrm{d}y}{\mathrm{d}x}-y}{x^2},$$

解得 $\dfrac{\mathrm{d}y}{\mathrm{d}x} = \dfrac{x+y}{x-y}$，故 $\mathrm{d}y = \dfrac{x+y}{x-y}\mathrm{d}x$.

例 2 设 $2^{xy} = 2x+y$ 确定函数 $y=y(x)$，求 $\mathrm{d}y\big|_{x=0}$.

解 当 $x=0$ 时，$y=1$. $2^{xy} = 2x+y$ 两边对 x 求导得 $2^{xy}\ln 2\cdot\left(y+x\dfrac{\mathrm{d}y}{\mathrm{d}x}\right) = 2+\dfrac{\mathrm{d}y}{\mathrm{d}x}$，

将 $x=0,y=1$ 代入得 $\dfrac{\mathrm{d}y}{\mathrm{d}x}\bigg|_{x=0} = \ln 2 - 2$，故 $\mathrm{d}y\big|_{x=0} = (\ln 2 - 2)\mathrm{d}x$.

题型三：函数值的近似计算

例 求 $\sin 31°$ 的近似值.

解 令 $f(x) = \sin x$，则 $f'(x) = \cos x$，

取 $x_0 = 30° = \dfrac{\pi}{6}$，$\Delta x = 1° = \dfrac{\pi}{180}$，则 $f(x_0) = \dfrac{1}{2}$，$f'(x_0) = \dfrac{\sqrt{3}}{2}$.

由 $f(x) \approx f(x_0) + f'(x_0)(x-x_0)$ 得 $\sin 31° \approx \dfrac{1}{2} + \dfrac{\sqrt{3}}{2}\cdot\dfrac{\pi}{180} = \dfrac{1}{2} + \dfrac{\sqrt{3}\pi}{360} \approx 0.515$.

同济八版教材 ▶ 习题解答

习题 2－5　函数的微分

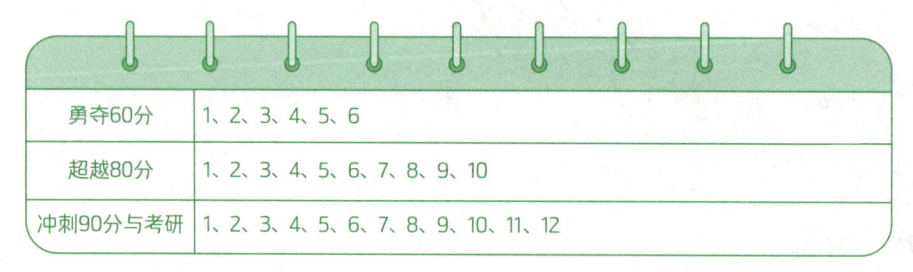

勇夺60分	1、2、3、4、5、6
超越80分	1、2、3、4、5、6、7、8、9、10
冲刺90分与考研	1、2、3、4、5、6、7、8、9、10、11、12

1. 已知 $y = x^3 - x$，计算在 $x=2$ 处当 Δx 分别等于 $1, 0.1, 0.01$ 时的 Δy 及 $\mathrm{d}y$.

解 $\Delta y = (x+\Delta x)^3 - (x+\Delta x) - x^3 + x = 3x^2\Delta x + 3x(\Delta x)^2 + (\Delta x)^3 - \Delta x$，
$\mathrm{d}y = (3x^2 - 1)\Delta x$.

则当 $x=2$ 时，$\Delta y\big|_{\Delta x=1} = 12\times 1 + 6\times 1 + 1 - 1 = 18$，$\mathrm{d}y\big|_{\Delta x=1} = (12-1)\times 1 = 11$；

$\Delta y\big|_{\Delta x=0.1} = 12\times 0.1 + 6\times 0.01 + 0.001 - 0.1 = 1.161$，$\mathrm{d}y\big|_{\Delta x=0.1} = (12-1)\times 0.1 = 1.1$；

$\Delta y\big|_{\Delta x=0.01} = 12\times 0.01 + 6\times 0.0001 + 0.000001 - 0.01 = 0.110601$，

$\mathrm{d}y\big|_{\Delta x=0.01} = (12-1)\times 0.01 = 0.11$.

2. 设函数 $y=f(x)$ 的图形如图 2-1，试在图 2-1(a)、(b)、(c)、(d) 中分别标出在点 x_0 的 $\mathrm{d}y$、Δy 及 $\Delta y - \mathrm{d}y$，并说明其正负.

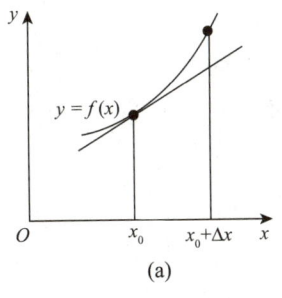

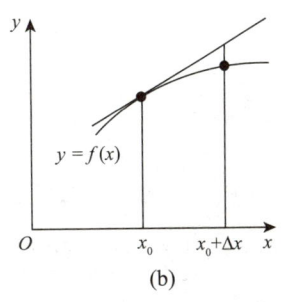

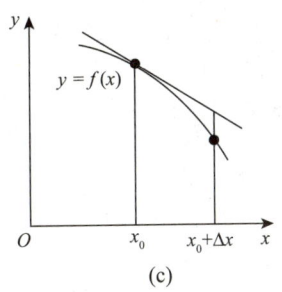

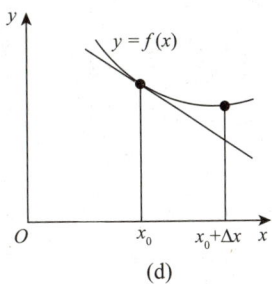

图 2-1

解 $dy, \Delta y, \Delta y - dy$ 如图 2-2(a),(b),(c),d) 中所示

(a) $dy > 0, \Delta y > 0, \Delta y - dy > 0$.
(b) $dy > 0, \Delta y > 0, \Delta y - dy < 0$.
(c) $dy < 0, \Delta y < 0, \Delta y - dy < 0$.
(d) $dy < 0, \Delta y < 0, \Delta y - dy > 0$.

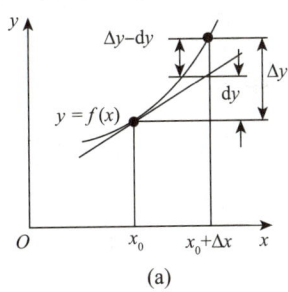

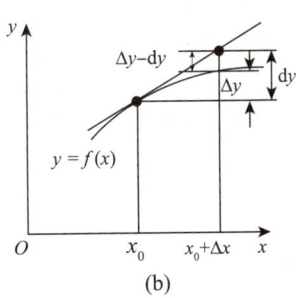

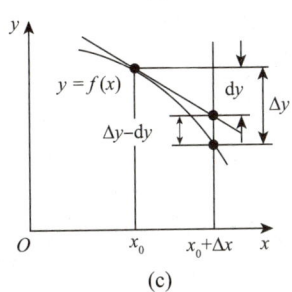

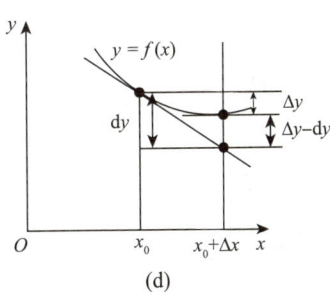

图 2-2

3. 求下列函数的微分:

(1) $y = \dfrac{1}{x} + 2\sqrt{x}$;

(2) $y = x\sin 2x$;

(3) $y = \dfrac{x}{\sqrt{x^2+1}}$;

(4) $y = \ln^2(1-x)$;

(5) $y = x^2 e^{2x}$； (6) $y = e^{-x}\cos(3-x)$；

(7) $y = \arcsin\sqrt{1-x^2}$； (8) $y = \tan^2(1+2x^2)$；

(9) $y = \arctan\dfrac{1-x^2}{1+x^2}$； (10) $s = A\sin(\omega t + \varphi)$ (A, ω, φ 是常数).

解 (1) $dy = y'dx = \left(-\dfrac{1}{x^2} + \dfrac{1}{\sqrt{x}}\right)dx$.

(2) $dy = y'dx = (\sin 2x + 2x\cos 2x)dx$.

(3) $dy = y'dx = \dfrac{\sqrt{x^2+1} - x \cdot \dfrac{x}{\sqrt{x^2+1}}}{(\sqrt{x^2+1})^2} dx = \dfrac{dx}{(x^2+1)^{\frac{3}{2}}}$.

(4) $dy = y'dx = 2\ln(1-x) \cdot \dfrac{-1}{1-x} dx = \dfrac{2\ln(1-x)}{x-1} dx$.

(5) $dy = y'dx = (2xe^{2x} + 2x^2 e^{2x})dx = 2x(x+1)e^{2x} dx$.

(6) $dy = y'dx = [-e^{-x}\cos(3-x) + e^{-x}\sin(3-x)]dx = e^{-x}[\sin(3-x) - \cos(3-x)]dx$.

(7) $dy = y'dx = \dfrac{1}{\sqrt{1-(\sqrt{1-x^2})^2}} \cdot \dfrac{-2x}{2\sqrt{1-x^2}} dx = -\dfrac{x}{|x|} \cdot \dfrac{dx}{\sqrt{1-x^2}}$

$= \begin{cases} \dfrac{dx}{\sqrt{1-x^2}}, & -1 < x < 0, \\ -\dfrac{dx}{\sqrt{1-x^2}}, & 0 < x < 1. \end{cases}$

(8) $dy = y'dx = 2\tan(1+2x^2) \cdot \sec^2(1+2x^2) \cdot 4x \, dx = 8x\tan(1+2x^2)\sec^2(1+2x^2) dx$.

(9) $dy = y'dx = \dfrac{1}{1+\left(\dfrac{1-x^2}{1+x^2}\right)^2} \cdot \dfrac{-2x(1+x^2) - 2x(1-x^2)}{(1+x^2)^2} dx = -\dfrac{2x}{1+x^4} dx$.

(10) $ds = s'dt = A\cos(\omega t + \varphi) \cdot \omega \, dt = A\omega\cos(\omega t + \varphi) dt$.

4. 将适当的函数填入下列括号内，使等式成立：

(1) $d(\quad) = 2dx$； (2) $d(\quad) = 3x \, dx$；

(3) $d(\quad) = \cos t \, dt$； (4) $d(\quad) = \sin \omega x \, dx \, (\omega \neq 0)$；

(5) $d(\quad) = \dfrac{1}{1+x} dx$； (6) $d(\quad) = e^{-2x} dx$；

(7) $d(\quad) = \dfrac{1}{\sqrt{x}} dx$； (8) $d(\quad) = \sec^2 3x \, dx$.

解 (1) $d(2x + C) = 2dx$.

(2) $d\left(\dfrac{3}{2}x^2 + C\right) = 3x \, dx$.

(3) $d(\sin t + C) = \cos t \, dt$.

(4) $d\left(-\dfrac{1}{\omega}\cos \omega x + C\right) = \sin \omega x \, dx \, (\omega \neq 0)$.

(5) $d(\ln|1+x| + C) = \dfrac{1}{1+x} dx$.

(6) $d\left(-\dfrac{1}{2}e^{-2x} + C\right) = e^{-2x} dx$.

(7) $d(2\sqrt{x} + C) = \dfrac{1}{\sqrt{x}} dx$.

(8) $d\left(\dfrac{1}{3}\tan 3x + C\right) = \sec^2 3x \, dx$.

5. 如图 2-3 所示的电缆 $\overset{\frown}{AOB}$ 的长为 s，跨度为 $2l$，电缆的最低点 O 与杆顶连线 AB 的距离为 f，则电缆长可按下面公式计算：$s = 2l\left(1 + \dfrac{2f^2}{3l^2}\right)$. 当 f 变化了 Δf 时，电缆长的变化约为多少？

解 由 $s = 2l\left(1 + \dfrac{2f^2}{3l^2}\right)$ 得 $\Delta s \approx \mathrm{d}s = 2l \times \dfrac{4f}{3l^2} \times \Delta f = \dfrac{8f}{3l}\Delta f$.

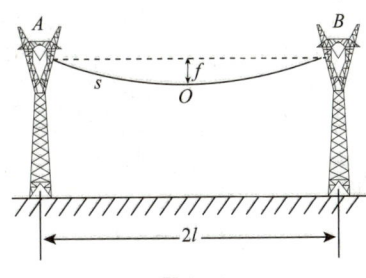

图 2-3

6. 设扇形的圆心角 $\alpha = 60°$，半径 $R = 100 \text{ cm}$（图 2-4）. 如果 R 不变，α 减少 $30'$，问扇形面积大约改变了多少？又如果 α 不变，R 增加 1 cm，问扇形面积大约改变了多少？

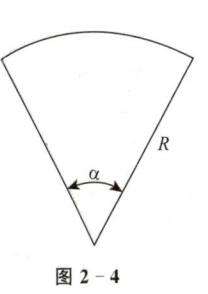

解 扇形面积为 $S = \dfrac{R^2}{2}\alpha$，当 R 不变时，$\Delta S \approx \mathrm{d}S = \dfrac{R^2}{2}\Delta\alpha$，

将 $R = 100, \alpha = \dfrac{\pi}{3}, \Delta\alpha = -\dfrac{\pi}{360}$ 代入上式得

$$\Delta S \approx \dfrac{100^2}{2} \times \left(-\dfrac{\pi}{360}\right) \approx -43.63 \text{ (cm}^2\text{)};$$

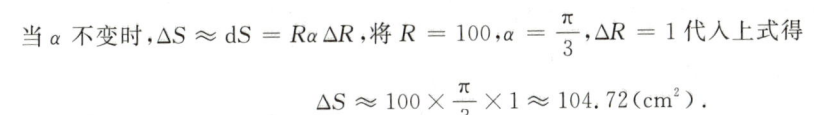

当 α 不变时，$\Delta S \approx \mathrm{d}S = R\alpha\Delta R$，将 $R = 100, \alpha = \dfrac{\pi}{3}, \Delta R = 1$ 代入上式得

$$\Delta S \approx 100 \times \dfrac{\pi}{3} \times 1 \approx 104.72 \text{ (cm}^2\text{)}.$$

图 2-4

7. 计算下列三角函数值的近似值：

(1) $\cos 29°$；　　　　　　(2) $\tan 136°$.

解 (1) 令 $f(x) = \cos x$，由 $f(x) \approx f(x_0) + f'(x_0)(x - x_0)$ 得

$$\cos x \approx \cos x_0 - \sin x_0 \cdot (x - x_0),$$

将 $x = 29° = \dfrac{\pi}{6} - \dfrac{\pi}{180}, x_0 = \dfrac{\pi}{6}, x - x_0 = -\dfrac{\pi}{180}$ 代入得

$$\cos 29° \approx \dfrac{\sqrt{3}}{2} + \dfrac{\pi}{360} \approx 0.874\ 75.$$

(2) 取 $f(x) = \tan x$，由 $f(x) \approx f(x_0) + f'(x_0)(x - x_0)$ 得

$$\tan x \approx \tan x_0 + \sec^2 x_0 \cdot (x - x_0),$$

将 $x = 136° = \dfrac{3\pi}{4} + \dfrac{\pi}{180}, x_0 = \dfrac{3\pi}{4}, x - x_0 = \dfrac{\pi}{180}$ 代入上式得

$$\tan 136° \approx -1 + 2 \times \dfrac{\pi}{180} \approx -0.965\ 09.$$

8. 计算下列反三角函数值的近似值：

(1) $\arcsin 0.500\ 2$；　　　　　　(2) $\arccos 0.499\ 5$.

解 (1) 令 $f(x) = \arcsin x$，由 $f(x) \approx f(x_0) + f'(x_0)(x - x_0)$ 得

$$\arcsin x \approx \arcsin x_0 + \dfrac{x - x_0}{\sqrt{1 - x_0^2}},$$

将 $x = 0.500\ 2, x_0 = 0.500\ 0, x - x_0 = 0.000\ 2$ 代入上式得

$$\arcsin 0.500\ 2 \approx \frac{\pi}{6} + \frac{0.000\ 2}{\sqrt{1-\frac{1}{4}}} \approx 30°47''.$$

(2) 令 $f(x) = \arccos x$，由 $f(x) \approx f(x_0) + f'(x_0)(x-x_0)$ 得

$$\arccos x \approx \arccos x_0 - \frac{x-x_0}{\sqrt{1-x_0^2}},$$

将 $x = 0.499\ 5, x_0 = 0.500\ 0, x - x_0 = -0.000\ 5$ 代入上式得

$$\arccos 0.499\ 5 \approx \frac{\pi}{3} + \frac{0.000\ 5}{\sqrt{1-\frac{1}{4}}} \approx 60°2'.$$

9. 当 $|x|$ 较小时，证明下列近似公式：
(1) $\tan x \approx x$（x 是角的弧度值）；　　(2) $\ln(1+x) \approx x$；
(3) $\sqrt[n]{1+x} \approx 1 + \frac{1}{n}x$；　　(4) $e^x \approx 1 + x$.

并计算 $\tan 45'$ 和 $\ln 1.002$ 的近似值.

解 (1) 令 $f(x) = \tan x$，由 $f(x) \approx f(x_0) + f'(x_0)(x-x_0)$ 得

$$\tan x \approx \tan x_0 + \sec^2 x_0 \cdot (x-x_0),$$

将 $x_0 = 0$ 代入得 $\tan x \approx x$.

(2) 令 $f(x) = \ln(1+x)$，由 $f(x) \approx f(x_0) + f'(x_0)(x-x_0)$ 得

$$\ln(1+x) \approx \ln(1+x_0) + \frac{x-x_0}{1+x_0},$$

将 $x_0 = 0$ 代入得 $\ln(1+x) \approx x$.

(3) $\sqrt[n]{1+x} \approx \sqrt[n]{1+0} + (\sqrt[n]{1+x})'\big|_{x=0} \cdot x = 1 + \frac{1}{n}(1+0)^{\frac{1}{n}-1} \cdot x = 1 + \frac{1}{n}x$.

(4) $e^x \approx e^0 + (e^x)'\big|_{x=0} \cdot x = 1 + e^0 x = 1 + x$.

$\tan 45' = \tan 0.013\ 09 \approx 0.013\ 09, \ln 1.002 \approx 0.002$.

10. 计算下列各根式的近似值：
(1) $\sqrt[3]{996}$；　　(2) $\sqrt[6]{65}$.

解 (1) 由 $(1+x)^a \approx 1 + ax$ 得

$$\sqrt[3]{996} = 10\left(1 - \frac{4}{1\ 000}\right)^{\frac{1}{3}} \approx 10 \cdot \left(1 - \frac{1}{3} \cdot \frac{4}{1\ 000}\right) \approx 9.986\ 7.$$

(2) $\sqrt[6]{65} = 2\left(1 + \frac{1}{64}\right)^{\frac{1}{6}} \approx 2 \cdot \left(1 + \frac{1}{6} \cdot \frac{1}{64}\right) \approx 2.005\ 2$.

*11. 计算球体体积时，要求精确度在 2% 以内. 问这时测量直径 D 的相对误差不能超过多少？

解 $V = \frac{4}{3}\pi\left(\frac{D}{2}\right)^3 = \frac{1}{6}\pi D^3, dV = \frac{\pi}{2}D^2 dD$，由 $\left|\frac{dV}{V}\right| = 3\left|\frac{dD}{D}\right| \leq 2\%$ 得直径 D 的相对误差

$$\left|\frac{dD}{D}\right| \leq \frac{2}{300} \approx 0.667\%.$$

*12. 某厂生产如图 2-5 所示的扇形板，半径 $R = 200$ mm，要求圆心角 α 为 55°. 产品检验时，一般用测量弦长 l 的办法来间接测量圆心角 α. 如果测量弦长 l 时的误差 $\delta_l = 0.1$ mm，问由此而引起的圆心角测量误差 δ_α 是多少？

解 由 $R\sin\frac{\alpha}{2} = \frac{l}{2}$ 得 $\alpha = 2\arcsin\frac{l}{2R} = 2\arcsin\frac{l}{400}$，

$$\delta_\alpha = \left|\frac{d\alpha}{dl}\right| \cdot \delta_l = \frac{2}{\sqrt{1-\left(\frac{l}{400}\right)^2}} \cdot \frac{1}{400} \cdot \delta_l,$$

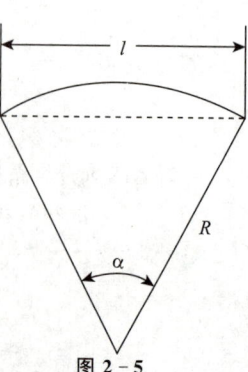

图 2-5

$\alpha = 55°$ 时,$l = 2R\sin\dfrac{\alpha}{2} \approx 184.7$,

将 $l = 184.7, \delta_l = 0.1$ 代入得 $\delta_\alpha \approx 0.000\,56 = 1'55''$.

总习题二及答案解析

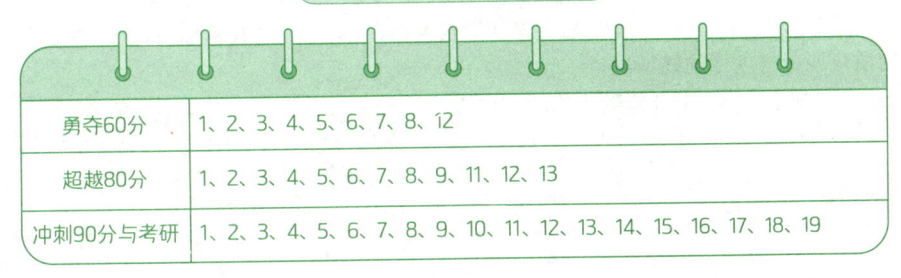

勇夺60分	1、2、3、4、5、6、7、8、12
超越80分	1、2、3、4、5、6、7、8、9、11、12、13
冲刺90分与考研	1、2、3、4、5、6、7、8、9、10、11、12、13、14、15、16、17、18、19

1. 在"充分""必要"和"充分必要"三者中选择一个正确的填入下列空格内:

(1) $f(x)$ 在点 x_0 处可导是 $f(x)$ 在点 x_0 处连续的_____条件. $f(x)$ 在点 x_0 处连续是 $f(x)$ 在点 x_0 处可导的_____条件.

(2) $f(x)$ 在点 x_0 的左导数 $f'_-(x_0)$ 及右导数 $f'_+(x_0)$ 都存在且相等是 $f(x)$ 在点 x_0 处可导的_____条件.

(3) $f(x)$ 在点 x_0 可导是 $f(x)$ 在点 x_0 可微的_____条件.

解 (1) 充分,必要.

(2) 充分必要.

(3) 充分必要.

2. 设 $f(x) = x(x+1)(x+2)\cdots(x+n)(n \geqslant 2)$,则 $f'(0) = $ _____.

解 方法一:由

$f'(x) = (x+1)(x+2)\cdots(x+n) + x(x+2)\cdots(x+n) + \cdots + x(x+1)\cdots(x+n-1)$,

得 $f'(0) = n!$.

方法二:

$$f'(0) = \lim_{x \to 0} \dfrac{f(x) - f(0)}{x} = \lim_{x \to 0}(x+1)(x+2)\cdots(x+n) = n!.$$

3. 下题中给出了四个结论,从中选出一个正确的结论:

设 $f(x)$ 在 $x = a$ 的某个邻域内有定义,则 $f(x)$ 在 $x = a$ 处可导的一个充分条件是( ).

(A) $\lim\limits_{h \to +\infty} h\left[f\left(a + \dfrac{1}{h}\right) - f(a)\right]$ 存在

(B) $\lim\limits_{h \to 0} \dfrac{f(a + 2h) - f(a+h)}{h}$ 存在

(C) $\lim\limits_{h \to 0} \dfrac{f(a+h) - f(a-h)}{2h}$ 存在

(D) $\lim\limits_{h \to 0} \dfrac{f(a) - f(a-h)}{h}$ 存在

解 由 $\lim\limits_{h \to +\infty} h\left[f\left(a + \dfrac{1}{h}\right) - f(a)\right] = \lim\limits_{h \to +\infty} \dfrac{f\left(a + \dfrac{1}{h}\right) - f(a)}{\dfrac{1}{h}}$ 存在得 $f'_+(a)$ 存在,但 $f'(a)$ 不一定存在,选项(A)错误;

设 $f(x) = \begin{cases} x, & x \neq 0 \\ 2, & x = 0 \end{cases}$,取 $a = 0$,显然 $\lim\limits_{h \to 0} \dfrac{f(0 + 2h) - f(0 + h)}{h} = \lim\limits_{h \to 0} \dfrac{2h - h}{h} = 1$,

且 $\lim\limits_{h \to 0} \dfrac{f(0+h) - f(0-h)}{2h} = \lim\limits_{h \to 0} \dfrac{h - (-h)}{2h} = 1$,因为 $\lim\limits_{x \to 0} f(x) = 0 \neq f(0) = 2$,所以 $f(x)$ 在

$x=0$ 处不连续,从而也不可导,选项(B),(C)错误;

由 $\lim\limits_{h\to 0}\dfrac{f(a)-f(a-h)}{h}=\lim\limits_{h\to 0}\dfrac{f[a+(-h)]-f(a)}{-h}$ 存在,根据导数的定义得 $f'(a)$ 存在,应选(D).

4.设有一根细棒,取棒的一端作为原点,棒上任意点的坐标为 x,于是分布在区间 $[0,x]$ 上均匀细棒的质量 m 与 x 存在函数关系 $m=m(x)$.应怎样确定细棒在点 x_0 处的线密度(对于均匀细棒来说,单位长度细棒的质量叫做这细棒的线密度)?

解 区间 $[x_0,x_0+\Delta x]$ 上细棒的平均线密度为

$$\bar{\rho}=\dfrac{m(x_0+\Delta x)-m(x_0)}{\Delta x},$$

则 x_0 处细棒的线密度为

$$\rho(x_0)=\lim\limits_{\Delta x\to 0}\dfrac{m(x_0+\Delta x)-m(x_0)}{\Delta x}=\dfrac{\mathrm{d}m}{\mathrm{d}x}\bigg|_{x=x_0}=m'(x_0).$$

5.根据导数的定义,求 $f(x)=\dfrac{1}{x}$ 的导数.

解 $\left(\dfrac{1}{x}\right)'=\lim\limits_{\Delta x\to 0}\dfrac{\dfrac{1}{x+\Delta x}-\dfrac{1}{x}}{\Delta x}=-\lim\limits_{\Delta x\to 0}\dfrac{1}{x(x+\Delta x)}=-\dfrac{1}{x^2}.$

6.求下列函数 $f(x)$ 的 $f'_-(0)$ 及 $f'_+(0)$,并判断 $f'(0)$ 是否存在:

(1) $f(x)=\begin{cases}\sin x, & x<0,\\ \ln(1+x), & x\geqslant 0;\end{cases}$

(2) $f(x)=\begin{cases}\dfrac{x}{1+\mathrm{e}^{\frac{1}{x}}}, & x\neq 0,\\ 0, & x=0.\end{cases}$

解 (1) $f'_-(0)=\lim\limits_{x\to 0^-}\dfrac{f(x)-f(0)}{x}=\lim\limits_{x\to 0^-}\dfrac{\sin x}{x}=1,$

$f'_+(0)=\lim\limits_{x\to 0^+}\dfrac{f(x)-f(0)}{x}=\lim\limits_{x\to 0^+}\dfrac{\ln(1+x)}{x}=1,$

因为 $f'_-(0)=f'_+(0)=1$,所以 $f'(0)=1$.

(2) $f'_-(0)=\lim\limits_{x\to 0^-}\dfrac{f(x)-f(0)}{x}=\lim\limits_{x\to 0^-}\dfrac{1}{1+\mathrm{e}^{\frac{1}{x}}}=1,$

$f'_+(0)=\lim\limits_{x\to 0^+}\dfrac{f(x)-f(0)}{x}=\lim\limits_{x\to 0^+}\dfrac{1}{1+\mathrm{e}^{\frac{1}{x}}}=0,$

因为 $f'_-(0)\neq f'_+(0)$,所以 $f'(0)$ 不存在.

7.讨论函数 $f(x)=\begin{cases}x\sin\dfrac{1}{x}, & x\neq 0,\\ 0, & x=0\end{cases}$ 在 $x=0$ 处的连续性与可导性.

解 由 $\lim\limits_{x\to 0}f(x)=\lim\limits_{x\to 0}x\sin\dfrac{1}{x}=0=f(0)$ 得 $f(x)$ 在 $x=0$ 处连续,因为

$$\lim\limits_{x\to 0}\dfrac{f(x)-f(0)}{x}=\lim\limits_{x\to 0}\sin\dfrac{1}{x}$$

不存在,所以 $f(x)$ 在 $x=0$ 处不可导.

8.求下列函数的导数:

(1) $y=\arcsin(\sin x)$;

(2) $y=\arctan\dfrac{1+x}{1-x}$;

(3) $y=\ln\tan\dfrac{x}{2}-\cos x\cdot\ln\tan x$;

(4) $y=\ln(\mathrm{e}^x+\sqrt{1+\mathrm{e}^{2x}})$;

(5)$y = x^{\frac{1}{x}}(x > 0)$.

解 (1) $y' = \dfrac{1}{\sqrt{1-\sin^2 x}}\cos x = \dfrac{\cos x}{|\cos x|}$.

(2) $y' = \dfrac{1}{1+\left(\dfrac{1+x}{1-x}\right)^2} \cdot \dfrac{(1-x)+(1+x)}{(1-x)^2} = \dfrac{1}{1+x^2}$.

(3) $y' = \dfrac{1}{\tan\dfrac{x}{2}} \cdot \sec^2\dfrac{x}{2} \cdot \dfrac{1}{2} + \sin x \ln\tan x - \cos x \cdot \dfrac{1}{\tan x} \cdot \sec^2 x = \sin x \ln\tan x$.

(4) $y' = \dfrac{1}{e^x + \sqrt{1+e^{2x}}} \cdot \left(e^x + \dfrac{2e^{2x}}{2\sqrt{1+e^{2x}}}\right) = \dfrac{e^x}{\sqrt{1+e^{2x}}}$.

(5) **方法一**：由 $y = e^{\frac{\ln x}{x}}$ 得 $y' = e^{\frac{\ln x}{x}} \cdot \dfrac{1-\ln x}{x^2} = x^{\frac{1}{x}-2}(1-\ln x)$.

方法二：由 $y = x^{\frac{1}{x}}$ 得 $\ln y = \dfrac{1}{x}\ln x$，两边对 x 求导得 $\dfrac{y'}{y} = \dfrac{1-\ln x}{x^2}$，则 $y' = x^{\frac{1}{x}-2}(1-\ln x)$.

9.求下列函数的二阶导数：

(1) $y = \cos^2 x \cdot \ln x$；   (2) $y = \dfrac{x}{\sqrt{1-x^2}}$.

解 (1) $y' = 2\cos x \cdot (-\sin x) \cdot \ln x + \cos^2 x \cdot \dfrac{1}{x} = -\sin 2x \cdot \ln x + \dfrac{\cos^2 x}{x}$,

$y'' = -2\cos 2x \cdot \ln x - \dfrac{\sin 2x}{x} + \dfrac{2\cos x \cdot (-\sin x) \cdot x - \cos^2 x}{x^2}$

$= -2\cos 2x \cdot \ln x - \dfrac{2\sin 2x}{x} - \dfrac{\cos^2 x}{x^2}$.

(2) $y' = \dfrac{\sqrt{1-x^2} - x \cdot \dfrac{-2x}{2\sqrt{1-x^2}}}{(\sqrt{1-x^2})^2} = \dfrac{1}{(1-x^2)^{\frac{3}{2}}} = (1-x^2)^{-\frac{3}{2}}$,

$y'' = -\dfrac{3}{2}(1-x^2)^{-\frac{5}{2}} \cdot (-2x) = \dfrac{3x}{(1-x^2)^{\frac{5}{2}}}$.

*10.求下列函数的 n 阶导数：

(1) $y = \sqrt[m]{1+x}$；   (2) $y = \dfrac{1-x}{1+x}$.

解 (1) $y = (1+x)^{\frac{1}{m}}$, $y' = \dfrac{1}{m}(1+x)^{\frac{1}{m}-1}$, $y'' = \dfrac{1}{m}\left(\dfrac{1}{m}-1\right)(1+x)^{\frac{1}{m}-2}$,

由归纳法得 $y^{(n)} = \dfrac{1}{m}\left(\dfrac{1}{m}-1\right)\cdots\left(\dfrac{1}{m}-n+1\right)(1+x)^{\frac{1}{m}-n}$.

(2) $y = \dfrac{1-x}{1+x} = -1 + \dfrac{2}{x+1}$, 由 $\left(\dfrac{1}{ax+b}\right)^{(n)} = \dfrac{(-1)^n n! \cdot a^n}{(ax+b)^{n+1}}$ 得

$$y^{(n)} = \left(-1+\dfrac{2}{x+1}\right)^{(n)} = \dfrac{2 \cdot (-1)^n n!}{(x+1)^{n+1}}.$$

11.设函数 $y = y(x)$ 由方程 $e^y + xy = e$ 所确定，求 $y''(0)$.

解 当 $x = 0$ 时，$y = 1$，将 $e^y + xy = e$ 两边对 x 求导得

$e^y \cdot y' + y + xy' = 0$，将 $x = 0$, $y = 1$ 代入得 $y'(0) = -\dfrac{1}{e}$；

将 $e^y \cdot y' + y + xy' = 0$ 两边对 x 求导得

$$e^y \cdot y'^2 + e^y \cdot y'' + 2y' + xy'' = 0,$$

将 $x=0, y=1, y'(0)=-\dfrac{1}{e}$ 代入得 $y''(0)=\dfrac{1}{e^2}$.

12. 设 $y=y(x)$ 是由方程 $\begin{cases} e^x = 3t^2+2t+1, \\ t\sin y - y + \dfrac{\pi}{2} = 0 \end{cases}$ 所确定,求 $\left.\dfrac{dy}{dx}\right|_{t=0}$.

解 当 $t=0$ 时,$x=0, y=\dfrac{\pi}{2}$,

$e^x = 3t^2+2t+1$ 两边对 t 求导得 $e^x \cdot \dfrac{dx}{dt} = 6t+2$,$\left.\dfrac{dx}{dt}\right|_{t=0} = 2$;

$t\sin y - y + \dfrac{\pi}{2} = 0$ 两边对 t 求导得 $\sin y + t\cos y \dfrac{dy}{dt} - \dfrac{dy}{dt} = 0$,$\left.\dfrac{dy}{dt}\right|_{t=0} = 1$,则

$$\left.\dfrac{dy}{dx}\right|_{t=0} = \dfrac{\left.\dfrac{dy}{dt}\right|_{t=0}}{\left.\dfrac{dx}{dt}\right|_{t=0}} = \dfrac{1}{2}.$$

13. 求下列由参数方程所确定的函数的一阶导数 $\dfrac{dy}{dx}$ 及二阶导数 $\dfrac{d^2y}{dx^2}$:

(1) $\begin{cases} x = a\cos^3\theta, \\ y = a\sin^3\theta; \end{cases}$ (2) $\begin{cases} x = \ln\sqrt{1+t^2}, \\ y = \arctan t. \end{cases}$

解 (1) $\dfrac{dy}{dx} = \dfrac{\dfrac{dy}{d\theta}}{\dfrac{dx}{d\theta}} = \dfrac{3a\sin^2\theta\cos\theta}{-3a\cos^2\theta\sin\theta} = -\tan\theta$,

$$\dfrac{d^2y}{dx^2} = \dfrac{\dfrac{d}{d\theta}\left(\dfrac{dy}{dx}\right)}{\dfrac{dx}{d\theta}} = \dfrac{-\sec^2\theta}{-3a\cos^2\theta\sin\theta} = \dfrac{1}{3a}\sec^4\theta\csc\theta.$$

(2) $\dfrac{dy}{dx} = \dfrac{\dfrac{dy}{dt}}{\dfrac{dx}{dt}} = \dfrac{\dfrac{1}{1+t^2}}{\dfrac{1}{\sqrt{1+t^2}} \cdot \dfrac{2t}{2\sqrt{1+t^2}}} = \dfrac{1}{t}$,

$$\dfrac{d^2y}{dx^2} = \dfrac{\dfrac{d}{dt}\left(\dfrac{dy}{dx}\right)}{\dfrac{dx}{dt}} = \dfrac{-\dfrac{1}{t^2}}{\dfrac{1}{\sqrt{1+t^2}} \cdot \dfrac{2t}{2\sqrt{1+t^2}}} = -\dfrac{1+t^2}{t^3}.$$

14. 求曲线 $\begin{cases} x = 2e^t, \\ y = e^{-t} \end{cases}$ 在 $t=0$ 相应的点处的切线方程及法线方程.

解 $\dfrac{dy}{dx} = \dfrac{\dfrac{dy}{dt}}{\dfrac{dx}{dt}} = \dfrac{-e^{-t}}{2e^t} = -\dfrac{1}{2e^{2t}}$,$\left.\dfrac{dy}{dx}\right|_{t=0} = -\dfrac{1}{2}$,

又当 $t=0$ 时,曲线上对应的点为 $(2,1)$,则曲线在点 $(2,1)$ 处的切线方程为

$$y-1 = -\dfrac{1}{2}(x-2),\ \text{即}\ x+2y-4 = 0;$$

曲线在点 $(2,1)$ 处的法线方程为 $y-1 = 2(x-2)$,即 $2x-y-3 = 0$.

15. 已知 $f(x)$ 是周期为 5 的连续函数,它在 $x=0$ 的某个邻域内满足关系式

$$f(1+\sin x) - 3f(1-\sin x) = 8x + o(x),$$

且 $f(x)$ 在 $x=1$ 处可导,求曲线 $y=f(x)$ 在点 $(6, f(6))$ 处的切线方程.

解 取 $x \to 0$ 得 $f(1) - 3f(1) = 0$,解得 $f(1) = 0$.
将 $f(1+\sin x) - 3f(1-\sin x) = 8x + o(x)$ 两边除以 x 得
$$\frac{f(1+\sin x) - 3f(1-\sin x)}{x} = 8 + \frac{o(x)}{x},$$
两边取极限得
$$8 = \lim_{x \to 0} \frac{f(1+\sin x) - 3f(1-\sin x)}{x} = \lim_{x \to 0} \frac{f(1+\sin x) - 3f(1-\sin x)}{\sin x} \cdot \frac{\sin x}{x}$$
$$= \lim_{x \to 0} \left[\frac{f(1+\sin x) - f(1)}{\sin x} + 3\frac{f(1-\sin x) - f(1)}{-\sin x} \right] = 4f'(1),$$
于是 $f'(1) = 2$.

因为 $f(x)$ 是周期为 5 的函数,所以 $f(6) = f(5+1) = f(1) = 0, f'(6) = f'(1) = 2$,故曲线 $y = f(x)$ 在 $(6, f(6))$ 处的切线方程为
$$y - f(6) = f'(6)(x-6), \text{即 } y = 2x - 12.$$

16. 当正在高度 H 水平飞行的飞机开始向机场跑道下降时,如图 2-6 所示从飞机到机场的水平地面距离为 L. 假设飞机下降的路径为三次函数 $y = ax^3 + bx^2 + cx + d$ 的图形,其中 $y|_{x=-L} = H, y|_{x=0} = 0$. 试确定飞机的降落路径.

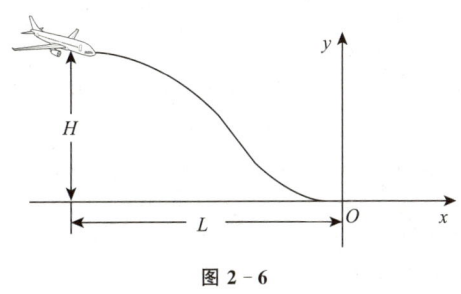

图 2-6

解 建立如图 2-6 所示的坐标系,由 $y|_{x=0} = 0$ 得 $d = 0$. 由 $y|_{x=-L} = H$ 得 $-aL^3 + bL^2 - cL = H$. 因为飞机平稳着落,所以 $y'|_{x=0} = 0, y'|_{x=-L} = 0$,从而 $c = 0, 3aL^2 - 2bL = 0$.
解得 $a = \dfrac{2H}{L^3}, b = \dfrac{3H}{L^2}, c = 0, d = 0$,故飞机降落的路径为 $y = \dfrac{2H}{L^3}x^3 + \dfrac{3H}{L^2}x^2$.

17. 甲船以 6 km/h 的速率向东行驶,乙船以 8 km/h 的速率向南行驶. 在中午 12:00,乙船位于甲船之北 16 km 处. 问下午 1:00 两船相离的速率为多少?

解 中午 12:00 整开始,经 t h 甲、乙两船的距离为 $s = \sqrt{(16-8t)^2 + (6t)^2}$,
两船相差的速率为 $v(t) = \dfrac{\mathrm{d}s}{\mathrm{d}t} = \dfrac{36t - 8(16 - 8t)}{\sqrt{(16-8t)^2 + (6t)^2}}$,
当 $t = 1$ 时,两船相离的速率为 $v|_{t=1} = \dfrac{36 - 64}{\sqrt{64 + 36}} = -2.8 \text{(km/h)}$.

18. 利用函数的微分代替函数的增量求 $\sqrt[3]{1.02}$ 的近似值.

解 $\sqrt[n]{1+x} \approx 1 + \dfrac{x}{n}$,取 $x = 0.02$ 得 $\sqrt[3]{1.02} \approx 1 + \dfrac{0.02}{3} = 1.007$.

19. 已知单摆的振动周期 $T = 2\pi\sqrt{\dfrac{l}{g}}$,其中 $g = 980 \text{ cm/s}^2, l$ 为摆长(单位为 cm). 设原摆长为 20 cm,为使周期 T 增大 0.05 s,摆长约需加长多少?

解 由 $\Delta T \approx \mathrm{d}T = \dfrac{2\pi}{\sqrt{g}} \cdot \dfrac{\Delta l}{2\sqrt{l}} = \dfrac{\pi}{\sqrt{gl}} \Delta l$ 得 $\Delta l \approx \dfrac{\sqrt{gl}}{\pi} \mathrm{d}T$,将 $g = 980, l = 20, \mathrm{d}T = 0.05$ 代入得
$$\Delta l \approx \dfrac{\sqrt{980 \times 20}}{3.14} \times 0.05 \approx 2.23 \text{(cm)}.$$

本章同步测试

(满分 100 分,时间 100 分钟)

一、填空题(本题共 6 小题,每小题 4 分,共 24 分)

1. 设 $f(x)$ 在 $x=a$ 处可导,则 $\lim\limits_{h\to 0}\dfrac{f(a+2h)-f(a-h)}{h}=$ _____.

2. 设 $\begin{cases} x=\arctan t, \\ y=\ln(1+t^2), \end{cases}$ 则 $\dfrac{\mathrm{d}^2 y}{\mathrm{d}x^2}=$ _____.

3. 设 $y=y(x)$ 由 $2^{xy}+2x=y$ 确定,则 $\mathrm{d}y\big|_{x=0}=$ _____.

4. 设 $y=\dfrac{1}{x^2+x-2}$,则 $y^{(n)}(0)=$ _____.

5. 设 $f(x)=\lim\limits_{t\to 0}x(1-xt)^{\frac{x}{t}}$,则 $f'(x)=$ _____.

6. 设 $f(x)=\begin{cases} ax+b, & x\geqslant 0, \\ \mathrm{e}^{2x}, & x<0 \end{cases}$ 在 $x=0$ 处可导,则 $a=$ _____,$b=$ _____.

二、选择题(本题共 4 小题,每小题 4 分,共 16 分)

1. 设 $f(x)=x(x-1)(x+2)\cdots(x-99)(x+100)$,则 $f'(0)$ 等于( ).
   (A) 0   (B) 100   (C) $-100!$ (D) 100!

2. 设 $y=f(x)$ 在 $x=x_0$ 处可导,$\mathrm{d}y=f'(x_0)\Delta x$,$\Delta y=f(x_0+\Delta x)-f(x_0)$,当 $\Delta x\to 0$ 时,( ).
   (A) $\Delta y-\mathrm{d}y$ 是 Δx 的同阶非等价的无穷小量
   (B) $\Delta y-\mathrm{d}y$ 是 Δx 的等价无穷小量
   (C) $\Delta y-\mathrm{d}y$ 是 Δx 的高阶无穷小量
   (D) $\Delta y-\mathrm{d}y$ 是 Δx 的低阶无穷小量

3. 以下结论正确的是( ).
   (A) 若 $\lim\limits_{h\to 0}\dfrac{f(h)-f(-h)}{h}$ 存在,则 $f'(0)$ 存在
   (B) 若 $\lim\limits_{h\to 0}\dfrac{f(1-\cos h)-f(0)}{h^2}$ 存在,则 $f'(0)$ 存在
   (C) 若 $f(x)$ 在 $x=0$ 处连续且左右导数存在,则 $f'(0)$ 存在
   (D) 若 $f(x)$ 在 $x=0$ 处连续,且 $\lim\limits_{x\to 0}\dfrac{f(x)}{x}=-2$,则 $f'(0)=-2$

4. 设 $f(x)$ 是以 4 为周期的连续函数,且 $\lim\limits_{x\to 0}\dfrac{f(1-2x)-2}{\mathrm{e}^{\arcsin\frac{x}{2}}-1}=-4$,则 $y=f(x)$ 在 $(5,f(5))$ 处的切线方程为( ).
   (A) $y=x-3$ (B) $y=x+3$
   (C) $y=-x-3$ (D) $y=-x+3$

三、计算题(共 30 分)

1. 求下列函数的导数(每小题 5 分,满分 10 分)
   (1) 设 $y=x^2 \mathrm{e}^{\sin\frac{1}{x}}$,求 y';
   (2) 设 $y=(1+x^2)^{3x}$,求 y'.

2. (本题 5 分)设 $2x+\mathrm{e}^{xy}=y$,求 $y'(0)$,$y''(0)$.

3. (每小题 5 分,满分 10 分)

(1) 设 $\begin{cases} x = \ln(1+t^2), \\ y = t - \arctan t, \end{cases}$ 求 $\dfrac{d^2 y}{dx^2}$；

(2) 设 $\begin{cases} x = t(1-t), \\ e^{xy} = y + 2t + 1, \end{cases}$ 求 $\dfrac{dy}{dx}$.

4. (本题 5 分) 设 $f(x) = \ln(1+2x)$，求 $f^{(9)}(0)$.

四、求极限(本题 6 分)

设 $y = x^n$ 在点 $(1,1)$ 处的切线与 x 轴的交点为 $(c_n, 0)$，求 $\lim\limits_{n \to \infty} c_n^{2n}$.

五、计算题(本题 8 分)

设 $f(x) = \begin{cases} x(\cos x)^{\frac{1}{x^2}}, & x > 0, \\ ax + b, & x \leqslant 0, \end{cases}$ 在 $x = 0$ 处可导，求 a, b.

六、解答题(每小题 8 分，共 16 分)

1. 求曲线 $r = 1 + \cos\theta$ 在 $\theta = \dfrac{\pi}{4}$ 对应点处的切线方程.

2. 设 $f(x)$ 定义于 $(-\infty, +\infty)$，且 $f(x+1) = 2f(x)$，又当 $x \in [0,1]$ 时，$f(x) = x(1-x^2)$，讨论 $f(x)$ 在 $x = 0$ 处的可导性.

本章同步测试 答案及解析

一、填空题

1. **解** $\lim\limits_{h \to 0} \dfrac{f(a+2h) - f(a-h)}{h} = \lim\limits_{h \to 0} \left[2 \cdot \dfrac{f(a+2h) - f(a)}{2h} + \dfrac{f(a-h) - f(a)}{-h} \right]$
$= 3f'(a).$

2. **解** $\dfrac{dy}{dx} = \dfrac{\dfrac{dy}{dt}}{\dfrac{dx}{dt}} = \dfrac{\dfrac{2t}{1+t^2}}{\dfrac{1}{1+t^2}} = 2t$，$\dfrac{d^2 y}{dx^2} = \dfrac{d(2t)}{dx} = \dfrac{\dfrac{d(2t)}{dt}}{\dfrac{dx}{dt}} = 2(1+t^2).$

3. **解** 当 $x = 0$ 时，$y = 1$，$2^{xy} + 2x = y$ 两边对 x 求导得 $2^{xy} \ln 2 \cdot \left(y + x \dfrac{dy}{dx} \right) + 2 = \dfrac{dy}{dx}$，代入 $x = 0, y = 1$ 得 $\dfrac{dy}{dx}\bigg|_{x=0} = 2 + \ln 2$，故 $dy|_{x=0} = (2 + \ln 2) dx$.

4. **解** $y = \dfrac{1}{(x-1)(x+2)} = \dfrac{1}{3} \left(\dfrac{1}{x-1} - \dfrac{1}{x+2} \right)$，
$y^{(n)} = \dfrac{1}{3} \left[\dfrac{(-1)^n n!}{(x-1)^{n+1}} - \dfrac{(-1)^n n!}{(x+2)^{n+1}} \right]$，则 $y^{(n)}(0) = \dfrac{(-1)^n n!}{3} \left[(-1)^{n+1} - \dfrac{1}{2^{n+1}} \right]$.

5. **解** $f(x) = x \lim\limits_{t \to 0} \left\{ [1 + (-xt)]^{-\frac{1}{xt}} \right\}^{-x^2} = x e^{-x^2}$，则
$$f'(x) = e^{-x^2} - 2x^2 e^{-x^2} = (1 - 2x^2) e^{-x^2}.$$

6. **解** $f(0) = f(0+0) = b$，$f(0-0) = 1$，由 $f(x)$ 在 $x = 0$ 处连续得 $b = 1$；
$$f'_-(0) = \lim\limits_{x \to 0^-} \dfrac{f(x) - f(0)}{x} = \lim\limits_{x \to 0^-} \dfrac{e^{2x} - 1}{x} = 2,$$
$$f'_+(0) = \lim\limits_{x \to 0^+} \dfrac{f(x) - f(0)}{x} = \lim\limits_{x \to 0^+} \dfrac{ax + b - 1}{x} = a,$$
由 $f'_-(0) = f'_+(0)$ 得 $a = 2$，即 $a = 2, b = 1$.

二、选择题

1. **解** 方法一：
因为 $f'(x) = (x-1)(x+2)\cdots(x-99)(x+100) + x(x+2)\cdots(x+100) + \cdots + x(x-1)\cdots$

$(x-99)$,所以 $f'(0)=(-1)\cdot 2\cdot(-3)\cdots(-99)\cdot 100=100!$,选(D).

方法二:$f'(0)=\lim\limits_{x\to 0}\dfrac{f(x)-f(0)}{x}=100!$,选(D).

2. **解** 由 $f(x)$ 在 $x=x_0$ 处可导得 $f(x)$ 在 $x=x_0$ 处可微,
由可微的定义,$\Delta y=f'(x_0)\Delta x+o(\Delta x)$,即 $\Delta y-\mathrm{d}y=o(\Delta x)$,应选(C).

3. **解** 取 $f(x)=|x|$,显然 $\lim\limits_{h\to 0}\dfrac{f(h)-f(-h)}{h}=0$,但 $f(x)$ 在 $x=0$ 不可导,选项(A)错误;

因为 $1-\cos h\geqslant 0$,所以

$$\lim_{h\to 0}\frac{f(1-\cos h)-f(0)}{h^2}=\lim_{h\to 0}\frac{f[0+(1-\cos h)]-f(0)}{1-\cos h}\cdot\frac{1-\cos h}{h^2}=\frac{1}{2}f'_+(0),$$

$f(x)$ 在 $x=0$ 处右可导,不一定可导,选项(B)错误;

$f(x)=|x|$ 在 $x=0$ 处连续,且 $f'_-(0)=-1$,$f'_+(0)=1$,$f(x)$ 在 $x=0$ 处不可导,选项(C)错误;

因为 $f(x)$ 在 $x=0$ 处连续,所以由 $\lim\limits_{x\to 0}\dfrac{f(x)}{x}=-2$ 得 $f(0)=0$,且 $\lim\limits_{x\to 0}\dfrac{f(x)-f(0)}{x}=-2$,即 $f'(0)=-2$,应选(D).

4. **解** 由 $\lim\limits_{x\to 0}\dfrac{f(1-2x)-2}{\mathrm{e}^{\arcsin\frac{x}{2}}-1}=-4$ 得 $f(1)=2$;

再由 $-4=\lim\limits_{x\to 0}\dfrac{f(1-2x)-2}{\mathrm{e}^{\arcsin\frac{x}{2}}-1}=\lim\limits_{x\to 0}\dfrac{f(1-2x)-2}{\arcsin\frac{x}{2}}=2\lim\limits_{x\to 0}\dfrac{f(1-2x)-2}{x}$

$=-4\lim\limits_{x\to 0}\dfrac{f(1-2x)-f(1)}{-2x}=-4f'(1)$ 得 $f'(1)=1$,

又因为 $f(x)$ 是以 4 为周期的连续函数,所以 $f(5)=f(1)=2$,$f'(5)=f'(1)=1$,故切线方程为 $y-2=x-5$,即 $y=x-3$,应选(A).

三、计算题

1. **解** (1) $y'=2x\mathrm{e}^{\sin\frac{1}{x}}+x^2\mathrm{e}^{\sin\frac{1}{x}}\cdot\cos\dfrac{1}{x}\cdot\left(-\dfrac{1}{x^2}\right)=2x\mathrm{e}^{\sin\frac{1}{x}}-\mathrm{e}^{\sin\frac{1}{x}}\cos\dfrac{1}{x}$.

(2) $y=\mathrm{e}^{3x\ln(1+x^2)}$,则

$$y'=\mathrm{e}^{3x\ln(1+x^2)}\cdot\left[3\ln(1+x^2)+\dfrac{6x^2}{1+x^2}\right]=(1+x^2)^{3x}\cdot\left[3\ln(1+x^2)+\dfrac{6x^2}{1+x^2}\right].$$

2. **解** 当 $x=0$ 时,$y=1$,$2x+\mathrm{e}^{xy}=y$ 两边对 x 求导得 $2+\mathrm{e}^{xy}\cdot(y+xy')=y'$,代入 $x=0$,$y=1$ 得 $y'(0)=3$;$2+\mathrm{e}^{xy}(y+xy')=y'$ 两边对 x 求导得 $\mathrm{e}^{xy}(y+xy')^2+\mathrm{e}^{xy}(2y'+xy'')=y''$,代入 $x=0$,$y=1$,$y'(0)=3$ 得 $y''(0)=7$.

3. **解** (1) $\dfrac{\mathrm{d}y}{\mathrm{d}x}=\dfrac{1-\dfrac{1}{1+t^2}}{\dfrac{2t}{1+t^2}}=\dfrac{t}{2}$,

$$\frac{\mathrm{d}^2y}{\mathrm{d}x^2}=\frac{\mathrm{d}\left(\dfrac{t}{2}\right)}{\mathrm{d}x}=\frac{\dfrac{\mathrm{d}\left(\dfrac{t}{2}\right)}{\mathrm{d}t}}{\dfrac{\mathrm{d}x}{\mathrm{d}t}}=\frac{\dfrac{1}{2}}{\dfrac{2t}{1+t^2}}=\frac{1+t^2}{4t}.$$

(2) $\dfrac{\mathrm{d}y}{\mathrm{d}x}=\dfrac{\dfrac{\mathrm{d}y}{\mathrm{d}t}}{\dfrac{\mathrm{d}x}{\mathrm{d}t}}$,$\dfrac{\mathrm{d}x}{\mathrm{d}t}=1-2t$,由 $\mathrm{e}^{ty}=y+2t+1$ 两边对 t 求导得 $\mathrm{e}^{ty}\left(y+t\dfrac{\mathrm{d}y}{\mathrm{d}t}\right)=\dfrac{\mathrm{d}y}{\mathrm{d}t}+2$,解得 $\dfrac{\mathrm{d}y}{\mathrm{d}t}=$

$\dfrac{y\mathrm{e}^{ty}-2}{1-t\mathrm{e}^{ty}}$, 故 $\dfrac{\mathrm{d}y}{\mathrm{d}x}=\dfrac{y\mathrm{e}^{ty}-2}{(1-2t)(1-t\mathrm{e}^{ty})}$.

4. **解** 由 $f'(x)=\dfrac{2}{1+2x}$ 得 $f^{(9)}(x)=2\times\dfrac{(-1)^8 8!\cdot 2^8}{(1+2x)^9}$，则 $f^{(9)}(0)=2^9\times 8!$.

四、求极限

解 $y'=nx^{n-1}$, $y'|_{x=1}=n$, 在点 $(1,1)$ 处的切线方程为 $y-1=n(x-1)$, 即 $y=1+n(x-1)$, 令 $y=0$ 得 $c_n=1-\dfrac{1}{n}$, 则

$$\lim_{n\to\infty}c_n^{2n}=\lim_{n\to\infty}\left(1-\dfrac{1}{n}\right)^{2n}=\lim_{n\to\infty}\left\{\left[1+\left(-\dfrac{1}{n}\right)\right]^{-n}\right\}^{-2}=\mathrm{e}^{-2}.$$

五、计算题

解 $f(0+0)=\lim\limits_{x\to 0^+}x\cdot\{[1+(\cos x-1)]^{\frac{1}{\cos x-1}}\}^{\frac{\cos x-1}{x^2}}=\mathrm{e}^{-\frac{1}{2}}\lim\limits_{x\to 0^+}x=0$, $f(0)=f(0-0)=b$, 由 $f(x)$ 在 $x=0$ 连续得 $b=0$;

$$f'_+(0)=\lim_{x\to 0^+}\dfrac{f(x)-f(0)}{x}=\lim_{x\to 0^+}(\cos x)^{\frac{1}{x^2}}=\mathrm{e}^{-\frac{1}{2}}, f'_-(0)=\lim_{x\to 0^-}\dfrac{f(x)-f(0)}{x}=a,$$

由 $f(x)$ 在 $x=0$ 处可导得 $a=\mathrm{e}^{-\frac{1}{2}}$.

六、解答题

1. **解** 曲线的参数方程为 $\begin{cases}x=(1+\cos\theta)\cos\theta,\\ y=(1+\cos\theta)\sin\theta,\end{cases}$ $\theta=\dfrac{\pi}{4}$ 对应的曲线上的点为

$$M_0\left(\dfrac{1+\sqrt{2}}{2},\dfrac{1+\sqrt{2}}{2}\right),$$

$$\dfrac{\mathrm{d}y}{\mathrm{d}x}=\dfrac{\dfrac{\mathrm{d}y}{\mathrm{d}\theta}}{\dfrac{\mathrm{d}x}{\mathrm{d}\theta}}=\dfrac{-\sin^2\theta+(1+\cos\theta)\cos\theta}{-\sin\theta\cos\theta-(1+\cos\theta)\sin\theta},$$

切线的斜率 $\dfrac{\mathrm{d}y}{\mathrm{d}x}\bigg|_{\theta=\frac{\pi}{4}}=\dfrac{\sqrt{2}}{-2-\sqrt{2}}=1-\sqrt{2}$, 切线方程为 $y-\dfrac{1+\sqrt{2}}{2}=(1-\sqrt{2})\left(x-\dfrac{1+\sqrt{2}}{2}\right)$.

2. **解** 当 $x\in[0,1]$ 时，$x+1\in[0,1]$，则

$$f(x)=\dfrac{1}{2}f(x+1)=\dfrac{1}{2}(x+1)[1-(x+1)^2]=-\dfrac{1}{2}x(x+1)(x+2),$$

$$f'_-(0)=\lim_{x\to 0^-}\dfrac{f(x)-f(0)}{x}=-\dfrac{1}{2}\lim_{x\to 0^-}(x+1)(x+2)=-1,$$

$$f'_+(0)=\lim_{x\to 0^+}\dfrac{f(x)-f(0)}{x}=\lim_{x\to 0^+}\dfrac{x(1-x^2)}{x}=1,$$

因为 $f'_-(0)\neq f'_+(0)$，所以 $f(x)$ 在 $x=0$ 处不可导.

第三章 微分中值定理与导数的应用

第一节 微分中值定理

> **期末高分必备知识**

引理(费马引理) 设 $f(x)$ 可导,且在 $x=x_0$ 处取极值,则 $f'(x_0)=0$,反之不成立.

> **抢分攻略**
>
> (1) 不妨设 $x=x_0$ 为 $f(x)$ 的极小值点,即存在 $\delta>0$,当 $0<|x-x_0|<\delta$ 时,$f(x)>f(x_0)$,
>
> $$f'_-(x_0)=\lim_{x\to x_0^-}\frac{f(x)-f(x_0)}{x-x_0}\leqslant 0, f'_+(x_0)=\lim_{x\to x_0^+}\frac{f(x)-f(x_0)}{x-x_0}\geqslant 0,$$
>
> 因为 $f(x)$ 可导,所以 $f'_-(x_0)=f'_+(x_0)$,则 $f'_-(x_0)=f'_+(x_0)=0$,即 $f'(x_0)=0$.
>
> (2) 若 $f'(x_0)=0$,则 $x=x_0$ 不一定为 $f(x)$ 的极值点,如:
>
> $f(x)=x^3, f'(0)=0$,因为 $f(x)=x^3$ 为单调递增函数,所以 $x=0$ 不是 $f(x)=x^3$ 的极值点.

定理 1(罗尔定理) 设

(1) $f(x)$ 在闭区间 $[a,b]$ 上连续;

(2) $f(x)$ 在开区间 (a,b) 内可导;

(3) $f(a)=f(b)$,

则存在 $\xi\in(a,b)$,使得 $f'(\xi)=0$(如图 3-1).

定理 2(拉格朗日中值定理) 设

(1) $f(x)$ 在闭区间 $[a,b]$ 上连续;

(2) $f(x)$ 在开区间 (a,b) 内可导,

则存在 $\xi\in(a,b)$,使得 $f'(\xi)=\dfrac{f(b)-f(a)}{b-a}$(如图 3-2).

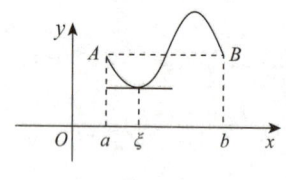

图 3-1

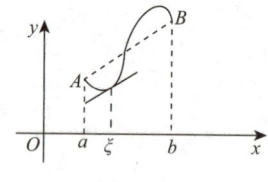

图 3-2

推论 1 设

(1) $f(x)$ 在闭区间 $[a,b]$ 上连续;

(2) $f(x)$ 在开区间 (a,b) 内可导,且 $f'(x)\equiv 0(a<x<b)$,则 $f(x)\equiv C_0(a\leqslant x\leqslant b)$.

推论 2 设

(1) $f(x), g(x)$ 在闭区间 $[a,b]$ 上连续;

(2) $f(x), g(x)$ 在开区间 (a,b) 内可导,且 $f'(x)=g'(x)(a<x<b)$,则

$$f(x)-g(x)\equiv C_0(a\leqslant x\leqslant b).$$

> **抢分攻略**
>
> (1) 罗尔定理是在特定条件 $f(a) = f(b)$ 下的拉格朗日中值定理.
> (2) 拉格朗日中值定理的等价形式:
> 形式一: $f'(\xi) = \dfrac{f(b) - f(a)}{b - a}$;
> 形式二: $f(b) - f(a) = f'(\xi)(b - a)$;
> 形式三: $f(b) - f(a) = f'[a + (b-a)\theta](b-a)(0 < \theta < 1)$.
> (3) 设 $f(x)$ 可导, $f(x) - f(a) = f'[a + (x-a)\theta](x-a)$,则 θ 是由 x 确定的,即 θ 为 x 的函数.

定理 3(柯西中值定理) 设

(1) $f(x), g(x)$ 在闭区间 $[a,b]$ 上连续;
(2) $f(x), g(x)$ 在开区间 (a,b) 内可导;
(3) $g'(x) \neq 0 (a < x < b)$,则存在 $\xi \in (a,b)$,使得 $\dfrac{f(b) - f(a)}{g(b) - g(a)} = \dfrac{f'(\xi)}{g'(\xi)}$.

> **抢分攻略**
>
> (1) 若 $g'(x) \neq 0 (a < x < b)$,则 $g(a) \neq g(b)$ 且 $g'(\xi) \neq 0$;
> (2) 若 $g(x) = x$,则柯西中值定理即为拉格朗日中值定理.

▶ 60分必会题型

题型一:求满足罗尔定理或拉格朗日中值定理的函数的中值 ξ

例1 设 $f(x) = x^2(x - 1)$,验证函数 $f(x)$ 在 $[0,1]$ 上满足罗尔定理的条件,并求出中值 ξ.

解 显然 $f(x)$ 在 $[0,1]$ 上连续,$f(x)$ 在 $(0,1)$ 内可导,且 $f(0) = f(1) = 0$,故 $f(x)$ 在 $[0,1]$ 上满足罗尔定理的条件.

$$f'(x) = 2x(x-1) + x^2 = x(3x - 2),\text{令 } f'(\xi) = 0 \text{ 得 } \xi = \dfrac{2}{3}.$$

例2 验证函数 $f(x) = x - \ln(1 + x)$ 在 $[0,1]$ 上满足拉格朗日中值定理的条件,并求中值 ξ.

解 显然 $f(x)$ 在 $[0,1]$ 上连续,在 $(0,1)$ 内可导,

$$f'(x) = 1 - \dfrac{1}{1+x} = \dfrac{x}{1+x}, \dfrac{f(1) - f(0)}{1 - 0} = 1 - \ln 2,$$

由 $f'(\xi) = \dfrac{f(1) - f(0)}{1 - 0}$ 得 $\dfrac{\xi}{1 + \xi} = 1 - \ln 2$,解得 $\xi = \dfrac{1 - \ln 2}{\ln 2}$.

题型二:利用罗尔定理证明函数零点或方程根的存在性

例1 证明:方程 $1 - 2x + 3x^2 - 4x^3 = 0$ 至少有一个正根.

证明 令 $f(x) = 1 - 2x + 3x^2 - 4x^3$,$f(x)$ 的一个原函数为
$$F(x) = x - x^2 + x^3 - x^4, F'(x) = f(x).$$

因为 $F(0) = F(1) = 0$,所以由罗尔定理,存在 $\xi \in (0,1)$,使得 $F'(\xi) = 0$,即 $f(\xi) = 0$,故 $x = \xi$ 为方程的正根.

例2 设 $a_0 + \dfrac{a_1}{2} + \cdots + \dfrac{a_n}{n+1} = 0$,证明:方程 $a_0 + a_1 x + \cdots + a_n x^n = 0$ 至少有一个正根.

证明 令 $f(x) = a_0 + a_1 x + \cdots + a_n x^n$,$f(x)$ 的一个原函数为
$$F(x) = a_0 x + \dfrac{a_1}{2} x^2 + \cdots + \dfrac{a_n}{n+1} x^{n+1}, F'(x) = f(x).$$

因为 $F(0) = F(1) = 0$,所以由罗尔定理,存在 $\xi \in (0,1)$,使得 $F'(\xi) = 0$,即 $f(\xi) = 0$,故 $x = \xi$

为原方程的一个正根.

例3 证明:方程 $e^x = -x^2 + 6x + 2$ 不可能有三个不同的根.

证明 ▶ 令 $f(x) = e^x + x^2 - 6x - 2$,若方程 $e^x = -x^2 + 6x + 2$ 有三个不同的根即 $f(x)$ 有三个不同的零点.

(反证法)设存在 $x_1 < x_2 < x_3$,使得 $f(x_1) = f(x_2) = f(x_3) = 0$,

由罗尔定理,存在 $\xi_1 \in (x_1, x_2)$,$\xi_2 \in (x_2, x_3)$,使得 $f'(\xi_1) = f'(\xi_2) = 0$,

再由罗尔定理,存在 $\xi \in (\xi_1, \xi_2)$,使得 $f''(\xi) = 0$,

而 $f''(x) = e^x + 2 \neq 0$,矛盾,故方程 $e^x = -x^2 + 6x + 2$ 不可能有三个不同的根.

题型三:形如 $f^{(n)}(\xi) = 0$ 的命题的证明

例1 设 $f(x)$ 在 $[a,b]$ 上连续,$f(x)$ 在 (a,b) 内可导,又 $f(a)f(b) > 0$,$f(a)f\left(\dfrac{a+b}{2}\right) < 0$,证明:存在 $\xi \in (a,b)$,使得 $f'(\xi) = 0$.

证明 ▶ 因为 $f(a)f\left(\dfrac{a+b}{2}\right) < 0$,所以由零点定理,存在 $x_1 \in \left(a, \dfrac{a+b}{2}\right)$,使得 $f(x_1) = 0$;由 $f(a)f(b) > 0$ 得 $f\left(\dfrac{a+b}{2}\right)f(b) < 0$,根据零点定理,存在 $x_2 \in \left(\dfrac{a+b}{2}, b\right)$,使得 $f(x_2) = 0$,因为 $f(x_1) = f(x_2) = 0$,所以由罗尔定理,存在 $\xi \in (x_1, x_2) \subset (a,b)$,使得 $f'(\xi) = 0$.

例2 设 $f(x)$ 在 $[0,2]$ 上连续,$f(x)$ 在 $(0,2)$ 内可导,又 $f(0) + 2f(1) = 3$,$f(2) = 1$,证明:存在 $\xi \in (0,2)$,使得 $f'(\xi) = 0$.

证明 ▶ 因为 $f(x)$ 在 $[0,1]$ 上连续,所以 $f(x)$ 在 $[0,1]$ 上取到最小值 m 和最大值 M,由 $3m \leq f(0) + 2f(1) \leq 3M$ 及 $f(0) + 2f(1) = 3$ 得 $m \leq 1 \leq M$,当 $m < 1 < M$ 时,根据介值定理,存在 $c \in [0,1]$,使得 $f(c) = 1$,当 $m = 1$ 或 $M = 1$ 时,$f(0) = f(1) = 1$,即取 $c = 0$ 或 $c = 1$ 即有 $f(c) = 1$.

因为 $f(c) = f(2) = 1$,所以由罗尔定理,存在 $\xi \in (c,2) \subset (0,2)$,使得 $f'(\xi) = 0$.

例3 设 $f(x)$ 在 $[a,b]$ 上连续,在 (a,b) 内二阶可导,$f(a) = f(b) = 0$,$f'_+(a)f'_-(b) > 0$,证明:存在 $\xi \in (a,b)$,使得 $f''(\xi) = 0$.

证明 ▶ 不妨设 $f'_+(a) > 0$,$f'_-(b) > 0$,因为 $f'_+(a) = \lim\limits_{x \to a^+} \dfrac{f(x) - f(a)}{x - a} = \lim\limits_{x \to a^+} \dfrac{f(x)}{x - a} > 0$,

所以存在 $\delta > 0$,当 $x \in (a, a+\delta)$ 时,$\dfrac{f(x)}{x - a} > 0$,即 $f(x) > 0$,

于是存在 $x_1 \in (a, a+\delta)$,使得 $f(x_1) > 0$;

因为 $f'_-(b) = \lim\limits_{x \to b^-} \dfrac{f(x) - f(b)}{x - b} = \lim\limits_{x \to b^-} \dfrac{f(x)}{x - b} > 0$,

所以存在 $\delta > 0$,当 $x \in (b-\delta, b)$ 时,$\dfrac{f(x)}{x - b} > 0$,即 $f(x) < 0$,

于是存在 $x_2 \in (b-\delta, b)$,使得 $f(x_2) < 0$.

因为 $f(x_1)f(x_2) < 0$,所以由零点定理,存在 $c \in (x_1, x_2) \subset (a,b)$,使得 $f(c) = 0$.

因为 $f(a) = f(c) = f(b) = 0$,所以由罗尔定理,存在 $\xi_1 \in (a,c)$,$\xi_2 \in (c,b)$,使得 $f'(\xi_1) = f'(\xi_2) = 0$,

再由罗尔定理,存在 $\xi \in (\xi_1, \xi_2) \subset (a,b)$,使得 $f''(\xi) = 0$.

题型四:拉格朗日中值定理的两种常见使用方法

思路分析:设 $f(x)$ 可导,如下两种情形往往使用拉格朗日中值定理:

情形一:形如 $f(b) - f(a)$ 或 $\dfrac{f(b) - f(a)}{b - a}$,一般使用拉格朗日中值定理.

情形二：出现 $f(a), f(c), f(b)$ 往往使用两次拉格朗日中值定理.

例1 设 $\lim\limits_{x\to\infty} f'(x) = e$，又 $\lim\limits_{x\to\infty}[f(x+1) - f(x)] = \lim\limits_{x\to\infty}\left(\dfrac{x+a}{x-a}\right)^x$，求常数 a.

解 由 $f(x+1) - f(x) = f'(\xi)(x < \xi < x+1)$ 得
$$\lim_{x\to\infty}[f(x+1) - f(x)] = \lim_{x\to\infty} f'(\xi) = e;$$

又 $\lim\limits_{x\to\infty}\left(\dfrac{x+a}{x-a}\right)^x = \lim\limits_{x\to\infty}\left[\left(1+\dfrac{2a}{x-a}\right)^{\frac{x-a}{2a}}\right]^{x \cdot \frac{2a}{x-a}} = e^{\lim\limits_{x\to\infty}\frac{2a \cdot x}{x-a}} = e^{2a}$，由 $e^{2a} = e$ 得 $a = \dfrac{1}{2}$.

例2 设 $f(x)$ 在 $x = 0$ 的邻域内二阶可导，且 $f'(0) = 0, f''(0) = 2, \lim\limits_{x\to 0}\dfrac{x-\ln(1+x)}{x^2} = \dfrac{1}{2}$，求 $\lim\limits_{x\to 0}\dfrac{f(x) - f[\ln(1+x)]}{x^3}$.

解 $f(x) - f[\ln(1+x)] = f'(\xi)[x - \ln(1+x)](\ln(1+x) < \xi < x)$，

则 $\lim\limits_{x\to 0}\dfrac{f(x) - f[\ln(1+x)]}{x^3} = \lim\limits_{x\to 0}\dfrac{f'(\xi)[x - \ln(1+x)]}{x^3} = \lim\limits_{x\to 0}\dfrac{x - \ln(1+x)}{x^2} \cdot \dfrac{f'(\xi)}{x}$，

所以 $\lim\limits_{x\to 0}\dfrac{f(x) - f[\ln(1+x)]}{x^3} = \dfrac{1}{2}\lim\limits_{x\to 0}\dfrac{f'(\xi)}{x} = \dfrac{1}{2}\lim\limits_{x\to 0}\dfrac{f'(\xi) - f'(0)}{\xi} \cdot \dfrac{\xi}{x} = \dfrac{f''(0)}{2}\lim\limits_{x\to 0}\dfrac{\xi}{x}$.

当 $x < 0$ 时，由 $\ln(1+x) < \xi < x$ 得 $\dfrac{\ln(1+x)}{x} > \dfrac{\xi}{x} > 1$，由夹逼准则得 $\lim\limits_{x\to 0^-}\dfrac{\xi}{x} = 1$；

当 $x > 0$ 时，同理可得 $\lim\limits_{x\to 0^+}\dfrac{\xi}{x} = 1$，从而 $\lim\limits_{x\to 0}\dfrac{\xi}{x} = 1$，故 $\lim\limits_{x\to 0}\dfrac{f(x) - f[\ln(1+x)]}{x^3} = 1$.

例3 设 $f(x)$ 在 $[a,b]$ 上连续，$f(x)$ 在 (a,b) 内二阶可导，且 $f(a) = f(b)$，又 $f'_+(a) > 0$，证明：存在 $\xi \in (a,b)$，使得 $f''(\xi) < 0$.

证明 因为 $f'_+(a) = \lim\limits_{x\to a^+}\dfrac{f(x) - f(a)}{x - a} > 0$，所以存在 $\delta > 0$，当 $x \in (a, a+\delta)$ 时，$\dfrac{f(x) - f(a)}{x - a} > 0$，从而 $f(x) > f(a)$，取 $c \in (a, a+\delta)$，则 $f(c) > f(a)$.

由拉格朗日中值定理，存在 $\xi_1 \in (a,c), \xi_2 \in (c,b)$，使得
$$f'(\xi_1) = \dfrac{f(c) - f(a)}{c - a} > 0, f'(\xi_2) = \dfrac{f(b) - f(c)}{b - c} < 0,$$

再由拉格朗日中值定理，存在 $\xi \in (\xi_1, \xi_2) \subset (a,b)$，使得 $f''(\xi) = \dfrac{f'(\xi_2) - f'(\xi_1)}{\xi_2 - \xi_1} < 0$.

例4 设 $f(x)$ 在 $[a,b]$ 上可导，且存在 $M > 0$，使得 $|f'(x)| \leqslant M$，又 $f(x)$ 在 (a,b) 内至少有一个零点，证明：$|f(a)| + |f(b)| \leqslant M(b-a)$.

证明 存在 $c \in (a,b)$，使得 $f(c) = 0$，由拉格朗日中值定理，存在 $\xi_1 \in (a,c), \xi_2 \in (c,b)$，使得
$$\begin{cases} f(c) - f(a) = f'(\xi_1)(c-a), \\ f(b) - f(c) = f'(\xi_2)(b-c), \end{cases} \text{即} \begin{cases} -f(a) = f'(\xi_1)(c-a), \\ f(b) = f'(\xi_2)(b-c), \end{cases}$$

于是 $\begin{cases} |f(a)| \leqslant M(c-a), \\ |f(b)| \leqslant M(b-c), \end{cases}$ 两式相加得 $|f(a)| + |f(b)| \leqslant M(b-a)$.

题型五：证明关于只有 ξ 的命题

例1 设 $f(x)$ 在 $[0,1]$ 上连续，在 $(0,1)$ 内可导，且 $f(1) = 0$，证明：存在 $\xi \in (0,1)$，使得 $\xi f'(\xi) + f(\xi) = 0$.

分析 由 $xf'(x) + f(x) = 0$ 得 $\dfrac{f'(x)}{f(x)} + \dfrac{1}{x} = 0$，还原得

$[\ln f(x)]' + (\ln x)' = 0$，即 $[\ln xf(x)]' = 0$，故辅助函数为 $\varphi(x) = xf(x)$.

证明 令 $\varphi(x) = xf(x)$，因为 $\varphi(0) = \varphi(1) = 0$，所以由罗尔定理，存在 $\xi \in (0,1)$，使得 $\varphi'(\xi) =$

0.而 $\varphi'(x) = xf'(x) + f(x)$,故 $\xi f'(\xi) + f(\xi) = 0$.

例2 设 $f(x)$ 在 $[a,b]$ 上连续,在 (a,b) 内可导,且 $f(a) = f(b) = 0$,证明:存在 $\xi \in (a,b)$,使得 $f'(\xi) - 2f(\xi) = 0$.

分析 由 $f'(x) - 2f(x) = 0$ 得 $\dfrac{f'(x)}{f(x)} - 2 = 0$,还原得 $[\ln f(x)]' + (-2x)' = 0$,即 $[\ln f(x)]' + (\ln e^{-2x})' = 0$ 或 $[\ln e^{-2x} f(x)]' = 0$,可构造辅助函数 $\varphi(x) = e^{-2x} f(x)$.

证明 令 $\varphi(x) = e^{-2x} f(x)$,由 $f(a) = f(b) = 0$ 得 $\varphi(a) = \varphi(b) = 0$,由罗尔定理,存在 $\xi \in (a,b)$,使得 $\varphi'(\xi) = 0$.

而 $\varphi'(x) = e^{-2x}[f'(x) - 2f(x)]$ 且 $e^{-2x} \neq 0$,故 $f'(\xi) - 2f(\xi) = 0$.

题型六:证明关于 ξ 及 a,b 的命题

思路分析:证明关于 ξ 及 a,b 的命题一般分两种情形:

情形一:ξ 及 a,b 可分离

解题方法:将 ξ 及 a,b 分离,若可化为 $f(b) - f(a)$ 或 $\dfrac{f(b) - f(a)}{b - a}$,则使用罗尔定理($f(b) - f(a) = 0$)或拉格朗日中值定理($f(b) - f(a) \neq 0$);若可化为 $\dfrac{f(b) - f(a)}{F(b) - F(a)}$,则使用柯西中值定理.

情形二:ξ 及 a,b 不可分离

解题方法:将 ξ 改为 x,去分母移项,整理得 $g(x) = 0$,找出 $g(x)$ 的原函数,即为辅助函数.

例1 设 $f(x)$ 在 $[a,b]$ 上连续,$f(x)$ 在 (a,b) 内可导 $(a > 0)$,证明:存在 $\xi \in (a,b)$,使得

$$f(b) - f(a) = \xi f'(\xi) \ln \dfrac{b}{a}.$$

分析 $f(b) - f(a) = \xi f'(\xi) \ln \dfrac{b}{a}$ 分离得 $\dfrac{f(b) - f(a)}{\ln b - \ln a} = \xi f'(\xi)$,使用柯西中值定理.

证明 令 $g(x) = \ln x$,$g'(x) = \dfrac{1}{x} \neq 0$,由柯西中值定理,存在 $\xi \in (a,b)$,使得 $\dfrac{f(b) - f(a)}{g(b) - g(a)} = \dfrac{f'(\xi)}{g'(\xi)}$,代入整理得 $f(b) - f(a) = \xi f'(\xi) \ln \dfrac{b}{a}$.

例2 设 $0 < a < b$,证明:存在 $\xi \in (a,b)$,使得 $ae^b - be^a = (a-b)(1-\xi)e^{\xi}$.

分析 $ae^b - be^a = (a-b)(1-\xi)e^{\xi}$ 分离得 $\dfrac{ae^b - be^a}{a - b} = (1 - \xi)e^{\xi}$,

整理得 $\dfrac{\dfrac{e^b}{b} - \dfrac{e^a}{a}}{\dfrac{1}{b} - \dfrac{1}{a}} = (1 - \xi)e^{\xi}$,令 $f(x) = \dfrac{e^x}{x}$,$g(x) = \dfrac{1}{x}$,使用柯西中值定理.

证明 令 $f(x) = \dfrac{e^x}{x}$,$g(x) = \dfrac{1}{x}$,$g'(x) = -\dfrac{1}{x^2} \neq 0$,

由柯西中值定理,存在 $\xi \in (a,b)$,使得 $\dfrac{f(b) - f(a)}{g(b) - g(a)} = \dfrac{f'(\xi)}{g'(\xi)}$,

代入整理得 $ae^b - be^a = (a-b)(1-\xi)e^{\xi}$.

例3 设 $f(x), g(x)$ 在 $[a,b]$ 上连续,在 (a,b) 内可导,$g'(x) \neq 0 (a < x < b)$,证明:存在 $\xi \in (a,b)$,使得 $\dfrac{f(\xi) - f(a)}{g(b) - g(\xi)} = \dfrac{f'(\xi)}{g'(\xi)}$.

分析 结论改写为 $\dfrac{f(x) - f(a)}{g(b) - g(x)} = \dfrac{f'(x)}{g'(x)}$,去分母,移项得 $f(x)g'(x) - f(a)g'(x) - f'(x)g(b) + f'(x)g(x) = 0$,即 $[f(x)g(x) - f(a)g(x) - f(x)g(b)]' = 0$,辅助函数为

$$\varphi(x) = f(x)g(x) - f(a)g(x) - f(x)g(b).$$

证明 令 $\varphi(x) = f(x)g(x) - f(a)g(x) - f(x)g(b)$,
$$\varphi(a) = -f(a)g(b), \varphi(b) = -f(a)g(b),$$
因为 $\varphi(a) = \varphi(b)$,所以由罗尔定理,存在 $\xi \in (a,b)$,使得 $\varphi'(\xi) = 0$,
代入整理得 $\dfrac{f(\xi) - f(a)}{g(b) - g(\xi)} = \dfrac{f'(\xi)}{g'(\xi)}$.

题型七:证明关于双中值 ξ, η 的命题

思路分析:这类问题分两种情形:
情形一:所证结论只含 $f'(\xi), f'(\eta)$
解题思路:找关于 $f(x)$ 的三个点的函数值,两次使用拉格朗日中值定理.
情形二:所证结论关于 ξ, η 复杂程度不同
解题思路:留下复杂中值项,若所留下的项具有 $\varphi'(x)$ 的形式,使用拉格朗日中值定理;若所留下的项具有 $\dfrac{f'(x)}{g'(x)}$ 的形式,使用柯西中值定理.

例1 设 $f(x)$ 在 $[0,1]$ 上连续,在 $(0,1)$ 内可导,$f(0) = 0, f(1) = 1$,证明:
(1) 存在 $c \in (0,1)$,使得 $f(c) = 1 - c$;
(2) 存在 $\xi, \eta \in (0,1)$,使得 $f'(\xi)f'(\eta) = 1$.

证明 (1) 令 $\varphi(x) = f(x) - 1 + x$, $\varphi(x)$ 在 $[0,1]$ 上连续,
$$\varphi(0) = -1, \varphi(1) = 1, \varphi(0)\varphi(1) = -1 < 0,$$
由零点定理,存在 $c \in (0,1)$,使得 $\varphi(c) = 0$,即 $f(c) = 1 - c$.
(2) 存在 $\xi \in (0,c), \eta \in (c,1)$,使得
$$f'(\xi) = \frac{f(c) - f(0)}{c - 0} = \frac{1-c}{c}, f'(\eta) = \frac{f(1) - f(c)}{1 - c} = \frac{c}{1-c}, 故\ f'(\xi)f'(\eta) = 1.$$

例2 设 $f(x)$ 在 $[a,b]$ 上连续,$f(x)$ 在 (a,b) 内可导 $(a > 0)$,证明:存在 $\xi, \eta \in (a,b)$,使得
$$f'(\xi) = (a+b)\frac{f'(\eta)}{2\eta}.$$

分析 复杂中值项为 $\dfrac{f'(\eta)}{2\eta}$,令 $g(x) = x^2$,显然使用柯西中值定理.

证明 令 $g(x) = x^2, g'(x) = 2x \neq 0 (a < x < b)$,
由柯西中值定理,存在 $\eta \in (a,b)$,使得 $\dfrac{f(b) - f(a)}{g(b) - g(a)} = \dfrac{f'(\eta)}{g'(\eta)}$,即 $\dfrac{f(b) - f(a)}{b^2 - a^2} = \dfrac{f'(\eta)}{2\eta}$,整理得
$$\frac{f(b) - f(a)}{b - a} = (a+b)\frac{f'(\eta)}{2\eta};$$
由拉格朗日中值定理,存在 $\xi \in (a,b)$,使得 $f'(\xi) = \dfrac{f(b) - f(a)}{b - a}$,故 $f'(\xi) = (a+b)\dfrac{f'(\eta)}{2\eta}$.

例3 设 $f(x)$ 在 $[a,b]$ 上连续,$f(x)$ 在 (a,b) 内可导,且 $f'(x) \neq 0 (a < x < b)$,证明:存在 $\xi, \eta \in (a,b)$,使得 $\dfrac{f'(\xi)}{f'(\eta)} = \dfrac{e^b - e^a}{b - a} e^{-\eta}$.

分析 $\dfrac{f'(\xi)}{f'(\eta)} = \dfrac{e^b - e^a}{b - a} e^{-\eta}$ 化为 $f'(\xi) = \dfrac{e^b - e^a}{b - a} \dfrac{f'(\eta)}{e^\eta}$,显然对复杂中值项 $\dfrac{f'(\eta)}{e^\eta}$ 使用柯西中值定理.

证明 令 $g(x) = e^x, g'(x) = e^x \neq 0$,由柯西中值定理,存在 $\eta \in (a,b)$,使得 $\dfrac{f(b) - f(a)}{g(b) - g(a)} = \dfrac{f'(\eta)}{g'(\eta)}$,即 $\dfrac{f(b) - f(a)}{e^b - e^a} = \dfrac{f'(\eta)}{e^\eta}$,整理得 $\dfrac{f(b) - f(a)}{b - a} = \dfrac{e^b - e^a}{b - a} \dfrac{f'(\eta)}{e^\eta}$;

由拉格朗日中值定理,存在 $\xi \in (a,b)$,使得 $f'(\xi) = \dfrac{f(b)-f(a)}{b-a}$,即 $f'(\xi) = \dfrac{e^b - e^a}{b-a}\dfrac{f'(\eta)}{e^\eta}$,

故 $\dfrac{f'(\xi)}{f'(\eta)} = \dfrac{e^b - e^a}{b-a}e^{-\eta}$.

题型八:用中值定理证明不等式

例1 设 $x > 0$,证明: $\dfrac{x}{1+x} < \ln(1+x) < x$.

证明 令 $\varphi(t) = \ln(1+t)$,$\varphi'(t) = \dfrac{1}{1+t}$,由拉格朗日中值定理,

$$\ln(1+x) = \varphi(x) = \varphi(x) - \varphi(0) = \varphi'(\xi)x = \dfrac{x}{1+\xi}(0 < \xi < x),$$

因为 $0 < \xi < x$,所以 $\dfrac{x}{1+x} < \dfrac{x}{1+\xi} < x$,即 $\dfrac{x}{1+x} < \ln(1+x) < x$.

例2 设 $a < b$,证明:$\arctan b - \arctan a \leqslant b - a$.

证明 令 $f(x) = \arctan x$,$f'(x) = \dfrac{1}{1+x^2}$,由拉格朗日中值定理得

$$\arctan b - \arctan a = f(b) - f(a) = f'(\xi)(b-a) = \dfrac{b-a}{1+\xi^2} \leqslant b-a \,(a < \xi < b).$$

例3 设 $0 < a < b$,证明:$\dfrac{\ln b - \ln a}{b-a} > \dfrac{2a}{a^2+b^2}$.

证明 令 $f(x) = \ln x$,$f'(x) = \dfrac{1}{x}$,由拉格朗日中值定理,

$$\dfrac{\ln b - \ln a}{b-a} = \dfrac{f(b)-f(a)}{b-a} = f'(\xi) = \dfrac{1}{\xi}(a < \xi < b),$$

因为 $\dfrac{1}{\xi} > \dfrac{1}{b} > \dfrac{2a}{a^2+b^2}$,所以 $\dfrac{\ln b - \ln a}{b-a} > \dfrac{2a}{a^2+b^2}$.

题型九:用拉格朗日中值定理证明恒等式

例1 证明:$\arctan e^x + \arctan e^{-x} = \dfrac{\pi}{2}$.

证明 令 $f(x) = \arctan e^x + \arctan e^{-x}$,因为 $f'(x) = \dfrac{e^x}{1+e^{2x}} - \dfrac{e^{-x}}{1+e^{-2x}} = 0$,所以 $f(x) \equiv C_0$,取 $x = 0$ 得 $C_0 = \dfrac{\pi}{2}$,故 $\arctan e^x + \arctan e^{-x} = \dfrac{\pi}{2}$.

例2 证明:当 $x \geqslant 1$ 时,$2\arctan x + \arcsin \dfrac{2x}{1+x^2} = \pi$.

证明 令 $f(x) = 2\arctan x + \arcsin \dfrac{2x}{1+x^2}$,当 $x > 1$ 时,

$$f'(x) = \dfrac{2}{1+x^2} + \dfrac{1}{\sqrt{1-\left(\dfrac{2x}{1+x^2}\right)^2}} \cdot \dfrac{2(1+x^2) - 2x \cdot 2x}{(1+x^2)^2} = \dfrac{2}{1+x^2} + \dfrac{1+x^2}{x^2-1} \cdot \dfrac{2(1-x^2)}{(1+x^2)^2} = 0,$$

因为 $f'(x) = 0$,所以 $f(x) \equiv C_0$,取 $x = \sqrt{3}$ 得 $C_0 = \pi$,又因为当 $x = 1$ 时,$f(1) = \pi$.

故 $2\arctan x + \arcsin \dfrac{2x}{1+x^2} = \pi$ 对 $x \geqslant 1$ 均成立.

同济八版教材 ▶ 习题解答

习题 3－1　微分中值定理

勇夺60分	1、2、3、4、5、6、8
超越80分	1、2、3、4、5、6、7、8、9、10、11
冲刺90分与考研	1、2、3、4、5、6、7、8、9、10、11、12、13、14、15

1. 验证罗尔定理对函数 $y = \ln \sin x$ 在区间 $\left[\dfrac{\pi}{6}, \dfrac{5\pi}{6}\right]$ 上的正确性.

证明　$f(x) = \ln \sin x$ 在 $\left[\dfrac{\pi}{6}, \dfrac{5\pi}{6}\right]$ 上连续,在 $\left(\dfrac{\pi}{6}, \dfrac{5\pi}{6}\right)$ 内可导,

$f\left(\dfrac{\pi}{6}\right) = -\ln 2, f\left(\dfrac{5\pi}{6}\right) = -\ln 2$,显然 $f(x) = \ln \sin x$ 在 $\left[\dfrac{\pi}{6}, \dfrac{5\pi}{6}\right]$ 上满足罗尔定理的条件.

令 $f'(x) = \dfrac{\cos x}{\sin x} = \cot x$,取 $\xi = \dfrac{\pi}{2} \in \left(\dfrac{\pi}{6}, \dfrac{5\pi}{6}\right)$,显然 $f'(\xi) = 0$.

2. 验证拉格朗日中值定理对函数 $y = 4x^3 - 5x^2 + x - 2$ 在区间 $[0,1]$ 上的正确性.

证明　$f(x) = 4x^3 - 5x^2 + x - 2$ 在 $[0,1]$ 上连续,在 $(0,1)$ 内可导,$f(x)$ 在 $[0,1]$ 上满足拉格朗日中值定理的条件.

由拉格朗日中值定理,存在 $\xi \in (0,1)$,使得 $f'(\xi) = \dfrac{f(1) - f(0)}{1 - 0} = 0$,

令 $f'(x) = 12x^2 - 10x + 1 = 0$,解得 $x = \dfrac{5 \pm \sqrt{13}}{12} \in (0,1)$,若取 $\xi = \dfrac{5 \pm \sqrt{13}}{12}$,

显然 $f'(\xi) = \dfrac{f(1) - f(0)}{1 - 0} = 0$.

3. 对函数 $f(x) = \sin x$ 及 $F(x) = x + \cos x$ 在区间 $\left[0, \dfrac{\pi}{2}\right]$ 上验证柯西中值定理的正确性.

证明　函数 $f(x) = \sin x, F(x) = x + \cos x$ 在 $\left[0, \dfrac{\pi}{2}\right]$ 上连续,在 $\left(0, \dfrac{\pi}{2}\right)$ 内可导,

且 $F'(x) = 1 - \sin x \neq 0 \left(0 < x < \dfrac{\pi}{2}\right)$,即 $f(x), F(x)$ 满足柯西中值定理的条件,从而存在 $\xi \in$

$\left(0, \dfrac{\pi}{2}\right)$,使得 $\dfrac{f\left(\dfrac{\pi}{2}\right) - f(0)}{F\left(\dfrac{\pi}{2}\right) - F(0)} = \dfrac{f'(\xi)}{F'(\xi)}$,即 $\dfrac{1 - 0}{\dfrac{\pi}{2} - 1} = \dfrac{\cos \xi}{1 - \sin \xi}$ 或 $\tan \dfrac{\xi}{2} = \dfrac{\pi - 2}{2}$.

因为 $0 < \dfrac{\pi - 2}{2} < 1$,所以 $\xi = 2 \arctan \dfrac{\pi - 2}{2} \in \left(0, \dfrac{\pi}{2}\right)$,因此柯西中值定理是正确的.

4. 试证明对函数 $y = px^2 + qx + r$ 应用拉格朗日中值定理时所求得的点 ξ 总是位于区间的正中间.

证明　对任意的区间 $[a,b]$,显然 $f(x) = px^2 + qx + r$ 在 $[a,b]$ 上连续,在 (a,b) 内可导,由拉格朗日中值定理,存在 $\xi \in (a,b)$,使得 $f(b) - f(a) = f'(\xi)(b - a)$,即

$$pb^2 + qb + r - (pa^2 + qa + r) = (2p\xi + q)(b - a),$$

解得 $\xi = \dfrac{a + b}{2}$,即拉格朗日中值定理的 ξ 总是位于区间的正中间.

5. 不用求出函数 $f(x)=(x-1)(x-2)(x-3)(x-4)$ 的导数,说明方程 $f'(x)=0$ 有几个实根,并指出它们所在的区间.

解 因为 $f(1)=f(2)=f(3)=f(4)=0$,所以由罗尔定理,存在 $\xi_1\in(1,2),\xi_2\in(2,3),\xi_3\in(3,4)$,使得 $f'(\xi_1)=f'(\xi_2)=f'(\xi_3)=0$,即 $f'(x)=0$ 至少有三个不同根.

又因为 $f'(x)=0$ 为一元三次方程,所以 $f'(x)=0$ 至多有三个实根,故 $f'(x)=0$ 有且仅有三个不同实根.

6. 证明恒等式 $\arcsin x+\arccos x=\dfrac{\pi}{2}(-1\leqslant x\leqslant 1)$.

证明 令 $f(x)=\arcsin x+\arccos x$,当 $x=1$ 或 $x=-1$ 时,$f(x)=1$.

又因为当 $-1<x<1$ 时,$f'(x)=\dfrac{1}{\sqrt{1-x^2}}-\dfrac{1}{\sqrt{1-x^2}}=0$,所以 $\arcsin x+\arccos x=C_0$,

取 $x=0$,得 $C_0=\dfrac{\pi}{2}$,故 $\arcsin x+\arccos x=\dfrac{\pi}{2},x\in[-1,1]$.

7. 若方程 $a_0x^n+a_1x^{n-1}+\cdots+a_{n-1}x=0$ 有一个正根 $x=x_0$,证明方程 $a_0nx^{n-1}+a_1(n-1)x^{n-2}+\cdots+a_{n-1}=0$ 必有一个小于 x_0 的正根.

证明 令 $f(x)=a_0x^n+a_1x^{n-1}+\cdots+a_{n-1}x$,

显然 $f(x)$ 在 $[0,x_0]$ 上连续,在 $(0,x_0)$ 内可导,且 $f(0)=f(x_0)=0$,

由罗尔定理,存在 $\xi\in(0,x_0)$,使得 $f'(\xi)=0$,

而 $f'(x)=a_0nx^{n-1}+a_1(n-1)x^{n-2}+\cdots+a_{n-1}$,

故方程 $a_0nx^{n-1}+a_1(n-1)x^{n-2}+\cdots+a_{n-1}=0$ 有一个小于 x_0 的正根 ξ.

8. 若函数 $f(x)$ 在 $[1,2]$ 上具有二阶导数,且 $f(2)=0$,又 $F(x)=(x-1)^2f(x)$,证明在 $(1,2)$ 内至少存在一点 ξ,使 $F''(\xi)=0$.

证明 $F(1)=F(2)=0$,由罗尔定理,存在 $\xi_1\in(1,2)$,使得 $F'(\xi_1)=0$;

$$F'(x)=2(x-1)f(x)+(x-1)^2f'(x),F'(1)=0,$$

因为 $F'(1)=F'(\xi_1)=0$ 且 $F(x)$ 二阶可导,所以由罗尔定理,存在 $\xi\in(1,\xi_1)\subset(1,2)$,使得 $F''(\xi)=0$.

9. 设 $a>b>0,n>1$,证明:$nb^{n-1}(a-b)<a^n-b^n<na^{n-1}(a-b)$.

证明 令 $f(x)=x^n$,显然 $f(x)$ 在 $[b,a]$ 上满足拉格朗日中值定理,由拉格朗日中值定理,存在 $\xi\in(b,a)$,使得 $f(a)-f(b)=f'(\xi)(a-b)$,即 $a^n-b^n=n\xi^{n-1}(a-b)$,

因为 $0<b<\xi<a$,所以 $nb^{n-1}(a-b)<n\xi^{n-1}(a-b)<na^{n-1}(a-b)$,

即 $nb^{n-1}(a-b)<a^n-b^n<na^{n-1}(a-b)$.

10. 设 $a>b>0$,证明:$\dfrac{a-b}{a}<\ln\dfrac{a}{b}<\dfrac{a-b}{b}$.

证明 令 $f(x)=\ln x$,$f(x)$ 在 $[b,a]$ 上连续,在 (b,a) 内可导,由拉格朗日中值定理,存在 $\xi\in(b,a)$,使得 $f(a)-f(b)=f'(\xi)(a-b)$,即 $\ln\dfrac{a}{b}=\dfrac{a-b}{\xi}$,

因为 $b<\xi<a$,所以 $\dfrac{a-b}{a}<\dfrac{a-b}{\xi}<\dfrac{a-b}{b}$,即 $\dfrac{a-b}{a}<\ln\dfrac{a}{b}<\dfrac{a-b}{b}$.

11. 证明下列不等式:

(1) $|\arctan a-\arctan b|\leqslant|a-b|$;

(2) 当 $x>1$ 时,$e^x>ex$.

证明 (1) 当 $a=b$ 时,结论成立;

当 $a\neq b$ 时,不妨设 $a<b$,令 $f(x)=\arctan x$,$f(x)$ 在 $[a,b]$ 上连续,在 (a,b) 内可导,由拉格朗日

中值定理,存在 $\xi \in (a,b)$,使得

$$f(b) - f(a) = f'(\xi)(b-a), 即 \arctan b - \arctan a = \frac{b-a}{1+\xi^2},$$

于是 $|\arctan b - \arctan a| = \left|\dfrac{b-a}{1+\xi^2}\right| \leqslant |b-a|$,即 $|\arctan a - \arctan b| \leqslant |a-b|$.

(2) 令 $f(t) = e^t$, $f(t)$ 在 $[1,x]$ 上连续,在 $(1,x)$ 内可导,由拉格朗日中值定理,存在 $\xi \in (1,x)$,使得

$$f(x) - f(1) = f'(\xi)(x-1), 即 e^x - e = e^\xi(x-1),$$

因为 $\xi > 1$,所以 $e^x - e = e^\xi(x-1) > e(x-1)$,故 $e^x > ex$.

12. 证明方程 $x^5 + x - 1 = 0$ 只有一个正根.

证明 ▶ 令 $f(x) = x^5 + x - 1$, $f(x)$ 在 $[0,1]$ 上连续,$f(0) = -1$, $f(1) = 1$,因为 $f(0)f(1) < 0$,所以由零点定理,存在 $c \in (0,1)$,使得 $f(c) = 0$,即方程 $x^5 + x - 1 = 0$ 至少有一个正根.

因为 $f'(x) = 5x^4 + 1 > 0$,所以 $f(x)$ 为单调递增函数,故 $f(x)$ 有且仅有一个正的零点,即方程 $x^5 + x - 1 = 0$ 有且仅有一个正根.

*13. 设 $f(x), g(x)$ 在 $[a,b]$ 上连续,在 (a,b) 内可导,证明在 (a,b) 内有一点 ξ,使

$$\begin{vmatrix} f(a) & f(b) \\ g(a) & g(b) \end{vmatrix} = (b-a) \begin{vmatrix} f(a) & f'(\xi) \\ g(a) & g'(\xi) \end{vmatrix}.$$

证明 ▶ 令 $\varphi(x) = \begin{vmatrix} f(a) & f(x) \\ g(a) & g(x) \end{vmatrix} = f(a)g(x) - f(x)g(a)$.

$\varphi(x)$ 在 $[a,b]$ 上连续,在 (a,b) 内可导,由拉格朗日中值定理,存在 $\xi \in (a,b)$,使得 $\varphi(b) - \varphi(a) = \varphi'(\xi)(b-a)$,注意到 $\varphi(a) = 0$,则

$$\begin{vmatrix} f(a) & f(b) \\ g(a) & g(b) \end{vmatrix} = [f(a)g'(\xi) - f'(\xi)g(a)](b-a) = (b-a) \begin{vmatrix} f(a) & f'(\xi) \\ g(a) & g'(\xi) \end{vmatrix}.$$

期末小锦囊 $\begin{vmatrix} a & b \\ c & d \end{vmatrix}$ 表示一个二阶行列式,a, b, c, d 是行列式的元素,其中 a, d 是主对角线元素,b, c 是副对角线元素,二阶行列式的值为主对角线元素之积减去副对角线元素之积,即 $\begin{vmatrix} a & b \\ c & d \end{vmatrix} = ad - bc$. 行列式是"线性代数"这一学科所要研究的内容.

14. 证明:若函数 $y = f(x)$ 在 $(-\infty, +\infty)$ 内满足关系式 $f'(x) = f(x)$,且 $f(0) = 1$,则 $f(x) = e^x$.

证明 ▶ 令 $\varphi(x) = e^{-x}f(x)$,因为 $\varphi'(x) = e^{-x}[f'(x) - f(x)] = 0$,所以 $\varphi(x) = C_0$,又因为 $\varphi(0) = f(0) = 1$,所以 $\varphi(x) = e^{-x}f(x) = 1$,故 $f(x) = e^x$.

*15. 设函数 $y = f(x)$ 在 $x = 0$ 的某邻域内具有 n 阶导数,且

$$f(0) = f'(0) = \cdots = f^{(n-1)}(0) = 0,$$

试用柯西中值定理证明:

$$\frac{f(x)}{x^n} = \frac{f^{(n)}(\theta x)}{n!} (0 < \theta < 1).$$

证明 ▶ 由柯西中值定理得

$\dfrac{f(x)}{x^n} = \dfrac{f(x) - f(0)}{x^n - 0^n} = \dfrac{f'(\xi_1)}{n\xi_1^{n-1}}$,其中 ξ_1 介于 0 与 x 之间.

再由柯西中值定理得

$\dfrac{f'(\xi_1)}{n\xi_1^{n-1}} = \dfrac{f'(\xi_1) - f'(0)}{n\xi_1^{n-1} - n \cdot 0^{n-1}} = \dfrac{f''(\xi_2)}{n(n-1)\xi_2^{n-2}}$,其中 ξ_2 介于 0 与 ξ_1 之间,

依此类推得

$$\frac{f^{(n-1)}(\xi_{n-1})}{n!\,\xi_{n-1}} = \frac{f^{(n-1)}(\xi_{n-1}) - f^{(n-1)}(0)}{n!\,\xi_{n-1} - n! \cdot 0} = \frac{f^{(n)}(\xi)}{n!},$$ 其中 ξ 介于 0 与 ξ_{n-1} 之间,

因为 ξ 也介于 0 与 x 之间,所以 $\xi = \theta x (0 < \theta < 1)$,

故 $\dfrac{f(x)}{x^n} = \dfrac{f^{(n)}(\xi)}{n!} = \dfrac{f^{(n)}(\theta x)}{n!} (0 < \theta < 1).$

第二节　洛必达法则

▶ 期末高分必备知识

法则 1 ($"\dfrac{0}{0}"$ 型)　设

(1) $f(x), g(x)$ 在 $x = x_0$ 的去心邻域内可导且 $g'(x) \neq 0$;

(2) $\lim\limits_{x \to x_0} f(x) = \lim\limits_{x \to x_0} g(x) = 0$;

(3) $\lim\limits_{x \to x_0} \dfrac{f'(x)}{g'(x)} = A$(或者 ∞),则 $\lim\limits_{x \to x_0} \dfrac{f(x)}{g(x)} = \lim\limits_{x \to x_0} \dfrac{f'(x)}{g'(x)} = A$(或者 ∞).

法则 2 ($"\dfrac{\infty}{\infty}"$ 型)　设

(1) $f(x), g(x)$ 在 $x = x_0$ 的去心邻域内可导且 $g'(x) \neq 0$;

(2) $\lim\limits_{x \to x_0} f(x) = \lim\limits_{x \to x_0} g(x) = \infty$;

(3) $\lim\limits_{x \to x_0} \dfrac{f'(x)}{g'(x)} = A$(或者 ∞),则 $\lim\limits_{x \to x_0} \dfrac{f(x)}{g(x)} = \lim\limits_{x \to x_0} \dfrac{f'(x)}{g'(x)} = A$(或者 ∞).

▶ 抢分攻略

(1) 法则 1 中 $\lim\limits_{x \to x_0} \dfrac{f'(x)}{g'(x)}$ 存在是洛必达法则中极限 $\lim\limits_{x \to x_0} \dfrac{f(x)}{g(x)}$ 存在的充分条件,如:

$$f(x) = \begin{cases} x^2 \sin \dfrac{1}{x}, & x \neq 0, \\ 0, & x = 0, \end{cases} \quad g(x) = x,$$ 显然 $f(x), g(x)$ 在 $x = 0$ 的邻域内可导且 $g'(x) = 1 \neq 0$, 而 $\lim\limits_{x \to 0} \dfrac{f'(x)}{g'(x)} = \lim\limits_{x \to 0}(2x \sin \dfrac{1}{x} - \cos \dfrac{1}{x})$ 不存在, 但 $\lim\limits_{x \to 0} \dfrac{f(x)}{g(x)} = \lim\limits_{x \to 0} \dfrac{x^2 \sin \dfrac{1}{x}}{x} = \lim\limits_{x \to 0} x \sin \dfrac{1}{x} = 0$, 即 $\lim\limits_{x \to x_0} \dfrac{f'(x)}{g'(x)}$ 不存在说明洛必达法则不能用, 不代表 $\lim\limits_{x \to x_0} \dfrac{f(x)}{g(x)}$ 不存在.

(2) 法则 2 中 $\lim\limits_{x \to x_0} \dfrac{f'(x)}{g'(x)}$ 存在是洛必达法则中极限 $\lim\limits_{x \to x_0} \dfrac{f(x)}{g(x)}$ 存在的充分条件,如:

$f(x) = 2x + \sin 2x + 1, g(x) = x$, 显然 $f(x), g(x)$ 在任意一点可导且 $g'(x) = 1 \neq 0$, 而 $\lim\limits_{x \to \infty} \dfrac{f'(x)}{g'(x)} = \lim\limits_{x \to \infty}(2 + 2\cos 2x)$ 不存在, 但

$$\lim\limits_{x \to \infty} \dfrac{f(x)}{g(x)} = \lim\limits_{x \to \infty} \dfrac{2x + \sin 2x + 1}{x} = \lim\limits_{x \to \infty}(2 + \dfrac{1}{x} \sin 2x + \dfrac{1}{x}) = 2,$$

即 $\lim\limits_{x \to x_0} \dfrac{f'(x)}{g'(x)}$ 不存在说明洛必达法则不能用, 不代表 $\lim\limits_{x \to x_0} \dfrac{f(x)}{g(x)}$ 不存在.

> 60分必会题型

题型一：用洛必达法则求极限

例1 求 $\lim\limits_{x\to 0}\dfrac{\arcsin x-x}{x^3}$.

解 方法一：

$$\lim_{x\to 0}\dfrac{\arcsin x-x}{x^3}=\lim_{x\to 0}\dfrac{\dfrac{1}{\sqrt{1-x^2}}-1}{3x^2}=\dfrac{1}{3}\lim_{x\to 0}\dfrac{1}{\sqrt{1-x^2}}\cdot\dfrac{1-\sqrt{1-x^2}}{x^2}$$

$$=\dfrac{1}{3}\lim_{x\to 0}\dfrac{1-\sqrt{1-x^2}}{x^2}=\dfrac{1}{3}\lim_{x\to 0}\dfrac{\dfrac{x}{\sqrt{1-x^2}}}{2x}=\dfrac{1}{6}\lim_{x\to 0}\dfrac{1}{\sqrt{1-x^2}}=\dfrac{1}{6}.$$

方法二：

$$\lim_{x\to 0}\dfrac{\arcsin x-x}{x^3}=\lim_{x\to 0}\dfrac{(1-x^2)^{-\frac{1}{2}}-1}{3x^2},$$

因为 $(1-x^2)^{-\frac{1}{2}}-1\sim\left(-\dfrac{1}{2}\right)(-x^2)=\dfrac{1}{2}x^2$，所以 $\lim\limits_{x\to 0}\dfrac{\arcsin x-x}{x^3}=\lim\limits_{x\to 0}\dfrac{\dfrac{1}{2}x^2}{3x^2}=\dfrac{1}{6}.$

例2 求 $\lim\limits_{x\to 0}\dfrac{\ln\dfrac{\sin x}{x}}{x\arcsin 2x}$.

解 $x\arcsin 2x\sim 2x^2$，则

$$\lim_{x\to 0}\dfrac{\ln\dfrac{\sin x}{x}}{x\arcsin 2x}=\dfrac{1}{2}\lim_{x\to 0}\dfrac{\ln\dfrac{\sin x}{x}}{x^2}=\dfrac{1}{2}\lim_{x\to 0}\dfrac{\ln\left(1+\dfrac{\sin x-x}{x}\right)}{x^2}$$

$$=\dfrac{1}{2}\lim_{x\to 0}\dfrac{\dfrac{\sin x-x}{x}}{x^2}=\dfrac{1}{2}\lim_{x\to 0}\dfrac{\sin x-x}{x^3}=\dfrac{1}{2}\lim_{x\to 0}\dfrac{\cos x-1}{3x^2}=-\dfrac{1}{12}.$$

例3 求 $\lim\limits_{x\to 0^+}x^{\sin 2x}$.

解 $\lim\limits_{x\to 0^+}x^{\sin 2x}=\mathrm{e}^{\lim\limits_{x\to 0^+}\sin 2x\ln x}$,

而 $\lim\limits_{x\to 0^+}\sin 2x\ln x=2\lim\limits_{x\to 0^+}\dfrac{\sin 2x}{2x}\cdot\dfrac{\ln x}{\dfrac{1}{x}}=2\lim\limits_{x\to 0^+}\dfrac{\ln x}{\dfrac{1}{x}}=2\lim\limits_{x\to 0^+}\dfrac{\dfrac{1}{x}}{-\dfrac{1}{x^2}}=2\lim\limits_{x\to 0^+}(-x)=0,$

故 $\lim\limits_{x\to 0^+}x^{\sin 2x}=\mathrm{e}^0=1.$

例4 $\lim\limits_{x\to+\infty}x\left[\left(1+\dfrac{1}{x}\right)^x-\mathrm{e}\right]$.

解 $\lim\limits_{x\to+\infty}x\left[\left(1+\dfrac{1}{x}\right)^x-\mathrm{e}\right]=\lim\limits_{x\to+\infty}\dfrac{\left(1+\dfrac{1}{x}\right)^x-\mathrm{e}}{\dfrac{1}{x}}\xlongequal{\frac{1}{x}=t}\lim\limits_{t\to 0^+}\dfrac{(1+t)^{\frac{1}{t}}-\mathrm{e}}{t}$

$$=\lim_{t\to 0^+}\dfrac{\mathrm{e}^{\frac{\ln(1+t)}{t}}-\mathrm{e}}{t}=\mathrm{e}\lim_{t\to 0^+}\dfrac{\mathrm{e}^{\frac{\ln(1+t)}{t}-1}-1}{t}=\mathrm{e}\lim_{t\to 0^+}\dfrac{\dfrac{\ln(1+t)}{t}-1}{t}$$

107

$$= e\lim_{t \to 0^+} \frac{\ln(1+t) - t}{t^2} = e\lim_{t \to 0^+} \frac{\frac{1}{1+t} - 1}{2t} = e\lim_{t \to 0^+} \frac{\frac{-t}{1+t}}{2t} = -\frac{e}{2}.$$

例5 求 $\lim\limits_{x \to 0} \left(\dfrac{1}{x^2} - \dfrac{1}{\sin^2 x}\right)$.

解 $\lim\limits_{x \to 0} \left(\dfrac{1}{x^2} - \dfrac{1}{\sin^2 x}\right) = \lim\limits_{x \to 0} \dfrac{\sin^2 x - x^2}{x^2 \sin^2 x} = \lim\limits_{x \to 0} \dfrac{\sin^2 x - x^2}{x^4} = \lim\limits_{x \to 0} \dfrac{\sin x + x}{x} \cdot \dfrac{\sin x - x}{x^3}$

$$= \lim_{x \to 0} \frac{\sin x + x}{x} \cdot \lim_{x \to 0} \frac{\sin x - x}{x^3} = 2\lim_{x \to 0} \frac{\sin x - x}{x^3}$$

$$= 2\lim_{x \to 0} \frac{\cos x - 1}{3x^2} = -\frac{1}{3}.$$

例6 求 $\lim\limits_{x \to +\infty} \left[x - x^2 \ln\left(1 + \dfrac{1}{x}\right)\right]$.

解 $\lim\limits_{x \to +\infty} \left[x - x^2 \ln\left(1 + \dfrac{1}{x}\right)\right] = \lim\limits_{x \to +\infty} x^2 \left[\dfrac{1}{x} - \ln\left(1 + \dfrac{1}{x}\right)\right] = \lim\limits_{x \to +\infty} \dfrac{\dfrac{1}{x} - \ln\left(1 + \dfrac{1}{x}\right)}{\dfrac{1}{x^2}}$

$$\xrightarrow{\frac{1}{x} = t} \lim_{t \to 0^+} \frac{t - \ln(1+t)}{t^2} = \lim_{t \to 0^+} \frac{1 - \frac{1}{1+t}}{2t}$$

$$= \lim_{t \to 0^+} \frac{\frac{t}{1+t}}{2t} = \frac{1}{2}.$$

例7 求 $\lim\limits_{x \to +\infty} \dfrac{\ln\left(\dfrac{\pi}{2} - \arctan x\right)}{\ln(x+1)}$.

解 $\lim\limits_{x \to +\infty} \dfrac{\ln\left(\dfrac{\pi}{2} - \arctan x\right)}{\ln(x+1)} = \lim\limits_{x \to +\infty} \dfrac{\dfrac{1}{\dfrac{\pi}{2} - \arctan x} \cdot \left(-\dfrac{1}{1+x^2}\right)}{\dfrac{1}{x+1}} = -\lim\limits_{x \to +\infty} \dfrac{\dfrac{x+1}{1+x^2}}{\dfrac{\pi}{2} - \arctan x}$

$$= -\lim_{x \to +\infty} \frac{\frac{1+x^2 - 2x(x+1)}{(1+x^2)^2}}{-\frac{1}{1+x^2}} = \lim_{x \to +\infty} \frac{1 - 2x - x^2}{1+x^2} = -1.$$

题型二:"$\dfrac{0}{0}$"型及"$\dfrac{\infty}{\infty}$"型不适用于洛必达法则的问题

抢分攻略

对"$\dfrac{0}{0}$"型或"$\dfrac{\infty}{\infty}$"型极限,若使用洛必达法则计算极限不存在时,说明洛必达法则不适用,应使用其他方法计算极限.

例 计算 $\lim\limits_{x \to +\infty} \dfrac{3x^2 - x \cos x}{x^2 + 2x \sin \dfrac{1}{x}}$.

解 $\lim\limits_{x \to +\infty} \dfrac{3x^2 - x \cos x}{x^2 + 2x \sin \dfrac{1}{x}} = \lim\limits_{x \to +\infty} \dfrac{3 - \dfrac{1}{x} \cos x}{1 + \dfrac{2}{x} \sin \dfrac{1}{x}} = 3.$

同济八版教材 ▶ 习题解答

习题 3-2 洛必达法则

勇夺60分	1、2
超越80分	1、2、3
冲刺90分与考研	1、2、3、4

1. 用洛必达法则求下列极限：

(1) $\lim\limits_{x\to 0}\dfrac{\ln(1+x)}{x}$;

(2) $\lim\limits_{x\to 0}\dfrac{e^x-e^{-x}}{\sin x}$;

(3) $\lim\limits_{x\to 0}\dfrac{\tan x-x}{x-\sin x}$;

(4) $\lim\limits_{x\to \pi}\dfrac{\sin 3x}{\tan 5x}$;

(5) $\lim\limits_{x\to \frac{\pi}{2}}\dfrac{\ln \sin x}{(\pi-2x)^2}$;

(6) $\lim\limits_{x\to a}\dfrac{x^m-a^m}{x^n-a^n}(a\neq 0)$;

(7) $\lim\limits_{x\to 0^+}\dfrac{\ln \tan 7x}{\ln \tan 2x}$;

(8) $\lim\limits_{x\to \frac{\pi}{2}}\dfrac{\tan x}{\tan 3x}$;

(9) $\lim\limits_{x\to +\infty}\dfrac{\ln\left(1+\dfrac{1}{x}\right)}{\operatorname{arccot} x}$;

(10) $\lim\limits_{x\to 0}\dfrac{\ln(1+x^2)}{\sec x-\cos x}$;

(11) $\lim\limits_{x\to 0}x\cot 2x$;

(12) $\lim\limits_{x\to 0}x^2 e^{\frac{1}{x^2}}$;

(13) $\lim\limits_{x\to 1}\left(\dfrac{2}{x^2-1}-\dfrac{1}{x-1}\right)$;

(14) $\lim\limits_{x\to 0}(e^x+x)^{\frac{1}{x}}$;

(15) $\lim\limits_{x\to 0^+}x^{\sin x}$;

(16) $\lim\limits_{x\to 0^+}\left(\dfrac{1}{x}\right)^{\tan x}$.

解 (1) $\lim\limits_{x\to 0}\dfrac{\ln(1+x)}{x}=\lim\limits_{x\to 0}\dfrac{1}{1+x}=1.$

(2) $\lim\limits_{x\to 0}\dfrac{e^x-e^{-x}}{\sin x}=\lim\limits_{x\to 0}\dfrac{e^x+e^{-x}}{\cos x}=2.$

(3) $\lim\limits_{x\to 0}\dfrac{\tan x-x}{x-\sin x}=\lim\limits_{x\to 0}\dfrac{\sec^2 x-1}{1-\cos x}=\lim\limits_{x\to 0}\dfrac{\tan^2 x}{\dfrac{1}{2}x^2}=2.$

(4) $\lim\limits_{x\to \pi}\dfrac{\sin 3x}{\tan 5x}=\lim\limits_{x\to \pi}\dfrac{3\cos 3x}{5\sec^2 5x}=-\dfrac{3}{5}.$

(5) $\lim\limits_{x\to \frac{\pi}{2}}\dfrac{\ln \sin x}{(\pi-2x)^2}=\lim\limits_{x\to \frac{\pi}{2}}\dfrac{\dfrac{\cos x}{\sin x}}{-4(\pi-2x)}=-\dfrac{1}{4}\lim\limits_{x\to \frac{\pi}{2}}\dfrac{\cot x}{\pi-2x}=-\dfrac{1}{4}\lim\limits_{x\to \frac{\pi}{2}}\dfrac{-\csc^2 x}{-2}=-\dfrac{1}{8}.$

(6) $\lim\limits_{x\to a}\dfrac{x^m-a^m}{x^n-a^n}=\lim\limits_{x\to a}\dfrac{mx^{m-1}}{nx^{n-1}}=\dfrac{m}{n}\lim\limits_{x\to a}x^{m-n}=\dfrac{m}{n}a^{m-n}.$

(7) $\lim\limits_{x\to 0^+}\dfrac{\ln \tan 7x}{\ln \tan 2x}=\lim\limits_{x\to 0^+}\dfrac{\dfrac{1}{\tan 7x}\cdot 7\sec^2 7x}{\dfrac{1}{\tan 2x}\cdot 2\sec^2 2x}=\dfrac{7}{2}\lim\limits_{x\to 0^+}\left(\dfrac{\tan 2x}{\tan 7x}\cdot \dfrac{\sec^2 7x}{\sec^2 2x}\right)=\dfrac{7}{2}\lim\limits_{x\to 0^+}\dfrac{\tan 2x}{\tan 7x}$

109

$$= \frac{7}{2} \lim_{x \to 0^+} \frac{2\sec^2 2x}{7\sec^2 7x} = 1.$$

(8) $\displaystyle\lim_{x \to \frac{\pi}{2}} \frac{\tan x}{\tan 3x} = \lim_{x \to \frac{\pi}{2}} \frac{\sec^2 x}{3\sec^2 3x} = \frac{1}{3} \lim_{x \to \frac{\pi}{2}} \frac{\cos^2 3x}{\cos^2 x} = \frac{1}{3} \lim_{x \to \frac{\pi}{2}} \frac{-6\cos 3x \sin 3x}{-2\cos x \sin x}$

$\displaystyle\quad = \lim_{x \to \frac{\pi}{2}} \left(\frac{\cos 3x}{\cos x} \cdot \frac{\sin 3x}{\sin x} \right) = -\lim_{x \to \frac{\pi}{2}} \frac{\cos 3x}{\cos x} = -\lim_{x \to \frac{\pi}{2}} \frac{-3\sin 3x}{-\sin x}$

$\displaystyle\quad = -3 \lim_{x \to \frac{\pi}{2}} \frac{\sin 3x}{\sin x} = 3.$

(9) $\displaystyle\lim_{x \to +\infty} \frac{\ln\left(1 + \frac{1}{x}\right)}{\operatorname{arccot} x} = \lim_{x \to +\infty} \frac{\frac{1}{1 + \frac{1}{x}} \cdot \left(-\frac{1}{x^2}\right)}{-\frac{1}{1 + x^2}} = \lim_{x \to +\infty} \left(\frac{1}{1 + \frac{1}{x}} \cdot \frac{1 + x^2}{x^2} \right) = 1.$

(10) $\displaystyle\lim_{x \to 0} \frac{\ln(1 + x^2)}{\sec x - \cos x} = \lim_{x \to 0} \frac{\frac{2x}{1 + x^2}}{\sec x \tan x + \sin x} = \lim_{x \to 0} \left(\frac{2}{1 + x^2} \cdot \frac{x}{\sin x} \cdot \frac{1}{1 + \sec^2 x} \right) = 1.$

(11) $\displaystyle\lim_{x \to 0} x \cot 2x = \lim_{x \to 0} \frac{x}{\tan 2x} = \lim_{x \to 0} \frac{1}{2\sec^2 2x} = \frac{1}{2}.$

(12) $\displaystyle\lim_{x \to 0} x^2 e^{\frac{1}{x^2}} = \lim_{x \to 0} \frac{e^{\frac{1}{x^2}}}{\frac{1}{x^2}} = \lim_{x \to 0} \frac{e^{\frac{1}{x^2}} \left(-\frac{2}{x^3}\right)}{-\frac{2}{x^3}} = \lim_{x \to 0} e^{\frac{1}{x^2}} = +\infty.$

(13) $\displaystyle\lim_{x \to 1} \left(\frac{2}{x^2 - 1} - \frac{1}{x - 1} \right) = \lim_{x \to 1} \frac{2 - (x + 1)}{x^2 - 1} = \lim_{x \to 1} \frac{1 - x}{x^2 - 1} = \lim_{x \to 1} \frac{-1}{2x} = -\frac{1}{2}.$

(14) $\displaystyle\lim_{x \to 0} (e^x + x)^{\frac{1}{x}} = e^{\lim_{x \to 0} \frac{\ln(e^x + x)}{x}} = e^{\lim_{x \to 0} \frac{e^x + 1}{e^x + x}} = e^2.$

(15) $\displaystyle\lim_{x \to 0^+} x^{\sin x} = e^{\lim_{x \to 0^+} \sin x \ln x} = e^{\lim_{x \to 0^+} \frac{\sin x}{x} \cdot \frac{\ln x}{\frac{1}{x}}} = e^{\lim_{x \to 0^+} \frac{\frac{1}{x}}{-\frac{1}{x^2}}} = e^0 = 1.$

(16) $\displaystyle\lim_{x \to 0^+} \left(\frac{1}{x} \right)^{\tan x} = e^{\lim_{x \to 0^+} \tan x \ln \frac{1}{x}} = e^{-\lim_{x \to 0^+} \tan x \ln x} = e^{-\lim_{x \to 0^+} \frac{\tan x}{x} \cdot \frac{\ln x}{\frac{1}{x}}} = e^{-\lim_{x \to 0^+} \frac{\ln x}{\frac{1}{x}}}$

$\displaystyle\quad = e^{\lim_{x \to 0^+} \frac{\frac{1}{x}}{\frac{1}{x^2}}} = e^{\lim_{x \to 0^+} x} = e^0 = 1.$

2. 验证极限 $\displaystyle\lim_{x \to \infty} \frac{x + \sin x}{x}$ 存在，但不能用洛必达法则得出.

解 $\displaystyle\lim_{x \to \infty} \frac{x + \sin x}{x} = \lim_{x \to \infty} \left(1 + \frac{1}{x} \sin x \right) = 1.$

显然 $\displaystyle\lim_{x \to \infty} \frac{x + \sin x}{x}$ 为 "$\frac{\infty}{\infty}$" 型，因为 $\displaystyle\lim_{x \to \infty} \frac{(x + \sin x)'}{(x)'} = \lim_{x \to \infty} (1 + \cos x)$ 不存在，所以不能使用洛必达法则.

3. 验证极限 $\displaystyle\lim_{x \to 0} \frac{x^2 \sin \frac{1}{x}}{\sin x}$ 存在，但不能用洛必达法则得出.

解 $\displaystyle\lim_{x \to 0} \frac{x^2 \sin \frac{1}{x}}{\sin x} = \lim_{x \to 0} \frac{x}{\sin x} \cdot x \sin \frac{1}{x} = 0.$ 显然 $\displaystyle\lim_{x \to 0} \frac{x^2 \sin \frac{1}{x}}{\sin x}$ 为 "$\frac{0}{0}$" 型，

因为 $\lim\limits_{x\to 0}\dfrac{(x^2\sin\frac{1}{x})'}{(\sin x)'} = \lim\limits_{x\to 0}\dfrac{2x\sin\frac{1}{x}-\cos\frac{1}{x}}{\cos x} = \lim\limits_{x\to 0}\left(2x\sin\dfrac{1}{x}-\cos\dfrac{1}{x}\right)$ 不存在，所以不能使用洛必达法则．

*4. 讨论函数 $f(x) = \begin{cases} \left[\dfrac{(1+x)^{\frac{1}{x}}}{e}\right]^{\frac{1}{x}}, & x > 0 \\ e^{-\frac{1}{2}}, & x \leqslant 0 \end{cases}$ 在点 $x = 0$ 处的连续性．

解 $\lim\limits_{x\to 0^+} f(x) = \lim\limits_{x\to 0^+}\left[\dfrac{(1+x)^{\frac{1}{x}}}{e}\right]^{\frac{1}{x}} = e^{\lim\limits_{x\to 0^+}\frac{1}{x}\ln\frac{(1+x)^{1/x}}{e}} = e^{\lim\limits_{x\to 0^+}\frac{\frac{\ln(1+x)}{x}-1}{x}}$

$= e^{\lim\limits_{x\to 0^+}\frac{\ln(1+x)-x}{x^2}} = e^{\lim\limits_{x\to 0^+}\frac{\frac{1}{1+x}-1}{2x}} = e^{-\frac{1}{2}\lim\limits_{x\to 0^+}\frac{1}{x+1}} = e^{-\frac{1}{2}}$,

又 $f(0) = f(0-0) = e^{-\frac{1}{2}}$，因为 $f(0+0) = f(0-0) = f(0) = e^{-\frac{1}{2}}$，所以 $f(x)$ 在 $x = 0$ 处连续．

第三节　泰 勒 公 式

▶ **期末高分必备知识**

一、泰勒公式

定理 设 $f(x)$ 在 $x = x_0$ 的邻域内直到 $n+1$ 阶可导，则
$$f(x) = P_n(x) + R_n(x),$$
其中 $P_n(x) = f(x_0) + f'(x_0)(x-x_0) + \dfrac{f''(x_0)}{2!}(x-x_0)^2 + \cdots + \dfrac{f^{(n)}(x_0)}{n!}(x-x_0)^n$，称 $R_n(x)$ 为余项，且

(1) $R_n(x) = \dfrac{f^{(n+1)}(\xi)}{(n+1)!}(x-x_0)^{n+1}$，$\xi$ 在 x 与 x_0 之间，称这种形式的余项为拉格朗日余项；

(2) $R_n(x) = o((x-x_0)^n)$，称这种形式的余项为佩亚诺余项．

特别地，若 $x_0 = 0$，则
$$f(x) = f(0) + f'(0)x + \dfrac{f''(0)}{2!}x^2 + \cdots + \dfrac{f^{(n)}(0)}{n!}x^n + R_n(x),$$
其中 $R_n(x) = \dfrac{f^{(n+1)}(\xi)}{(n+1)!}x^{n+1}$ 或 $R_n(x) = o(x^n)$，称其为 $f(x)$ 的麦克劳林公式．

二、常见函数的麦克劳林公式

1. $e^x = 1 + x + \dfrac{x^2}{2!} + \cdots + \dfrac{x^n}{n!} + o(x^n)$；

2. $\sin x = x - \dfrac{x^3}{3!} + \dfrac{x^5}{5!} - \cdots + \dfrac{(-1)^n}{(2n+1)!}x^{2n+1} + o(x^{2n+1})$；

3. $\cos x = 1 - \dfrac{x^2}{2!} + \dfrac{x^4}{4!} - \cdots + \dfrac{(-1)^n}{(2n)!}x^{2n} + o(x^{2n})$；

4. $\dfrac{1}{1-x} = 1 + x + x^2 + \cdots + x^n + o(x^n)$；

5. $\dfrac{1}{1+x} = 1 - x + x^2 - \cdots + (-1)^n x^n + o(x^n)$；

6. $\ln(1+x) = x - \dfrac{x^2}{2} + \dfrac{x^3}{3} - \cdots + \dfrac{(-1)^{n-1}}{n}x^n + o(x^n)$；

7. $(1+x)^a = 1 + ax + \dfrac{a(a-1)}{2!}x^2 + \cdots + \dfrac{a(a-1)\cdots(a-n+1)}{n!}x^n + o(x^n)$;

8. $\arctan x = x - \dfrac{x^3}{3} + \dfrac{x^5}{5} - \cdots + \dfrac{(-1)^n}{2n+1}x^{2n+1} + o(x^{2n+1})$.

▶ **60分必会题型**

题型一：用泰勒公式求极限

例1 求 $\lim\limits_{x\to 0}\dfrac{x-\sin x}{x^3}$.

解 由 $\sin x = x - \dfrac{x^3}{3!} + o(x^3) = x - \dfrac{x^3}{6} + o(x^3)$ 得 $x - \sin x \sim \dfrac{x^3}{6}$，故 $\lim\limits_{x\to 0}\dfrac{x-\sin x}{x^3} = \dfrac{1}{6}$.

例2 求 $\lim\limits_{x\to 0}\dfrac{\sqrt{1+x}+\sqrt{1-x}-2}{x^2}$.

解 由 $(1+x)^a = 1 + ax + \dfrac{a(a-1)}{2!}x^2 + o(x^2)$ 得

$$\sqrt{1+x} = 1 + \dfrac{1}{2}x - \dfrac{1}{8}x^2 + o(x^2),\quad \sqrt{1-x} = 1 - \dfrac{1}{2}x - \dfrac{1}{8}x^2 + o(x^2),$$

于是 $\sqrt{1+x} + \sqrt{1-x} - 2 = -\dfrac{1}{4}x^2 + o(x^2) \sim -\dfrac{1}{4}x^2$，故

$$\lim\limits_{x\to 0}\dfrac{\sqrt{1+x}+\sqrt{1-x}-2}{x^2} = -\dfrac{1}{4}.$$

例3 求 $\lim\limits_{x\to 0}\dfrac{e^{-\frac{1}{2}x^2} - 1 + \dfrac{x^2}{2}}{x^3\sin x}$.

解 $\lim\limits_{x\to 0}\dfrac{e^{-\frac{1}{2}x^2} - 1 + \dfrac{x^2}{2}}{x^3\sin x} = \lim\limits_{x\to 0}\dfrac{e^{-\frac{1}{2}x^2} - 1 + \dfrac{x^2}{2}}{x^4}$，

由 $e^x = 1 + x + \dfrac{x^2}{2!} + o(x^2)$ 得 $e^{-\frac{1}{2}x^2} = 1 - \dfrac{1}{2}x^2 + \dfrac{1}{8}x^4 + o(x^4)$，

于是 $e^{-\frac{1}{2}x^2} - 1 + \dfrac{x^2}{2} = \dfrac{1}{8}x^4 + o(x^4) \sim \dfrac{1}{8}x^4$，故 $\lim\limits_{x\to 0}\dfrac{e^{-\frac{1}{2}x^2} - 1 + \dfrac{x^2}{2}}{x^3\sin x} = \dfrac{1}{8}$.

🏷️ **期末小锦囊** "$\dfrac{A}{B}$" 型遵循"上下同阶"原则：即如果分母(分子)是 x 的 n 次幂，则把分子(分母)展开到 x 的 n 次幂.

"$A + B$" 型遵循"幂次最低"原则，即将 A, B 分别展开到系数不相等的 x 的最低次幂为止

题型二：用泰勒公式计算待定参数或函数的高阶导数

例1 设 $x \to 0$ 时，$\dfrac{e^x}{1+2x} = 1 + Ax + Bx^2 + o(x^2)$，求常数 A, B.

解 由 $\dfrac{e^x}{1+2x} = 1 + Ax + Bx^2 + o(x^2)$ 得

$$e^x = (1+2x)[1 + Ax + Bx^2 + o(x^2)] = 1 + (A+2)x + (2A+B)x^2 + o(x^2),$$

由 $e^x = 1 + x + \dfrac{x^2}{2!} + o(x^2)$ 得 $\begin{cases} A + 2 = 1, \\ 2A + B = \dfrac{1}{2}, \end{cases}$ 解得 $A = -1, B = \dfrac{5}{2}$.

例2 设 $f(x) = x\ln(1+3x^2)$，求 $f^{(9)}(0)$.

解 由 $\ln(1+x) = x - \dfrac{x^2}{2} + \dfrac{x^3}{3} - \dfrac{x^4}{4} + o(x^4)$ 得

$$\ln(1+3x^2) = 3x^2 - \dfrac{9}{2}x^4 + 9x^6 - \dfrac{81}{4}x^8 + o(x^8),$$

于是 $f(x) = x\ln(1+3x^2) = 3x^3 - \dfrac{9}{2}x^5 + 9x^7 - \dfrac{81}{4}x^9 + o(x^9)$,

而 $f(x) = f(0) + f'(0)x + \cdots + \dfrac{f^{(9)}(0)}{9!}x^9 + o(x^9)$,由麦克劳林公式各次项系数的唯一性得 $\dfrac{f^{(9)}(0)}{9!} = -\dfrac{81}{4}$,故 $f^{(9)}(0) = -\dfrac{81}{4} \times 9!$.

题型三:函数二阶导数的保号性

思路分析: $f''(x) > 0$ 或 $f''(x) < 0$(以下以 $f''(x) > 0$ 为例)常见有两种思路:

思路一:由 $f''(x) > 0$ 得 $f'(x)$ 单调递增;

思路二:由 $f''(x) > 0$ 得 $f(x) \geqslant f(x_0) + f'(x_0)(x - x_0)$,当且仅当 $x = x_0$ 时等号成立(如图3-3).

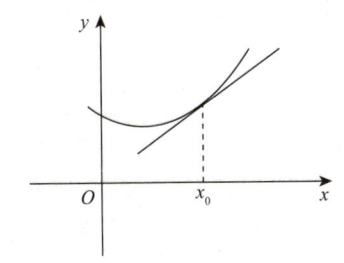

图 3-3

例1 设 $f''(x) > 0$,比较 $f'(0), f'(1), f(1) - f(0)$ 的大小.

解 由拉格朗日中值定理得 $f(1) - f(0) = f'(c)(0 < c < 1)$,

因为 $f''(x) > 0$,所以 $f'(x)$ 单调递增,

又因为 $0 < c < 1$,所以 $f'(0) < f'(c) < f'(1)$,即 $f'(0) < f(1) - f(0) < f'(1)$.

例2 设 $f''(x) > 0, \Delta x > 0$,比较 $dy = f'(x_0)\Delta x$ 与 $\Delta y = f(x_0 + \Delta x) - f(x_0)$ 的大小.

解 由拉格朗日中值定理得

$$\Delta y = f(x_0 + \Delta x) - f(x_0) = f'(\xi)\Delta x \ (x_0 < \xi < x_0 + \Delta x),$$

因为 $f''(x) > 0$,所以 $f'(x)$ 单调递增,而 $x_0 < \xi$,于是 $f'(x_0) < f'(\xi)$,故 $f'(x_0)\Delta x < f'(\xi)\Delta x$,即 $dy < \Delta y$.

例3 设 $f''(x) > 0, f(0) = 0$,又 $0 < a < b$,证明:$f(a) + f(b) < f(a+b)$.

证明 由拉格朗日中值定理得

$f(a) - f(0) = f'(\xi_1)a$,其中 $0 < \xi_1 < a$,$f(a+b) - f(b) = f'(\xi_2)a$,其中 $b < \xi_2 < a+b$,因为 $f''(x) > 0$,所以 $f'(x)$ 单调递增.

又因为 $\xi_1 < \xi_2$,所以 $f'(\xi_1) < f'(\xi_2)$,从而 $f'(\xi_1)a < f'(\xi_2)a$,

于是 $f(a) - f(0) < f(a+b) - f(b)$,又 $f(0) = 0$,故 $f(a) + f(b) < f(a+b)$.

题型四:泰勒公式的常规证明

例1 设 $f(x)$ 在 $[-1,1]$ 上三阶连续可导,$f(-1) = 0, f'(0) = 0, f(1) = 1$,证明:存在 $\xi \in (-1,1)$,使得 $f'''(\xi) = 3$.

证明 由泰勒公式得

$$f(-1) = f(0) + f'(0)(-1-0) + \frac{f''(0)}{2!}(-1-0)^2 + \frac{f'''(\xi_1)}{3!}(-1-0)^3,$$

其中 $-1 < \xi_1 < 0$；

$$f(1) = f(0) + f'(0)(1-0) + \frac{f''(0)}{2!}(1-0)^2 + \frac{f'''(\xi_2)}{3!}(1-0)^3,$$

其中 $0 < \xi_2 < 1$，即

$$0 = f(0) + \frac{f''(0)}{2} - \frac{f'''(\xi_1)}{6}, 1 = f(0) + \frac{f''(0)}{2} + \frac{f'''(\xi_2)}{6},$$

两式相减得 $f'''(\xi_1) + f'''(\xi_2) = 6$.

因为 $f'''(x) \in C[\xi_1, \xi_2]$，所以 $f'''(x)$ 在 $[\xi_1, \xi_2]$ 上取到最小值 m 和最大值 M，$2m \leqslant f'''(\xi_1) + f'''(\xi_2) \leqslant 2M$，即 $m \leqslant 3 \leqslant M$，当 $m < 3 < M$ 时由介值定理，存在 $\xi \in [\xi_1, \xi_2] \subset (-1,1)$，当 $m = 3$ 或 $M = 3$ 时，则 $f'''(\xi_1) = f'''(\xi_2) = 3$，亦可使得 $f'''(\xi) = 3$.

例2 设 $f(x)$ 在 $[0,1]$ 上二阶可导，$f(0) = f(1) = 0$，又 $\min_{0 \leqslant x \leqslant 1} f(x) = -1$，证明：存在 $\xi \in (0,1)$，使得 $f''(\xi) \geqslant 8$.

证明 因为 $\min_{0 \leqslant x \leqslant 1} f(x) = -1$，所以存在 $c \in (0,1)$，使得 $f(c) = -1$ 且 $f'(c) = 0$.
由泰勒公式得

$$f(0) = f(c) + f'(c)(0-c) + \frac{f''(\xi_1)}{2!}(0-c)^2, 0 < \xi_1 < c,$$

$$f(1) = f(c) + f'(c)(1-c) + \frac{f''(\xi_2)}{2!}(1-c)^2, c < \xi_2 < 1.$$

将 $f(0) = f(1) = 0, f(c) = -1, f'(c) = 0$ 代入得 $f''(\xi_1) = \frac{2}{c^2}, f''(\xi_2) = \frac{2}{(1-c)^2}$，当 $c \in \left(0, \frac{1}{2}\right]$ 时，$f''(\xi_1) \geqslant 8$；当 $c \in \left(\frac{1}{2}, 1\right)$ 时，$f''(\xi_2) \geqslant 8$. 命题得证.

例3 设 $f(x)$ 在 $[0,1]$ 上二阶可导，且 $|f(x)| \leqslant a, |f''(x)| \leqslant b (a,b$ 为正常数$)$，设 $0 < c < 1$，证明：$|f'(c)| \leqslant 2a + \frac{b}{2}$.

证明 由泰勒公式得

$$f(0) = f(c) + f'(c)(0-c) + \frac{f''(\xi_1)}{2!}(0-c)^2, \text{其中 } \xi_1 \in (0,c),$$

$$f(1) = f(c) + f'(c)(1-c) + \frac{f''(\xi_2)}{2!}(1-c)^2, \text{其中 } \xi_2 \in (c,1),$$

两式相减得

$$f'(c) = f(1) - f(0) + \frac{f''(\xi_1)}{2!}c^2 - \frac{f''(\xi_2)}{2!}(1-c)^2,$$

取绝对值得

$$|f'(c)| \leqslant |f(1)| + |f(0)| + \frac{|f''(\xi_1)|}{2!}c^2 + \frac{|f''(\xi_2)|}{2!}(1-c)^2$$

$$\leqslant 2a + \frac{b}{2}[c^2 + (1-c)^2].$$

因为 $0 < c < 1$，所以 $c^2 \leqslant c, (1-c)^2 \leqslant 1-c$，于是 $c^2 + (1-c)^2 \leqslant 1$，故

$$|f'(c)| \leqslant 2a + \frac{b}{2}.$$

同济八版教材 习题解答

习题 3-3 泰勒公式

勇夺60分	1、2、3、6、8
超越80分	1、2、3、4、5、6、7、8、9
冲刺90分与考研	1、2、3、4、5、6、7、8、9、10、11

1. 按 $(x-4)$ 的幂展开多项式 $f(x)=x^4-5x^3+x^2-3x+4$.

解 $f'(x)=4x^3-15x^2+2x-3, f''(x)=12x^2-30x+2, f'''(x)=24x-30, f^{(4)}(x)=24$,
$f^{(n)}(x)=0 (n \geqslant 5)$.

$f(4)=-56, f'(4)=21, f''(4)=74, f'''(4)=66, f^{(4)}(4)=24$,

由泰勒公式得

$$f(x)=f(4)+f'(4)(x-4)+\frac{f''(4)}{2!}(x-4)^2+\frac{f'''(4)}{3!}(x-4)^3+\frac{f^{(4)}(4)}{4!}(x-4)^4$$
$$=-56+21(x-4)+37(x-4)^2+11(x-4)^3+(x-4)^4.$$

2. 应用麦克劳林公式, 按 x 的幂展开函数 $f(x)=(x^2-3x+1)^3$.

解 $f(x)=x^6-9x^5+30x^4-45x^3+30x^2-9x+1$,
$f'(x)=6x^5-45x^4+120x^3-135x^2+60x-9$,
$f''(x)=30x^4-180x^3+360x^2-270x+60$,
$f'''(x)=120x^3-540x^2+720x-270$,
$f^{(4)}(x)=360x^2-1\,080x+720$,
$f^{(5)}(x)=720x-1\,080$,
$f^{(6)}(x)=720$.

由 $f(0)=1, f'(0)=-9, f''(0)=60, f'''(0)=-270, f^{(4)}(0)=720, f^{(5)}(0)=-1\,080$,
$f^{(6)}(0)=720$.

$$f(x)=f(0)+f'(0)x+\frac{f''(0)}{2!}x^2+\frac{f'''(0)}{3!}x^3+\frac{f^{(4)}(0)}{4!}x^4+\frac{f^{(5)}(0)}{5!}x^5+\frac{f^{(6)}(0)}{6!}x^6$$
$$=1-9x+30x^2-45x^3+30x^4-9x^5+x^6.$$

3. 求函数 $f(x)=\sqrt{x}$ 按 $(x-4)$ 的幂展开的带拉格朗日余项的 3 阶泰勒公式.

解 $f(x)=\sqrt{x}, f'(x)=\frac{1}{2}x^{-\frac{1}{2}}, f''(x)=-\frac{1}{4}x^{-\frac{3}{2}}, f'''(x)=\frac{3}{8}x^{-\frac{5}{2}}, f^{(4)}(x)=-\frac{15}{16}x^{-\frac{7}{2}}$.

$f(4)=2, f'(4)=\frac{1}{4}, f''(4)=-\frac{1}{32}, f'''(4)=\frac{3}{256}$, 则

$$\sqrt{x}=f(4)+f'(4)(x-4)+\frac{f''(4)}{2!}(x-4)^2+\frac{f'''(4)}{3!}(x-4)^3+\frac{f^{(4)}(\xi)}{4!}(x-4)^4$$
$$=2+\frac{1}{4}(x-4)-\frac{1}{64}(x-4)^2+\frac{1}{512}(x-4)^3-\frac{5\xi^{-\frac{7}{2}}}{128}(x-4)^4,$$

其中 ξ 介于 4 与 x 之间.

4. 求函数 $f(x)=\ln x$ 按 $(x-2)$ 的幂展开的带佩亚诺余项的 n 阶泰勒公式.

解 $f'(x)=\frac{1}{x}, f^{(n)}(x)=\frac{(-1)^{n-1}(n-1)!}{x^n}$.

$f(2) = \ln 2, f^{(n)}(2) = \dfrac{(-1)^{n-1}(n-1)!}{2^n}(n=1,2,\cdots)$,则

$$\ln x = f(2) + f'(2)(x-2) + \cdots + \dfrac{f^{(n)}(2)}{n!}(x-2)^n + o[(x-2)^n]$$

$$= \ln 2 + \dfrac{1}{2}(x-2) - \dfrac{1}{2^3}(x-2)^2 + \cdots + \dfrac{(-1)^{n-1}}{n \cdot 2^n}(x-2)^n + o[(x-2)^n].$$

5. 求函数 $f(x) = \dfrac{1}{x}$ 按 $(x+1)$ 的幂展开的带有拉格朗日余项的 n 阶泰勒公式.

解 由 $f^{(n)}(x) = \dfrac{(-1)^n n!}{x^{n+1}}$ 得 $f^{(n)}(-1) = -n!$ $(n=0,1,2,\cdots)$,故

$$\dfrac{1}{x} = f(-1) + f'(-1)(x+1) + \cdots + \dfrac{f^{(n)}(-1)}{n!}(x+1)^n + \dfrac{f^{(n+1)}(\xi)}{(n+1)!}(x+1)^{n+1}$$

$$= -1 - (x+1) - \cdots - (x+1)^n + \dfrac{(-1)^{n+1}}{\xi^{n+2}}(x+1)^{n+1},$$

其中 ξ 介于 -1 与 x 之间.

6. 求函数 $f(x) = \tan x$ 的带有佩亚诺余项的 3 阶麦克劳林公式.

解 $f(x) = \tan x, f'(x) = \sec^2 x, f''(x) = 2\sec^2 x \tan x$,
$f'''(x) = 4\sec^2 x \tan^2 x + 2\sec^4 x$,
$f(0) = 0, f'(0) = 1, f''(0) = 0, f'''(0) = 2$,故

$$\tan x = f(0) + f'(0)x + \dfrac{f''(0)}{2!}x^2 + \dfrac{f'''(0)}{3!}x^3 + o(x^3) = x + \dfrac{x^3}{3} + o(x^3).$$

7. 求函数 $f(x) = xe^x$ 的带有佩亚诺余项的 n 阶麦克劳林公式.

解 由 $e^x = 1 + x + \dfrac{x^2}{2!} + \cdots + \dfrac{x^{n-1}}{(n-1)!} + o(x^{n-1})$ 得

$$xe^x = x + x^2 + \dfrac{x^3}{2!} + \cdots + \dfrac{x^n}{(n-1)!} + o(x^n).$$

8. 验证当 $0 < x \leqslant \dfrac{1}{2}$ 时,按公式 $e^x \approx 1 + x + \dfrac{x^2}{2} + \dfrac{x^3}{6}$ 计算 e^x 的近似值时,所产生的误差小于 0.01,并求 $\sqrt{e}$ 的近似值,使误差小于 0.01.

证明 令 $f(x) = e^x$,因为 $f^{(n)}(0) = 1(n=0,1,2,\cdots)$,所以 $f(x)$ 的 3 阶麦克劳林公式为

$$e^x = 1 + x + \dfrac{x^2}{2!} + \dfrac{x^3}{3!} + \dfrac{e^\xi}{4!}x^4,\text{其中 }\xi\text{ 介于 0 与 }x\text{ 之间.}$$

按 $e^x \approx 1 + x + \dfrac{x^2}{2} + \dfrac{x^3}{6}$ 计算 e^x 的近似值时,误差为

$$|R_3(x)| = \dfrac{e^\xi}{4!}|x|^4,$$

当 $0 < x \leqslant \dfrac{1}{2}$ 时, $0 < \xi < \dfrac{1}{2}$,此时 $|R_3(x)| \leqslant \dfrac{3^{\frac{1}{2}}}{4!} \times \dfrac{1}{16} \approx 0.0045 < 0.01$,且

$$\sqrt{e} \approx 1 + \dfrac{1}{2} + \dfrac{1}{2!} \cdot \dfrac{1}{4} + \dfrac{1}{3!} \cdot \dfrac{1}{8} \approx 1.645.$$

9. 应用 3 阶泰勒公式求下列各数的近似值,并估计误差:

(1) $\sqrt[3]{30}$;   (2) $\sin 18°$.

解 (1) 由 $(1+x)^\alpha \approx 1 + \alpha x + \dfrac{\alpha(\alpha-1)}{2!}x^2 + \dfrac{\alpha(\alpha-1)(\alpha-2)}{3!}x^3$ 得

$$\sqrt[3]{30} = 3\left(1 + \dfrac{1}{9}\right)^{\frac{1}{3}} \approx 3\left[1 + \dfrac{1}{3} \cdot \dfrac{1}{9} - \dfrac{1}{9} \cdot \left(\dfrac{1}{9}\right)^2 + \dfrac{5}{81} \cdot \left(\dfrac{1}{9}\right)^3\right] \approx 3.10724,$$

$$R_3(x) = 3 \cdot \frac{\frac{1}{3}\left(\frac{1}{3}-1\right)\left(\frac{1}{3}-2\right)\left(\frac{1}{3}-3\right)(1+\xi)^{\frac{1}{3}-4}}{4!}x^4,\text{其中 }\xi\text{ 介于 }0\text{ 与 }x\text{ 之间,则误差}|R_3(x)| \leqslant$$

$$\left|3 \cdot \frac{\frac{1}{3}\left(\frac{1}{3}-1\right)\left(\frac{1}{3}-2\right)\left(\frac{1}{3}-3\right)(1+\xi)^{\frac{1}{3}-4}}{4!} \cdot \left(\frac{1}{9}\right)^4\right|,\text{其中 }\xi\text{ 介于 }0\text{ 与 }\frac{1}{9}\text{ 之间,故}$$

$$|R_3| \leqslant 3 \cdot \frac{\frac{1}{3} \cdot \frac{2}{3} \cdot \frac{5}{3} \cdot \frac{8}{3}}{4!} \cdot \left(\frac{1}{9}\right)^4 = \frac{80}{4! \times 3^{11}} \approx 1.88 \times 10^{-5}.$$

(2) 由 $\sin x \approx x - \dfrac{x^3}{3!}$ 得

$$\sin 18° = \sin \frac{\pi}{10} \approx \frac{\pi}{10} - \frac{1}{3!}\left(\frac{\pi}{10}\right)^3 \approx 0.309\,0,$$

$$R_3(x) = \frac{\sin\left(\xi + \frac{5\pi}{2}\right)}{5!}x^5,\text{其中 }\xi\text{ 介于 }0\text{ 与 }x\text{ 之间,则误差}$$

$$|R_3| \leqslant \frac{|\cos \xi|}{120} \cdot \left(\frac{\pi}{10}\right)^5 \leqslant \frac{1}{120} \cdot \left(\frac{\pi}{10}\right)^5 \approx 2.55 \times 10^{-5},$$

其中 ξ 介于 0 与 $\dfrac{\pi}{10}$ 之间.

*10. 利用泰勒公式求下列极限:

(1) $\lim\limits_{x \to +\infty} \left(\sqrt[3]{x^3+3x^2} - \sqrt[4]{x^4-2x^3}\right)$;

(2) $\lim\limits_{x \to 0} \dfrac{\cos x - e^{-\frac{x^2}{2}}}{x^2[x+\ln(1-x)]}$;

(3) $\lim\limits_{x \to 0} \dfrac{1+\frac{1}{2}x^2 - \sqrt{1+x^2}}{(\cos x - e^{x^2})\sin x^2}$;

(4) $\lim\limits_{x \to \infty}\left[x - x^2 \ln\left(1+\dfrac{1}{x}\right)\right]$.

解 (1) $\lim\limits_{x \to +\infty}\left(\sqrt[3]{x^3+3x^2} - \sqrt[4]{x^4-2x^3}\right) = \lim\limits_{x \to +\infty} x\left[\left(1+\dfrac{3}{x}\right)^{\frac{1}{3}} - \left(1-\dfrac{2}{x}\right)^{\frac{1}{4}}\right].$

由 $\left(1+\dfrac{3}{x}\right)^{\frac{1}{3}} = 1 + \dfrac{1}{3} \cdot \dfrac{3}{x} + o\left(\dfrac{1}{x}\right) = 1 + \dfrac{1}{x} + o\left(\dfrac{1}{x}\right),$

$\left(1-\dfrac{2}{x}\right)^{\frac{1}{4}} = 1 - \dfrac{1}{4} \cdot \dfrac{2}{x} + o\left(\dfrac{1}{x}\right) = 1 - \dfrac{1}{2x} + o\left(\dfrac{1}{x}\right)$ 得

$$\left(1+\frac{3}{x}\right)^{\frac{1}{3}} - \left(1-\frac{2}{x}\right)^{\frac{1}{4}} = \frac{3}{2x} + o\left(\frac{1}{x}\right),$$

故 $\lim\limits_{x \to +\infty}\left(\sqrt[3]{x^3+3x^2} - \sqrt[4]{x^4-2x^3}\right) = \lim\limits_{x \to +\infty} \dfrac{\dfrac{3}{2x} + o\left(\dfrac{1}{x}\right)}{\dfrac{1}{x}} = \dfrac{3}{2}.$

(2) 由 $\ln(1+x) = x - \dfrac{x^2}{2} + o(x^2)$ 得 $\ln(1-x) = -x - \dfrac{x^2}{2} + o(x^2),$ 于是

$$x^2[x + \ln(1-x)] \sim -\frac{x^4}{2};$$

由 $\cos x = 1 - \dfrac{x^2}{2!} + \dfrac{x^4}{4!} + o(x^4),$

$$e^{-\frac{x^2}{2}} = 1 - \frac{x^2}{2} + \frac{\left(-\frac{x^2}{2}\right)^2}{2!} + o(x^4) = 1 - \frac{x^2}{2} + \frac{x^4}{8} + o(x^4)\text{ 得}$$

$$\cos x - e^{-\frac{x^2}{2}} = -\frac{1}{12}x^4 + o(x^4) \sim -\frac{1}{12}x^4, \text{故} \lim_{x\to 0}\frac{\cos x - e^{-\frac{x^2}{2}}}{x^2[x + \ln(1-x)]} = \frac{1}{6}.$$

(3) 由 $\sqrt{1+x^2} = (1+x^2)^{\frac{1}{2}} = 1 + \frac{1}{2}x^2 + \frac{\frac{1}{2}(\frac{1}{2}-1)}{2!}x^4 + o(x^4) = 1 + \frac{1}{2}x^2 - \frac{1}{8}x^4 + o(x^4)$ 得

$$1 + \frac{1}{2}x^2 - \sqrt{1+x^2} \sim \frac{1}{8}x^4;$$

由 $\cos x = 1 - \frac{x^2}{2!} + o(x^2)$，$e^{x^2} = 1 + x^2 + o(x^2)$ 得

$$\cos x - e^{x^2} \sim -\frac{3}{2}x^2 (x \to 0), \text{从而} (\cos x - e^{x^2})\sin x^2 \sim -\frac{3}{2}x^4, \text{故}$$

$$\lim_{x\to 0}\frac{1 + \frac{1}{2}x^2 - \sqrt{1+x^2}}{(\cos x - e^{x^2})\sin x^2} = -\frac{1}{12}.$$

(4) $\lim_{x\to\infty}\left[x - x^2\ln\left(1+\frac{1}{x}\right)\right] = \lim_{x\to\infty}\left\{x - x^2\left[\frac{1}{x} - \frac{1}{2}\cdot\frac{1}{x^2} + o\left(\frac{1}{x^2}\right)\right]\right\}$

$$= \lim_{x\to\infty}\left[x - x + \frac{1}{2} + \frac{o\left(\frac{1}{x^2}\right)}{\frac{1}{x^2}}\right] = \frac{1}{2}.$$

11. 若函数 $f(x)$ 在 $(-\infty, +\infty)$ 内具有二阶导数，且 $f''(x) > 0$，又 $\lim_{x\to 0}\frac{f(x)}{x} = 1$，证明：$f(x) \geqslant x$，$x \in (-\infty, +\infty)$.

证明 由函数 $f(x)$ 在 $(-\infty, +\infty)$ 内具有二阶导数，可知 $f(x)$ 在 $x = 0$ 处连续，因此 $f(0) = \lim_{x\to 0} f(x) = \lim_{x\to 0}\frac{f(x)}{x}\cdot x = \lim_{x\to 0}\frac{f(x)}{x}\cdot \lim_{x\to 0} x = 1\cdot 0 = 0$，又可知 $f(x)$ 在 $x = 0$ 处可导，则 $f'(0) = \lim_{x\to 0}\frac{f(x) - f(0)}{x - 0} = \lim_{x\to 0}\frac{f(x)}{x} = 1$，由泰勒公式得

$$f(x) = f(0) + f'(0)x + \frac{f''(\xi)}{2!}x^2,$$

其中 ξ 介于 0 与 x 之间. 因为 $f''(x) > 0$，所以 $f(x) \geqslant f(0) + f'(0)x = x$.

第四节 函数的单调性与曲线的凹凸性

▶ 期末高分必备知识

一、函数的单调性

（一）基本概念

设函数 $f(x)$ 定义于区间 I 上，

1. 若对任意的 $x_1, x_2 \in I$ 且 $x_1 < x_2$，有
$$f(x_1) < f(x_2),$$
称函数 $f(x)$ 在区间 I 上严格递增；

2. 若对任意的 $x_1, x_2 \in I$ 且 $x_1 < x_2$，有
$$f(x_1) > f(x_2),$$
称函数 $f(x)$ 在区间 I 上严格递减.

（二）函数单调性的判断

定理 1 设函数 $f(x)$ 在 $[a, b]$ 上连续，在 (a, b) 内可导，则

(1) 若 $f'(x) > 0 (a < x < b)$，则 $f(x)$ 在 $[a,b]$ 上单调递增；

(2) 若 $f'(x) < 0 (a < x < b)$，则 $f(x)$ 在 $[a,b]$ 上单调递减.

二、曲线的凹凸性

(一) 曲线凹凸性的概念

设函数 $f(x)$ 在区间 I 上连续，

1. 若对任意的 $x_1, x_2 \in I$ 且 $x_1 \neq x_2$，有

$$f\left(\frac{x_1+x_2}{2}\right) < \frac{f(x_1)+f(x_2)}{2},$$

称曲线 $L: y = f(x)$ 在区间 I 上为向上凹的曲线；

2. 若对任意的 $x_1, x_2 \in I$ 且 $x_1 \neq x_2$，有

$$f\left(\frac{x_1+x_2}{2}\right) > \frac{f(x_1)+f(x_2)}{2},$$

称曲线 $L: y = f(x)$ 在区间 I 上为向上凸的曲线.

(二) 曲线凹凸性的判断

定理 2 设函数 $f(x)$ 在 $[a,b]$ 上连续，在 (a,b) 内二阶可导，则

(1) 若 $f''(x) > 0 (a < x < b)$，则曲线 $L: y = f(x)$ 在 $[a,b]$ 上是向上凹的；

(2) 若 $f''(x) < 0 (a < x < b)$，则曲线 $L: y = f(x)$ 在 $[a,b]$ 上是向上凸的.

> **抢分攻略**
>
> 对曲线 $L: y = f(x)$，$f(x)$ 是连续函数，若在 $x < x_0$ 与 $x > x_0$ 内曲线的凹凸性不同，称 $(x_0, f(x_0))$ 为曲线的拐点.

▶ **60分必会题型**

题型一：函数单调性的判断

例 求 $f(x) = x^3 - 3x^2 - 9x + 7$ 的单调区间.

解 由 $f'(x) = 3x^2 - 6x - 9 = 3(x^2 - 2x - 3) = 3(x+1)(x-3) = 0$ 得 $x = -1, x = 3$. 当 $x < -1$ 时，$f'(x) > 0$；当 $-1 < x < 3$ 时，$f'(x) < 0$；当 $x > 3$ 时，$f'(x) > 0$，故 $f(x)$ 的单调递增区间为 $(-\infty, -1]$ 及 $[3, +\infty)$，单调递减区间为 $[-1, 3]$.

题型二：利用单调性证明不等式

例1 设 $e < a < b$，证明：$a^b > b^a$.

证明 不等式 $a^b > b^a$ 等价于 $b\ln a - a\ln b > 0$，令 $f(x) = x\ln a - a\ln x$，$f(a) = 0$，

$f'(x) = \ln a - \dfrac{a}{x}$，由 $a > e$ 可知 $\ln a > 1$，由 $x > a$ 可知 $\dfrac{a}{x} < 1$，故 $f'(x) > 0$.

由 $\begin{cases} f(a) = 0, \\ f'(x) > 0 \end{cases}$ 得 $f(x) > 0 (x > a)$，因为 $b > a$，所以 $f(b) > 0$，故 $a^b > b^a$.

例2 设 $x > 0$，证明：$\dfrac{x}{1+x} < \ln(1+x) < x$.

证明 令 $f(x) = x - \ln(1+x)$，因为 $f(0) = 0$，$f'(x) = 1 - \dfrac{1}{1+x} > 0 (x > 0)$，所以当 $x > 0$ 时，$f(x) > 0$，即 $\ln(1+x) < x$；

令 $g(x) = \ln(1+x) - \dfrac{x}{1+x}$，因为 $g(0) = 0$，$g'(x) = \dfrac{1}{1+x} - \dfrac{1}{(1+x)^2} > 0 (x > 0)$，所以当 $x > 0$ 时，$g(x) > 0$，即 $\dfrac{x}{1+x} < \ln(1+x)$，故当 $x > 0$ 时，

$$\frac{x}{1+x} < \ln(1+x) < x.$$

例3 设 $f(x), g(x)$ 二阶可导, $f(a) = g(a), f'(a) = g'(a)$, 当 $x > a$ 时, $f''(x) > g''(x)$, 证明: 当 $x > a$ 时, $f(x) > g(x)$.

证明 令 $\varphi(x) = f(x) - g(x)$, 由题意可知 $\varphi(a) = \varphi'(a) = 0, \varphi''(x) > 0 (x > a)$. 由 $\varphi'(a) = 0, \varphi''(x) > 0 (x > a)$ 得 $\varphi'(x) > 0 (x > a)$, 再由 $\varphi(a) = 0, \varphi'(x) > 0 (x > a)$ 得 $\varphi(x) > 0 (x > a)$, 即当 $x > a$ 时, $f(x) > g(x)$.

例4 证明: $1 + x\ln(x + \sqrt{1+x^2}) \geqslant \sqrt{1+x^2}$.

证明 令 $f(x) = 1 + x\ln(x + \sqrt{1+x^2}) - \sqrt{1+x^2}, f(0) = 0$,

$$f'(x) = \ln(x + \sqrt{1+x^2}) + x \cdot \frac{1}{x+\sqrt{1+x^2}}\left(1 + \frac{x}{\sqrt{1+x^2}}\right) - \frac{x}{\sqrt{1+x^2}}$$

$$= \ln(x + \sqrt{1+x^2}), f'(0) = 0;$$

$$f''(x) = \frac{1}{x+\sqrt{1+x^2}}\left(1 + \frac{x}{\sqrt{1+x^2}}\right) = \frac{1}{\sqrt{1+x^2}} > 0.$$

由 $f''(x) > 0$ 得 $f'(x)$ 单调递增, 再由 $f'(0) = 0$ 可知, 当 $x < 0$ 时, $f'(x) < 0$; 当 $x > 0$ 时, $f'(x) > 0$, 于是 $x = 0$ 为 $f(x)$ 的最小值点, 最小值为 $m = f(0) = 0$, 故 $f(x) \geqslant 0$, 即

$$1 + x\ln(x + \sqrt{1+x^2}) \geqslant \sqrt{1+x^2}.$$

题型三:方程根或函数零点的讨论

例1 讨论方程 $\ln x = \frac{x}{e} - 2$ 的根的个数.

解 令 $f(x) = \ln x - \frac{x}{e} + 2 (x > 0)$, 由 $f'(x) = \frac{1}{x} - \frac{1}{e} = 0$ 得 $x = e$.

因为 $f''(e) = -\frac{1}{e^2} < 0$, 所以 $x = e$ 为 $f(x)$ 的最大值点, $f(x)$ 在 $(0, e)$ 内单调递增, 在 $(e, +\infty)$ 内单调递减. 故 $f(x)$ 最大值为 $M = f(e) = 2 > 0$, 又因为 $\lim\limits_{x \to 0^+} f(x) = -\infty, \lim\limits_{x \to +\infty} f(x) = -\infty$, 由零点定理可知函数 $f(x)$ 有且仅有两个正的零点, 故方程 $\ln x = \frac{x}{e} - 2$ 有且仅有两个正的根.

例2 设 $a > 0$, 讨论方程 $xe^{-x} = a$ 的根的个数.

解 令 $f(x) = xe^{-x} - a$, 由 $f'(x) = (1-x)e^{-x} = 0$ 得 $x = 1$.

当 $x < 1$ 时, $f'(x) > 0$; 当 $x > 1$ 时, $f'(x) < 0$, 则 $x = 1$ 为 $f(x)$ 的最大值点, 最大值为

$$M = f(1) = \frac{1}{e} - a.$$

$$\lim_{x \to -\infty} f(x) = -\infty, \lim_{x \to +\infty} f(x) = -a < 0.$$

(1) 当 $M < 0$, 即 $a > \frac{1}{e}$ 时, $f(x)$ 无零点, 方程无解;

(2) 当 $M = 0$, 即 $a = \frac{1}{e}$ 时, $f(x)$ 只有一个零点 $x = 1$, 方程有唯一解 $x = 1$;

(3) 当 $M > 0$, 即 $0 < a < \frac{1}{e}$ 时, $f(x)$ 有两个零点, 方程有且仅有两个解.

例3 讨论曲线 $y = 4\ln x + k$ 与曲线 $y = 4x + \ln^4 x$ 的交点个数.

解 令 $f(x) = 4x + \ln^4 x - 4\ln x - k (x > 0)$,由

$$f'(x) = 4 + \frac{4\ln^3 x}{x} - \frac{4}{x} = \frac{4(x - 1 + \ln^3 x)}{x} = 0$$

得 $x = 1$.

当 $0 < x < 1$ 时,$f'(x) < 0$;当 $x > 1$ 时,$f'(x) > 0$,$x = 1$ 为 $f(x)$ 的最小值点,最小值为 $m = f(1) = 4 - k$.

(1) 当 $m > 0$,即 $k < 4$ 时,$f(x)$ 无零点,两曲线没有交点;

(2) 当 $m = 0$,即 $k = 4$ 时,$f(x)$ 只有一个零点,两曲线有唯一的交点;

(3) 当 $m < 0$,即 $k > 4$ 时,由 $\lim\limits_{x \to 0^+} f(x) = +\infty$, $\lim\limits_{x \to +\infty} f(x) = +\infty$ 由零点定理得 $f(x)$ 有且仅有两个零点,两曲线有两个交点.

期末小锦囊 讨论根(零点)个数的一般步骤:

(1) 设 $y = f(x)$,求 $f'(x)$,找出驻点和不可导点;

(2) 确定 $y = f(x)$ 的单调区间、极值点与极值、端点值(或端点极限值);

(3) 结合零点定理绘制草图,确定 $y = f(x)$ 的零点个数.

题型四:函数凹凸性问题

例1 证明:当 $0 < x < \frac{\pi}{2}$ 时,$\frac{2}{\pi}x < \sin x < x$.

证明 令 $f(x) = x - \sin x$,由 $f(0) = 0$,$f'(x) = 1 - \cos x > 0 \left(0 < x < \frac{\pi}{2}\right)$ 得 $f(x) > 0 \left(0 < x < \frac{\pi}{2}\right)$,即 $\sin x < x \left(0 < x < \frac{\pi}{2}\right)$;

令 $g(x) = \sin x - \frac{2}{\pi}x$,$g(0) = g\left(\frac{\pi}{2}\right) = 0$,因为 $g''(x) = -\sin x < 0 \left(0 < x < \frac{\pi}{2}\right)$,所以 $g(x)$ 在 $\left(0, \frac{\pi}{2}\right)$ 内上凸,故当 $0 < x < \frac{\pi}{2}$ 时,$g(x) > 0$,即 $\frac{2}{\pi}x < \sin x$.

例2 设 $a > 0, b > 0$ 且 $a \neq b$,证明:$\frac{e^a + e^b}{2} > e^{\frac{a+b}{2}}$.

证明 令 $f(x) = e^x$,$f''(x) = e^x > 0$,则 $f(x)$ 为凹函数.

因为 $a \neq b$,所以 $f\left(\frac{a+b}{2}\right) < \frac{f(a) + f(b)}{2}$,即 $\frac{e^a + e^b}{2} > e^{\frac{a+b}{2}}$.

例3 讨论 $y = x + \frac{x}{x^2 - 1}$ 的凹凸性与拐点.

解 函数的定义域为 $\{x \mid x \in \mathbf{R} \text{ 且 } x \neq \pm 1\}$.

$$y' = 1 - \frac{x^2 + 1}{(x^2 - 1)^2},$$

$$y'' = -\frac{2x(x^2 - 1)^2 - (x^2 + 1) \cdot 2(x^2 - 1) \cdot 2x}{(x^2 - 1)^4} = \frac{2x(x^2 + 3)}{(x^2 - 1)^3},$$

由 $y'' = 0$ 得 $x = 0$.

当 $x < -1$ 或 $0 < x < 1$ 时,$y'' < 0$;当 $-1 < x < 0$ 及 $x > 1$ 时,$y'' > 0$,故 $y = x + \frac{x}{x^2 - 1}$ 的凸区间为 $(-\infty, -1)$ 及 $(0, 1)$;凹区间为 $(-1, 0)$ 及 $(1, +\infty)$,点 $(0, 0)$ 为曲线 $y = x + \frac{x}{x^2 - 1}$ 的拐点.

同济八版教材 ▶ 习题解答

习题 3—4 函数的单调性与曲线的凹凸性

勇夺60分	1、2、4、5、7、8、9
超越80分	1、2、3、4、5、6、7、8、9、10、11、13、14
冲刺90分与考研	1、2、3、4、5、6、7、8、9、10、11、12、13、14、15、16

1. 判定函数 $f(x) = \arctan x - x$ 的单调性.

解 因为 $f'(x) = \dfrac{1}{1+x^2} - 1 = -\dfrac{x^2}{1+x^2} \leqslant 0$,所以 $f(x) = \arctan x - x$ 在 $(-\infty, +\infty)$ 内单调递减.

2. 判定函数 $f(x) = x + \cos x$ 的单调性.

解 因为 $f'(x) = 1 - \sin x \geqslant 0$,当且仅当 $x = 2k\pi + \dfrac{\pi}{2}(k \in \mathbf{Z})$ 时 $f'(x) = 0$,在任何有限区间内 $f'(x)$ 只有有限个零点,所以 $f(x) = x + \cos x$ 在 $(-\infty, +\infty)$ 内单调递增.

3. 确定下列函数的单调区间:

(1) $y = 2x^3 - 6x^2 - 18x - 7$; (2) $y = 2x + \dfrac{8}{x}(x > 0)$;

(3) $y = \dfrac{10}{4x^3 - 9x^2 + 6x}$; (4) $y = \ln(x + \sqrt{1+x^2})$;

(5) $y = (x-1)(x+1)^3$; (6) $y = \sqrt[3]{(2x-a)(a-x)^2}(a > 0)$;

(7) $y = x^n \mathrm{e}^{-x}(n > 0, x \geqslant 0)$; (8) $y = x + |\sin 2x|$.

解 (1) 函数 $y = 2x^3 - 6x^2 - 18x - 7$ 的定义域为 $(-\infty, +\infty)$.

由 $y' = 6x^2 - 12x - 18 = 6(x+1)(x-3) = 0$ 得驻点 $x_1 = -1, x_2 = 3$.

当 $x \in (-\infty, -1)$ 及 $x \in (3, +\infty)$ 时, $y' > 0$;

当 $x \in (-1, 3)$ 时, $y' < 0$,则函数 $y = 2x^3 - 6x^2 - 18x - 7$ 在 $(-\infty, -1]$ 及 $[3, +\infty)$ 内单调递增;在 $[-1, 3]$ 上单调递减.

(2) 函数 $y = 2x + \dfrac{8}{x}$ 的定义域为 $(0, +\infty)$. 由 $y' = 2 - \dfrac{8}{x^2} = 0$ 得 $x = 2$.

当 $x \in (0, 2)$ 时, $y' < 0$;当 $x \in (2, +\infty)$ 时, $y' > 0$.

函数 $y = 2x + \dfrac{8}{x}$ 在 $(0, 2]$ 内单调递减;在 $[2, +\infty)$ 内单调递增.

(3) 函数 $y = \dfrac{10}{4x^3 - 9x^2 + 6x}$ 除 $x = 0$ 外处处可导.

由 $y' = -\dfrac{10(12x^2 - 18x + 6)}{(4x^3 - 9x^2 + 6x)^2} = -\dfrac{120\left(x - \dfrac{1}{2}\right)(x-1)}{(4x^3 - 9x^2 + 6x)^2} = 0$ 得 $x_1 = \dfrac{1}{2}, x_2 = 1$.

当 $x \in (-\infty, 0), x \in \left(0, \dfrac{1}{2}\right)$ 及 $x \in (1, +\infty)$ 时, $y' < 0$;当 $x \in \left(\dfrac{1}{2}, 1\right)$ 时, $y' > 0$,故函数的单调递减区间为 $(-\infty, 0), \left(0, \dfrac{1}{2}\right], [1, +\infty)$;函数的单调递增区间为 $\left[\dfrac{1}{2}, 1\right]$.

(4) 函数 $y = \ln(x + \sqrt{1+x^2})$ 在 $(-\infty, +\infty)$ 内可导.

因为 $y' = \dfrac{1}{x+\sqrt{1+x^2}} \cdot \left(1 + \dfrac{x}{\sqrt{1+x^2}}\right) = \dfrac{1}{\sqrt{1+x^2}} > 0$,所以函数 $y = \ln(x+\sqrt{1+x^2})$ 在 $(-\infty, +\infty)$ 内单调递增.

(5) 函数 $y = (x-1)(x+1)^3$ 在 $(-\infty, +\infty)$ 内可导.

由 $y' = (x+1)^3 + 3(x-1)(x+1)^2 = 4(x+1)^2\left(x - \dfrac{1}{2}\right) = 0$ 得 $x_1 = -1, x_2 = \dfrac{1}{2}$.

当 $x \in (-\infty, -1), x \in \left(-1, \dfrac{1}{2}\right)$ 时,$y' < 0$;当 $x \in \left(\dfrac{1}{2}, +\infty\right)$ 时,$y' > 0$,故函数的单调递减区间为 $\left(-\infty, \dfrac{1}{2}\right]$,函数的单调递增区间为 $\left[\dfrac{1}{2}, +\infty\right)$.

(6) 函数 $y = \sqrt[3]{(2x-a)(a-x)^2}$ 除 $x = \dfrac{a}{2}, x = a$ 外处处可导.

由 $y' = \dfrac{-6\left(x - \dfrac{2a}{3}\right)}{3\sqrt[3]{(2x-a)^2(a-x)}} = 0$ 得 $x_0 = \dfrac{2a}{3}$.

当 $x \in \left(-\infty, \dfrac{a}{2}\right), x \in \left(\dfrac{a}{2}, \dfrac{2a}{3}\right), x \in (a, +\infty)$ 时,$y' > 0$;当 $x \in \left(\dfrac{2a}{3}, a\right)$ 时,$y' < 0$,故函数的单调递增区间为 $\left(-\infty, \dfrac{2a}{3}\right], [a, +\infty)$,函数的单调递减区间为 $\left[\dfrac{2a}{3}, a\right]$.

(7) 函数 $y = x^n e^{-x}$ 在 $[0, +\infty)$ 内可导.

由 $y' = nx^{n-1}e^{-x} - x^n e^{-x} = x^{n-1}e^{-x}(n-x) = 0$ 得 $x = n$.

当 $x \in (0, n)$ 时,$y' > 0$;当 $x \in (n, +\infty)$ 时,$y' < 0$,故函数的单调递增区间为 $[0, n]$,单调递减区间为 $[n, +\infty)$.

(8) 函数的定义域为 $(-\infty, +\infty)$,

$$y = \begin{cases} x + \sin 2x, & n\pi \leqslant x \leqslant n\pi + \dfrac{\pi}{2}, \\ x - \sin 2x, & n\pi + \dfrac{\pi}{2} < x \leqslant (n+1)\pi \end{cases} (n \in \mathbf{Z}),$$

$$y' = \begin{cases} 1 + 2\cos 2x, & n\pi < x < n\pi + \dfrac{\pi}{2}, \\ 1 - 2\cos 2x, & n\pi + \dfrac{\pi}{2} < x < (n+1)\pi \end{cases} (n \in \mathbf{Z}),$$

函数在 $x = n\pi, n\pi + \dfrac{\pi}{2}(n \in \mathbf{Z})$ 处不可导.由 $y' = 0$ 得 $x = n\pi + \dfrac{\pi}{3}, x = n\pi + \dfrac{5\pi}{6}(n \in \mathbf{Z})$,驻点将区间划分为

$$\left(n\pi, n\pi + \dfrac{\pi}{3}\right), \left(n\pi + \dfrac{\pi}{3}, n\pi + \dfrac{\pi}{2}\right), \left(n\pi + \dfrac{\pi}{2}, n\pi + \dfrac{5\pi}{6}\right), \left(n\pi + \dfrac{5\pi}{6}, (n+1)\pi\right).$$

当 $x \in \left(n\pi, n\pi + \dfrac{\pi}{3}\right)$ 时,$y' > 0$,$\left[n\pi, n\pi + \dfrac{\pi}{3}\right]$ 为函数的单调递增区间;

当 $x \in \left(n\pi + \dfrac{\pi}{3}, n\pi + \dfrac{\pi}{2}\right)$ 时,$y' < 0$,$\left[n\pi + \dfrac{\pi}{3}, n\pi + \dfrac{\pi}{2}\right]$ 为函数的单调递减区间;

当 $x \in \left(n\pi + \dfrac{\pi}{2}, n\pi + \dfrac{5\pi}{6}\right)$ 时,$y' > 0$,$\left[n\pi + \dfrac{\pi}{2}, n\pi + \dfrac{5\pi}{6}\right]$ 为函数的单调递增区间;

当 $x \in \left(n\pi + \dfrac{5\pi}{6}, (n+1)\pi\right)$ 时,$y' < 0$,$\left[n\pi + \dfrac{5\pi}{6}, (n+1)\pi\right]$ 为函数的单调递减区间,其中 $n \in \mathbf{Z}$.

4.设函数 $y = f(x)$ 在定义域内可导,$y = f(x)$ 的图形如图 3-4 所示,则导函数 $f'(x)$ 的图形为图 3-5 中所示的四个图形中的哪一个?

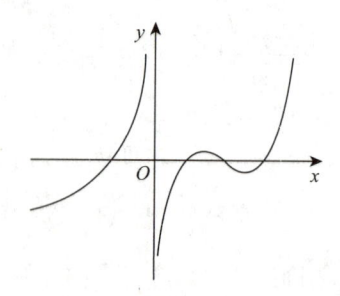

图 3-4

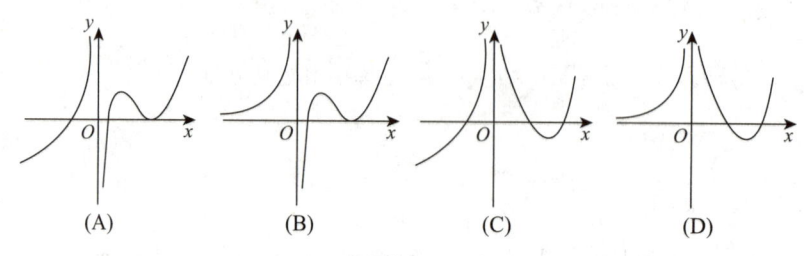

(A) (B) (C) (D)

图 3-5

解 当 $x<0$ 时，$y=f(x)$ 单调递增，从而 $f'(x)\geqslant 0$，排除选项(A),(C)；

当 $x>0$ 时，$y=f(x)$ 先单调递增，然后单调递减，再单调递增，导数 $f'(x)$ 先非负，再非正，最后非负，故排除选项(B)，应选(D).

5. 证明下列不等式：

(1) 当 $x>0$ 时，$1+\dfrac{1}{2}x > \sqrt{1+x}$；

(2) 当 $x>0$ 时，$1+x\ln(x+\sqrt{1+x^2}) > \sqrt{1+x^2}$；

(3) 当 $0<x<\dfrac{\pi}{2}$ 时，$\sin x + \tan x > 2x$；

(4) 当 $0<x<\dfrac{\pi}{2}$ 时，$\tan x > x + \dfrac{1}{3}x^3$；

(5) 当 $x>4$ 时，$2^x > x^2$.

证明 (1) 令 $f(x)=1+\dfrac{1}{2}x-\sqrt{1+x}$，$f(0)=0$.

$$f'(x)=\dfrac{1}{2}\left(1-\dfrac{1}{\sqrt{x+1}}\right)>0(x>0),$$

由 $\begin{cases} f(0)=0, \\ f'(x)>0(x>0) \end{cases}$ 得 $f(x)>0(x>0)$，即当 $x>0$ 时，$1+\dfrac{1}{2}x>\sqrt{1+x}$.

(2) 令 $f(x)=1+x\ln(x+\sqrt{1+x^2})-\sqrt{1+x^2}$，$f(0)=0$.

$$f'(x)=\ln(x+\sqrt{1+x^2})+x\cdot\dfrac{1}{x+\sqrt{1+x^2}}\left(1+\dfrac{x}{\sqrt{1+x^2}}\right)-\dfrac{x}{\sqrt{1+x^2}}$$

$$=\ln(x+\sqrt{1+x^2})>0(x>0),$$

由 $\begin{cases} f(0)=0, \\ f'(x)>0(x>0) \end{cases}$ 得 $f(x)>0(x>0)$，即当 $x>0$ 时，

$$1+x\ln(x+\sqrt{1+x^2})>\sqrt{1+x^2}.$$

(3) 令 $f(x)=\sin x+\tan x-2x$，$f(0)=0$，

$$f'(x)=\cos x+\sec^2 x-2>\cos^2 x+\dfrac{1}{\cos^2 x}-2\geqslant 2-2=0\left(0<x<\dfrac{\pi}{2}\right),$$

由 $\begin{cases} f(0) = 0, \\ f'(x) > 0 \left(0 < x < \dfrac{\pi}{2}\right) \end{cases}$ 得，当 $0 < x < \dfrac{\pi}{2}$ 时，$\sin x + \tan x > 2x$.

(4) 令 $f(x) = \tan x - x - \dfrac{1}{3}x^3, f(0) = 0,$
$$f'(x) = \sec^2 x - 1 - x^2 = \tan^2 x - x^2,$$

因为当 $0 < x < \dfrac{\pi}{2}$ 时，$x < \tan x$，所以当 $0 < x < \dfrac{\pi}{2}$ 时，$f'(x) > 0$.

由 $\begin{cases} f(0) = 0, \\ f'(x) > 0 \left(0 < x < \dfrac{\pi}{2}\right) \end{cases}$ 得，当 $0 < x < \dfrac{\pi}{2}$ 时，$f(x) > 0$，即 $\tan x > x + \dfrac{1}{3}x^3$.

(5) 令 $f(x) = x\ln 2 - 2\ln x, f(4) = 0.$

当 $x > 4$ 时，$f'(x) = \ln 2 - \dfrac{2}{x} > \dfrac{\ln 4}{2} - \dfrac{2}{4} > \dfrac{\ln e}{2} - \dfrac{1}{2} = 0,$

由 $\begin{cases} f(4) = 0, \\ f'(x) > 0 (x > 4) \end{cases}$ 得，当 $x > 4$ 时，$f(x) > 0$，即 $x\ln 2 - 2\ln x > 0$ 或 $2^x > x^2$.

6. 讨论方程 $\ln x = ax$（其中 $a > 0$）有几个实根.

解 令 $f(x) = \ln x - ax (0 < x < +\infty).$

由 $f'(x) = \dfrac{1}{x} - a = 0$ 得 $x = \dfrac{1}{a}$，再由 $f''\left(\dfrac{1}{a}\right) = -a^2 < 0$ 得 $f'(x)$ 在 $\left(0, \dfrac{1}{a}\right)$ 上单调递增，在 $\left(\dfrac{1}{a}, +\infty\right)$ 上单调递减，即 $x = \dfrac{1}{a}$ 为 $f(x)$ 的最大值点，最大值为 $M = f\left(\dfrac{1}{a}\right) = \ln\dfrac{1}{a} - 1 = \ln\dfrac{1}{ae}.$

当 $M < 0$，即 $a > \dfrac{1}{e}$ 时，函数 $f(x) = \ln x - ax$ 无零点，故方程 $\ln x = ax$ 无实根；

当 $M = 0$，即 $a = \dfrac{1}{e}$ 时，函数 $f(x) = \ln x - ax$ 有且仅有一个零点 $x = e$，故方程 $\ln x = ax$ 有且仅有唯一实根 $x = e$；

当 $M > 0$，即 $0 < a < \dfrac{1}{e}$ 时，因为 $\lim\limits_{x \to 0^+} f(x) = -\infty, \lim\limits_{x \to +\infty} f(x) = -\infty$，所以函数 $f(x) = \ln x - ax$ 有且仅有两个零点，故方程 $\ln x = ax$ 有且仅有两个实根.

7. 单调函数的导函数是否必为单调函数？研究下面的例子：
$$f(x) = x + \sin x.$$

解 单调函数的导函数不一定是单调函数. 如 $f(x) = x + \sin x$，因为 $f'(x) = 1 + \cos x \geqslant 0$，且 $f'(x)$ 在任何有限区间内只有有限个零点，所以 $f(x)$ 在 $(-\infty, +\infty)$ 内为单调递增函数，而 $f'(x) = 1 + \cos x$ 在 $(-\infty, +\infty)$ 内不是单调函数.

8. 设 I 为任一无穷区间，函数 $f(x)$ 在区间 I 上连续，在 I 内可导. 试证明：如果 $f(x)$ 在 I 的任一有限的子区间上 $f'(x) \geqslant 0$（或 $f'(x) \leqslant 0$），且等号仅在有限个点处成立，那么 $f(x)$ 在区间 I 上单调增加（或单调减少）.

证明 不妨设 $f'(x) \geqslant 0$，任取 $x_1, x_2 \in I$ 且 $x_1 < x_2$，由拉格朗日中值定理得
$$f(x_2) - f(x_1) = f'(\xi)(x_2 - x_1) \geqslant 0 (x_1 < \xi < x_2),$$
即 $f(x_1) \leqslant f(x_2)$，故 $f(x)$ 在 I 上单调增加.

任取 $x \in (x_1, x_2)$，有 $f(x_1) \leqslant f(x) \leqslant f(x_2)$，若 $f(x_1) = f(x_2)$，则对任意的 $x \in (x_1, x_2)$，有 $f(x) = f(x_1)$，从而 $f'(x) = 0 (x \in [x_1, x_2])$，与 $f'(x) = 0$ 在 I 的任意子区间上只有有限个点成立矛盾，故 $f(x_1) < f(x_2)$，即 $f(x)$ 在 I 上单调增加，同理可证 $f'(x) \leqslant 0$ 仅在有限个点处成立时，

$f(x)$ 单调减少的情形.

9. 判定下列曲线的凹凸性:

(1) $y = 4x - x^2$;　　　　　　(2) $y = \text{sh } x$;

(3) $y = x + \dfrac{1}{x}(x > 0)$;　　　(4) $y = x \arctan x$.

解 (1) $y' = 4 - 2x$, $y'' = -2 < 0$, 故曲线 $y = 4x - x^2$ 在 $(-\infty, +\infty)$ 内为凸的.

(2) $y' = \text{ch } x$, $y'' = \text{sh } x = \dfrac{e^x - e^{-x}}{2}$, 由 $y'' = 0$ 得 $x = 0$.

当 $x < 0$ 时, $y'' < 0$; 当 $x > 0$ 时, $y'' > 0$, 故曲线 $y = \text{sh } x$ 在 $(-\infty, 0]$ 内为凸的, 在 $[0, +\infty)$ 内为凹的.

(3) $y' = 1 - \dfrac{1}{x^2}$, $y'' = \dfrac{2}{x^3} > 0 (x > 0)$, 故曲线 $y = x + \dfrac{1}{x}$ 在 $(0, +\infty)$ 内是凹的.

(4) $y' = \arctan x + \dfrac{x}{1+x^2}$, $y'' = \dfrac{1}{1+x^2} + \dfrac{1-x^2}{(1+x^2)^2} = \dfrac{2}{(1+x^2)^2} > 0$, 故曲线 $y = x \arctan x$ 在 $(-\infty, +\infty)$ 内为凹的.

10. 求下列函数图形的拐点及凹或凸的区间:

(1) $y = x^3 - 5x^2 + 3x + 5$;　　(2) $y = xe^{-x}$;

(3) $y = (x+1)^4 + e^x$;　　　　(4) $y = \ln(x^2 + 1)$;

(5) $y = e^{\arctan x}$;　　　　　(6) $y = x^4(12\ln x - 7)$.

解 (1) $y' = 3x^2 - 10x + 3$, 令 $y'' = 6x - 10 = 0$ 得 $x = \dfrac{5}{3}$, 当 $x < \dfrac{5}{3}$ 时, $y'' < 0$, 曲线在 $\left(-\infty, \dfrac{5}{3}\right)$ 内是凸的; 当 $x > \dfrac{5}{3}$ 时, $y'' > 0$, 曲线在 $\left(\dfrac{5}{3}, +\infty\right)$ 内是凹的, 故点 $\left(\dfrac{5}{3}, \dfrac{20}{27}\right)$ 为拐点.

(2) $y' = (1-x)e^{-x}$, 令 $y'' = (x-2)e^{-x} = 0$ 得 $x = 2$.

当 $x < 2$ 时, $y'' < 0$, 曲线在 $(-\infty, 2]$ 内是凸的;

当 $x > 2$ 时, $y'' > 0$, 曲线在 $[2, +\infty)$ 内是凹的, 故点 $\left(2, \dfrac{2}{e^2}\right)$ 为拐点.

(3) $y' = 4(x+1)^3 + e^x$, $y'' = 12(x+1)^2 + e^x > 0$, 则曲线 $y = (x+1)^4 + e^x$ 在 $(-\infty, +\infty)$ 内是凹的, 该曲线无拐点.

(4) $y' = \dfrac{2x}{x^2+1}$, 由 $y'' = \dfrac{2(x^2+1) - 4x^2}{(x^2+1)^2} = \dfrac{2(1-x^2)}{(x^2+1)^2} = 0$ 得 $x_1 = -1$, $x_2 = 1$.

当 $x \in (-\infty, -1)$, $x \in (1, +\infty)$ 时, $y'' < 0$; 当 $x \in (-1, 1)$ 时, $y'' > 0$, 故 $(-\infty, -1]$ 及 $[1, +\infty)$ 为曲线的凸区间; $[-1, 1]$ 为曲线的凹区间, 点 $(-1, \ln 2)$ 和点 $(1, \ln 2)$ 为拐点.

(5) $y' = e^{\arctan x} \cdot \dfrac{1}{1+x^2}$, 由 $y'' = -\dfrac{2e^{\arctan x}\left(x - \dfrac{1}{2}\right)}{(1+x^2)^2} = 0$ 得 $x = \dfrac{1}{2}$.

当 $x \in \left(-\infty, \dfrac{1}{2}\right)$ 时, $y'' > 0$, 故 $\left(-\infty, \dfrac{1}{2}\right]$ 为曲线的凹区间;

当 $x \in \left(\dfrac{1}{2}, +\infty\right)$ 时, $y'' < 0$, 故 $\left[\dfrac{1}{2}, +\infty\right)$ 为曲线的凸区间, $\left(\dfrac{1}{2}, e^{\arctan \frac{1}{2}}\right)$ 为曲线的拐点.

(6) 函数 $y = x^4(12\ln x - 7)$ 的定义域为 $(0, +\infty)$,

$$y' = 4x^3(12\ln x - 7) + 12x^3 = 4x^3(12\ln x - 4).$$

由 $y'' = 12x^2(12\ln x - 4) + 48x^2 = 144x^2\ln x = 0$ 得 $x = 1$.

当 $x \in (0,1)$ 时,$y'' < 0$,则 $(0,1]$ 为曲线的凸区间;

当 $x \in (1,+\infty)$ 时,$y'' > 0$,则 $[1,+\infty)$ 为曲线的凹区间,$(1,-7)$ 为曲线的拐点.

11. 利用函数图形的凹凸性,证明下列不等式:

(1) $\dfrac{1}{2}(x^n + y^n) > \left(\dfrac{x+y}{2}\right)^n (x > 0, y > 0, x \neq y, n > 1)$;

(2) $\dfrac{e^x + e^y}{2} > e^{\frac{x+y}{2}} (x \neq y)$;

(3) $x \ln x + y \ln y > (x+y) \ln \dfrac{x+y}{2} (x > 0, y > 0, x \neq y)$;

(4) $\sin x > \dfrac{2x}{\pi} \left(0 < x < \dfrac{\pi}{2}\right)$.

证明 (1) 令 $f(t) = t^n (0 < t < +\infty)$,当 $n > 1$ 时,$f''(t) = n(n-1)t^{n-2} > 0 (t > 0)$,即 $f(t) = t^n$ 在 $(0, +\infty)$ 内为凹函数,从而对 $x > 0, y > 0$ 且 $x \neq y$ 时,

$$f\left(\dfrac{x+y}{2}\right) < \dfrac{f(x) + f(y)}{2}, \text{即} \dfrac{x^n + y^n}{2} > \left(\dfrac{x+y}{2}\right)^n.$$

(2) 令 $f(t) = e^t (-\infty < t < +\infty)$,因为 $f''(t) = e^t > 0$,所以 $f(t) = e^t$ 在 $(-\infty, +\infty)$ 内为凹函数,故当 $x \neq y$ 时,$f\left(\dfrac{x+y}{2}\right) < \dfrac{f(x) + f(y)}{2}$,即 $\dfrac{e^x + e^y}{2} > e^{\frac{x+y}{2}}$.

(3) 令 $f(t) = t \ln t (0 < t < +\infty)$,因为 $f''(t) = \dfrac{1}{t} > 0$,所以 $f(t) = t \ln t$ 在 $(0, +\infty)$ 内为凹函数,故当 $x > 0, y > 0$ 且 $x \neq y$ 时,$f\left(\dfrac{x+y}{2}\right) < \dfrac{f(x) + f(y)}{2}$,即

$$\dfrac{x+y}{2} \ln \dfrac{x+y}{2} < \dfrac{x \ln x + y \ln y}{2}, \text{或} x \ln x + y \ln y > (x+y) \ln \dfrac{x+y}{2}.$$

(4) 令 $f(x) = \sin x - \dfrac{2x}{\pi}$,因为 $f''(x) = -\sin x < 0 \left(0 < x < \dfrac{\pi}{2}\right)$,所以 $y = f(x)$ 在 $\left[0, \dfrac{\pi}{2}\right]$ 上为凸函数.

再由 $f(0) = f\left(\dfrac{\pi}{2}\right) = 0$ 得 $f(x) > 0 \left(0 < x < \dfrac{\pi}{2}\right)$,即当 $0 < x < \dfrac{\pi}{2}$ 时,$\sin x > \dfrac{2x}{\pi}$.

*12. 试证明曲线 $y = \dfrac{x-1}{x^2+1}$ 有三个拐点位于同一直线上.

证明 $y' = \dfrac{x^2 + 1 - 2x(x-1)}{(x^2+1)^2} = \dfrac{-x^2 + 2x + 1}{(x^2+1)^2}$,

$$y'' = \dfrac{(2-2x)(x^2+1)^2 - 4x(x^2+1)(-x^2+2x+1)}{(x^2+1)^4}$$

$$= \dfrac{2x^3 - 6x^2 - 6x + 2}{(x^2+1)^3} = 2 \dfrac{(x+1)[x-(2-\sqrt{3})][x-(2+\sqrt{3})]}{(x^2+1)^3},$$

由 $y'' = 0$ 得 $x_1 = -1, x_2 = 2 - \sqrt{3}, x_3 = 2 + \sqrt{3}$.

当 $x \in (-\infty, -1)$ 时,$y'' < 0$,则 $(-\infty, -1]$ 为曲线的凸区间;

当 $x \in (-1, 2-\sqrt{3})$ 时,$y'' > 0$,则 $[-1, 2-\sqrt{3}]$ 为曲线的凹区间;

当 $x \in (2-\sqrt{3}, 2+\sqrt{3})$ 时,$y'' < 0$,则 $[2-\sqrt{3}, 2+\sqrt{3}]$ 为曲线的凸区间;

当 $x \in (2+\sqrt{3}, +\infty)$ 时,$y'' > 0$,则 $[2+\sqrt{3}, +\infty)$ 为曲线的凹区间,

故 $(-1, -1), \left(2-\sqrt{3}, \dfrac{1-\sqrt{3}}{4(2-\sqrt{3})}\right), \left(2+\sqrt{3}, \dfrac{1+\sqrt{3}}{4(2+\sqrt{3})}\right)$ 为曲线的三个拐点,

因为 $\dfrac{\dfrac{1-\sqrt{3}}{4(2-\sqrt{3})}-(-1)}{(2-\sqrt{3})-(-1)} = \dfrac{\dfrac{1+\sqrt{3}}{4(2+\sqrt{3})}-(-1)}{(2+\sqrt{3})-(-1)} = \dfrac{1}{4}$,所以三个拐点位于同一条直线上.

13. 问 a,b 为何值时,点 $(1,3)$ 为曲线 $y = ax^3 + bx^2$ 的拐点?

解 $y' = 3ax^2 + 2bx, y'' = 6ax + 2b = 6a\left(x + \dfrac{b}{3a}\right) = 0$ 得 $x_0 = -\dfrac{b}{3a}$.

当 $x \in \left(-\infty, -\dfrac{b}{3a}\right)$ 时,$y'' < 0$,则 $\left(-\infty, -\dfrac{b}{3a}\right]$ 为曲线的凸区间;

当 $x \in \left(-\dfrac{b}{3a}, +\infty\right)$ 时,$y'' > 0$,则 $\left[-\dfrac{b}{3a}, +\infty\right)$ 为曲线的凹区间.

$\left(-\dfrac{b}{3a}, \dfrac{2b^3}{27a^2}\right)$ 为曲线的唯一拐点,若 $(1,3)$ 为曲线拐点,则 $\begin{cases} -\dfrac{b}{3a} = 1, \\ \dfrac{2b^3}{27a^2} = 3, \end{cases}$ 解得 $a = -\dfrac{3}{2}, b = \dfrac{9}{2}$.

14. 试决定曲线 $y = ax^3 + bx^2 + cx + d$ 中的 a,b,c,d,使得 $x = -2$ 处曲线有水平切线,$(1,-10)$ 为拐点,且点 $(-2,44)$ 在曲线上.

解 $y' = 3ax^2 + 2bx + c, y'' = 6ax + 2b$,由题意得
$$y'(-2) = 0, y(1) = -10, y''(1) = 0, y(-2) = 44,$$
故 $\begin{cases} 12a - 4b + c = 0, \\ a + b + c + d = -10, \\ 6a + 2b = 0, \\ -8a + 4b - 2c + d = 44, \end{cases}$ 解得 $a = 1, b = -3, c = -24, d = 16$.

15. 试决定 $y = k(x^2 - 3)^2$ 中 k 的值,使曲线的拐点处的法线通过原点.

解 $y' = 4kx(x^2 - 3)$,由 $y'' = 4k(x^2 - 3) + 8kx^2 = 12k(x^2 - 1) = 0$ 得 $x_1 = -1, x_2 = 1$.

在 $x \in (-\infty, -1)$ 与 $x \in (-1,1)$ 内 y'' 异号,$x \in (-1,1)$ 与 $x \in (1, +\infty)$ 内 y'' 也异号,则 $(-1, 4k)$ 与 $(1, 4k)$ 为曲线的两个拐点.

由 $y'|_{x=1} = -8k$ 得过拐点 $(1, 4k)$ 的法线方程为
$$y - 4k = \dfrac{1}{8k}(x - 1),$$

若该法线过原点 $(0,0)$,则 $-4k = \dfrac{1}{8k} \cdot (-1)$,解得 $k = \pm\dfrac{\sqrt{2}}{8}$.

由 $y'|_{x=-1} = 8k$ 得过拐点 $(-1, 4k)$ 的法线方程为
$$y - 4k = -\dfrac{1}{8k}(x + 1),$$

若该法线过原点 $(0,0)$,解得 $k = \pm\dfrac{\sqrt{2}}{8}$.

故当 $k = \pm\dfrac{\sqrt{2}}{8}$ 时,该曲线的拐点处的法线过原点.

***16.** 设 $y = f(x)$ 在 $x = x_0$ 的某邻域内具有三阶连续导数,如果 $f''(x_0) = 0$,而 $f'''(x_0) \neq 0$,试问 $(x_0, f(x_0))$ 是不是拐点?为什么?

解 不妨设 $f'''(x_0) > 0$,因为 $f'''(x_0) = \lim\limits_{x \to x_0} \dfrac{f''(x)}{x - x_0} > 0$,所以存在 $\delta > 0$,当 $0 < |x - x_0| < \delta$ 时

$\dfrac{f''(x)}{x-x_0}>0$，从而有 $\begin{cases}f''(x)<0,x\in(x_0-\delta,x_0),\\ f''(x)>0,x\in(x_0,x_0+\delta),\end{cases}$ 故 $(x_0,f(x_0))$ 为曲线 $y=f(x)$ 的拐点.

第五节　函数的极值与最大值最小值

▶ 期末高分必备知识

一、极值与极值点

（一）极值点与极值的概念

设函数 $y=f(x)(x\in D),x_0\in D$，

1. 若存在 $\delta>0$，当 $0<|x-x_0|<\delta$ 时，有
$$f(x)<f(x_0),$$
称 $x=x_0$ 为 $f(x)$ 的极大值点，$f(x_0)$ 称为极大值；

2. 若存在 $\delta>0$，当 $0<|x-x_0|<\delta$ 时，有
$$f(x)>f(x_0),$$
称 $x=x_0$ 为 $f(x)$ 的极小值点，$f(x_0)$ 称为极小值.

极大值点和极小值点合称为极值点，极大值和极小值合称为极值.

（二）极值点的判断

定理1(第一充分条件)　设函数 $f(x)$ 在 x_0 的邻域内连续，在 $x=x_0$ 的去心邻域内可导，

(1) 若存在 $\delta>0$，当 $x\in(x_0-\delta,x_0)$ 时，$f'(x)>0$；当 $x\in(x_0,x_0+\delta)$ 时，$f'(x)<0$，则 $x=x_0$ 为函数 $f(x)$ 的极大值点；

(2) 若存在 $\delta>0$，当 $x\in(x_0-\delta,x_0)$ 时，$f'(x)<0$；当 $x\in(x_0,x_0+\delta)$ 时，$f'(x)>0$，则 $x=x_0$ 为函数 $f(x)$ 的极小值点.

定理2(第二充分条件)　设函数 $f(x)$ 在 x_0 的邻域内二阶可导，且 $f'(x_0)=0$，则

(1) 当 $f''(x_0)<0$ 时，则 $x=x_0$ 为函数 $f(x)$ 的极大值点；

(2) 当 $f''(x_0)>0$ 时，则 $x=x_0$ 为函数 $f(x)$ 的极小值点.

▶ 60分必会题型

题型一：函数极值点的判断及求函数的极值点与极值

例1　设 $f'(2)=0,\lim\limits_{x\to 2}\dfrac{f'(x)}{(x-2)^3}=-1$，判断 $x=2$ 是否为极值点？

解　因为 $\lim\limits_{x\to 2}\dfrac{f'(x)}{(x-2)^3}=-1<0$，所以存在 $\delta>0$，当 $0<|x-2|<\delta$ 时，$\dfrac{f'(x)}{(x-2)^3}<0$，当 $x\in(2-\delta,2)$ 时，$f'(x)>0$；当 $x\in(2,2+\delta)$ 时，$f'(x)<0$，故 $x=2$ 为 $f(x)$ 的极大值点.

例2　设 $f'(0)=0,\lim\limits_{x\to 0}\dfrac{f''(x)}{x^2+x^3}=-2$，讨论 $x=0$ 是否为 $f(x)$ 的极值点？

解　因为 $\lim\limits_{x\to 0}\dfrac{f''(x)}{x^2+x^3}=-2$，所以存在 $\delta>0$，当 $0<|x|<\delta$ 时，$\dfrac{f''(x)}{x^2+x^3}<0$.

因为 $x^3=o(x^2)$，所以当 $0<|x|<\delta(\delta<1)$ 时，$x^2+x^3>0$，从而 $f''(x)<0$，即 $f'(x)$ 在 $(-\delta,\delta)$ 内单调递减，再由 $f'(0)=0$ 可知，当 $x\in(-\delta,0)$ 时，$f'(x)>0$；$x\in(0,\delta)$ 时，$f'(x)<0$，故 $x=0$ 为 $f(x)$ 的极大值点.

例3 设 $f(x)$ 在 $(-\infty,+\infty)$ 内连续,且 $y=f'(x)$ 的图形如图 3-6 所示,问 $f(x)$ 极大值点和极小值点的个数各为多少?

解 显然 $f(x)$ 的驻点有 $x=a,b,c$,函数 $f(x)$ 的不可导点为 $x=0$,当 $x<a$ 时,$f'(x)>0$;当 $a<x<b$ 时,$f'(x)<0$,则 $x=a$ 为 $f(x)$ 的极大值点;当 $a<x<b$ 时,$f'(x)<0$;当 $b<x<0$ 时,$f'(x)>0$,则 $x=b$ 为 $f(x)$ 的极小值点;当 $b<x<0$ 时,$f'(x)>0$;当 $0<x<c$ 时,$f'(x)<0$,则 $x=0$ 为 $f(x)$ 的极大值点;当 $0<x<c$ 时,$f'(x)<0$;当 $x>c$ 时,$f'(x)>0$,则 $x=c$ 为 $f(x)$ 的极小值点,故 $f(x)$ 极大值点和极小值点的个数均为 2.

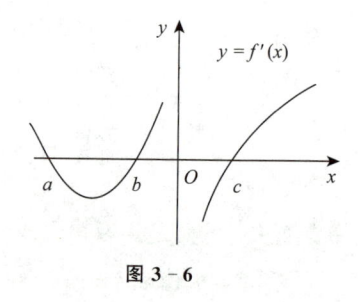

图 3-6

期末小锦囊 求极值的一般步骤:

(1) 先求出 $f'(x)$,找到 $f(x)$ 的驻点和不可导点;

(2) 当 $f'(x_0)=0$ 时,若 $f''(x_0)$ 存在又不为 0,且易求出,则可利用极值的第二充分条件判定;

(3) 若函数 $f(x)$ 在 x_0 处连续,且在 x_0 的某去心邻域内可导,当 $f''(x_0)$ 不存在或不便于求出时,则可利用极值的第一充分条件判定.

例4 设 $f(x)$ 满足:$xf''(x)-3xf'^2(x)=1-\mathrm{e}^{-2x}$,且 $x=a(a\neq 0)$ 为 $f(x)$ 的极值点,试判断 $x=a$ 是极大值点还是极小值点.

解 因为 $x=a$ 为极值点,所以 $f'(a)=0$,代入得
$$f''(a)=\frac{1-\mathrm{e}^{-2a}}{a}.$$

当 $a<0$ 时,$f''(a)>0$;当 $a>0$ 时,$f''(a)>0$,故 $x=a$ 为 $f(x)$ 的极小值点.

例5 求 $y=x^3-\dfrac{9}{2}x^2+6x-2$ 的极值点及极值.

解 由 $y'=3x^2-9x+6=3(x-1)(x-2)=0$ 得 $x=1,x=2$.

当 $x<1$ 时,$y'>0$;当 $1<x<2$ 时,$y'<0$,则 $x=1$ 为极大值点,极大值为 $y(1)=\dfrac{1}{2}$;当 $1<x<2$ 时,$y'<0$;当 $x>2$ 时,$y'>0$,则 $x=2$ 为极小值点,极小值为 $y(2)=0$.

例6 求由 $2y^3-2y^2+2xy-x^2-1=0$ 确定的函数 $y=y(x)$ 的极值点与极值.

解 $2y^3-2y^2+2xy-x^2-1=0$ 两边对 x 求导得 $6y^2y'-4yy'+2y+2xy'-2x=0$,令 $y'=0$ 得 $y=x$,代入原方程得 $x=1$,从而 $y=1$.

$6y^2y'-4yy'+2y+2xy'-2x=0$ 两边再对 x 求导得
$$12yy'^2+6y^2y''-4y'^2-4yy''+2y'+2y'+2xy''-2=0,$$

将 $x=1,y=1,y'=0$ 代入得 $y''(1)=\dfrac{1}{2}>0$,即 $x=1$ 为 $y=y(x)$ 的极小值点,极小值为 $y(1)=1$.

期末小锦囊 对于隐函数的极值点问题,与显函数的极值点问题相比,除了在求一阶导数和二阶导数时有所差别外,其他步骤都是一样的.

题型二:最值法证明不等式

例1 设 $p>1$,证明:当 $x\in[0,1]$ 时,$\dfrac{1}{2^{p-1}}\leqslant x^p+(1-x)^p\leqslant 1$.

证明 令 $f(x)=x^p+(1-x)^p$,由 $f'(x)=px^{p-1}-p(1-x)^{p-1}=0$ 得 $x=\dfrac{1}{2}$,由 $f(0)=f(1)=1$,$f\left(\dfrac{1}{2}\right)=\dfrac{1}{2^{p-1}}$ 得 $f(x)$ 在 $[0,1]$ 上的最小值 $m=\dfrac{1}{2^{p-1}}$,最大值 $M=1$,故 $\dfrac{1}{2^{p-1}}\leqslant x^p+(1-x)^p\leqslant 1$.

例2 证明:当 $x\in(\mathrm{e},\mathrm{e}^2)$ 时,$\dfrac{\ln x}{x}>\dfrac{2}{\mathrm{e}^2}$.

证明 令 $f(x) = \dfrac{\ln x}{x}$, $f'(x) = \dfrac{1-\ln x}{x^2}$, 当 $x \in (e, e^2)$, $f'(x) < 0$, 即函数 $f(x)$ 在 $[e, e^2]$ 上单调递减, 而函数 $f(x)$ 的最小值 $m = f(e^2) = \dfrac{2}{e^2}$, 故 $\dfrac{\ln x}{x} > \dfrac{2}{e^2}$.

同济八版教材 ▶ 习题解答

习题 3－5　函数的极值与最大值最小值

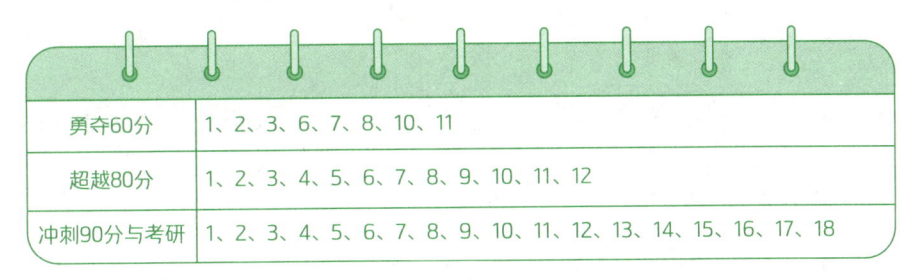

勇夺60分	1、2、3、6、7、8、10、11
超越80分	1、2、3、4、5、6、7、8、9、10、11、12
冲刺90分与考研	1、2、3、4、5、6、7、8、9、10、11、12、13、14、15、16、17、18

1. 求下列函数的极值：

(1) $y = 2x^3 - 6x^2 - 18x + 7$;

(2) $y = x - \ln(1+x)$;

(3) $y = -x^4 + 2x^2$;

(4) $y = x + \sqrt{1-x}$;

(5) $y = \dfrac{1+3x}{\sqrt{4+5x^2}}$;

(6) $y = \dfrac{3x^2+4x+4}{x^2+x+1}$;

(7) $y = e^x \cos x$;

(8) $y = x^{\frac{1}{x}}$;

(9) $y = 3 - 2(x+1)^{\frac{1}{3}}$;

(10) $y = x + \tan x$.

解 (1) 由 $y' = 6x^2 - 12x - 18 = 0$ 得 $x = -1, x = 3$, $y'' = 12x - 12$, 由 $y''(-1) = -24 < 0$, 得 $x = -1$ 为函数的极大值点, 极大值为 $y(-1) = 17$; 由 $y''(3) = 24 > 0$, 得 $x = 3$ 为函数的极小值点, 极小值为 $y(3) = -47$.

(2) 函数的定义域为 $(-1, +\infty)$, 令 $y' = 1 - \dfrac{1}{1+x} = 0$ 得 $x = 0$, $y'' = \dfrac{1}{(1+x)^2}$, 由 $y''(0) = 1 > 0$, 得 $x = 0$ 为函数的极小值点, 极小值为 $y(0) = 0$.

(3) 令 $y' = -4x^3 + 4x = 0$ 得 $x = -1, x = 0, x = 1$, $y'' = -12x^2 + 4$, 由 $y''(-1) = -8 < 0$, 得 $x = -1$ 为函数的极大值点, 极大值为 $y(-1) = 1$;

由 $y''(0) = 4 > 0$, 得 $x = 0$ 为函数的极小值点, 极小值为 $y(0) = 0$;

由 $y''(1) = -8 < 0$, 得 $x = 1$ 为函数的极大值点, 极大值为 $y(1) = 1$.

(4) 函数的定义域为 $(-\infty, 1]$, 令 $y' = 1 - \dfrac{1}{2\sqrt{1-x}} = 0$ 得 $x = \dfrac{3}{4}$.

$y'' = -\dfrac{1}{4(1-x)^{\frac{3}{2}}}$, 由 $y''\left(\dfrac{3}{4}\right) = -2 < 0$, 得 $x = \dfrac{3}{4}$ 为函数的极大值点, 极大值为 $y\left(\dfrac{3}{4}\right) = \dfrac{5}{4}$.

(5) 由 $y' = \dfrac{3\sqrt{4+5x^2} - \dfrac{5x(1+3x)}{\sqrt{4+5x^2}}}{4+5x^2} = -\dfrac{5\left(x - \dfrac{12}{5}\right)}{(4+5x^2)^{\frac{3}{2}}} = 0$ 得 $x = \dfrac{12}{5}$.

当 $x < \dfrac{12}{5}$ 时, $y' > 0$; 当 $x > \dfrac{12}{5}$ 时, $y' < 0$, 则 $x = \dfrac{12}{5}$ 为函数的极大值点, 极大值为 $y\left(\dfrac{12}{5}\right) = \dfrac{\sqrt{205}}{10}$.

(6) 由 $y' = \dfrac{(6x+4)(x^2+x+1) - (2x+1)(3x^2+4x+4)}{(x^2+x+1)^2} = -\dfrac{x(x+2)}{(x^2+x+1)^2} = 0$ 得

$x = -2, x = 0$.

当 $x < -2$ 时,$y' < 0$;当 $-2 < x < 0$ 时,$y' > 0$;当 $x > 0$ 时,$y' < 0$,则 $x = -2$ 为极小值点,极小值为 $y(-2) = \dfrac{8}{3}$;$x = 0$ 为极大值点,极大值为 $y(0) = 4$.

(7) 令 $y' = e^x(\cos x - \sin x) = 0$ 得 $x = k\pi + \dfrac{\pi}{4}(k \in \mathbf{Z})$,$y'' = -2e^x \sin x$.

由 $y''\left(2k\pi + \dfrac{\pi}{4}\right) = -\sqrt{2}\, e^{2k\pi + \frac{\pi}{4}} < 0$,得 $x = 2k\pi + \dfrac{\pi}{4}(k \in \mathbf{Z})$ 为函数的极大值点,极大值为 $y\left(2k\pi + \dfrac{\pi}{4}\right) = \dfrac{\sqrt{2}}{2} e^{2k\pi + \frac{\pi}{4}}(k \in \mathbf{Z})$;

由 $y''\left[(2k+1)\pi + \dfrac{\pi}{4}\right] = \sqrt{2}\, e^{(2k+1)\pi + \frac{\pi}{4}} > 0$,得 $x = (2k+1)\pi + \dfrac{\pi}{4}(k \in \mathbf{Z})$ 为函数的极小值点,极小值为 $y\left[(2k+1)\pi + \dfrac{\pi}{4}\right] = -\dfrac{\sqrt{2}}{2} e^{(2k+1)\pi + \frac{\pi}{4}}(k \in \mathbf{Z})$.

(8) 定义域为 $(0, +\infty)$,由 $y' = \left(e^{\frac{\ln x}{x}}\right)' = e^{\frac{\ln x}{x}} \cdot \dfrac{1 - \ln x}{x^2} = 0$ 得 $x = e$.

当 $0 < x < e$ 时,$y' > 0$;当 $x > e$ 时,$y' < 0$,则 $x = e$ 为函数的极大值点,极大值为 $y(e) = e^{\frac{1}{e}}$.

(9) $y' = -\dfrac{2}{3}(x+1)^{-\frac{2}{3}}$,$x = -1$ 为函数不可导的点.

当 $x < -1$ 及 $x > -1$ 时,$y' < 0$,故函数在 $(-\infty, +\infty)$ 内无极值.

(10) 函数的定义域为 $\left\{x \mid x \in \mathbf{R}, x \neq k\pi + \dfrac{\pi}{2}(k \in \mathbf{Z})\right\}$,因为 $y' = 1 + \sec^2 x > 0$,所以函数在定义域内无极值.

2. 试证明:如果函数 $y = ax^3 + bx^2 + cx + d$ 满足条件 $b^2 - 3ac < 0$,那么这个函数没有极值.

证明 $y' = 3ax^2 + 2bx + c$,由 $b^2 - 3ac < 0$ 得 $a \neq 0, c \neq 0$.

$\Delta = 4b^2 - 12ac = 4(b^2 - 3ac) < 0$.

当 $a > 0$ 时,$y' > 0$,函数在 $(-\infty, +\infty)$ 内单调递增,函数没有极值;

当 $a < 0$ 时,$y' < 0$,函数在 $(-\infty, +\infty)$ 内单调递减,函数也没有极值.

3. 试问 a 为何值时,函数 $f(x) = a\sin x + \dfrac{1}{3}\sin 3x$ 在 $x = \dfrac{\pi}{3}$ 处取得极值?它是极大值还是极小值?并求此极值.

解 $f'(x) = a\cos x + \cos 3x$,因为 $x = \dfrac{\pi}{3}$ 为函数的极值点,所以 $\dfrac{a}{2} - 1 = 0$,解得 $a = 2$.

$f''(x) = -2\sin x - 3\sin 3x$,因为 $f''\left(\dfrac{\pi}{3}\right) = -\sqrt{3} < 0$,所以 $x = \dfrac{\pi}{3}$ 为函数的极大值点,极大值为 $f\left(\dfrac{\pi}{3}\right) = \sqrt{3}$.

4. 设函数 $f(x)$ 在 x_0 处有 n 阶导数,且 $f'(x_0) = f''(x_0) = \cdots = f^{(n-1)}(x_0) = 0, f^{(n)}(x_0) \neq 0$,证明:(1) 当 n 为奇数时,$f(x)$ 在 x_0 处不取得极值;

(2) 当 n 为偶数时,$f(x)$ 在 x_0 处取得极值,且当 $f^{(n)}(x_0) < 0$ 时,$f(x_0)$ 为极大值,当 $f^{(n)}(x_0) > 0$ 时,$f(x_0)$ 为极小值.

证明 由含佩亚诺余项的 n 阶泰勒公式以及已知条件,可得

$$f(x) = f(x_0) + \dfrac{f^{(n)}(x_0)}{n!}(x - x_0)^n + o((x - x_0)^n),$$

即 $f(x) - f(x_0) = \dfrac{f^{(n)}(x_0)}{n!}(x - x_0)^n + o((x - x_0)^n)$,由此可得 $f(x) - f(x_0)$ 在 x_0 的某邻域内

的符号由 $\dfrac{f^{(n)}(x_0)}{n!}(x-x_0)^n$ 在 x_0 的某去心邻域内的符号所决定.

(1) 当 n 为奇数时,$(x-x_0)^n$ 在 x_0 的两侧异号,所以 $\dfrac{f^{(n)}(x_0)}{n!}(x-x_0)^n$ 在 x_0 的两侧异号,从而 $f(x)-f(x_0)$ 在 x_0 的两侧异号,因此 $f(x)$ 在 x_0 处取不到极值;

(2) 当 n 为偶数时,$(x-x_0)^n$ 在 x_0 的两侧均大于 0,若 $f^{(n)}(x_0)<0$,则 $\dfrac{f^{(n)}(x_0)}{n!}\cdot(x-x_0)^n<0$,从而 $f(x)-f(x_0)<0$,因此 $f(x_0)$ 为极大值;若 $f^{(n)}(x_0)>0$,则 $\dfrac{f^{(n)}(x_0)}{n!}\cdot(x-x_0)^n>0$,从而 $f(x)-f(x_0)>0$,从而 $f(x_0)$ 为极小值.

5. 试利用习题 4 的结论,讨论函数 $f(x)=\mathrm{e}^x+\mathrm{e}^{-x}+2\cos x$ 的极值.

解 由 $f'(x)=\mathrm{e}^x-\mathrm{e}^{-x}-2\sin x$ 得 $f'(0)=0$,
$$f''(x)=\mathrm{e}^x+\mathrm{e}^{-x}-2\cos x, f''(0)=0,$$
$$f'''(x)=\mathrm{e}^x-\mathrm{e}^{-x}+2\sin x, f'''(0)=0,$$
$$f^{(4)}(x)=\mathrm{e}^x+\mathrm{e}^{-x}+2\cos x, f^{(4)}(0)=4>0,$$
则 $x=0$ 为 $f(x)$ 的极小值点,极小值为 $f(0)=4$.

6. 求下列函数的最大值、最小值:

(1) $y=2x^3-3x^2,-1\leqslant x\leqslant 4$; (2) $y=x^4-8x^2+2,-1\leqslant x\leqslant 3$;

(3) $y=x+\sqrt{1-x},-5\leqslant x\leqslant 1$.

解 (1) 由 $y'=6x^2-6x=0$ 得 $x=0,x=1$,
$$y(-1)=-5,y(0)=0,y(1)=-1,y(4)=80,$$
则最小值为 $y(-1)=-5$,最大值为 $y(4)=80$.

(2) 由 $y'=4x^3-16x=0$ 得 $x=0,x=2$,
$$y(-1)=-5,y(0)=2,y(2)=-14,y(3)=11,$$
则最小值为 $y(2)=-14$,最大值为 $y(3)=11$.

(3) 由 $y'=1-\dfrac{1}{2\sqrt{1-x}}=0$ 得 $x=\dfrac{3}{4}$,
$$y(-5)=-5+\sqrt{6},y\left(\dfrac{3}{4}\right)=\dfrac{5}{4},y(1)=1,$$
则最小值为 $y(-5)=-5+\sqrt{6}$,最大值为 $y\left(\dfrac{3}{4}\right)=\dfrac{5}{4}$.

7. 问函数 $y=2x^3-6x^2-18x-7(1\leqslant x\leqslant 4)$ 在何处取得最大值?并求出它的最大值.

解 由 $y'=6x^2-12x-18=6(x+1)(x-3)=0$ 得 $x=-1$(舍)或 $x=3$,因为
$$y\big|_{x=1}=-29,y\big|_{x=3}=-61,y\big|_{x=4}=-47,$$
所以当 $x=1$ 时,函数取最大值,且最大值为 $y\big|_{x=1}=-29$.

8. 求下列函数在何处取得最小值或最大值:

(1) $y=x^2-\dfrac{54}{x}(x<0)$,最小值; (2) $y=\dfrac{x}{x^2+1}(x\geqslant 0)$,最大值.

解 (1) 由 $y'=2x+\dfrac{54}{x^2}=\dfrac{2(x^3+27)}{x^2}=0$ 得 $x=-3$.

当 $x<-3$ 时,$y'<0$,则在 $(-\infty,-3)$ 内函数单调递减;

当 $x>-3$ 时,$y'>0$,则在 $(-3,0)$ 内函数单调递增,故 $x=-3$ 时函数取最小值,且最小值为 $y\big|_{x=-3}=27$.

(2) 由 $y'=\dfrac{x^2+1-2x^2}{(x^2+1)^2}=\dfrac{1-x^2}{(x^2+1)^2}=0$ 得 $x=-1$(舍)或 $x=1$.

当 $0<x<1$ 时，$y'>0$；当 $x>1$ 时，$y'<0$，则 $x=1$ 为函数的最大值点，最大值为 $y|_{x=1}=\dfrac{1}{2}$.

9. 设函数 $f_n(x)=nx(1-x)^n(n=1,2,3,\cdots)$，$M(n)=\max\limits_{x\in[0,1]}f_n(x)$，试求 $\lim\limits_{n\to\infty}M(n)$.

解 令 $f'_n(x)=n(1-x)^n-n^2x(1-x)^{n-1}=n(1-x)^{n-1}\cdot[1-(n+1)x]=0$ 得 $x=1$ 或 $x=\dfrac{1}{n+1}$.

因为 $f_n(0)=f_n(1)=0$，且当 $0<x<\dfrac{1}{n+1}$ 时，$f'(x)>0$；当 $\dfrac{1}{n+1}<x<1$ 时，$f'(x)<0$，所以 $x=\dfrac{1}{n+1}$ 为 $f_n(x)$ 在 $[0,1]$ 上的最大值点，最大值为 $M(n)=f_n\left(\dfrac{1}{n+1}\right)=\dfrac{n}{n+1}\cdot\left(1-\dfrac{1}{n+1}\right)^n$，故

$$\lim\limits_{n\to\infty}M(n)=\lim\limits_{n\to\infty}\dfrac{n}{n+1}\cdot\left(1-\dfrac{1}{n+1}\right)^n=\lim\limits_{n\to\infty}\left[\left(1-\dfrac{1}{n+1}\right)^{-(n+1)}\right]^{-\frac{n}{n+1}}=e^{-1}.$$

10. 某车间靠墙壁要盖一间长方形小屋，现有存砖只够砌 20 m 长的墙壁. 问应围成怎样的长方形才能使这间小屋的面积最大？

解 设小屋的宽为 x，长为 y，则小屋的面积为 $S=xy$，由 $2x+y=20$ 得 $y=20-2x$，则

$$S=20x-2x^2, 0<x<10.$$

由 $S'=20-4x=0$ 得 $x=5$，因为 $S''(5)=-4<0$，所以当 $x=5$ 时面积最大，即当宽为 5 m，长为 10 m 时，小屋面积最大.

11. 要造一圆柱形油罐，体积为 V，问底半径 r 和高 h 各等于多少时，才能使表面积最小？这时底直径与高的比是多少？

解 由 $V=\pi r^2h$ 得 $h=\dfrac{V}{\pi r^2}$. 油罐表面积为 $S=2\pi r^2+2\pi rh=2\pi r^2+\dfrac{2V}{r}$，由 $S'=4\pi r-\dfrac{2V}{r^2}=0$ 得 $r=\sqrt[3]{\dfrac{V}{2\pi}}$，$S''=4\pi+\dfrac{4V}{r^3}$，由 $S''\big|_{r=\sqrt[3]{\frac{V}{2\pi}}}>0$ 得 $r=\sqrt[3]{\dfrac{V}{2\pi}}$ 为极小值点，因为驻点是唯一的，所以当 $r=\sqrt[3]{\dfrac{V}{2\pi}}$ 时，油罐表面积最小，此时 $h=\dfrac{V}{\pi r^2}=2r$，即当表面积最小时，底直径与高之比 $2r:h=1:1$.

12. 某地区防空洞的截面拟建成矩形加半圆（如图 3-7），截面的面积为 5 m^2. 问底宽 x 为多少时才能使截面的周长最小，从而使建造时所用的材料最省？

解 截面周长 $l=x+2y+\dfrac{\pi}{2}x$，由 $xy+\dfrac{\pi}{2}\left(\dfrac{x}{2}\right)^2=5$ 得 $y=\dfrac{5}{x}-\dfrac{\pi x}{8}$，

则 $l=x+\dfrac{10}{x}+\dfrac{\pi x}{4}\left(0<x<\sqrt{\dfrac{40}{\pi}}\right)$.

由 $l'=1-\dfrac{10}{x^2}+\dfrac{\pi}{4}=0$ 得 $x=\sqrt{\dfrac{40}{4+\pi}}$，$l''=\dfrac{20}{x^3}$，由 $l''\big|_{x=\sqrt{\frac{40}{4+\pi}}}>0$ 及驻点

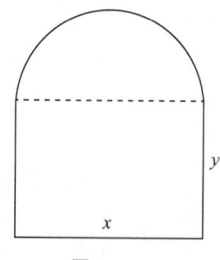

图 3-7

的唯一性，当截面的底宽 $x=\sqrt{\dfrac{40}{4+\pi}}$ (m) 时，才能使截面的周长最小，从而使得建造所用的材料最省.

13. 设有质量为 5 kg 的物体，置于水平面上，受力 F 的作用而开始移动（如图 3-8）. 设摩擦系数 $\mu=0.25$，问力 F 与水平线的交角 α 为多少时，才可使力 F 的大小为最小.

解 由 $|F|\cos\alpha=(mg-|F|\sin\alpha)\mu$ 得 $|F|=\dfrac{\mu mg}{\cos\alpha+\mu\sin\alpha}$，

其中 $0\leqslant\alpha<\dfrac{\pi}{2}$.

令 $\varphi(\alpha)=\cos\alpha+\mu\sin\alpha$，由 $\varphi'(\alpha)=-\sin\alpha+\mu\cos\alpha=0$ 得 $\alpha_0=\arctan\mu$，因为 $\varphi''(\alpha_0)=-\cos\alpha_0-\mu\sin\alpha_0<0$，所以当 $\alpha=\arctan\mu$ 时，$\varphi(\alpha)$ 取最大值，从而 $|F|$ 取最小值，即 $\alpha=\arctan 0.25\approx 14°2'$ 时，$|F|$ 最小.

图 3-8

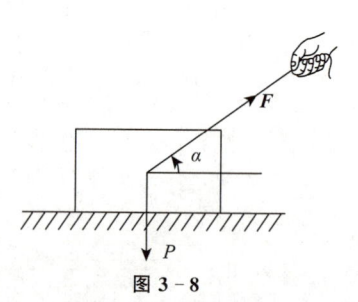

14. 有一杠杆,支点在它的一端. 在距支点 0.1 m 处挂一质量为 49 kg 的物体,加力 F 于杠杆的另一端使杠杆保持水平(图 3-9). 如果杠杆的线密度为 5 kg/m,求最省力的杆长.

解 设最省力时杠杆长为 $x(m)$,由力矩平衡公式得
$$x|F| = 49g \times 0.1 + 5gx \times \frac{x}{2},$$
则 $|F| = \frac{49}{10x}g + \frac{5}{2}gx$,由 $|F|' = \frac{-49}{10x^2}g + \frac{5}{2}g = 0$ 得 $x = 1.4(m)$,因为 $|F|'' = \frac{98}{10x^3}g > 0$,所以当杠杆长为 1.4 m 时,最省力.

15. 从一块半径为 R 的圆铁片上挖去一个扇形做成一个漏斗(如图 3-10). 问留下的扇形的圆心角 φ 取多大时,做成的漏斗的容积最大?

解 设漏斗的高为 h,漏斗口的半径为 r,则漏斗容积为 $V = \frac{1}{3}\pi r^2 h$.

由 $\begin{cases} 2\pi r = R\varphi, \\ h = \sqrt{R^2 - r^2} \end{cases}$ 得 $r = \frac{R}{2\pi}\varphi, h = \frac{R}{2\pi}\sqrt{4\pi^2 - \varphi^2}$,

从而 $V = \frac{R^3}{24\pi^2}\sqrt{4\pi^2\varphi^4 - \varphi^6}$,其中 $0 < \varphi < 2\pi$,

由 $V' = \frac{R^3}{24\pi^2} \cdot \frac{8\pi^2\varphi^3 - 3\varphi^5}{\sqrt{4\pi^2\varphi^4 - \varphi^6}} = 0$ 得 $\varphi = \frac{2\sqrt{6}}{3}\pi$.

当 $\varphi \in \left(0, \frac{2\sqrt{6}}{3}\pi\right)$ 时,$V' > 0$;当 $\varphi \in \left(\frac{2\sqrt{6}}{3}\pi, 2\pi\right)$ 时,$V' < 0$,

故当 $\varphi = \frac{2\sqrt{6}}{3}\pi$ 时,做成的漏斗容积最大.

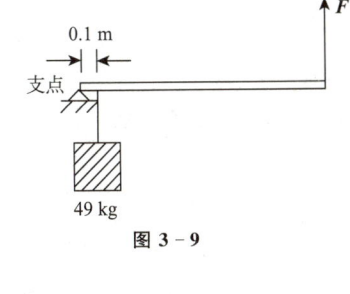

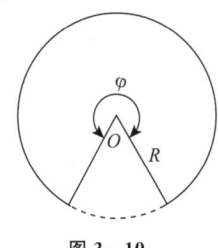

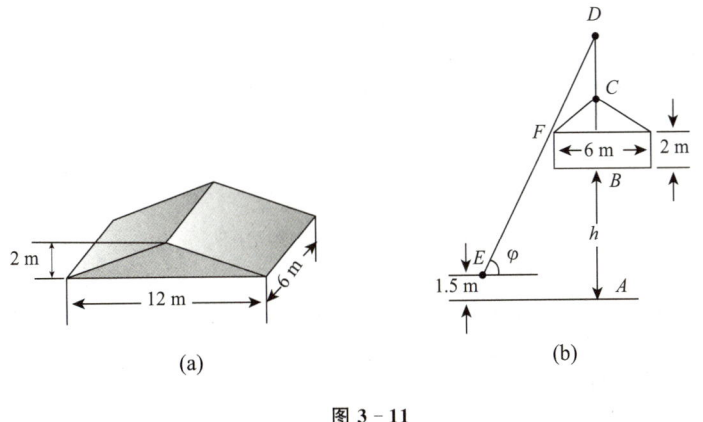

16. 某吊车的车身高为 1.5 m,吊臂长 15 m. 现在要把一个 6 m 宽、2 m 高的屋架(图 3-11(a)),水平地吊到 6 m 高的柱子上去(图 3-11(b)),问能否吊得上去?

解 设吊臂与水平面的夹角为 φ,屋架能够吊到的最大高度为 h.

由 $15\sin\varphi = h - 1.5 + 2 + 3\tan\varphi$,解得 $h = 15\sin\varphi - 3\tan\varphi - 0.5$.

由 $h' = 15\cos\varphi - 3\sec^2\varphi = 0$ 得 $\varphi_0 = \arccos\frac{1}{\sqrt[3]{5}} \approx 54°13'$,因为
$$h''|_{\varphi = \varphi_0} = -15\sin\varphi_0 - 6\sec^2\varphi_0\tan\varphi_0 < 0,$$
所以当 $\varphi \approx 54°13'$ 时,h 达到最大值,最大高度为 $h = 15\sin 54°13' - 3\tan 54°13' - 0.5 \approx 7.506$ m,因为

$6<7.506$,所以一定可以吊得上去.

17. 一房地产公司有 50 套公寓要出租.当月租金定为 4 000 元/套时,公寓会全部租出去.当月租金每增加 200 元时,就会多一套公寓租不出去,而租出去的公寓平均每月需花费 400 元的维修费.试问房租定为多少时可获得最大收入?

解 设每套公寓的月租金为 x 元,则租不出去的房子数为 $\dfrac{x-4\,000}{200}=\dfrac{x}{200}-20$,可以租出去的房子数为 $50-\left(\dfrac{x}{200}-20\right)=70-\dfrac{x}{200}$,总利润为

$$y=\left(70-\dfrac{x}{200}\right)(x-400)=-\dfrac{x^2}{200}+72x-28\,000,x\in[4\,000,14\,000],$$

由 $y'=-\dfrac{x}{100}+72=0$ 得 $x=7\,200$,因为 $y''=-\dfrac{1}{100}<0$,所以当每套公寓的月租金为 7 200 元时收入最大.

18. 已知制作一个背包的成本为 40 元,如果每一个背包的售出价格为 x 元,售出的背包数由 $n=\dfrac{a}{x-40}+b(80-x)$ 给出,其中 a,b 为正常数.问什么样的售出价格能带来最大利润?

解 利润为

$$L=(x-40)n=a+b(x-40)(80-x),x\in(40,+\infty),$$

由 $L'=b(120-2x)=0$ 得 $x=60$(元).因为 $L''=-2b<0$,所以 $x=60$ 为唯一的极大值点,即为最大值点,当售价为 60 元时利润最大.

第六节 函数图形的描绘

> **期末高分必备知识**

一、渐近线的概念

(一) 水平渐近线

对曲线 $L:y=f(x)$,若 $\lim\limits_{x\to-\infty}f(x)=A$ 或 $\lim\limits_{x\to+\infty}f(x)=A$ 或 $\lim\limits_{x\to\infty}f(x)=A$,称直线 $y=A$ 为曲线 L 的水平渐近线.

(二) 铅直渐近线

对曲线 $L:y=f(x)$,若 $f(a-0)=\infty$ 或 $f(a+0)=\infty$ 或 $\lim\limits_{x\to a}f(x)=\infty$,称直线 $x=a$ 为曲线 L 的铅直渐近线.

> **抢分攻略**
>
> 对 $L:y=f(x)$,其铅直渐近线一定在函数 $f(x)$ 的间断点处,但间断点对应的直线不一定是曲线的铅直渐近线.

(三) 斜渐近线

对曲线 $L:y=f(x)$,若 $\lim\limits_{x\to-\infty}\dfrac{f(x)}{x}=a(a\neq 0$ 且 $a\neq\infty)$,$\lim\limits_{x\to-\infty}[f(x)-ax]=b$(或 $\lim\limits_{x\to+\infty}\dfrac{f(x)}{x}=A(A\neq 0$ 且 $A\neq\infty)$,$\lim\limits_{x\to+\infty}[f(x)-Ax]=B)$,称直线 $y=ax+b$(或 $y=Ax+B$) 为曲线 L 的斜渐近线.

二、描绘曲线草图的步骤

对曲线 $L:y=f(x)$,描绘其草图一般按如下步骤进行:

1. 求函数 $f(x)$ 的定义域 D;
2. 求函数 $f(x)$ 的驻点和不可导点,求出函数的单调区间和极值点与极值;
3. 求 $f''(x)=0$ 的点和二阶不可导点,求出曲线的凹凸区间及拐点;
4. 求出曲线的水平渐近线、铅直渐近线和斜渐近线;

5. 标出曲线上的关键点(极值点、拐点);
6. 各关键点之间根据单调性和凹凸性描绘草图.

60分必会题型

题型:求曲线的渐近线

例1 求曲线 $y = \dfrac{x^2 - 3x + 2}{x^2 - 1} e^{\frac{1}{x}}$ 的水平渐近线与铅直渐近线.

解 因为 $\lim\limits_{x \to \infty} \dfrac{x^2 - 3x + 2}{x^2 - 1} e^{\frac{1}{x}} = 1$,所以 $y = 1$ 为曲线的水平渐近线;

由 $\lim\limits_{x \to -1} \dfrac{x^2 - 3x + 2}{x^2 - 1} e^{\frac{1}{x}} = \infty$ 得 $x = -1$ 为曲线的铅直渐近线;

由 $\lim\limits_{x \to 1} \dfrac{x^2 - 3x + 2}{x^2 - 1} e^{\frac{1}{x}} = \lim\limits_{x \to 1} \dfrac{x - 2}{x + 1} e^{\frac{1}{x}} = -\dfrac{e}{2}$ 得 $x = 1$ 不是曲线的铅直渐近线;

由 $\lim\limits_{x \to 0^+} \dfrac{x^2 - 3x + 2}{x^2 - 1} e^{\frac{1}{x}} = -\infty$ 得 $x = 0$ 为曲线的铅直渐近线.

例2 求曲线 $y = \dfrac{2x^2 - 4x - 1}{x + 2}$ 的斜渐近线.

解 由 $\lim\limits_{x \to \infty} \dfrac{y}{x} = 2$,$\lim\limits_{x \to \infty}(y - 2x) = \lim\limits_{x \to \infty} \dfrac{-8x - 1}{x + 2} = -8$ 得曲线的斜渐近线为 $y = 2x - 8$.

例3 求曲线 $y = x \ln\left(e + \dfrac{1}{x}\right)$ $(x > 0)$ 的斜渐近线.

解 由 $\lim\limits_{x \to +\infty} \dfrac{y}{x} = \lim\limits_{x \to +\infty} \ln\left(e + \dfrac{1}{x}\right) = 1$,

$\lim\limits_{x \to +\infty}(y - x) = \lim\limits_{x \to +\infty} \dfrac{\ln\left(e + \dfrac{1}{x}\right) - 1}{\dfrac{1}{x}} \xlongequal{\frac{1}{x} = t} \lim\limits_{t \to 0^+} \dfrac{\ln(e + t) - 1}{t} = \lim\limits_{t \to 0^+} \dfrac{1}{e + t} = \dfrac{1}{e}$

得曲线的斜渐近线为 $y = x + \dfrac{1}{e}$.

同济八版教材 习题解答

习题 3 - 6 函数图形的描绘

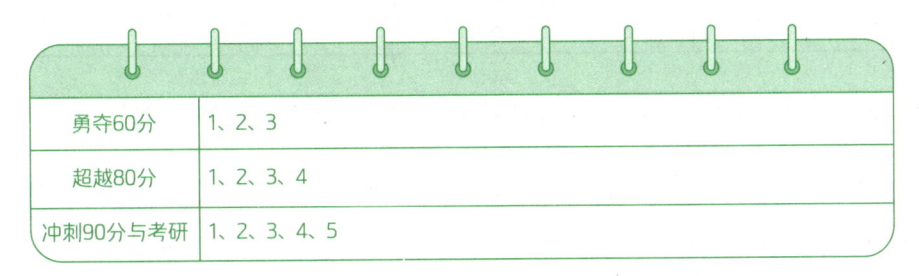

勇夺60分	1、2、3
超越80分	1、2、3、4
冲刺90分与考研	1、2、3、4、5

描绘下列函数的图形:

1. $y = \dfrac{1}{5}(x^4 - 6x^2 + 8x + 7)$;

2. $y = \dfrac{x}{1 + x^2}$;

3. $y = e^{-(x-1)^2}$;

4. $y = x^2 + \dfrac{1}{x}$;

5. $y = \dfrac{\cos x}{\cos 2x}$.

解 1.(1) 函数 $y = \dfrac{1}{5}(x^4 - 6x^2 + 8x + 7)$ 的定义域为 $(-\infty, +\infty)$.

(2) 由 $y' = \dfrac{1}{5}(4x^3 - 12x + 8) = 0$ 得 $x = -2, x = 1$,

由 $y'' = \dfrac{1}{5}(12x^2 - 12) = 0$ 得 $x = -1, x = 1$.

(3) 在各部分区间内函数的特性如下:

x	$(-\infty, -2)$	-2	$(-2, -1)$	-1	$(-1, 1)$	1	$(1, +\infty)$
y'	负	0	正	正	正	0	正
y''	正	正	正	0	负	0	正
y	减凹	极小值点	增凹	拐点	增凸	拐点	增凹

(4) $\lim\limits_{x \to \infty} f(x) = \infty$,图形无水平渐近线、铅直渐近线、斜渐近线;

(5) 由 $f(-2) = -\dfrac{17}{5}, f(-1) = -\dfrac{6}{5}, f(1) = 2, f(0) = \dfrac{7}{5}$ 得图形

上的关键点为 $\left(-2, -\dfrac{17}{5}\right), \left(-1, -\dfrac{6}{5}\right), (1, 2), \left(0, \dfrac{7}{5}\right)$.

(6) 描图,如图 3-12.

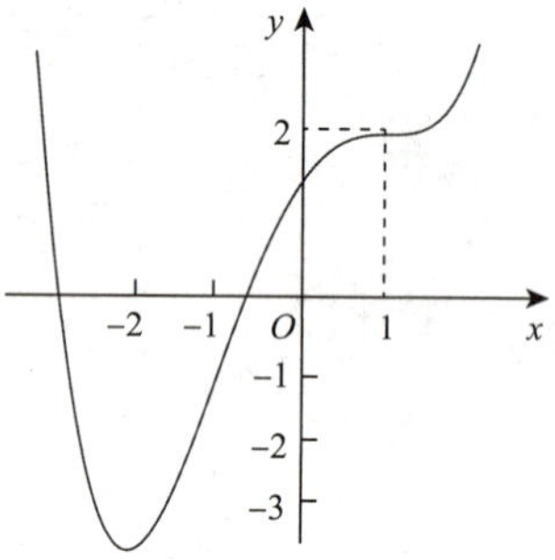

2.(1) $y = \dfrac{x}{1 + x^2}$ 的定义域为 $(-\infty, +\infty)$,因为 $y = \dfrac{x}{1 + x^2}$ 为奇函数,所以只研究其在 $[0, +\infty)$ 上的图形.

(2) 由 $y' = \dfrac{1 + x^2 - 2x^2}{(1 + x^2)^2} = \dfrac{1 - x^2}{(1 + x^2)^2} = 0$ 得 $x = 1$;

由 $y'' = \dfrac{-2x(1 + x^2)^2 - 4x(1 - x^2)(1 + x^2)}{(1 + x^2)^4} = \dfrac{2x(x^2 - 3)}{(1 + x^2)^3} = 0$

得 $x = 0, x = \sqrt{3}$.

(3) 在各部分区间内函数的特性如下:

x	0	$(0, 1)$	1	$(1, \sqrt{3})$	$\sqrt{3}$	$(\sqrt{3}, +\infty)$
y'	正	正	0	负	负	负
y''	负	负	负	负	0	正
y	拐点	增凸	极大值点	减凸	拐点	减凹

图 3-12

(4) 由 $\lim\limits_{x \to \infty} \dfrac{x}{1 + x^2} = 0$ 得曲线有一条水平渐近线 $y = 0$,无铅直渐近线和斜渐近线.

(5) 由 $f(0) = 0, f(1) = \dfrac{1}{2}, f(\sqrt{3}) = \dfrac{\sqrt{3}}{4}$ 得图形的关键点为 $(0, 0), \left(1, \dfrac{1}{2}\right), \left(\sqrt{3}, \dfrac{\sqrt{3}}{4}\right)$.

(6) 利用图形的对称性描图,如图 3-13.

3.(1) 函数 $y = e^{-(x-1)^2}$ 的定义域为 $(-\infty, +\infty)$.

(2) 由 $y' = -2(x-1)e^{-(x-1)^2} = 0$ 得 $x = 1$;

由 $y'' = 2(2x^2 - 4x + 1)e^{-(x-1)^2} = 0$ 得 $x = 1 - \dfrac{\sqrt{2}}{2}$

或 $x = 1 + \dfrac{\sqrt{2}}{2}$.

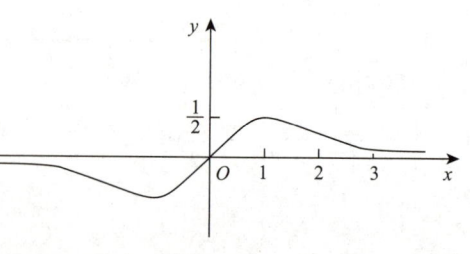

图 3-13

(3) 各部分区间内函数的特性如下：

x	$\left(-\infty, 1-\frac{\sqrt{2}}{2}\right)$	$1-\frac{\sqrt{2}}{2}$	$\left(1-\frac{\sqrt{2}}{2}, 1\right)$	1	$\left(1, 1+\frac{\sqrt{2}}{2}\right)$	$1+\frac{\sqrt{2}}{2}$	$\left(1+\frac{\sqrt{2}}{2}, +\infty\right)$
y'	正	正	正	0	负	负	负
y''	正	0	负	负	负	0	正
y	增凹	拐点	增凸	极大值点	减凸	拐点	减凹

(4) 由 $\lim\limits_{x\to\infty} y = 0$ 得曲线有一条水平渐近线 $y = 0$，显然该曲线无铅直渐近线和斜渐近线.

(5) $f\left(1-\frac{\sqrt{2}}{2}\right) = \mathrm{e}^{-\frac{1}{2}}$, $f(0) = \frac{1}{\mathrm{e}}$, $f(1) = 1$, $f\left(1+\frac{\sqrt{2}}{2}\right) = \mathrm{e}^{-\frac{1}{2}}$，图形的关键点为
$\left(1-\frac{\sqrt{2}}{2}, \mathrm{e}^{-\frac{1}{2}}\right)$, $\left(0, \frac{1}{\mathrm{e}}\right)$, $(1, 1)$, $\left(1+\frac{\sqrt{2}}{2}, \mathrm{e}^{-\frac{1}{2}}\right)$.

(6) 描图，如图 3 - 14.

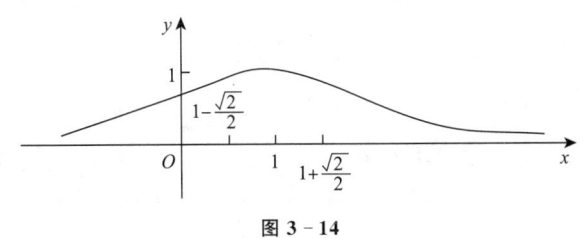

图 3 - 14

4. (1) $y = x^2 + \frac{1}{x}$ 的定义域为 $(-\infty, 0) \cup (0, +\infty)$.

(2) 由 $y' = 2x - \frac{1}{x^2} = 0$ 得 $x = \frac{1}{\sqrt[3]{2}}$；由 $y'' = 2 + \frac{2}{x^3} = 0$ 得 $x = -1$.

(3) 各部分区间函数的特性如下：

x	$(-\infty, -1)$	-1	$(-1, 0)$	$\left(0, \frac{1}{\sqrt[3]{2}}\right)$	$\frac{1}{\sqrt[3]{2}}$	$\left(\frac{1}{\sqrt[3]{2}}, +\infty\right)$
y'	负	负	负	负	0	正
y''	正	0	负	正	正	正
y	减凹	拐点	减凸	减凹	极小值点	增凹

(4) 由 $\lim\limits_{x\to 0} f(x) = \infty$ 得 $x = 0$ 为铅直渐近线，该曲线无水平渐近线及斜渐近线.

(5) $f(-1) = 0$, $f\left(\frac{1}{\sqrt[3]{2}}\right) = \frac{3}{2}\sqrt[3]{2}$，曲线关键点为
$(-1, 0)$, $\left(\frac{1}{\sqrt[3]{2}}, \frac{3}{2}\sqrt[3]{2}\right)$.

(6) 按曲线的特征及关键点描图，如图 3 - 15.

5. (1) $y = \frac{\cos x}{\cos 2x}$ 的定义域为
$$D = \left\{x \mid x \in \mathbf{R}, x \neq \frac{n\pi}{2} + \frac{\pi}{4} (n \in \mathbf{Z})\right\},$$
该函数为以 2π 为周期的偶函数，故只研究函数在 $[0, \pi]$ 上的图形.

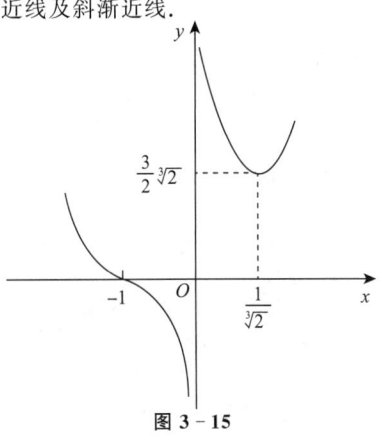

图 3 - 15

(2)$y' = \dfrac{-\sin x \cos 2x + 2\cos x \sin 2x}{\cos^2 2x} = \dfrac{\sin x(3 - 2\sin^2 x)}{\cos^2 2x} = 0$

$\left(0 \leqslant x \leqslant \pi \text{ 且 } x \neq \dfrac{\pi}{4}, \dfrac{3\pi}{4}\right)$, 可得 $x = 0, x = \pi$；

由 $y'' = \dfrac{\cos x(3 + 12\sin^2 x - 4\sin^4 x)}{\cos^3 2x} = 0$ 得 $x = \dfrac{\pi}{2}$.

(3) 函数在各部分区间内的特征如下：

x	0	$\left(0, \dfrac{\pi}{4}\right)$	$\left(\dfrac{\pi}{4}, \dfrac{\pi}{2}\right)$	$\dfrac{\pi}{2}$	$\left(\dfrac{\pi}{2}, \dfrac{3\pi}{4}\right)$	$\left(\dfrac{3\pi}{4}, \pi\right)$	π
y'	0	正	正	正	正	正	0
y''	正	正	负	正	正	负	负
y	极小值点	增凹	增凸	拐点	增凹	增凸	极大值点

(4) 由 $\lim\limits_{x \to \frac{\pi}{4}} f(x) = \infty, \lim\limits_{x \to \frac{3\pi}{4}} f(x) = \infty$ 得 $x = \dfrac{\pi}{4}, x = \dfrac{3\pi}{4}$ 为曲线的铅直渐近线，该曲线无水平渐近线和斜渐近线.

(5) $f(0) = 1, f\left(\dfrac{\pi}{2}\right) = 0, f(\pi) = -1$，曲线的关键点为 $(0, 1), \left(\dfrac{\pi}{2}, 0\right), (\pi, -1)$.

(6) 根据对称性和周期性及关键点绘图，如图 3-16.

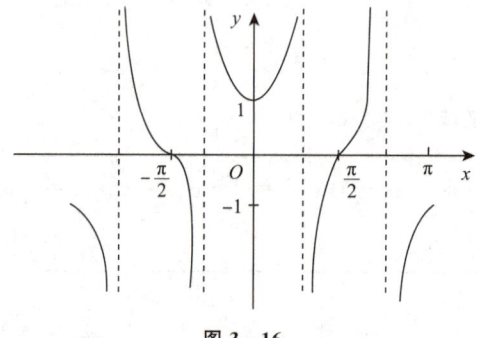

图 3-16

第七节 曲 率

▶ 期末高分必备知识

一、弧微分

对曲线 $L: y = f(x)$，取自变量的区间元素 $[x, x + \mathrm{d}x]$，其对应的图像上的小弧段记为 $\mathrm{d}s$，称为弧微分（或弧元素），显然有

$$(\mathrm{d}s)^2 = (\mathrm{d}x)^2 + (\mathrm{d}y)^2.$$

根据曲线的不同表示形式，弧微分有如下公式：

1. 若 $L: y = f(x)$，则

$$\mathrm{d}s = \sqrt{1 + f'^2(x)}\,\mathrm{d}x;$$

2. $L: \begin{cases} x = \varphi(t), \\ y = \psi(t), \end{cases}$（其中 $\varphi(t), \psi(t)$ 可导，且 $\varphi'(t) \neq 0$），则

$$\mathrm{d}s = \sqrt{\varphi'^2(t) + \psi'^2(t)}\,\mathrm{d}t;$$

3. $L: r = r(\theta)$，则

$$ds = \sqrt{r^2(\theta) + r'^2(\theta)}\, d\theta.$$

二、曲率

对曲线 $L: y = f(x), x = x_0$ 处曲线的曲率为

$$K = \frac{|f''(x_0)|}{[1 + f'^2(x_0)]^{\frac{3}{2}}}.$$

曲率半径为 $R = \dfrac{1}{K}$.

同济八版教材 ▶ 习题解答

习题 3－7　曲　率

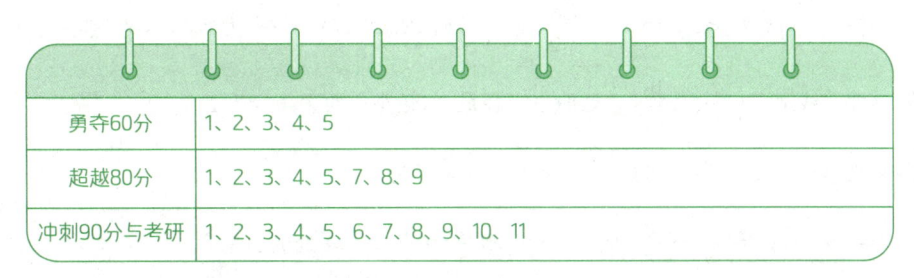

勇夺60分	1、2、3、4、5
超越80分	1、2、3、4、5、7、8、9
冲刺90分与考研	1、2、3、4、5、6、7、8、9、10、11

1. 求椭圆 $4x^2 + y^2 = 4$ 在点 $(0, 2)$ 处的曲率.

解 由 $8x + 2yy' = 0$ 得 $y' = -\dfrac{4x}{y}$, 从而 $y'|_{x=0} = 0$.

由 $y' = -\dfrac{4x}{y}$ 得 $y'' = -\dfrac{4y - 4xy'}{y^2} = \dfrac{-16}{y^3}$, 从而 $y''|_{x=0} = -2$, 故 $K = \dfrac{|y''|}{(1+y'^2)^{\frac{3}{2}}} = 2$.

2. 求曲线 $y = \ln \sec x$ 在点 (x, y) 处的曲率及曲率半径.

解 $y' = \cos x \cdot \sec x \tan x = \tan x, y'' = \sec^2 x$, 故曲率为

$$K = \frac{|y''|}{(1+y'^2)^{\frac{3}{2}}} = \frac{\sec^2 x}{|\sec^3 x|} = |\cos x|,$$

曲率半径为

$$R = \frac{1}{K} = |\sec x|.$$

3. 求抛物线 $y = x^2 - 4x + 3$ 在其顶点处的曲率及曲率半径.

解 抛物线的顶点为 $(2, -1)$, 由 $y' = 2x - 4, y'' = 2$ 得 $y'|_{x=2} = 0, y''|_{x=2} = 2$, 故抛物线在顶点处的曲率为 $K = \left[\dfrac{|y''|}{(1+y'^2)^{\frac{3}{2}}}\right]\Bigg|_{x=2} = 2$, 曲率半径为 $R = \dfrac{1}{K} = \dfrac{1}{2}$.

4. 求曲线 $x = a\cos^3 t, y = a\sin^3 t$ 在 $t = t_0$ 处的曲率.

解 $\dfrac{dy}{dx} = \dfrac{\frac{dy}{dt}}{\frac{dx}{dt}} = \dfrac{3a\sin^2 t \cos t}{-3a\cos^2 t \sin t} = -\tan t,$

$$\frac{d^2 y}{dx^2} = \frac{d\left(\frac{dy}{dx}\right)}{\frac{dx}{dt}} = \frac{-\sec^2 t}{-3a\cos^2 t \sin t} = \frac{1}{3a\sin t \cos^4 t},$$

故曲线在 $t = t_0$ 处的曲率为

$$K = \frac{|y''|}{(1+y'^2)^{\frac{3}{2}}} = \frac{\frac{1}{3|a\sin t_0|\cos^4 t_0}}{|\sec^3 t_0|} = \frac{2}{3|a\sin 2t_0|}.$$

5. 对数曲线 $y = \ln x$ 上哪一点处的曲率半径最小? 求出该点处的曲率半径.

解 $y' = \dfrac{1}{x}, y'' = -\dfrac{1}{x^2}$, 曲线的曲率半径为

$$R = \frac{(1+y'^2)^{\frac{3}{2}}}{|y''|} = \frac{(1+x^2)^{\frac{3}{2}}}{x}.$$

由 $R' = \dfrac{(2x^2-1)\sqrt{1+x^2}}{x^2} = 0$ 得 $x = -\dfrac{\sqrt{2}}{2}$(舍) 或 $x = \dfrac{\sqrt{2}}{2}$.

当 $x \in \left(0, \dfrac{\sqrt{2}}{2}\right)$ 时, $R' < 0$; 当 $x \in \left(\dfrac{\sqrt{2}}{2}, +\infty\right)$ 时, $R' > 0$, $x = \dfrac{\sqrt{2}}{2}$ 为曲率半径的唯一极小值点, 即为最小值点, 即曲线上点 $\left(\dfrac{\sqrt{2}}{2}, -\dfrac{\ln 2}{2}\right)$ 处曲率半径最小, 最小的曲率半径为 $R = \dfrac{3\sqrt{3}}{2}$.

*__6.__ 证明曲线 $y = a \operatorname{ch} \dfrac{x}{a}$ 在点 (x, y) 处的曲率半径为 $\dfrac{y^2}{a}$.

解 $y' = \operatorname{sh}\dfrac{x}{a}, y'' = \dfrac{1}{a}\operatorname{ch}\dfrac{x}{a}$, 曲线 $y = a\operatorname{ch}\dfrac{x}{a}$ 在点 (x,y) 处的曲率为

$$K = \frac{|y''|}{(1+y'^2)^{\frac{3}{2}}} = \frac{1}{a\operatorname{ch}^2\dfrac{x}{a}},$$

故曲线 $y = a\operatorname{ch}\dfrac{x}{a}$ 在点 (x,y) 的曲率半径为

$$R = \frac{1}{K} = a\operatorname{ch}^2\frac{x}{a} = \frac{\left(a\operatorname{ch}\dfrac{x}{a}\right)^2}{a} = \frac{y^2}{a}.$$

7. 一飞机沿抛物线路径 $y = \dfrac{x^2}{10\,000}$ (y 轴铅直向上, 单位为 m) 作俯冲飞行. 在坐标原点 O 处飞机的速度为 $v = 200$ m/s. 飞行员体重 $G = 70$ kg. 求飞机俯冲至最低点即原点 O 处时座椅对飞行员的反力.

解 $y' = \dfrac{x}{5\,000}, y'' = \dfrac{1}{5\,000}$, 飞机飞行路径在坐标原点处的曲率半径为

$$R = \frac{(1+y'^2)^{\frac{3}{2}}}{|y''|}\bigg|_{x=0} = 5\,000,$$

向心力为 $F_0 = \dfrac{mv^2}{R} = \dfrac{70 \cdot 200^2}{5\,000} = 560(\text{N})$, 故座椅对飞行员的反力为

$$F = mg + F_0 = 70 \times 9.8 + 560 = 1\,246(\text{N}).$$

8. 汽车连同载重质量共 5 t, 在抛物线拱桥上行驶, 速度为 21.6 km/h, 桥的跨度为 10 m, 拱的矢高为 0.25 m(如图 3-17). 求汽车越过桥顶时对桥的压力.

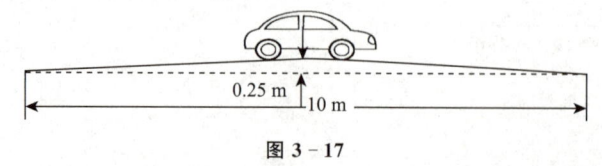

图 3-17

解 以桥顶为坐标原点, 水平方向为 x 轴, 铅直向下方向为 y 轴, 则拱桥方程为 $y = ax^2$.

由抛物线过点 $(5, 0.25)$ 得 $a = \dfrac{0.25}{25} = 0.01$, 即 $y = 0.01x^2$.

$$y'\big|_{x=0} = 0, y''\big|_{x=0} = 0.02,$$

桥顶的曲率半径为

$$R = \frac{(1+y'^2)^{\frac{3}{2}}}{|y''|}\bigg|_{x=0} = 50,$$

向心力为

$$F_0 = \frac{mv^2}{R} = \frac{5\times 10^3 \times \left(\frac{21.6\times 10^3}{3\,600}\right)^2}{50} = 3\,600(\text{N}),$$

则汽车对桥面的压力为

$$F = mg - F_0 = 45\,400(\text{N}).$$

9. 设 R 为抛物线 $y = x^2$ 上任一点 $M(x,y)$ 处的曲率半径，s 为该曲线上某一点 M_0 到点 M 的弧长，证明：$3R\dfrac{\mathrm{d}^2 R}{\mathrm{d}s^2} - \left(\dfrac{\mathrm{d}R}{\mathrm{d}s}\right)^2 - 9 = 0$.

证明 设 M_0 的坐标为 (x_0, y_0)，由 $y' = 2x$，$y'' = 2$ 得

$$R = \frac{(1+y'^2)^{\frac{3}{2}}}{|y''|} = \frac{(1+4x^2)^{\frac{3}{2}}}{2}, s = \int_{x_0}^{x}\sqrt{1+y'^2}\,\mathrm{d}x = \int_{x_0}^{x}\sqrt{1+4x^2}\,\mathrm{d}x,$$

$$\frac{\mathrm{d}R}{\mathrm{d}s} = \frac{\frac{\mathrm{d}R}{\mathrm{d}x}}{\frac{\mathrm{d}s}{\mathrm{d}x}} = \frac{\frac{3}{4}(1+4x^2)^{\frac{1}{2}}\cdot 8x}{\sqrt{1+4x^2}} = 6x;$$

$$\frac{\mathrm{d}^2 R}{\mathrm{d}s^2} = \frac{\mathrm{d}}{\mathrm{d}s}\left(\frac{\mathrm{d}R}{\mathrm{d}s}\right) = \frac{\mathrm{d}(6x)}{\mathrm{d}s} = \frac{\frac{\mathrm{d}(6x)}{\mathrm{d}x}}{\frac{\mathrm{d}s}{\mathrm{d}x}} = \frac{6}{\sqrt{1+4x^2}},$$

则

$$3R\frac{\mathrm{d}^2 R}{\mathrm{d}s^2} - \left(\frac{\mathrm{d}R}{\mathrm{d}s}\right)^2 - 9 = \frac{3}{2}(1+4x^2)^{\frac{3}{2}}\cdot\frac{6}{\sqrt{1+4x^2}} - 36x^2 - 9$$
$$= 9(1+4x^2) - 36x^2 - 9 = 0.$$

*10. 求曲线 $y = \tan x$ 在点 $\left(\dfrac{\pi}{4}, 1\right)$ 处的曲率圆方程.

解 $y' = \sec^2 x$，$y'' = 2\sec^2 x \tan x$，$y'\big|_{x=\frac{\pi}{4}} = 2$，$y''\big|_{x=\frac{\pi}{4}} = 4$，曲率半径为

$$R = \frac{(1+y'^2)^{\frac{3}{2}}}{|y''|}\bigg|_{x=\frac{\pi}{4}} = \frac{5\sqrt{5}}{4}.$$

设曲率圆中心坐标为 (α, β)，则曲率圆的中心为

$$\alpha = \left[x - \frac{y'(1+y'^2)}{y''}\right]\bigg|_{x=\frac{\pi}{4}} = \frac{\pi-10}{4}, \beta = \left(y + \frac{1+y'^2}{y''}\right)\bigg|_{x=\frac{\pi}{4}} = \frac{9}{4},$$

所求的曲率圆方程为 $\left(x - \dfrac{\pi-10}{4}\right)^2 + \left(y - \dfrac{9}{4}\right)^2 = \dfrac{125}{16}.$

*11. 求抛物线 $y^2 = 2px$ 的渐屈线方程.

解 由 $y^2 = 2px$ 得 $2yy' = 2p$，解得 $y' = \dfrac{p}{y}$；

由 $2yy' = 2p$ 得 $y'^2 + yy'' = 0$，解得 $y'' = -\dfrac{p^2}{y^3}$，故抛物线的渐屈线方程为

$$\begin{cases} \alpha = x - \dfrac{y'(1+y'^2)}{y''} = \dfrac{3y^2}{2p} + p, \\ \beta = y + \dfrac{1+y'^2}{y''} = -\dfrac{y^3}{p^2}. \end{cases}$$

消去 y 得抛物线的渐屈线方程为 $27p\beta^2 = 8(\alpha - p)^3$.

第八节　方程的近似解

（本节期末高分必备知识与 60 分必会题型略）

同济八版教材▷习题解答

习题 3-8　方程的近似解

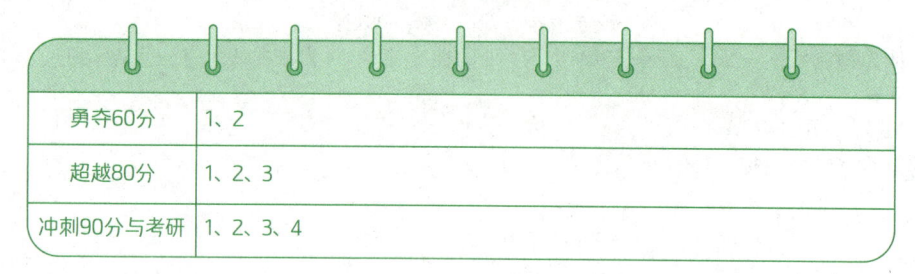

勇夺60分	1、2
超越80分	1、2、3
冲刺90分与考研	1、2、3、4

1. 试证明方程 $x^3 - 3x^2 + 6x - 1 = 0$ 在区间 $(0,1)$ 内有唯一的实根，并用二分法求这个根的近似值，使误差不超过 0.01.

解　令 $f(x) = x^3 - 3x^2 + 6x - 1$，$f(x)$ 在 $[0,1]$ 上连续，$f(0) = -1 < 0$，$f(1) = 3 > 0$，由零点定理，存在 $c \in (0,1)$，使得 $f(c) = 0$.

因为 $f'(x) = 3x^2 - 6x + 6 = 3(x-1)^2 + 3 > 0$，所以 $f(x)$ 为单调递增函数，故 $f(x)$ 在 $(0,1)$ 内有唯一的零点，即方程 $x^3 - 3x^2 + 6x - 1 = 0$ 在 $(0,1)$ 内有唯一的实根.

用二分法求根的近似值如下：

n	1	2	3	4	5	6	7	8	9	10
a_n	0	0	0	0.125	0.125	0.157	0.173	0.180	0.180	0.182
b_n	1	0.5	0.25	0.25	0.188	0.188	0.188	0.188	0.184	0.184
x_n	0.5	0.25	0.125	0.188	0.157	0.173	0.180	0.184	0.182	0.183
$f(x_n)$	正	正	负	正	负	负	负	正	负	正

则误差不超过 0.01 的近似根为 $c = 0.183$.

2. 试证明方程 $x^5 + 5x + 1 = 0$ 在区间 $(-1,0)$ 内有唯一的实根，并用切线法求这个根的近似值，使误差不超过 0.01.

解　令 $f(x) = x^5 + 5x + 1$，显然 $f(x)$ 在 $[-1,0]$ 上连续，$f(-1) = -5 < 0$，$f(0) = 1 > 0$，由零点定理，存在 $c \in (-1,0)$，使得 $f(c) = 0$，故方程 $x^5 + 5x + 1 = 0$ 在 $(-1,0)$ 内至少有一实根.

因为 $f'(x) = 5x^4 + 5 > 0$，所以 $f(x)$ 单调递增，故 $f(x)$ 在 $(-1,0)$ 内有唯一实根，即方程 $x^5 + 5x + 1 = 0$ 在 $(-1,0)$ 内有唯一实根.

$f''(x) = 20x^3$，因为 $f''(-1) = -20 < 0$，所以取 $x_0 = -1$，由 $x_n = x_{n-1} - \dfrac{f(x_{n-1})}{f'(x_{n-1})}$ 得

$$x_1 = -1 - \frac{f(-1)}{f'(-1)} = -0.5, \quad x_2 = -0.5 - \frac{f(-0.5)}{f'(-0.5)} \approx -0.21,$$

$$x_3 = -0.21 - \frac{f(-0.21)}{f'(-0.21)} \approx -0.20, \quad x_4 = -0.20 - \frac{f(-0.20)}{f'(-0.20)} \approx -0.20,$$

故误差不超过 0.01 的方程的根为 $c = -0.20$.

3. 用割线法求方程 $x^3 + 3x - 1 = 0$ 的近似根，使误差不超过 0.01.

解 设 $f(x)=x^3+3x-1$,$f(x)$ 在 $[0,1]$ 上连续,$f(0)=-1<0$,$f(1)=3>0$,由零点定理,存在 $c\in(0,1)$,使得 $f(c)=0$. 即方程 $x^3+3x-1=0$ 在 $(0,1)$ 内至少有一个根.

因为 $f'(x)=3x^2+3>0(0<x<1)$,所以 $f(x)$ 单调递增,故函数 $f(x)$ 在 $(0,1)$ 内有唯一的实根.

$f''(x)=6x$,因为 $f''(1)=6>0$,所以取 $x_0=1$,再取 $x_1=0.8$,利用递推公式 $x_{n+1}=x_n-\dfrac{x_n-x_{n-1}}{f(x_n)-f(x_{n-1})}\cdot f(x_n)$,得:

$$x_2=0.8-\frac{0.8-1}{f(0.8)-f(1)}\cdot f(0.8)\approx 0.449,$$

$$x_3=0.449-\frac{0.449-0.8}{f(0.449)-f(0.8)}\cdot f(0.449)\approx 0.345,$$

$$x_4=0.345-\frac{0.345-0.449}{f(0.345)-f(0.449)}\cdot f(0.345)\approx 0.323,$$

$$x_5=0.323-\frac{0.323-0.345}{f(0.323)-f(0.345)}\cdot f(0.323)\approx 0.322.$$

因 x_4 与 x_5 前两位小数相同,因此计算无需再继续,故误差不超过 0.01 的方程的根为 $c=0.32$.

4. 求方程 $x\lg x=1$ 的近似根,使误差不超过 0.01.

解 设 $f(x)=x\lg x-1(x>0)$,$f(x)$ 在定义域内连续,

$$f(1)=-1<0,f(3)=3\lg 3-1=\lg 27-1>0.$$

由零点定理,存在 $c\in(1,3)$,使得 $f(c)=0$,即方程 $x\lg x=1$ 在 $(1,3)$ 内至少有一个根,因为 $f'(x)=\lg x+\dfrac{1}{\ln 10}>0(x\geqslant 1)$,所以 $f(x)$ 在 $[1,3]$ 上单调递增,即方程在 $(1,3)$ 内只有唯一的实根.

取区间 $[1,3]$,利用二分法求根的近似值如下:

n	1	2	3	4	5	6	7	8	9
a_n	1	2	2.5	2.5	2.5	2.5	2.5	2.5	2.5
b_n	3	3	3	2.75	2.63	2.57	2.53	2.52	2.51
x_n	2	2.5	2.75	2.63	2.57	2.53	2.52	2.51	2.51
$f(x_n)$	负	负	正	正	正	正	正	正	正

误差不超过 10^{-2} 的正根的近似值为 $x_0=2.51$.

总习题三及答案解析

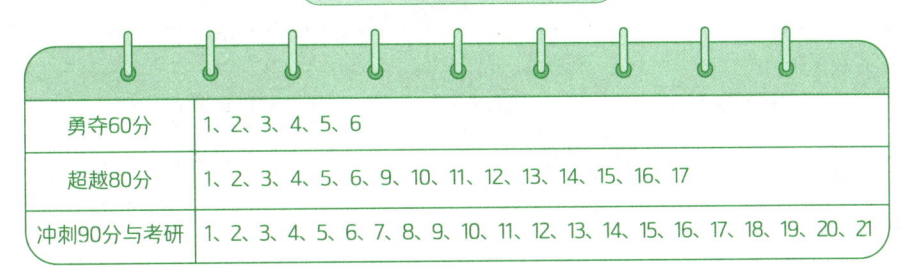

勇夺60分	1、2、3、4、5、6
超越80分	1、2、3、4、5、6、9、10、11、12、13、14、15、16、17
冲刺90分与考研	1、2、3、4、5、6、7、8、9、10、11、12、13、14、15、16、17、18、19、20、21

1. 填空:

设常数 $k>0$,函数 $f(x)=\ln x-\dfrac{x}{e}+k$ 在 $(0,+\infty)$ 内零点的个数为_____.

解 令 $f'(x)=\dfrac{1}{x}-\dfrac{1}{e}=0$ 得 $x=e$.

当 $x\in(0,e)$ 时,$f'(x)>0$;当 $x\in(e,+\infty)$ 时,$f'(x)<0$,则 $x=e$ 为 $f(x)$ 在 $(0,+\infty)$ 内的

唯一极大值点,也为最大值点,最大值为 $f(e)=k>0$.

因为 $\lim\limits_{x\to 0^+}f(x)=-\infty$, $\lim\limits_{x\to +\infty}f(x)=-\infty$,所以 $f(x)$ 在 $(0,+\infty)$ 内有且仅有两个零点,分别位于 $(0,e)$ 及 $(e,+\infty)$ 内.

2. 以下两题中给出了四个结论,从中选出一个正确的结论:

(1) 设在 $[0,1]$ 上 $f''(x)>0$,则 $f'(0), f'(1), f(1)-f(0)$ 或 $f(0)-f(1)$ 这几个数的大小顺序为( ).

(A) $f'(1)>f'(0)>f(1)-f(0)$ (B) $f'(1)>f(1)-f(0)>f'(0)$

(C) $f(1)-f(0)>f'(1)>f'(0)$ (D) $f'(1)>f(0)-f(1)>f'(0)$

(2) 设 $f'(x_0)=f''(x_0)=0, f'''(x_0)>0$,则( ).

(A) $f'(x_0)$ 是 $f'(x)$ 的极大值   (B) $f(x_0)$ 是 $f(x)$ 的极大值

(C) $f(x_0)$ 是 $f(x)$ 的极小值   (D) $(x_0,f(x_0))$ 是曲线 $y=f(x)$ 的拐点

解 (1) 由拉格朗日中值定理得 $f(1)-f(0)=f'(\xi)$,其中 $\xi\in(0,1)$.

因为 $f''(x)>0$,所以 $f'(x)$ 单调递增,又因为 $0<\xi<1$,所以 $f'(0)<f'(\xi)<f'(1)$,即 $f'(0)<f(1)-f(0)<f'(1)$,应选(B).

(2) 因为
$$f'''(x_0)=\lim_{x\to x_0}\frac{f''(x)-f''(x_0)}{x-x_0}=\lim_{x\to x_0}\frac{f''(x)}{x-x_0}>0,$$

所以存在 $\delta>0$,当 $0<|x-x_0|<\delta$ 时,$\frac{f''(x)}{x-x_0}>0$,从而 $\begin{cases} f''(x)<0, x\in(x_0-\delta,x_0), \\ f''(x)>0, x\in(x_0,x_0+\delta), \end{cases}$ 于是 $(x_0,f(x_0))$ 为曲线 $y=f(x)$ 的拐点,应选(D).

3. 列举一个函数 $f(x)$ 满足: $f(x)$ 在 $[a,b]$ 上连续,在 (a,b) 内除某一点外处处可导,但在 (a,b) 内不存在点 ξ,使 $f(b)-f(a)=f'(\xi)(b-a)$.

解 取 $f(x)=|x|$, $f(x)$ 在 $[-1,1]$ 上连续,在 $(-1,1)$ 内除 $x=0$ 外处处可导,在 $(-1,1)$ 内不存在 ξ,使 $f'(\xi)=0$,即不存在 ξ 使得 $f(1)-f(-1)=f'(\xi)[1-(-1)]$.

4. 设 $\lim\limits_{x\to\infty}f'(x)=k$,求 $\lim\limits_{x\to\infty}[f(x+a)-f(x)]$.

解 由拉格朗日中值定理
$$f(x+a)-f(x)=f'(\xi)a\ (\xi\ \text{介于}\ x\ \text{与}\ x+a\ \text{之间}).$$

两边取极限得
$$\lim_{x\to\infty}[f(x+a)-f(x)]=\lim_{x\to\infty}f'(\xi)a=ka.$$

5. 证明多项式 $f(x)=x^3-3x+a$ 在 $[0,1]$ 上不可能有两个零点.

证明 (反证法) 设 $f(x)=x^3-3x+a$ 在 $[0,1]$ 上有两个不同零点 $x_1<x_2$,因为 $f(x)$ 在 $[x_1,x_2]$ 上连续,在 (x_1,x_2) 内可导,且 $f(x_1)=f(x_2)=0$,所以由罗尔定理,存在 $\xi\in(x_1,x_2)\subset(0,1)$,使得 $f'(\xi)=0$.

而 $f'(x)=3x^2-3\neq 0, x\in(0,1)$,矛盾,故 $f(x)$ 在 $[0,1]$ 上不可能有两个零点.

6. 设 $a_0+\frac{a_1}{2}+\cdots+\frac{a_n}{n+1}=0$,证明多项式 $f(x)=a_0+a_1x+\cdots+a_nx^n$ 在 $(0,1)$ 内至少有一个零点.

证明 令 $F(x)=a_0x+\frac{a_1}{2}x^2+\cdots+\frac{a_n}{n+1}x^{n+1}$, $F(x)$ 在 $[0,1]$ 上连续,在 $(0,1)$ 内可导,且
$$F(0)=F(1)=a_0+\frac{a_1}{2}+\cdots+\frac{a_n}{n+1}=0,$$

由罗尔定理,存在 $\xi\in(0,1)$,使得 $F'(\xi)=0$,而 $F'(x)=f(x)$,即 $f(\xi)=0$,故多项式 $a_0+a_1x+\cdots+a_nx^n$ 在 $(0,1)$ 内至少有一个零点.

*7. 设 $f(x)$ 在 $[0,a]$ 上连续,在 $(0,a)$ 内可导,且 $f(a)=0$,证明存在一点 $\xi\in(0,a)$,使得
$$f(\xi)+\xi f'(\xi)=0.$$

证明 令 $\varphi(x) = xf(x)$，$\varphi(x)$ 在 $[0,a]$ 上连续，在 $(0,a)$ 内可导，$\varphi(0) = \varphi(a) = 0$，由罗尔定理，存在 $\xi \in (0,a)$，使得 $\varphi'(\xi) = 0$。而 $\varphi'(x) = f(x) + xf'(x)$，故 $f(\xi) + \xi f'(\xi) = 0$。

*8. 设 $0 < a < b$，函数 $f(x)$ 在 $[a,b]$ 上连续，在 (a,b) 内可导，试利用柯西中值定理，证明存在一点 $\xi \in (a,b)$，使

$$f(b) - f(a) = \xi f'(\xi) \ln \frac{b}{a}.$$

证明 令 $F(x) = \ln x$，$F(x)$ 在 $[a,b]$ 上连续，在 (a,b) 内可导，且

$$F'(x) = \frac{1}{x} \neq 0 \, (a < x < b),$$

由柯西中值定理，存在 $\xi \in (a,b)$，使得

$$\frac{f(b) - f(a)}{F(b) - F(a)} = \frac{f'(\xi)}{F'(\xi)}, \text{即} \, f(b) - f(a) = \xi f'(\xi) \ln \frac{b}{a}.$$

9. 设 $f(x), g(x)$ 都是可导函数，且 $|f'(x)| < g'(x)$，证明：当 $x > a$ 时，

$$|f(x) - f(a)| < g(x) - g(a).$$

分析 $|f(x) - f(a)| < g(x) - g(a)$ 等价于

$$g(a) - g(x) < f(x) - f(a) < g(x) - g(a),$$

即 $\begin{cases} f(x) - g(x) < f(a) - g(a), \\ f(x) + g(x) > f(a) + g(a). \end{cases}$

证明 令

$$F(x) = f(x) - g(x), G(x) = f(x) + g(x),$$

由 $|f'(x)| < g'(x)$ 得 $-g'(x) < f'(x) < g'(x)$，即 $\begin{cases} f'(x) - g'(x) < 0, \\ f'(x) + g'(x) > 0, \end{cases}$ 即 $F'(x) < 0, G'(x) > 0$，

于是当 $x > a$ 时，$F(x)$ 单调递减，$G(x)$ 单调递增，故当 $x > a$ 时，$\begin{cases} f(x) - g(x) < f(a) - g(a), \\ f(x) + g(x) > f(a) + g(a), \end{cases}$ 即

$$|f(x) - f(a)| < g(x) - g(a).$$

10. 求下列极限：

(1) $\lim\limits_{x \to 1} \dfrac{x - x^x}{1 - x + \ln x}$；

(2) $\lim\limits_{x \to 0} \left[\dfrac{1}{\ln(1+x)} - \dfrac{1}{x} \right]$；

(3) $\lim\limits_{x \to +\infty} \left(\dfrac{2}{\pi} \arctan x \right)^x$；

(4) $\lim\limits_{x \to \infty} \left(\dfrac{a_1^{\frac{1}{x}} + a_2^{\frac{1}{x}} + \cdots + a_n^{\frac{1}{x}}}{n} \right)^{nx}$（其中 $a_1, a_2, \cdots, a_n > 0$）。

解 (1) $\lim\limits_{x \to 1} \dfrac{x - x^x}{1 - x + \ln x} = \lim\limits_{x \to 1} x \cdot \dfrac{1 - x^{x-1}}{1 - x + \ln x} = \lim\limits_{x \to 1} \dfrac{1 - e^{(x-1)\ln x}}{1 - x + \ln x}$

$= \lim\limits_{x \to 1} \dfrac{-(x-1)\ln x}{1 - x + \ln x} = \lim\limits_{x \to 1} \dfrac{-(x-1)\ln[1 + (x-1)]}{\ln[1 + (x-1)] - (x-1)}$

$= -\lim\limits_{x \to 1} \dfrac{(x-1)^2}{\ln[1 + (x-1)] - (x-1)}$ （令 $x - 1 = t$）

$= -\lim\limits_{t \to 0} \dfrac{t^2}{\ln(1+t) - t} = -\lim\limits_{t \to 0} \dfrac{2t}{\dfrac{1}{1+t} - 1} = \lim\limits_{t \to 0} 2(1+t) = 2.$

(2) $\lim\limits_{x \to 0} \left[\dfrac{1}{\ln(1+x)} - \dfrac{1}{x} \right] = \lim\limits_{x \to 0} \dfrac{x - \ln(1+x)}{x \ln(1+x)} = \lim\limits_{x \to 0} \dfrac{x - \ln(1+x)}{x^2}$

$= \lim\limits_{x \to 0} \dfrac{1 - \dfrac{1}{1+x}}{2x} = \lim\limits_{x \to 0} \dfrac{1}{2(x+1)} = \dfrac{1}{2}.$

(3) $\lim\limits_{x\to+\infty}\left(\dfrac{2}{\pi}\arctan x\right)^x = e^{\lim\limits_{x\to+\infty} x\ln\left(\frac{2}{\pi}\arctan x\right)} = e^{\lim\limits_{x\to+\infty}\frac{\ln\frac{2}{\pi}+\ln\arctan x}{\frac{1}{x}}} = e^{\lim\limits_{x\to+\infty}\frac{\frac{1}{\arctan x}\cdot\frac{1}{1+x^2}}{-\frac{1}{x^2}}}$

$= e^{-\lim\limits_{x\to+\infty}\frac{1}{\arctan x}\cdot\frac{x^2}{1+x^2}} = e^{-\frac{2}{\pi}}.$

(4) $\lim\limits_{x\to\infty}\left(\dfrac{a_1^{\frac{1}{x}}+a_2^{\frac{1}{x}}+\cdots+a_n^{\frac{1}{x}}}{n}\right)^{nx} = \lim\limits_{x\to\infty}\left[\left(1+\dfrac{a_1^{\frac{1}{x}}+a_2^{\frac{1}{x}}+\cdots+a_n^{\frac{1}{x}}-n}{n}\right)^{\frac{n}{a_1^{\frac{1}{x}}+a_2^{\frac{1}{x}}+\cdots+a_n^{\frac{1}{x}}-n}}\right]^{\frac{a_1^{\frac{1}{x}}+a_2^{\frac{1}{x}}+\cdots+a_n^{\frac{1}{x}}-n}{\frac{1}{x}}}$

$= e^{\lim\limits_{x\to\infty}\frac{a_1^{\frac{1}{x}}+a_2^{\frac{1}{x}}+\cdots+a_n^{\frac{1}{x}}-n}{\frac{1}{x}}} \xrightarrow{\left(\text{令}\frac{1}{x}=t\right)} e^{\lim\limits_{t\to 0}\frac{a_1^t+a_2^t+\cdots+a_n^t-n}{t}}$

$= e^{\lim\limits_{t\to 0}(a_1^t\ln a_1+a_2^t\ln a_2+\cdots+a_n^t\ln a_n)} = e^{\ln a_1 a_2\cdots a_n} = a_1 a_2\cdots a_n.$

11. 求下列函数在指定点 x_0 处具有指定阶数及余项的泰勒公式：

(1) $f(x)=x^3\ln x, x_0=1, n=4,$ 拉格朗日余项；

(2) $f(x)=\arctan x, x_0=0, n=3,$ 佩亚诺余项；

(3) $f(x)=e^{\sin x}, x_0=0, n=3,$ 佩亚诺余项；

(4) $f(x)=\ln\cos x, x_0=0, n=6,$ 佩亚诺余项．

解 (1) 因为 $f(x)=x^3\ln x, f'(x)=3x^2\ln x+x^2, f''(x)=6x\ln x+5x,$

$f'''(x)=6\ln x+11, f^{(4)}(x)=\dfrac{6}{x}, f^{(5)}(x)=-\dfrac{6}{x^2},$

$f(1)=0, f'(1)=1, f''(1)=5, f'''(1)=11, f^{(4)}(1)=6,$

所以 $x^3\ln x = (x-1)+\dfrac{5}{2!}(x-1)^2+\dfrac{11}{3!}(x-1)^3+\dfrac{6}{4!}(x-1)^4-\dfrac{1}{5!}\cdot\dfrac{6}{\xi^2}(x-1)^5$

$= (x-1)+\dfrac{5}{2}(x-1)^2+\dfrac{11}{6}(x-1)^3+\dfrac{1}{4}(x-1)^4-\dfrac{1}{20\xi^2}(x-1)^5,$

其中 ξ 介于 1 与 x 之间．

(2) 因为 $f'(x)=(1+x^2)^{-1}, f''(x)=-2x(1+x^2)^{-2}, f'''(x)=-2(1+x^2)^{-2}+8x^2(1+x^2)^{-3},$

$f(0)=0, f'(0)=1, f''(0)=0, f'''(0)=-2,$

所以 $\arctan x = f(0)+f'(0)x+\dfrac{f''(0)}{2!}x^2+\dfrac{f'''(0)}{3!}x^3+o(x^3) = x-\dfrac{x^3}{3}+o(x^3).$

(3) 因为 $f(x)=e^{\sin x}, f'(x)=e^{\sin x}\cos x, f''(x)=e^{\sin x}\cos^2 x-e^{\sin x}\sin x,$

$f'''(x)=e^{\sin x}\cos^3 x-\dfrac{3}{2}e^{\sin x}\sin 2x-e^{\sin x}\cos x,$

$f(0)=1, f'(0)=1, f''(0)=1, f'''(0)=0,$

所以 $e^{\sin x} = 1+x+\dfrac{x^2}{2}+o(x^3).$

(4) 因为 $f(x)=\ln\cos x, f'(x)=-\tan x, f''(x)=-\sec^2 x, f'''(x)=-2\sec^2 x\tan x,$

$f^{(4)}(x)=-4\sec^2 x\tan^2 x-2\sec^4 x=-6\sec^4 x+4\sec^2 x,$

$f^{(5)}(x)=-24\sec^4 x\tan x+8\sec^2 x\tan x,$

$f^{(6)}(x)=-96\sec^4 x\tan^2 x-24\sec^4 x+16\sec^2 x\tan^2 x+8\sec^4 x,$

$f(0)=0, f'(0)=0, f''(0)=-1, f'''(0)=0, f^{(4)}(0)=-2, f^{(5)}(0)=0, f^{(6)}(0)=-16,$

所以 $\ln\cos x = -\dfrac{x^2}{2!}-\dfrac{2}{4!}x^4-\dfrac{16}{6!}x^6+o(x^6) = -\dfrac{1}{2}x^2-\dfrac{1}{12}x^4-\dfrac{1}{45}x^6+o(x^6).$

12.证明下列不等式：

(1) 当 $0 < x_1 < x_2 < \dfrac{\pi}{2}$ 时，$\dfrac{\tan x_2}{\tan x_1} > \dfrac{x_2}{x_1}$；

(2) 当 $x > 0$ 时，$\ln(1+x) > \dfrac{\arctan x}{1+x}$；

(3) 当 $e < a < b < e^2$ 时，$\ln^2 b - \ln^2 a > \dfrac{4}{e^2}(b-a)$.

证明 (1) 令 $f(x) = \dfrac{\tan x}{x}\left(0 < x < \dfrac{\pi}{2}\right)$，则有

$$f'(x) = \dfrac{x\sec^2 x - \tan x}{x^2} = \dfrac{x - \sin x \cos x}{x^2 \cos^2 x}.$$

因为当 $0 < x < \dfrac{\pi}{2}$，$x - \sin x \cos x > x - \sin x > 0$，所以 $f'(x) > 0$，即 $f(x)$ 在 $\left(0, \dfrac{\pi}{2}\right)$ 内单调递增，故当 $0 < x_1 < x_2 < \dfrac{\pi}{2}$ 时，$\dfrac{\tan x_2}{x_2} > \dfrac{\tan x_1}{x_1}$，即 $\dfrac{\tan x_2}{\tan x_1} > \dfrac{x_2}{x_1}$.

(2) 令 $f(x) = (1+x)\ln(1+x) - \arctan x$，$f(0) = 0$. 当 $x > 0$ 时，

$$f'(x) = 1 + \ln(1+x) - \dfrac{1}{1+x^2} > 0,$$

则 $f(x)$ 在 $(0, +\infty)$ 内单调递增，故当 $x > 0$ 时，$f(x) > f(0) = 0$，即

$$(1+x)\ln(1+x) - \arctan x > 0, \ln(1+x) > \dfrac{\arctan x}{1+x}.$$

(3) 令 $f(x) = \ln^2 x$，由拉格朗日中值定理，存在 $c \in (a,b)$，使得 $\dfrac{\ln^2 b - \ln^2 a}{b-a} = f'(c) = \dfrac{2\ln c}{c}$. 令

$$\varphi(x) = \dfrac{2\ln x}{x}, \varphi'(x) = 2\dfrac{1-\ln x}{x^2} < 0 (e < x < e^2),$$

则 $\varphi(x)$ 在 $[e, e^2]$ 上单调递减，从而 $\varphi(c) > \varphi(e^2) = \dfrac{4}{e^2}$，于是 $\dfrac{\ln^2 b - \ln^2 a}{b-a} > \dfrac{4}{e^2}$，即 $\ln^2 b - \ln^2 a > \dfrac{4}{e^2}(b-a)$.

13.设 $a > 1$，$f(x) = a^x - ax$ 在 $(-\infty, +\infty)$ 内的驻点为 $x(a)$，问 a 为何值时，$x(a)$ 最小？并求出最小值.

解 由 $f'(x) = a^x \ln a - a = 0$ 得唯一驻点为 $x(a) = 1 - \dfrac{\ln \ln a}{\ln a}$. 由

$$x'(a) = -\dfrac{\dfrac{1}{a} - \dfrac{1}{a}\ln\ln a}{\ln^2 a} = -\dfrac{1 - \ln\ln a}{a\ln^2 a} = 0$$

得唯一驻点为 $a = e^e$.

当 $1 < a < e^e$ 时，$x'(a) < 0$；当 $a > e^e$ 时，$x'(a) > 0$，故 $a = e^e$ 为 $x(a)$ 的最小值点，最小值为 $x(e^e) = 1 - \dfrac{1}{e}$.

14.求椭圆 $x^2 - xy + y^2 = 3$ 上纵坐标最大和最小的点.

解 $x^2 - xy + y^2 = 3$ 两边对 x 求导得

$$2x - y - x\dfrac{dy}{dx} + 2y\dfrac{dy}{dx} = 0,$$

解得 $\dfrac{dy}{dx} = \dfrac{y - 2x}{2y - x}$，令 $\dfrac{dy}{dx} = 0$ 得 $y = 2x$，代入 $x^2 - xy + y^2 = 3$ 得 $\begin{cases} x = 1 \\ y = 2 \end{cases}$，$\begin{cases} x = -1 \\ y = -2 \end{cases}$，故椭圆上点 $(1, 2)$ 与 $(-1, -2)$ 分别为纵坐标最大和最小的点.

15.椭圆 $\dfrac{x^2}{a^2} + \dfrac{y^2}{b^2} = 1$ 内嵌入一内接矩形，使矩形的边平行于椭圆的轴而面积最大，求最大矩形的

面积.

解 设内接矩形位于第一象限的顶点坐标为(x,y),则矩形的面积为

$$S(x) = 4xy = 4x \cdot \frac{b}{a}\sqrt{a^2-x^2} = \frac{4b}{a}x\sqrt{a^2-x^2}\ (0 \leqslant x \leqslant a).$$

令 $S'(x) = \frac{4b}{a}\left(\sqrt{a^2-x^2} - \frac{x^2}{\sqrt{a^2-x^2}}\right) = \frac{4b}{a} \cdot \frac{a^2-2x^2}{\sqrt{a^2-x^2}} = 0$ 得 $x = \frac{a}{\sqrt{2}}$.

当 $0 < x < \frac{a}{\sqrt{2}}$ 时,$S'(x) > 0$;当 $\frac{a}{\sqrt{2}} < x < a$ 时,$S'(x) < 0$,故当 $x = \frac{a}{\sqrt{2}}$ 时,$S(x)$ 取最大值,所以椭圆内接矩形的最大面积为 $S_{\max} = 2ab$.

16. 求数列 $\{\sqrt[n]{n}\}$ 的最大项.

解 令 $f(x) = x^{\frac{1}{x}}\ (x > 0)$,由 $f'(x) = x^{\frac{1}{x}} \cdot \frac{1-\ln x}{x^2} = 0$ 得唯一驻点 $x = e$.

当 $x \in (0,e)$ 时,$f'(x) > 0$;当 $x \in (e, +\infty)$ 时,$f'(x) < 0$,则 $x = e$ 为 $f(x)$ 的最大值点.

当 $n = 2$ 或 $n = 3$ 时,$\sqrt[n]{n}$ 均有可能取最大值. 因为 $\sqrt{2} = \sqrt[6]{8} < \sqrt[3]{3} = \sqrt[6]{9}$,故最大项为 $\sqrt[3]{3}$.

17. 曲线弧 $y = \sin x\ (0 < x < \pi)$ 上哪一点处的曲率半径最小?求出该点处的曲率半径.

解 $y' = \cos x$,$y'' = -\sin x$,

$$K = \frac{|y''|}{(1+y'^2)^{\frac{3}{2}}} = \frac{\sin x}{(1+\cos^2 x)^{\frac{3}{2}}},$$

由 $K' = \frac{2\cos x(1+\sin^2 x)}{(1+\cos^2 x)^{\frac{5}{2}}} = 0$ 得 $x = \frac{\pi}{2}$.

当 $x \in \left(0, \frac{\pi}{2}\right)$ 时,$K' > 0$;当 $x \in \left(\frac{\pi}{2}, \pi\right)$ 时,$K' < 0$,故 $x = \frac{\pi}{2}$ 为曲率 K 的唯一极大值点,也是最大值点,故当 $x = \frac{\pi}{2}$ 时,对应点处的曲率半径最小,且最小的曲率半径为 $R = \frac{1}{K} = 1$.

18. 证明方程 $x^3 - 5x - 2 = 0$ 只有一个正根,并求此正根的近似值,精确到 10^{-3}.

解 令 $f(x) = x^3 - 5x - 2$,由 $f'(x) = 3x^2 - 5 = 0$ 得 $x = \sqrt{\frac{5}{3}}$(负根舍去).

当 $x \in \left(0, \sqrt{\frac{5}{3}}\right)$ 时,$f'(x) < 0$;当 $x \in \left(\sqrt{\frac{5}{3}}, +\infty\right)$ 时,$f'(x) > 0$,则 $x = \sqrt{\frac{5}{3}}$ 为 $f(x)$ 的唯一极小值点,也是最小值点,最小值为 $m = f\left(\sqrt{\frac{5}{3}}\right) = \frac{5}{3}\sqrt{\frac{5}{3}} - 5\sqrt{\frac{5}{3}} - 2 < 0$,因为

$$f(0) = -2 < 0,\ \lim_{x \to +\infty} f(x) = +\infty,$$

所以 $f(x)$ 只有唯一正的零点,即方程 $x^3 - 5x - 2 = 0$ 只有唯一正根.

因为 $f(2) = -4 < 0$,$f(3) = 10 > 0$,所以方程唯一正根位于 $(2,3)$ 之间.

取区间 $[2,3]$,用二分法计算方程正根的近似值:

n	1	2	3	4	5	6	7	8	9	10	11
a_n	2	2	2.25	2.375	2.375	2.406	2.406	2.414	2.414	2.414	2.414
b_n	3	2.5	2.5	2.5	2.438	2.438	2.422	2.422	2.418	2.416	2.415
x_n	2.5	2.25	2.375	2.438	2.406	2.422	2.414	2.418	2.416	2.415	2.415
$f(x_n)$	正	负	负	正	负	正	负	正	正	正	正

误差不超过 10^{-3} 的正根的近似值为 $x_0 = 2.415$.

*19. 设 $f''(x_0)$ 存在，证明

$$\lim_{h \to 0} \frac{f(x_0+h)+f(x_0-h)-2f(x_0)}{h^2} = f''(x_0).$$

证明 $\lim\limits_{h \to 0} \dfrac{f(x_0+h)+f(x_0-h)-2f(x_0)}{h^2} = \lim\limits_{h \to 0} \dfrac{f'(x_0+h)-f'(x_0-h)}{2h}$

$= \dfrac{1}{2} \lim\limits_{h \to 0} \left[\dfrac{f'(x_0+h)-f'(x_0)}{h} + \dfrac{f'(x_0-h)-f'(x_0)}{-h} \right]$

$= \dfrac{1}{2} \left[\lim\limits_{h \to 0} \dfrac{f'(x_0+h)-f'(x_0)}{h} + \lim\limits_{h \to 0} \dfrac{f'(x_0-h)-f'(x_0)}{-h} \right]$

$= \dfrac{1}{2} [f''(x_0)+f''(x_0)] = f''(x_0).$

20. 设 $f(x)$ 在 (a,b) 内二阶可导，且 $f''(x) \geqslant 0$。证明对于 (a,b) 内任意两点 x_1, x_2 及 $0 \leqslant t \leqslant 1$，有

$$f[(1-t)x_1 + tx_2] \leqslant (1-t)f(x_1) + tf(x_2).$$

证明 由泰勒公式得

$$f(x) = f(x_0) + f'(x_0)(x-x_0) + \frac{f''(\xi)}{2!}(x-x_0)^2.$$

由 $f''(x) \geqslant 0$ 得 $f(x) \geqslant f(x_0) + f'(x_0)(x-x_0)$.

取 $x_0 = (1-t)x_1 + tx_2$，将 $\begin{cases} f(x_1) \geqslant f(x_0) + f'(x_0)(x_1-x_0) \\ f(x_2) \geqslant f(x_0) + f'(x_0)(x_2-x_0) \end{cases}$ 两边分别乘以 $1-t$ 和 t 得

$$\begin{cases} (1-t)f(x_1) \geqslant (1-t)f(x_0) + f'(x_0)(1-t)(x_1-x_0), \\ tf(x_2) \geqslant tf(x_0) + f'(x_0)t(x_2-x_0), \end{cases}$$

两式相加得

$(1-t)f(x_1) + tf(x_2) \geqslant (1-t)[f(x_0)+f'(x_0)(x_1-x_0)] + t[f(x_0)+f'(x_0)(x_2-x_0)]$

$= (1-t)f(x_0) + tf(x_0) + f'(x_0)[(1-t)x_1+tx_2] - f'(x_0)[(1-t)x_0+tx_0]$

$= f(x_0) + f'(x_0)x_0 - f'(x_0)x_0 = x_0.$

移项后即有 $f[(1-t)x_1+tx_2] \leqslant (1-t)f(x_1) + tf(x_2).$

21. 试确定常数 a 和 b，使 $f(x) = x - (a+b\cos x)\sin x$ 为当 $x \to 0$ 时关于 x 的 5 阶无穷小量.

解 由泰勒公式得

$$f(x) = x - a\left[x - \frac{x^3}{3!} + \frac{x^5}{5!} + o(x^5)\right] - \frac{b}{2}\left[2x - \frac{(2x)^3}{3!} + \frac{(2x)^5}{5!} + o(x^5)\right]$$

$$= (1-a-b)x + \left(\frac{a}{6} + \frac{2b}{3}\right)x^3 - \left(\frac{a}{120} + \frac{2b}{15}\right)x^5 + o(x^5).$$

由题意得 $1-a-b=0, \dfrac{a}{6} + \dfrac{2b}{3} = 0, \dfrac{a}{120} + \dfrac{2b}{15} \neq 0$，得 $a = \dfrac{4}{3}, b = -\dfrac{1}{3}$，故当 $a = \dfrac{4}{3}, b = -\dfrac{1}{3}$ 时，$f(x) = x - (a+b\cos x)\sin x$ 是 $x \to 0$ 时关于 x 的 5 阶无穷小量.

本章同步测试

（满分 100 分，时间 100 分钟）

一、填空题（本题共 4 小题，每小题 4 分，满分 16 分）

1. $\lim\limits_{x \to 0} \dfrac{x - \ln(1+x)}{\sqrt{1+x^2}-1} = $ _____.

2. $y = \dfrac{x}{2^x}$ 的拐点为 _____.

3. $f(x) = x^2 + (1-x)^2$ 在区间 $[0,1]$ 上的最小值为 _____.

4. $y = x\ln\left(e^2 + \dfrac{1}{x}\right)(x > 0)$ 的斜渐近线为_____.

二、选择题(本题共 3 小题,每小题 4 分,满分 12 分)

1. 设 $f'(1) = 0$ 且 $\lim\limits_{x \to 1}\dfrac{f'(x)}{(x-1)^3} = -2$,则( ).

(A) $x = 1$ 为 $f(x)$ 的极小值点

(B) $x = 1$ 为 $f(x)$ 的极大值点

(C) $(1, f(1))$ 为 $y = f(x)$ 的拐点

(D) $x = 1$ 不是极值点,$(1, f(1))$ 也不是拐点

2. 设 $f'(x) > 0, f''(x) > 0, \Delta x > 0, dy = f'(x_0)\Delta x, \Delta y = f(x_0 + \Delta x) - f(x_0)$,则( ).

(A) $0 < \Delta y < dy$

(B) $dy < 0 < \Delta y$

(C) $0 < dy < \Delta y$

(D) $dy < \Delta y < 0$

3. 设 $f(x)$ 在 $(-\infty, +\infty)$ 上连续,其导数的图形如图 3-18 所示,则( ).

(A) $f(x)$ 有一个极大值点和一个极小值点

(B) $f(x)$ 有一个极大值点和两个极小值点

(C) $f(x)$ 有两个极大值点和一个极小值点

(D) $f(x)$ 有两个极大值点和两个极小值点

图 3-18

三、计算题(本题共 2 小题,每小题 6 分,满分 12 分)

1. $\lim\limits_{x \to 0}\dfrac{e^{-\frac{x^2}{2}} - 1 + \dfrac{x^2}{2}}{x^4}$;

2. $\lim\limits_{x \to 0}\dfrac{\sqrt{1+x} + \sqrt{1-x} - 2}{x^2}$.

四、证明题(本题满分 15 分)

设 $f(x)$ 在 $[a, b]$ 上连续,在 (a, b) 内可导,且 $f(a)f(b) > 0, f(a)f\left(\dfrac{a+b}{2}\right) < 0$,证明:存在 $\xi \in (a, b)$,使得 $f'(\xi) = 0$.

五、证明题(本题满分 15 分)

设 $f(x)$ 在 $[a, b]$ 上连续,在 (a, b) 内可导,且 $f(a) = f(b) = 0$,证明:存在 $\xi \in (a, b)$,使得
$$f'(\xi) - 2f(\xi) = 0.$$

六、证明题(本题满分 15 分)

证明:当 $x > 0$ 时,$\dfrac{x}{1+x} < \ln(1+x) < x$.

七、解答题(本题满分 15 分)

讨论方程 $\ln x = \dfrac{x}{e} - 2\sqrt{2}$ 根的个数.

本章同步测试 答案及解析

一、填空题

1. **解** 由 $\sqrt{1+x^2} - 1 \sim \dfrac{1}{2}x^2(x \to 0)$ 得

$$\lim_{x \to 0}\frac{x - \ln(1+x)}{\sqrt{1+x^2} - 1} = 2\lim_{x \to 0}\frac{x - \ln(1+x)}{x^2} = 2\lim_{x \to 0}\frac{1 - \dfrac{1}{1+x}}{2x} = 1.$$

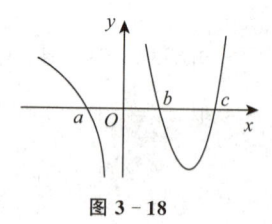

2. **解** $y' = 2^{-x} - x \cdot 2^{-x} \ln 2, y'' = (x \ln 2 - 2) \ln 2 \cdot 2^{-x}$,由 $y'' = 0$ 得 $x = \dfrac{2}{\ln 2}$.

当 $x < \dfrac{2}{\ln 2}$ 时,$y'' < 0$;当 $x > \dfrac{2}{\ln 2}$ 时,$y'' > 0$,故 $\left(\dfrac{2}{\ln 2}, 2^{1-\frac{2}{\ln 2}}\right)$ 为曲线拐点.

3. **解** 由 $f'(x) = 2x - 2(1-x) = 0$ 得 $x = \dfrac{1}{2}$. 当 $0 < x < \dfrac{1}{2}$ 时,$f'(x) < 0$,当 $\dfrac{1}{2} < x < 1$ 时,$f'(x) > 0$.

再由 $f(0) = f(1) = 1, f\left(\dfrac{1}{2}\right) = \dfrac{1}{2}$ 得 $f(x)$ 在 $[0,1]$ 上的最小值为 $\dfrac{1}{2}$.

4. **解** 由 $\lim\limits_{x \to +\infty} \dfrac{y}{x} = 2$,$\lim\limits_{x \to +\infty}(y - 2x) = \lim\limits_{x \to +\infty} \dfrac{\ln\left(e^2 + \dfrac{1}{x}\right) - 2}{\dfrac{1}{x}} \xlongequal{\left(t = \frac{1}{x}\right)} \lim\limits_{t \to 0^+} \dfrac{\ln\left(1 + \dfrac{t}{e^2}\right)}{t} = \dfrac{1}{e^2}$,得斜

渐近线为 $y = 2x + \dfrac{1}{e^2}$.

二、选择题

1. **解** 由极限保号性,存在 $\delta > 0$,当 $0 < |x-1| < \delta$ 时,$\dfrac{f'(x)}{(x-1)^3} < 0$.

当 $x \in (1-\delta, 1)$ 时,$f'(x) > 0$;当 $x \in (1, 1+\delta)$ 时,$f'(x) < 0$,则 $x = 1$ 为极大值点,应选(B).

2. **解** $\Delta y = f'(\xi)\Delta x$,其中 $x_0 < \xi < x_0 + \Delta x$. 由 $f''(x) > 0$ 得 $f'(x)$ 单调递增,从而 $f'(\xi) > f'(x_0)$,再由 $f'(x) > 0, \Delta x > 0$ 得 $0 < f'(x_0)\Delta x < f'(\xi)\Delta x$,即 $0 < \mathrm{d}y < \Delta y$,应选(C).

3. **解** $x = a, x = b, x = c$ 为 $f(x)$ 的驻点,$x = 0$ 为 $f(x)$ 的不可导点,存在 $\delta > 0$,使

由 $\begin{cases} f'(x) > 0, a - \delta < x < a \\ f'(x) < 0, a + \delta > x > a \end{cases}$ 得 $x = a$ 为 $f(x)$ 的极大值点;

由 $\begin{cases} f'(x) < 0, -\delta < x < 0 \\ f'(x) > 0, \delta > x > 0 \end{cases}$ 得 $x = 0$ 为 $f(x)$ 的极小值点;

由 $\begin{cases} f'(x) > 0, b - \delta < x < b \\ f'(x) < 0, b + \delta > x > b \end{cases}$ 得 $x = b$ 为 $f(x)$ 的极大值点;

由 $\begin{cases} f'(x) < 0, c - \delta < x < c \\ f'(x) > 0, c + \delta > x > c \end{cases}$ 得 $x = c$ 为 $f(x)$ 的极小值点,应选(D).

三、计算题

1. **解** 由 $e^x = 1 + x + \dfrac{x^2}{2!} + o(x^2)$ 得 $e^{-\frac{x^2}{2}} = 1 - \dfrac{x^2}{2} + \dfrac{x^4}{8} + o(x^4)$.

从而 $e^{-\frac{x^2}{2}} - 1 + \dfrac{x^2}{2} \sim \dfrac{x^4}{8}(x \to 0)$,故 $\lim\limits_{x \to 0} \dfrac{e^{-\frac{x^2}{2}} - 1 + \dfrac{x^2}{2}}{x^4} = \dfrac{1}{8}$.

2. **解** 由 $(1+x)^a = 1 + ax + \dfrac{a(a-1)}{2!}x^2 + o(x^2)$ 得

$\sqrt{1+x} = 1 + \dfrac{1}{2}x - \dfrac{1}{8}x^2 + o(x^2)$,$\sqrt{1-x} = 1 - \dfrac{1}{2}x - \dfrac{1}{8}x^2 + o(x^2)$,

于是 $\sqrt{1+x} + \sqrt{1-x} - 2 \sim -\dfrac{1}{4}x^2 (x \to 0)$,故 $\lim\limits_{x \to 0} \dfrac{\sqrt{1+x} + \sqrt{1-x} - 2}{x^2} = -\dfrac{1}{4}$.

四、证明题

证明 因为

$$f(a)f\left(\dfrac{a+b}{2}\right) < 0, f\left(\dfrac{a+b}{2}\right)f(b) < 0,$$

所以由零点定理，存在 $c_1 \in \left(a, \dfrac{a+b}{2}\right)$，$c_2 \in \left(\dfrac{a+b}{2}, b\right)$，使得 $f(c_1) = f(c_2) = 0$，再由罗尔定理，存在 $\xi \in (c_1, c_2) \subset (a, b)$，使得 $f'(\xi) = 0$.

五、证明题

证明 令 $\varphi(x) = e^{-2x} f(x)$，则 $\varphi(x)$ 在 $[a, b]$ 上连续，在 (a, b) 内可导. 由 $f(a) = f(b) = 0$ 得 $\varphi(a) = \varphi(b) = 0$，由罗尔定理，存在 $\xi \in (a, b)$，使得 $\varphi'(\xi) = 0$.

而 $\varphi'(x) = e^{-2x}[f'(x) - 2f(x)]$ 且 $e^{-2x} \neq 0$，故 $f'(\xi) - 2f(\xi) = 0$.

六、证明题

证明 令 $f(x) = \ln(1+x) - \dfrac{x}{1+x}$ $(x \geqslant 0)$，$f(0) = 0$，

$$f'(x) = \dfrac{1}{1+x} - \dfrac{1}{(1+x)^2} = \dfrac{x}{(1+x)^2} > 0 \, (x > 0),$$

由 $\begin{cases} f(0) = 0, \\ f'(x) > 0 \, (x > 0) \end{cases}$ 得 $f(x) > 0 \, (x > 0)$，即 $\dfrac{x}{1+x} < \ln(1+x) \, (x > 0)$；

令 $g(x) = x - \ln(1+x)$ $(x \geqslant 0)$，$g(0) = 0$，

$$g'(x) = 1 - \dfrac{1}{1+x} = \dfrac{x}{1+x} > 0 \, (x > 0),$$

由 $\begin{cases} g(0) = 0, \\ g'(x) > 0 \, (x > 0) \end{cases}$ 得 $g(x) > 0 \, (x > 0)$，即 $\ln(1+x) < x \, (x > 0)$，故当 $x > 0$ 时，

$$\dfrac{x}{1+x} < \ln(1+x) < x.$$

七、解答题

解 令 $f(x) = \ln x - \dfrac{x}{e} + 2\sqrt{2}$ $(x > 0)$，由 $f'(x) = \dfrac{1}{x} - \dfrac{1}{e} = 0$ 得 $x = e$，因为 $f''(e) = -\dfrac{1}{e^2} < 0$，所以 $x = e$ 为 $f(x)$ 的最大值点，最大值为 $M = f(e) = 2\sqrt{2}$. 因为

$$\lim_{x \to 0^+} f(x) = -\infty, \quad \lim_{x \to +\infty} f(x) = -\infty,$$

由零点定理 $f(x)$ 在区间 $(0, e)$ 和 $(e, +\infty)$ 上各有一个正的零点，故方程 $\ln x = \dfrac{x}{e} - 2\sqrt{2}$ 有两个不同的正根.

第四章 不定积分

第一节 不定积分的概念与性质

> **期末高分必备知识**

一、基本概念

1. 原函数 —— 设 $f(x), F(x)$ 为定义于区间 I 上的函数,若对任意的 $x \in I$,有
$$F'(x) = f(x),$$
称 $F(x)$ 为 $f(x)$ 在区间 I 上的原函数.

> **抢分攻略**
>
> (1) 一个函数若有原函数,则一定存在无数个原函数,且任意两个原函数之间相差一个常数.
> (2) 连续函数一定有原函数,反之不成立.

2. 不定积分 —— 设 $F(x)$ 为 $f(x)$ 的一个原函数,则 $F(x) + C(C$ 为任意常数$)$ 为 $f(x)$ 的所有原函数,称其为 $f(x)$ 的不定积分,记为
$$\int f(x) \mathrm{d}x = F(x) + C.$$

> **抢分攻略**
>
> (1) $\dfrac{\mathrm{d}}{\mathrm{d}x} \int f(x) \mathrm{d}x = f(x);$
> (2) $\int \dfrac{\mathrm{d}}{\mathrm{d}x} f(x) \mathrm{d}x = \int f'(x) \mathrm{d}x = f(x) + C.$

二、不定积分基本性质

1. $\int [f(x) \pm g(x)] \mathrm{d}x = \int f(x) \mathrm{d}x \pm \int g(x) \mathrm{d}x;$

2. $\int k f(x) \mathrm{d}x = k \int f(x) \mathrm{d}x.$

三、不定积分基本公式

1. $\int k \mathrm{d}x = kx + C.$

2. (1) $\int x^a \mathrm{d}x = \dfrac{1}{a+1} x^{a+1} + C (a \neq -1);$ (2) $\int \dfrac{1}{x} \mathrm{d}x = \ln |x| + C.$

3. (1) $\int a^x \mathrm{d}x = \dfrac{a^x}{\ln a} + C (a > 0 \text{ 且 } a \neq 1);$ (2) $\int \mathrm{e}^x \mathrm{d}x = \mathrm{e}^x + C.$

4. (1) $\int \sin x \mathrm{d}x = -\cos x + C;$ (2) $\int \cos x \mathrm{d}x = \sin x + C;$

 (3) $\int \tan x \mathrm{d}x = -\ln |\cos x| + C;$ (4) $\int \cot x \mathrm{d}x = \ln |\sin x| + C;$

 (5) $\int \sec x \mathrm{d}x = \ln |\sec x + \tan x| + C;$ (6) $\int \csc x \mathrm{d}x = \ln |\csc x - \cot x| + C;$

 (7) $\int \sec^2 x \mathrm{d}x = \tan x + C;$ (8) $\int \csc^2 x \mathrm{d}x = -\cot x + C;$

(9) $\int \sec x \tan x \, dx = \sec x + C$;   (10) $\int \csc x \cot x \, dx = -\csc x + C$.

5. (1) $\int \dfrac{1}{\sqrt{1-x^2}} dx = \arcsin x + C$;

(2) $\int \dfrac{1}{\sqrt{a^2-x^2}} dx = \arcsin \dfrac{x}{a} + C \, (a > 0)$;

(3) $\int \dfrac{1}{1+x^2} dx = \arctan x + C$;

(4) $\int \dfrac{1}{a^2+x^2} dx = \dfrac{1}{a} \arctan \dfrac{x}{a} + C$;

(5) $\int \dfrac{1}{\sqrt{x^2+a^2}} dx = \ln(x + \sqrt{x^2+a^2}) + C$;

(6) $\int \dfrac{1}{\sqrt{x^2-a^2}} dx = \ln|x + \sqrt{x^2-a^2}| + C$;

(7) $\int \dfrac{1}{x^2-a^2} dx = \dfrac{1}{2a} \ln\left|\dfrac{x-a}{x+a}\right| + C \, (a > 0)$;

(8) $\int \sqrt{a^2-x^2} \, dx = \dfrac{a^2}{2} \arcsin \dfrac{x}{a} + \dfrac{x}{2} \sqrt{a^2-x^2} + C \, (a > 0)$.

▶ **60分必会题型**

题型一：函数与原函数的基本性质

例1 设 $F(x)$ 为 $f(x)$ 的原函数，则下列说法正确的是（　　）．

(A) 若 $f(x)$ 为偶函数，则 $F(x)$ 为奇函数

(B) 若 $f(x)$ 为奇函数，则 $F(x)$ 为偶函数

(C) 若 $f(x)$ 为周期函数，则 $F(x)$ 为周期函数

(D) 若 $f(x)$ 为单调函数，则 $F(x)$ 为单调函数

解 $f(x) = x^2$ 为偶函数，$F(x) = \dfrac{1}{3}x^3 + C$ 不一定是奇函数，(A) 不对；

$f(x) = 1 - \cos x$ 为周期函数，$F(x) = x - \sin x + C$ 不是周期函数，(C) 不对；

$f(x) = x$ 为单调递增函数，$F(x) = \dfrac{1}{2}x^2 + C$ 不是单调函数，(D) 不对，应选(B)．

例2 若 $f'(\sin x) = \cos 2x$，求 $f(x)$．

解 由 $f'(\sin x) = \cos 2x = 1 - 2\sin^2 x$ 得 $f'(x) = 1 - 2x^2$，故 $f(x) = \int (1 - 2x^2) dx - \dfrac{2}{3} x^3 + C$．

例3 设 $f'(x) = \dfrac{x}{\sqrt{1-x^2}}$，且 $f(0) = 1$，求 $f(x)$．

解 因为 $(-\sqrt{1-x^2} + C)' = \dfrac{x}{\sqrt{1-x^2}}$，所以 $f(x) = -\sqrt{1-x^2} + C$，再由 $f(0) = 1$ 得 $C = 2$，故 $f(x) = 2 - \sqrt{1-x^2}$．

题型二：不定积分的几何意义与物理意义

例1 设 $L: y = f(x)$，已知曲线 L 上一点 (x, y) 处切线的斜率等于 $-\dfrac{1}{x^2}$，且曲线经过点 $(1, 3)$，求该曲线方程．

解 由题意得 $f'(x) = -\dfrac{1}{x^2}$,解得 $f(x) = \dfrac{1}{x} + C$,因为曲线经过点 $(1,3)$,所以 $C = 2$,故所求的曲线为 $y = \dfrac{1}{x} + 2$.

例2 设物体由静止开始运动,其运动规律为 $S = S(t)$,经过 t s 后速度为 $6t + \sin\dfrac{\pi}{2}t$,

(1) 求物体运动规律 $S = S(t)$;

(2) 当 $t = 4$ s 时,求物体经过的路程.

解 (1) 由题意得 $v(t) = S'(t) = 6t + \sin\dfrac{\pi}{2}t$,解得 $S(t) = 3t^2 - \dfrac{2}{\pi}\cos\dfrac{\pi}{2}t + C$.

因为 $S(0) = 0$,所以 $C = \dfrac{2}{\pi}$,故 $S(t) = 3t^2 - \dfrac{2}{\pi}\cos\dfrac{\pi}{2}t + \dfrac{2}{\pi}$.

(2) 当 $t = 4$ s 时,经过的路程为 $S(4) = 48$.

题型三:基本初等函数的不定积分

例1 计算下列不定积分:

(1) $\displaystyle\int\left(\sqrt{x} + \dfrac{1}{x^3}\right)\mathrm{d}x$; (2) $\displaystyle\int\dfrac{(x-1)^2}{x}\mathrm{d}x$.

解 (1) $\displaystyle\int\left(\sqrt{x} + \dfrac{1}{x^3}\right)\mathrm{d}x = \int x^{\frac{1}{2}}\mathrm{d}x + \int x^{-3}\mathrm{d}x = \dfrac{1}{1+\frac{1}{2}}x^{(1+\frac{1}{2})} + \dfrac{1}{1-3}x^{(1-3)} + C = \dfrac{2}{3}x^{\frac{3}{2}} - \dfrac{1}{2}x^{-2} + C$(其中 C 为任意常数).

(2) $\displaystyle\int\dfrac{(x-1)^2}{x}\mathrm{d}x = \int\left(x - 2 + \dfrac{1}{x}\right)\mathrm{d}x = \dfrac{1}{2}x^2 - 2x + \ln|x| + C$(其中 C 为任意常数).

例2 计算下列不定积分:

(1) $\displaystyle\int 2^x \mathrm{e}^x \mathrm{d}x$; (2) $\displaystyle\int(\tan x - 1)^2 \mathrm{d}x$.

解 (1) $\displaystyle\int 2^x \mathrm{e}^x \mathrm{d}x = \int (2\mathrm{e})^x \mathrm{d}x = \dfrac{(2\mathrm{e})^x}{\ln 2\mathrm{e}} + C$(其中 C 为任意常数).

(2) $\displaystyle\int(\tan x - 1)^2 \mathrm{d}x = \int(\tan^2 x - 2\tan x + 1)\mathrm{d}x = \int(\sec^2 x - 2\tan x)\mathrm{d}x$
$= \tan x + 2\ln|\cos x| + C$(其中 C 为任意常数).

同济八版教材 ▶ 习题解答

习题 4-1 不定积分的概念与性质

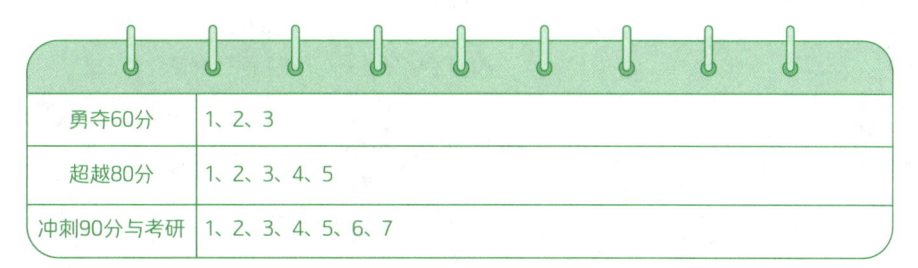

勇夺60分	1、2、3
超越80分	1、2、3、4、5
冲刺90分与考研	1、2、3、4、5、6、7

1. 利用求导运算验证下列等式:

(1) $\displaystyle\int\dfrac{\mathrm{d}x}{\sqrt{x^2+1}} = \ln(x + \sqrt{x^2+1}) + C$;

(2) $\int \dfrac{\mathrm{d}x}{x^2\sqrt{x^2-1}} = \dfrac{\sqrt{x^2-1}}{x} + C$;

(3) $\int \dfrac{2x}{(x^2+1)(x+1)^2}\mathrm{d}x = \arctan x + \dfrac{1}{x+1} + C$;

(4) $\int \sec x \,\mathrm{d}x = \ln|\tan x + \sec x| + C$;

(5) $\int x\cos x \,\mathrm{d}x = x\sin x + \cos x + C$;

(6) $\int e^x \sin x \,\mathrm{d}x = \dfrac{e^x}{2}(\sin x - \cos x) + C$.

解 (1) 因为 $\left[\ln(x + \sqrt{x^2+1}) + C\right]' = \dfrac{1}{x + \sqrt{x^2+1}} \cdot \left(1 + \dfrac{x}{\sqrt{x^2+1}}\right) = \dfrac{1}{\sqrt{x^2+1}}$,

所以 $\int \dfrac{\mathrm{d}x}{\sqrt{x^2+1}} = \ln(x + \sqrt{x^2+1}) + C$.

(2) 因为 $\left(\dfrac{\sqrt{x^2-1}}{x} + C\right)' = \dfrac{\dfrac{x^2}{\sqrt{x^2-1}} - \sqrt{x^2-1}}{x^2} = \dfrac{1}{x^2\sqrt{x^2-1}}$, 所以

$\int \dfrac{\mathrm{d}x}{x^2\sqrt{x^2-1}} = \dfrac{\sqrt{x^2-1}}{x} + C$.

(3) 因为 $\left(\arctan x + \dfrac{1}{x+1} + C\right)' = \dfrac{1}{1+x^2} - \dfrac{1}{(x+1)^2} = \dfrac{2x}{(x^2+1)(x+1)^2}$, 所以

$\int \dfrac{2x}{(x^2+1)(x+1)^2}\mathrm{d}x = \arctan x + \dfrac{1}{x+1} + C$.

(4) 因为 $(\ln|\tan x + \sec x| + C)' = \dfrac{1}{\tan x + \sec x} \cdot (\sec^2 x + \sec x \tan x) = \sec x$,

所以 $\int \sec x \,\mathrm{d}x = \ln|\tan x + \sec x| + C$.

(5) 因为 $(x\sin x + \cos x + C)' = \sin x + x\cos x - \sin x = x\cos x$, 所以

$\int x\cos x \,\mathrm{d}x = x\sin x + \cos x + C$.

(6) 因为 $\left[\dfrac{e^x}{2}(\sin x - \cos x) + C\right]' = \dfrac{1}{2}\left[e^x(\sin x - \cos x) + e^x(\cos x + \sin x)\right] = e^x\sin x$,

所以 $\int e^x \sin x \,\mathrm{d}x = \dfrac{e^x}{2}(\sin x - \cos x) + C$.

2. 求下列不定积分:

(1) $\int \dfrac{\mathrm{d}x}{x^2}$;

(2) $\int x\sqrt{x}\,\mathrm{d}x$;

(3) $\int \dfrac{\mathrm{d}x}{\sqrt{x}}$;

(4) $\int x^2\sqrt[3]{x}\,\mathrm{d}x$

(5) $\int \dfrac{\mathrm{d}x}{x^2\sqrt{x}}$;

(6) $\int \sqrt[m]{x^n}\,\mathrm{d}x$;

(7) $\int 5x^3\,\mathrm{d}x$;

(8) $\int (x^2 - 3x + 2)\,\mathrm{d}x$;

(9) $\int \dfrac{\mathrm{d}h}{\sqrt{2gh}}$ (g 是常数);

(10) $\int (x^2+1)^2\,\mathrm{d}x$;

(11) $\int (\sqrt{x}+1)(\sqrt{x^3}-1)\,\mathrm{d}x$;

(12) $\int \dfrac{(1-x)^2}{\sqrt{x}}\,\mathrm{d}x$;

(13) $\int \left(2e^x + \dfrac{3}{x}\right) dx$；

(14) $\int \left(\dfrac{3}{1+x^2} - \dfrac{2}{\sqrt{1-x^2}}\right) dx$；

(15) $\int e^x \left(1 - \dfrac{e^{-x}}{\sqrt{x}}\right) dx$；

(16) $\int 3^x e^x dx$；

(17) $\int \dfrac{2 \cdot 3^x - 5 \cdot 2^x}{3^x} dx$；

(18) $\int \sec x (\sec x - \tan x) dx$；

(19) $\int \cos^2 \dfrac{x}{2} dx$；

(20) $\int \dfrac{dx}{1 + \cos 2x}$；

(21) $\int \dfrac{\cos 2x}{\cos x - \sin x} dx$；

(22) $\int \dfrac{\cos 2x}{\cos^2 x \sin^2 x} dx$；

(23) $\int \cot^2 x\, dx$；

(24) $\int \cos \theta (\tan \theta + \sec \theta) d\theta$；

(25) $\int \dfrac{x^2}{x^2 + 1} dx$；

(26) $\int \dfrac{3x^4 + 2x^2}{x^2 + 1} dx$.

解 (1) $\int \dfrac{dx}{x^2} = -\dfrac{1}{x} + C$（其中 C 为任意常数）.

(2) $\int x\sqrt{x}\, dx = \int x^{\frac{3}{2}} dx = \dfrac{2}{5} x^{\frac{5}{2}} + C$（其中 C 为任意常数）.

(3) $\int \dfrac{dx}{\sqrt{x}} = 2\int \dfrac{dx}{2\sqrt{x}} = 2\sqrt{x} + C$（其中 C 为任意常数）.

(4) $\int x^2 \sqrt[3]{x}\, dx = \int x^{\frac{7}{3}} dx = \dfrac{3}{10} x^{\frac{10}{3}} + C$（其中 C 为任意常数）.

(5) $\int \dfrac{dx}{x^2 \sqrt{x}} = \int x^{-\frac{5}{2}} dx = -\dfrac{2}{3} x^{-\frac{3}{2}} + C$（其中 C 为任意常数）.

(6) $\int \sqrt[m]{x^n}\, dx = \int x^{\frac{n}{m}} dx = \dfrac{m}{m+n} x^{\frac{m+n}{m}} + C$（其中 C 为任意常数）.

(7) $\int 5x^3 dx = \dfrac{5}{4} x^4 + C$（其中 C 为任意常数）.

(8) $\int (x^2 - 3x + 2) dx = \dfrac{1}{3} x^3 - \dfrac{3}{2} x^2 + 2x + C$（其中 C 为任意常数）.

(9) $\int \dfrac{dh}{\sqrt{2gh}} = \dfrac{2}{\sqrt{2g}} \int \dfrac{dh}{2\sqrt{h}} = \sqrt{\dfrac{2h}{g}} + C$（其中 C 为任意常数）.

(10) $\int (x^2 + 1)^2 dx = \int (x^4 + 2x^2 + 1) dx = \dfrac{1}{5} x^5 + \dfrac{2}{3} x^3 + x + C$（其中 C 为任意常数）.

(11) $\int (\sqrt{x} + 1)(\sqrt{x^3} - 1) dx = \int (x^2 + \sqrt{x^3} - \sqrt{x} - 1) dx = \dfrac{1}{3} x^3 + \dfrac{2}{5} x^{\frac{5}{2}} - \dfrac{2}{3} x^{\frac{3}{2}} - x + C$（其中 C 为任意常数）.

(12) $\int \dfrac{(1-x)^2}{\sqrt{x}} dx = \int \left(\dfrac{1}{\sqrt{x}} - 2\sqrt{x} + x^{\frac{3}{2}}\right) dx = 2\sqrt{x} - \dfrac{4}{3} x^{\frac{3}{2}} + \dfrac{2}{5} x^{\frac{5}{2}} + C$（其中 C 为任意常数）.

(13) $\int \left(2e^x + \dfrac{3}{x}\right) dx = 2e^x + 3\ln|x| + C$（其中 C 为任意常数）.

(14) $\int \left(\dfrac{3}{1+x^2} - \dfrac{2}{\sqrt{1-x^2}}\right) dx = 3\arctan x - 2\arcsin x + C$（其中 C 为任意常数）.

(15) $\int e^x \left(1 - \dfrac{e^{-x}}{\sqrt{x}}\right) dx = \int e^x dx - 2\int \dfrac{dx}{2\sqrt{x}} = e^x - 2\sqrt{x} + C$（其中 C 为任意常数）.

(16) $\int 3^x e^x dx = \int (3e)^x dx = \dfrac{(3e)^x}{\ln 3e} + C$（其中 C 为任意常数）.

(17) $\int \dfrac{2 \cdot 3^x - 5 \cdot 2^x}{3^x} dx = \int \left[2 - 5\left(\dfrac{2}{3}\right)^x\right] dx = 2x - \dfrac{5\left(\dfrac{2}{3}\right)^x}{\ln \dfrac{2}{3}} + C$（其中 C 为任意常数）.

(18) $\int \sec x(\sec x - \tan x) dx = \int (\sec^2 x - \sec x \tan x) dx = \tan x - \sec x + C$（其中 C 为任意常数）.

(19) $\int \cos^2 \dfrac{x}{2} dx = \dfrac{1}{2} \int (1 + \cos x) dx = \dfrac{x}{2} + \dfrac{1}{2} \sin x + C$（其中 C 为任意常数）.

(20) $\int \dfrac{dx}{1 + \cos 2x} = \int \dfrac{dx}{2\cos^2 x} = \dfrac{1}{2} \int \sec^2 x \, dx = \dfrac{1}{2} \tan x + C$（其中 C 为任意常数）.

(21) $\int \dfrac{\cos 2x}{\cos x - \sin x} dx = \int \dfrac{\cos^2 x - \sin^2 x}{\cos x - \sin x} dx = \int (\cos x + \sin x) dx = \sin x - \cos x + C$（其中 C 为任意常数）.

(22) $\int \dfrac{\cos 2x}{\cos^2 x \sin^2 x} dx = \int \dfrac{\cos^2 x - \sin^2 x}{\cos^2 x \sin^2 x} dx = \int (\csc^2 x - \sec^2 x) dx = -\cot x - \tan x + C$（其中 C 为任意常数）.

(23) $\int \cot^2 x \, dx = \int (\csc^2 x - 1) dx = -\cot x - x + C$（其中 C 为任意常数）.

(24) $\int \cos \theta (\tan \theta + \sec \theta) d\theta = \int (\sin \theta + 1) d\theta = -\cos \theta + \theta + C$（其中 C 为任意常数）.

(25) $\int \dfrac{x^2}{x^2 + 1} dx = \int \left(1 - \dfrac{1}{1 + x^2}\right) dx = x - \arctan x + C$（其中 C 为任意常数）.

(26) $\int \dfrac{3x^4 + 2x^2}{x^2 + 1} dx = \int \dfrac{3x^2(x^2 + 1) - x^2}{x^2 + 1} dx = \int \left(3x^2 - 1 + \dfrac{1}{1 + x^2}\right) dx = x^3 - x + \arctan x + C$（其中 C 为任意常数）.

3. 含有未知函数的导数的方程称为微分方程，例如方程 $\dfrac{dy}{dx} = f(x)$，其中 $\dfrac{dy}{dx}$ 为未知函数的导数，$f(x)$ 为已知函数. 如果将函数 $y = \varphi(x)$ 代入微分方程，使微分方程成为恒等式，那么函数 $y = \varphi(x)$ 就称为这个微分方程的解. 求下列微分方程满足所给条件的解：

(1) $\dfrac{dy}{dx} = (x-2)^2, y\big|_{x=2} = 0$;

(2) $\dfrac{d^2 x}{dt^2} = \dfrac{2}{t^3}, \dfrac{dx}{dt}\bigg|_{t=1} = 1, x\big|_{t=1} = 1$.

解 (1) 由 $\dfrac{dy}{dx} = (x-2)^2$ 得 $y = \int (x-2)^2 dx = \dfrac{1}{3}(x-2)^3 + C$，再由 $y\big|_{x=2} = 0$ 得 $C = 0$，故所求微分方程的解为 $y = \dfrac{1}{3}(x-2)^3$.

(2) 由 $\dfrac{d^2 x}{dt^2} = \dfrac{2}{t^3}$ 得 $\dfrac{dx}{dt} = \int \dfrac{2}{t^3} dt = -\dfrac{1}{t^2} + C_1$，由 $\dfrac{dx}{dt}\bigg|_{t=1} = 1$ 得 $C_1 = 2$，从而 $\dfrac{dx}{dt} = -\dfrac{1}{t^2} + 2$，于是

$$x = \int \left(-\dfrac{1}{t^2} + 2\right) dt = \dfrac{1}{t} + 2t + C_2,$$

再由 $x\big|_{t=1} = 1$ 得 $C_2 = -2$，故所求微分方程的解为 $x = \dfrac{1}{t} + 2t - 2$.

4. 汽车以 20 m/s 的速度沿直线行驶，刹车后匀减速行驶了 50 m 停住，求刹车加速度. 可执行下列步骤：

(1) 求微分方程 $\dfrac{d^2 s}{dt^2} = -k$ 满足条件 $\dfrac{ds}{dt}\bigg|_{t=0} = 20$ 及 $s\big|_{t=0} = 0$ 的解；

(2) 求使 $\dfrac{ds}{dt} = 0$ 的 t 值及相应的 s 值；

(3) 求使 $s = 50$ m 的 k 值.

解 (1) 由 $\dfrac{d^2 s}{dt^2} = -k$ 得 $\dfrac{ds}{dt} = \displaystyle\int (-k) dt = -kt + C_1.$

由 $\dfrac{ds}{dt}\bigg|_{t=0} = 20$ 得 $C_1 = 20$, 即 $\dfrac{ds}{dt} = -kt + 20.$

再由 $\dfrac{ds}{dt} = -kt + 20$ 得

$$s = \int (-kt + 20) dt = -\dfrac{k}{2} t^2 + 20t + C_2,$$

由 $s\big|_{t=0} = 0$ 得 $C_2 = 0$, 故 $s = -\dfrac{k}{2} t^2 + 20t.$

(2) 令 $\dfrac{ds}{dt} = -kt + 20 = 0$ 得 $t = \dfrac{20}{k}, s = -\dfrac{k}{2}\left(\dfrac{20}{k}\right)^2 + 20 \times \dfrac{20}{k} = \dfrac{200}{k}.$

(3) 由 $s = 50$ m 得 $-\dfrac{k}{2}\left(\dfrac{20}{k}\right)^2 + 20 \times \dfrac{20}{k} = 50$, 解得 $k = 4$, 即刹车的加速度为 -4 m/s².

5. 一曲线通过点 $(e^2, 3)$, 且在任一点处的切线的斜率等于该点横坐标的倒数, 求该曲线的方程.

解 设所求曲线为 $y = f(x)$, 由题意得 $f'(x) = \dfrac{1}{x}$, 解得

$$f(x) = \int \dfrac{dx}{x} = \ln |x| + C,$$

因为曲线 $y = f(x)$ 经过点 $(e^2, 3)$, 即 $f(e^2) = 3$, 解得 $C = 1$, 故所求的曲线方程为 $y = \ln x + 1.$

6. 一物体沿直线由静止开始运动, 经 t 秒后的速度是 $3t^2$ m/s, 问
(1) 3 s 后物体离开出发点的距离是多少?
(2) 物体走完 360 m 需要多少时间?

解 (1) 设物体的位移函数为 $s = s(t)$, 由题意得 $s(t) = \displaystyle\int 3t^2 dt = t^3 + C$, 因为 $s(0) = 0$, 所以 $s(t) = t^3$, 运动 3 s 后的距离为 $s(3) = 27$ (m).

(2) 令 $s(t) = 360$, 解得 $t = \sqrt[3]{360} \approx 7.11$ (s).

7. 证明 $\arcsin(2x - 1)$, $\arccos(1 - 2x)$ 和 $2\arctan\sqrt{\dfrac{x}{1-x}}$ 都是 $\dfrac{1}{\sqrt{x - x^2}}$ 的原函数.

证明 因为 $[\arcsin(2x - 1)]' = \dfrac{2}{\sqrt{1 - (2x-1)^2}} = \dfrac{1}{\sqrt{x - x^2}},$

$[\arccos(1 - 2x)]' = -\dfrac{-2}{\sqrt{1 - (1-2x)^2}} = \dfrac{1}{\sqrt{x - x^2}},$

$\left(2\arctan\sqrt{\dfrac{x}{1-x}}\right)' = 2 \cdot \dfrac{1}{1 + \dfrac{x}{1-x}} \cdot \dfrac{1}{2\sqrt{\dfrac{x}{1-x}}} \cdot \dfrac{1 - x + x}{(1-x)^2} = \dfrac{1}{\sqrt{x - x^2}},$

所以 $\arcsin(2x - 1)$, $\arccos(1 - 2x)$ 和 $2\arctan\sqrt{\dfrac{x}{1-x}}$ 皆为 $\dfrac{1}{\sqrt{x - x^2}}$ 的原函数.

第二节　换元积分法

▶ **期末高分必备知识**

一、第一类换元积分法

设函数 $f(u)$ 的一个原函数为 $F(u)$, 又 $\varphi(x)$ 可导, 则

$$\int f[\varphi(x)]\varphi'(x)\mathrm{d}x = \int f[\varphi(x)]\mathrm{d}[\varphi(x)] \xrightarrow{\varphi(x)=t} \int f(t)\mathrm{d}t = F(t) + C = F[\varphi(x)] + C.$$

二、第二类换元积分法

设 $f(x)$ 存在原函数，$x = \varphi(t)$ 是单调可导函数，且 $\varphi'(t) \neq 0$，$g(t) = f[\varphi(t)]\varphi'(t)$，则

$$\int f(x)\mathrm{d}x \xrightarrow{x = \varphi(t)} \int f[\varphi(t)]\varphi'(t)\mathrm{d}t = \int g(t)\mathrm{d}t = G(t) + C = G[\varphi^{-1}(x)] + C.$$

▶ 60分必会题型

题型一：利用第一类换元积分法计算不定积分

抢分攻略

使用第一类换元积分法计算不定积分时,注意使用如下一些常用技巧：

(1) $\int f(ax+b)\mathrm{d}x = \dfrac{1}{a}\int f(ax+b)\mathrm{d}(ax+b)$;

$\int x^{n-1} f(ax^n + b)\mathrm{d}x = \dfrac{1}{na}\int f(ax^n + b)\mathrm{d}(ax^n + b)$.

(2) $\int f\left(\dfrac{1}{x}\right)\left(-\dfrac{1}{x^2}\right)\mathrm{d}x = \int f\left(\dfrac{1}{x}\right)\mathrm{d}\left(\dfrac{1}{x}\right)$;

$\int \left(1 - \dfrac{1}{x^2}\right) f\left(x + \dfrac{1}{x}\right)\mathrm{d}x = \int f\left(x + \dfrac{1}{x}\right)\mathrm{d}\left(x + \dfrac{1}{x}\right)$;

$\int \left(1 + \dfrac{1}{x^2}\right) f\left(x - \dfrac{1}{x}\right)\mathrm{d}x = \int f\left(x - \dfrac{1}{x}\right)\mathrm{d}\left(x - \dfrac{1}{x}\right)$.

(3) $\int f(\sqrt{x}) \cdot \dfrac{1}{\sqrt{x}}\mathrm{d}x = 2\int f(\sqrt{x})\mathrm{d}(\sqrt{x})$.

(4) $\int f(\mathrm{e}^x) \cdot \mathrm{e}^x \mathrm{d}x = \int f(\mathrm{e}^x)\mathrm{d}(\mathrm{e}^x)$.

(5) $\int f(\sin x) \cdot \cos x \mathrm{d}x = \int f(\sin x)\mathrm{d}(\sin x)$;

$\int f(\cos x) \cdot \sin x \mathrm{d}x = -\int f(\cos x)\mathrm{d}(\cos x)$;

$\int f(\tan x) \cdot \sec^2 x \mathrm{d}x = \int f(\tan x)\mathrm{d}(\tan x)$;

$\int f(\cot x) \cdot \csc^2 x \mathrm{d}x = -\int f(\cot x)\mathrm{d}(\cot x)$;

$\int f(\sec x) \cdot \sec x \tan x \mathrm{d}x = \int f(\sec x)\mathrm{d}(\sec x)$;

$\int f(\csc x) \cdot \csc x \cot x \mathrm{d}x = -\int f(\csc x)\mathrm{d}(\csc x)$.

(6) $\int f(\arcsin x) \cdot \dfrac{1}{\sqrt{1-x^2}}\mathrm{d}x = \int f(\arcsin x)\mathrm{d}(\arcsin x)$;

$\int f(\arccos x) \cdot \dfrac{1}{\sqrt{1-x^2}}\mathrm{d}x = -\int f(\arccos x)\mathrm{d}(\arccos x)$;

$\int f(\arctan x) \cdot \dfrac{1}{1+x^2}\mathrm{d}x = \int f(\arctan x)\mathrm{d}(\arctan x)$;

$\int f(\mathrm{arccot}\, x) \cdot \dfrac{1}{1+x^2}\mathrm{d}x = -\int f(\mathrm{arccot}\, x)\mathrm{d}(\mathrm{arccot}\, x)$.

例1 计算下列不定积分：

(1) $\int \dfrac{\mathrm{d}x}{(3x+2)^4}$; (2) $\int \dfrac{x}{(2x^2+1)^3}\mathrm{d}x$;

(3) $\int x^2 \sqrt{(x^3+4)^3}\,\mathrm{d}x$.

解 (1) $\int \dfrac{\mathrm{d}x}{(3x+2)^4} = \dfrac{1}{3}\int (3x+2)^{-4}\mathrm{d}(3x+2) = -\dfrac{1}{9}(3x+2)^{-3}+C$(其中 C 为任意常数).

(2) $\int \dfrac{x}{(2x^2+1)^3}\mathrm{d}x = \dfrac{1}{4}\int (2x^2+1)^{-3}\mathrm{d}(2x^2+1) = -\dfrac{1}{8}(2x^2+1)^{-2}+C$(其中 C 为任意常数).

(3) $\int x^2\sqrt{(x^3+4)^3}\,\mathrm{d}x = \dfrac{1}{3}\int (x^3+4)^{\frac{3}{2}}\mathrm{d}(x^3+4) = \dfrac{2}{15}(x^3+4)^{\frac{5}{2}}+C$(其中 C 为任意常数).

例2 计算下列不定积分:

(1) $\int \dfrac{\mathrm{d}x}{\sqrt{x}(1+4x)}$;   (2) $\int \dfrac{1}{x^2}\cos\left(\dfrac{1}{x}+2\right)\mathrm{d}x$;   (3) $\int \left(1-\dfrac{1}{x^2}\right)\cos\left(x+\dfrac{1}{x}\right)\mathrm{d}x$;

(4) $\int \dfrac{x^2+1}{x^4+1}\mathrm{d}x$;   (5) $\int \dfrac{x^2-1}{x^4+1}\mathrm{d}x$.

解 (1) $\int \dfrac{\mathrm{d}x}{\sqrt{x}(1+4x)} = 2\int \dfrac{\mathrm{d}(\sqrt{x})}{1+4x} = \int \dfrac{\mathrm{d}(2\sqrt{x})}{1+(2\sqrt{x})^2} = \arctan 2\sqrt{x}+C$(其中 C 为任意常数).

(2) $\int \dfrac{1}{x^2}\cos\left(\dfrac{1}{x}+2\right)\mathrm{d}x = -\int \cos\left(\dfrac{1}{x}+2\right)\mathrm{d}\left(\dfrac{1}{x}+2\right) = -\sin\left(\dfrac{1}{x}+2\right)+C$(其中 C 为任意常数).

(3) $\int \left(1-\dfrac{1}{x^2}\right)\cos\left(x+\dfrac{1}{x}\right)\mathrm{d}x = \int \cos\left(x+\dfrac{1}{x}\right)\mathrm{d}\left(x+\dfrac{1}{x}\right) = \sin\left(x+\dfrac{1}{x}\right)+C$(其中 C 为任意常数).

(4) $\int \dfrac{x^2+1}{x^4+1}\mathrm{d}x = \int \dfrac{1+\dfrac{1}{x^2}}{x^2+\dfrac{1}{x^2}}\mathrm{d}x = \int \dfrac{\mathrm{d}\left(x-\dfrac{1}{x}\right)}{(\sqrt{2})^2+\left(x-\dfrac{1}{x}\right)^2} = \dfrac{1}{\sqrt{2}}\arctan \dfrac{x-\dfrac{1}{x}}{\sqrt{2}}+C$(其中 C 为任意常数).

(5) $\int \dfrac{x^2-1}{x^4+1}\mathrm{d}x = \int \dfrac{1-\dfrac{1}{x^2}}{x^2+\dfrac{1}{x^2}}\mathrm{d}x = \int \dfrac{\mathrm{d}\left(x+\dfrac{1}{x}\right)}{\left(x+\dfrac{1}{x}\right)^2-(\sqrt{2})^2} = \dfrac{1}{2\sqrt{2}}\ln\left|\dfrac{x+\dfrac{1}{x}-\sqrt{2}}{x+\dfrac{1}{x}+\sqrt{2}}\right|+C$(其中 C 为任意常数).

例3 计算下列不定积分:

(1) $\int \dfrac{\mathrm{e}^x}{4+\mathrm{e}^{2x}}\mathrm{d}x$;   (2) $\int \mathrm{e}^{\mathrm{e}^x+x}\mathrm{d}x$;

(3) $\int \dfrac{\mathrm{e}^{3x}+\mathrm{e}^x}{\mathrm{e}^{4x}+\mathrm{e}^{2x}+1}\mathrm{d}x$.

解 (1) $\int \dfrac{\mathrm{e}^x}{4+\mathrm{e}^{2x}}\mathrm{d}x = \int \dfrac{\mathrm{d}(\mathrm{e}^x)}{2^2+(\mathrm{e}^x)^2} = \dfrac{1}{2}\arctan \dfrac{\mathrm{e}^x}{2}+C$(其中 C 为任意常数).

(2) $\int \mathrm{e}^{\mathrm{e}^x+x}\mathrm{d}x = \int \mathrm{e}^x\cdot \mathrm{e}^{\mathrm{e}^x}\mathrm{d}x = \int \mathrm{e}^{\mathrm{e}^x}\mathrm{d}(\mathrm{e}^x) = \mathrm{e}^{\mathrm{e}^x}+C$(其中 C 为任意常数).

(3) $\int \dfrac{\mathrm{e}^{3x}+\mathrm{e}^x}{\mathrm{e}^{4x}+\mathrm{e}^{2x}+1}\mathrm{d}x = \int \dfrac{\mathrm{e}^x+\mathrm{e}^{-x}}{\mathrm{e}^{2x}+\mathrm{e}^{-2x}+1}\mathrm{d}x = \int \dfrac{\mathrm{d}(\mathrm{e}^x-\mathrm{e}^{-x})}{(\sqrt{3})^2+(\mathrm{e}^x-\mathrm{e}^{-x})^2} = \dfrac{1}{\sqrt{3}}\arctan \dfrac{\mathrm{e}^x-\mathrm{e}^{-x}}{\sqrt{3}}+C$(其中 C 为任意常数).

> **期末小锦囊** 求积分的方法较多,同一题可能存在多种解法,因此其结果可能也有多种形式. 若不确定解法是否正确,可对所得结果求导数,若其导数等于被积函数,则解法正确.

题型二:利用第二类换元积分法计算不定积分

情形一:平方和、平方差的不定积分

> **抢分攻略**
> (1) 若积分表达式中出现 $\sqrt{a^2-x^2}$,令 $x=a\sin t$,则 $\sqrt{a^2-x^2}=a\cos t$;
> (2) 若积分表达式中出现 $\sqrt{x^2+a^2}$ 时,令 $x=a\tan t$,则 $\sqrt{x^2+a^2}=a\sec t$;
> (3) 若积分表达式中出现 $\sqrt{x^2-a^2}$ 时,令 $x=a\sec t$,则 $\sqrt{x^2-a^2}=a\tan t$.

情形二:无理函数的不定积分

若不定积分表达式中含无理函数,且若保留无理函数则无法计算时,可以通过第二类换元积分法将无理函数转化为有理函数,注意:含无理函数的不定积分不一定需要转化为有理函数.

情形三:若被积函数分母因式中 x 的次数相差较大时,有时使用变换 $x=\dfrac{1}{t}$.

例 1 计算下列不定积分:

(1) $\displaystyle\int \dfrac{\mathrm{d}x}{(1-x)\sqrt{1-x^2}}$;　　(2) $\displaystyle\int \dfrac{\sqrt{x^2-4}}{x}\mathrm{d}x$.

解 (1) $\displaystyle\int \dfrac{\mathrm{d}x}{(1-x)\sqrt{1-x^2}} \xlongequal[\text{(如图 4-1)}]{x=\sin t} \int \dfrac{\cos t\,\mathrm{d}t}{(1-\sin t)\cos t}$

$= \displaystyle\int \dfrac{\mathrm{d}t}{1-\sin t} = \int \dfrac{1+\sin t}{\cos^2 t}\mathrm{d}t$

$= \displaystyle\int \sec^2 t\,\mathrm{d}t + \int \sec t \tan t\,\mathrm{d}t$

$= \tan t + \sec t + C = \dfrac{x+1}{\sqrt{1-x^2}} + C$(其中 C 为任意常数).

图 4-1

(2) $\displaystyle\int \dfrac{\sqrt{x^2-4}}{x}\mathrm{d}x \xlongequal[\text{(如图 4-2)}]{x=2\sec t} \int \dfrac{2\tan t}{2\sec t}\cdot 2\sec t\tan t\,\mathrm{d}t$

$= 2\displaystyle\int \tan^2 t\,\mathrm{d}t = 2\int (\sec^2 t - 1)\,\mathrm{d}t$

$= 2\tan t - 2t + C$

$= \sqrt{x^2-4} - 2\arccos\dfrac{2}{|x|} + C$(其中 C 为任意常数).

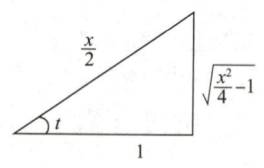

图 4-2

例 2 计算下列不定积分:

(1) $\displaystyle\int \dfrac{\mathrm{d}x}{\sqrt{x}(x+1)}$;　　(2) $\displaystyle\int \dfrac{\mathrm{d}x}{\sqrt{4x-x^2}}$;

(3) $\displaystyle\int \sqrt{\dfrac{1+x}{1-x}}\mathrm{d}x$.

解 (1) $\displaystyle\int \dfrac{\mathrm{d}x}{\sqrt{x}(x+1)} = 2\int \dfrac{\mathrm{d}(\sqrt{x})}{(\sqrt{x})^2+1} = 2\ln(\sqrt{x}+\sqrt{x+1}) + C$(其中 C 为任意常数).

(2) $\displaystyle\int \dfrac{\mathrm{d}x}{\sqrt{4x-x^2}} = \int \dfrac{\mathrm{d}x}{\sqrt{x(4-x)}} = 2\int \dfrac{\mathrm{d}(\sqrt{x})}{\sqrt{4-x}} = 2\int \dfrac{\mathrm{d}(\sqrt{x})}{\sqrt{2^2-(\sqrt{x})^2}} = 2\arcsin\dfrac{\sqrt{x}}{2} + C$(其中 C 为任意常数).

(3) $\displaystyle\int \sqrt{\dfrac{1+x}{1-x}}\mathrm{d}x = \int \dfrac{1+x}{\sqrt{1-x^2}}\mathrm{d}x = \int \dfrac{\mathrm{d}x}{\sqrt{1-x^2}} + \int \dfrac{x}{\sqrt{1-x^2}}\mathrm{d}x = \arcsin x - \int \dfrac{\mathrm{d}(1-x^2)}{2\sqrt{1-x^2}}$

$$= \arcsin x - \sqrt{1-x^2} + C \text{(其中 } C \text{ 为任意常数)}.$$

例 3 计算下列不定积分:

(1) $\displaystyle\int \frac{\mathrm{d}x}{1+\sqrt{x}}$;

(2) $\displaystyle\int \frac{\mathrm{d}x}{\sqrt{x}+\sqrt[3]{x}}$;

(3) $\displaystyle\int \sqrt{\mathrm{e}^{2x}-1}\,\mathrm{d}x$;

(4) $\displaystyle\int \frac{\mathrm{d}x}{x^4(x^2+1)}$.

解 (1) $\displaystyle\int \frac{\mathrm{d}x}{1+\sqrt{x}} \xlongequal{x=t^2} 2\int \frac{t}{1+t}\mathrm{d}t = 2\int\left(1-\frac{1}{1+t}\right)\mathrm{d}t = 2t - 2\ln|1+t| + C$

$$= 2\sqrt{x} - 2\ln(1+\sqrt{x}) + C \text{(其中 } C \text{ 为任意常数)}.$$

(2) $\displaystyle\int \frac{\mathrm{d}x}{\sqrt{x}+\sqrt[3]{x}} \xlongequal{x=t^6} 6\int \frac{t^5}{t^3+t^2}\mathrm{d}t = 6\int\frac{(t^3+1)-1}{t+1}\mathrm{d}t = 6\int\left(t^2-t+1-\frac{1}{t+1}\right)\mathrm{d}t$

$$= 2t^3 - 3t^2 + 6t - 6\ln|1+t| + C$$

$$= 2\sqrt{x} - 3\sqrt[3]{x} + 6\sqrt[6]{x} - 6\ln(1+\sqrt[6]{x}) + C \text{(其中 } C \text{ 为任意常数)}.$$

(3) 令 $\sqrt{\mathrm{e}^{2x}-1} = t$, 解得 $x = \frac{1}{2}\ln(1+t^2)$, 则

$$\int \sqrt{\mathrm{e}^{2x}-1}\,\mathrm{d}x = \int t \cdot \frac{t}{1+t^2}\mathrm{d}t = \int\left(1-\frac{1}{1+t^2}\right)\mathrm{d}t = t - \arctan t + C$$

$$= \sqrt{\mathrm{e}^{2x}-1} - \arctan\sqrt{\mathrm{e}^{2x}-1} + C \text{(其中 } C \text{ 为任意常数)}.$$

(4) $\displaystyle\int \frac{\mathrm{d}x}{x^4(x^2+1)} \xlongequal{x=\frac{1}{t}} \int \frac{t^4}{1+\frac{1}{t^2}} \cdot \left(-\frac{1}{t^2}\right)\mathrm{d}t = -\int \frac{(t^4-1)+1}{1+t^2}\mathrm{d}t = -\int\left(t^2-1+\frac{1}{1+t^2}\right)\mathrm{d}t$

$$= -\frac{1}{3}t^3 + t - \arctan t + C = -\frac{1}{3x^3} + \frac{1}{x} - \arctan\frac{1}{x} + C \text{(其中 } C \text{ 为任意常数)}.$$

同济八版教材 ▶ 习题解答

习题 4－2 换元积分法

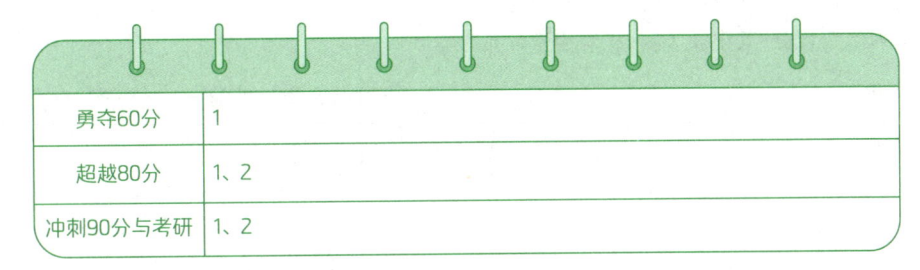

勇夺60分	1
超越80分	1、2
冲刺90分与考研	1、2

1. 在下列各式等号右端的横线处填入适当的系数, 使等式成立 (例如: $\mathrm{d}x = \frac{1}{4}\mathrm{d}(4x+7)$).

(1) $\mathrm{d}x = $ _____ $\mathrm{d}(ax)(a \neq 0)$;

(2) $\mathrm{d}x = $ _____ $\mathrm{d}(7x-3)$;

(3) $x\,\mathrm{d}x = $ _____ $\mathrm{d}(x^2)$;

(4) $x\,\mathrm{d}x = $ _____ $\mathrm{d}(5x^2)$;

(5) $x\,\mathrm{d}x = $ _____ $\mathrm{d}(1-x^2)$;

(6) $x^3\,\mathrm{d}x = $ _____ $\mathrm{d}(3x^4-2)$;

(7) $\mathrm{e}^{2x}\,\mathrm{d}x = $ _____ $\mathrm{d}(\mathrm{e}^{2x})$;

(8) $\mathrm{e}^{-\frac{x}{2}}\,\mathrm{d}x = $ _____ $\mathrm{d}(1+\mathrm{e}^{-\frac{x}{2}})$;

(9) $\sin\frac{3}{2}x\,\mathrm{d}x = $ _____ $\mathrm{d}\left(\cos\frac{3}{2}x\right)$;

(10) $\frac{\mathrm{d}x}{x} = $ _____ $\mathrm{d}(5\ln|x|)$;

(11) $\frac{\mathrm{d}x}{x} = $ _____ $\mathrm{d}(3-5\ln|x|)$;

(12) $\frac{\mathrm{d}x}{1+9x^2} = $ _____ $\mathrm{d}(\arctan 3x)$;

(13) $\dfrac{\mathrm{d}x}{\sqrt{1-x^2}} = \underline{\qquad} \mathrm{d}(1-\arcsin x)$;

(14) $\dfrac{x\,\mathrm{d}x}{\sqrt{1-x^2}} = \underline{\qquad} \mathrm{d}(\sqrt{1-x^2})$.

解 (1) $\mathrm{d}x = \dfrac{1}{a}\mathrm{d}(ax)$.

(2) $\mathrm{d}x = \dfrac{1}{7}\mathrm{d}(7x-3)$.

(3) $x\,\mathrm{d}x = \dfrac{1}{2}\mathrm{d}(x^2)$.

(4) $x\,\mathrm{d}x = \dfrac{1}{10}\mathrm{d}(5x^2)$.

(5) $x\,\mathrm{d}x = -\dfrac{1}{2}\mathrm{d}(1-x^2)$.

(6) $x^3\,\mathrm{d}x = \dfrac{1}{12}\mathrm{d}(3x^4-2)$.

(7) $\mathrm{e}^{2x}\,\mathrm{d}x = \dfrac{1}{2}\mathrm{d}(\mathrm{e}^{2x})$.

(8) $\mathrm{e}^{-\frac{x}{2}}\,\mathrm{d}x = -2\mathrm{d}(1+\mathrm{e}^{-\frac{x}{2}})$.

(9) $\sin\dfrac{3}{2}x\,\mathrm{d}x = -\dfrac{2}{3}\mathrm{d}\left(\cos\dfrac{3}{2}x\right)$.

(10) $\dfrac{\mathrm{d}x}{x} = \dfrac{1}{5}\mathrm{d}(5\ln|x|)$.

(11) $\dfrac{\mathrm{d}x}{x} = -\dfrac{1}{5}\mathrm{d}(3-5\ln|x|)$.

(12) $\dfrac{\mathrm{d}x}{1+9x^2} = \dfrac{1}{3}\mathrm{d}(\arctan 3x)$.

(13) $\dfrac{\mathrm{d}x}{\sqrt{1-x^2}} = -\mathrm{d}(1-\arcsin x)$.

(14) $\dfrac{x\,\mathrm{d}x}{\sqrt{1-x^2}} = -\dfrac{-2x\,\mathrm{d}x}{2\sqrt{1-x^2}} = -\dfrac{\mathrm{d}(1-x^2)}{2\sqrt{1-x^2}} = -\mathrm{d}(\sqrt{1-x^2})$.

2. 求下列不定积分(其中 a, b, ω, φ 均为常数):

(1) $\displaystyle\int \mathrm{e}^{5t}\,\mathrm{d}t$;

(2) $\displaystyle\int (3-2x)^3\,\mathrm{d}x$;

(3) $\displaystyle\int \dfrac{\mathrm{d}x}{1-2x}$;

(4) $\displaystyle\int \dfrac{\mathrm{d}x}{\sqrt[3]{2-3x}}$;

(5) $\displaystyle\int (\sin ax - \mathrm{e}^{\frac{x}{b}})\,\mathrm{d}x$;

(6) $\displaystyle\int \dfrac{\sin\sqrt{t}}{\sqrt{t}}\,\mathrm{d}t$;

(7) $\displaystyle\int x\mathrm{e}^{-x^2}\,\mathrm{d}x$;

(8) $\displaystyle\int x\cos(x^2)\,\mathrm{d}x$;

(9) $\displaystyle\int \dfrac{x}{\sqrt{2-3x^2}}\,\mathrm{d}x$;

(10) $\displaystyle\int \dfrac{3x^3}{1-x^4}\,\mathrm{d}x$;

(11) $\displaystyle\int \dfrac{x+1}{x^2+2x+5}\,\mathrm{d}x$;

(12) $\displaystyle\int \cos^2(\omega t + \varphi)\sin(\omega t + \varphi)\,\mathrm{d}t$;

(13) $\displaystyle\int \dfrac{\sin x}{\cos^3 x}\,\mathrm{d}x$;

(14) $\displaystyle\int \dfrac{\sin x + \cos x}{\sqrt[3]{\sin x - \cos x}}\,\mathrm{d}x$;

(15) $\displaystyle\int \tan^{10} x \cdot \sec^2 x\,\mathrm{d}x$;

(16) $\displaystyle\int \dfrac{\mathrm{d}x}{x\ln x\ln\ln x}$;

(17) $\displaystyle\int \frac{\mathrm{d}x}{(\arcsin x)^2 \sqrt{1-x^2}}$;

(18) $\displaystyle\int \frac{10^{2\arccos x}}{\sqrt{1-x^2}} \mathrm{d}x$;

(19) $\displaystyle\int \tan\sqrt{1+x^2}\, \frac{x\,\mathrm{d}x}{\sqrt{1+x^2}}$;

(20) $\displaystyle\int \frac{\arctan \sqrt{x}}{\sqrt{x}(1+x)} \mathrm{d}x$;

(21) $\displaystyle\int \frac{1+\ln x}{(x\ln x)^2} \mathrm{d}x$;

(22) $\displaystyle\int \frac{\mathrm{d}x}{\sin x \cos x}$;

(23) $\displaystyle\int \frac{\ln \tan x}{\cos x \sin x} \mathrm{d}x$;

(24) $\displaystyle\int \cos^3 x\,\mathrm{d}x$;

(25) $\displaystyle\int \cos^2(\omega t+\varphi)\,\mathrm{d}t$;

(26) $\displaystyle\int \sin 2x \cos 3x\,\mathrm{d}x$;

(27) $\displaystyle\int \cos x \cos\frac{x}{2}\,\mathrm{d}x$;

(28) $\displaystyle\int \sin 5x \sin 7x\,\mathrm{d}x$;

(29) $\displaystyle\int \tan^3 x \sec x\,\mathrm{d}x$;

(30) $\displaystyle\int \frac{\mathrm{d}x}{\mathrm{e}^x+\mathrm{e}^{-x}}$;

(31) $\displaystyle\int \frac{1-x}{\sqrt{9-4x^2}} \mathrm{d}x$;

(32) $\displaystyle\int \frac{x^3}{9+x^2} \mathrm{d}x$;

(33) $\displaystyle\int \frac{\mathrm{d}x}{2x^2-1}$;

(34) $\displaystyle\int \frac{\mathrm{d}x}{(x+1)(x-2)}$;

(35) $\displaystyle\int \frac{x}{x^2-x-2} \mathrm{d}x$;

(36) $\displaystyle\int \frac{x^2 \mathrm{d}x}{\sqrt{a^2-x^2}}\ (a>0)$;

(37) $\displaystyle\int \frac{\mathrm{d}x}{x\sqrt{x^2-1}}$;

(38) $\displaystyle\int \frac{\mathrm{d}x}{\sqrt{(x^2+1)^3}}$;

(39) $\displaystyle\int \frac{\sqrt{x^2-9}}{x} \mathrm{d}x$;

(40) $\displaystyle\int \frac{\mathrm{d}x}{1+\sqrt{2x}}$;

(41) $\displaystyle\int \frac{\mathrm{d}x}{1+\sqrt{1-x^2}}$;

(42) $\displaystyle\int \frac{\mathrm{d}x}{x+\sqrt{1-x^2}}$;

(43) $\displaystyle\int \frac{x-1}{x^2+2x+3} \mathrm{d}x$;

(44) $\displaystyle\int \frac{x^3+1}{(x^2+1)^2} \mathrm{d}x$.

解 (1) $\displaystyle\int \mathrm{e}^{5t}\,\mathrm{d}t = \frac{1}{5}\int \mathrm{e}^{5t}\,\mathrm{d}(5t) = \frac{1}{5}\mathrm{e}^{5t}+C$（其中 C 为任意常数）.

(2) $\displaystyle\int (3-2x)^3 \mathrm{d}x = -\frac{1}{2}\int (3-2x)^3\,\mathrm{d}(3-2x) = -\frac{1}{8}(3-2x)^4+C$（其中 C 为任意常数）.

(3) $\displaystyle\int \frac{\mathrm{d}x}{1-2x} = -\frac{1}{2}\int \frac{\mathrm{d}(1-2x)}{1-2x} = -\frac{1}{2}\ln|1-2x|+C$（其中 C 为任意常数）.

(4) $\displaystyle\int \frac{\mathrm{d}x}{\sqrt[3]{2-3x}} = -\frac{1}{3}\int (2-3x)^{-\frac{1}{3}}\,\mathrm{d}(2-3x) = -\frac{1}{2}(2-3x)^{\frac{2}{3}}+C$（其中 C 为任意常数）.

(5) $\displaystyle\int (\sin ax - \mathrm{e}^{\frac{x}{b}})\,\mathrm{d}x = \frac{1}{a}\int \sin ax\,\mathrm{d}(ax) - b\int \mathrm{e}^{\frac{x}{b}}\,\mathrm{d}\left(\frac{x}{b}\right) = -\frac{1}{a}\cos ax - b\mathrm{e}^{\frac{x}{b}}+C$（其中 C 为任意常数）.

(6) $\displaystyle\int \frac{\sin\sqrt{t}}{\sqrt{t}}\,\mathrm{d}t = 2\int \frac{\sin\sqrt{t}}{2\sqrt{t}}\,\mathrm{d}t = 2\int \sin\sqrt{t}\,\mathrm{d}(\sqrt{t}) = -2\cos\sqrt{t}+C$（其中 C 为任意常数）.

(7) $\displaystyle\int x\mathrm{e}^{-x^2}\,\mathrm{d}x = -\frac{1}{2}\int \mathrm{e}^{-x^2}\,\mathrm{d}(-x^2) = -\frac{1}{2}\mathrm{e}^{-x^2}+C$（其中 C 为任意常数）.

(8) $\displaystyle\int x\cos(x^2)\,\mathrm{d}x = \frac{1}{2}\int \cos(x^2)\,\mathrm{d}(x^2) = \frac{1}{2}\sin(x^2)+C$（其中 C 为任意常数）.

(9) $\displaystyle\int \frac{x}{\sqrt{2-3x^2}} \mathrm{d}x = -\frac{1}{6}\int \frac{\mathrm{d}(2-3x^2)}{\sqrt{2-3x^2}} = -\frac{1}{3}\int \frac{\mathrm{d}(2-3x^2)}{2\sqrt{2-3x^2}} = -\frac{1}{3}\sqrt{2-3x^2}+C$（其中 C 为任

意常数).

(10) $\int \dfrac{3x^3}{1-x^4}dx = -\dfrac{3}{4}\int \dfrac{d(1-x^4)}{1-x^4} = -\dfrac{3}{4}\ln|1-x^4|+C$(其中 C 为任意常数).

(11) $\int \dfrac{x+1}{x^2+2x+5}dx = \dfrac{1}{2}\int \dfrac{2x+2}{x^2+2x+5}dx = \dfrac{1}{2}\int \dfrac{d(x^2+2x+5)}{x^2+2x+5} = \dfrac{1}{2}\ln(x^2+2x+5)+C$(其中 C 为任意常数).

(12) $\int \cos^2(\omega t+\varphi)\sin(\omega t+\varphi)dt = \dfrac{1}{\omega}\int \cos^2(\omega t+\varphi)\sin(\omega t+\varphi)d(\omega t+\varphi)$

$= -\dfrac{1}{\omega}\int \cos^2(\omega t+\varphi)d[\cos(\omega t+\varphi)]$

$= -\dfrac{1}{3\omega}\cos^3(\omega t+\varphi)+C$(其中 C 为任意常数).

(13) $\int \dfrac{\sin x}{\cos^3 x}dx = -\int \cos^{-3}x\, d(\cos x) = \dfrac{1}{2\cos^2 x}+C$(其中 C 为任意常数).

(14) $\int \dfrac{\sin x+\cos x}{\sqrt[3]{\sin x-\cos x}}dx = \int (\sin x-\cos x)^{-\frac{1}{3}}d(\sin x-\cos x) = \dfrac{3}{2}(\sin x-\cos x)^{\frac{2}{3}}+C$(其中 C 为任意常数).

(15) $\int \tan^{10}x\cdot \sec^2 x\, dx = \int \tan^{10}x\, d(\tan x) = \dfrac{1}{11}\tan^{11}x+C$(其中 C 为任意常数).

(16) $\int \dfrac{dx}{x\ln x\ln\ln x} = \int \dfrac{d(\ln x)}{\ln x\ln\ln x} = \int \dfrac{d(\ln\ln x)}{\ln\ln x} = \ln|\ln\ln x|+C$(其中 C 为任意常数).

(17) $\int \dfrac{dx}{(\arcsin x)^2\sqrt{1-x^2}} = \int \dfrac{d(\arcsin x)}{(\arcsin x)^2} = -\dfrac{1}{\arcsin x}+C$(其中 C 为任意常数).

(18) $\int \dfrac{10^{2\arccos x}}{\sqrt{1-x^2}}dx = -\dfrac{1}{2}\int 10^{2\arccos x}d(2\arccos x) = -\dfrac{10^{2\arccos x}}{2\ln 10}+C$(其中 C 为任意常数).

(19) $\int \tan\sqrt{1+x^2}\,\dfrac{x\, dx}{\sqrt{1+x^2}} = \int \tan\sqrt{1+x^2}\,\dfrac{d(1+x^2)}{2\sqrt{1+x^2}} = \int \tan\sqrt{1+x^2}\, d(\sqrt{1+x^2})$

$= -\ln|\cos\sqrt{1+x^2}|+C$(其中 C 为任意常数).

(20) $\int \dfrac{\arctan\sqrt{x}}{\sqrt{x}(1+x)}dx = 2\int \dfrac{\arctan\sqrt{x}}{1+(\sqrt{x})^2}d(\sqrt{x}) = 2\int \arctan\sqrt{x}\, d(\arctan\sqrt{x}) = (\arctan\sqrt{x})^2+C$(其中 C 为任意常数).

(21) $\int \dfrac{1+\ln x}{(x\ln x)^2}dx = \int \dfrac{d(x\ln x)}{(x\ln x)^2} = -\dfrac{1}{x\ln x}+C$(其中 C 为任意常数).

(22) $\int \dfrac{dx}{\sin x\cos x} = \int \dfrac{d(2x)}{\sin 2x} = \int \csc 2x\, d(2x) = \ln|\csc 2x-\cot 2x|+C$(其中 C 为任意常数).

(23) $\int \dfrac{\ln\tan x}{\cos x\sin x}dx = \int \ln\tan x\, d(\ln\tan x) = \dfrac{1}{2}\ln^2\tan x+C$(其中 C 为任意常数).

(24) $\int \cos^3 x\, dx = \int (1-\sin^2 x)d(\sin x) = \sin x-\dfrac{1}{3}\sin^3 x+C$(其中 C 为任意常数).

(25) $\int \cos^2(\omega t+\varphi)dt = \dfrac{1}{2}\int [1+\cos 2(\omega t+\varphi)]dt = \dfrac{t}{2}+\dfrac{1}{4\omega}\sin 2(\omega t+\varphi)+C$(其中 C 为任意常数).

(26) $\int \sin 2x\cos 3x\, dx = \dfrac{1}{2}\int (\sin 5x-\sin x)dx = -\dfrac{1}{10}\cos 5x+\dfrac{1}{2}\cos x+C$(其中 C 为任意常数).

(27) $\int \cos x\cos\dfrac{x}{2}dx = \dfrac{1}{2}\int \left(\cos\dfrac{3}{2}x+\cos\dfrac{x}{2}\right)dx = \dfrac{1}{3}\sin\dfrac{3}{2}x+\sin\dfrac{x}{2}+C$(其中 C 为任意常数).

(28) $\int \sin 5x\sin 7x\, dx = -\dfrac{1}{2}\int (\cos 12x-\cos 2x)dx = -\dfrac{1}{24}\sin 12x+\dfrac{1}{4}\sin 2x+C$(其中 C 为任

(29) $\int \tan^3 x \sec x \, dx = \int (\sec^2 x - 1) \, d(\sec x) = \frac{1}{3}\sec^3 x - \sec x + C$(其中 C 为任意常数).

期末小锦囊 (1) 形如 $\int \tan^n x \sec^{2k} x \, dx$ (n,k 为正整数),可凑微分 $\sec^2 x \, dx = d(\tan x)$,再根据 $\sec^2 x = \tan^2 x + 1$ 化为 $t = \tan x$ 的不定积分;

(2) 形如 $\int \tan^{2k-1} x \sec^n x \, dx$ (n,k 为正整数),可凑微分 $\tan x \sec x \, dx = d(\sec x)$,再根据 $\tan^2 x = \sec^2 x - 1$ 化为 $t = \sec x$ 的不定积分.

(30) $\int \dfrac{dx}{e^x + e^{-x}} = \int \dfrac{e^x dx}{1 + (e^x)^2} = \int \dfrac{d(e^x)}{1 + (e^x)^2} = \arctan(e^x) + C$(其中 C 为任意常数).

(31) $\int \dfrac{1-x}{\sqrt{9-4x^2}} dx = \int \dfrac{1}{\sqrt{9-4x^2}} dx - \int \dfrac{x}{\sqrt{9-4x^2}} dx = \dfrac{1}{2}\int \dfrac{d(2x)}{\sqrt{3^2-(2x)^2}} + \dfrac{1}{4}\int \dfrac{d(9-4x^2)}{2\sqrt{9-4x^2}}$

$= \dfrac{1}{2}\arcsin \dfrac{2x}{3} + \dfrac{1}{4}\sqrt{9-4x^2} + C$(其中 C 为任意常数).

(32) $\int \dfrac{x^3}{9+x^2} dx = \int \left(x - \dfrac{9x}{9+x^2}\right) dx = \dfrac{x^2}{2} - \dfrac{9}{2}\int \dfrac{d(9+x^2)}{9+x^2} = \dfrac{x^2}{2} - \dfrac{9}{2}\ln(9+x^2) + C$(其中 C 为任意常数).

(33) $\int \dfrac{dx}{2x^2-1} = \int \dfrac{dx}{(\sqrt{2}x-1)(\sqrt{2}x+1)} = \dfrac{1}{2}\int \left(\dfrac{1}{\sqrt{2}x-1} - \dfrac{1}{\sqrt{2}x+1}\right) dx$

$= \dfrac{1}{2\sqrt{2}}\int \dfrac{d(\sqrt{2}x-1)}{\sqrt{2}x-1} - \dfrac{1}{2\sqrt{2}}\int \dfrac{d(\sqrt{2}x+1)}{\sqrt{2}x+1} = \dfrac{1}{2\sqrt{2}}\ln\left|\dfrac{\sqrt{2}x-1}{\sqrt{2}x+1}\right| + C$(其中 C 为任意常数).

(34) $\int \dfrac{dx}{(x+1)(x-2)} = \dfrac{1}{3}\int \left(\dfrac{1}{x-2} - \dfrac{1}{x+1}\right) dx = \dfrac{1}{3}\ln\left|\dfrac{x-2}{x+1}\right| + C$(其中 C 为任意常数).

(35) $\int \dfrac{x \, dx}{x^2-x-2} = \int \dfrac{x \, dx}{(x+1)(x-2)} = \dfrac{1}{3}\int \left(\dfrac{1}{x+1} + \dfrac{2}{x-2}\right) dx$

$= \dfrac{1}{3}\ln|x+1| + \dfrac{2}{3}\ln|x-2| + C$(其中 C 为任意常数).

(36) $\int \dfrac{x^2 dx}{\sqrt{a^2-x^2}} \xlongequal{x=a\sin t} \int \dfrac{a^2 \sin^2 t \cdot a\cos t \, dt}{a\cos t} = \dfrac{a^2}{2}\int (1-\cos 2t) dt = \dfrac{a^2}{2}t - \dfrac{a^2}{4}\sin 2t + C$

$= \dfrac{a^2}{2}t - \dfrac{a^2}{2}\sin t \cos t + C = \dfrac{a^2}{2}\arcsin \dfrac{x}{a} - \dfrac{x\sqrt{a^2-x^2}}{2} + C$(其中 C 为任意常数).

(37) $\int \dfrac{dx}{x\sqrt{x^2-1}} \xlongequal{x=\sec t} \int \dfrac{\sec t \tan t \, dt}{\sec t \tan t} = t + C = \arccos \dfrac{1}{|x|} + C$(其中 C 为任意常数).

(38) $\int \dfrac{dx}{\sqrt{(x^2+1)^3}} \xlongequal{x=\tan t} \int \dfrac{\sec^2 t \, dt}{\sec^3 t} = \int \cos t \, dt = \sin t + C = \dfrac{x}{\sqrt{x^2+1}} + C$(其中 C 为任意常数).

(39) $\int \dfrac{\sqrt{x^2-9}}{x} dx \xlongequal{x=3\sec t} \int \dfrac{3\tan t}{3\sec t} \cdot 3\sec t \tan t \, dt = 3\int (\sec^2 t - 1) dt = 3\tan t - 3t + C$

$= \sqrt{x^2-9} - 3\arccos \dfrac{3}{|x|} + C$(其中 C 为任意常数).

(40) $\int \dfrac{dx}{1+\sqrt{2x}} \xlongequal{\sqrt{2x}=t} \int \dfrac{t \, dt}{1+t} = \int \left(1 - \dfrac{1}{1+t}\right) dt = t - \ln(1+t) + C$

$= \sqrt{2x} - \ln(1+\sqrt{2x}) + C$(其中 C 为任意常数).

(41) $\int \dfrac{dx}{1+\sqrt{1-x^2}} \xlongequal{x=\sin t} \int \dfrac{\cos t}{1+\cos t} dt = \int \left(1 - \dfrac{1}{1+\cos t}\right) dt = t - \int \sec^2 \dfrac{t}{2} d\left(\dfrac{t}{2}\right)$

$$= t - \tan\frac{t}{2} + C = t - \frac{\sin t}{1+\cos t} + C$$

$$= \arcsin x - \frac{x}{1+\sqrt{1-x^2}} + C (\text{其中 } C \text{ 为任意常数}).$$

(42) $\int \frac{\mathrm{d}x}{x+\sqrt{1-x^2}} \xrightarrow{x = \sin t} \int \frac{\cos t}{\sin t + \cos t} \mathrm{d}t.$

令 $I_1 = \int \frac{\cos t}{\sin t + \cos t}\mathrm{d}t, I_2 = \int \frac{\sin t}{\sin t + \cos t}\mathrm{d}t,$ 由 $I_1 + I_2 = \int \frac{\cos t + \sin t}{\sin t + \cos t}\mathrm{d}t = t + C_1,$

$$I_1 - I_2 = \int \frac{\cos t - \sin t}{\sin t + \cos t}\mathrm{d}t = \int \frac{\mathrm{d}(\sin t + \cos t)}{\sin t + \cos t} = \ln|\cos t + \sin t| + C_2$$

得 $I_1 = \frac{1}{2}(t + \ln|\sin t + \cos t|) + C,$ 即

$$\int \frac{\mathrm{d}x}{x+\sqrt{1-x^2}} = \frac{1}{2}\left(\arcsin x + \ln\left|x+\sqrt{1-x^2}\right|\right) + C (\text{其中 } C \text{ 为任意常数}).$$

(43) $\int \frac{x-1}{x^2+2x+3}\mathrm{d}x = \int \frac{(x+1)-2}{x^2+2x+3}\mathrm{d}x = \frac{1}{2}\int \frac{\mathrm{d}(x^2+2x+3)}{x^2+2x+3} - 2\int \frac{\mathrm{d}(x+1)}{(\sqrt{2})^2+(x+1)^2}$

$$= \frac{1}{2}\ln(x^2+2x+3) - \sqrt{2}\arctan\frac{x+1}{\sqrt{2}} + C (\text{其中 } C \text{ 为任意常数}).$$

(44) $\int \frac{x^3+1}{(x^2+1)^2}\mathrm{d}x \xrightarrow{x = \tan t} \int \frac{\tan^3 t + 1}{\sec^4 t}\cdot \sec^2 t\, \mathrm{d}t = \int \frac{\tan^3 t + 1}{\sec^2 t}\mathrm{d}t$

$$= \int \frac{\cos^2 t - 1}{\cos t}\mathrm{d}(\cos t) + \frac{1}{2}\int(1+\cos 2t)\mathrm{d}t$$

$$= \frac{\cos^2 t}{2} - \ln|\cos t| + \frac{t}{2} + \frac{1}{2}\sin t \cos t + C$$

$$= \frac{1+x}{2(1+x^2)} + \frac{1}{2}\ln(1+x^2) + \frac{1}{2}\arctan x + C (\text{其中 } C \text{ 为任意常数}).$$

第三节 分部积分法

> 期末高分必备知识

一、分部积分法的公式

由 $(uv)' = u'v + uv'$ 两边积分得分部积分公式为

$$\int u\,\mathrm{d}v = uv - \int v\,\mathrm{d}u.$$

二、使用分部积分法的情形

被积函数	例题
1. 幂函数 × 指数函数	$\int x^2 \mathrm{e}^{2x}\mathrm{d}x = \frac{1}{2}\int x^2 \mathrm{d}(\mathrm{e}^{2x}) = \frac{x^2}{2}\mathrm{e}^{2x} - \int x\mathrm{e}^{2x}\mathrm{d}x = \frac{x^2}{2}\mathrm{e}^{2x} - \frac{1}{2}\int x\,\mathrm{d}(\mathrm{e}^{2x})$ $= \frac{x^2}{2}\mathrm{e}^{2x} - \frac{x}{2}\mathrm{e}^{2x} + \frac{1}{4}\mathrm{e}^{2x} + C (\text{其中 } C \text{ 为任意常数})$
2. 幂函数 × 对数函数	$\int x^2 \ln x\,\mathrm{d}x = \frac{1}{3}\int \ln x\,\mathrm{d}(x^3) = \frac{x^3}{3}\ln x - \frac{1}{3}\int x^2 \mathrm{d}x$ $= \frac{x^3}{3}\ln x - \frac{1}{9}x^3 + C (\text{其中 } C \text{ 为任意常数})$

续表

被积函数	例题
3.幂函数×三角函数	$\int x\cos^2 x\,dx = \dfrac{1}{2}\int x(1+\cos 2x)\,dx = \dfrac{x^2}{4} + \dfrac{1}{4}\int x\,d(\sin 2x)$ $= \dfrac{x^2}{4} + \dfrac{x}{4}\sin 2x + \dfrac{1}{8}\cos 2x + C$(其中 C 为任意常数).
4.幂函数×反三角函数	$\int x\arctan x\,dx = \dfrac{1}{2}\int \arctan x\,d(x^2) = \dfrac{x^2}{2}\arctan x - \dfrac{1}{2}\int \dfrac{x^2}{1+x^2}dx$ $= \dfrac{x^2}{2}\arctan x - \dfrac{1}{2}\int\left(1 - \dfrac{1}{1+x^2}\right)dx$ $= \dfrac{x^2}{2}\arctan x - \dfrac{x}{2} + \dfrac{1}{2}\arctan x + C$(其中 C 为任意常数)
5. $e^{ax}\cos bx$ 或 $e^{ax}\sin bx$	设 $I = \int e^{2x}\cos x\,dx$， 由 $\int e^{2x}\cos x\,dx = \int e^{2x}d(\sin x) = e^{2x}\sin x - 2\int e^{2x}\sin x\,dx$ $= e^{2x}\sin x + 2\int e^{2x}d(\cos x) = e^{2x}(\sin x + 2\cos x) - 4I$ 得 $\int e^{2x}\cos x\,dx = \dfrac{e^{2x}}{5}(\sin x + 2\cos x) + C$(其中 C 为任意常数).
6. $\sec^n x$ 或 $\csc^n x$(n 为奇数)	设 $I = \int \sec^3 x\,dx$， 由 $I = \int \sec^3 x\,dx = \int \sec x\,d(\tan x) = \sec x\tan x - \int \sec x\tan^2 x\,dx$ $= \sec x\tan x - I + \ln|\sec x + \tan x|$ 得 $\int \sec^3 x\,dx = \dfrac{1}{2}(\sec x\tan x + \ln|\sec x + \tan x|) + C$(其中 C 为任意常数)

▶ **60分必会题型**

题型一：利用分部积分法计算积分

例 计算下列不定积分：

(1) $\int \ln(1+2x)\,dx$； (2) $\int x e^{3x}\,dx$；

(3) $\int x^3 \ln^2 x\,dx$； (4) $\int x\arcsin x\,dx$；

解 (1) $\int \ln(1+2x)\,dx = x\ln(1+2x) - \int \dfrac{2x}{1+2x}dx = x\ln(1+2x) - \int\left(1 - \dfrac{1}{1+2x}\right)dx$

$= x\ln(1+2x) - x + \dfrac{1}{2}\ln(1+2x) + C$(其中 C 为任意常数).

(2) $\int x e^{3x}\,dx = \dfrac{1}{3}\int x\,d(e^{3x}) = \dfrac{1}{3}x e^{3x} - \dfrac{1}{3}\int e^{3x}\,dx = \dfrac{1}{3}x e^{3x} - \dfrac{1}{9}e^{3x} + C$(其中 C 为任意常数).

(3) $\int x^3 \ln^2 x\,dx = \dfrac{1}{4}\int \ln^2 x\,d(x^4) = \dfrac{1}{4}x^4\ln^2 x - \dfrac{1}{4}\int x^4 \cdot \dfrac{2\ln x}{x}dx = \dfrac{1}{4}x^4\ln^2 x - \dfrac{1}{2}\int x^3\ln x\,dx$

$= \dfrac{1}{4}x^4\ln^2 x - \dfrac{1}{8}\int \ln x\,d(x^4) = \dfrac{1}{4}x^4\ln^2 x - \dfrac{1}{8}x^4\ln x + \dfrac{1}{8}\int x^3\,dx$

$$= \frac{1}{4}x^4\ln^2 x - \frac{1}{8}x^4\ln x + \frac{1}{32}x^4 + C \text{(其中 } C \text{ 为任意常数)}.$$

(4) $\int x \arcsin x \, dx = \frac{1}{2}\int \arcsin x \, d(x^2) = \frac{1}{2}x^2\arcsin x - \frac{1}{2}\int \frac{x^2}{\sqrt{1-x^2}}dx$

$$= \frac{1}{2}x^2\arcsin x + \frac{1}{2}\int \frac{(1-x^2)-1}{\sqrt{1-x^2}}dx$$

$$= \frac{1}{2}x^2\arcsin x + \frac{1}{2}\int \sqrt{1-x^2}\,dx - \frac{1}{2}\arcsin x$$

$$= \frac{1}{2}x^2\arcsin x + \frac{1}{4}\arcsin x + \frac{x\sqrt{1-x^2}}{4} - \frac{1}{2}\arcsin x + C$$

$$= \frac{1}{2}x^2\arcsin x - \frac{1}{4}\arcsin x + \frac{x\sqrt{1-x^2}}{4} + C \text{(其中 } C \text{ 为任意常数)}.$$

题型二：综合题型

例 计算下列不定积分：

(1) $\int \ln(1+\sqrt{x})\,dx$;

(2) $\int \frac{e^{\arctan x}}{(1+x^2)^{\frac{3}{2}}}dx$.

解 (1) 令 $\sqrt{x} = t$ 或 $x = t^2$，则

$$\int \ln(1+\sqrt{x})\,dx = \int \ln(1+t)\,d(t^2) = t^2\ln(1+t) - \int \frac{t^2}{1+t}dt = t^2\ln(1+t) - \int\left(t-1+\frac{1}{t+1}\right)dt$$

$$= t^2\ln(1+t) - \frac{1}{2}t^2 + t - \ln|t+1| + C$$

$$= x\ln(1+\sqrt{x}) - \frac{1}{2}x + \sqrt{x} - \ln(1+\sqrt{x}) + C \text{(其中 } C \text{ 为任意常数)}.$$

(2) 令 $x = \tan t$，则

$$\int \frac{e^{\arctan x}}{(1+x^2)^{\frac{3}{2}}}dx = \int \frac{e^t}{\sec^3 t} \cdot \sec^2 t \, dt = \int e^t \cos t \, dt,$$

令 $\int e^t \cos t \, dt = I$，则 $I = \int e^t d(\sin t) = e^t \sin t - \int e^t \sin t \, dt = e^t \sin t + \int e^t d(\cos t) = e^t \sin t + e^t \cos t - I$,

则 $\int \frac{e^{\arctan x}}{(1+x^2)^{\frac{3}{2}}}dx = \frac{1}{2}e^t(\sin t + \cos t) + C = \frac{1}{2}e^{\arctan x} \cdot \frac{x+1}{\sqrt{x^2+1}} + C \text{(其中 } C \text{ 为任意常数)}.$

同济八版教材 ▶ 习题解答

习题 4−3 分部积分法

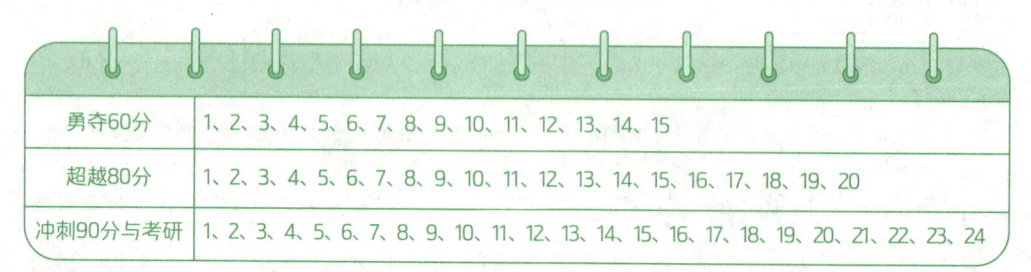

勇夺60分	1、2、3、4、5、6、7、8、9、10、11、12、13、14、15
超越80分	1、2、3、4、5、6、7、8、9、10、11、12、13、14、15、16、17、18、19、20
冲刺90分与考研	1、2、3、4、5、6、7、8、9、10、11、12、13、14、15、16、17、18、19、20、21、22、23、24

求下列不定积分：

1. $\int x \sin x \, dx$;

2. $\int \ln x \, dx$;

3. $\int \arcsin x \, dx$;

4. $\int x e^{-x} dx$；

5. $\int x^2 \ln x \, dx$；

6. $\int e^{-x} \cos x \, dx$；

7. $\int e^{-2x} \sin \dfrac{x}{2} dx$；

8. $\int x \cos \dfrac{x}{2} dx$；

9. $\int x^2 \arctan x \, dx$；

10. $\int x \tan^2 x \, dx$；

11. $\int x^2 \cos x \, dx$；

12. $\int t e^{-2t} dt$；

13. $\int \ln^2 x \, dx$；

14. $\int x \sin x \cos x \, dx$；

15. $\int x^2 \cos^2 \dfrac{x}{2} dx$；

16. $\int x \ln(x-1) dx$；

17. $\int (x^2-1) \sin 2x \, dx$；

18. $\int \dfrac{\ln^3 x}{x^2} dx$；

19. $\int e^{\sqrt[3]{x}} dx$；

20. $\int \cos \ln x \, dx$；

21. $\int (\arcsin x)^2 dx$；

22. $\int e^x \sin^2 x \, dx$；

23. $\int x \ln^2 x \, dx$；

24. $\int e^{\sqrt{3x+9}} dx$.

1. **解** $\int x \sin x \, dx = -\int x \, d(\cos x) = -x \cos x + \int \cos x \, dx = -x \cos x + \sin x + C$（其中 C 为任意常数）.

2. **解** $\int \ln x \, dx = x \ln x - \int dx = x \ln x - x + C$（其中 C 为任意常数）.

3. **解** $\int \arcsin x \, dx = x \arcsin x - \int \dfrac{x \, dx}{\sqrt{1-x^2}} = x \arcsin x + \int \dfrac{d(1-x^2)}{2\sqrt{1-x^2}}$

$= x \arcsin x + \sqrt{1-x^2} + C$（其中 C 为任意常数）.

4. **解** $\int x e^{-x} dx = -\int x \, d(e^{-x}) = -x e^{-x} + \int e^{-x} dx = -x e^{-x} - e^{-x} + C$（其中 C 为任意常数）.

5. **解** $\int x^2 \ln x \, dx = \dfrac{1}{3} \int \ln x \, d(x^3) = \dfrac{x^3}{3} \ln x - \dfrac{1}{3} \int x^2 dx = \dfrac{x^3}{3} \ln x - \dfrac{1}{9} x^3 + C$（其中 C 为任意常数）.

6. **解** 令 $I = \int e^{-x} \cos x \, dx$，由

$$I = \int e^{-x} d(\sin x) = e^{-x} \sin x + \int e^{-x} \sin x \, dx = e^{-x} \sin x - \int e^{-x} d(\cos x)$$
$$= e^{-x} \sin x - e^{-x} \cos x - I$$

得 $I = \int e^{-x} \cos x \, dx = \dfrac{e^{-x}}{2}(\sin x - \cos x) + C$（其中 C 为任意常数）.

7. **解** 令 $I = \int e^{-2x} \sin \dfrac{x}{2} dx$，则

$$I = \int e^{-2x} \sin \dfrac{x}{2} dx = -2 \int e^{-2x} d\left(\cos \dfrac{x}{2}\right) = -2 e^{-2x} \cos \dfrac{x}{2} - 4 \int e^{-2x} \cos \dfrac{x}{2} dx$$
$$= -2 e^{-2x} \cos \dfrac{x}{2} - 8 \int e^{-2x} d\left(\sin \dfrac{x}{2}\right) = -2 e^{-2x} \cos \dfrac{x}{2} - 8 e^{-2x} \sin \dfrac{x}{2} - 16 I,$$

则 $I = \int e^{-2x} \sin \dfrac{x}{2} dx = -\dfrac{2 e^{-2x}}{17}\left(\cos \dfrac{x}{2} + 4 \sin \dfrac{x}{2}\right) + C$（其中 C 为任意常数）.

8. **解** $\int x \cos \dfrac{x}{2} dx = 2 \int x \, d\left(\sin \dfrac{x}{2}\right) = 2x \sin \dfrac{x}{2} - 2 \int \sin \dfrac{x}{2} dx = 2x \sin \dfrac{x}{2} + 4 \cos \dfrac{x}{2} + C$（其中 C 为任意常数）.

9. **解** $\int x^2 \arctan x \, dx = \dfrac{1}{3} \int \arctan x \, d(x^3) = \dfrac{x^3}{3} \arctan x - \dfrac{1}{3} \int \dfrac{x^3}{1+x^2} dx$

$= \dfrac{x^3}{3} \arctan x - \dfrac{1}{3} \int \left(x - \dfrac{x}{1+x^2}\right) dx$

$$= \frac{x^3}{3}\arctan x - \frac{1}{6}x^2 + \frac{1}{6}\ln(1+x^2) + C \text{(其中 } C \text{ 为任意常数)}.$$

10. **解** $\int x\tan^2 x\,dx = \int x(\sec^2 x - 1)\,dx = \int x\,d(\tan x) - \frac{x^2}{2} = x\tan x - \int \tan x\,dx - \frac{x^2}{2}$

$$= x\tan x + \ln|\cos x| - \frac{x^2}{2} + C \text{(其中 } C \text{ 为任意常数)}.$$

11. **解** $\int x^2\cos x\,dx = \int x^2 d(\sin x) = x^2\sin x - 2\int x\sin x\,dx = x^2\sin x + 2\int x\,d(\cos x)$

$$= x^2\sin x + 2x\cos x - 2\int \cos x\,dx = x^2\sin x + 2x\cos x - 2\sin x + C \text{(其中 } C$$

为任意常数).

12. **解** $\int t e^{-2t}\,dt = -\frac{1}{2}\int t\,d(e^{-2t}) = -\frac{1}{2}t e^{-2t} + \frac{1}{2}\int e^{-2t}\,dt = -\frac{1}{2}t e^{-2t} - \frac{1}{4}e^{-2t} + C \text{(其中 } C \text{ 为任意常数)}.$

13. **解** $\int \ln^2 x\,dx = x\ln^2 x - 2\int \ln x\,dx = x\ln^2 x - 2x\ln x + 2\int dx = x\ln^2 x - 2x\ln x + 2x + C \text{(其}$

中 C 为任意常数).

14. **解** $\int x\sin x\cos x\,dx = \frac{1}{2}\int x\sin 2x\,dx = -\frac{1}{4}\int x\,d(\cos 2x) = -\frac{1}{4}x\cos 2x + \frac{1}{4}\int \cos 2x\,dx$

$$= -\frac{1}{4}x\cos 2x + \frac{1}{8}\sin 2x + C \text{(其中 } C \text{ 为任意常数)}.$$

15. **解** $\int x^2\cos^2\frac{x}{2}\,dx = \frac{1}{2}\int x^2(1+\cos x)\,dx = \frac{x^3}{6} + \frac{1}{2}\int x^2 d(\sin x)$

$$= \frac{x^3}{6} + \frac{1}{2}x^2\sin x - \int x\sin x\,dx = \frac{x^3}{6} + \frac{1}{2}x^2\sin x + \int x\,d(\cos x)$$

$$= \frac{x^3}{6} + \frac{1}{2}x^2\sin x + x\cos x - \int \cos x\,dx$$

$$= \frac{x^3}{6} + \frac{1}{2}x^2\sin x + x\cos x - \sin x + C \text{(其中 } C \text{ 为任意常数)}.$$

16. **解** $\int x\ln(x-1)\,dx = \frac{1}{2}\int \ln(x-1)\,d(x^2) = \frac{x^2}{2}\ln(x-1) - \frac{1}{2}\int \frac{x^2}{x-1}\,dx$

$$= \frac{x^2}{2}\ln(x-1) - \frac{1}{2}\int\left(x+1+\frac{1}{x-1}\right)dx$$

$$= \frac{x^2-1}{2}\ln(x-1) - \frac{x^2}{4} - \frac{x}{2} + C \text{(其中 } C \text{ 为任意常数)}.$$

17. **解** $\int (x^2-1)\sin 2x\,dx = -\frac{1}{2}\int (x^2-1)\,d(\cos 2x) = -\frac{x^2-1}{2}\cos 2x + \int x\cos 2x\,dx$

$$= -\frac{x^2-1}{2}\cos 2x + \frac{1}{2}\int x\,d(\sin 2x)$$

$$= -\frac{x^2-1}{2}\cos 2x + \frac{x}{2}\sin 2x - \frac{1}{2}\int \sin 2x\,dx$$

$$= -\frac{x^2-1}{2}\cos 2x + \frac{x}{2}\sin 2x + \frac{1}{4}\cos 2x + C$$

$$= -\frac{1}{2}\left(x^2 - \frac{3}{2}\right)\cos 2x + \frac{x}{2}\sin 2x + C \text{(其中 } C \text{ 为任意常数)}.$$

18. **解** $\int \frac{\ln^3 x}{x^2}\,dx = -\int \ln^3 x\,d\left(\frac{1}{x}\right) = -\frac{\ln^3 x}{x} + 3\int \frac{\ln^2 x}{x^2}\,dx = -\frac{\ln^3 x}{x} - 3\int \ln^2 x\,d\left(\frac{1}{x}\right)$

$$= -\frac{\ln^3 x}{x} - \frac{3}{x}\ln^2 x + 6\int \frac{\ln x}{x^2}\,dx = -\frac{\ln^3 x}{x} - \frac{3}{x}\ln^2 x - 6\int \ln x\,d\left(\frac{1}{x}\right)$$

$$= -\frac{\ln^3 x}{x} - \frac{3}{x}\ln^2 x - \frac{6}{x}\ln x - \frac{6}{x} + C \text{(其中 } C \text{ 为任意常数)}.$$

19. **解** $\int e^{\sqrt[3]{x}}\,dx \xrightarrow{x=t^3} 3\int t^2 e^t\,dt = 3\int t^2\,d(e^t) = 3t^2 e^t - 6\int t e^t\,dt = 3t^2 e^t - 6\int t\,d(e^t)$
$$= 3t^2 e^t - 6t e^t + 6 e^t + C = 3(\sqrt[3]{x^2} - 2\sqrt[3]{x} + 2)e^{\sqrt[3]{x}} + C \text{(其中 } C \text{ 为任意常数)}.$$

20. **解** $\int \cos \ln x\,dx \xrightarrow{x=e^t} \int e^t \cos t\,dt$,令 $I = \int e^t \cos t\,dt$,则
$$I = \int e^t\,d(\sin t) = e^t \sin t - \int e^t \sin t\,dt = e^t \sin t + \int e^t\,d(\cos t)$$
$$= e^t \sin t + e^t \cos t - \int e^t \cos t\,dt = e^t \sin t + e^t \cos t - I,$$

则 $I = \dfrac{e^t}{2}(\sin t + \cos t) + C = \dfrac{x}{2}(\sin \ln x + \cos \ln x) + C$(其中 C 为任意常数).

21. **解** $\int (\arcsin x)^2\,dx = x(\arcsin x)^2 - 2\int \dfrac{x}{\sqrt{1-x^2}} \arcsin x\,dx$
$$= x(\arcsin x)^2 + 2\int \dfrac{1}{2\sqrt{1-x^2}} \arcsin x\,d(1-x^2)$$
$$= x(\arcsin x)^2 + 2\int \arcsin x\,d(\sqrt{1-x^2})$$
$$= x(\arcsin x)^2 + 2\sqrt{1-x^2} \arcsin x - 2x + C \text{(其中 } C \text{ 为任意常数)}.$$

22. **解** $\int e^x \sin^2 x\,dx = \dfrac{1}{2}\int e^x(1-\cos 2x)\,dx = \dfrac{e^x}{2} - \dfrac{1}{2}\int e^x \cos 2x\,dx$,令 $I = \int e^x \cos 2x\,dx$,则
$$I = \dfrac{1}{2}\int e^x\,d(\sin 2x) = \dfrac{1}{2}e^x \sin 2x - \dfrac{1}{2}\int e^x \sin 2x\,dx = \dfrac{1}{2}e^x \sin 2x + \dfrac{1}{4}\int e^x\,d(\cos 2x)$$
$$= \dfrac{1}{2}e^x \sin 2x + \dfrac{1}{4}e^x \cos 2x - \dfrac{1}{4}I,$$

得 $I = \dfrac{e^x}{5}(2\sin 2x + \cos 2x) + C$,故 $\int e^x \sin^2 x\,dx = \dfrac{e^x}{2} - \dfrac{e^x}{10}(2\sin 2x + \cos 2x) + C$(其中 C 为任意常数).

23. **解** $\int x \ln^2 x\,dx = \dfrac{1}{2}\int \ln^2 x\,d(x^2) = \dfrac{x^2}{2}\ln^2 x - \int x \ln x\,dx = \dfrac{x^2}{2}\ln^2 x - \dfrac{1}{2}\int \ln x\,d(x^2)$
$$= \dfrac{x^2}{2}\ln^2 x - \dfrac{x^2}{2}\ln x + \dfrac{1}{2}\int x\,dx = \dfrac{x^2}{2}\left(\ln^2 x - \ln x + \dfrac{1}{2}\right) + C \text{(其中} C \text{ 为任意常数)}.$$

24. **解** $\int e^{\sqrt{3x+9}}\,dx \xrightarrow{\sqrt{3x+9}=t} \dfrac{2}{3}\int t e^t\,dt = \dfrac{2}{3}\int t\,d(e^t) = \dfrac{2}{3}t e^t - \dfrac{2}{3}\int e^t\,dt = \dfrac{2}{3}(t-1)e^t + C$
$$= \dfrac{2}{3}(\sqrt{3x+9} - 1)e^{\sqrt{3x+9}} + C \text{(其中 } C \text{ 为任意常数)}.$$

第四节　有理函数的积分

> 期末高分必备知识

一、基本概念

定义 1　设 $P(x), Q(x)$ 为关于 x 的多项式,称 $R(x) = \dfrac{P(x)}{Q(x)}$ 为有理函数.

设 $P(x) = a_m x^m + \cdots + a_1 x + a_0, Q(x) = b_n x^n + \cdots + b_1 x + b_0$,则
当 $m \geqslant n$ 时,称 $R(x)$ 为假分式;当 $m < n$ 时,称 $R(x)$ 为真分式.

定义 2　设 $R(x, y)$ 为二元有理函数,称 $R(\sin x, \cos x)$ 为三角有理函数.

二、有理函数和三角有理函数积分方法

(一)有理函数积分方法

1. 若 $R(x)$ 为假分式,将 $R(x)$ 表达成多项式与真分式之和.

2. 将真分式分子不变,分母进行因式分解,再拆成部分和,规则如下:

(1) 当分母中含 $(ax+b)^n$ 时,拆成部分和形如:
$$\frac{A_1}{ax+b}+\frac{A_2}{(ax+b)^2}+\cdots+\frac{A_n}{(ax+b)^n};$$

(2) 当分母中含 $(ax^2+bx+c)^n$ 时,拆成部分和形如:
$$\frac{A_1x+B_1}{ax^2+bx+c}+\frac{A_2x+B_2}{(ax^2+bx+c)^2}+\cdots+\frac{A_nx+B_n}{(ax^2+bx+c)^n}.$$

(二)三角有理函数积分方法

三角有理函数一般使用各种技巧进行积分,若没有技巧,一般使用万能公式计算:

令 $\tan\frac{x}{2}=u$,则 $\sin x=\frac{2u}{1+u^2}$,$\cos x=\frac{1-u^2}{1+u^2}$,$dx=\frac{2}{1+u^2}du$,代入进行有理函数的积分.

▶ **60分必会题型**

题型一:有理函数的不定积分

例 1 计算下列不定积分:

(1) $\int\frac{1}{x^2-x-12}dx$; (2) $\int\frac{1}{x^2+2x+3}dx$.

解 (1) $\int\frac{1}{x^2-x-12}dx=\int\frac{1}{(x+3)(x-4)}dx=\frac{1}{7}\int\left(\frac{1}{x-4}-\frac{1}{x+3}\right)dx=\frac{1}{7}\ln\left|\frac{x-4}{x+3}\right|+C$(其中 C 为任意常数).

(2) $\int\frac{1}{x^2+2x+3}dx=\int\frac{1}{(\sqrt{2})^2+(x+1)^2}d(x+1)=\frac{1}{\sqrt{2}}\arctan\frac{x+1}{\sqrt{2}}+C$(其中 C 为任意常数).

例 2 计算不定积分:$\int\frac{5-5x}{2x^2+3x-2}dx$.

解 由 $\frac{5-5x}{2x^2+3x-2}=\frac{5-5x}{(2x-1)(x+2)}=\frac{A}{2x-1}+\frac{B}{x+2}$

得 $A(x+2)+B(2x-1)=5-5x$,从而 $\begin{cases}A+2B=-5,\\2A-B=5,\end{cases}$ 解得 $A=1,B=-3$,于是

$$\int\frac{5-5x}{2x^2+3x-2}dx=\int\left(\frac{1}{2x-1}-\frac{3}{x+2}\right)dx=\int\frac{1}{2x-1}dx-3\int\frac{1}{x+2}dx$$
$$=\frac{1}{2}\ln|2x-1|-3\ln|x+2|+C\text{(其中 }C\text{ 为任意常数)}.$$

例 3 计算下列不定积分:

(1) $\int\frac{dx}{x(x+1)^2}$; (2) $\int\frac{dx}{(x+1)^2(1+x^2)}$.

解 (1) 令 $\frac{1}{x(x+1)^2}=\frac{A}{x}+\frac{B}{x+1}+\frac{D}{(x+1)^2}$,由 $A(x+1)^2+Bx(x+1)+Dx=1$ 得

$\begin{cases}A+B=0,\\2A+B+D=0,\\A=1,\end{cases}$ 解得 $A=1,B=-1,D=-1$,故

$$\int\frac{dx}{x(x+1)^2}=\int\left[\frac{1}{x}-\frac{1}{x+1}-\frac{1}{(x+1)^2}\right]dx=\ln\left|\frac{x}{x+1}\right|+\frac{1}{x+1}+C\text{(其中 }C\text{ 为任意常数)}.$$

(2) 令 $\dfrac{1}{(x+1)^2(1+x^2)} = \dfrac{A}{x+1} + \dfrac{B}{(x+1)^2} + \dfrac{Dx+E}{1+x^2}$,

由 $A(x+1)(1+x^2) + B(1+x^2) + (Dx+E)(x+1)^2 = 1$ 得

$\begin{cases} A+D=0, \\ A+B+2D+E=0, \\ A+D+2E=0, \\ A+B+E=1, \end{cases}$ 解得 $A=\dfrac{1}{2}, B=\dfrac{1}{2}, D=-\dfrac{1}{2}, E=0$,故

$$\int \dfrac{\mathrm{d}x}{(x+1)^2(1+x^2)} = \dfrac{1}{2}\int \dfrac{\mathrm{d}x}{x+1} + \dfrac{1}{2}\int \dfrac{\mathrm{d}x}{(x+1)^2} - \dfrac{1}{2}\int \dfrac{x}{1+x^2}\mathrm{d}x$$

$$= \dfrac{1}{2}\ln|x+1| - \dfrac{1}{2(x+1)} - \dfrac{1}{4}\ln(1+x^2) + C \text{(其中 } C \text{ 为任意常数)}.$$

例 4 计算下列不定积分：

(1) $\displaystyle\int \dfrac{\mathrm{d}x}{x^2-x-6}$; (2) $\displaystyle\int \dfrac{\mathrm{d}x}{x^2+x+1}$;

(3) $\displaystyle\int \dfrac{5x-1}{x^2-x-2}\mathrm{d}x$; (4) $\displaystyle\int \dfrac{x-3}{x^2+2x+4}\mathrm{d}x$.

解 (1) $\displaystyle\int \dfrac{\mathrm{d}x}{x^2-x-6} = \int \dfrac{\mathrm{d}x}{(x+2)(x-3)} = \dfrac{1}{5}\int \left(\dfrac{1}{x-3} - \dfrac{1}{x+2}\right)\mathrm{d}x = \dfrac{1}{5}\ln\left|\dfrac{x-3}{x+2}\right| + C$(其中 C 为任意常数).

(2) $\displaystyle\int \dfrac{\mathrm{d}x}{x^2+x+1} = \int \dfrac{\mathrm{d}\left(x+\dfrac{1}{2}\right)}{\left(\dfrac{\sqrt{3}}{2}\right)^2 + \left(x+\dfrac{1}{2}\right)^2} = \dfrac{2}{\sqrt{3}}\arctan\dfrac{x+\dfrac{1}{2}}{\dfrac{\sqrt{3}}{2}} + C = \dfrac{2}{\sqrt{3}}\arctan\dfrac{2x+1}{\sqrt{3}} + C$(其中 C 为任意常数).

(3) 令 $\dfrac{5x-1}{x^2-x-2} = \dfrac{5x-1}{(x+1)(x-2)} = \dfrac{A}{x-2} + \dfrac{B}{x+1}$.

由 $A(x+1) + B(x-2) = 5x-1$ 得 $\begin{cases} A+B=5, \\ A-2B=-1, \end{cases}$ 解得 $A=3, B=2$,故

$$\int \dfrac{5x-1}{x^2-x-2}\mathrm{d}x = 3\int \dfrac{\mathrm{d}x}{x-2} + 2\int \dfrac{\mathrm{d}x}{x+1} = 3\ln|x-2| + 2\ln|x+1| + C \text{(其中 } C \text{ 为任意常数)}.$$

(4) $\displaystyle\int \dfrac{x-3}{x^2+2x+4}\mathrm{d}x = \dfrac{1}{2}\int \dfrac{2x-6}{x^2+2x+4}\mathrm{d}x = \dfrac{1}{2}\int \dfrac{(2x+2)-8}{x^2+2x+4}\mathrm{d}x$

$$= \dfrac{1}{2}\int \dfrac{(2x+2)}{x^2+2x+4}\mathrm{d}x - 4\int \dfrac{1}{x^2+2x+4}\mathrm{d}x$$

$$= \dfrac{1}{2}\int \dfrac{\mathrm{d}(x^2+2x+4)}{x^2+2x+4} - 4\int \dfrac{\mathrm{d}(x+1)}{(\sqrt{3})^2+(x+1)^2}$$

$$= \dfrac{1}{2}\ln(x^2+2x+4) - \dfrac{4}{\sqrt{3}}\arctan\dfrac{x+1}{\sqrt{3}} + C \text{(其中 } C \text{ 为任意常数)}.$$

题型二：三角有理函数的不定积分

例 计算下列不定积分：

(1) $\displaystyle\int \dfrac{\mathrm{d}x}{1+\cos x}$; (2) $\displaystyle\int \dfrac{\sin x}{1+\sin x}\mathrm{d}x$;

(3) $\displaystyle\int \dfrac{\mathrm{d}x}{\sin x + \cos x}$; (4) $\displaystyle\int \dfrac{\mathrm{d}x}{\sqrt{2} + \sin x + \cos x}$;

(5) $\int \dfrac{\mathrm{d}x}{1+\cos^2 x}$；

(6) $\int \dfrac{\sin 2x \, \mathrm{d}x}{1+\sin^4 x}$；

(7) $\int \dfrac{\sin x - \cos x}{\sqrt{\sin x + \cos x}} \mathrm{d}x$；

(8) $\int \tan^3 x \sec x \, \mathrm{d}x$.

解 (1) $\int \dfrac{\mathrm{d}x}{1+\cos x} = \int \dfrac{\mathrm{d}x}{2\cos^2 \dfrac{x}{2}} = \int \sec^2 \dfrac{x}{2} \mathrm{d}\left(\dfrac{x}{2}\right) = \tan \dfrac{x}{2} + C$（其中 C 为任意常数）.

(2) $\int \dfrac{\sin x}{1+\sin x} \mathrm{d}x = \int \left(1 - \dfrac{1}{1+\sin x}\right) \mathrm{d}x = x - \int \dfrac{\mathrm{d}x}{1+\sin x} = x - \int \dfrac{\mathrm{d}\left(x - \dfrac{\pi}{2}\right)}{1+\cos\left(x - \dfrac{\pi}{2}\right)}$

$= x - \tan\left(\dfrac{x}{2} - \dfrac{\pi}{4}\right) + C$（其中 C 为任意常数）.

(3) $\int \dfrac{\mathrm{d}x}{\sin x + \cos x} = \dfrac{1}{\sqrt{2}} \int \dfrac{\mathrm{d}x}{\sin\left(x + \dfrac{\pi}{4}\right)} = \dfrac{1}{\sqrt{2}} \int \csc\left(x + \dfrac{\pi}{4}\right) \mathrm{d}\left(x + \dfrac{\pi}{4}\right)$

$= \dfrac{1}{\sqrt{2}} \ln\left|\csc\left(x + \dfrac{\pi}{4}\right) - \cot\left(x + \dfrac{\pi}{4}\right)\right| + C$（其中 C 为任意常数）.

(4) $\int \dfrac{\mathrm{d}x}{\sqrt{2} + \sin x + \cos x} = \dfrac{1}{\sqrt{2}} \int \dfrac{\mathrm{d}\left(x - \dfrac{\pi}{4}\right)}{1+\cos\left(x - \dfrac{\pi}{4}\right)} = \dfrac{1}{\sqrt{2}} \tan\left(\dfrac{x}{2} - \dfrac{\pi}{8}\right) + C$（其中 C 为任意常数）.

(5) $\int \dfrac{\mathrm{d}x}{1+\cos^2 x} = \int \dfrac{\sec^2 x \, \mathrm{d}x}{\sec^2 x + 1} = \int \dfrac{\mathrm{d}(\tan x)}{(\sqrt{2})^2 + \tan^2 x} = \dfrac{1}{\sqrt{2}} \arctan \dfrac{\tan x}{\sqrt{2}} + C$（其中 C 为任意常数）.

(6) $\int \dfrac{\sin 2x \, \mathrm{d}x}{1+\sin^4 x} = \int \dfrac{\mathrm{d}(\sin^2 x)}{1+(\sin^2 x)^2} = \arctan(\sin^2 x) + C$（其中 C 为任意常数）.

(7) $\int \dfrac{\sin x - \cos x}{\sqrt{\sin x + \cos x}} \mathrm{d}x = -2 \int \dfrac{\mathrm{d}(\sin x + \cos x)}{2\sqrt{\sin x + \cos x}} = -2\sqrt{\sin x + \cos x} + C$（其中 C 为任意常数）.

(8) $\int \tan^3 x \sec x \, \mathrm{d}x = \int \tan^2 x \, \mathrm{d}(\sec x) = \int (\sec^2 x - 1) \, \mathrm{d}(\sec x) = \dfrac{1}{3}\sec^3 x - \sec x + C$（其中 C 为任意常数）.

> **同济八版教材 ▶ 习题解答**

习题 4-4 有理函数的积分

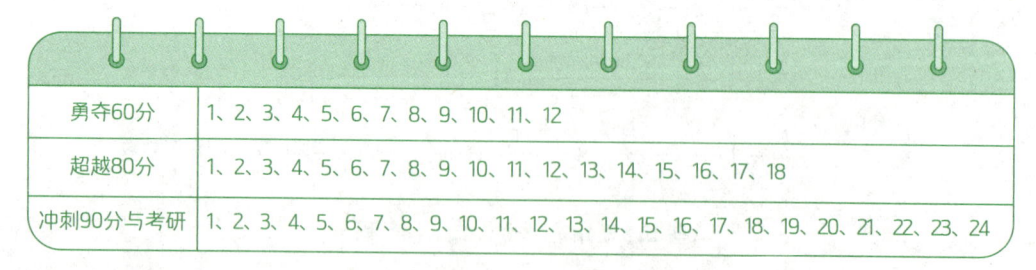

勇夺60分	1、2、3、4、5、6、7、8、9、10、11、12
超越80分	1、2、3、4、5、6、7、8、9、10、11、12、13、14、15、16、17、18
冲刺90分与考研	1、2、3、4、5、6、7、8、9、10、11、12、13、14、15、16、17、18、19、20、21、22、23、24

求下列不定积分：

1. $\int \dfrac{x^3}{x+3} \mathrm{d}x$；

2. $\int \dfrac{2x+3}{x^2+3x-10} \mathrm{d}x$；

3. $\int \dfrac{x+1}{x^2-2x+5} \mathrm{d}x$；

4. $\int \dfrac{\mathrm{d}x}{x(x^2+1)}$；

5. $\int \dfrac{3}{x^3+1} \mathrm{d}x$；

6. $\int \dfrac{x^2+1}{(x+1)^2(x-1)} \mathrm{d}x$；

7. $\displaystyle\int \frac{x\,\mathrm{d}x}{(x+1)(x+2)(x+3)}$;

8. $\displaystyle\int \frac{x^5+x^4-8}{x^3-x}\,\mathrm{d}x$;

9. $\displaystyle\int \frac{\mathrm{d}x}{(x^2+1)(x^2+x)}$;

10. $\displaystyle\int \frac{1}{x^4-1}\,\mathrm{d}x$;

11. $\displaystyle\int \frac{\mathrm{d}x}{(x^2+1)(x^2+x+1)}$;

12. $\displaystyle\int \frac{(x+1)^2}{(x^2+1)^2}\,\mathrm{d}x$;

13. $\displaystyle\int \frac{-x^2-2}{(x^2+x+1)^2}\,\mathrm{d}x$;

14. $\displaystyle\int \frac{\mathrm{d}x}{3+\sin^2 x}$;

15. $\displaystyle\int \frac{\mathrm{d}x}{3+\cos x}$;

16. $\displaystyle\int \frac{\mathrm{d}x}{2+\sin x}$;

17. $\displaystyle\int \frac{\mathrm{d}x}{1+\sin x+\cos x}$;

18. $\displaystyle\int \frac{\mathrm{d}x}{2\sin x-\cos x+5}$;

19. $\displaystyle\int \frac{\mathrm{d}x}{1+\sqrt[3]{x+1}}$;

20. $\displaystyle\int \frac{(\sqrt{x})^3-1}{\sqrt{x}+1}\,\mathrm{d}x$;

21. $\displaystyle\int \frac{\sqrt{x+1}-1}{\sqrt{x+1}+1}\,\mathrm{d}x$;

22. $\displaystyle\int \frac{\mathrm{d}x}{\sqrt{x}+\sqrt[4]{x}}$;

23. $\displaystyle\int \sqrt{\frac{1-x}{1+x}}\,\frac{\mathrm{d}x}{x}$;

24. $\displaystyle\int \frac{\mathrm{d}x}{\sqrt[3]{(x+1)^2(x-1)^4}}$.

1. **解** $\displaystyle\int \frac{x^3}{x+3}\,\mathrm{d}x = \int \frac{(x^3+27)-27}{x+3}\,\mathrm{d}x = \int\left(x^2-3x+9-\frac{27}{x+3}\right)\mathrm{d}x$

$= \dfrac{1}{3}x^3 - \dfrac{3}{2}x^2 + 9x - 27\ln|x+3| + C$（其中 C 为任意常数）.

2. **解** $\displaystyle\int \frac{2x+3}{x^2+3x-10}\,\mathrm{d}x = \int \frac{\mathrm{d}(x^2+3x-10)}{x^2+3x-10} = \ln|x^2+3x-10| + C$（其中 C 为任意常数）.

3. **解** $\displaystyle\int \frac{x+1}{x^2-2x+5}\,\mathrm{d}x = \frac{1}{2}\int \frac{(2x-2)+4}{x^2-2x+5}\,\mathrm{d}x = \frac{1}{2}\int \frac{\mathrm{d}(x^2-2x+5)}{x^2-2x+5} + 2\int \frac{\mathrm{d}(x-1)}{2^2+(x-1)^2}$

$= \dfrac{1}{2}\ln(x^2-2x+5) + \arctan\dfrac{x-1}{2} + C$（其中 C 为任意常数）.

4. **解** $\displaystyle\int \frac{\mathrm{d}x}{x(x^2+1)} = \int \frac{x\,\mathrm{d}x}{x^2(x^2+1)} = \frac{1}{2}\int \frac{\mathrm{d}(x^2)}{x^2(x^2+1)} = \frac{1}{2}\int\left(\frac{1}{x^2}-\frac{1}{1+x^2}\right)\mathrm{d}(x^2)$

$= \dfrac{1}{2}\ln\dfrac{x^2}{1+x^2} + C$（其中 C 为任意常数）.

5. **解** $\displaystyle\int \frac{3}{x^3+1}\,\mathrm{d}x = \int \frac{3}{(x+1)(x^2-x+1)}\,\mathrm{d}x = \int\left(\frac{1}{x+1}-\frac{x-2}{x^2-x+1}\right)\mathrm{d}x$

$= \ln|x+1| - \dfrac{1}{2}\int \dfrac{(2x-1)-3}{x^2-x+1}\,\mathrm{d}x$

$= \ln|x+1| - \dfrac{1}{2}\int \dfrac{\mathrm{d}(x^2-x+1)}{x^2-x+1} + \dfrac{3}{2}\int \dfrac{\mathrm{d}\left(x-\dfrac{1}{2}\right)}{\left(\dfrac{\sqrt{3}}{2}\right)^2 + \left(x-\dfrac{1}{2}\right)^2}$

$= \ln|x+1| - \dfrac{1}{2}\ln(x^2-x+1) + \sqrt{3}\arctan\dfrac{2x-1}{\sqrt{3}} + C$（其中 C 为任意常数）.

6. **解** $\displaystyle\int \frac{x^2+1}{(x+1)^2(x-1)}\,\mathrm{d}x = \int\left[\frac{1}{2(x+1)} - \frac{1}{(x+1)^2} + \frac{1}{2(x-1)}\right]\mathrm{d}x$

$= \dfrac{1}{2}\ln|x^2-1| + \dfrac{1}{x+1} + C$（其中 C 为任意常数）.

7. **解** $\displaystyle\int \frac{x\,\mathrm{d}x}{(x+1)(x+2)(x+3)} = \int\left[-\frac{1}{2(x+1)} + \frac{2}{x+2} - \frac{3}{2(x+3)}\right]\mathrm{d}x$

$= -\dfrac{1}{2}\ln|x+1| + 2\ln|x+2| - \dfrac{3}{2}\ln|x+3| + C$

（其中 C 为任意常数）.

8. **解** $\int \dfrac{x^5+x^4-8}{x^3-x}dx = \int \left(x^2+x+1+\dfrac{8}{x}-\dfrac{3}{x-1}-\dfrac{4}{x+1}\right)dx$

$$= \dfrac{x^3}{3}+\dfrac{x^2}{2}+x+8\ln|x|-3\ln|x-1|-4\ln|x+1|+C$$

（其中 C 为任意常数）.

9. **解** $\int \dfrac{dx}{(x^2+1)(x^2+x)} = \int \dfrac{dx}{(x^2+1)x(x+1)} = \int \left[\dfrac{1}{x}-\dfrac{1}{2(x+1)}-\dfrac{x+1}{2(x^2+1)}\right]dx$

$$= \ln|x|-\dfrac{1}{2}\ln|x+1|-\dfrac{1}{4}\ln(x^2+1)-\dfrac{1}{2}\arctan x+C$$

（其中 C 为任意常数）.

10. **解** $\int \dfrac{dx}{x^4-1} = \dfrac{1}{2}\int \left(\dfrac{1}{x^2-1}-\dfrac{1}{x^2+1}\right)dx = \dfrac{1}{4}\ln\left|\dfrac{x-1}{x+1}\right|-\dfrac{1}{2}\arctan x+C$（其中 C 为任意常数）.

11. **解** $\int \dfrac{dx}{(x^2+1)(x^2+x+1)}$

$$= \int \left(\dfrac{x+1}{x^2+x+1}-\dfrac{x}{x^2+1}\right)dx = \dfrac{1}{2}\int \dfrac{(2x+1)+1}{x^2+x+1}dx - \dfrac{1}{2}\int \dfrac{d(x^2+1)}{x^2+1}$$

$$= \dfrac{1}{2}\int \dfrac{d(x^2+x+1)}{x^2+x+1} + \dfrac{1}{2}\int \dfrac{d\left(x+\dfrac{1}{2}\right)}{\left(\dfrac{\sqrt{3}}{2}\right)^2+\left(x+\dfrac{1}{2}\right)^2} - \dfrac{1}{2}\int \dfrac{d(x^2+1)}{x^2+1}$$

$$= \dfrac{1}{2}\ln(x^2+x+1) + \dfrac{1}{\sqrt{3}}\arctan\dfrac{2x+1}{\sqrt{3}} - \dfrac{1}{2}\ln(x^2+1) + C \text{（其中 } C \text{ 为任意常数）.}$$

12. **解** $\int \dfrac{(x+1)^2}{(x^2+1)^2}dx = \int \left[\dfrac{1}{1+x^2}+\dfrac{2x}{(x^2+1)^2}\right]dx = \arctan x + \int \dfrac{d(x^2+1)}{(x^2+1)^2}$

$$= \arctan x - \dfrac{1}{x^2+1} + C \text{（其中 } C \text{ 为任意常数）.}$$

13. **解** $\int \dfrac{-x^2-2}{(x^2+x+1)^2}dx = -\int \dfrac{dx}{x^2+x+1} + \int \dfrac{x-1}{(x^2+x+1)^2}dx$

$$= -\int \dfrac{d\left(x+\dfrac{1}{2}\right)}{\left(\dfrac{\sqrt{3}}{2}\right)^2+\left(x+\dfrac{1}{2}\right)^2} + \dfrac{1}{2}\int \dfrac{2x+1-3}{(x^2+x+1)^2}dx$$

$$= -\dfrac{2}{\sqrt{3}}\arctan\dfrac{2x+1}{\sqrt{3}} + \dfrac{1}{2}\int \dfrac{d(x^2+x+1)}{(x^2+x+1)^2} - \dfrac{3}{2}\int \dfrac{d\left(x+\dfrac{1}{2}\right)}{\left[\left(\dfrac{\sqrt{3}}{2}\right)^2+\left(x+\dfrac{1}{2}\right)^2\right]^2}$$

$$= -\dfrac{2}{\sqrt{3}}\arctan\dfrac{2x+1}{\sqrt{3}} - \dfrac{1}{2(x^2+x+1)} - \dfrac{3}{2}\int \dfrac{d\left(x+\dfrac{1}{2}\right)}{\left[\left(\dfrac{\sqrt{3}}{2}\right)^2+\left(x+\dfrac{1}{2}\right)^2\right]^2}.$$

因为 $\int \dfrac{d\left(x+\dfrac{1}{2}\right)}{\left[\left(\dfrac{\sqrt{3}}{2}\right)^2+\left(x+\dfrac{1}{2}\right)^2\right]^2} \xlongequal{x+\dfrac{1}{2}=\dfrac{\sqrt{3}}{2}\tan t} \int \dfrac{\dfrac{\sqrt{3}}{2}\sec^2 t}{\dfrac{9}{16}\sec^4 t}dt = \dfrac{8}{3\sqrt{3}}\int \cos^2 t\, dt$

$$= \dfrac{4}{3\sqrt{3}}\int(1+\cos 2t)dt = \dfrac{4}{3\sqrt{3}}t + \dfrac{4}{3\sqrt{3}}\sin t\cos t + C$$

$$= \frac{4}{3\sqrt{3}}\arctan\frac{2x+1}{\sqrt{3}} + \frac{2x+1}{3(x^2+x+1)} + C,$$

所以

$$\int \frac{-x^2-2}{(x^2+x+1)^2}dx = -\frac{2}{\sqrt{3}}\arctan\frac{2x+1}{\sqrt{3}} - \frac{1}{2(x^2+x+1)} - \frac{2\sqrt{3}}{3}\arctan\frac{2x+1}{\sqrt{3}} - \frac{2x+1}{2(x^2+x+1)} + C$$

$$= -\frac{4}{\sqrt{3}}\arctan\frac{2x+1}{\sqrt{3}} - \frac{x+1}{x^2+x+1} + C(\text{其中 } C \text{ 为任意常数}).$$

14. **解** $\int \dfrac{dx}{3+\sin^2 x} = \int \dfrac{\sec^2 x}{3\sec^2 x + \tan^2 x}dx = \dfrac{1}{2}\int \dfrac{d(2\tan x)}{(\sqrt{3})^2 + (2\tan x)^2} = \dfrac{1}{2\sqrt{3}}\arctan\dfrac{2\tan x}{\sqrt{3}} + C$（其中 C 为任意常数）.

15. **解** $\int \dfrac{dx}{3+\cos x} \xrightarrow{\tan\frac{x}{2}=u} \int \dfrac{1}{3+\dfrac{1-u^2}{1+u^2}} \cdot \dfrac{2}{1+u^2}du = \int \dfrac{du}{(\sqrt{2})^2 + u^2}$

$$= \frac{1}{\sqrt{2}}\arctan\frac{u}{\sqrt{2}} + C = \frac{1}{\sqrt{2}}\arctan\frac{\tan\frac{x}{2}}{\sqrt{2}} + C(\text{其中 } C \text{ 为任意常数}).$$

16. **解** $\int \dfrac{dx}{2+\sin x} \xrightarrow{\tan\frac{x}{2}=u} \int \dfrac{1}{2+\dfrac{2u}{1+u^2}} \cdot \dfrac{2}{1+u^2}du = \int \dfrac{du}{u^2+u+1}$

$$= \int \frac{d\left(u+\frac{1}{2}\right)}{\left(\frac{\sqrt{3}}{2}\right)^2 + \left(u+\frac{1}{2}\right)^2} = \frac{2}{\sqrt{3}}\arctan\frac{2u+1}{\sqrt{3}} + C$$

$$= \frac{2}{\sqrt{3}}\arctan\frac{2\tan\frac{x}{2}+1}{\sqrt{3}} + C(\text{其中 } C \text{ 为任意常数}).$$

17. **解** $\int \dfrac{dx}{1+\sin x + \cos x} = \int \dfrac{dx}{2\sin\frac{x}{2}\cos\frac{x}{2} + 2\cos^2\frac{x}{2}} = \int \dfrac{\sec^2\frac{x}{2}d\left(\frac{x}{2}\right)}{1+\tan\frac{x}{2}}$

$$= \int \frac{d\left(1+\tan\frac{x}{2}\right)}{1+\tan\frac{x}{2}} = \ln\left|1+\tan\frac{x}{2}\right| + C(\text{其中 } C \text{ 为任意常数}).$$

18. **解** $\int \dfrac{dx}{2\sin x - \cos x + 5} \xrightarrow{\tan\frac{x}{2}=u} \int \dfrac{1}{\dfrac{4u}{1+u^2} - \dfrac{1-u^2}{1+u^2} + 5} \cdot \dfrac{2}{1+u^2}du = \int \dfrac{du}{3u^2+2u+2}$

$$= \frac{1}{3}\int \frac{d\left(u+\frac{1}{3}\right)}{\left(\frac{\sqrt{5}}{3}\right)^2 + \left(u+\frac{1}{3}\right)^2} = \frac{1}{\sqrt{5}}\arctan\frac{3u+1}{\sqrt{5}} + C$$

$$= \frac{1}{\sqrt{5}}\arctan\frac{3\tan\frac{x}{2}+1}{\sqrt{5}} + C(\text{其中 } C \text{ 为任意常数}).$$

19. **解** $\int \dfrac{\mathrm{d}x}{1+\sqrt[3]{x+1}} \xrightarrow{\sqrt[3]{x+1}=t} 3\int \dfrac{t^2}{t+1}\mathrm{d}t = 3\int\left(t-1+\dfrac{1}{t+1}\right)\mathrm{d}t$

$$= \dfrac{3}{2}t^2 - 3t + 3\ln|t+1| + C$$

$$= \dfrac{3}{2}\sqrt[3]{(x+1)^2} - 3\sqrt[3]{x+1} + 3\ln|\sqrt[3]{x+1}+1| + C \text{(其中 } C \text{ 为任意常数).}$$

20. **解** $\int \dfrac{(\sqrt{x})^3-1}{\sqrt{x}+1}\mathrm{d}x = \int\left(x-\sqrt{x}+1-\dfrac{2}{\sqrt{x}+1}\right)\mathrm{d}x = \dfrac{1}{2}x^2 - \dfrac{2}{3}x^{\frac{3}{2}} + x - 2\int\dfrac{\mathrm{d}x}{\sqrt{x}+1}$，由

$$\int\dfrac{\mathrm{d}x}{\sqrt{x}+1} \xrightarrow{\sqrt{x}=t} \int\dfrac{2t}{t+1}\mathrm{d}t = 2\int\left(1-\dfrac{1}{t+1}\right)\mathrm{d}t = 2t - 2\ln|1+t| + C$$

$$= 2\sqrt{x} - 2\ln(1+\sqrt{x}) + C$$

得

$$\int\dfrac{(\sqrt{x})^3-1}{\sqrt{x}+1}\mathrm{d}x = \dfrac{1}{2}x^2 - \dfrac{2}{3}x\sqrt{x} + x - 4\sqrt{x} + 4\ln(1+\sqrt{x}) + C\text{(其中 } C \text{ 为任意常数).}$$

21. **解** $\int\dfrac{\sqrt{x+1}-1}{\sqrt{x+1}+1}\mathrm{d}x \xrightarrow{\sqrt{x+1}=u} \int\dfrac{u-1}{u+1}\cdot 2u\,\mathrm{d}u = 2\int\left(u-2+\dfrac{2}{u+1}\right)\mathrm{d}u$

$$= u^2 - 4u + 4\ln|u+1| + C$$

$$= x - 4\sqrt{x+1} + 4\ln(\sqrt{x+1}+1) + C\text{(其中 } C \text{ 为任意常数).}$$

22. **解** $\int\dfrac{\mathrm{d}x}{\sqrt{x}+\sqrt[4]{x}} \xrightarrow{\sqrt[4]{x}=t} \int\dfrac{4t^3}{t^2+t}\mathrm{d}t = 4\int\left(t-1+\dfrac{1}{t+1}\right)\mathrm{d}t = 2t^2 - 4t + 4\ln|t+1| + C$

$$= 2\sqrt{x} - 4\sqrt[4]{x} + 4\ln(\sqrt[4]{x}+1) + C\text{(其中 } C \text{ 为任意常数).}$$

23. **解** 方法一：$\int\sqrt{\dfrac{1-x}{1+x}}\dfrac{\mathrm{d}x}{x} = \int\dfrac{1-x}{x\sqrt{1-x^2}}\mathrm{d}x \xrightarrow{x=\sin t} \int\dfrac{1-\sin t}{\sin t\cos t}\cos t\,\mathrm{d}t$

$$= \int(\csc t - 1)\mathrm{d}t = \ln|\csc t - \cot t| - t + C$$

$$= \ln\dfrac{1-\sqrt{1-x^2}}{|x|} - \arcsin x + C\text{(其中 } C \text{ 为任意常数).}$$

方法二：$\int\sqrt{\dfrac{1-x}{1+x}}\dfrac{\mathrm{d}x}{x} \xrightarrow{\sqrt{\frac{1-x}{1+x}}=u} \int u\cdot\dfrac{1+u^2}{1-u^2}\cdot\dfrac{-4u}{(1+u^2)^2}\mathrm{d}u = \int\dfrac{-4u^2}{(1-u^2)(1+u^2)}\mathrm{d}u$

$$= \int\left(\dfrac{2}{1+u^2}+\dfrac{1}{u-1}-\dfrac{1}{u+1}\right)\mathrm{d}u = 2\arctan u + \ln\left|\dfrac{u-1}{u+1}\right| + C$$

$$= 2\arctan\sqrt{\dfrac{1-x}{1+x}} + \ln\left|\dfrac{\sqrt{1+x}-\sqrt{1-x}}{\sqrt{1+x}+\sqrt{1-x}}\right| + C\text{(其中 } C \text{ 为任意常数).}$$

24. **解** $\int\dfrac{\mathrm{d}x}{\sqrt[3]{(x+1)^2(x-1)^4}} = \int\dfrac{1}{x^2-1}\cdot\sqrt[3]{\dfrac{x+1}{x-1}}\mathrm{d}x$，令 $\sqrt[3]{\dfrac{x+1}{x-1}} = u$ 得 $x = \dfrac{u^3+1}{u^3-1}$，则

$$\int\dfrac{\mathrm{d}x}{\sqrt[3]{(x+1)^2(x-1)^4}} = \int\dfrac{u}{\left(\dfrac{u^3+1}{u^3-1}\right)^2-1}\cdot\dfrac{-6u^2}{(u^3-1)^2}\mathrm{d}u = -\dfrac{3}{2}\int\mathrm{d}u$$

$$= -\dfrac{3}{2}u + C = -\dfrac{3}{2}\sqrt[3]{\dfrac{x+1}{x-1}} + C\text{(其中 } C \text{ 为任意常数).}$$

第五节　积分表的使用

（本节期末高分必备知识与 60 分必会题型略）

同济八版教材 ▸ 习题解答

习题 4－5　积分表的使用

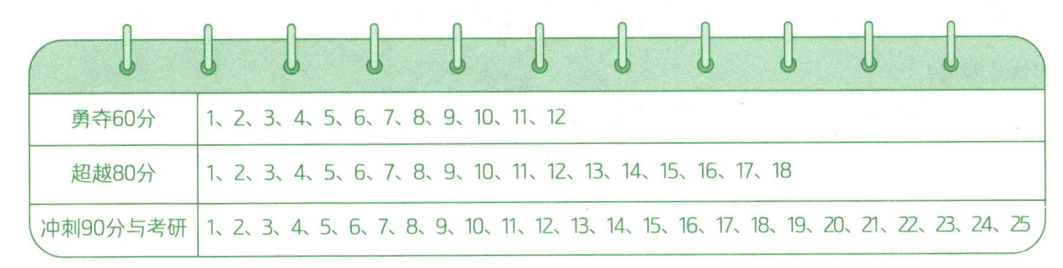

勇夺60分	1、2、3、4、5、6、7、8、9、10、11、12
超越80分	1、2、3、4、5、6、7、8、9、10、11、12、13、14、15、16、17、18
冲刺90分与考研	1、2、3、4、5、6、7、8、9、10、11、12、13、14、15、16、17、18、19、20、21、22、23、24、25

利用积分表计算下列不定积分：

1. $\int \dfrac{\mathrm{d}x}{\sqrt{4x^2-9}}$；

2. $\int \dfrac{\mathrm{d}x}{x^2+2x+5}$；

3. $\int \dfrac{\mathrm{d}x}{\sqrt{5-4x+x^2}}$；

4. $\int \sqrt{2x^2+9}\,\mathrm{d}x$；

5. $\int \sqrt{3x^2-2}\,\mathrm{d}x$；

6. $\int \mathrm{e}^{2x}\cos x\,\mathrm{d}x$；

7. $\int x\arcsin\dfrac{x}{2}\,\mathrm{d}x$；

8. $\int \dfrac{\mathrm{d}x}{(x^2+9)^2}$；

9. $\int \dfrac{\mathrm{d}x}{\sin^3 x}$；

10. $\int \mathrm{e}^{-2x}\sin 3x\,\mathrm{d}x$；

11. $\int \sin 3x\sin 5x\,\mathrm{d}x$；

12. $\int \ln^3 x\,\mathrm{d}x$；

13. $\int \dfrac{1}{x^2(1-x)}\mathrm{d}x$；

14. $\int \dfrac{\sqrt{x-1}}{x}\mathrm{d}x$；

15. $\int \dfrac{1}{(1+x^2)^2}\mathrm{d}x$；

16. $\int \dfrac{1}{x\sqrt{x^2-1}}\mathrm{d}x$；

17. $\int \dfrac{x}{(2+3x)^2}\mathrm{d}x$；

18. $\int \cos^6 x\,\mathrm{d}x$；

19. $\int x^2\sqrt{x^2-2}\,\mathrm{d}x$；

20. $\int \dfrac{1}{2+5\cos x}\mathrm{d}x$；

21. $\int \dfrac{\mathrm{d}x}{x^2\sqrt{2x-1}}$；

22. $\int \sqrt{\dfrac{1-x}{1+x}}\,\mathrm{d}x$；

23. $\int \dfrac{x+5}{x^2-2x-1}\mathrm{d}x$；

24. $\int \dfrac{x\,\mathrm{d}x}{\sqrt{1+x-x^2}}$；

25. $\int \dfrac{x^4}{25+4x^2}\mathrm{d}x$.

1. 解　$\int \dfrac{\mathrm{d}x}{\sqrt{4x^2-9}} = \dfrac{1}{2}\int \dfrac{\mathrm{d}(2x)}{\sqrt{(2x)^2-3^2}} = \dfrac{1}{2}\ln|2x+\sqrt{4x^2-9}|+C$（其中 C 为任意常数）.

2. 解　$\int \dfrac{\mathrm{d}x}{x^2+2x+5} = \int \dfrac{\mathrm{d}(x+1)}{2^2+(x+1)^2} = \dfrac{1}{2}\arctan\dfrac{x+1}{2}+C$（其中 C 为任意常数）.

3. 解　$\int \dfrac{\mathrm{d}x}{\sqrt{5-4x+x^2}} = \int \dfrac{\mathrm{d}(x-2)}{\sqrt{(x-2)^2+1^2}} = \ln(x-2+\sqrt{5-4x+x^2})+C$（其中 C 为任意常数）.

4. 解　$\int \sqrt{2x^2+9}\,\mathrm{d}x \xrightarrow{\sqrt{2}x=3\tan t} \int 3\sec t \cdot \dfrac{3}{\sqrt{2}}\sec^2 t\,\mathrm{d}t = \dfrac{9}{\sqrt{2}}\int \sec^3 t\,\mathrm{d}t$，

令 $I=\int\sec^3 t\,\mathrm{d}t$，则 $I=\int\sec t\,\mathrm{d}(\tan t)=\sec t\tan t-\int\sec t\tan^2 t\,\mathrm{d}t$

$=\sec t\tan t-I+\int\sec t\,\mathrm{d}t=\sec t\tan t-I+\ln|\sec t+\tan t|$,

所以 $I = \int \sec^3 t \, dt = \frac{1}{2}(\sec t \tan t + \ln|\sec t + \tan t|) + C$,因此

$$\int \sqrt{2x^2+9}\, dx = \frac{9}{\sqrt{2}} \cdot \frac{1}{2}(\sec t \tan t + \ln|\sec t + \tan t|) + C$$

$$= \frac{9}{4}\sqrt{2}\left[\frac{2x}{9}\sqrt{x^2+\frac{9}{2}} + \ln(\sqrt{2}x + \sqrt{2x^2+9})\right] + C$$

（其中 C 为任意常数）.

5. 解 $\int \sqrt{3x^2-2}\, dx = \sqrt{3}\int \sqrt{x^2-\frac{2}{3}}\, dx = \sqrt{3}\left(\frac{x}{2}\sqrt{x^2-\frac{2}{3}} - \frac{1}{3}\ln\left|x+\sqrt{x^2-\frac{2}{3}}\right|\right) + C$（其中 C 为任意常数）.

6. 解 令 $I = \int e^{2x}\cos x \, dx$,则 $I = \int e^{2x} d(\sin x) = e^{2x}\sin x - 2\int e^{2x}\sin x \, dx$

$$= e^{2x}\sin x + 2\int e^{2x} d(\cos x) = e^{2x}\sin x + 2e^{2x}\cos x - 4I,$$

则 $I = \int e^{2x}\cos x \, dx = \frac{e^{2x}}{5}(\sin x + 2\cos x) + C$（其中 C 为任意常数）.

7. 解 $\int x \arcsin \frac{x}{2}\, dx = \frac{1}{2}\int \arcsin \frac{x}{2}\, d(x^2) = \frac{x^2}{2}\arcsin \frac{x}{2} - \frac{1}{4}\int \frac{x^2}{\sqrt{1-\frac{x^2}{4}}}\, dx$

$$= \frac{x^2}{2}\arcsin \frac{x}{2} - \frac{1}{2}\left(-\frac{x}{2}\sqrt{4-x^2} + \frac{4}{2}\arcsin \frac{x}{2}\right) + C$$

$$= \left(\frac{x^2}{2}-1\right)\arcsin \frac{x}{2} + \frac{x}{4}\sqrt{4-x^2} + C\text{（其中 } C \text{ 为任意常数）}.$$

8. 解 $\int \frac{dx}{(x^2+9)^2} = \frac{x}{18(x^2+9)} + \frac{1}{18}\int \frac{dx}{x^2+9} = \frac{x}{18(x^2+9)} + \frac{1}{54}\arctan \frac{x}{3} + C$（其中 C 为任意常数）.

9. 解 令 $I = \int \frac{dx}{\sin^3 x}$,则

$$I = \int \csc^3 x\, dx = -\int \csc x\, d(\cot x) = -\csc x \cot x - \int \csc x \cot^2 x\, dx$$

$$= -\csc x \cot x - I + \int \csc x\, dx = -\csc x \cot x + \ln|\csc x - \cot x| - I,$$

则 $I = \int \frac{dx}{\sin^3 x} = \frac{1}{2}(\ln|\csc x - \cot x| - \csc x \cot x) + C$（其中 C 为任意常数）.

10. 解 $\int e^{-2x}\sin 3x\, dx = \frac{1}{(-2)^2+3^2}e^{-2x}(-2\sin 3x - 3\cos 3x) + C$

$$= -\frac{e^{-2x}}{13}(2\sin 3x + 3\cos 3x) + C\text{（其中 } C \text{ 为任意常数）}.$$

11. 解 $\int \sin 3x \sin 5x\, dx = -\frac{1}{2}\int(\cos 8x - \cos 2x)\, dx = -\frac{1}{16}\sin 8x + \frac{1}{4}\sin 2x + C$（其中 C 为任意常数）.

12. 解 $\int \ln^3 x\, dx = x\ln^3 x - 3\int \ln^2 x\, dx = x\ln^3 x - 3x\ln^2 x + 6\int \ln x\, dx$

$$= x\ln^3 x - 3x\ln^2 x + 6x\ln x - 6x + C\text{（其中 } C \text{ 为任意常数）}.$$

13. 解 $\int \frac{1}{x^2(1-x)}\, dx = \int\left(\frac{1}{x} + \frac{1}{x^2} - \frac{1}{x-1}\right)dx = \ln\left|\frac{x}{x-1}\right| - \frac{1}{x} + C$（其中 C 为任意常数）.

14. 解 $\int \frac{\sqrt{x-1}}{x}\, dx \xlongequal{\sqrt{x-1}=t} \int \frac{t}{1+t^2} \cdot 2t\, dt = 2\int\left(1 - \frac{1}{1+t^2}\right)dt = 2t - 2\arctan t + C$

$$= 2\sqrt{x-1} - 2\arctan\sqrt{x-1} + C(\text{其中 } C \text{ 为任意常数}).$$

15. **解** $\displaystyle\int \frac{1}{(1+x^2)^2}dx \xrightarrow{x=\tan t} \int \frac{\sec^2 t}{\sec^4 t}dt = \int \cos^2 t\, dt = \frac{1}{2}\int(1+\cos 2t)dt$

$$= \frac{t}{2} + \frac{1}{4}\sin 2t + C = \frac{\arctan x}{2} + \frac{x}{2(1+x^2)} + C(\text{其中 } C \text{ 为任意常数}).$$

16. **解** $\displaystyle\int \frac{dx}{x\sqrt{x^2-1}} \xrightarrow{x=\sec t} \int \frac{\sec t \tan t}{\sec t \tan t}dt = t + C = \arccos\frac{1}{|x|} + C(\text{其中 } C \text{ 为任意常数}).$

17. **解** $\displaystyle\int \frac{x}{(2+3x)^2}dx = \frac{1}{3}\int \frac{(2+3x)-2}{(2+3x)^2}dx = \frac{1}{9}\ln|2+3x| + \frac{2}{9(2+3x)} + C(\text{其中 } C \text{ 为任意常数}).$

18. **解** $\displaystyle\int \cos^6 x\, dx = \frac{1}{6}\cos^5 x \sin x + \frac{5}{6}\left(\frac{1}{4}\cos^3 x \sin x + \frac{3}{4}\int \cos^2 x\, dx\right)$

$$= \frac{1}{6}\cos^5 x \sin x + \frac{5}{24}\cos^3 x \sin x + \frac{5}{16}\cos x \sin x + \frac{5}{16}x + C(\text{其中 } C \text{ 为任意常数}).$$

19. **解** $\displaystyle\int x^2\sqrt{x^2-2}\,dx = \frac{x}{4}(x^2-1)\sqrt{x^2-2} - \frac{1}{2}\ln|x+\sqrt{x^2-2}| + C(\text{其中 } C \text{ 为任意常数}).$

20. **解** $\displaystyle\int \frac{1}{2+5\cos x}dx = \frac{1}{7}\sqrt{\frac{7}{3}}\ln\left|\frac{\tan\frac{x}{2}+\sqrt{\frac{7}{3}}}{\tan\frac{x}{2}-\sqrt{\frac{7}{3}}}\right| + C(\text{其中 } C \text{ 为任意常数}).$

21. **解** $\displaystyle\int \frac{dx}{x^2\sqrt{2x-1}} = -\frac{\sqrt{2x-1}}{-x} - \frac{2}{-2}\int \frac{dx}{x\sqrt{2x-1}} = \frac{\sqrt{2x-1}}{x} + 2\arctan\sqrt{2x-1} + C(\text{其中}$

C 为任意常数$).$

22. **解** **方法一**：$\displaystyle\int \sqrt{\frac{1-x}{1+x}}dx = \int \frac{1-x}{\sqrt{1-x^2}}dx = \arcsin x - \int \frac{x}{\sqrt{1-x^2}}dx$

$$= \arcsin x + \int \frac{d(1-x^2)}{2\sqrt{1-x^2}}$$

$$= \arcsin x + \sqrt{1-x^2} + C(\text{其中 } C \text{ 为任意常数}).$$

方法二：令 $\sqrt{\dfrac{1-x}{1+x}} = t$，则 $x = \dfrac{1-t^2}{1+t^2}, dx = -\dfrac{4t}{(t^2+1)^2}dt$，故

$$\int \sqrt{\frac{1-x}{1+x}}dx = \int t \cdot \frac{-4t}{(t^2+1)^2}dt = -4\int \frac{t^2}{(t^2+1)^2}dt = -4\int \frac{(t^2+1)-1}{(t^2+1)^2}dt$$

$$= -4\int \frac{dt}{1+t^2} + 4\int \frac{dt}{(t^2+1)^2} = -4\arctan t + 4\int \frac{dt}{(t^2+1)^2}.$$

由 $\displaystyle\int \frac{dt}{(t^2+1)^2} \xrightarrow{t=\tan u} \int \frac{\sec^2 u\, du}{\sec^4 u} = \int \cos^2 u\, du = \frac{1}{2}\int(1+\cos 2u)du$

$$= \frac{1}{2}u + \frac{1}{2}\sin u \cos u + C = \frac{1}{2}\arctan t + \frac{t}{2(t^2+1)} + C$$

得 $\displaystyle\int \sqrt{\frac{1-x}{1+x}}dx = -2\arctan\sqrt{\frac{1-x}{1+x}} + \sqrt{1-x^2} + C(\text{其中 } C \text{ 为任意常数}).$

23. **解** $\displaystyle\int \frac{x+5}{x^2-2x-1}dx = \frac{1}{2}\int \frac{2x-2+12}{x^2-2x-1}dx = \frac{1}{2}\int \frac{d(x^2-2x-1)}{x^2-2x-1} + 6\int \frac{dx}{x^2-2x-1}$

$$= \frac{1}{2}\ln|x^2-2x-1| + 6\int \frac{d(x-1)}{(x-1)^2-(\sqrt{2})^2}$$

$$= \frac{1}{2}\ln|x^2-2x-1| + 6 \cdot \frac{1}{2\sqrt{2}}\ln\left|\frac{x-1-\sqrt{2}}{x-1+\sqrt{2}}\right| + C$$

$$= \frac{1}{2}\ln|x^2-2x-1| + \frac{3}{\sqrt{2}}\ln\left|\frac{x-1-\sqrt{2}}{x-1+\sqrt{2}}\right| + C(其中 C 为任意常数).$$

24. **解** $\displaystyle\int \frac{x\,\mathrm{d}x}{\sqrt{1+x-x^2}} = -\frac{1}{2}\int \frac{(1-2x)-1}{\sqrt{1+x-x^2}}\mathrm{d}x = -\int \frac{\mathrm{d}(1+x-x^2)}{2\sqrt{1+x-x^2}} + \frac{1}{2}\int \frac{\mathrm{d}x}{\sqrt{1+x-x^2}}$

$$= -\sqrt{1+x-x^2} + \frac{1}{2}\int \frac{\mathrm{d}\left(x-\frac{1}{2}\right)}{\sqrt{\left(\frac{\sqrt{5}}{2}\right)^2 - \left(x-\frac{1}{2}\right)^2}}$$

$$= -\sqrt{1+x-x^2} + \frac{1}{2}\arcsin\frac{2x-1}{\sqrt{5}} + C(其中 C 为任意常数).$$

25. **解** $\displaystyle\int \frac{x^4}{25+4x^2}\mathrm{d}x = \int \left(\frac{x^2}{4} - \frac{25}{16} + \frac{625}{16}\cdot\frac{1}{25+4x^2}\right)\mathrm{d}x = \frac{x^3}{12} - \frac{25x}{16} + \frac{625}{32}\cdot\frac{1}{5}\arctan\frac{2x}{5} + C$

$$= \frac{x^3}{12} - \frac{25x}{16} + \frac{125}{32}\arctan\frac{2x}{5} + C(其中 C 为任意常数).$$

总习题四及答案解析

勇夺60分	1、2
超越80分	1、2、3
冲刺90分与考研	1、2、3、4

1. 填空：

(1) $\displaystyle\int x^3 \mathrm{e}^x \mathrm{d}x =$ _____.

(2) $\displaystyle\int \frac{x+5}{x^2-6x+13}\mathrm{d}x =$ _____.

解 (1) $\displaystyle\int x^3 \mathrm{e}^x \mathrm{d}x = \int x^3 \mathrm{d}(\mathrm{e}^x) = x^3 \mathrm{e}^x - 3\int x^2 \mathrm{d}(\mathrm{e}^x) = x^3 \mathrm{e}^x - 3\left[x^2 \mathrm{e}^x - \int 2x\,\mathrm{d}(\mathrm{e}^x)\right]$

$$= x^3 \mathrm{e}^x - 3x^2 \mathrm{e}^x + 6\left(x\mathrm{e}^x - \int \mathrm{e}^x \mathrm{d}x\right)$$

$$= x^3 \mathrm{e}^x - 3x^2 \mathrm{e}^x + 6x\mathrm{e}^x - 6\mathrm{e}^x + C(其中 C 为任意常数).$$

(2) $\displaystyle\int \frac{x+5}{x^2-6x+13}\mathrm{d}x = \frac{1}{2}\int \frac{(x^2-6x+13)'}{x^2-6x+13}\mathrm{d}x + \int \frac{8}{x^2-6x+13}\mathrm{d}x$

$$= \frac{1}{2}\ln(x^2-6x+13) + \int \frac{8}{x^2-6x+13}\mathrm{d}x$$

$$= \frac{1}{2}\ln(x^2-6x+13) + 4\arctan\frac{x-3}{2} + C(其中 C 为任意常数).$$

2. 以下两题中给出了四个结论，从中选出一个正确的结论：

(1) 已知 $f'(x) = \dfrac{1}{x(1+2\ln x)}$，且 $f(1) = 1$，则 $f(x)$ 等于（　　）.

(A) $\ln(1+2\ln x) + 1$ 　　　　　　　　(B) $\dfrac{1}{2}\ln(1+2\ln x) + 1$

(C) $\dfrac{1}{2}\ln(1+2\ln x) + \dfrac{1}{2}$ 　　　　　(D) $2\ln(1+2\ln x) + 1$

(2) 在下列等式中，正确的结果是（　　）.

(A) $\int f'(x)\mathrm{d}x = f(x)$ (B) $\int \mathrm{d}f(x) = f(x)$

(C) $\dfrac{\mathrm{d}}{\mathrm{d}x}\int f(x)\mathrm{d}x = f(x)$ (D) $\mathrm{d}\int f(x)\mathrm{d}x = f(x)$

解 (1) 由微积分基本定理，有
$$f(x)-f(1)=\int_1^x f'(t)\mathrm{d}t=\int_1^x \frac{1}{t(1+2\ln t)}\mathrm{d}t=\frac{1}{2}\int_1^x \frac{1}{1+2\ln t}\mathrm{d}(1+2\ln t)$$
$$=\frac{1}{2}\big[\ln(1+2\ln t)\big]\Big|_1^x=\frac{1}{2}\ln(1+2\ln x).$$

又因为 $f(1)=1$，所以 $f(x)=\dfrac{1}{2}\ln(1+2\ln x)+1$，故选(B).

(2) 根据微分运算与积分运算的关系，可知
$$\int \mathrm{d}f(x)=\int f'(x)\mathrm{d}x=f(x)+C,\quad \frac{\mathrm{d}}{\mathrm{d}x}\int f(x)\mathrm{d}x=f(x),$$
$$\mathrm{d}\int f(x)\mathrm{d}x=\Big[\frac{\mathrm{d}}{\mathrm{d}x}\int f(x)\mathrm{d}x\Big]\mathrm{d}x=f(x)\mathrm{d}x,$$

故选（C）.

3. 已知 $\dfrac{\sin x}{x}$ 是 $f(x)$ 的一个原函数，求 $\int x^3 f'(x)\mathrm{d}x$.

解 $\int x^3 f'(x)\mathrm{d}x = x^3 f(x)-3\int x^2 f(x)\mathrm{d}x = x(x\cos x-\sin x)-3\int x^2 \mathrm{d}\left(\dfrac{\sin x}{x}\right)$
$$= x^2\cos x - x\sin x - 3\left(x^2 \cdot \frac{\sin x}{x}-\int \frac{\sin x}{x}\cdot 2x\mathrm{d}x\right)$$
$$= x^2\cos x - 4x\sin x - 6\cos x + C\text{（其中 }C\text{ 为任意常数）}.$$

4. 求下列不定积分(其中 a,b 为常数)：

(1) $\int \dfrac{\mathrm{d}x}{\mathrm{e}^x-\mathrm{e}^{-x}}$;

(2) $\int \dfrac{x}{(1-x)^3}\mathrm{d}x$;

(3) $\int \dfrac{x^2}{a^6-x^6}\mathrm{d}x\,(a>0)$;

(4) $\int \dfrac{1+\cos x}{x+\sin x}\mathrm{d}x$;

(5) $\int \dfrac{\ln \ln x}{x}\mathrm{d}x$;

(6) $\int \dfrac{\sin x\cos x}{1+\sin^4 x}\mathrm{d}x$;

(7) $\int \tan^4 x\,\mathrm{d}x$;

(8) $\int \sin x\sin 2x\sin 3x\,\mathrm{d}x$;

(9) $\int \dfrac{\mathrm{d}x}{x(x^6+4)}$;

(10) $\int \sqrt{\dfrac{a+x}{a-x}}\mathrm{d}x\,(a>0)$;

(11) $\int \dfrac{\mathrm{d}x}{\sqrt{x(1+x)}}$;

(12) $\int x\cos^2 x\,\mathrm{d}x$;

(13) $\int \mathrm{e}^{ax}\cos bx\,\mathrm{d}x$;

(14) $\int \dfrac{\mathrm{d}x}{\sqrt{1+\mathrm{e}^x}}$;

(15) $\int \dfrac{\mathrm{d}x}{x^2\sqrt{x^2-1}}$;

(16) $\int \dfrac{\mathrm{d}x}{(a^2-x^2)^{\frac{5}{2}}}$;

(17) $\int \dfrac{\mathrm{d}x}{x^4\sqrt{1+x^2}}$;

(18) $\int \sqrt{x}\sin\sqrt{x}\,\mathrm{d}x$;

(19) $\int \ln(1+x^2)\,\mathrm{d}x$;

(20) $\int \dfrac{\sin^2 x}{\cos^3 x}\mathrm{d}x$;

(21) $\int \arctan\sqrt{x}\,\mathrm{d}x$;

(22) $\int \dfrac{\sqrt{1+\cos x}}{\sin x}\mathrm{d}x$;

$(23) \int \dfrac{x^3}{(1+x^8)^2}\mathrm{d}x;$

$(24) \int \dfrac{x^{11}}{x^8+3x^4+2}\mathrm{d}x;$

$(25) \int \dfrac{\mathrm{d}x}{16-x^4};$

$(26) \int \dfrac{\sin x}{1+\sin x}\mathrm{d}x;$

$(27) \int \dfrac{x+\sin x}{1+\cos x}\mathrm{d}x;$

$(28) \int \mathrm{e}^{\sin x}\dfrac{x\cos^3 x-\sin x}{\cos^2 x}\mathrm{d}x;$

$(29) \int \dfrac{\sqrt[3]{x}}{x(\sqrt{x}+\sqrt[3]{x})}\mathrm{d}x;$

$(30) \int \dfrac{\mathrm{d}x}{(1+\mathrm{e}^x)^2};$

$(31) \int \dfrac{\mathrm{e}^{3x}+\mathrm{e}^x}{\mathrm{e}^{4x}-\mathrm{e}^{2x}+1}\mathrm{d}x;$

$(32) \int \dfrac{x\mathrm{e}^x}{(\mathrm{e}^x+1)^2}\mathrm{d}x;$

$(33) \int \ln^2(x+\sqrt{1+x^2})\mathrm{d}x;$

$(34) \int \dfrac{\ln x}{(1+x^2)^{\frac{3}{2}}}\mathrm{d}x;$

$(35) \int \sqrt{1-x^2}\arcsin x\,\mathrm{d}x;$

$(36) \int \dfrac{x^3\arccos x}{\sqrt{1-x^2}}\mathrm{d}x;$

$(37) \int \dfrac{\cot x}{1+\sin x}\mathrm{d}x;$

$(38) \int \dfrac{\mathrm{d}x}{\sin^3 x\cos x};$

$(39) \int \dfrac{\mathrm{d}x}{(2+\cos x)\sin x};$

$(40) \int \dfrac{\sin x\cos x}{\sin x+\cos x}\mathrm{d}x.$

解 $(1) \int \dfrac{\mathrm{d}x}{\mathrm{e}^x-\mathrm{e}^{-x}} = \int \dfrac{\mathrm{d}(\mathrm{e}^x)}{(\mathrm{e}^x)^2-1} = \dfrac{1}{2}\ln\left|\dfrac{\mathrm{e}^x-1}{\mathrm{e}^x+1}\right|+C$（其中 C 为任意常数）.

$(2) \int \dfrac{x}{(1-x)^3}\mathrm{d}x = \int \dfrac{(x-1)+1}{(1-x)^3}\mathrm{d}x = -\int \dfrac{\mathrm{d}x}{(1-x)^2}+\int \dfrac{\mathrm{d}x}{(1-x)^3}$

$\qquad = -\int \dfrac{\mathrm{d}(x-1)}{(x-1)^2}-\int (x-1)^{-3}\mathrm{d}(x-1)$

$\qquad = \dfrac{1}{x-1}+\dfrac{1}{2(x-1)^2}+C$（其中 C 为任意常数）.

$(3) \int \dfrac{x^2}{a^6-x^6}\mathrm{d}x = \dfrac{1}{3}\int \dfrac{\mathrm{d}(x^3)}{(x^3)^2-(a^3)^2} = -\dfrac{1}{6a^3}\ln\left|\dfrac{x^3-a^3}{x^3+a^3}\right|+C$（其中 C 为任意常数）.

$(4) \int \dfrac{1+\cos x}{x+\sin x}\mathrm{d}x = \int \dfrac{\mathrm{d}(x+\sin x)}{x+\sin x} = \ln|x+\sin x|+C$（其中 C 为任意常数）.

$(5) \int \dfrac{\ln\ln x}{x}\mathrm{d}x = \int \ln\ln x\,\mathrm{d}(\ln x) = \ln x\cdot\ln\ln x-\int \ln x\cdot\dfrac{1}{x\ln x}\mathrm{d}x$

$\qquad = \ln x\cdot\ln\ln x-\ln x+C$（其中 C 为任意常数）.

$(6) \int \dfrac{\sin x\cos x}{1+\sin^4 x}\mathrm{d}x = \dfrac{1}{2}\int \dfrac{\mathrm{d}(\sin^2 x)}{1+(\sin^2 x)^2} = \dfrac{1}{2}\arctan(\sin^2 x)+C$（其中 C 为任意常数）.

$(7) \int \tan^4 x\,\mathrm{d}x = \int (\sec^2 x-1)^2\mathrm{d}x = \int (\sec^4 x-2\sec^2 x+1)\mathrm{d}x$

$\qquad = \int (\tan^2 x+1)\mathrm{d}(\tan x)-2\tan x+x$

$\qquad = \dfrac{1}{3}\tan^3 x-\tan x+x+C$（其中 C 为任意常数）.

$(8) \int \sin x\sin 2x\sin 3x\,\mathrm{d}x = -\dfrac{1}{2}\int \sin 2x(\cos 4x-\cos 2x)\mathrm{d}x$

$\qquad = -\dfrac{1}{2}\int \sin 2x\cos 4x\,\mathrm{d}x+\dfrac{1}{4}\int \sin 2x\,\mathrm{d}(\sin 2x)$

$\qquad = -\dfrac{1}{4}\int (\sin 6x-\sin 2x)\mathrm{d}x+\dfrac{1}{4}\int \sin 2x\,\mathrm{d}(\sin 2x)$

$$= \frac{1}{24}\cos 6x - \frac{1}{8}\cos 2x + \frac{1}{8}\sin^2 2x + C(\text{其中 } C \text{ 为任意常数}).$$

(9) $\displaystyle\int \frac{\mathrm{d}x}{x(x^6+4)} = \int \frac{x^5\mathrm{d}x}{x^6(x^6+4)} = \frac{1}{6}\int \frac{\mathrm{d}(x^6)}{x^6(x^6+4)} = \frac{1}{24}\ln\frac{x^6}{x^6+4} + C(\text{其中 } C \text{ 为任意常数}).$

(10) **方法一**：令 $\sqrt{\dfrac{a+x}{a-x}} = t$，则 $x = \dfrac{a(t^2-1)}{t^2+1}$，$\mathrm{d}x = \dfrac{4at}{(t^2+1)^2}\mathrm{d}t$，从而

$$\int \sqrt{\frac{a+x}{a-x}}\,\mathrm{d}x = 4a\int \frac{t^2}{(t^2+1)^2}\mathrm{d}t = 2a\int \frac{t\,\mathrm{d}(t^2+1)}{(t^2+1)^2}$$

$$= -2a\int t\,\mathrm{d}\left(\frac{1}{t^2+1}\right) = -\frac{2at}{t^2+1} + 2a\int \frac{\mathrm{d}t}{t^2+1}$$

$$= -\frac{2at}{t^2+1} + 2a\arctan t + C$$

$$= -\sqrt{a^2-x^2} + 2a\arctan\sqrt{\frac{a+x}{a-x}} + C(\text{其中 } C \text{ 为任意常数}).$$

方法二：$\displaystyle\int \sqrt{\frac{a+x}{a-x}}\,\mathrm{d}x = \int \frac{a+x}{\sqrt{a^2-x^2}}\,\mathrm{d}x = a\arcsin\frac{x}{a} - \int \frac{\mathrm{d}(a^2-x^2)}{2\sqrt{a^2-x^2}}$

$$= a\arcsin\frac{x}{a} - \sqrt{a^2-x^2} + C(\text{其中 } C \text{ 为任意常数}).$$

(11) **方法一**：$\displaystyle\int \frac{\mathrm{d}x}{\sqrt{x(x+1)}} = 2\int \frac{\mathrm{d}x}{2\sqrt{x}\cdot\sqrt{(\sqrt{x})^2+1}} = 2\int \frac{\mathrm{d}(\sqrt{x})}{\sqrt{(\sqrt{x})^2+1}}$

$$= 2\ln(\sqrt{x} + \sqrt{x+1}) + C(\text{其中 } C \text{ 为任意常数}).$$

方法二：$\displaystyle\int \frac{\mathrm{d}x}{\sqrt{x(x+1)}} = \int \frac{\mathrm{d}\left(x+\frac{1}{2}\right)}{\sqrt{\left(x+\frac{1}{2}\right)^2 - \left(\frac{1}{2}\right)^2}} = \ln\left|\left(x+\frac{1}{2}\right) + \sqrt{x(x+1)}\right| + C(\text{其中 } C \text{ 为任}$

意常数).

(12) $\displaystyle\int x\cos^2 x\,\mathrm{d}x = \frac{1}{2}\int x(1+\cos 2x)\,\mathrm{d}x = \frac{x^2}{4} + \frac{1}{4}\int x\,\mathrm{d}(\sin 2x)$

$$= \frac{x^2}{4} + \frac{1}{4}x\sin 2x - \frac{1}{4}\int \sin 2x\,\mathrm{d}x$$

$$= \frac{x^2}{4} + \frac{1}{4}x\sin 2x + \frac{1}{8}\cos 2x + C(\text{其中 } C \text{ 为任意常数}).$$

(13) 当 $a \neq 0$ 且 $b \neq 0$ 时，令 $I = \displaystyle\int \mathrm{e}^{ax}\cos bx\,\mathrm{d}x$，

则 $I = \dfrac{1}{b}\displaystyle\int \mathrm{e}^{ax}\mathrm{d}(\sin bx) = \dfrac{1}{b}\mathrm{e}^{ax}\sin bx - \dfrac{a}{b}\int \mathrm{e}^{ax}\sin bx\,\mathrm{d}x$

$$= \frac{1}{b}\mathrm{e}^{ax}\sin bx + \frac{a}{b^2}\int \mathrm{e}^{ax}\mathrm{d}(\cos bx) = \frac{1}{b}\mathrm{e}^{ax}\sin bx + \frac{a}{b^2}\mathrm{e}^{ax}\cos bx - \frac{a^2}{b^2}I,$$

解得 $I = \dfrac{\mathrm{e}^{ax}}{a^2+b^2}(b\sin bx + a\cos bx) + C(\text{其中 } C \text{ 为任意常数})$. 当 $a = b = 0$ 时,则原积分 $I = x + C$(其中 C 为任意常数). 当 $a = 0, b \neq 0$ 时,$I = \dfrac{\sin bx}{b} + C$(其中 C 为任意常数).

(14) **方法一**：令 $\sqrt{1+\mathrm{e}^x} = t$，则 $x = \ln(t^2-1)$，$\mathrm{d}x = \dfrac{2t}{t^2-1}\mathrm{d}t$，从而

$$\int \frac{\mathrm{d}x}{\sqrt{1+\mathrm{e}^x}} = 2\int \frac{1}{t^2-1}\mathrm{d}t = \ln\left|\frac{t-1}{t+1}\right| + C = \ln\frac{\sqrt{1+\mathrm{e}^x}-1}{\sqrt{1+\mathrm{e}^x}+1} + C(\text{其中 } C \text{ 为任意常数}).$$

方法二：$\int \dfrac{\mathrm{d}x}{\sqrt{1+\mathrm{e}^x}} = \int \dfrac{\mathrm{d}x}{\sqrt{\mathrm{e}^x(\mathrm{e}^{-x}+1)}} = \int \dfrac{\mathrm{e}^{-\frac{x}{2}}\mathrm{d}x}{\sqrt{\mathrm{e}^{-x}+1}} = -2\int \dfrac{\mathrm{d}(\mathrm{e}^{-\frac{x}{2}})}{\sqrt{(\mathrm{e}^{-\frac{x}{2}})^2+1}}$

$= -2\ln(\mathrm{e}^{-\frac{x}{2}} + \sqrt{\mathrm{e}^{-x}+1}) + C$（其中 C 为任意常数）.

(15) 方法一：$\int \dfrac{\mathrm{d}x}{x^2\sqrt{x^2-1}} \xrightarrow{x=\sec t} \int \dfrac{\sec t \tan t}{\sec^2 t \tan t}\mathrm{d}t = \int \cos t\,\mathrm{d}t = \sin t + C = \dfrac{\sqrt{x^2-1}}{x} + C$（其中 C 为任意常数）.

方法二：当 $x > 0$ 时，$\int \dfrac{\mathrm{d}x}{x^2\sqrt{x^2-1}} \xrightarrow{x=\frac{1}{t}} \int \dfrac{t^2}{\sqrt{\dfrac{1}{t^2}-1}}\left(-\dfrac{1}{t^2}\right)\mathrm{d}t = -\int \dfrac{t\,\mathrm{d}t}{\sqrt{1-t^2}}$

$= \int \dfrac{\mathrm{d}(1-t^2)}{2\sqrt{1-t^2}} = \sqrt{1-t^2} + C$

$= \dfrac{\sqrt{x^2-1}}{x} + C$（其中 C 为任意常数）.

当 $x < 0$ 时，也有同样的结果，故 $\int \dfrac{\mathrm{d}x}{x^2\sqrt{x^2-1}} = \dfrac{\sqrt{x^2-1}}{x} + C$（其中 C 为任意常数）.

(16) $\int \dfrac{\mathrm{d}x}{(a^2-x^2)^{\frac{5}{2}}} \xrightarrow{x=a\sin t} \int \dfrac{a\cos t\,\mathrm{d}t}{a^5\cos^5 t} = \dfrac{1}{a^4}\int \sec^4 t\,\mathrm{d}t = \dfrac{1}{a^4}\int(1+\tan^2 t)\,\mathrm{d}(\tan t)$

$= \dfrac{1}{a^4}\left(\tan t + \dfrac{1}{3}\tan^3 t\right) + C = \dfrac{1}{a^4}\left[\dfrac{x}{\sqrt{a^2-x^2}} + \dfrac{x^3}{3\sqrt{(a^2-x^2)^3}}\right] + C$（其中 C 为任意常数）.

(17) $\int \dfrac{\mathrm{d}x}{x^4\sqrt{1+x^2}} \xrightarrow{x=\frac{1}{t}} \int \dfrac{t^4}{\sqrt{1+\dfrac{1}{t^2}}}\left(-\dfrac{1}{t^2}\right)\mathrm{d}t = -\int \dfrac{t^3}{\sqrt{t^2+1}}\mathrm{d}t$

$= -\int \left(t\sqrt{t^2+1} - \dfrac{t}{\sqrt{t^2+1}}\right)\mathrm{d}t = -\dfrac{1}{3}(t^2+1)^{\frac{3}{2}} + \sqrt{t^2+1} + C$

$= -\dfrac{\sqrt{(1+x^2)^3}}{3x^3} + \dfrac{\sqrt{1+x^2}}{x} + C$（其中 C 为任意常数）.

易知当 $x < 0$ 和 $x > 0$ 时均有上述结果.

(18) $\int \sqrt{x}\sin\sqrt{x}\,\mathrm{d}x \xrightarrow{\sqrt{x}=t} 2\int t^2\sin t\,\mathrm{d}t = -2\int t^2\mathrm{d}(\cos t) = -2t^2\cos t + 4\int t\cos t\,\mathrm{d}t$

$= -2t^2\cos t + 4\int t\,\mathrm{d}(\sin t) = -2t^2\cos t + 4t\sin t - 4\int \sin t\,\mathrm{d}t$

$= -2t^2\cos t + 4t\sin t + 4\cos t + C$

$= -2x\cos\sqrt{x} + 4\sqrt{x}\sin\sqrt{x} + 4\cos\sqrt{x} + C$（其中 C 为任意常数）.

(19) $\int \ln(1+x^2)\,\mathrm{d}x = x\ln(1+x^2) - 2\int \dfrac{x^2}{1+x^2}\mathrm{d}x = x\ln(1+x^2) - 2x + 2\arctan x + C$（其中 C 为任意常数）.

(20) $\int \dfrac{\sin^2 x}{\cos^3 x}\mathrm{d}x = \int \tan^2 x\sec x\,\mathrm{d}x = \int \sec^3 x\,\mathrm{d}x - \int \sec x\,\mathrm{d}x$

$= \dfrac{1}{2}(\sec x\tan x - \ln|\sec x + \tan x|) + C$（其中 C 为任意常数）.

(21) $\int \arctan \sqrt{x}\, dx \xrightarrow{\sqrt{x}=t} \int \arctan t\, d(t^2) = t^2 \arctan t - \int \frac{t^2}{1+t^2} dt$

$\qquad = t^2 \arctan t - t + \arctan t + C$

$\qquad = (x+1)\arctan \sqrt{x} - \sqrt{x} + C$(其中 C 为任意常数).

(22) $\int \frac{\sqrt{1+\cos x}}{\sin x} dx = \int \frac{\sqrt{2}\left|\cos \frac{x}{2}\right|}{2\sin \frac{x}{2}\cos \frac{x}{2}} dx = \pm\sqrt{2}\int \csc \frac{x}{2}\, d\left(\frac{x}{2}\right)$

$\qquad = \pm\sqrt{2}\ln\left|\csc \frac{x}{2} - \cot \frac{x}{2}\right| + C$(其中 C 为任意常数).

上式的符号当 $\cos \frac{x}{2} > 0$ 时取正, 当 $\cos \frac{x}{2} < 0$ 时取负.

当 $\cos \frac{x}{2} > 0$ 时, $\ln\left|\csc \frac{x}{2} - \cot \frac{x}{2}\right| = \ln \frac{1-\cos \frac{x}{2}}{\left|\sin \frac{x}{2}\right|} = \ln\left(\left|\csc \frac{x}{2}\right| - \left|\cot \frac{x}{2}\right|\right)$;

当 $\cos \frac{x}{2} < 0$ 时,

$\ln\left|\csc \frac{x}{2} - \cot \frac{x}{2}\right| = \ln \frac{1-\cos \frac{x}{2}}{\left|\sin \frac{x}{2}\right|} = \ln\left(\left|\csc \frac{x}{2}\right| + \left|\cot \frac{x}{2}\right|\right) = -\ln\left(\left|\csc \frac{x}{2}\right| - \left|\cot \frac{x}{2}\right|\right)$,

因此有 $\int \frac{\sqrt{1+\cos x}}{\sin x} dx = \sqrt{2}\ln\left(\left|\csc \frac{x}{2}\right| - \left|\cot \frac{x}{2}\right|\right) + C$(其中 C 为任意常数).

(23) $\int \frac{x^3}{(1+x^8)^2} dx = \frac{1}{4}\int \frac{d(x^4)}{(1+x^8)^2} \xrightarrow{x^4=t} \frac{1}{4}\int \frac{dt}{(1+t^2)^2} \xrightarrow{t=\tan u} \frac{1}{4}\int \frac{\sec^2 u}{\sec^4 u} du$

$\qquad = \frac{1}{4}\int \cos^2 u\, du = \frac{1}{8}\int (1+\cos 2u)\, du = \frac{u}{8} + \frac{1}{8}\sin u \cos u + C$

$\qquad = \frac{\arctan x^4}{8} + \frac{x^4}{8(1+x^8)} + C$(其中 C 为任意常数).

(24) $\int \frac{x^{11}}{x^8+3x^4+2} dx = \frac{1}{4}\int \frac{x^8 d(x^4)}{x^8+3x^4+2} \xrightarrow{x^4=t} \frac{1}{4}\int \frac{t^2 dt}{t^2+3t+2}$

$\qquad = \frac{1}{4}\int \left(1 + \frac{1}{t+1} - \frac{4}{t+2}\right) dt = \frac{t}{4} + \frac{1}{4}\ln(t+1) - \ln(t+2) + C$

$\qquad = \frac{x^4}{4} + \frac{1}{4}\ln(x^4+1) - \ln(x^4+2) + C$(其中 C 为任意常数).

(25) $\int \frac{dx}{16-x^4} = -\frac{1}{8}\int \left(\frac{1}{x^2-4} - \frac{1}{x^2+4}\right) dx = -\frac{1}{32}\ln\left|\frac{x-2}{x+2}\right| + \frac{1}{16}\arctan \frac{x}{2} + C$(其中 C 为任意常数).

(26) **方法一**: $\int \frac{\sin x}{1+\sin x} dx = \int \left(1 - \frac{1}{1+\sin x}\right) dx = x - \int \frac{dx}{1+\cos\left(x-\frac{\pi}{2}\right)}$

$\qquad = x - \int \frac{dx}{2\cos^2\left(\frac{x}{2}-\frac{\pi}{4}\right)} = x - \int \sec^2\left(\frac{x}{2}-\frac{\pi}{4}\right) d\left(\frac{x}{2}-\frac{\pi}{4}\right)$

$\qquad = x - \tan\left(\frac{x}{2}-\frac{\pi}{4}\right) + C$(其中 C 为任意常数).

方法二：$\int \dfrac{\sin x}{1+\sin x}\mathrm{d}x = x - \int \dfrac{\mathrm{d}x}{1+\sin x} = x - \int \dfrac{\mathrm{d}x}{\left(\sin \dfrac{x}{2}+\cos \dfrac{x}{2}\right)^2} = x - \int \dfrac{\sec^2 \dfrac{x}{2}\mathrm{d}x}{\left(1+\tan \dfrac{x}{2}\right)^2}$

$$= x - 2\int \dfrac{\mathrm{d}\left(1+\tan \dfrac{x}{2}\right)}{\left(1+\tan \dfrac{x}{2}\right)^2} = x + \dfrac{2}{1+\tan \dfrac{x}{2}} + C\text{（其中 }C\text{ 为任意常数）}.$$

方法三：$\int \dfrac{\sin x}{1+\sin x}\mathrm{d}x = x - \int \dfrac{1}{1+\sin x}\mathrm{d}x = x - \int \dfrac{1-\sin x}{\cos^2 x}\mathrm{d}x = x - \int \sec^2 x\,\mathrm{d}x - \int \dfrac{\mathrm{d}(\cos x)}{\cos^2 x}$

$$= x - \tan x + \sec x + C\text{（其中 }C\text{ 为任意常数）}.$$

(27) $\int \dfrac{x+\sin x}{1+\cos x}\mathrm{d}x = \int \dfrac{x+\sin x}{2\cos^2 \dfrac{x}{2}}\mathrm{d}x = \int \left(\dfrac{1}{2}x\sec^2 \dfrac{x}{2}+\tan \dfrac{x}{2}\right)\mathrm{d}x$

$$= \int x\,\mathrm{d}\left(\tan \dfrac{x}{2}\right) + \int \tan \dfrac{x}{2}\,\mathrm{d}x = x\tan \dfrac{x}{2} + C\text{（其中 }C\text{ 为任意常数）}.$$

(28) $\int \mathrm{e}^{\sin x}\dfrac{x\cos^3 x - \sin x}{\cos^2 x}\mathrm{d}x = \int x\mathrm{e}^{\sin x}\cos x\,\mathrm{d}x - \int \mathrm{e}^{\sin x}\tan x\sec x\,\mathrm{d}x$

$$= \int x\,\mathrm{d}(\mathrm{e}^{\sin x}) - \int \mathrm{e}^{\sin x}\mathrm{d}(\sec x)$$

$$= x\mathrm{e}^{\sin x} - \int \mathrm{e}^{\sin x}\mathrm{d}x - \mathrm{e}^{\sin x}\sec x + \int \mathrm{e}^{\sin x}\mathrm{d}x$$

$$= (x-\sec x)\mathrm{e}^{\sin x} + C\text{（其中 }C\text{ 为任意常数）}.$$

(29) $\int \dfrac{\sqrt[3]{x}}{x(\sqrt{x}+\sqrt[3]{x})}\mathrm{d}x \xrightarrow{x=t^6} \int \dfrac{6}{t(t+1)}\mathrm{d}t = 6\int \left(\dfrac{1}{t} - \dfrac{1}{t+1}\right)\mathrm{d}t$

$$= 6\ln\left|\dfrac{t}{t+1}\right| + C = \ln \dfrac{x}{(\sqrt[6]{x}+1)^6} + C\text{（其中 }C\text{ 为任意常数）}.$$

(30) $\int \dfrac{\mathrm{d}x}{(1+\mathrm{e}^x)^2} = \int \dfrac{\mathrm{d}(\mathrm{e}^x)}{\mathrm{e}^x(1+\mathrm{e}^x)^2} = \int \left[\dfrac{1}{\mathrm{e}^x} - \dfrac{1}{1+\mathrm{e}^x} - \dfrac{1}{(1+\mathrm{e}^x)^2}\right]\mathrm{d}(\mathrm{e}^x)$

$$= x - \ln(1+\mathrm{e}^x) + \dfrac{1}{1+\mathrm{e}^x} + C\text{（其中 }C\text{ 为任意常数）}.$$

(31) $\int \dfrac{\mathrm{e}^{3x}+\mathrm{e}^x}{\mathrm{e}^{4x}-\mathrm{e}^{2x}+1}\mathrm{d}x = \int \dfrac{\mathrm{e}^x+\mathrm{e}^{-x}}{\mathrm{e}^{2x}-1+\mathrm{e}^{-2x}}\mathrm{d}x = \int \dfrac{\mathrm{d}(\mathrm{e}^x-\mathrm{e}^{-x})}{1+(\mathrm{e}^x-\mathrm{e}^{-x})^2} = \arctan(\mathrm{e}^x-\mathrm{e}^{-x}) + C\text{（其中 }C\text{ 为}$任意常数）.

(32) $\int \dfrac{x\mathrm{e}^x}{(\mathrm{e}^x+1)^2}\mathrm{d}x = \int \dfrac{x\,\mathrm{d}(\mathrm{e}^x+1)}{(\mathrm{e}^x+1)^2} = -\int x\,\mathrm{d}\left(\dfrac{1}{\mathrm{e}^x+1}\right) = -\dfrac{x}{\mathrm{e}^x+1} + \int \dfrac{\mathrm{d}x}{\mathrm{e}^x+1}$

$$= -\dfrac{x}{\mathrm{e}^x+1} + \int \dfrac{\mathrm{e}^{-x}\mathrm{d}x}{\mathrm{e}^{-x}+1} = -\dfrac{x}{\mathrm{e}^x+1} - \int \dfrac{\mathrm{d}(\mathrm{e}^{-x}+1)}{\mathrm{e}^{-x}+1}$$

$$= -\dfrac{x}{\mathrm{e}^x+1} - \ln(\mathrm{e}^{-x}+1) + C\text{（其中 }C\text{ 为任意常数）}.$$

(33) $\int \ln^2(x+\sqrt{x^2+1})\mathrm{d}x = x\ln^2(x+\sqrt{x^2+1}) - \int \dfrac{2x}{\sqrt{1+x^2}}\ln(x+\sqrt{x^2+1})\mathrm{d}x$

$$= x\ln^2(x+\sqrt{x^2+1}) - 2\int \ln(x+\sqrt{x^2+1})\,\mathrm{d}(\sqrt{x^2+1})$$

$$= x\ln^2(x+\sqrt{x^2+1}) - 2\sqrt{1+x^2}\ln(x+\sqrt{x^2+1}) + 2x + C\text{（其中 }C\text{ 为任意常数）}.$$

(34) 方法一：由 $\left(\dfrac{x}{\sqrt{1+x^2}}\right)' = \dfrac{1}{(1+x^2)^{\frac{3}{2}}}$，得

$$\int \frac{\ln x}{(1+x^2)^{\frac{3}{2}}} dx = \int \ln x \, d\left(\frac{x}{\sqrt{1+x^2}}\right) = \frac{x \ln x}{\sqrt{1+x^2}} - \int \frac{dx}{\sqrt{1+x^2}}$$

$$= \frac{x \ln x}{\sqrt{1+x^2}} - \ln(x + \sqrt{1+x^2}) + C(\text{其中 } C \text{ 为任意常数}).$$

方法二：$\int \frac{\ln x}{(1+x^2)^{\frac{3}{2}}} dx \xrightarrow{x = \frac{1}{t}} \int \frac{t \ln t}{(1+t^2)^{\frac{3}{2}}} dt = -\int \ln t \, d\left[(1+t^2)^{-\frac{1}{2}}\right]$

$$= -\frac{\ln t}{\sqrt{1+t^2}} + \int \frac{dt}{t\sqrt{1+t^2}} = \frac{x \ln x}{\sqrt{1+x^2}} - \int \frac{dx}{\sqrt{1+x^2}}$$

$$= \frac{x \ln x}{\sqrt{1+x^2}} - \ln(x + \sqrt{1+x^2}) + C(\text{其中 } C \text{ 为任意常数}).$$

(35) $\int \sqrt{1-x^2} \arcsin x \, dx \xrightarrow{x = \sin t} \int t \cos^2 t \, dt = \frac{1}{2}\int t(1+\cos 2t) dt = \frac{t^2}{4} + \frac{1}{4}\int t \, d(\sin 2t)$

$$= \frac{t^2}{4} + \frac{t}{4}\sin 2t - \frac{1}{4}\int \sin 2t \, dt = \frac{t^2}{4} + \frac{1}{2} t \sin t \cos t + \frac{1}{8}\cos 2t + C$$

$$= \frac{(\arcsin x)^2}{4} + \frac{x}{2}\sqrt{1-x^2}\arcsin x - \frac{x^2}{4} + C(\text{其中 } C \text{ 为任意常数}).$$

(36) $\int \frac{x^3 \arccos x}{\sqrt{1-x^2}} dx \xrightarrow{x = \cos t} -\int \frac{t \cos^3 t}{\sin t} \cdot \sin t \, dt = -\int t \, d\left(\sin t - \frac{1}{3}\sin^3 t\right)$

$$= -t\left(\sin t - \frac{1}{3}\sin^3 t\right) + \int \left(\sin t - \frac{1}{3}\sin^3 t\right) dt$$

$$= -t\left(\sin t - \frac{1}{3}\sin^3 t\right) - \frac{1}{3}\int (2 + \cos^2 t) \, d(\cos t)$$

$$= -t\left(\sin t - \frac{1}{3}\sin^3 t\right) - \frac{2}{3}\cos t - \frac{1}{9}\cos^3 t + C$$

$$= -\frac{1}{3}\sqrt{1-x^2}(2+x^2)\arccos x - \frac{1}{9}x(6+x^2) + C(\text{其中 } C \text{ 为任意常数}).$$

(37) $\int \frac{\cot x}{1+\sin x} dx = \int \frac{d(\sin x)}{\sin x(1+\sin x)} = \int \frac{d(\sin x)}{\sin x} - \int \frac{d(1+\sin x)}{1+\sin x} = \ln\left|\frac{\sin x}{1+\sin x}\right| + C$（其中 C 为任意常数）.

(38) **方法一**：$\int \frac{dx}{\sin^3 x \cos x} = \int \frac{\sin^2 x + \cos^2 x}{\sin^3 x \cos x} dx = \int \frac{dx}{\sin x \cos x} + \int \frac{\cos x}{\sin^3 x} dx$

$$= \int \frac{dx}{\sin^2 x \cot x} + \int \frac{d(\sin x)}{\sin^3 x}$$

$$= -\ln|\cot x| - \frac{1}{2\sin^2 x} + C(\text{其中 } C \text{ 为任意常数}).$$

方法二：$\int \frac{dx}{\sin^3 x \cos x} = -\int \frac{d(\cot x)}{\sin x \cos x} = -\int \cot x \cdot \sec^2 x \, d(\cot x) \xrightarrow{\cot x = t} -\int t\left(1+\frac{1}{t^2}\right) dt$

$$= -\frac{t^2}{2} - \ln|t| + C = -\frac{\cot^2 x}{2} - \ln|\cot x| + C(\text{其中 } C \text{ 为任意常数}).$$

(39) $\int \frac{dx}{(2+\cos x)\sin x} = \int \frac{d(\cos x)}{(2+\cos x)(\cos^2 x - 1)} \xrightarrow{t = \cos x} \int \frac{dt}{(2+t)(t^2-1)}$

$$= \int \left[\frac{1}{6(t-1)} - \frac{1}{2(t+1)} + \frac{1}{3(t+2)}\right] dt$$

$$= \frac{1}{6}\ln|t-1| - \frac{1}{2}\ln|t+1| + \frac{1}{3}\ln|t+2| + C$$

$$= \frac{1}{6}\ln(1-\cos x) - \frac{1}{2}\ln(1+\cos x) + \frac{1}{3}\ln(2+\cos x) + C(\text{其中 } C \text{ 为任意常数}).$$

$$(40)\int \frac{\sin x \cos x}{\sin x + \cos x}dx = \frac{1}{2}\int \frac{(\sin x + \cos x)^2 - 1}{\sin x + \cos x}dx$$

$$= \frac{1}{2}\int (\sin x + \cos x)dx - \frac{1}{2}\int \frac{dx}{\sin x + \cos x}$$

$$= \frac{1}{2}(\sin x - \cos x) - \frac{1}{2}\int \frac{d\left(x + \frac{\pi}{4}\right)}{\sqrt{2}\sin\left(x + \frac{\pi}{4}\right)}$$

$$= \frac{1}{2}(\sin x - \cos x) - \frac{\sqrt{2}}{4}\int \csc\left(x + \frac{\pi}{4}\right)d\left(x + \frac{\pi}{4}\right)$$

$$= \frac{1}{2}(\sin x - \cos x) - \frac{\sqrt{2}}{4}\ln\left|\csc\left(x + \frac{\pi}{4}\right) - \cot\left(x + \frac{\pi}{4}\right)\right| + C(\text{其中 } C \text{ 为任意常数}).$$

本章同步测试

(满分 100 分,时间 100 分钟)

一、选择题(共 2 小题,每小题 4 分,满分 8 分)

1. 设 $f(x)$ 的一个原函数为 e^{x^2},则 $\int x f'(x)dx = $ (   ).

(A) $(2x^2+1)e^{x^2} + C$ 　　　　(B) $(2x^2-1)e^{x^2} + C$

(C) $2x^2 e^{x^2} + C$ 　　　　　　(D) $(x^2+1)e^{x^2} + C$

2. 设 $f'(\ln x) = \begin{cases} 1, & 0 < x < 1, \\ x, & x \geqslant 1, \end{cases}$ 且 $f(0) = 1$,则 $f(x) = $ (   ).

(A) $\begin{cases} x, & x < 0, \\ e^x - 1, & x \geqslant 0 \end{cases}$ 　　　　(B) $\begin{cases} x+2, & x < 0, \\ e^x + 1, & x \geqslant 0 \end{cases}$

(C) $\begin{cases} x+1, & x < 0, \\ e^x, & x \geqslant 0 \end{cases}$ 　　　　(D) $\begin{cases} x, & x < 0, \\ \ln(x+1), & x \geqslant 0 \end{cases}$

二、填空题(共 3 小题,每小题 4 分,满分 12 分)

1. $\int [f'(x) + f(x)]e^x dx = $ _____.

2. $\int \frac{x+2}{x^2+2x+5}dx = $ _____.

3. $\int \frac{\cos x - \sin x}{(\sin x + \cos x)^3}dx = $ _____.

三、计算不定积分(共 4 小题,每小题 5 分,满分 20 分)

1. $\int \frac{dx}{\sqrt{x}(1+x)}$;

2. $\int \frac{dx}{\sqrt{x}(1-x)}$.

3. $\int \frac{1+x}{x(xe^x+2)}dx$;

4. $\int \frac{e^x}{\sqrt{e^x+2}}dx$.

四、计算不定积分(共 3 小题,每小题 5 分,满分 15 分)

1. $\int \frac{dx}{x^2\sqrt{1-x^2}}$;

2. $\int \frac{dx}{1+\sqrt{1-x^2}}$;

3. $\int \dfrac{\mathrm{d}x}{1+\sqrt[3]{x}}.$

五、计算不定积分（共 3 小题，每小题 9 分，满分 27 分）

1. $\int \dfrac{x^2}{1+x^2}\arctan x\,\mathrm{d}x$；   2. $\int x\arcsin x\,\mathrm{d}x$；

3. $\int \dfrac{x+\sin x}{1+\cos x}\mathrm{d}x.$

六、计算不定积分（共 2 小题，每小题 9 分，满分 18 分）

1. $\int \dfrac{5x-1}{x^2-x-2}\mathrm{d}x$；   2. $\int \dfrac{x^2-3x+2}{(x+3)(x^2+1)}\mathrm{d}x.$

本章同步测试 答案及解析

一、选择题

1. **解** 由题意得 $\int f(x)\mathrm{d}x = \mathrm{e}^{x^2}+C$ 得 $f(x)=2x\mathrm{e}^{x^2}$，从而 $f'(x)=2\mathrm{e}^{x^2}+4x^2\mathrm{e}^{x^2}$，于是

$$\int xf'(x)\mathrm{d}x = \int 2x\mathrm{e}^{x^2}\mathrm{d}x + \int 4x^3\mathrm{e}^{x^2}\mathrm{d}x = \mathrm{e}^{x^2}+2\int x^2\mathrm{e}^{x^2}\mathrm{d}(x^2)$$

$$= \mathrm{e}^{x^2}+2(x^2-1)\mathrm{e}^{x^2}+C = (2x^2-1)\mathrm{e}^{x^2}+C(\text{其中 } C \text{ 为任意常数}),$$

故选(B).

2. **解** 由 $f'(\ln x)=\begin{cases}1,&0<x<1,\\x,&x\geqslant 1,\end{cases}$ 得 $f'(x)=\begin{cases}1,&x<0,\\\mathrm{e}^x,&x\geqslant 0,\end{cases}$ 从而

$$f(x)=\begin{cases}x+C_1,&x<0,\\\mathrm{e}^x+C_2,&x\geqslant 0,\end{cases}$$

由 $f(0)=1$ 得 $C_1=1, C_2=0$，故 $f(x)=\begin{cases}x+1,&x<0,\\\mathrm{e}^x,&x\geqslant 0,\end{cases}$ 故选(C).

二、填空题

1. **解** $\int [f'(x)+f(x)]\mathrm{e}^x\mathrm{d}x = \mathrm{e}^x f(x)+C$（其中 C 为任意常数）.

2. **解** $\int \dfrac{x+2}{x^2+2x+5}\mathrm{d}x = \dfrac{1}{2}\int \dfrac{(2x+2)+2}{x^2+2x+5}\mathrm{d}x = \dfrac{1}{2}\int \dfrac{\mathrm{d}(x^2+2x+5)}{x^2+2x+5}+\int \dfrac{\mathrm{d}(x+1)}{2^2+(x+1)^2}$

$$= \dfrac{1}{2}\ln(x^2+2x+5)+\dfrac{1}{2}\arctan\dfrac{x+1}{2}+C\text{（其中 }C\text{ 为任意常数）}.$$

3. **解** $\int \dfrac{\cos x-\sin x}{(\sin x+\cos x)^3}\mathrm{d}x = \int(\sin x+\cos x)^{-3}\mathrm{d}(\sin x+\cos x) = -\dfrac{1}{2(\sin x+\cos x)^2}+C$（其中 C 为任意常数）.

三、计算不定积分

1. **解** $\int \dfrac{\mathrm{d}x}{\sqrt{x}(1+x)} = 2\int \dfrac{\mathrm{d}(\sqrt{x})}{1+(\sqrt{x})^2} = 2\arctan\sqrt{x}+C$（其中 C 为任意常数）.

2. **解** $\int \dfrac{\mathrm{d}x}{\sqrt{x}(1-x)} = 2\int \dfrac{\mathrm{d}(\sqrt{x})}{\sqrt{1-(\sqrt{x})^2}} = 2\arcsin\sqrt{x}+C$（其中 C 为任意常数）.

3. **解** $\int \dfrac{1+x}{x(x\mathrm{e}^x+2)}\mathrm{d}x = \int \dfrac{(1+x)\mathrm{e}^x}{x\mathrm{e}^x(x\mathrm{e}^x+2)}\mathrm{d}x = \int \dfrac{\mathrm{d}(x\mathrm{e}^x)}{x\mathrm{e}^x(x\mathrm{e}^x+2)} = \dfrac{1}{2}\ln\left|\dfrac{x\mathrm{e}^x}{x\mathrm{e}^x+2}\right|+C$（其中 C 为任意常数）.

4. **解** $\int \dfrac{\mathrm{e}^x}{\sqrt{\mathrm{e}^x+2}}\mathrm{d}x = 2\int \dfrac{\mathrm{d}(\mathrm{e}^x+2)}{2\sqrt{\mathrm{e}^x+2}} = 2\sqrt{\mathrm{e}^x+2}+C$（其中 C 为任意常数）.

四、计算不定积分

1. 解 $\displaystyle\int\frac{\mathrm{d}x}{x^2\sqrt{1-x^2}} \xlongequal{x=\sin t} \int\frac{\cos t\,\mathrm{d}t}{\sin^2 t\cos t} = \int\csc^2 t\,\mathrm{d}t = -\cot t + C = -\frac{\sqrt{1-x^2}}{x}+C$（其中 C 为任意常数）．

2. 解 $\displaystyle\int\frac{\mathrm{d}x}{1+\sqrt{1-x^2}} \xlongequal{x=\sin t} \int\frac{\cos t}{1+\cos t}\mathrm{d}t = \int\left(1-\frac{1}{1+\cos t}\right)\mathrm{d}t = t - \int\frac{\mathrm{d}t}{2\cos^2\frac{t}{2}}$

$\displaystyle = t - \tan\frac{t}{2} + C = \arcsin x - \frac{x}{1+\sqrt{1-x^2}}+C$（其中 C 为任意常数）．

3. 解 $\displaystyle\int\frac{\mathrm{d}x}{1+\sqrt[3]{x}} \xlongequal{x=t^3} 3\int\frac{t^2}{1+t}\mathrm{d}t = 3\int\left(t-1+\frac{1}{t+1}\right)\mathrm{d}t = \frac{3}{2}t^2 - 3t + 3\ln|1+t| + C$

$\displaystyle = \frac{3}{2}x^{\frac{2}{3}} - 3x^{\frac{1}{3}} + 3\ln|1+x^{\frac{1}{3}}| + C$（其中 C 为任意常数）．

五、计算不定积分

1. 解 $\displaystyle\int\frac{x^2}{1+x^2}\arctan x\,\mathrm{d}x = \int\left(1-\frac{1}{1+x^2}\right)\arctan x\,\mathrm{d}x = \int\arctan x\,\mathrm{d}x - \int\arctan x\,\mathrm{d}(\arctan x)$

$\displaystyle = x\arctan x - \int\frac{x}{1+x^2}\mathrm{d}x - \frac{1}{2}\arctan^2 x$

$\displaystyle = x\arctan x - \frac{1}{2}\ln(1+x^2) - \frac{1}{2}\arctan^2 x + C$（其中 C 为任意常数）．

2. 解 $\displaystyle\int x\arcsin x\,\mathrm{d}x = \int\arcsin x\,\mathrm{d}\left(\frac{1}{2}x^2\right) = \frac{x^2}{2}\arcsin x - \frac{1}{2}\int\frac{x^2}{\sqrt{1-x^2}}\mathrm{d}x$，而

$\displaystyle\int\frac{x^2}{\sqrt{1-x^2}}\mathrm{d}x \xlongequal{x=\sin t} \int\frac{\sin^2 t}{\cos t}\cdot\cos t\,\mathrm{d}t = \frac{1}{2}\int(1-\cos 2t)\mathrm{d}t = \frac{1}{2}t - \frac{1}{4}\sin 2t + C$

$\displaystyle = \frac{1}{2}t - \frac{1}{2}\sin t\cos t + C = \frac{\arcsin x}{2} - \frac{x\sqrt{1-x^2}}{2} + C.$

故 $\displaystyle\int x\arcsin x\,\mathrm{d}x = \frac{x^2}{2}\arcsin x - \frac{\arcsin x}{4} + \frac{x\sqrt{1-x^2}}{4} + C$（其中 C 为任意常数）．

3. 解 $\displaystyle\int\frac{x+\sin x}{1+\cos x}\mathrm{d}x = \int\frac{x+\sin x}{2\cos^2\frac{x}{2}}\mathrm{d}x = \int x\,\mathrm{d}\left(\tan\frac{x}{2}\right) + \int\tan\frac{x}{2}\mathrm{d}x = x\tan\frac{x}{2} + C$（其中 C 为任意常数）．

六、计算不定积分

1. 解 令 $\displaystyle\frac{5x-1}{x^2-x-2} = \frac{5x-1}{(x+1)(x-2)} = \frac{A}{x+1} + \frac{B}{x-2}.$

由 $A(x-2)+B(x+1)=5x-1$ 得 $\begin{cases}A+B=5,\\-2A+B=-1,\end{cases}$ 解得 $A=2, B=3$，则

$\displaystyle\int\frac{5x-1}{x^2-x-2}\mathrm{d}x = 2\int\frac{\mathrm{d}x}{x+1} + 3\int\frac{\mathrm{d}x}{x-2} = 2\ln|x+1| + 3\ln|x-2| + C$（其中 C 为任意常数）．

2. 解 令 $\displaystyle\frac{x^2-3x+2}{(x+3)(x^2+1)} = \frac{A}{x+3} + \frac{Bx+D}{x^2+1}.$

由 $A(x^2+1)+(x+3)(Bx+D)=x^2-3x+2$ 得 $\begin{cases}A+B=1,\\3B+D=-3,\\A+3D=2,\end{cases}$ 解得 $A=2, B=-1, D=0$，

则 $\displaystyle\int\frac{x^2-3x+2}{(x+3)(x^2+1)}\mathrm{d}x = \int\left(\frac{2}{x+3} - \frac{x}{x^2+1}\right)\mathrm{d}x = 2\ln|x+3| - \frac{1}{2}\ln(x^2+1) + C$（其中 C 为任意常数）．

第五章 定 积 分

第一节 定积分的概念与性质

> 期末高分必备知识

一、定积分的概念

设函数 $f(x)$ 在区间 $[a,b]$ 上有界，

(1) 取 $a = x_0 < x_1 < \cdots < x_n = b$，则 $[a,b] = [x_0,x_1] \cup [x_1,x_2] \cup \cdots \cup [x_{n-1},x_n]$，其中 $\Delta x_i = x_i - x_{i-1}(i=1,2,\cdots,n)$；

(2) 任取 $\xi_i \in [x_{i-1},x_i](i=1,2,\cdots,n)$，作 $\sum\limits_{i=1}^{n} f(\xi_i)\Delta x_i$；

(3) 取 $\lambda = \max\{\Delta x_1, \Delta x_2, \cdots, \Delta x_n\}$，若 $\lim\limits_{\lambda \to 0}\sum\limits_{i=1}^{n} f(\xi_i)\Delta x_i$ 存在，则称函数 $f(x)$ 在区间 $[a,b]$ 上可积，极限值称为 $f(x)$ 在区间 $[a,b]$ 上的定积分，记为 $\int_a^b f(x)\mathrm{d}x$，即 $\lim\limits_{\lambda \to 0}\sum\limits_{i=1}^{n} f(\xi_i)\Delta x_i = \int_a^b f(x)\mathrm{d}x$.

> 抢分攻略

(1) 极限 $\lim\limits_{\lambda \to 0}\sum\limits_{i=1}^{n} f(\xi_i)\Delta x_i$ 与区间 $[a,b]$ 的划分及点 ξ_i 的取法无关.

(2) 函数 $f(x)$ 在区间 $[a,b]$ 上有界是函数 $f(x)$ 在区间 $[a,b]$ 上可积的必要条件，即使 $f(x)$ 在区间 $[a,b]$ 上有界，它也不一定可积.

(3) 若 $\lambda \to 0$，则 $n \to \infty$，反之不成立.

(4) 设函数 $f(x)$ 在区间 $[0,1]$ 上可积，无论区间 $[0,1]$ 如何划分以及点 ξ_i 如何在 $[x_{i-1},x_i]$ 区间上选取，极限 $\lim\limits_{\lambda \to 0}\sum\limits_{i=1}^{n} f(\xi_i)\Delta x_i$ 都相同.

取 $[0,1] = \left[0,\dfrac{1}{n}\right] \cup \left[\dfrac{1}{n},\dfrac{2}{n}\right] \cup \cdots \cup \left[\dfrac{n-1}{n},\dfrac{n}{n}\right]$，再取 $\xi_i = \dfrac{i}{n}\left(\text{或}\ \xi_i = \dfrac{i-1}{n}\right)(i=1,2,\cdots,n)$，此时 $\lambda \to 0$ 与 $n \to \infty$，且

$$\sum_{i=1}^{n} f(\xi_i)\Delta x_i = \frac{1}{n}\sum_{i=1}^{n} f\left(\frac{i}{n}\right) \text{ 或 } \sum_{i=1}^{n} f(\xi_i)\Delta x_i = \frac{1}{n}\sum_{i=1}^{n} f\left(\frac{i-1}{n}\right),$$

两边取极限得

$$\lim_{n\to\infty} \frac{1}{n}\sum_{i=1}^{n} f\left(\frac{i-1}{n}\right) = \lim_{n\to\infty} \frac{1}{n}\sum_{i=1}^{n} f\left(\frac{i}{n}\right) = \int_0^1 f(x)\mathrm{d}x.$$

如：$\lim\limits_{n\to\infty}\left(\dfrac{1}{n^2}\mathrm{e}^{\frac{1^2}{n^2}} + \dfrac{2}{n^2}\mathrm{e}^{\frac{2^2}{n^2}} + \cdots + \dfrac{n}{n^2}\mathrm{e}^{\frac{n^2}{n^2}}\right) = \lim\limits_{n\to\infty}\dfrac{1}{n}\sum\limits_{i=1}^{n}\dfrac{i}{n}\mathrm{e}^{\left(\frac{i}{n}\right)^2} = \int_0^1 x\mathrm{e}^{x^2}\mathrm{d}x = \dfrac{1}{2}\mathrm{e}^{x^2}\Big|_0^1 = \dfrac{\mathrm{e}-1}{2}$.

(5) 若函数 $f(x)$ 在 $[a,b]$ 上连续或只有有限个第一类间断点，则 $f(x)$ 在 $[a,b]$ 上可积.

(6) 若 $f(x)$ 在 $[a,b]$ 上可积，则

$$\begin{cases} \int_a^a f(x)\mathrm{d}x = 0, \\ \int_a^b f(x)\mathrm{d}x = -\int_b^a f(x)\mathrm{d}x. \end{cases}$$

二、定积分基本性质

1. 设 $f(x), g(x)$ 在 $[a,b]$ 上可积,则 $\int_a^b [f(x) \pm g(x)] dx = \int_a^b f(x) dx \pm \int_a^b g(x) dx$.

2. 设 $f(x)$ 在 $[a,b]$ 上可积,k 为常数,则 $\int_a^b k f(x) dx = k \int_a^b f(x) dx$.

3. 设 $f(x)$ 在 $[a,c]$ 和 $[c,b]$ 上可积,则 $\int_a^b f(x) dx = \int_a^c f(x) dx + \int_c^b f(x) dx$.

4. $\int_a^b dx = b - a$.

5. (1) 设 $f(x)$ 在 $[a,b]$ 上可积且 $f(x) \geqslant 0$,则 $\int_a^b f(x) dx \geqslant 0$;

   (2) 设 $f(x), g(x)$ 在 $[a,b]$ 上可积且 $f(x) \geqslant g(x)$,则 $\int_a^b f(x) dx \geqslant \int_a^b g(x) dx$;

   (3) 设 $f(x), |f(x)|$ 在 $[a,b]$ 上可积,则 $\left| \int_a^b f(x) dx \right| \leqslant \int_a^b |f(x)| dx$.

6. 设 $f(x)$ 在 $[a,b]$ 上可积且 $m \leqslant f(x) \leqslant M$,则
$$m(b-a) \leqslant \int_a^b f(x) dx \leqslant M(b-a).$$

7. (1)(积分中值定理)设 $f(x)$ 在 $[a,b]$ 上连续,则存在 $\xi \in [a,b]$,使得
$$\int_a^b f(x) dx = f(\xi)(b-a).$$

   (2)(积分中值定理的推广)设 $f(x)$ 在 $[a,b]$ 上连续,则存在 $\xi \in (a,b)$,使得
$$\int_a^b f(x) dx = f(\xi)(b-a).$$

▶ **60分必会题型**

题型一:定积分大小的估计

例1 估计定积分 $\int_{\frac{\sqrt{3}}{3}}^{\sqrt{3}} x \arctan x \, dx$ 的范围.

解 令 $f(x) = x \arctan x, x \in \left[\frac{\sqrt{3}}{3}, \sqrt{3}\right]$,因为 $f'(x) = \arctan x + \dfrac{x}{1+x^2} > 0$,所以 $f(x)$ 在 $\left[\dfrac{\sqrt{3}}{3}, \sqrt{3}\right]$ 上单调递增,从而
$$m = f\left(\frac{\sqrt{3}}{3}\right) = \frac{\sqrt{3}}{18}\pi, \quad M = f(\sqrt{3}) = \frac{\pi}{\sqrt{3}},$$
于是 $\dfrac{\sqrt{3}}{18}\pi \left(\sqrt{3} - \dfrac{\sqrt{3}}{3}\right) < \int_{\frac{\sqrt{3}}{3}}^{\sqrt{3}} x \arctan x \, dx < \dfrac{\pi}{\sqrt{3}}\left(\sqrt{3} - \dfrac{\sqrt{3}}{3}\right)$,即 $\dfrac{\pi}{9} < \int_{\frac{\sqrt{3}}{3}}^{\sqrt{3}} x \arctan x \, dx < \dfrac{2\pi}{3}$.

例2 证明:$\dfrac{\pi}{6} < \int_0^1 \dfrac{dx}{\sqrt{4-x^2-x^3}} < \dfrac{\pi}{4\sqrt{2}}$.

证明 当 $0 \leqslant x \leqslant 1$ 时,由 $\sqrt{4-2x^2} \leqslant \sqrt{4-x^2-x^3} \leqslant \sqrt{4-x^2}$ 得
$$\frac{1}{\sqrt{4-x^2}} \leqslant \frac{1}{\sqrt{4-x^2-x^3}} \leqslant \frac{1}{\sqrt{4-2x^2}},$$
于是 $\int_0^1 \dfrac{dx}{\sqrt{4-x^2}} < \int_0^1 \dfrac{dx}{\sqrt{4-x^2-x^3}} < \int_0^1 \dfrac{dx}{\sqrt{4-2x^2}}$,而
$$\int_0^1 \frac{dx}{\sqrt{4-x^2}} = \arcsin\frac{x}{2}\bigg|_0^1 = \frac{\pi}{6}, \quad \int_0^1 \frac{dx}{\sqrt{4-2x^2}} = \frac{1}{\sqrt{2}}\arcsin\frac{x}{\sqrt{2}}\bigg|_0^1 = \frac{\pi}{4\sqrt{2}},$$

故 $\dfrac{\pi}{6} < \int_0^1 \dfrac{\mathrm{d}x}{\sqrt{4-x^2-x^3}} < \dfrac{\pi}{4\sqrt{2}}$.

题型二:利用定积分定义求极限

例 1 求极限 $\lim\limits_{n\to\infty}\left(\dfrac{1}{n+2}+\dfrac{1}{n+4}+\cdots+\dfrac{1}{n+2n}\right)$.

解 $\lim\limits_{n\to\infty}\left(\dfrac{1}{n+2}+\dfrac{1}{n+4}+\cdots+\dfrac{1}{n+2n}\right) = \lim\limits_{n\to\infty}\dfrac{1}{n}\sum\limits_{i=1}^{n}\dfrac{1}{1+\dfrac{2i}{n}} = \int_0^1 \dfrac{\mathrm{d}x}{1+2x} = \dfrac{1}{2}\ln(1+2x)\Big|_0^1$

$= \dfrac{1}{2}\ln 3.$

例 2 求极限 $\lim\limits_{n\to\infty}\left(\dfrac{1}{n^2+1^2}+\dfrac{2}{n^2+2^2}+\cdots+\dfrac{n}{n^2+n^2}\right)$.

解 $\lim\limits_{n\to\infty}\left(\dfrac{1}{n^2+1^2}+\dfrac{2}{n^2+2^2}+\cdots+\dfrac{n}{n^2+n^2}\right) = \lim\limits_{n\to\infty}\dfrac{1}{n}\sum\limits_{i=1}^{n}\dfrac{\dfrac{i}{n}}{1+\left(\dfrac{i}{n}\right)^2} = \int_0^1 \dfrac{x}{1+x^2}\mathrm{d}x$

$= \dfrac{1}{2}\ln(1+x^2)\Big|_0^1 = \dfrac{1}{2}\ln 2.$

例 3 求极限 $\lim\limits_{n\to\infty}\left(\dfrac{1}{\sqrt{n^2+1^2}}+\dfrac{1}{\sqrt{n^2+2^2}}+\cdots+\dfrac{1}{\sqrt{n^2+n^2}}\right)$.

解 $\lim\limits_{n\to\infty}\left(\dfrac{1}{\sqrt{n^2+1^2}}+\dfrac{1}{\sqrt{n^2+2^2}}+\cdots+\dfrac{1}{\sqrt{n^2+n^2}}\right) = \lim\limits_{n\to\infty}\dfrac{1}{n}\sum\limits_{i=1}^{n}\dfrac{1}{\sqrt{1+\left(\dfrac{i}{n}\right)^2}}$

$= \int_0^1 \dfrac{\mathrm{d}x}{\sqrt{1+x^2}} = \ln(x+\sqrt{1+x^2})\Big|_0^1 = \ln(1+\sqrt{2}).$

同济八版教材 ▶ 习题解答

习题 5—1 定积分的概念与性质

勇夺60分	3、4、5、6、9
超越80分	3、4、5、6、7、8、9、10
冲刺90分与考研	1、2、3、4、5、6、7、8、9、10、11、12、13

*1.利用定积分的定义计算由抛物线 $y=x^2+1$,两直线 $x=a, x=b(b>a)$ 及 x 轴所围成的图形的面积.

解 将 $[a,b]$ 进行 n 等分,取 $\xi_i = a+\dfrac{(b-a)i}{n}(i=1,2,\cdots,n), \Delta x_i = \dfrac{b-a}{n}(i=1,2,\cdots,n)$,

$\sum\limits_{i=1}^{n}f(\xi_i)\Delta x_i = \dfrac{b-a}{n}\sum\limits_{i=1}^{n}\left\{\left[a+\dfrac{(b-a)i}{n}\right]^2+1\right\}$

$= b-a+\dfrac{b-a}{n}\sum\limits_{i=1}^{n}\left[a^2+\dfrac{2a(b-a)i}{n}+(b-a)^2\cdot\dfrac{i^2}{n^2}\right]$

$= b-a+a^2(b-a)+2a(b-a)^2\sum\limits_{i=1}^{n}\dfrac{i}{n^2}+(b-a)^3\sum\limits_{i=1}^{n}\dfrac{i^2}{n^3}$

$$= b-a+a^2(b-a)+a(b-a)^2\frac{n+1}{n}+(b-a)^3\frac{(n+1)(2n+1)}{6n^2},$$

$$\lim_{n\to\infty}\sum_{i=1}^n f(\xi_i)\Delta x_i = b-a+\frac{b^3-a^3}{3}.$$

由定积分的几何意义得 $y=x^2+1, x=a, x=b$ 及 x 轴所围成的图形面积为

$$A = b-a+\frac{b^3-a^3}{3}.$$

*2. 利用定积分的定义计算下列积分:

(1) $\int_a^b x\,dx\,(a<b)$; (2) $\int_0^1 e^x\,dx$.

解 (1) 将 $[a,b]$ 进行 n 等分, 取 $\xi_i = a+\frac{(b-a)i}{n}(i=1,2,\cdots,n)$, 则

$$\int_a^b x\,dx = \lim_{n\to\infty}\frac{b-a}{n}\sum_{i=1}^n\left[a+\frac{(b-a)i}{n}\right] = \lim_{n\to\infty}\left[a(b-a)+\frac{(b-a)^2}{n^2}\sum_{i=1}^n i\right]$$

$$= \lim_{n\to\infty}\left[a(b-a)+(b-a)^2\frac{n+1}{2n}\right] = a(b-a)+\frac{(b-a)^2}{2} = \frac{b^2-a^2}{2}.$$

(2) 将 $[0,1]$ 进行 n 等分, 取 $\xi_i = \frac{i}{n}(i=1,2,\cdots,n)$, 则

$$\int_0^1 e^x\,dx = \lim_{n\to\infty}\frac{1}{n}\sum_{i=1}^n e^{\frac{i}{n}} = \lim_{n\to\infty}\frac{1}{n}\cdot\frac{e^{\frac{1}{n}}(1-e)}{1-e^{\frac{1}{n}}} = (e-1)\lim_{n\to\infty}e^{\frac{1}{n}}\cdot\frac{\frac{1}{n}}{e^{\frac{1}{n}}-1} = e-1.$$

3. 利用定积分的几何意义, 证明下列等式:

(1) $\int_0^1 2x\,dx = 1$; (2) $\int_0^1 \sqrt{1-x^2}\,dx = \frac{\pi}{4}$;

(3) $\int_{-\pi}^\pi \sin x\,dx = 0$; (4) $\int_{-\frac{\pi}{2}}^{\frac{\pi}{2}}\cos x\,dx = 2\int_0^{\frac{\pi}{2}}\cos x\,dx$.

证明 (1) 定积分 $\int_0^1 2x\,dx$ 表示由直线 $y=2x, x=1$ 及 x 轴所围成的三角形的面积, 显然该三角形面积为 1, 故 $\int_0^1 2x\,dx = 1$.

(2) $\int_0^1\sqrt{1-x^2}\,dx$ 表示 $y=\sqrt{1-x^2}$ 及 x 轴、y 轴围成的单位圆位于第一象限的面积, 故

$$\int_0^1\sqrt{1-x^2}\,dx = \frac{\pi}{4}.$$

(3) $y=\sin x$ 在 $[-\pi,0]$ 与 $[0,\pi]$ 上的图形关于原点对称, $\int_{-\pi}^0\sin x\,dx$ 表示相应区域面积的相反值, $\int_0^\pi\sin x\,dx$ 表示相应区域的面积, 所以 $\int_{-\pi}^\pi\sin x\,dx = 0$.

(4) 因为 $y=\cos x$ 在 $\left[-\frac{\pi}{2},0\right]$ 与 $\left[0,\frac{\pi}{2}\right]$ 上关于 y 轴对称, $\left[-\frac{\pi}{2},0\right]$ 与 $\left[0,\frac{\pi}{2}\right]$ 上曲线 $y=\cos x$ 围成的面积相等, 且图形都位于 x 轴上方, 故 $\int_{-\frac{\pi}{2}}^{\frac{\pi}{2}}\cos x\,dx = 2\int_0^{\frac{\pi}{2}}\cos x\,dx$.

4. 利用定积分的几何意义, 求下列定积分:

(1) $\int_0^t x\,dx\,(t>0)$; (2) $\int_{-2}^4\left(\frac{x}{2}+3\right)dx$;

(3) $\int_{-1}^2 |x|\,dx$; (4) $\int_{-3}^3\sqrt{9-x^2}\,dx$.

解 (1) 根据定积分的几何意义, $\int_0^t x\,dx$ 表示由直线 $y=x, x=t$ 及 x 轴所围成的直角三角形的面

积,该三角形的面积为 $\dfrac{t^2}{2}$,故 $\int_0^t x\,\mathrm{d}x = \dfrac{t^2}{2}$.

(2) 由定积分的几何意义, $\int_{-2}^{4}\left(\dfrac{x}{2}+3\right)\mathrm{d}x$ 表示由直线 $y = \dfrac{x}{2}+3, x = -2, x = 4$ 及 x 轴所围成的梯形的面积,梯形两底的长度分别为 $\dfrac{-2}{2}+3 = 2$ 及 $\dfrac{4}{2}+3 = 5$,梯形的高为 $4-(-2) = 6$,故梯形的面积为 $S = \dfrac{2+5}{2} \times 6 = 21$,所以 $\int_{-2}^{4}\left(\dfrac{x}{2}+3\right)\mathrm{d}x = 21$.

(3) 由定积分的几何意义, $\int_{-1}^{2}|x|\,\mathrm{d}x$ 表示由 $y = |x|, x = -1, x = 2$ 及 x 轴所围成的图形面积, $y = -x, x = -1$ 及 x 轴围成的三角形的面积为 $S_1 = \dfrac{1}{2}$; $y = x, x = 2$ 及 x 轴围成的三角形的面积为 $S_2 = \dfrac{1}{2} \times 2 \times 2 = 2$,故 $\int_{-1}^{2}|x|\,\mathrm{d}x = \dfrac{1}{2}+2 = \dfrac{5}{2}$.

(4) 根据定积分的几何意义, $\int_{-3}^{3}\sqrt{9-x^2}\,\mathrm{d}x$ 表示由 $y = \sqrt{9-x^2}$ 及 x 轴围成的上半圆的面积,故 $\int_{-3}^{3}\sqrt{9-x^2}\,\mathrm{d}x = \dfrac{9\pi}{2}$.

5. 设 $a < b$,问 a,b 取什么值时,积分 $\int_a^b (x-x^2)\,\mathrm{d}x$ 取得最大值?

解 由定积分的几何意义, $\int_a^b (x-x^2)\,\mathrm{d}x$ 表示由 $y = x-x^2, x = a, x = b$,以及 x 轴所围成的图形在 x 轴上方部分的面积与 x 轴下方面积之差,若下方面积为零,则上方面积最大,故当 $a = 0, b = 1$ 时, $\int_a^b (x-x^2)\,\mathrm{d}x$ 取最大值.

6. 试从定积分的几何意义,说明以下等式成立:
$$\int_1^{\mathrm{e}} \ln x\,\mathrm{d}x + \int_0^1 \mathrm{e}^x\,\mathrm{d}x = \mathrm{e}.$$

解 如图 5-1 所示,由定积分的几何意义得区域 D_1 的面积为
$$A_1 = \int_1^{\mathrm{e}} \ln x\,\mathrm{d}x;$$

曲线段 L 又可表示为 $L: x = \mathrm{e}^y (0 \leqslant y \leqslant 1)$,则区域 D_2 的面积为
$$A_2 = \int_0^1 \mathrm{e}^y\,\mathrm{d}y = \int_0^1 \mathrm{e}^x\,\mathrm{d}x,$$

因为 D_1 与 D_2 区域可合并为矩形区域,且矩形区域的面积为 e,所以 $\int_1^{\mathrm{e}} \ln x\,\mathrm{d}x + \int_0^1 \mathrm{e}^x\,\mathrm{d}x = \mathrm{e}$.

图 5-1

7. 已知 $\ln 2 = \int_0^1 \dfrac{1}{1+x}\,\mathrm{d}x$,试用同济大学《高等数学》(第八版上册)中的抛物线法公式(1-6),求出 $\ln 2$ 的近似值(取 $n = 10$,计算时取 4 位小数).

解 计算 y_i,并列表:

i	0	1	2	3	4	5	6	7	8	9	10
x_i	0.000 0	0.100 0	0.200 0	0.300 0	0.400 0	0.500 0	0.600 0	0.700 0	0.800 0	0.900 0	1.000 0
y_i	1.000 0	0.909 1	0.833 3	0.769 2	0.714 3	0.666 7	0.625 0	0.588 2	0.555 6	0.526 3	0.500 0

由抛物线法公式(1-6)得
$$s \approx \dfrac{1}{30}\left[(y_0+y_{10})+2(y_2+y_4+y_6+y_8)+4(y_1+y_3+y_5+y_7+y_9)\right] \approx 0.693\,1.$$

即 $\ln 2$ 的近似值为 $0.693\,1$.

8. 设 $\int_{-1}^{1} 3f(x)dx = 18, \int_{-1}^{3} f(x)dx = 4, \int_{-1}^{3} g(x)dx = 3$,求

(1) $\int_{-1}^{1} f(x)dx$; (2) $\int_{1}^{3} f(x)dx$;

(3) $\int_{3}^{-1} g(x)dx$; (4) $\int_{-1}^{3} \frac{1}{5}[4f(x) + 3g(x)]dx$.

解 (1) 由 $\int_{-1}^{1} 3f(x)dx = 18$ 得 $3\int_{-1}^{1} f(x)dx = 18$, 即 $\int_{-1}^{1} f(x)dx = 6$.

(2) 由 $\int_{-1}^{1} f(x)dx = 6$ 及 $\int_{-1}^{3} f(x)dx = \int_{-1}^{1} f(x)dx + \int_{1}^{3} f(x)dx = 4$ 得 $\int_{1}^{3} f(x)dx = -2$.

(3) 由 $\int_{-1}^{3} g(x)dx = 3$ 得 $\int_{3}^{-1} g(x)dx = -3$.

(4) $\int_{-1}^{3} \frac{1}{5}[4f(x) + 3g(x)]dx = \frac{4}{5}\int_{-1}^{3} f(x)dx + \frac{3}{5}\int_{-1}^{3} g(x)dx = \frac{16}{5} + \frac{9}{5} = 5$.

9. 证明定积分的性质:

(1) $\int_{a}^{b} kf(x)dx = k\int_{a}^{b} f(x)dx$ (k 是常数);

(2) $\int_{a}^{b} 1 \cdot dx = \int_{a}^{b} dx = b - a$.

证明 取 $a = x_0 < x_1 < \cdots < x_n = b$, 任取 $\xi_i \in [x_{i-1}, x_i]$, 记 $\Delta x_i = x_i - x_{i-1}(i = 1, 2, \cdots, n)$, $\lambda = \max\{\Delta x_1, \Delta x_2, \cdots, \Delta x_n\}$, 则

(1) $\int_{a}^{b} kf(x)dx = \lim_{\lambda \to 0} \sum_{i=1}^{n} kf(\xi_i)\Delta x_i = k\lim_{\lambda \to 0} \sum_{i=1}^{n} f(\xi_i)\Delta x_i = k\int_{a}^{b} f(x)dx$.

(2) $\int_{a}^{b} 1dx = \lim_{\lambda \to 0} \sum_{i=1}^{n} \Delta x_i = \lim_{\lambda \to 0}(b - a) = b - a$.

10. 估计下列各积分的值:

(1) $\int_{1}^{4}(x^2 + 1)dx$; (2) $\int_{\frac{\pi}{4}}^{\frac{5\pi}{4}}(1 + \sin^2 x)dx$;

(3) $\int_{\frac{1}{\sqrt{3}}}^{\sqrt{3}} x\arctan x\,dx$; (4) $\int_{2}^{0} e^{x^2-x}dx$.

解 (1) 当 $x \in [1, 4]$ 时, $2 \leqslant x^2 + 1 \leqslant 17$, 则 $\int_{1}^{4} 2dx \leqslant \int_{1}^{4}(x^2 + 1)dx \leqslant \int_{1}^{4} 17dx$, 即

$$6 \leqslant \int_{1}^{4}(x^2 + 1)dx \leqslant 51.$$

(2) 当 $x \in \left[\frac{\pi}{4}, \frac{5}{4}\pi\right]$ 时, $1 \leqslant 1 + \sin^2 x \leqslant 2$, 则 $\int_{\frac{\pi}{4}}^{\frac{5\pi}{4}} 1dx \leqslant \int_{\frac{\pi}{4}}^{\frac{5\pi}{4}}(1 + \sin^2 x)dx \leqslant \int_{\frac{\pi}{4}}^{\frac{5\pi}{4}} 2dx$, 即

$$\pi \leqslant \int_{\frac{\pi}{4}}^{\frac{5\pi}{4}}(1 + \sin^2 x)dx \leqslant 2\pi.$$

(3) 当 $x \in \left[\frac{1}{\sqrt{3}}, \sqrt{3}\right]$ 时, 因为 $f(x) = x\arctan x$ 单调递增, 所以 $\frac{\pi}{6\sqrt{3}} \leqslant x\arctan x \leqslant \frac{\pi}{\sqrt{3}}$, 则

$$\int_{\frac{1}{\sqrt{3}}}^{\sqrt{3}} \frac{\pi}{6\sqrt{3}}dx \leqslant \int_{\frac{1}{\sqrt{3}}}^{\sqrt{3}} x\arctan x\,dx \leqslant \int_{\frac{1}{\sqrt{3}}}^{\sqrt{3}} \frac{\pi}{\sqrt{3}}dx, \text{ 即 } \frac{\pi}{9} \leqslant \int_{\frac{1}{\sqrt{3}}}^{\sqrt{3}} x\arctan x\,dx \leqslant \frac{2\pi}{3}.$$

(4) 令 $f(x) = x^2 - x$, 由 $f'(x) = 2x - 1 = 0$ 得 $x = \frac{1}{2}$, 由 $f(0) = 0, f\left(\frac{1}{2}\right) = -\frac{1}{4}, f(2) = 2$

得 $f(x) = x^2 - x$ 在 $[0, 2]$ 上的最小值为 $-\frac{1}{4}$, 最大值为 2, 则 $\int_{0}^{2} e^{-\frac{1}{4}}dx \leqslant \int_{0}^{2} e^{x^2-x}dx \leqslant \int_{0}^{2} e^{2}dx$, 即

$2e^{-\frac{1}{4}} \leqslant \int_{0}^{2} e^{x^2-x}dx \leqslant 2e^{2}$. 所以 $-2e^2 \leqslant \int_{2}^{0} e^{x^2-x}dx \leqslant -2e^{-\frac{1}{4}}$.

11. 设 $f(x)$ 在 $[0,1]$ 上连续,证明 $\int_0^1 f^2(x)\mathrm{d}x \geqslant \left[\int_0^1 f(x)\mathrm{d}x\right]^2$.

证明 令 $A = \int_0^1 f(x)\mathrm{d}x$,由 $\int_0^1 [f(x)-A]^2 \geqslant 0$ 得

$$\int_0^1 f^2(x)\mathrm{d}x - 2A\int_0^1 f(x)\mathrm{d}x + A^2 = \int_0^1 f^2(x)\mathrm{d}x - A^2 \geqslant 0,$$

于是 $\int_0^1 f^2(x)\mathrm{d}x \geqslant A^2$,即 $\int_0^1 f^2(x)\mathrm{d}x \geqslant \left[\int_0^1 f(x)\mathrm{d}x\right]^2$.

12. 设 $f(x)$ 及 $g(x)$ 在 $[a,b]$ 上连续,证明:

(1) 若在 $[a,b]$ 上,$f(x) \geqslant 0$,且 $f(x) \not\equiv 0$,则 $\int_a^b f(x)\mathrm{d}x > 0$;

(2) 若在 $[a,b]$ 上,$f(x) \geqslant 0$,且 $\int_a^b f(x)\mathrm{d}x = 0$,则在 $[a,b]$ 上 $f(x) \equiv 0$;

(3) 若在 $[a,b]$ 上,$f(x) \leqslant g(x)$,且 $\int_a^b f(x)\mathrm{d}x = \int_a^b g(x)\mathrm{d}x$,则在 $[a,b]$ 上 $f(x) \equiv g(x)$.

证明 (1) 由题意在 $[a,b]$ 上,$f(x) \geqslant 0$ 且 $f(x) \not\equiv 0$,故存在 $c \in [a,b]$,使得 $f(c) > 0$,当 $c = a$ 时,取 $\varepsilon = \dfrac{f(c)}{2} = \dfrac{f(a)}{2} > 0$,因为 $\lim\limits_{x \to a^+} f(x) = f(a)$,所以存在 $\delta > 0 (\delta < b-a)$,当 $x \in [a, a+\delta]$ 时,$|f(x) - f(a)| < \dfrac{f(a)}{2}$,从而 $f(x) > \dfrac{f(a)}{2}$,于是

$$\int_a^b f(x)\mathrm{d}x = \int_a^{a+\frac{\delta}{2}} f(x)\mathrm{d}x + \int_{a+\frac{\delta}{2}}^b f(x)\mathrm{d}x \geqslant \int_a^{a+\frac{\delta}{2}} f(x)\mathrm{d}x \geqslant \int_a^{a+\frac{\delta}{2}} \dfrac{f(a)}{2}\mathrm{d}x = \dfrac{f(a)}{4}\delta > 0;$$

当 $c = b$ 时,取 $\varepsilon = \dfrac{f(c)}{2} = \dfrac{f(b)}{2} > 0$,因为 $\lim\limits_{x \to b^-} f(x) = f(b)$,所以存在 $\delta > 0 (\delta < b-a)$,当 $x \in (b-\delta, b]$ 时,$|f(x) - f(b)| < \dfrac{f(b)}{2}$,从而 $f(x) > \dfrac{f(b)}{2}$,于是

$$\int_a^b f(x)\mathrm{d}x = \int_a^{b-\frac{\delta}{2}} f(x)\mathrm{d}x + \int_{b-\frac{\delta}{2}}^b f(x)\mathrm{d}x \geqslant \int_{b-\frac{\delta}{2}}^b f(x)\mathrm{d}x \geqslant \int_{b-\frac{\delta}{2}}^b \dfrac{f(b)}{2}\mathrm{d}x = \dfrac{f(b)}{4}\delta > 0;$$

当 $a < c < b$ 时,取 $\varepsilon = \dfrac{f(c)}{2} > 0$,因为 $\lim\limits_{x \to c} f(x) = f(c)$,所以存在 $\delta > 0 (\delta \leqslant \min\{c-a, b-c\})$,当 $|x - c| < \delta$ 时,$|f(x) - f(c)| < \dfrac{f(c)}{2}$,从而 $f(x) > \dfrac{f(c)}{2}$,于是

$$\int_a^b f(x)\mathrm{d}x = \int_a^{c-\frac{\delta}{2}} f(x)\mathrm{d}x + \int_{c-\frac{\delta}{2}}^{c+\frac{\delta}{2}} f(x)\mathrm{d}x + \int_{c+\frac{\delta}{2}}^b f(x)\mathrm{d}x \geqslant \int_{c-\frac{\delta}{2}}^{c+\frac{\delta}{2}} f(x)\mathrm{d}x \geqslant \int_{c-\frac{\delta}{2}}^{c+\frac{\delta}{2}} \dfrac{f(c)}{2}\mathrm{d}x$$
$$= \dfrac{f(c)}{2}\delta > 0.$$

(2)(反证法)若 $f(x)$ 不恒为零,由(1)得 $\int_a^b f(x)\mathrm{d}x > 0$,矛盾,故在 $[a,b]$ 上 $f(x) \equiv 0$.

(3) 取 $h(x) = g(x) - f(x) \geqslant 0$,由 $\int_a^b h(x)\mathrm{d}x = \int_a^b g(x)\mathrm{d}x - \int_a^b f(x)\mathrm{d}x = 0$,由(2)得在 $[a,b]$ 上 $h(x) \equiv 0$,故在 $[a,b]$ 上 $f(x) \equiv g(x)$.

13. 根据定积分的性质及第 12 题的结论,说明下列各对积分中哪一个的值较大:

(1) $\int_0^1 x^2 \mathrm{d}x$ 还是 $\int_0^1 x^3 \mathrm{d}x$?   (2) $\int_1^2 x^2 \mathrm{d}x$ 还是 $\int_1^2 x^3 \mathrm{d}x$?

(3) $\int_1^2 \ln x \mathrm{d}x$ 还是 $\int_1^2 (\ln x)^2 \mathrm{d}x$?   (4) $\int_0^1 x \mathrm{d}x$ 还是 $\int_0^1 \ln(1+x) \mathrm{d}x$?

(5) $\int_0^1 e^x \mathrm{d}x$ 还是 $\int_0^1 (1+x) \mathrm{d}x$?

解 (1) 在 $[0,1]$ 上 $x^2 \geqslant x^3$,则 $\int_0^1 x^2 \mathrm{d}x > \int_0^1 x^3 \mathrm{d}x$.

(2) 在 $[1,2]$ 上 $x^2 \leqslant x^3$，则 $\int_1^2 x^2 \mathrm{d}x < \int_1^2 x^3 \mathrm{d}x$.

(3) 在 $[1,2]$ 上 $\ln x \geqslant (\ln x)^2$，则 $\int_1^2 \ln x \mathrm{d}x > \int_1^2 (\ln x)^2 \mathrm{d}x$.

(4) 在 $[0,1]$ 上 $x \geqslant \ln(1+x)$，则 $\int_0^1 x \mathrm{d}x > \int_0^1 \ln(1+x) \mathrm{d}x$.

(5) 在 $[0,1]$ 上 $\mathrm{e}^x \geqslant 1+x$，则 $\int_0^1 \mathrm{e}^x \mathrm{d}x > \int_0^1 (1+x) \mathrm{d}x$.

第二节　微积分基本公式

▶ 期末高分必备知识

一、变积分限函数的概念

设 $f(x)$ 在 $[a,b]$ 上可积，对任意的 $x \in [a,b]$，称函数 $\int_a^x f(t) \mathrm{d}t$ 为变积分限的函数，记为 $\Phi(x)$，即

$$\Phi(x) = \int_a^x f(t) \mathrm{d}t.$$

▶ 抢分攻略

(1) 定积分与积分限及函数关系有关，与积分变量无关，即

$$\int_a^b f(x) \mathrm{d}x = \int_a^b f(t) \mathrm{d}t = \int_a^b f(u) \mathrm{d}u = \cdots.$$

(2) $\int_a^x f(t) \mathrm{d}t$ 也可表示为 $\int_a^x f(x) \mathrm{d}x$，但是积分变量 x 与积分上限 x 不一样.

(3) $\int_a^x f(x,t) \mathrm{d}t$ 中，积分变量为 t，被积表达式中的 x 与积分上限 x 相同.

二、微积分基本定理

定理 1　设 $f(x)$ 在 $[a,b]$ 上连续，$\Phi(x) = \int_a^x f(t) \mathrm{d}t$，则

$$\Phi'(x) = \frac{\mathrm{d}}{\mathrm{d}x} \int_a^x f(t) \mathrm{d}t = f(x).$$

▶ 抢分攻略

(1) 设 $f(x)$ 连续，$\varphi(x)$ 可导，则

$$\frac{\mathrm{d}}{\mathrm{d}x} \int_0^{\varphi(x)} f(t) \mathrm{d}t = f[\varphi(x)] \varphi'(x).$$

(2) 设 $f(x)$ 连续，$\varphi_1(x), \varphi_2(x)$ 可导，则

$$\frac{\mathrm{d}}{\mathrm{d}x} \int_{\varphi_1(x)}^{\varphi_2(x)} f(t) \mathrm{d}t = f[\varphi_2(x)] \varphi_2'(x) - f[\varphi_1(x)] \varphi_1'(x).$$

定理 2（牛顿—莱布尼茨公式）　设 $f(x)$ 在 $[a,b]$ 上连续，且 $F(x)$ 为 $f(x)$ 的一个原函数，则

$$\int_a^b f(x) \mathrm{d}x = F(b) - F(a).$$

▶ 60分必会题型

题型一：求变积分限函数的导数

例 1　设 $f(x)$ 连续，$F(x) = \int_0^x (x-t) f(t) \mathrm{d}t$，求 $F''(x)$.

解
$$F(x) = \int_0^x (x-t)f(t)\mathrm{d}t = x\int_0^x f(t)\mathrm{d}t - \int_0^x tf(t)\mathrm{d}t,$$
$$F'(x) = \int_0^x f(t)\mathrm{d}t + xf(x) - xf(x) = \int_0^x f(t)\mathrm{d}t,$$

故 $F''(x) = f(x)$.

例2 求 $\dfrac{\mathrm{d}}{\mathrm{d}x}\int_0^{x^2} x\cos^2 t\,\mathrm{d}t$.

解 因为 $\int_0^{x^2} x\cos^2 t\,\mathrm{d}t = x\int_0^{x^2}\cos^2 t\,\mathrm{d}t$，所以

$$\dfrac{\mathrm{d}}{\mathrm{d}x}\int_0^{x^2} x\cos^2 t\,\mathrm{d}t = \dfrac{\mathrm{d}}{\mathrm{d}x}\left(x\int_0^{x^2}\cos^2 t\,\mathrm{d}t\right) = \int_0^{x^2}\cos^2 t\,\mathrm{d}t + 2x^2\cos^2 x^2 = \dfrac{1}{2}x^2 + \dfrac{1}{4}\sin 2x^2 + 2x^2\cos^2 x^2.$$

例3 求 $\dfrac{\mathrm{d}^2}{\mathrm{d}x^2}\int_0^1 |x-t|\,\mathrm{e}^{t^2}\mathrm{d}t\,(0<x<1)$.

解
$$\int_0^1 |x-t|\,\mathrm{e}^{t^2}\mathrm{d}t = \int_0^x (x-t)\mathrm{e}^{t^2}\mathrm{d}t + \int_x^1 (t-x)\mathrm{e}^{t^2}\mathrm{d}t = \int_0^x (x-t)\mathrm{e}^{t^2}\mathrm{d}t + \int_1^x (x-t)\mathrm{e}^{t^2}\mathrm{d}t$$
$$= x\int_0^x \mathrm{e}^{t^2}\mathrm{d}t - \int_0^x t\mathrm{e}^{t^2}\mathrm{d}t + x\int_1^x \mathrm{e}^{t^2}\mathrm{d}t - \int_1^x t\mathrm{e}^{t^2}\mathrm{d}t,$$

$$\dfrac{\mathrm{d}}{\mathrm{d}x}\int_0^1 |x-t|\,\mathrm{e}^{t^2}\mathrm{d}t = \int_0^x \mathrm{e}^{t^2}\mathrm{d}t + x\mathrm{e}^{x^2} - x\mathrm{e}^{x^2} + \int_1^x \mathrm{e}^{t^2}\mathrm{d}t + x\mathrm{e}^{x^2} - x\mathrm{e}^{x^2} = \int_0^x \mathrm{e}^{t^2}\mathrm{d}t + \int_1^x \mathrm{e}^{t^2}\mathrm{d}t,$$

故 $\dfrac{\mathrm{d}^2}{\mathrm{d}x^2}\int_0^1 |x-t|\,\mathrm{e}^{t^2}\mathrm{d}t = 2\mathrm{e}^{x^2}$.

期末小锦囊 变限积分的求导公式为 $\dfrac{\mathrm{d}}{\mathrm{d}x}\int_{\varphi_1(x)}^{\varphi_2(x)} f(t)\mathrm{d}t = f[\varphi_2(x)]\varphi'_2(x) - f[\varphi_1(x)]\varphi'_1(x)$，其中 x 为"求导变量"，t 为"积分变量". 当"求导变量" x 仅出现在积分的上、下限时才能直接使用变限积分的求导公式，若"求导变量" x 出现在被积函数中，必须通过恒等变形（如变量代换等），将其移出被积函数，才能使用变限积分的求导公式.

题型二：变积分限函数的极限

例1 设 $f(x)$ 连续，且 $f(0)=0, f'(0)=\pi$，求 $\lim\limits_{x\to 0}\dfrac{\int_0^x xf(t)\mathrm{d}t}{x-\sin x}$.

解 $\lim\limits_{x\to 0}\dfrac{\int_0^x xf(t)\mathrm{d}t}{x-\sin x} = \lim\limits_{x\to 0}\dfrac{x\int_0^x f(t)\mathrm{d}t}{x-\sin x} = \lim\limits_{x\to 0}\dfrac{x^3}{x-\sin x}\cdot\dfrac{\int_0^x f(t)\mathrm{d}t}{x^2}$.

由 $\lim\limits_{x\to 0}\dfrac{x^3}{x-\sin x} = \lim\limits_{x\to 0}\dfrac{3x^2}{1-\cos x} = 6, \lim\limits_{x\to 0}\dfrac{\int_0^x f(t)\mathrm{d}t}{x^2} = \dfrac{1}{2}\lim\limits_{x\to 0}\dfrac{f(x)}{x} = \dfrac{1}{2}\lim\limits_{x\to 0}\dfrac{f(x)-f(0)}{x} = \dfrac{1}{2}f'(0) = \dfrac{\pi}{2}$，故 $\lim\limits_{x\to 0}\dfrac{\int_0^x xf(t)\mathrm{d}t}{x-\sin x} = 3\pi$.

例2 计算 $\lim\limits_{x\to 0}\dfrac{\int_0^x t\cos t\,\mathrm{d}t + \cos x - 1}{x^4}$.

解 $\lim\limits_{x\to 0}\dfrac{\int_0^x t\cos t\,\mathrm{d}t + \cos x - 1}{x^4} = \lim\limits_{x\to 0}\dfrac{x\cos x - \sin x}{4x^3}$.

由 $\cos x = 1 - \dfrac{x^2}{2!} + o(x^2)$ 得 $x\cos x = x - \dfrac{x^3}{2} + o(x^3)$.

又由 $\sin x = x - \dfrac{x^3}{3!} + o(x^3) = x - \dfrac{x^3}{6} + o(x^3)$ 得

$$x\cos x - \sin x = -\frac{x^3}{3} + o(x^3) \sim -\frac{x^3}{3},$$

故 $\lim\limits_{x\to 0}\dfrac{\int_0^x t\cos t\, dt + \cos x - 1}{x^4} = -\dfrac{1}{12}.$

例3 $\lim\limits_{x\to 0}\dfrac{\int_0^{\arcsin^2 x}\ln(1+t)\,dt}{\sqrt{1+\sin^4 x}-1}.$

解 $\sqrt{1+\sin^4 x}-1 \sim \dfrac{1}{2}\sin^4 x \sim \dfrac{1}{2}x^4,$ 则

$$\lim_{x\to 0}\frac{\int_0^{\arcsin^2 x}\ln(1+t)\,dt}{\sqrt{1+\sin^4 x}-1} = \lim_{x\to 0}\frac{\int_0^{\arcsin^2 x}\ln(1+t)\,dt}{\frac{1}{2}x^4} = \lim_{x\to 0}\frac{\dfrac{2\arcsin x}{\sqrt{1-x^2}}\cdot \ln(1+\arcsin^2 x)}{2x^3}$$

$$= \lim_{x\to 0}\frac{1}{\sqrt{1-x^2}}\cdot\frac{\arcsin x\cdot\ln(1+\arcsin^2 x)}{x^3} = \lim_{x\to 0}\frac{\arcsin^3 x}{x^3} = 1.$$

题型三：使用牛顿—莱布尼茨公式计算定积分

例1 计算下列定积分：

(1) $\int_0^1 \dfrac{x}{(2x+1)^2}\,dx;$

(2) $\int_0^1 \dfrac{\sin\sqrt{x}}{\sqrt{x}}\,dx;$

(3) $\int_1^2 \dfrac{1}{x}(\ln x)^3\,dx.$

解 (1) $\int_0^1 \dfrac{x}{(2x+1)^2}\,dx = \dfrac{1}{4}\int_0^1 \dfrac{(2x+1)-1}{(2x+1)^2}d(2x+1) = \dfrac{1}{4}\int_0^1 \dfrac{d(2x+1)}{2x+1} - \dfrac{1}{4}\int_0^1 \dfrac{d(2x+1)}{(2x+1)^2}$

$$= \dfrac{1}{4}\ln(2x+1)\Big|_0^1 + \dfrac{1}{4(2x+1)}\Big|_0^1 = \dfrac{1}{4}\ln 3 - \dfrac{1}{6}.$$

(2) $\int_0^1 \dfrac{\sin\sqrt{x}}{\sqrt{x}}\,dx = 2\int_0^1 \sin\sqrt{x}\,d(\sqrt{x}) = -2\cos\sqrt{x}\Big|_0^1 = 2(1-\cos 1).$

(3) $\int_1^2 \dfrac{1}{x}(\ln x)^3\,dx = \int_1^2 (\ln x)^3 d(\ln x) = \dfrac{1}{4}(\ln x)^4\Big|_1^2 = \dfrac{1}{4}(\ln 2)^4.$

例2 设 $f(x) = \begin{cases}\dfrac{1}{\sqrt{4-x^2}}, & x>0, \\ \dfrac{1}{1+x^2}, & x\leqslant 0,\end{cases}$ 求 $\int_0^2 f(x-1)\,dx.$

解 $\int_0^2 f(x-1)\,dx = \int_0^2 f(x-1)\,d(x-1) = \int_{-1}^1 f(x)\,dx = \int_{-1}^0 \dfrac{dx}{1+x^2} + \int_0^1 \dfrac{1}{\sqrt{4-x^2}}\,dx.$

而

$$\int_{-1}^0 \frac{dx}{1+x^2} = \arctan x\Big|_{-1}^0 = \frac{\pi}{4},\ \int_0^1 \frac{1}{\sqrt{4-x^2}}\,dx = \arcsin\frac{x}{2}\Big|_0^1 = \frac{\pi}{6},$$

故 $\int_0^2 f(x-1)\,dx = \dfrac{5\pi}{12}.$

同济八版教材 ▶ 习题解答

习题 5−2　微积分基本公式

勇夺60分	1、2、3、4、5、6、7
超越80分	1、2、3、4、5、6、7、8、9、10、11、12
冲刺90分与考研	1、2、3、4、5、6、7、8、9、10、11、12、13、14、15、16、17

1. 试求函数 $y = \int_0^x \sin t \, dt$ 当 $x = 0$ 及 $x = \dfrac{\pi}{4}$ 时的导数.

解 $\dfrac{dy}{dx} = \sin x, \dfrac{dy}{dx}\bigg|_{x=0} = 0, \dfrac{dy}{dx}\bigg|_{x=\frac{\pi}{4}} = \dfrac{\sqrt{2}}{2}.$

2. 求由参数表达式 $x = \int_0^t \sin u \, du, y = \int_0^t \cos u \, du$ 所确定的函数对 x 的导数 $\dfrac{dy}{dx}$.

解 $\dfrac{dy}{dx} = \dfrac{\dfrac{dy}{dt}}{\dfrac{dx}{dt}} = \dfrac{\cos t}{\sin t} = \cot t.$

3. 求由 $\int_0^y e^t \, dt + \int_0^x \cos t \, dt = 0$ 所确定的隐函数对 x 的导数 $\dfrac{dy}{dx}$.

解 $\int_0^y e^t \, dt + \int_0^x \cos t \, dt = 0$ 两边对 x 求导得 $e^y \dfrac{dy}{dx} + \cos x = 0$, 解得 $\dfrac{dy}{dx} = -e^{-y} \cos x.$

由

$$\int_0^y e^t \, dt + \int_0^x \cos t \, dt = 0 \Rightarrow e^y - 1 + \sin x = 0 \Rightarrow e^y = 1 - \sin x,$$

所以 $\dfrac{dy}{dx} = \dfrac{\cos x}{\sin x - 1}.$

4. 当 x 为何值时, 函数 $I(x) = \int_0^x t e^{-t^2} \, dt$ 有极值?

解 令 $I'(x) = x e^{-x^2} = 0$ 得 $x = 0$.
因为当 $x < 0$ 时, $I'(x) < 0$; 当 $x > 0$ 时, $I'(x) > 0$, 故 $x = 0$ 为 $I(x)$ 的唯一极小值点.

5. 计算下列各导数:

(1) $\dfrac{d}{dx} \int_0^{x^2} \sqrt{1 + t^2} \, dt$;　　(2) $\dfrac{d}{dx} \int_{x^2}^{x^3} \dfrac{dt}{\sqrt{1 + t^4}}$;　　(3) $\dfrac{d}{dx} \int_{\sin x}^{\cos x} \cos(\pi t^2) \, dt.$

解 (1) $\dfrac{d}{dx} \int_0^{x^2} \sqrt{1 + t^2} \, dt = 2x \sqrt{1 + x^4}.$

(2) $\dfrac{d}{dx} \int_{x^2}^{x^3} \dfrac{dt}{\sqrt{1 + t^4}} = \dfrac{3x^2}{\sqrt{1 + x^{12}}} - \dfrac{2x}{\sqrt{1 + x^8}}.$

(3) $\dfrac{d}{dx} \int_{\sin x}^{\cos x} \cos \pi t^2 \, dt = -\sin x \cos(\pi \cos^2 x) - \cos x \cos(\pi \sin^2 x)$

$\qquad = -\sin x \cos(\pi - \pi \sin^2 x) - \cos x \cos(\pi \sin^2 x)$

$\qquad = (\sin x - \cos x) \cos(\pi \sin^2 x).$

6. 证明 $f(x) = \int_1^x \sqrt{1 + t^3} \, dt$ 在 $[-1, +\infty)$ 上是单调增加函数, 并求 $(f^{-1})'(0)$.

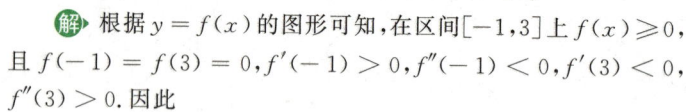

证明 显然 $f(x)$ 在 $[-1,+\infty)$ 上可导,且当 $x>-1$ 时,$f'(x)=\sqrt{1+x^3}>0$,因此 $f(x)$ 在 $[-1,+\infty)$ 是单调增加函数,又 $f(1)=0$,故 $(f^{-1})'(0)=\dfrac{1}{f'(1)}=\dfrac{\sqrt{2}}{2}$.

7. 设 $f(x)=\displaystyle\int_0^x\left(\int_{\sin t}^1 \sqrt{1+u^4}\,\mathrm{d}u\right)\mathrm{d}t$,求 $f''\left(\dfrac{\pi}{3}\right)$.

解 显然 $\displaystyle\int_{\sin t}^1 \sqrt{1+u^4}\,\mathrm{d}u$ 为关于 t 的函数,则

$$f'(x)=\int_{\sin x}^1 \sqrt{1+u^4}\,\mathrm{d}u,\quad f''(x)=-\sqrt{1+\sin^4 x}\cdot\cos x,$$

故 $f''\left(\dfrac{\pi}{3}\right)=-\sqrt{1+\dfrac{9}{16}}\times\dfrac{1}{2}=-\dfrac{5}{8}$.

8. 设 $f(x)$ 具有三阶连续导数,$y=f(x)$ 的图形如图 5-2 所示.问下列积分中的哪一个积分值为负?

(A) $\displaystyle\int_{-1}^3 f(x)\,\mathrm{d}x$ (B) $\displaystyle\int_{-1}^3 f'(x)\,\mathrm{d}x$

(C) $\displaystyle\int_{-1}^3 f''(x)\,\mathrm{d}x$ (D) $\displaystyle\int_{-1}^3 f'''(x)\,\mathrm{d}x$

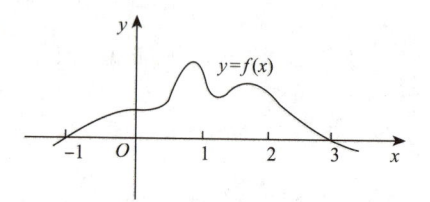

图 5-2

解 根据 $y=f(x)$ 的图形可知,在区间 $[-1,3]$ 上 $f(x)\geqslant 0$,且 $f(-1)=f(3)=0$,$f'(-1)>0$,$f''(-1)<0$,$f'(3)<0$,$f''(3)>0$.因此

$$\int_{-1}^3 f(x)\,\mathrm{d}x>0,\quad \int_{-1}^3 f'(x)\,\mathrm{d}x=f(3)-f(-1)=0,$$

$$\int_{-1}^3 f''(x)\,\mathrm{d}x=f'(3)-f'(-1)<0,\quad \int_{-1}^3 f'''(x)\,\mathrm{d}x=f''(3)-f''(-1)>0.$$

故选(C).

9. 计算下列各定积分:

(1) $\displaystyle\int_0^a (3x^2-x+1)\,\mathrm{d}x$;   (2) $\displaystyle\int_1^2 \left(x^2+\dfrac{1}{x^4}\right)\mathrm{d}x$;

(3) $\displaystyle\int_4^9 \sqrt{x}(1+\sqrt{x})\,\mathrm{d}x$;   (4) $\displaystyle\int_{\frac{1}{\sqrt{3}}}^{\sqrt{3}} \dfrac{\mathrm{d}x}{1+x^2}$;

(5) $\displaystyle\int_{-\frac{1}{2}}^{\frac{1}{2}} \dfrac{\mathrm{d}x}{\sqrt{1-x^2}}$;   (6) $\displaystyle\int_0^{\sqrt{3}a} \dfrac{\mathrm{d}x}{a^2+x^2}$;

(7) $\displaystyle\int_0^1 \dfrac{\mathrm{d}x}{\sqrt{4-x^2}}$;   (8) $\displaystyle\int_{-1}^0 \dfrac{3x^4+3x^2+1}{x^2+1}\,\mathrm{d}x$;

(9) $\displaystyle\int_{-\mathrm{e}-1}^{-2} \dfrac{\mathrm{d}x}{x+1}$;   (10) $\displaystyle\int_0^{\frac{\pi}{4}} \tan^2\theta\,\mathrm{d}\theta$;

(11) $\displaystyle\int_0^{2\pi} |\sin x|\,\mathrm{d}x$;   (12) $\displaystyle\int_0^2 f(x)\,\mathrm{d}x$,其中 $f(x)=\begin{cases}x+1,&x\leqslant 1,\\ \dfrac{1}{2}x^2,&x>1.\end{cases}$

解 (1) $\displaystyle\int_0^a (3x^2-x+1)\,\mathrm{d}x=\left(x^3-\dfrac{x^2}{2}+x\right)\Big|_0^a=a^3-\dfrac{a^2}{2}+a$.

(2) $\displaystyle\int_1^2 \left(x^2+\dfrac{1}{x^4}\right)\mathrm{d}x=\left(\dfrac{1}{3}x^3-\dfrac{1}{3x^3}\right)\Big|_1^2=\dfrac{21}{8}$.

(3) $\displaystyle\int_4^9 \sqrt{x}(1+\sqrt{x})\,\mathrm{d}x=\dfrac{2}{3}x^{\frac{3}{2}}\Big|_4^9+\dfrac{x^2}{2}\Big|_4^9=\dfrac{271}{6}$.

(4) $\displaystyle\int_{\frac{1}{\sqrt{3}}}^{\sqrt{3}} \dfrac{\mathrm{d}x}{1+x^2}=\arctan x\Big|_{\frac{1}{\sqrt{3}}}^{\sqrt{3}}=\dfrac{\pi}{6}$.

(5) $\int_{-\frac{1}{2}}^{\frac{1}{2}} \frac{\mathrm{d}x}{\sqrt{1-x^2}} = 2\int_0^{\frac{1}{2}} \frac{\mathrm{d}x}{\sqrt{1-x^2}} = 2\arcsin x \Big|_0^{\frac{1}{2}} = \frac{\pi}{3}.$

(6) $\int_0^{\sqrt{3}a} \frac{\mathrm{d}x}{a^2+x^2} = \frac{1}{a}\arctan\frac{x}{a}\Big|_0^{\sqrt{3}a} = \frac{\pi}{3a}.$

(7) $\int_0^1 \frac{\mathrm{d}x}{\sqrt{4-x^2}} = \arcsin\frac{x}{2}\Big|_0^1 = \frac{\pi}{6}.$

(8) $\int_{-1}^0 \frac{3x^4+3x^2+1}{x^2+1}\mathrm{d}x = \int_{-1}^0 \left(3x^2 + \frac{1}{1+x^2}\right)\mathrm{d}x = (x^3 + \arctan x)\Big|_{-1}^0 = 1+\frac{\pi}{4}.$

(9) $\int_{-e-1}^{-2} \frac{\mathrm{d}x}{x+1} = \ln|x+1|\Big|_{-e-1}^{-2} = -1.$

(10) $\int_0^{\frac{\pi}{4}} \tan^2\theta\,\mathrm{d}\theta = \int_0^{\frac{\pi}{4}} (\sec^2\theta - 1)\,\mathrm{d}\theta = (\tan\theta - \theta)\Big|_0^{\frac{\pi}{4}} = 1 - \frac{\pi}{4}.$

(11) $\int_0^{2\pi} |\sin x|\,\mathrm{d}x = \int_0^{\pi} \sin x\,\mathrm{d}x - \int_{\pi}^{2\pi} \sin x\,\mathrm{d}x = (-\cos x)\Big|_0^{\pi} + \cos x\Big|_{\pi}^{2\pi} = 4.$

(12) $\int_0^2 f(x)\,\mathrm{d}x = \int_0^1 (x+1)\,\mathrm{d}x + \int_1^2 \frac{1}{2}x^2\,\mathrm{d}x = \left(\frac{x^2}{2}+x\right)\Big|_0^1 + \frac{x^3}{6}\Big|_1^2 = \frac{8}{3}.$

10. 设 $k \in \mathbf{N}_+$, 试证下列各题:

(1) $\int_{-\pi}^{\pi} \cos kx\,\mathrm{d}x = 0;$ (2) $\int_{-\pi}^{\pi} \sin kx\,\mathrm{d}x = 0;$

(3) $\int_{-\pi}^{\pi} \cos^2 kx\,\mathrm{d}x = \pi;$ (4) $\int_{-\pi}^{\pi} \sin^2 kx\,\mathrm{d}x = \pi.$

证明 (1) $\int_{-\pi}^{\pi} \cos kx\,\mathrm{d}x = \frac{1}{k}\sin kx\Big|_{-\pi}^{\pi} = 0.$

(2) $\int_{-\pi}^{\pi} \sin kx\,\mathrm{d}x = -\frac{1}{k}\cos kx\Big|_{-\pi}^{\pi} = 0.$

(3) $\int_{-\pi}^{\pi} \cos^2 kx\,\mathrm{d}x = \frac{1}{2}\int_{-\pi}^{\pi} (1+\cos 2kx)\,\mathrm{d}x = \pi + \frac{1}{4k}\sin 2kx\Big|_{-\pi}^{\pi} = \pi.$

(4) $\int_{-\pi}^{\pi} \sin^2 kx\,\mathrm{d}x = \frac{1}{2}\int_{-\pi}^{\pi} (1-\cos 2kx)\,\mathrm{d}x = \pi - \frac{1}{4k}\sin 2kx\Big|_{-\pi}^{\pi} = \pi.$

11. 设 $k, l \in \mathbf{N}_+$, 且 $k \neq l$, 证明:

(1) $\int_{-\pi}^{\pi} \cos kx \sin lx\,\mathrm{d}x = 0;$ (2) $\int_{-\pi}^{\pi} \cos kx \cos lx\,\mathrm{d}x = 0;$

(3) $\int_{-\pi}^{\pi} \sin kx \sin lx\,\mathrm{d}x = 0.$

证明 (1) $\int_{-\pi}^{\pi} \cos kx \sin lx\,\mathrm{d}x = \frac{1}{2}\int_{-\pi}^{\pi} [\sin(k+l)x - \sin(k-l)x]\,\mathrm{d}x,$

由上题得 $\int_{-\pi}^{\pi} \cos kx \sin lx\,\mathrm{d}x = 0.$

(2) $\int_{-\pi}^{\pi} \cos kx \cos lx\,\mathrm{d}x = \frac{1}{2}\int_{-\pi}^{\pi} [\cos(k+l)x + \cos(k-l)x]\,\mathrm{d}x,$

由上题得 $\int_{-\pi}^{\pi} \cos kx \cos lx\,\mathrm{d}x = 0.$

(3) $\int_{-\pi}^{\pi} \sin kx \sin lx\,\mathrm{d}x = -\frac{1}{2}\int_{-\pi}^{\pi} [\cos(k+l)x - \cos(k-l)x]\,\mathrm{d}x,$

由上题得 $\int_{-\pi}^{\pi} \sin kx \sin lx\,\mathrm{d}x = 0.$

12. 求下列极限:

(1) $\lim\limits_{x\to 0}\dfrac{\int_0^x \cos t^2 dt}{x}$;   (2) $\lim\limits_{x\to 0}\dfrac{\left(\int_0^x e^{t^2}dt\right)^2}{\int_0^x t e^{2t^2}dt}$.

解 (1) $\lim\limits_{x\to 0}\dfrac{\int_0^x \cos t^2 dt}{x} = \lim\limits_{x\to 0}\cos x^2 = 1.$

(2) $\lim\limits_{x\to 0}\dfrac{\left(\int_0^x e^{t^2}dt\right)^2}{\int_0^x t e^{2t^2}dt} = \lim\limits_{x\to 0}\dfrac{2e^{x^2}\cdot\int_0^x e^{t^2}dt}{x e^{2x^2}} = 2\lim\limits_{x\to 0}\dfrac{\int_0^x e^{t^2}dt}{x e^{x^2}} = 2\lim\limits_{x\to 0}\dfrac{e^{x^2}}{(1+2x^2)e^{x^2}} = 2.$

13. 设 $f(x)=\begin{cases}x^2, & x\in[0,1),\\ x, & x\in[1,2],\end{cases}$ 求 $\Phi(x)=\int_0^x f(t)dt$ 在 $[0,2]$ 上的表达式, 并讨论 $\Phi(x)$ 在 $(0,2)$ 内的连续性.

解 当 $0\le x<1$ 时, $\Phi(x)=\int_0^x t^2 dt=\dfrac{x^3}{3}$;

当 $1\le x\le 2$ 时, $\Phi(x)=\int_0^1 t^2 dt+\int_1^x t dt=\dfrac{1}{3}+\dfrac{x^2-1}{2}=\dfrac{x^2}{2}-\dfrac{1}{6}$, 故

$\Phi(x)=\begin{cases}\dfrac{x^3}{3}, & 0\le x<1,\\ \dfrac{x^2}{2}-\dfrac{1}{6}, & 1\le x\le 2.\end{cases}$ $\Phi(1-0)=\dfrac{1}{3}, \Phi(1)=\Phi(1+0)=\dfrac{1}{2}-\dfrac{1}{6}=\dfrac{1}{3}$,

因为 $\Phi(1-0)=\Phi(1)=\Phi(1+0)$, 所以 $\Phi(x)$ 在 $x=1$ 处连续, 而在其他点处显然也连续, 故 $\Phi(x)$ 在 $(0,2)$ 内连续.

14. 设 $f(x)=\begin{cases}\dfrac{1}{2}\sin x, & 0\le x\le\pi,\\ 0, & x<0 \text{ 或 } x>\pi.\end{cases}$ 求 $\Phi(x)=\int_0^x f(t)dt$ 在 $(-\infty,+\infty)$ 内的表达式.

解 当 $x<0$ 时, $\Phi(x)=\int_0^x 0 dt=0$;

当 $0\le x\le\pi$ 时, $\Phi(x)=\int_0^x \dfrac{1}{2}\sin t dt=-\dfrac{1}{2}\cos t\Big|_0^x=\dfrac{1-\cos x}{2}$;

当 $x>\pi$ 时, $\Phi(x)=\int_0^\pi \dfrac{1}{2}\sin t dt+\int_\pi^x 0 dt=1.$

故 $\Phi(x)=\begin{cases}0, & x<0,\\ \dfrac{1-\cos x}{2}, & 0\le x\le\pi,\\ 1, & x>\pi.\end{cases}$

15. 设 $f(x)$ 在 $[a,b]$ 上连续, 在 (a,b) 内可导且 $f'(x)\le 0$, $F(x)=\dfrac{1}{x-a}\int_a^x f(t)dt$. 证明在 (a,b) 内有 $F'(x)\le 0$.

证明 $F'(x)=\dfrac{(x-a)f(x)-\int_a^x f(t)dt}{(x-a)^2}=\dfrac{(x-a)f(x)-f(c)(x-a)}{(x-a)^2}$, 其中 $a\le c\le x$, 则

$F'(x)=\dfrac{f(x)-f(c)}{x-a}=\dfrac{x-c}{x-a}f'(\xi)$, 其中 $\xi\in(c,x)$, 因为 $f'(x)\le 0$, 所以 $F'(x)\le 0.$

16. 以下积分上限的函数

$$S(x)=\int_0^x \sin\dfrac{\pi t^2}{2}dt, x\in(-\infty,+\infty)$$

称为菲涅耳(Fresnel)积分, 在光学中有重要应用.

(1) 证明:$S(x)$ 为奇函数;
(2) 求出 $S(x)$ 的极小值点.

证明 (1) $S(-x) = \int_0^{-x} \sin\frac{\pi t^2}{2} dt \xrightarrow{t=-u} \int_0^x \sin\frac{\pi u^2}{2}(-du) = -\int_0^x \sin\frac{\pi u^2}{2} du = -S(x)$,则 $S(x)$ 为奇函数.

(2) 令 $S'(x) = \sin\frac{\pi x^2}{2} = 0$ 得 $\frac{\pi x^2}{2} = k\pi(k=0,1,2,\cdots)$,解得 $x = \pm\sqrt{2k}(k=0,1,2,\cdots)$,

因为 $S(x)$ 是奇函数,所以在 $x=0$ 处不可能取得极小值,

又因为 $S''(x) = \pi x \cos\frac{\pi x^2}{2}$,当 $x = \sqrt{2k}(k=2n, n\in \mathbf{N}_+)$ 或 $x = -\sqrt{2k}(k=2n-1, n\in\mathbf{N}_+)$,

即 $x = (-1)^k\sqrt{2k}(k\in\mathbf{N}_+)$ 时,有 $S''(x) > 0$.

综上,$S(x)$ 的极小值点为 $x = (-1)^k\sqrt{2k}(k\in\mathbf{N}_+)$.

17. 设 $f(x)$ 在 $[0,+\infty)$ 内连续,且 $\lim\limits_{x\to+\infty}f(x) = 1$,证明函数 $y = e^{-x}\int_0^x e^t f(t)dt$ 满足方程 $\frac{dy}{dx} + y = f(x)$,并求 $\lim\limits_{x\to+\infty}y(x)$.

证明 由 $\frac{dy}{dx} = -e^{-x}\int_0^x e^t f(t)dt + f(x) = -y + f(x)$ 得 $\frac{dy}{dx} + y = f(x)$,即 $y = e^{-x}\int_0^x e^t f(t)dt$ 满足微分方程 $\frac{dy}{dx} + y = f(x)$.

取 $\varepsilon = \frac{1}{2} > 0$,因为 $\lim\limits_{x\to+\infty}f(x) = 1$,所以存在 $X_0 > 0$,当 $x > X_0$ 时,$|f(x) - 1| < \frac{1}{2}$,从而 $f(x) > \frac{1}{2}$,于是

$$\int_0^x e^t f(t)dt = \int_0^{X_0} e^t f(t)dt + \int_{X_0}^x e^t f(t)dt \geqslant \int_0^{X_0} e^t f(t)dt + \frac{1}{2}\int_{X_0}^x e^t dt$$

$$= \int_0^{X_0} e^t f(t)dt + \frac{e^{X_0}}{2}(x - X_0) \to +\infty (x \to +\infty),$$

故由洛必达法则得

$$\lim_{x\to+\infty} y(x) = \lim_{x\to+\infty}\frac{\int_0^x e^t f(t)dt}{e^x} = \lim_{x\to+\infty}\frac{e^x f(x)}{e^x} = \lim_{x\to+\infty}f(x) = 1.$$

第三节 定积分的换元法和分部积分法

> 期末高分必备知识

一、定积分的换元积分法

设函数 $f(x)$ 在 $[a,b]$ 上连续,$x = \varphi(t)$ 为严格单调的可导函数,且 $\varphi(\alpha) = a$,$\varphi(\beta) = b$,则
$$\int_a^b f(x)dx = \int_\alpha^\beta f[\varphi(t)]\varphi'(t)dt.$$

二、分部积分法

设 $u(x), v(x)$ 在 $[a,b]$ 上连续可导,则
$$\int_a^b u(x)dv(x) = [u(x)v(x)]\Big|_a^b - \int_a^b v(x)du(x).$$

三、定积分的特殊性质

1. 对称区间定积分性质

设 $f(x)$ 在 $[-a,a]$ 上连续,则 $\int_{-a}^{a} f(x)\mathrm{d}x = \int_{0}^{a} [f(x)+f(-x)]\mathrm{d}x$.

特别地,

(1) 若 $f(-x) = f(x)$,则 $\int_{-a}^{a} f(x)\mathrm{d}x = 2\int_{0}^{a} f(x)\mathrm{d}x$;

(2) 若 $f(-x) = -f(x)$,则 $\int_{-a}^{a} f(x)\mathrm{d}x = 0$.

2. 三角函数定积分性质

(1) 设 $f(x)$ 在 $[0,1]$ 上连续,则

$$\int_{0}^{\frac{\pi}{2}} f(\sin x)\mathrm{d}x = \int_{0}^{\frac{\pi}{2}} f(\cos x)\mathrm{d}x.$$

特别地,$I_n = \int_{0}^{\frac{\pi}{2}} \sin^n x \, \mathrm{d}x = \int_{0}^{\frac{\pi}{2}} \cos^n x \, \mathrm{d}x$,且有

$$I_0 = \frac{\pi}{2}, I_1 = 1, I_n = \frac{n-1}{n} I_{n-2} (n=2,3,\cdots).$$

(2) 设 $f(x)$ 在 $[0,1]$ 上连续,则 $\int_{0}^{\pi} f(\sin x)\mathrm{d}x = 2\int_{0}^{\frac{\pi}{2}} f(\sin x)\mathrm{d}x$;

$$\int_{0}^{\pi} f(|\cos x|)\mathrm{d}x = 2\int_{0}^{\frac{\pi}{2}} f(\cos x)\mathrm{d}x.$$

(3) 设 $f(x)$ 在 $[0,1]$ 上连续,则 $\int_{0}^{\pi} xf(\sin x)\mathrm{d}x = \frac{\pi}{2}\int_{0}^{\pi} f(\sin x)\mathrm{d}x = \pi\int_{0}^{\frac{\pi}{2}} f(\sin x)\mathrm{d}x$.

3. 周期函数定积分性质

设函数 $f(x)$ 是以 T 为周期的连续函数,则

(1) $\int_{a}^{a+T} f(x)\mathrm{d}x = \int_{0}^{T} f(x)\mathrm{d}x$;

(2) $\int_{0}^{nT} f(x)\mathrm{d}x = n\int_{0}^{T} f(x)\mathrm{d}x$.

▶ **60分必会题型**

题型一:换元法计算定积分

例1 计算下列定积分:

(1) $\int_{0}^{1} \frac{\mathrm{d}x}{(x^2+1)^2}$;   (2) $\int_{-1}^{1} \frac{x^2 + x\sin^2 x}{\sqrt{1-x^2}}\mathrm{d}x$;   (3) $\int_{1}^{9} \frac{\mathrm{d}x}{(1+\sqrt{x})x}$.

解 (1) $\int_{0}^{1} \frac{\mathrm{d}x}{(x^2+1)^2} \xlongequal{x=\tan t} \int_{0}^{\frac{\pi}{4}} \frac{\sec^2 t}{\sec^4 t}\mathrm{d}t = \int_{0}^{\frac{\pi}{4}} \cos^2 t \, \mathrm{d}t = \frac{1}{2}\int_{0}^{\frac{\pi}{4}} (1+\cos 2t)\mathrm{d}t$

$$= \frac{\pi}{8} + \left(\frac{1}{4}\sin 2t\right)\Big|_{0}^{\frac{\pi}{4}} = \frac{\pi}{8} + \frac{1}{4}.$$

(2) $\int_{-1}^{1} \frac{x^2 + x\sin^2 x}{\sqrt{1-x^2}}\mathrm{d}x = \int_{-1}^{1} \frac{x^2}{\sqrt{1-x^2}}\mathrm{d}x = 2\int_{0}^{1} \frac{x^2}{\sqrt{1-x^2}}\mathrm{d}x \xlongequal{x=\sin t} 2\int_{0}^{\frac{\pi}{2}} \frac{\sin^2 t}{\cos t} \cdot \cos t \, \mathrm{d}t$

$$= 2\int_{0}^{\frac{\pi}{2}} \sin^2 t \, \mathrm{d}t = 2 \cdot \frac{1}{2} \cdot \frac{\pi}{2} = \frac{\pi}{2}.$$

(3) $\int_{1}^{9} \frac{\mathrm{d}x}{(1+\sqrt{x})x} \xlongequal{\sqrt{x}=t} \int_{1}^{3} \frac{2t\,\mathrm{d}t}{t^2(1+t)} = 2\int_{1}^{3} \frac{\mathrm{d}t}{t(t+1)} = 2\int_{1}^{3} \left(\frac{1}{t} - \frac{1}{t+1}\right)\mathrm{d}t$

$$= 2\ln\frac{t}{t+1}\Big|_{1}^{3} = 2\ln\frac{3}{2}.$$

例2 计算下列定积分:

(1) $\int_0^2 x^2 \sqrt{2x-x^2}\,dx$;   (2) $\int_0^{\ln 2} \sqrt{e^{2x}-1}\,dx$.

解 (1) $\int_0^2 x^2 \sqrt{2x-x^2}\,dx = \int_0^2 [(x-1)+1]^2 \sqrt{1-(x-1)^2}\,d(x-1)$

$$\xrightarrow{x-1=t} \int_{-1}^1 (t+1)^2 \sqrt{1-t^2}\,dt = \int_{-1}^1 (t^2+2t+1)\sqrt{1-t^2}\,dt$$

$$= \int_{-1}^1 (t^2+1)\sqrt{1-t^2}\,dt = 2\int_0^1 (t^2+1)\sqrt{1-t^2}\,dt$$

$$= 2\int_0^1 (x^2+1)\sqrt{1-x^2}\,dx \xrightarrow{x=\sin t} 2\int_0^{\frac{\pi}{2}} (1+\sin^2 t)\cos^2 t\,dt$$

$$= 2\int_0^{\frac{\pi}{2}} (1+\sin^2 t)(1-\sin^2 t)\,dt = 2\int_0^{\frac{\pi}{2}} (1-\sin^4 t)\,dt$$

$$= 2\left(\frac{\pi}{2} - \frac{3}{4}\times\frac{1}{2}\times\frac{\pi}{2}\right) = \frac{5\pi}{8}.$$

(2) 令 $\sqrt{e^{2x}-1}=t$，解得 $x=\frac{1}{2}\ln(1+t^2)$，则

$$\int_0^{\ln 2}\sqrt{e^{2x}-1}\,dx = \int_0^{\sqrt{3}} t\cdot\frac{t}{1+t^2}\,dt = \int_0^{\sqrt{3}}\left(1-\frac{1}{1+t^2}\right)dt = \sqrt{3}-(\arctan t)\Big|_0^{\sqrt{3}} = \sqrt{3}-\frac{\pi}{3}.$$

例3 计算下列定积分：

(1) $\int_{-\pi}^{\pi} \frac{\sin^2 x}{1+e^{-x}}\,dx$;   (2) $\int_0^{\pi^2} \sin^2\sqrt{x}\,dx$.

解 (1) $\int_{-\pi}^{\pi} \frac{\sin^2 x}{1+e^{-x}}\,dx = \int_0^{\pi}\left(\frac{\sin^2 x}{1+e^{-x}}+\frac{\sin^2 x}{1+e^x}\right)dx = \int_0^{\pi}\left(\frac{1}{1+e^{-x}}+\frac{1}{1+e^x}\right)\sin^2 x\,dx$

$$= \int_0^{\pi}\left(\frac{e^x}{e^x+1}+\frac{1}{1+e^x}\right)\sin^2 x\,dx = \int_0^{\pi}\sin^2 x\,dx$$

$$= 2\int_0^{\frac{\pi}{2}}\sin^2 x\,dx = 2\cdot\frac{1}{2}\cdot\frac{\pi}{2} = \frac{\pi}{2}.$$

(2) $\int_0^{\pi^2}\sin^2\sqrt{x}\,dx \xrightarrow{x=t^2} 2\int_0^{\pi} t\sin^2 t\,dt = 2\cdot\frac{\pi}{2}\int_0^{\pi}\sin^2 t\,dt = \pi\int_0^{\pi}\sin^2 t\,dt$

$$= 2\pi\int_0^{\frac{\pi}{2}}\sin^2 t\,dt = 2\pi\cdot\frac{1}{2}\cdot\frac{\pi}{2} = \frac{\pi^2}{2}.$$

题型二：变积分限函数求导及变积分限函数的极限

例1 设 $f(x)$ 连续，求 $\dfrac{d}{dx}\int_0^x tf(x^2-t^2)\,dt$.

解 $\int_0^x tf(x^2-t^2)\,dt = -\frac{1}{2}\int_0^x f(x^2-t^2)\,d(x^2-t^2) \xrightarrow{x^2-t^2=u} -\frac{1}{2}\int_{x^2}^0 f(u)\,du$

$$= \frac{1}{2}\int_0^{x^2} f(u)\,du,$$

则 $\dfrac{d}{dx}\int_0^x tf(x^2-t^2)\,dt = \dfrac{d}{dx}\left[\dfrac{1}{2}\int_0^{x^2} f(u)\,du\right] = \dfrac{1}{2}f(x^2)\cdot 2x = xf(x^2).$

例2 设 $f(x)$ 连续，且 $f(0)=0, f'(0)=2$，求 $\displaystyle\lim_{x\to 0}\dfrac{\int_0^x f(x-t)\,dt}{x-\ln(1+x)}$.

解 $\int_0^x f(x-t)\,dt \xrightarrow{x-t=u} \int_x^0 f(u)(-du) = \int_0^x f(u)\,du$，则

$$\lim_{x\to 0}\frac{\int_0^x f(x-t)\,dt}{x-\ln(1+x)} = \lim_{x\to 0}\frac{\int_0^x f(u)\,du}{x-\ln(1+x)} = \lim_{x\to 0}\frac{f(x)}{1-\dfrac{1}{1+x}} = \lim_{x\to 0}\left[(1+x)\cdot\frac{f(x)}{x}\right]$$

$$= \lim_{x \to 0} \frac{f(x)}{x} = \lim_{x \to 0} \frac{f(x) - f(0)}{x} = 2.$$

例3 设 $f(x)$ 连续,且 $F(x) = \int_0^x (x - 2t) f(t) \mathrm{d}t$.

(1) 若 $f(x)$ 是偶函数,证明: $F(x)$ 也是偶函数;
(2) 若 $f(x)$ 单调不增,证明: $F(x)$ 单调不减.

证明 (1) 设 $f(-x) = f(x)$,则

$$F(-x) = \int_0^{-x} (-x - 2t) f(t) \mathrm{d}t \xrightarrow{t = -u} \int_0^x (-x + 2u) f(-u)(-\mathrm{d}u)$$
$$= \int_0^x (x - 2u) f(u) \mathrm{d}u = F(x),$$

故 $F(x)$ 为偶函数.

(2) $F(x) = x \int_0^x f(t) \mathrm{d}t - 2\int_0^x t f(t) \mathrm{d}t$,由定积分中值定理,存在 $\xi \in [0, x]$ 使得

$$F'(x) = \int_0^x f(t) \mathrm{d}t - x f(x) = x f(\xi) - x f(x) = x [f(\xi) - f(x)].$$

当 $x < 0$ 时,因为 $f(x)$ 单调不增且 $x \leqslant \xi \leqslant 0$,所以 $f(x) \geqslant f(\xi)$,从而 $F'(x) \geqslant 0$;当 $x \geqslant 0$ 时,因为 $f(x)$ 单调不增且 $0 \leqslant \xi \leqslant x$,所以 $f(x) \leqslant f(\xi)$,从而 $F'(x) \geqslant 0$,故 $F(x)$ 单调不减.

例4 设 $f(x)$ 连续,且 $\int_0^x t f(2x - t) \mathrm{d}t = \frac{1}{2} \arctan x^2$,又 $f(1) = 1$,求 $\int_1^2 f(x) \mathrm{d}x$.

解 $\int_0^x t f(2x - t) \mathrm{d}t \xrightarrow{2x - t = u} \int_{2x}^x (2x - u) f(u)(-\mathrm{d}u) = \int_x^{2x} (2x - u) f(u) \mathrm{d}u$
$$= 2x \int_x^{2x} f(u) \mathrm{d}u - \int_x^{2x} u f(u) \mathrm{d}u,$$

原式化为 $2x \int_x^{2x} f(u) \mathrm{d}u - \int_x^{2x} u f(u) \mathrm{d}u = \frac{1}{2} \arctan x^2$,两边关于 x 求导得

$$2\int_x^{2x} f(u) \mathrm{d}u + 2x [2 f(2x) - f(x)] - [2 \cdot 2x f(2x) - x f(x)] = \frac{x}{1 + x^4},$$

整理得

$$2\int_x^{2x} f(u) \mathrm{d}u - x f(x) = \frac{x}{1 + x^4},$$

取 $x = 1$ 得 $2\int_1^2 f(u) \mathrm{d}u - f(1) = \frac{1}{2}$,解得 $\int_1^2 f(x) \mathrm{d}x = \frac{3}{4}$.

题型三:分部积分法计算定积分

例 计算下列定积分:

(1) $\int_0^4 \mathrm{e}^{\sqrt{x}} \mathrm{d}x$; (2) $\int_0^1 \ln(1 + 2x) \mathrm{d}x$;

(3) $\int_0^{\frac{\pi}{2}} \frac{1 + \sin x}{1 + \cos x} \mathrm{e}^x \mathrm{d}x$; (4) $\int_0^{\frac{\pi}{2}} \frac{x}{1 + \cos x} \mathrm{d}x$.

解 (1) $\int_0^4 \mathrm{e}^{\sqrt{x}} \mathrm{d}x \xrightarrow{\sqrt{x} = t} 2\int_0^2 t \mathrm{e}^t \mathrm{d}t = 2\int_0^2 t \mathrm{d}(\mathrm{e}^t) = 2\left[(t \mathrm{e}^t)\Big|_0^2 - \int_0^2 \mathrm{e}^t \mathrm{d}t\right] = 2(\mathrm{e}^2 + 1).$

(2) $\int_0^1 \ln(1 + 2x) \mathrm{d}x = [x \ln(1 + 2x)]\Big|_0^1 - \int_0^1 \frac{2x}{1 + 2x} \mathrm{d}x = \ln 3 - \int_0^1 \left(1 - \frac{1}{1 + 2x}\right) \mathrm{d}x$
$$= \ln 3 - 1 + \frac{1}{2} \ln(1 + 2x) \Big|_0^1 = \frac{3}{2} \ln 3 - 1.$$

(3) $\int_0^{\frac{\pi}{2}} \frac{1 + \sin x}{1 + \cos x} \mathrm{e}^x \mathrm{d}x = \int_0^{\frac{\pi}{2}} \frac{1 + \sin x}{2\cos^2 \frac{x}{2}} \mathrm{e}^x \mathrm{d}x = \int_0^{\frac{\pi}{2}} \left(\frac{1}{2} \sec^2 \frac{x}{2} + \tan \frac{x}{2}\right) \mathrm{e}^x \mathrm{d}x$

$$= \int_0^{\frac{\pi}{2}} e^x d\left(\tan\frac{x}{2}\right) + \int_0^{\frac{\pi}{2}} e^x \tan\frac{x}{2} dx$$

$$= \left(e^x \tan\frac{x}{2}\right)\Big|_0^{\frac{\pi}{2}} - \int_0^{\frac{\pi}{2}} e^x \tan\frac{x}{2} dx + \int_0^{\frac{\pi}{2}} e^x \tan\frac{x}{2} dx = \left(e^x \tan\frac{x}{2}\right)\Big|_0^{\frac{\pi}{2}} = e^{\frac{\pi}{2}}.$$

(4) $\int_0^{\frac{\pi}{2}} \frac{x}{1+\cos x} dx = \int_0^{\frac{\pi}{2}} x \cdot \frac{1}{2} \sec^2\frac{x}{2} dx = \int_0^{\frac{\pi}{2}} x d\left(\tan\frac{x}{2}\right) = \left(x \tan\frac{x}{2}\right)\Big|_0^{\frac{\pi}{2}} - \int_0^{\frac{\pi}{2}} \tan\frac{x}{2} dx$

$$= \frac{\pi}{2} + 2\ln\cos\frac{x}{2}\Big|_0^{\frac{\pi}{2}} = \frac{\pi}{2} - \ln 2.$$

题型四：变积分限函数的定积分

例1 设 $f(x) = \int_1^x e^{-t^2} dt$，求 $\int_0^1 f(x) dx$.

解 $\int_0^1 f(x) dx = [xf(x)]\Big|_0^1 - \int_0^1 x df(x) = -\int_0^1 xf'(x) dx = -\int_0^1 x e^{-x^2} dx = -\frac{1}{2}\int_0^1 e^{-x^2} d(x^2)$

$$\xlongequal{x^2=t} -\frac{1}{2}\int_0^1 e^{-t} dt = \frac{1}{2} e^{-t}\Big|_0^1 = \frac{1}{2}(e^{-1} - 1).$$

例2 设 $f(x) = \int_0^x \frac{\sin t}{\pi - t} dt$，求 $\int_0^\pi f(x) dx$.

解 $\int_0^\pi f(x) dx = [xf(x)]\Big|_0^\pi - \int_0^\pi x df(x) = \pi f(\pi) - \int_0^\pi x f'(x) dx = \pi f(\pi) - \int_0^\pi \frac{x \sin x}{\pi - x} dx$

$$= \int_0^\pi \frac{\pi \sin x}{\pi - x} dx - \int_0^\pi \frac{x \sin x}{\pi - x} dx = \int_0^\pi \sin x dx = 2\int_0^{\frac{\pi}{2}} \sin x dx = 2.$$

题型五：定积分性质的使用

例1 (1) 设 $f(x), g(x)$ 在 $[-a, a]$ 上连续，$f(-x) + f(x) = A$ 且 $g(x)$ 为偶函数，证明：
$$\int_{-a}^a f(x) g(x) dx = A\int_0^a g(x) dx;$$

(2) 计算 $\int_{-\pi}^\pi \arctan e^x \cdot \sin^2 x dx$.

解 (1) $\int_{-a}^a f(x) g(x) dx = \int_0^a [f(x) g(x) + f(-x) g(-x)] dx$

$$= \int_0^a [f(x) + f(-x)] g(x) dx = A\int_0^a g(x) dx.$$

(2) 由结论(1) 得 $\int_{-\pi}^\pi \arctan e^x \cdot \sin^2 x dx = \int_0^\pi (\arctan e^x + \arctan e^{-x}) \sin^2 x dx$.

因为 $(\arctan e^x + \arctan e^{-x})' = \frac{e^x}{1+e^{2x}} - \frac{e^{-x}}{1+e^{-2x}} = 0$，所以 $\arctan e^x + \arctan e^{-x} \equiv A$，取 $x = 0$

得 $A = \frac{\pi}{2}$，故

$$\int_{-\pi}^\pi \arctan e^x \cdot \sin^2 x dx = \frac{\pi}{2}\int_0^\pi \sin^2 x dx = \pi\int_0^{\frac{\pi}{2}} \sin^2 x dx = \pi \cdot \frac{1}{2} \cdot \frac{\pi}{2} = \frac{\pi^2}{4}.$$

例2 设 $f(x)$ 在 $[a, b]$ 上连续，且对任意的 $x, y \in [a, b]$ 有
$$|f(x) - f(y)| \leqslant 2|x - y|.$$

证明：$\left|\int_a^b f(x) dx - f(a)(b - a)\right| \leqslant (b - a)^2.$

证明 $\left|\int_a^b f(x) dx - f(a)(b - a)\right| = \left|\int_a^b f(x) dx - \int_a^b f(a) dx\right|$

$$= \left| \int_a^b [f(x) - f(a)] dx \right| \leqslant \int_a^b |f(x) - f(a)| dx$$
$$\leqslant \int_a^b 2(x-a) dx = (x-a)^2 \Big|_a^b = (b-a)^2.$$

例3 设 $I_n = \int_0^{\frac{\pi}{4}} \tan^n x \, dx (n \geqslant 2)$,

(1) 求 $I_n + I_{n+2}$;

(2) 证明: $\dfrac{1}{2(n+1)} < I_n < \dfrac{1}{2(n-1)}$.

解 (1) $I_n + I_{n+2} = \int_0^{\frac{\pi}{4}} \tan^n x (1 + \tan^2 x) dx = \int_0^{\frac{\pi}{4}} \tan^n x \, d(\tan x) = \dfrac{1}{n+1} \tan^{n+1} x \Big|_0^{\frac{\pi}{4}} = \dfrac{1}{n+1}.$

(2) 由 $I_n = \int_0^{\frac{\pi}{4}} \tan^n x \, dx > I_{n+2} = \int_0^{\frac{\pi}{4}} \tan^{n+2} x \, dx$ 得 $\dfrac{1}{n+1} = I_n + I_{n+2} < 2I_n$, 从而 $I_n > \dfrac{1}{2(n+1)}$;

由 $I_n = \int_0^{\frac{\pi}{4}} \tan^n x \, dx < I_{n-2} = \int_0^{\frac{\pi}{4}} \tan^{n-2} x \, dx$ 得 $\dfrac{1}{n-1} = I_n + I_{n-2} > 2I_n$, 从而 $I_n < \dfrac{1}{2(n-1)}$, 故
$$\dfrac{1}{2(n+1)} < I_n < \dfrac{1}{2(n-1)}.$$

例4 设 $f(x)$ 在 $[0,1]$ 上连续, 且单调递减, 又 $0 < \alpha < 1$, 证明: $\int_0^\alpha f(x) dx \geqslant \alpha \int_0^1 f(x) dx$.

证明 **方法一**: $\int_0^\alpha f(x) dx \xrightarrow{x = \alpha t} \int_0^1 f(\alpha t) \alpha \, dt = \alpha \int_0^1 f(\alpha x) dx$, 因为 $\alpha x \leqslant x$ 且 $f(x)$ 单调递减, 所以 $f(\alpha x) \geqslant f(x)$, 于是
$$\int_0^\alpha f(x) dx = \alpha \int_0^1 f(\alpha x) dx \geqslant \alpha \int_0^1 f(x) dx.$$

方法二: $\int_0^\alpha f(x) dx - \alpha \int_0^1 f(x) dx = (1-\alpha) \int_0^\alpha f(x) dx - \alpha \int_\alpha^1 f(x) dx$
$$= (1-\alpha) \alpha f(\xi_1) - \alpha(1-\alpha) f(\xi_2)$$
$$= (1-\alpha) \alpha [f(\xi_1) - f(\xi_2)],$$

其中 $\xi_1 \in [0,\alpha], \xi_2 \in [\alpha,1]$, 因为 $f(x)$ 单调递减且 $\xi_1 \leqslant \xi_2$, 所以 $f(\xi_1) \geqslant f(\xi_2)$, 于是 $\int_0^\alpha f(x) dx - \alpha \int_0^1 f(x) dx \geqslant 0$, 故 $\int_0^\alpha f(x) dx \geqslant \alpha \int_0^1 f(x) dx$.

例5 设 $f(x)$ 在 $[0,a]$ 上可导, $f(0) = 0$, 又 $|f'(x)| \leqslant M$, 证明: $\left| \int_0^a f(x) dx \right| \leqslant \dfrac{M}{2} a^2$.

证明 由拉格朗日中值定理得
$$f(x) = f(x) - f(0) = f'(\xi) x \, (0 < \xi < x), 从而 |f(x)| \leqslant Mx, 于是$$
$$\left| \int_0^a f(x) dx \right| \leqslant \int_0^a |f(x)| dx \leqslant \int_0^a Mx \, dx = \dfrac{M}{2} a^2.$$

例6 设 $f(x)$ 在 $[a,b]$ 上连续且可导, $f(a) = f(b) = 0, a < c < b$, 证明:
$$|f(c)| \leqslant \dfrac{1}{2} \int_a^b |f'(x)| dx.$$

证明 由牛顿-莱布尼茨公式得
$$f(c) - f(a) = f(c) = \int_a^c f'(x) dx, f(b) - f(c) = -f(c) = \int_c^b f'(x) dx,$$

取绝对值得
$$|f(c)| \leqslant \int_a^c |f'(x)| dx, |f(c)| \leqslant \int_c^b |f'(x)| dx,$$

两式相加整理得

$$|f(c)| \leqslant \frac{1}{2}\int_a^b |f'(x)|\,\mathrm{d}x.$$

同济八版教材 ▶ 习题解答

习题 5－3　定积分的换元法和分部积分法

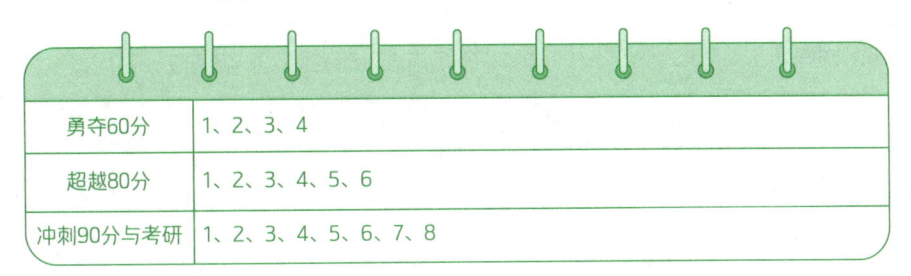

勇夺60分	1、2、3、4
超越80分	1、2、3、4、5、6
冲刺90分与考研	1、2、3、4、5、6、7、8

1. 计算下列定积分：

(1) $\int_{\frac{\pi}{3}}^{\pi} \sin\left(x+\frac{\pi}{3}\right)\mathrm{d}x$；

(2) $\int_{-2}^{1} \frac{\mathrm{d}x}{(11+5x)^3}$；

(3) $\int_{0}^{\frac{\pi}{2}} \sin\varphi \cos^3\varphi\,\mathrm{d}\varphi$；

(4) $\int_{0}^{\pi} (1-\sin^3\theta)\,\mathrm{d}\theta$；

(5) $\int_{\frac{\pi}{6}}^{\frac{\pi}{2}} \cos^2 u\,\mathrm{d}u$；

(6) $\int_{0}^{\sqrt{2}} \sqrt{2-x^2}\,\mathrm{d}x$；

(7) $\int_{-\sqrt{2}}^{\sqrt{2}} \sqrt{8-2y^2}\,\mathrm{d}y$；

(8) $\int_{\frac{1}{\sqrt{2}}}^{1} \frac{\sqrt{1-x^2}}{x^2}\,\mathrm{d}x$；

(9) $\int_{0}^{a} x^2 \sqrt{a^2-x^2}\,\mathrm{d}x\,(a>0)$；

(10) $\int_{1}^{\sqrt{3}} \frac{\mathrm{d}x}{x^2 \sqrt{1+x^2}}$；

(11) $\int_{-1}^{1} \frac{x\,\mathrm{d}x}{\sqrt{5-4x}}$；

(12) $\int_{1}^{4} \frac{\mathrm{d}x}{1+\sqrt{x}}$；

(13) $\int_{\frac{3}{4}}^{1} \frac{\mathrm{d}x}{\sqrt{1-x}-1}$；

(14) $\int_{0}^{\sqrt{2}a} \frac{x\,\mathrm{d}x}{\sqrt{3a^2-x^2}}\,(a>0)$；

(15) $\int_{0}^{1} t\mathrm{e}^{-\frac{t^2}{2}}\,\mathrm{d}t$；

(16) $\int_{1}^{\mathrm{e}^2} \frac{\mathrm{d}x}{x\sqrt{1+\ln x}}$；

(17) $\int_{-2}^{0} \frac{(x+2)\mathrm{d}x}{x^2+2x+2}$；

(18) $\int_{0}^{2} \frac{x\,\mathrm{d}x}{(x^2-2x+2)^2}$；

(19) $\int_{-\pi}^{\pi} x^4 \sin x\,\mathrm{d}x$；

(20) $\int_{-\frac{\pi}{2}}^{\frac{\pi}{2}} 4\cos^4\theta\,\mathrm{d}\theta$；

(21) $\int_{-\frac{1}{2}}^{\frac{1}{2}} \frac{(\arcsin x)^2}{\sqrt{1-x^2}}\,\mathrm{d}x$；

(22) $\int_{-5}^{5} \frac{x^3 \sin^2 x}{x^4+2x^2+1}\,\mathrm{d}x$；

(23) $\int_{-\frac{\pi}{2}}^{\frac{\pi}{2}} \cos x\cos 2x\,\mathrm{d}x$；

(24) $\int_{-\frac{\pi}{2}}^{\frac{\pi}{2}} \sqrt{\cos x-\cos^3 x}\,\mathrm{d}x$；

(25) $\int_{0}^{\pi} \sqrt{1+\cos 2x}\,\mathrm{d}x$；

(26) $\int_{0}^{2\pi} |\sin(x+1)|\,\mathrm{d}x$.

解 (1) $\int_{\frac{\pi}{3}}^{\pi} \sin\left(x+\frac{\pi}{3}\right)\mathrm{d}x = \int_{\frac{\pi}{3}}^{\pi} \sin\left(x+\frac{\pi}{3}\right)\mathrm{d}\left(x+\frac{\pi}{3}\right) = -\cos\left(x+\frac{\pi}{3}\right)\bigg|_{\frac{\pi}{3}}^{\pi} = 0.$

(2) $\int_{-2}^{1} \frac{\mathrm{d}x}{(11+5x)^3} = \frac{1}{5}\int_{-2}^{1} \frac{\mathrm{d}(11+5x)}{(11+5x)^3} = -\frac{1}{10}\cdot\frac{1}{(11+5x)^2}\bigg|_{-2}^{1} = \frac{51}{512}.$

(3) $\int_{0}^{\frac{\pi}{2}} \sin\varphi\cos^3\varphi\,\mathrm{d}\varphi = -\int_{0}^{\frac{\pi}{2}} \cos^3\varphi\,\mathrm{d}(\cos\varphi) = -\frac{1}{4}\cos^4\varphi\bigg|_{0}^{\frac{\pi}{2}} = \frac{1}{4}.$

(4) 方法一：$\int_0^\pi (1-\sin^3\theta)\,d\theta = \pi - 2\int_0^{\frac{\pi}{2}} \sin^3\theta\,d\theta = \pi - 2\cdot\frac{2}{3}\cdot 1 = \pi - \frac{4}{3}.$

方法二：$\int_0^\pi (1-\sin^3\theta)\,d\theta = \pi - \int_0^\pi \sin^3\theta\,d\theta = \pi + \int_0^\pi (1-\cos^2\theta)\,d(\cos\theta)$

$$= \pi + \left(\cos\theta - \frac{1}{3}\cos^3\theta\right)\bigg|_0^\pi = \pi - \frac{4}{3}.$$

(5) $\int_{\frac{\pi}{6}}^{\frac{\pi}{2}} \cos^2 u\,du = \frac{1}{2}\int_{\frac{\pi}{6}}^{\frac{\pi}{2}} (1+\cos 2u)\,du = \frac{1}{2}\left(u + \frac{1}{2}\sin 2u\right)\bigg|_{\frac{\pi}{6}}^{\frac{\pi}{2}} = \frac{\pi}{6} - \frac{\sqrt{3}}{8}.$

(6) $\int_0^{\sqrt{2}} \sqrt{2-x^2}\,dx \xrightarrow{x=\sqrt{2}\sin t} \int_0^{\frac{\pi}{2}} \sqrt{2}\cos t\cdot\sqrt{2}\cos t\,dt = 2\int_0^{\frac{\pi}{2}} \cos^2 t\,dt = 2\cdot\frac{1}{2}\cdot\frac{\pi}{2} = \frac{\pi}{2}.$

(7) $\int_{-\sqrt{2}}^{\sqrt{2}} \sqrt{8-2y^2}\,dy = 2\int_0^{\sqrt{2}} \sqrt{8-2y^2}\,dy = 2\sqrt{2}\int_0^{\sqrt{2}} \sqrt{4-y^2}\,dy$

$$\xrightarrow{y=2\sin t} 2\sqrt{2}\int_0^{\frac{\pi}{4}} 2\cos t\cdot 2\cos t\,dt = 8\sqrt{2}\int_0^{\frac{\pi}{4}} \cos^2 t\,dt$$

$$= 4\sqrt{2}\int_0^{\frac{\pi}{4}} (1+\cos 2t)\,dt = 2\sqrt{2}\int_0^{\frac{\pi}{4}} (1+\cos 2t)\,d(2t)$$

$$\xrightarrow{2t=u} 2\sqrt{2}\int_0^{\frac{\pi}{2}} (1+\cos u)\,du = 2\sqrt{2}\left(\frac{\pi}{2}+1\right) = \sqrt{2}(\pi+2).$$

(8) $\int_{\frac{1}{\sqrt{2}}}^1 \frac{\sqrt{1-x^2}}{x^2}\,dx \xrightarrow{x=\sin t} \int_{\frac{\pi}{4}}^{\frac{\pi}{2}} \frac{\cos t}{\sin^2 t}\cdot\cos t\,dt = \int_{\frac{\pi}{4}}^{\frac{\pi}{2}} (\csc^2 t - 1)\,dt = -\cot t\bigg|_{\frac{\pi}{4}}^{\frac{\pi}{2}} - \frac{\pi}{4} = 1 - \frac{\pi}{4}.$

(9) $\int_0^a x^2\sqrt{a^2-x^2}\,dx \xrightarrow{x=a\sin t} \int_0^{\frac{\pi}{2}} a^2\sin^2 t\cdot a\cos t\cdot a\cos t\,dt = a^4\int_0^{\frac{\pi}{2}} \sin^2 t\cdot(1-\sin^2 t)\,dt$

$$= a^4(I_2 - I_4)\left(\text{其中 } I_2 = \int_0^{\frac{\pi}{2}} \sin^2 t\,dt,\ I_4 = \int_0^{\frac{\pi}{2}} \sin^4 t\,dt\right)$$

$$= a^4\left(\frac{1}{2}\cdot\frac{\pi}{2} - \frac{3}{4}\cdot\frac{1}{2}\cdot\frac{\pi}{2}\right) = \frac{\pi a^4}{16}.$$

(10) 方法一：$\int_1^{\sqrt{3}} \frac{dx}{x^2\sqrt{1+x^2}} \xrightarrow{x=\tan t} \int_{\frac{\pi}{4}}^{\frac{\pi}{3}} \frac{\sec^2 t}{\tan^2 t\sec t}\,dt = \int_{\frac{\pi}{4}}^{\frac{\pi}{3}} \frac{\cos t}{\sin^2 t}\,dt = -\frac{1}{\sin t}\bigg|_{\frac{\pi}{4}}^{\frac{\pi}{3}}$

$$= \sqrt{2} - \frac{2\sqrt{3}}{3}.$$

方法二：$\int_1^{\sqrt{3}} \frac{dx}{x^2\sqrt{1+x^2}} \xrightarrow{x=\frac{1}{t}} -\int_1^{\frac{1}{\sqrt{3}}} \frac{t\,dt}{\sqrt{1+t^2}} = -\sqrt{1+t^2}\bigg|_1^{\frac{1}{\sqrt{3}}} = \sqrt{2} - \frac{2\sqrt{3}}{3}.$

(11) $\int_{-1}^1 \frac{x\,dx}{\sqrt{5-4x}} = \frac{1}{16}\int_{-1}^1 \frac{[(5-4x)-5]\,d(5-4x)}{\sqrt{5-4x}} \xrightarrow{5-4x=t} \frac{1}{16}\int_9^1 \frac{(t-5)\,dt}{\sqrt{t}}$

$$= -\frac{1}{16}\int_1^9 t^{\frac{1}{2}}\,dt + \frac{5}{8}\int_1^9 \frac{dt}{2\sqrt{t}} = -\frac{1}{24}t^{\frac{3}{2}}\bigg|_1^9 + \frac{5}{8}\sqrt{t}\bigg|_1^9 = \frac{1}{6}.$$

(12) $\int_1^4 \frac{dx}{1+\sqrt{x}} \xrightarrow{\sqrt{x}=t} 2\int_1^2 \frac{t}{1+t}\,dt = 2\int_1^2 \left(1 - \frac{1}{1+t}\right)dt = 2 - 2\ln(1+t)\bigg|_1^2 = 2 - 2\ln\frac{3}{2}.$

(13) $\int_{\frac{3}{4}}^1 \frac{dx}{\sqrt{1-x}-1} \xrightarrow{\sqrt{1-x}=t} \int_{\frac{1}{2}}^0 \frac{-2t\,dt}{t-1} = 2\int_0^{\frac{1}{2}} \left(1 + \frac{1}{t-1}\right)dt = 1 + 2\ln|t-1|\bigg|_0^{\frac{1}{2}}$

$$= 1 - 2\ln 2.$$

(14) $\int_0^{\sqrt{2}a} \frac{x\,dx}{\sqrt{3a^2-x^2}} = -\int_0^{\sqrt{2}a} \frac{d(3a^2-x^2)}{2\sqrt{3a^2-x^2}} = -\sqrt{3a^2-x^2}\bigg|_0^{\sqrt{2}a} = (\sqrt{3}-1)a.$

(15) $\int_0^1 t e^{-\frac{t^2}{2}}\,dt = -\int_0^1 e^{-\frac{t^2}{2}}\,d\left(-\frac{t^2}{2}\right) = -e^{-\frac{t^2}{2}}\bigg|_0^1 = 1 - e^{-\frac{1}{2}}.$

(16) $\int_1^{e^2} \dfrac{dx}{x\sqrt{1+\ln x}} = 2\int_1^{e^2} \dfrac{d(1+\ln x)}{2\sqrt{1+\ln x}} = 2\sqrt{1+\ln x}\Big|_1^{e^2} = 2(\sqrt{3}-1).$

(17) $\int_{-2}^0 \dfrac{(x+2)dx}{x^2+2x+2} = \int_{-2}^0 \dfrac{[(x+1)+1]d(x+1)}{(x+1)^2+1} = \int_{-1}^1 \dfrac{(x+1)dx}{1+x^2} = \int_{-1}^1 \dfrac{dx}{1+x^2}$

$= 2\int_0^1 \dfrac{dx}{1+x^2} = 2\arctan x\Big|_0^1 = \dfrac{\pi}{2}.$

(18) $\int_0^2 \dfrac{x\,dx}{(x^2-2x+2)^2} = \int_0^2 \dfrac{[(x-1)+1]d(x-1)}{[(x-1)^2+1]^2} = \int_{-1}^1 \dfrac{(x+1)dx}{(x^2+1)^2} = \int_{-1}^1 \dfrac{dx}{(x^2+1)^2}$

$= 2\int_0^1 \dfrac{dx}{(x^2+1)^2} \xlongequal{x=\tan t} 2\int_0^{\pi/4} \dfrac{\sec^2 t\,dt}{\sec^4 t} = 2\int_0^{\pi/4} \cos^2 t\,dt$

$= \int_0^{\pi/4}(1+\cos 2t)dt = \dfrac{\pi}{4} + \dfrac{1}{2}\sin 2t\Big|_0^{\pi/4} = \dfrac{\pi}{4} + \dfrac{1}{2}.$

(19) 因为 $x^4\sin x$ 为奇函数,所以 $\int_{-\pi}^{\pi} x^4\sin x\,dx = 0.$

(20) $\int_{-\pi/2}^{\pi/2} 4\cos^4\theta\,d\theta = 8\int_0^{\pi/2}\cos^4\theta\,d\theta = 8\times\dfrac{3}{4}\times\dfrac{1}{2}\times\dfrac{\pi}{2} = \dfrac{3\pi}{2}.$

(21) $\int_{-1/2}^{1/2} \dfrac{(\arcsin x)^2}{\sqrt{1-x^2}}dx = 2\int_0^{1/2} \dfrac{(\arcsin x)^2}{\sqrt{1-x^2}}dx = 2\int_0^{1/2}(\arcsin x)^2 d(\arcsin x)$

$= \dfrac{2}{3}(\arcsin x)^3\Big|_0^{1/2} = \dfrac{\pi^3}{324}.$

(22) 因为 $\dfrac{x^3\sin^2 x}{x^4+2x^2+1}$ 为奇函数,所以 $\int_{-5}^{5} \dfrac{x^3\sin^2 x}{x^4+2x^2+1}dx = 0.$

(23) $\int_{-\pi/2}^{\pi/2}\cos x\cos 2x\,dx = 2\int_0^{\pi/2}\cos x\cos 2x\,dx = 2\int_0^{\pi/2}\cos x(2\cos^2 x - 1)dx$

$= 4\int_0^{\pi/2}\cos^3 x\,dx - 2\int_0^{\pi/2}\cos x\,dx = 4\times\dfrac{2}{3} - 2\times 1 = \dfrac{2}{3}.$

(24) $\int_{-\pi/2}^{\pi/2}\sqrt{\cos x - \cos^3 x}\,dx = 2\int_0^{\pi/2}\sqrt{\cos x - \cos^3 x}\,dx = 2\int_0^{\pi/2}\sqrt{\cos x}\sin x\,dx$

$= -2\int_0^{\pi/2}\sqrt{\cos x}\,d(\cos x) = -\dfrac{4}{3}\cos^{3/2} x\Big|_0^{\pi/2} = \dfrac{4}{3}.$

(25) $\int_0^{\pi}\sqrt{1+\cos 2x}\,dx = \sqrt{2}\int_0^{\pi}|\cos x|\,dx = 2\sqrt{2}\int_0^{\pi/2}\cos x\,dx = 2\sqrt{2}.$

(26) $\int_0^{2\pi}|\sin(x+1)|\,dx = \int_0^{2\pi}|\sin(x+1)|\,d(x+1) = \int_1^{2\pi+1}|\sin x|\,dx$

$= 2\int_0^{\pi}\sin x\,dx = 4\int_0^{\pi/2}\sin x\,dx = 4.$

2. 设 $f(x)$ 在 $[a,b]$ 上连续,证明:$\int_a^b f(x)dx = \int_a^b f(a+b-x)dx.$

证明 $\int_a^b f(x)dx \xlongequal{x=a+b-t} \int_b^a f(a+b-t)(-dt) = \int_a^b f(a+b-t)dt$

$= \int_a^b f(a+b-x)dx.$

3. 证明:$\int_x^1 \dfrac{dt}{1+t^2} = \int_1^{1/x} \dfrac{dt}{1+t^2}\ (x>0).$

证明 $\int_x^1 \dfrac{dt}{1+t^2} \xlongequal{u=\frac{1}{t}} -\int_{1/x}^1 \dfrac{du}{1+u^2} = \int_1^{1/x} \dfrac{du}{1+u^2} = \int_1^{1/x} \dfrac{dt}{1+t^2}.$

4. 证明：$\int_0^1 x^m(1-x)^n \mathrm{d}x = \int_0^1 x^n(1-x)^m \mathrm{d}x \, (m,n \in \mathbf{N})$.

证明 $\int_0^1 x^m(1-x)^n \mathrm{d}x \xrightarrow{x=1-t} \int_1^0 (1-t)^m t^n (-\mathrm{d}t) = \int_0^1 t^n(1-t)^m \mathrm{d}t = \int_0^1 x^n(1-x)^m \mathrm{d}x$.

5. 设 $f(x)$ 在 $[0,1]$ 上连续，$n \in \mathbf{Z}$，证明：

$$\int_{\frac{n}{2}\pi}^{\frac{n+1}{2}\pi} f(|\sin x|)\mathrm{d}x = \int_{\frac{n}{2}\pi}^{\frac{n+1}{2}\pi} f(|\cos x|)\mathrm{d}x = \int_0^{\frac{\pi}{2}} f(\sin x)\mathrm{d}x.$$

证明 $\int_{\frac{n}{2}\pi}^{\frac{n+1}{2}\pi} f(|\sin x|)\mathrm{d}x \xrightarrow{x - \frac{n}{2}\pi = t} \int_0^{\frac{\pi}{2}} f\left(\left|\sin\left(t + \frac{n}{2}\pi\right)\right|\right) \mathrm{d}t = \begin{cases} \int_0^{\frac{\pi}{2}} f(\sin t)\mathrm{d}t, & n \text{ 为偶数}, \\ \int_0^{\frac{\pi}{2}} f(\cos t)\mathrm{d}t, & n \text{ 为奇数}. \end{cases}$

$\int_{\frac{n}{2}\pi}^{\frac{n+1}{2}\pi} f(|\cos x|)\mathrm{d}x \xrightarrow{x - \frac{n}{2}\pi = t} \int_0^{\frac{\pi}{2}} f\left(\left|\cos\left(t + \frac{n}{2}\pi\right)\right|\right) \mathrm{d}t = \begin{cases} \int_0^{\frac{\pi}{2}} f(\cos t)\mathrm{d}t, & n \text{ 为偶数}, \\ \int_0^{\frac{\pi}{2}} f(\sin t)\mathrm{d}t, & n \text{ 为奇数}. \end{cases}$

因为 $\int_0^{\frac{\pi}{2}} f(\sin x)\mathrm{d}x = \int_0^{\frac{\pi}{2}} f(\cos x)\mathrm{d}x$，所以

$$\int_{\frac{n}{2}\pi}^{\frac{n+1}{2}\pi} f(|\sin x|)\mathrm{d}x = \int_{\frac{n}{2}\pi}^{\frac{n+1}{2}\pi} f(|\cos x|)\mathrm{d}x = \int_0^{\frac{\pi}{2}} f(\sin x)\mathrm{d}x.$$

6. 若 $f(t)$ 是连续的奇函数，证明 $\int_0^x f(t)\mathrm{d}t$ 是偶函数；若 $f(x)$ 为连续的偶函数，证明 $\int_0^x f(t)\mathrm{d}t$ 是奇函数.

证明 令 $F(x) = \int_0^x f(t)\mathrm{d}t$，当 $f(-x) = -f(x)$ 时，

$F(-x) = \int_0^{-x} f(t)\mathrm{d}t \xrightarrow{t=-u} \int_0^x f(-u)(-\mathrm{d}u) = \int_0^x f(u)\mathrm{d}u = F(x)$，即 $F(x)$ 为偶函数；

当 $f(-x) = f(x)$ 时，

$F(-x) = \int_0^{-x} f(t)\mathrm{d}t \xrightarrow{t=-u} \int_0^x f(-u)(-\mathrm{d}u) = -\int_0^x f(u)\mathrm{d}u = -F(x)$，即 $F(x)$ 为奇函数.

7. 设 $x = \varphi(y)$ 是单调函数 $y = x\mathrm{e}^{x^2}$ 的反函数，求 $\int_0^e \varphi(y)\mathrm{d}y$.

解 当 $y = 0$ 时，$x = 0$；当 $y = e$ 时，$x = 1$，由 $\int_0^1 x\mathrm{e}^{x^2}\mathrm{d}x + \int_0^e \varphi(y)\mathrm{d}y = e$ 得

$$\int_0^e \varphi(y)\mathrm{d}y = e - \int_0^1 x\mathrm{e}^{x^2}\mathrm{d}x = e - \left(\frac{1}{2}\mathrm{e}^{x^2}\right)\bigg|_0^1 = \frac{e+1}{2}.$$

8. 计算下列定积分：

(1) $\int_0^1 x\mathrm{e}^{-x}\mathrm{d}x$；

(2) $\int_1^e x\ln x \,\mathrm{d}x$；

(3) $\int_0^{\frac{2\pi}{\omega}} t\sin\omega t \,\mathrm{d}t \,(\omega \text{ 为常数})$；

(4) $\int_{\frac{\pi}{4}}^{\frac{\pi}{3}} \frac{x}{\sin^2 x} \mathrm{d}x$；

(5) $\int_1^4 \frac{\ln x}{\sqrt{x}}\mathrm{d}x$；

(6) $\int_0^1 x\arctan x \,\mathrm{d}x$；

(7) $\int_0^{\frac{\pi}{2}} \mathrm{e}^{2x}\cos x \,\mathrm{d}x$；

(8) $\int_1^2 x\log_2 x \,\mathrm{d}x$；

(9) $\int_0^\pi (x\sin x)^2 \mathrm{d}x$；

(10) $\int_1^e \sin(\ln x)\mathrm{d}x$；

(11) $\int_{\frac{1}{e}}^e |\ln x| \,\mathrm{d}x$；

(12) $\int_0^1 (1-x^2)^{\frac{m}{2}}\mathrm{d}x \,(m \in \mathbf{N}_+)$；

(13) $J_m = \int_0^\pi x\sin^m x\,dx\ (m\in \mathbf{N}_+)$.

解 (1) $\int_0^1 x\mathrm{e}^{-x}\,dx = -\int_0^1 x\,d(\mathrm{e}^{-x}) = -x\mathrm{e}^{-x}\Big|_0^1 + \int_0^1 \mathrm{e}^{-x}\,dx = -\mathrm{e}^{-1} + (-\mathrm{e}^{-x})\Big|_0^1 = 1 - \dfrac{2}{\mathrm{e}}$.

(2) $\int_1^{\mathrm{e}} x\ln x\,dx = \dfrac{1}{2}\int_1^{\mathrm{e}} \ln x\,d(x^2) = \left(\dfrac{1}{2}x^2\ln x\right)\Big|_1^{\mathrm{e}} - \dfrac{1}{2}\int_1^{\mathrm{e}} x\,dx = \dfrac{\mathrm{e}^2}{2} - \dfrac{1}{4}x^2\Big|_1^{\mathrm{e}} = \dfrac{\mathrm{e}^2+1}{4}$.

(3) $\int_0^{\frac{2\pi}{\omega}} t\sin \omega t\,dt = \dfrac{1}{\omega^2}\int_0^{\frac{2\pi}{\omega}} \omega t\sin \omega t\,d(\omega t) = \dfrac{1}{\omega^2}\int_0^{2\pi} t\sin t\,dt = -\dfrac{1}{\omega^2}\int_0^{2\pi} t\,d(\cos t)$
$= -\dfrac{1}{\omega^2}(t\cos t)\Big|_0^{2\pi} + \dfrac{1}{\omega^2}\int_0^{2\pi} \cos t\,dt = -\dfrac{2\pi}{\omega^2}$.

(4) $\int_{\frac{\pi}{4}}^{\frac{\pi}{3}} \dfrac{x}{\sin^2 x}\,dx = -\int_{\frac{\pi}{4}}^{\frac{\pi}{3}} x\,d(\cot x) = -(x\cot x)\Big|_{\frac{\pi}{4}}^{\frac{\pi}{3}} + \int_{\frac{\pi}{4}}^{\frac{\pi}{3}} \cot x\,dx$
$= -\dfrac{\pi}{3\sqrt{3}} + \dfrac{\pi}{4} + \ln\sin x\Big|_{\frac{\pi}{4}}^{\frac{\pi}{3}} = \left(\dfrac{1}{4} - \dfrac{1}{3\sqrt{3}}\right)\pi + \dfrac{1}{2}\ln\dfrac{3}{2}$.

(5) $\int_1^4 \dfrac{\ln x}{\sqrt{x}}\,dx = 2\int_1^4 \ln x\,d(\sqrt{x}) = (2\sqrt{x}\ln x)\Big|_1^4 - 2\int_1^4 \dfrac{1}{\sqrt{x}}\,dx = 8\ln 2 - 4\sqrt{x}\Big|_1^4 = 8\ln 2 - 4$.

(6) $\int_0^1 x\arctan x\,dx = \dfrac{1}{2}\int_0^1 \arctan x\,d(x^2) = \left(\dfrac{x^2}{2}\arctan x\right)\Big|_0^1 - \dfrac{1}{2}\int_0^1 \dfrac{x^2}{1+x^2}\,dx$
$= \dfrac{\pi}{8} - \dfrac{1}{2}\int_0^1 \left(1 - \dfrac{1}{1+x^2}\right)dx = \dfrac{\pi}{8} - \dfrac{1}{2} + \dfrac{1}{2}\arctan x\Big|_0^1 = \dfrac{\pi}{4} - \dfrac{1}{2}$.

(7) 令 $I = \int_0^{\frac{\pi}{2}} \mathrm{e}^{2x}\cos x\,dx$,则
$I = \int_0^{\frac{\pi}{2}} \mathrm{e}^{2x}\,d(\sin x) = (\mathrm{e}^{2x}\sin x)\Big|_0^{\frac{\pi}{2}} - 2\int_0^{\frac{\pi}{2}} \mathrm{e}^{2x}\sin x\,dx = \mathrm{e}^\pi + 2\int_0^{\frac{\pi}{2}} \mathrm{e}^{2x}\,d(\cos x)$
$= \mathrm{e}^\pi + (2\mathrm{e}^{2x}\cos x)\Big|_0^{\frac{\pi}{2}} - 4\int_0^{\frac{\pi}{2}} \mathrm{e}^{2x}\cos x\,dx = \mathrm{e}^\pi - 2 - 4I$,

则 $\int_0^{\frac{\pi}{2}} \mathrm{e}^{2x}\cos x\,dx = \dfrac{\mathrm{e}^\pi - 2}{5}$.

(8) $\int_1^2 x\log_2 x\,dx = \dfrac{1}{2}\int_1^2 \log_2 x\,d(x^2) = \left(\dfrac{x^2}{2}\log_2 x\right)\Big|_1^2 - \dfrac{1}{2}\int_1^2 \dfrac{x^2}{x\ln 2}\,dx = 2 - \dfrac{1}{4\ln 2}x^2\Big|_1^2 = 2 - \dfrac{3}{4\ln 2}$.

(9) $\int_0^\pi (x\sin x)^2\,dx = \dfrac{1}{2}\int_0^\pi x^2(1 - \cos 2x)\,dx = \dfrac{\pi^3}{6} - \dfrac{1}{4}\int_0^\pi x^2\,d(\sin 2x)$
$= \dfrac{\pi^3}{6} - \left(\dfrac{x^2}{4}\sin 2x\right)\Big|_0^\pi + \dfrac{1}{2}\int_0^\pi x\sin 2x\,dx = \dfrac{\pi^3}{6} - \dfrac{1}{4}\int_0^\pi x\,d(\cos 2x)$
$= \dfrac{\pi^3}{6} - \left(\dfrac{x}{4}\cos 2x\right)\Big|_0^\pi + \dfrac{1}{4}\int_0^\pi \cos 2x\,dx = \dfrac{\pi^3}{6} - \dfrac{\pi}{4} + \dfrac{1}{8}\sin 2x\Big|_0^\pi = \dfrac{\pi^3}{6} - \dfrac{\pi}{4}$.

(10) $\int_1^{\mathrm{e}} \sin(\ln x)\,dx \xrightarrow{\ln x = t} \int_0^1 \mathrm{e}^t\sin t\,dt$,令 $I = \int_0^1 \mathrm{e}^t\sin t$,则
$I = -\int_0^1 \mathrm{e}^t\,d(\cos t) = -(\mathrm{e}^t\cos t)\Big|_0^1 + \int_0^1 \mathrm{e}^t\cos t\,dt = -\mathrm{e}\cos 1 + 1 + \int_0^1 \mathrm{e}^t\,d(\sin t)$
$= -\mathrm{e}\cos 1 + 1 + (\mathrm{e}^t\sin t)\Big|_0^1 - \int_0^1 \mathrm{e}^t\sin t\,dt = \mathrm{e}(\sin 1 - \cos 1) + 1 - I$,

则 $\int_1^{\mathrm{e}} \sin(\ln x)\,dx = \dfrac{\mathrm{e}}{2}(\sin 1 - \cos 1) + \dfrac{1}{2}$.

(11) $\int_{\frac{1}{\mathrm{e}}}^{\mathrm{e}} |\ln x|\,dx = -\int_{\frac{1}{\mathrm{e}}}^1 \ln x\,dx + \int_1^{\mathrm{e}} \ln x\,dx = -(x\ln x)\Big|_{\frac{1}{\mathrm{e}}}^1 + \int_{\frac{1}{\mathrm{e}}}^1 dx + (x\ln x)\Big|_1^{\mathrm{e}} - \int_1^{\mathrm{e}} dx$

$$= 2 - \frac{2}{e}.$$

(12) $\int_0^1 (1-x^2)^{\frac{m}{2}} dx \xrightarrow{x=\sin t} \int_0^{\frac{\pi}{2}} \cos^m t \cdot \cos t \, dt = \int_0^{\frac{\pi}{2}} \cos^{m+1} t \, dt$

$$= \begin{cases} \dfrac{m}{m+1} \cdot \dfrac{m-2}{m-1} \cdot \cdots \cdot \dfrac{1}{2} \cdot \dfrac{\pi}{2}, & m \text{ 为奇数}, \\ \dfrac{m}{m+1} \cdot \dfrac{m-2}{m-1} \cdot \cdots \cdot \dfrac{2}{3}, & m \text{ 为偶数}. \end{cases}$$

(13) $J_m = \int_0^\pi x \sin^m x \, dx = \dfrac{\pi}{2} \int_0^\pi \sin^m x \, dx = \pi \int_0^{\frac{\pi}{2}} \sin^m x \, dx$

$$= \begin{cases} \dfrac{m-1}{m} \cdot \dfrac{m-3}{m-2} \cdot \cdots \cdot \dfrac{2}{3} \cdot \pi, & m \text{ 为大于 1 的奇数}, \\ \dfrac{m-1}{m} \cdot \dfrac{m-3}{m-2} \cdot \cdots \cdot \dfrac{1}{2} \cdot \dfrac{\pi^2}{2}, & m \text{ 为偶数}. \end{cases}$$

第四节 反 常 积 分

▶ 期末高分必备知识

一、区间无限的反常积分的定义

1. 右侧区间无限的反常积分的定义：设 $f(x)$ 在 $[a, +\infty)$ 上连续，对任意的 $b > a$，

$$\int_a^b f(x) dx = F(b) - F(a).$$

若 $\lim\limits_{b \to +\infty} [F(b) - F(a)] = A$，称反常积分 $\int_a^{+\infty} f(x) dx$ 收敛于 A，记为 $\int_a^{+\infty} f(x) dx = A$；

若 $\lim\limits_{b \to +\infty} [F(b) - F(a)]$ 不存在，称反常积分 $\int_a^{+\infty} f(x) dx$ 发散.

2. 左侧区间无限的反常积分的定义：设 $f(x)$ 在 $(-\infty, a]$ 上连续，对任意的 $b < a$，

$$\int_b^a f(x) dx = F(a) - F(b).$$

若 $\lim\limits_{b \to -\infty} [F(a) - F(b)] = A$，称反常积分 $\int_{-\infty}^a f(x) dx$ 收敛于 A，记为 $\int_{-\infty}^a f(x) dx = A$；

若 $\lim\limits_{b \to -\infty} [F(a) - F(b)]$ 不存在，称反常积分 $\int_{-\infty}^a f(x) dx$ 发散.

3. 双侧区间无限的反常积分的定义：设函数 $f(x)$ 在 $C(-\infty, +\infty)$ 上连续，若反常积分 $\int_{-\infty}^0 f(x) dx$ 与 $\int_0^{+\infty} f(x) dx$ 都收敛，则反常积分 $\int_{-\infty}^{+\infty} f(x) dx$ 收敛，且

$$\int_{-\infty}^{+\infty} f(x) dx = \int_{-\infty}^0 f(x) dx + \int_0^{+\infty} f(x) dx.$$

二、区间有限函数无界的反常积分的定义

1. 左端点无界的反常积分的定义：设函数 $f(x)$ 在 $(a, b]$ 上连续且 $f(a+0) = \infty$，对任意的 $\varepsilon > 0$，

$$\int_{a+\varepsilon}^b f(x) dx = F(b) - F(a+\varepsilon).$$

若 $\lim\limits_{\varepsilon \to 0^+} [F(b) - F(a+\varepsilon)] = A$，称反常积分 $\int_a^b f(x) dx$ 收敛于 A，记为 $\int_a^b f(x) dx = A$；

若 $\lim\limits_{\varepsilon \to 0^+} [F(b) - F(a+\varepsilon)]$ 不存在，称反常积分 $\int_a^b f(x) dx$ 发散.

2.右端点无界的反常积分的定义:设函数 $f(x)$ 在 $[a,b)$ 上连续且 $f(b-0)=\infty$,对任意的 $\varepsilon>0$,

$$\int_a^{b-\varepsilon} f(x)\mathrm{d}x = F(b-\varepsilon)-F(a).$$

若 $\lim\limits_{\varepsilon \to 0^+}[F(b-\varepsilon)-F(a)]=A$,称反常积分 $\int_a^b f(x)\mathrm{d}x$ 收敛于 A,记为 $\int_a^b f(x)\mathrm{d}x = A$;

若 $\lim\limits_{\varepsilon \to 0^+}[F(b-\varepsilon)-F(a)]$ 不存在,称反常积分 $\int_a^b f(x)\mathrm{d}x$ 发散.

3.内点无界的反常积分的定义:设 $f(x)$ 在 $[a,c)\cup(c,b]$ 上连续且 $\lim\limits_{x\to c}f(x)=\infty$,若反常积分 $\int_a^c f(x)\mathrm{d}x$ 与 $\int_c^b f(x)\mathrm{d}x$ 都收敛,则 $\int_a^b f(x)\mathrm{d}x$ 收敛,且

$$\int_a^b f(x)\mathrm{d}x = \int_a^c f(x)\mathrm{d}x + \int_c^b f(x)\mathrm{d}x.$$

▶ **60分必会题型**

题型一:无限区间反常积分的计算

例 计算下列反常积分:

(1) $\int_1^{+\infty} \dfrac{\arctan x}{x^2}\mathrm{d}x$;   (2) $\int_0^{+\infty} \dfrac{\mathrm{d}x}{x^2+2x+2}$.

解 (1) $\int_1^b \dfrac{\arctan x}{x^2}\mathrm{d}x = -\int_1^b \arctan x\,\mathrm{d}\left(\dfrac{1}{x}\right) = -\dfrac{\arctan x}{x}\bigg|_1^b + \int_1^b \dfrac{1}{x(1+x^2)}\mathrm{d}x$

$= -\dfrac{\arctan b}{b} + \dfrac{\pi}{4} + \int_1^b \dfrac{x}{x^2(1+x^2)}\mathrm{d}x$

$= -\dfrac{\arctan b}{b} + \dfrac{\pi}{4} + \dfrac{1}{2}\int_1^b \dfrac{\mathrm{d}(x^2)}{x^2(1+x^2)}$

$= -\dfrac{\arctan b}{b} + \dfrac{\pi}{4} + \dfrac{1}{2}\ln\dfrac{x^2}{1+x^2}\bigg|_1^b$

$= -\dfrac{\arctan b}{b} + \dfrac{\pi}{4} + \dfrac{1}{2}\left(\ln\dfrac{b^2}{1+b^2} - \ln\dfrac{1}{2}\right).$

因为 $\lim\limits_{b\to+\infty}\left[-\dfrac{\arctan b}{b}+\dfrac{\pi}{4}+\dfrac{1}{2}\left(\ln\dfrac{b^2}{1+b^2}-\ln\dfrac{1}{2}\right)\right] = \dfrac{\pi}{4}+\dfrac{1}{2}\ln 2$,所以

$$\int_1^{+\infty}\dfrac{\arctan x}{x^2}\mathrm{d}x = \dfrac{\pi}{4}+\dfrac{1}{2}\ln 2.$$

(2) $\int_0^b \dfrac{\mathrm{d}x}{x^2+2x+2} = \int_0^b \dfrac{\mathrm{d}(x+1)}{1+(x+1)^2} = \arctan(x+1)\bigg|_0^b = \arctan(b+1)-\dfrac{\pi}{4}.$

因为 $\lim\limits_{b\to+\infty}\left[\arctan(b+1)-\dfrac{\pi}{4}\right] = \dfrac{\pi}{4}$,所以 $\int_0^{+\infty}\dfrac{\mathrm{d}x}{x^2+2x+2}=\dfrac{\pi}{4}.$

题型二:有限区间反常积分的计算

例1 计算下列反常积分:

(1) $\int_0^1 \dfrac{\mathrm{d}x}{\sqrt{1-x^2}}$;   (2) $\int_1^2 \dfrac{\mathrm{d}x}{x\sqrt{x-1}}$.

解 (1) 取 $\varepsilon>0$,

$$\int_0^{1-\varepsilon}\dfrac{\mathrm{d}x}{\sqrt{1-x^2}} = \arcsin x\bigg|_0^{1-\varepsilon} = \arcsin(1-\varepsilon),$$

因为 $\lim\limits_{\varepsilon\to 0^+}\arcsin(1-\varepsilon)=\dfrac{\pi}{2}$,所以 $\int_0^1 \dfrac{\mathrm{d}x}{\sqrt{1-x^2}}=\dfrac{\pi}{2}.$

(2) 对任意的 $\varepsilon > 0$,

$$\int_{1+\varepsilon}^{2} \frac{\mathrm{d}x}{x\sqrt{x-1}} = 2\int_{1+\varepsilon}^{2} \frac{\mathrm{d}(\sqrt{x-1})}{x} = 2\int_{1+\varepsilon}^{2} \frac{\mathrm{d}(\sqrt{x-1})}{1+(\sqrt{x-1})^2}$$

$$= 2\arctan\sqrt{x-1}\Big|_{1+\varepsilon}^{2} = 2\left(\frac{\pi}{4} - \arctan\sqrt{\varepsilon}\right),$$

因为 $\lim\limits_{\varepsilon \to 0^+} 2\left(\dfrac{\pi}{4} - \arctan\sqrt{\varepsilon}\right) = \dfrac{\pi}{2}$,所以 $\int_{1}^{2} \dfrac{\mathrm{d}x}{x\sqrt{x-1}} = \dfrac{\pi}{2}$.

例2 求 $\lim\limits_{n \to \infty} \dfrac{\sqrt[n]{n!}}{n}$.

解 $\lim\limits_{n \to \infty} \dfrac{\sqrt[n]{n!}}{n} = \lim\limits_{n \to \infty} \left(\dfrac{1}{n} \cdot \dfrac{2}{n} \cdot \cdots \cdot \dfrac{n}{n}\right)^{\frac{1}{n}} = \mathrm{e}^{\lim\limits_{n \to \infty} \frac{1}{n} \sum\limits_{i=1}^{n} \ln \frac{i}{n}} = \mathrm{e}^{\int_{0}^{1} \ln x \,\mathrm{d}x}.$

对任意的 $\varepsilon > 0$,

$$\int_{0+\varepsilon}^{1} \ln x \,\mathrm{d}x = x\ln x \Big|_{\varepsilon}^{1} - \int_{\varepsilon}^{1} \mathrm{d}x = -\varepsilon\ln\varepsilon - 1 + \varepsilon,$$

因为

$$\lim\limits_{\varepsilon \to 0^+} \varepsilon\ln\varepsilon = \lim\limits_{\varepsilon \to 0^+} \frac{\ln\varepsilon}{\frac{1}{\varepsilon}} = \lim\limits_{\varepsilon \to 0^+} \frac{\frac{1}{\varepsilon}}{-\frac{1}{\varepsilon^2}} = \lim\limits_{\varepsilon \to 0^+} (-\varepsilon) = 0,$$

所以 $\lim\limits_{\varepsilon \to 0^+} \int_{0+\varepsilon}^{1} \ln x \,\mathrm{d}x = -1$,即 $\int_{0}^{1} \ln x \,\mathrm{d}x = -1$,故 $\lim\limits_{n \to \infty} \dfrac{\sqrt[n]{n!}}{n} = \mathrm{e}^{-1}$.

同济八版教材 ▶ 习题解答

习题 5－4　反 常 积 分

勇夺60分	1、2、3
超越80分	1、2、3、4
冲刺90分与考研	1、2、3、4、5

1. 判定下列各反常积分的收敛性,如果收敛,计算反常积分的值:

(1) $\int_{1}^{+\infty} \dfrac{\mathrm{d}x}{x^4}$;

(2) $\int_{1}^{+\infty} \dfrac{\mathrm{d}x}{\sqrt{x}}$;

(3) $\int_{0}^{+\infty} \mathrm{e}^{-ax} \mathrm{d}x \,(a > 0)$;

(4) $\int_{0}^{+\infty} \dfrac{\mathrm{d}x}{(1+x)(1+x^2)}$;

(5) $\int_{0}^{+\infty} \mathrm{e}^{-pt} \sin\omega t \,\mathrm{d}t \,(p > 0, \omega > 0)$;

(6) $\int_{-\infty}^{+\infty} \dfrac{\mathrm{d}x}{x^2 + 2x + 2}$;

(7) $\int_{0}^{1} \dfrac{x \,\mathrm{d}x}{\sqrt{1-x^2}}$;

(8) $\int_{0}^{2} \dfrac{\mathrm{d}x}{(1-x)^2}$;

(9) $\int_{1}^{2} \dfrac{x \,\mathrm{d}x}{\sqrt{x-1}}$;

(10) $\int_{1}^{\mathrm{e}} \dfrac{\mathrm{d}x}{x\sqrt{1-(\ln x)^2}}$.

解 (1) $\int_{1}^{+\infty} \dfrac{\mathrm{d}x}{x^4} = -\dfrac{1}{3x^3}\Big|_{1}^{+\infty} = \dfrac{1}{3}$.

(2) $\int_1^b \dfrac{\mathrm{d}x}{\sqrt{x}} = 2\sqrt{x}\,\Big|_1^b = 2(\sqrt{b}-1)$，因为 $\lim\limits_{b\to+\infty} 2(\sqrt{b}-1) = +\infty$，所以反常积分 $\int_1^{+\infty} \dfrac{\mathrm{d}x}{\sqrt{x}}$ 发散.

(3) $\int_0^{+\infty} \mathrm{e}^{-ax}\,\mathrm{d}x = -\dfrac{1}{a}\mathrm{e}^{-ax}\Big|_0^{+\infty} = \dfrac{1}{a}$.

(4) $\int_0^{+\infty} \dfrac{\mathrm{d}x}{(1+x)(1+x^2)} = \dfrac{1}{2}\int_0^{+\infty}\left(\dfrac{1}{1+x} + \dfrac{1-x}{1+x^2}\right)\mathrm{d}x$

$\qquad\qquad\qquad\qquad\qquad = \dfrac{1}{4}\ln\dfrac{(1+x)^2}{1+x^2}\Big|_0^{+\infty} + \dfrac{1}{2}\arctan x\Big|_0^{+\infty} = \dfrac{\pi}{4}$.

(5) 令 $I = \int_0^{+\infty} \mathrm{e}^{-pt}\sin\omega t\,\mathrm{d}t$，则

$$I = -\dfrac{1}{p}\int_0^{+\infty}\sin\omega t\,\mathrm{d}(\mathrm{e}^{-pt}) = -\dfrac{1}{p}\mathrm{e}^{-pt}\sin\omega t\,\Big|_0^{+\infty} + \dfrac{\omega}{p}\int_0^{+\infty}\mathrm{e}^{-pt}\cos\omega t\,\mathrm{d}t$$

$$= -\dfrac{\omega}{p^2}\int_0^{+\infty}\cos\omega t\,\mathrm{d}(\mathrm{e}^{-pt}) = -\dfrac{\omega}{p^2}\mathrm{e}^{-pt}\cos\omega t\,\Big|_0^{+\infty} - \dfrac{\omega^2}{p^2}\int_0^{+\infty}\mathrm{e}^{-pt}\sin\omega t\,\mathrm{d}t$$

$$= \dfrac{\omega}{p^2} - \dfrac{\omega^2}{p^2}I,$$

则 $\int_0^{+\infty} \mathrm{e}^{-pt}\sin\omega t\,\mathrm{d}t = \dfrac{\omega}{p^2+\omega^2}$.

(6) $\int_{-\infty}^{+\infty} \dfrac{\mathrm{d}x}{x^2+2x+2} = \int_{-\infty}^{+\infty} \dfrac{\mathrm{d}(x+1)}{(x+1)^2+1} = \int_{-\infty}^{+\infty} \dfrac{\mathrm{d}x}{x^2+1} = \int_{-\infty}^{0} \dfrac{\mathrm{d}x}{x^2+1} + \int_0^{+\infty} \dfrac{\mathrm{d}x}{x^2+1}$

$\qquad\qquad = \arctan x\,\Big|_{-\infty}^0 + \arctan x\,\Big|_0^{+\infty} = \pi$.

(7) $\int_0^1 \dfrac{x\,\mathrm{d}x}{\sqrt{1-x^2}} = -\int_0^1 \dfrac{\mathrm{d}(1-x^2)}{2\sqrt{1-x^2}} = -\sqrt{1-x^2}\,\Big|_0^1 = 1$.

(8) $\int_0^2 \dfrac{\mathrm{d}x}{(1-x)^2} = \int_0^1 \dfrac{\mathrm{d}x}{(1-x)^2} + \int_1^2 \dfrac{\mathrm{d}x}{(1-x)^2}$，$\int_0^b \dfrac{\mathrm{d}x}{(1-x)^2} = \dfrac{1}{1-x}\Big|_0^b = \dfrac{1}{1-b}-1$，因为
$\lim\limits_{b\to 1^-}\left(\dfrac{1}{1-b}-1\right) = +\infty$，所以反常积分 $\int_0^1 \dfrac{\mathrm{d}x}{(1-x)^2}$ 发散，故 $\int_0^2 \dfrac{\mathrm{d}x}{(1-x)^2}$ 发散.

(9) $\int_1^2 \dfrac{x\,\mathrm{d}x}{\sqrt{x-1}} \xlongequal{\sqrt{x-1}=t} 2\int_0^1 \dfrac{t(1+t^2)}{t}\mathrm{d}t = 2\int_0^1 (1+t^2)\,\mathrm{d}t = 2\times\left(1+\dfrac{1}{3}\right) = \dfrac{8}{3}$.

(10) $\int_1^{\mathrm{e}} \dfrac{\mathrm{d}x}{x\sqrt{1-(\ln x)^2}} = \int_1^{\mathrm{e}} \dfrac{\mathrm{d}(\ln x)}{\sqrt{1-(\ln x)^2}} = \int_0^1 \dfrac{\mathrm{d}x}{\sqrt{1-x^2}} = \arcsin x\,\Big|_0^1 = \dfrac{\pi}{2}$.

2. 求由曲线 $y = \dfrac{1}{4x^2-1}$，x 轴和直线 $x=1$ 所围成的向右无限延伸的图形的面积.

解 所求的面积为

$$A = \int_1^{+\infty} \dfrac{1}{4x^2-1}\mathrm{d}x = \dfrac{1}{2}\int_1^{+\infty} \dfrac{1}{(2x)^2-1}\mathrm{d}(2x) = \dfrac{1}{2}\int_2^{+\infty} \dfrac{1}{x^2-1}\mathrm{d}x$$

$$= \dfrac{1}{4}\ln\left|\dfrac{x-1}{x+1}\right|\,\Big|_2^{+\infty} = \dfrac{1}{4}\left(0 - \ln\dfrac{1}{3}\right) = \dfrac{\ln 3}{4}.$$

3. 当 k 为何值时，反常积分 $\int_2^{+\infty} \dfrac{\mathrm{d}x}{x(\ln x)^k}$ 收敛？当 k 为何值时，该反常积分发散？又当 k 为何值时，该反常积分取得最小值？

解 $\int \dfrac{\mathrm{d}x}{x(\ln x)^k} = \int \dfrac{\mathrm{d}(\ln x)}{(\ln x)^k} = \begin{cases} \ln\ln x + C, & k=1, \\ \dfrac{1}{(1-k)(\ln x)^{k-1}} + C, & k\neq 1. \end{cases}$

225

当 $k \leqslant 1$ 时,反常积分 $\int_2^{+\infty} \dfrac{\mathrm{d}x}{x(\ln x)^k}$ 显然发散;

当 $k > 1$ 时,反常积分 $\int_2^{+\infty} \dfrac{\mathrm{d}x}{x(\ln x)^k} = \dfrac{1}{(k-1)(\ln 2)^{k-1}}.$

设 $\varphi(k) = \dfrac{1}{(k-1)(\ln 2)^{k-1}}$,令

$$\varphi'(k) = -\dfrac{[(\ln 2)^{k-1} + (k-1)(\ln 2)^{k-1} \cdot \ln\ln 2]}{(k-1)^2(\ln 2)^{2k-2}} = -\dfrac{1 + (k-1)\ln\ln 2}{(k-1)^2(\ln 2)^{k-1}} = 0,$$

得 $k = 1 - \dfrac{1}{\ln\ln 2}.$

当 $1 < k < 1 - \dfrac{1}{\ln\ln 2}$ 时,$\varphi'(k) < 0$;当 $k > 1 - \dfrac{1}{\ln\ln 2}$ 时,$\varphi'(k) > 0$,故当 $k = 1 - \dfrac{1}{\ln\ln 2}$ 时,反常积分取最小值.

4. 利用递推公式计算反常积分 $I_n = \int_0^{+\infty} x^n \mathrm{e}^{-x} \mathrm{d}x \, (n \in \mathbf{N}).$

解 $I_0 = \int_0^{+\infty} \mathrm{e}^{-x} \mathrm{d}x = -\mathrm{e}^{-x} \Big|_0^{+\infty} = 1,$

$I_n = \int_0^{+\infty} x^n \mathrm{e}^{-x} \mathrm{d}x = -\int_0^{+\infty} x^n \mathrm{d}(\mathrm{e}^{-x}) = -x^n \mathrm{e}^{-x} \Big|_0^{+\infty} + n \int_0^{+\infty} x^{n-1} \mathrm{e}^{-x} \mathrm{d}x = n I_{n-1}$

$= n \cdot (n-1) I_{n-2} = \cdots = n! \, I_0 = n!.$

5. 计算反常积分 $\int_0^1 \ln x \, \mathrm{d}x.$

解 $\int \ln x \, \mathrm{d}x = x \ln x - \int x \cdot \dfrac{1}{x} \mathrm{d}x = x \ln x - x + C,$

$\int_0^1 \ln x \, \mathrm{d}x = (x \ln x - x) \Big|_0^1 = -1 - \lim_{x \to 0^+}(x \ln x - x) = -1.$

*第五节　反常积分的审敛法　Γ 函数

▶ 期末高分必备知识

一、区间无限的反常积分审敛法

1. 右侧区间无限的反常积分审敛法

设 $f(x)$ 在 $[a, +\infty)$ 上连续,则

(1) 若存在 $\alpha > 1$,使得 $\lim\limits_{x \to +\infty} x^\alpha f(x)$ 存在,则反常积分 $\int_a^{+\infty} f(x) \mathrm{d}x$ 收敛;

(2) 若存在 $\alpha \leqslant 1$,使得 $\lim\limits_{x \to +\infty} x^\alpha f(x) = k(\neq 0)$ 或 $\lim\limits_{x \to +\infty} x^\alpha f(x) = \infty$,则反常积分 $\int_a^{+\infty} f(x) \mathrm{d}x$ 发散.

2. 左侧区间无限的反常积分审敛法

设 $f(x)$ 在 $(-\infty, a]$ 上连续,则

(1) 若存在 $\alpha > 1$,使得 $\lim\limits_{x \to -\infty} x^\alpha f(x)$ 存在,则反常积分 $\int_{-\infty}^a f(x) \mathrm{d}x$ 收敛;

(2) 若存在 $\alpha \leqslant 1$,使得 $\lim\limits_{x \to -\infty} x^\alpha f(x) = k(\neq 0)$ 或 $\lim\limits_{x \to -\infty} x^\alpha f(x) = \infty$,则反常积分 $\int_{-\infty}^a f(x) \mathrm{d}x$ 发散.

二、无界函数反常积分审敛法

1. 左端点无界的反常积分审敛法

设函数 $f(x)$ 在 $(a,b]$ 上连续且 $f(a+0)=\infty$，则

(1) 若存在 $\alpha<1$，使得 $\lim\limits_{x\to a^+}(x-a)^\alpha f(x)$ 存在，则反常积分 $\int_a^b f(x)\mathrm{d}x$ 收敛；

(2) 若存在 $\alpha\geqslant 1$，使得 $\lim\limits_{x\to a^+}(x-a)^\alpha f(x)=k(\neq 0)$ 或 $\lim\limits_{x\to a^+}(x-a)^\alpha f(x)=\infty$，则反常积分 $\int_a^b f(x)\mathrm{d}x$ 发散.

2. 右端点无界的反常积分审敛法

设函数 $f(x)$ 在 $[a,b)$ 上连续且 $f(b-0)=\infty$，则

(1) 若存在 $\alpha<1$，使得 $\lim\limits_{x\to b^-}(b-x)^\alpha f(x)$ 存在，则反常积分 $\int_a^b f(x)\mathrm{d}x$ 收敛；

(2) 若存在 $\alpha\geqslant 1$，使得 $\lim\limits_{x\to b^-}(b-x)^\alpha f(x)=k(\neq 0)$ 或 $\lim\limits_{x\to b^-}(b-x)^\alpha f(x)=\infty$，则反常积分 $\int_a^b f(x)\mathrm{d}x$ 发散.

三、Γ 函数

(一) Γ 函数的定义：称 $\int_0^{+\infty} x^{\alpha-1}\mathrm{e}^{-x}\mathrm{d}x\ (\alpha>0)$ 为 Γ 函数，记为 $\Gamma(\alpha)$，即

$$\Gamma(\alpha)=\int_0^{+\infty} x^{\alpha-1}\mathrm{e}^{-x}\mathrm{d}x\ (\alpha>0).$$

(二) Γ 函数的性质

1. $\Gamma(\alpha+1)=\alpha\Gamma(\alpha)$.

2. $\Gamma(n+1)=n!$（n 为自然数）.

3. $\Gamma\left(\dfrac{1}{2}\right)=\sqrt{\pi}$.

▶ **60分必会题型**

题型一：区间无限的反常积分敛散性的判断与计算

例1 判断下列广义积分的敛散性，若收敛求其值.

(1) $\int_1^{+\infty}\dfrac{\mathrm{d}x}{x(2+x^2)}$；　　(2) $\int_1^{+\infty}\dfrac{\mathrm{d}x}{x\sqrt{x^2-1}}$.

解 (1) 因为 $\lim\limits_{x\to+\infty}x^3\cdot\dfrac{1}{x(2+x^2)}=1$ 且 $\alpha=3>1$，所以反常积分 $\int_1^{+\infty}\dfrac{\mathrm{d}x}{x(2+x^2)}$ 收敛.

$$\int_1^{+\infty}\dfrac{\mathrm{d}x}{x(2+x^2)}=\int_1^{+\infty}\dfrac{x\mathrm{d}x}{x^2(2+x^2)}=\dfrac{1}{2}\int_1^{+\infty}\dfrac{\mathrm{d}(x^2)}{x^2(2+x^2)}=\dfrac{1}{4}\ln\dfrac{x^2}{2+x^2}\bigg|_1^{+\infty}=\dfrac{1}{4}\ln 3.$$

(2) 因为 $\lim\limits_{x\to 1^+}(x-1)^{\frac{1}{2}}\cdot\dfrac{1}{x\sqrt{x^2-1}}=\dfrac{1}{\sqrt{2}}$ 且 $\alpha=\dfrac{1}{2}<1$，又因为 $\lim\limits_{x\to+\infty}x^2\cdot\dfrac{1}{x\sqrt{x^2-1}}=1$ 且 $\alpha=2>1$，所以反常积分 $\int_1^{+\infty}\dfrac{\mathrm{d}x}{x\sqrt{x^2-1}}$ 收敛.

$$\int_1^{+\infty}\dfrac{\mathrm{d}x}{x\sqrt{x^2-1}}\xlongequal{x=\sec t}\int_0^{\frac{\pi}{2}}\dfrac{\sec t\tan t\mathrm{d}t}{\sec t\tan t}=\dfrac{\pi}{2}.$$

例2 判断反常积分 $\int_2^{+\infty}\dfrac{\mathrm{d}x}{(x-1)^3\sqrt{x^2-2x}}$ 的敛散性，若收敛求其值.

解 因为 $\lim\limits_{x\to 2^+}(x-2)^{\frac{1}{2}}\cdot\dfrac{1}{(x-1)^3\sqrt{x^2-2x}}=\dfrac{1}{\sqrt{2}}$ 且 $\alpha=\dfrac{1}{2}<1$.

又因为 $\lim\limits_{x\to\infty} x^4 \cdot \dfrac{1}{(x-1)^3 \sqrt{x^2-2x}} = 1$ 且 $\alpha = 4 > 1$，所以反常积分收敛.

$$\int_2^{+\infty} \dfrac{\mathrm{d}x}{(x-1)^3 \sqrt{x^2-2x}} = \int_2^{+\infty} \dfrac{\mathrm{d}(x-1)}{(x-1)^3 \sqrt{(x-1)^2-1}} = \int_1^{+\infty} \dfrac{\mathrm{d}x}{x^3 \sqrt{x^2-1}}$$

$$\xrightarrow{x=\sec t} \int_0^{\frac{\pi}{2}} \dfrac{\sec t \tan t\, \mathrm{d}t}{\sec^3 t \tan t} = \int_0^{\frac{\pi}{2}} \cos^2 t\, \mathrm{d}t = \dfrac{1}{2} \cdot \dfrac{\pi}{2} = \dfrac{\pi}{4}.$$

题型二：区间有限的反常积分敛散性的判断与计算

例 判断下列反常积分的敛散性，若收敛求其值：

(1) $\displaystyle\int_0^2 \dfrac{\mathrm{d}x}{\sqrt{2x-x^2}}$;   (2) $\displaystyle\int_{\frac{1}{2}}^{\frac{3}{2}} \dfrac{\mathrm{d}x}{\sqrt{|x-x^2|}}$.

解 (1) 因为 $\lim\limits_{x\to 0^+} (x-0)^{\frac{1}{2}} \cdot \dfrac{1}{\sqrt{2x-x^2}} = \dfrac{1}{\sqrt{2}}$ 且 $\alpha = \dfrac{1}{2} < 1$.

又因为 $\lim\limits_{x\to 2^-} (2-x)^{\frac{1}{2}} \cdot \dfrac{1}{\sqrt{2x-x^2}} = \dfrac{1}{\sqrt{2}}$ 且 $\alpha = \dfrac{1}{2} < 1$，所以反常积分 $\displaystyle\int_0^2 \dfrac{\mathrm{d}x}{\sqrt{2x-x^2}}$ 收敛.

$$\int_0^2 \dfrac{\mathrm{d}x}{\sqrt{2x-x^2}} = \int_0^2 \dfrac{\mathrm{d}(x-1)}{\sqrt{1-(x-1)^2}} = \int_{-1}^1 \dfrac{\mathrm{d}x}{\sqrt{1-x^2}} = 2\int_0^1 \dfrac{\mathrm{d}x}{\sqrt{1-x^2}} = 2\arcsin x \Big|_0^1 = \pi.$$

(2) $\displaystyle\int_{\frac{1}{2}}^{\frac{3}{2}} \dfrac{\mathrm{d}x}{\sqrt{|x-x^2|}} = \int_{\frac{1}{2}}^1 \dfrac{\mathrm{d}x}{\sqrt{x-x^2}} + \int_1^{\frac{3}{2}} \dfrac{\mathrm{d}x}{\sqrt{x^2-x}}$. 记 $I_1 = \displaystyle\int_{\frac{1}{2}}^1 \dfrac{\mathrm{d}x}{\sqrt{x-x^2}}$, $I_2 = \displaystyle\int_1^{\frac{3}{2}} \dfrac{\mathrm{d}x}{\sqrt{x-x^2}}$.

因为 $\lim\limits_{x\to 1^-} (1-x)^{\frac{1}{2}} \cdot \dfrac{1}{\sqrt{x-x^2}} = 1$ 且 $\alpha = \dfrac{1}{2} < 1$，所以 $\displaystyle\int_{\frac{1}{2}}^1 \dfrac{\mathrm{d}x}{\sqrt{x-x^2}}$ 收敛；

又因为 $\lim\limits_{x\to 1^+} (x-1)^{\frac{1}{2}} \cdot \dfrac{1}{\sqrt{x^2-x}} = 1$ 且 $\alpha = \dfrac{1}{2} < 1$，所以 $\displaystyle\int_1^{\frac{3}{2}} \dfrac{\mathrm{d}x}{\sqrt{x^2-x}}$ 收敛，

故 $\displaystyle\int_{\frac{1}{2}}^{\frac{3}{2}} \dfrac{\mathrm{d}x}{\sqrt{|x-x^2|}}$ 收敛.

$$I_1 = 2\int_{\frac{1}{2}}^1 \dfrac{\mathrm{d}(\sqrt{x})}{\sqrt{1-x}} = 2\int_{\frac{1}{2}}^1 \dfrac{\mathrm{d}(\sqrt{x})}{\sqrt{1-(\sqrt{x})^2}} = 2\arcsin \sqrt{x} \Big|_{\frac{1}{2}}^1 = 2\left(\dfrac{\pi}{2} - \dfrac{\pi}{4}\right) = \dfrac{\pi}{2},$$

$$I_2 = 2\int_1^{\frac{3}{2}} \dfrac{\mathrm{d}(\sqrt{x})}{\sqrt{x-1}} = 2\int_1^{\frac{3}{2}} \dfrac{\mathrm{d}(\sqrt{x})}{\sqrt{(\sqrt{x})^2-1}} = 2\ln(\sqrt{x}+\sqrt{x-1}) \Big|_1^{\frac{3}{2}} = \ln(2+\sqrt{3}),$$

故 $\displaystyle\int_{\frac{1}{2}}^{\frac{3}{2}} \dfrac{\mathrm{d}x}{\sqrt{|x-x^2|}} = \dfrac{\pi}{2} + \ln(2+\sqrt{3})$.

题型三：用 Γ 函数计算广义积分

例1 计算 $\displaystyle\int_0^{+\infty} x^5 \mathrm{e}^{-x^2}\, \mathrm{d}x$.

解 $\displaystyle\int_0^{+\infty} x^5 \mathrm{e}^{-x^2}\, \mathrm{d}x = \dfrac{1}{2}\int_0^{+\infty} x^4 \mathrm{e}^{-x^2}\, \mathrm{d}(x^2) = \dfrac{1}{2}\int_0^{+\infty} x^2 \mathrm{e}^{-x}\, \mathrm{d}x = \dfrac{1}{2}\Gamma(3) = 1.$

例2 计算 $\displaystyle\int_0^{+\infty} x^4 \mathrm{e}^{-x^2}\, \mathrm{d}x$.

解 $\displaystyle\int_0^{+\infty} x^4 \mathrm{e}^{-x^2}\, \mathrm{d}x \xrightarrow{x^2=t} \int_0^{+\infty} t^2 \mathrm{e}^{-t} \cdot \dfrac{1}{2\sqrt{t}}\, \mathrm{d}t = \dfrac{1}{2}\int_0^{+\infty} t^{\frac{3}{2}} \mathrm{e}^{-t}\, \mathrm{d}t = \dfrac{1}{2}\Gamma\left(\dfrac{3}{2}+1\right)$

$= \dfrac{1}{2} \cdot \dfrac{3}{2}\Gamma\left(\dfrac{1}{2}+1\right) = \dfrac{1}{2} \cdot \dfrac{3}{2} \cdot \dfrac{1}{2}\Gamma\left(\dfrac{1}{2}\right) = \dfrac{3\sqrt{\pi}}{8}.$

同济八版教材 习题解答

习题 5-5 反常积分的审敛法 Γ函数

勇夺60分	1、2、3
超越80分	1、2、3、4
冲刺90分与考研	1、2、3、4、5

1. 判定下列反常积分的收敛性：

(1) $\int_0^{+\infty} \dfrac{x^2}{x^4+x^2+1} dx$；

(2) $\int_1^{+\infty} \dfrac{dx}{x\sqrt[3]{x^2+1}}$；

(3) $\int_1^{+\infty} \sin\dfrac{1}{x^2} dx$；

(4) $\int_0^{+\infty} \dfrac{dx}{1+x|\sin x|}$；

(5) $\int_1^{+\infty} \dfrac{x\arctan x}{1+x^3} dx$；

(6) $\int_1^2 \dfrac{dx}{(\ln x)^3}$；

(7) $\int_0^1 \dfrac{x^4 dx}{\sqrt{1-x^4}}$；

(8) $\int_1^2 \dfrac{1}{\sqrt[3]{x^2-3x+2}} dx$.

解 (1) 因为 $\lim\limits_{x\to+\infty} x^2 \cdot \dfrac{x^2}{x^4+x^2+1} = 1$ 且 $2>1$，所以 $\int_0^{+\infty} \dfrac{x^2}{x^4+x^2+1} dx$ 收敛.

(2) 因为 $\lim\limits_{x\to+\infty} x^{\frac{5}{3}} \cdot \dfrac{1}{x\sqrt[3]{x^2+1}} = 1$ 且 $\dfrac{5}{3}>1$，所以 $\int_1^{+\infty} \dfrac{dx}{x\sqrt[3]{x^2+1}}$ 收敛.

(3) 因为 $\lim\limits_{x\to+\infty} x^2 \cdot \sin\dfrac{1}{x^2} = 1$ 且 $2>1$，所以 $\int_1^{+\infty} \sin\dfrac{1}{x^2} dx$ 收敛.

(4) 因为 $\dfrac{1}{1+x|\sin x|} \geqslant \dfrac{1}{1+x}$ 且 $\int_0^{+\infty} \dfrac{dx}{1+x}$ 发散，所以 $\int_0^{+\infty} \dfrac{dx}{1+x|\sin x|}$ 发散.

(5) 因为 $\lim\limits_{x\to+\infty} x^2 \cdot \dfrac{x\arctan x}{1+x^3} = \dfrac{\pi}{2}$ 且 $2>1$，所以 $\int_1^{+\infty} \dfrac{x\arctan x}{1+x^3} dx$ 收敛.

(6) 因为 $\lim\limits_{x\to 1^+}(x-1) \cdot \dfrac{1}{(\ln x)^3} = +\infty$ 且 $1\geqslant 1$，所以 $\int_1^2 \dfrac{dx}{(\ln x)^3}$ 发散.

(7) 因为 $\lim\limits_{x\to 1^-}(1-x)^{\frac{1}{2}} \cdot \dfrac{x^4}{\sqrt{1-x^4}} = \dfrac{1}{2}$ 且 $\dfrac{1}{2}<1$，所以 $\int_0^1 \dfrac{x^4 dx}{\sqrt{1-x^4}}$ 收敛.

(8) 因为 $\lim\limits_{x\to 1^+}(x-1)^{\frac{1}{3}} \cdot \dfrac{1}{\sqrt[3]{x^2-3x+2}} = -1$ 且 $\dfrac{1}{3}<1$；

又因为 $\lim\limits_{x\to 2^-}(2-x)^{\frac{1}{3}} \cdot \dfrac{1}{\sqrt[3]{x^2-3x+2}} = -1$ 且 $\dfrac{1}{3}<1$，所以 $\int_1^2 \dfrac{1}{\sqrt[3]{x^2-3x+2}} dx$ 收敛.

2. 设反常积分 $\int_1^{+\infty} f^2(x) dx$ 收敛，证明反常积分 $\int_1^{+\infty} \dfrac{f(x)}{x} dx$ 绝对收敛.

证明 因为 $\left|\dfrac{f(x)}{x}\right| \leqslant \dfrac{1}{2}\left[f^2(x) + \dfrac{1}{x^2}\right]$，

又因为 $\int_1^{+\infty} f^2(x) dx$ 及 $\int_1^{+\infty} \dfrac{1}{x^2} dx$ 收敛，所以 $\int_1^{+\infty} \left|\dfrac{f(x)}{x}\right| dx$ 收敛，即反常积分 $\int_1^{+\infty} \dfrac{f(x)}{x} dx$ 绝对

收敛.

3.用 Γ 函数表示下列积分,并指出这些积分的收敛范围:

(1) $\int_0^{+\infty} e^{-x^n} dx \, (n>0)$;   (2) $\int_0^1 \left(\ln \frac{1}{x}\right)^p dx$;

(3) $\int_0^{+\infty} x^m e^{-x^n} dx \, (n \neq 0)$.

解 (1) $\int_0^{+\infty} e^{-x^n} dx \xrightarrow{x^n = t} \frac{1}{n} \int_0^{+\infty} t^{\frac{1}{n}-1} e^{-t} dt = \frac{1}{n} \Gamma\left(\frac{1}{n}\right)$.

当 $n > 0$ 时,反常积分 $\int_0^{+\infty} e^{-x^n} dx$ 收敛.

(2) $\int_0^1 \left(\ln \frac{1}{x}\right)^p dx \xrightarrow{x = e^{-t}} -\int_{+\infty}^0 t^p e^{-t} dt = \int_0^{+\infty} t^p e^{-t} dt = \Gamma(p+1)$.

当 $p > -1$ 时,反常积分 $\int_0^1 \left(\ln \frac{1}{x}\right)^p dx$ 收敛.

(3) 当 $n > 0$ 时,$\int_0^{+\infty} x^m e^{-x^n} dx \xrightarrow{x^n = t} \frac{1}{n} \int_0^{+\infty} t^{\frac{m+1}{n}-1} e^{-t} dt = \frac{1}{n} \Gamma\left(\frac{m+1}{n}\right)$,

当 $n < 0$ 时,$\int_0^{+\infty} x^m e^{-x^n} dx \xrightarrow{x^n = t} \frac{1}{n} \int_{+\infty}^0 t^{\frac{m+1}{n}-1} e^{-t} dt = -\frac{1}{n} \Gamma\left(\frac{m+1}{n}\right)$,

则 $\int_0^{+\infty} x^m e^{-x^n} dx = \frac{1}{|n|} \Gamma\left(\frac{m+1}{n}\right)$,当 $\frac{m+1}{n} > 0$ 时,反常积分 $\int_0^{+\infty} x^m e^{-x^n} dx$ 收敛.

4.证明 $\Gamma\left(\frac{2k+1}{2}\right) = \frac{1 \cdot 3 \cdot 5 \cdot \cdots \cdot (2k-1) \sqrt{\pi}}{2^k}$,其中 $k \in \mathbf{N}_+$.

证明 $\Gamma\left(\frac{2k+1}{2}\right) = \Gamma\left(\frac{2k-1}{2}+1\right) = \frac{2k-1}{2} \Gamma\left(\frac{2k-1}{2}\right) = \frac{2k-1}{2} \Gamma\left(\frac{2k-3}{2}+1\right)$

$= \frac{2k-1}{2} \cdot \frac{2k-3}{2} \Gamma\left(\frac{2k-3}{2}\right) = \cdots$

$= \frac{2k-1}{2} \cdot \frac{2k-3}{2} \cdot \cdots \cdot \frac{1}{2} \Gamma\left(\frac{1}{2}\right) = \frac{1 \cdot 3 \cdot 5 \cdot \cdots \cdot (2k-1) \sqrt{\pi}}{2^k}$.

5.证明以下各式(其中 $n \in \mathbf{N}_+$):

(1) $2 \cdot 4 \cdot 6 \cdot \cdots \cdot (2n) = 2^n \Gamma(n+1)$;

(2) $1 \cdot 3 \cdot 5 \cdot \cdots \cdot (2n-1) = \frac{\Gamma(2n)}{2^{n-1} \Gamma(n)}$;

(3) $\sqrt{\pi} \Gamma(2n) = 2^{2n-1} \Gamma(n) \Gamma\left(n+\frac{1}{2}\right)$.

证明 (1) $2 \cdot 4 \cdot 6 \cdot \cdots \cdot (2n) = 2^n n! = 2^n \Gamma(n+1)$.

(2) $1 \cdot 3 \cdot 5 \cdot \cdots \cdot (2n-1) = \frac{(2n-1)!}{2 \cdot 4 \cdot \cdots \cdot (2n-2)} = \frac{\Gamma(2n)}{2^{n-1} \Gamma(n)}$.

(3) $\Gamma(n) \Gamma\left(n+\frac{1}{2}\right) = (n-1)! \cdot \Gamma\left(\frac{2n+1}{2}\right) = (n-1)! \cdot \frac{1 \cdot 3 \cdot \cdots \cdot (2n-1)}{2^n} \sqrt{\pi}$

$= \frac{2 \cdot 4 \cdot \cdots \cdot (2n-2)}{2^{n-1}} \cdot \frac{1 \cdot 3 \cdot \cdots \cdot (2n-1)}{2^n} \sqrt{\pi} = \frac{\sqrt{\pi} \Gamma(2n)}{2^{2n-1}}$,

故 $\sqrt{\pi} \Gamma(2n) = 2^{2n-1} \Gamma(n) \Gamma\left(n+\frac{1}{2}\right)$.

总习题五及答案解析

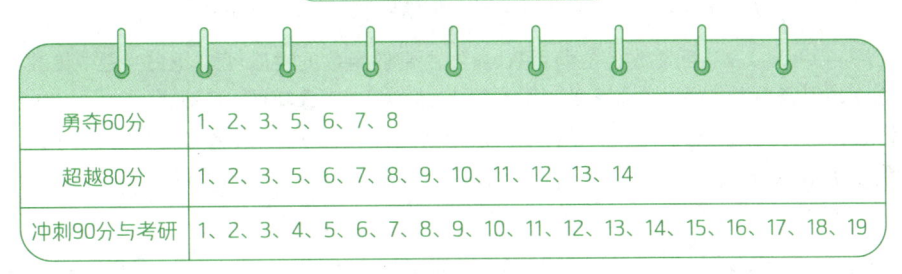

勇夺60分	1、2、3、5、6、7、8
超越80分	1、2、3、5、6、7、8、9、10、11、12、13、14
冲刺90分与考研	1、2、3、4、5、6、7、8、9、10、11、12、13、14、15、16、17、18、19

1. 填空：

(1) 函数 $f(x)$ 在 $[a,b]$ 上有界是 $f(x)$ 在 $[a,b]$ 上可积的_____条件，而 $f(x)$ 在 $[a,b]$ 上连续是 $f(x)$ 在 $[a,b]$ 上可积的_____条件；

(2) 对 $[a,+\infty)$ 上非负、连续的函数 $f(x)$，积分上限的函数 $\int_a^x f(t)dt$ 在 $[a,+\infty)$ 上有界是反常积分 $\int_a^{+\infty} f(x)dx$ 收敛的_____条件；

*(3) 绝对收敛的反常积分 $\int_a^{+\infty} f(x)dx$ 一定_____；

(4) 函数 $f(x)$ 在 $[a,b]$ 上有定义且 $|f(x)|$ 在 $[a,b]$ 上可积，此时积分 $\int_a^b f(x)dx$ _____存在；

(5) 设函数 $f(x)$ 连续，则 $\dfrac{d}{dx}\int_0^x tf(t^2-x^2)dt = $ _____.

解 (1) 必要，充分. (2) 充分必要. (3) 收敛.

(4) 不一定. 如 $f(x) = \begin{cases} 1, & x \in \mathbf{Q}, \\ -1, & x \in \complement_{\mathbf{R}}\mathbf{Q}, \end{cases}$ $|f(x)| = 1$ 在 $[a,b]$ 上可积，但 $\int_a^b f(x)dx$ 不存在.

(5) $xf(-x^2)$.

作换元 $u = t^2 - x^2$，则

$$\int_0^x tf(t^2-x^2)dt = \frac{1}{2}\int_0^x f(t^2-x^2)d(t^2-x^2) = \frac{1}{2}\int_{-x^2}^0 f(u)du = -\frac{1}{2}\int_0^{-x^2} f(u)du,$$

因此

$$\frac{d}{dx}\int_0^x tf(t^2-x^2)dt = -\frac{1}{2}f(-x^2) \cdot (-2x) = xf(-x^2).$$

2. 以下两题中给出了四个结论，从中选出一个正确的结论：

(1) 设 $I = \int_0^1 \dfrac{x^4}{\sqrt{1+x}}dx$，则估计 I 值的大致范围为(　　)；

(A) $0 \leqslant I \leqslant \dfrac{\sqrt{2}}{10}$　　　　　　　　(B) $\dfrac{\sqrt{2}}{10} \leqslant I \leqslant \dfrac{1}{5}$

(C) $\dfrac{1}{5} < I < 1$　　　　　　　　(D) $I \geqslant 1$

(2) 设 $F(x)$ 是连续函数 $f(x)$ 的一个原函数，则必有(　　).

(A) $F(x)$ 是偶函数 $\Leftrightarrow f(x)$ 是奇函数

(B) $F(x)$ 是奇函数 $\Leftrightarrow f(x)$ 是偶函数

(C) $F(x)$ 是周期函数 $\Leftrightarrow f(x)$ 是周期函数

(D) $F(x)$ 是单调函数 $\Leftrightarrow f(x)$ 是单调函数

解 (1) 当 $0 \leqslant x \leqslant 1$ 时，$\dfrac{x^4}{\sqrt{2}} \leqslant \dfrac{x^4}{\sqrt{1+x}} \leqslant x^4$，因此 $\dfrac{\sqrt{2}}{10} = \int_0^1 \dfrac{x^4}{\sqrt{2}}dx \leqslant \int_0^1 \dfrac{x^4}{\sqrt{1+x}}dx \leqslant \int_0^1 x^4 dx = \dfrac{1}{5}$.

故选(B).

(2) 记 $G(x) = \int_0^x f(t)dt$，则 $G(x)$ 是 $f(x)$ 的一个原函数，且 $G(x)$ 是奇（偶）函数 $\Leftrightarrow f(x)$ 是偶（奇）函数，而 $F(x) = G(x) + C$，且常数 C 是偶函数，所以由奇偶函数的性质可知，$F(x)$ 是奇函数 $\Rightarrow f(x)$ 是偶函数，$F(x)$ 是偶函数 $\Leftrightarrow f(x)$ 是奇函数，故选项(A)正确．对于选项(C)可取 $f(x) = \cos x + 1$ 为周期函数，而其原函数 $F(x) = \sin x + x + C$ 不是周期函数．对于选项(D)，可取 $f(x) = x$，则 $f(x)$ 在 R 上是单调函数，其原函数 $F(x) = x^2 + C$ 不是单调函数．

3. 回答下列问题：

(1) 设函数 $f(x)$ 及 $g(x)$ 在区间 $[a, b]$ 上连续，且 $f(x) \geqslant g(x)$，那么 $\int_a^b [f(x) - g(x)]dx$ 在几何上表示什么？

(2) 设函数 $f(x)$ 在区间 $[a, b]$ 上连续，且 $f(x) \geqslant 0$，那么 $\int_a^b \pi f^2(x)dx$ 在几何上表示什么？

(3) 如果在时刻 t 以 $\varphi(t)$ 的流量（单位时间内流过的流体的体积或质量）向一水池注水，那么 $\int_{t_1}^{t_2} \varphi(t)dt$ 表示什么？

(4) 如果某国人口增长的速率为 $u(t)$，那么 $\int_{T_1}^{T_2} u(t)dt$ 表示什么？

(5) 如果一公司经营某种产品的边际利润函数为 $P'(x)$，那么 $\int_{1\,000}^{2\,000} P'(x)dx$ 表示什么？

解 (1) $\int_a^b [f(x) - g(x)]dx$ 表示由 $y = f(x), y = g(x)$ 及直线 $x = a, x = b$ 所围成的图形的面积．

(2) $\int_a^b \pi f^2(x)dx$ 表示由曲线 $y = f(x), x = a, x = b$ 及 x 轴所围成的平面区域绕 x 轴旋转一周所得旋转体的体积．

(3) $\int_{t_1}^{t_2} \varphi(t)dt$ 表示在时间段 $[t_1, t_2]$ 上注入水池的水的总量．

(4) $\int_{T_1}^{T_2} u(t)dt$ 表示在时间段 $[T_1, T_2]$ 上某国人口增加的总量．

(5) $\int_{1\,000}^{2\,000} P'(x)dx$ 表示该公司第 $1\,000 \sim 2\,000$ 个产品经营所产生的利润总量．

*4. 利用定积分的定义计算下列极限：

(1) $\lim\limits_{n \to \infty} \dfrac{1}{n} \sum\limits_{i=1}^{n} \sqrt{1 + \dfrac{i}{n}}$；

(2) $\lim\limits_{n \to \infty} \dfrac{1^p + 2^p + \cdots + n^p}{n^{p+1}} \; (p > 0)$．

解 (1) $\lim\limits_{n \to \infty} \dfrac{1}{n} \sum\limits_{i=1}^{n} \sqrt{1 + \dfrac{i}{n}} = \int_0^1 \sqrt{1+x}\,dx = \dfrac{2}{3}(1+x)^{\frac{3}{2}} \Big|_0^1 = \dfrac{4\sqrt{2}-2}{3}$.

(2) $\lim\limits_{n \to \infty} \dfrac{1^p + 2^p + \cdots + n^p}{n^{p+1}} = \lim\limits_{n \to \infty} \dfrac{1}{n} \sum\limits_{i=1}^{n} \left(\dfrac{i}{n}\right)^p = \int_0^1 x^p dx = \dfrac{x^{p+1}}{p+1} \Big|_0^1 = \dfrac{1}{p+1}$.

5. 求下列极限：

(1) $\lim\limits_{x \to a} \dfrac{x}{x-a} \int_a^x f(t)dt$，其中 $f(x)$ 连续；

(2) $\lim\limits_{x \to +\infty} \dfrac{\int_0^x (\arctan t)^2 dt}{\sqrt{x^2+1}}$．

解 (1) $\lim\limits_{x \to a} \dfrac{x}{x-a} \int_a^x f(t)dt = \lim\limits_{x \to a} x \cdot \dfrac{\int_a^x f(t)dt}{x-a} = a \lim\limits_{x \to a} \dfrac{\int_a^x f(t)dt}{x-a} = a \lim\limits_{x \to a} f(x) = af(a)$．

(2) $\lim\limits_{x \to +\infty} \dfrac{\int_0^x (\arctan t)^2 dt}{\sqrt{x^2+1}} = \lim\limits_{x \to +\infty} \dfrac{x}{\sqrt{x^2+1}} \cdot \dfrac{\int_0^x (\arctan t)^2 dt}{x} = \lim\limits_{x \to +\infty} \dfrac{1}{\sqrt{1+\dfrac{1}{x^2}}} \cdot \dfrac{\int_0^x (\arctan t)^2 dt}{x}$

$= \lim\limits_{x \to +\infty} \dfrac{\int_0^x (\arctan t)^2 dt}{x} = \lim\limits_{x \to +\infty} (\arctan x)^2 = \dfrac{\pi^2}{4}.$

6. 下列计算是否正确,试说明理由:

(1) $\int_{-1}^{1} \dfrac{dx}{1+x^2} = -\int_{-1}^{1} \dfrac{d\left(\dfrac{1}{x}\right)}{1+\left(\dfrac{1}{x}\right)^2} = \left(-\arctan \dfrac{1}{x}\right)\bigg|_{-1}^{1} = -\dfrac{\pi}{2};$

(2) 因为 $\int_{-1}^{1} \dfrac{dx}{x^2+x+1} \xlongequal{x=\dfrac{1}{t}} -\int_{-1}^{1} \dfrac{dt}{t^2+t+1}$,所以 $\int_{-1}^{1} \dfrac{dx}{x^2+x+1} = 0.$

解 (1) 不正确. 因为 $\dfrac{1}{x}$ 在 $[-1,1]$ 上有间断点 $x=0$,不可使用此种换元法,事实上,

$$\int_{-1}^{1} \dfrac{dx}{1+x^2} = \arctan x \bigg|_{-1}^{1} = \dfrac{\pi}{2}.$$

(2) 不正确. 因为 $\dfrac{1}{x}$ 在 $[-1,1]$ 上有间断点 $x=0$,事实上,

$$\int_{-1}^{1} \dfrac{dx}{x^2+x+1} = \int_{-1}^{1} \dfrac{d\left(x+\dfrac{1}{2}\right)}{\left(\dfrac{\sqrt{3}}{2}\right)^2 + \left(x+\dfrac{1}{2}\right)^2} = \left(\dfrac{2}{\sqrt{3}} \arctan \dfrac{2x+1}{\sqrt{3}}\right)\bigg|_{-1}^{1} = \dfrac{\pi}{\sqrt{3}}.$$

7. 设 $x > 0$,证明 $\int_0^x \dfrac{1}{1+t^2} dt + \int_0^{\frac{1}{x}} \dfrac{1}{1+t^2} dt = \dfrac{\pi}{2}.$

证明 方法一:由 $\int_0^{\frac{1}{x}} \dfrac{dt}{1+t^2} \xlongequal{t=\dfrac{1}{u}} \int_{+\infty}^{x} \dfrac{1}{1+\dfrac{1}{u^2}}\left(-\dfrac{1}{u^2}\right)du = \int_x^{+\infty} \dfrac{du}{1+u^2} = \int_x^{+\infty} \dfrac{dt}{1+t^2}$ 得

$$\int_0^x \dfrac{dt}{1+t^2} + \int_0^{\frac{1}{x}} \dfrac{dt}{1+t^2} = \int_0^x \dfrac{dt}{1+t^2} + \int_x^{+\infty} \dfrac{dt}{1+t^2} = \int_0^{+\infty} \dfrac{dt}{1+t^2} = \arctan t \bigg|_0^{+\infty} = \dfrac{\pi}{2}.$$

方法二:因为

$$\left(\int_0^x \dfrac{dt}{1+t^2} + \int_0^{\frac{1}{x}} \dfrac{dt}{1+t^2}\right)' = \dfrac{1}{1+x^2} + \dfrac{1}{1+\dfrac{1}{x^2}}\left(-\dfrac{1}{x^2}\right) = 0,$$

所以 $\int_0^x \dfrac{dt}{1+t^2} + \int_0^{\frac{1}{x}} \dfrac{dt}{1+t^2} \equiv C_0$,取 $x=1$,则 $C_0 = 2\int_0^1 \dfrac{dt}{1+t^2} = 2\arctan t \bigg|_0^1 = \dfrac{\pi}{2}$,故

$$\int_0^x \dfrac{dt}{1+t^2} + \int_0^{\frac{1}{x}} \dfrac{dt}{1+t^2} = \dfrac{\pi}{2}.$$

8. 设 $p>0$,证明: $\dfrac{p}{p+1} < \int_0^1 \dfrac{dx}{1+x^p} < 1.$

证明 当 $p>0, 0 \leqslant x \leqslant 1$ 时,$\dfrac{1}{1+x^p} \leqslant 1$ 且 $\dfrac{1}{1+x^p}$ 不恒为 1,则 $\int_0^1 \dfrac{dx}{1+x^p} < \int_0^1 dx = 1$;

又当 $p>0$ 时,$0 \leqslant x \leqslant 1$,$\dfrac{x^p}{1+x^p} \leqslant x^p$ 且 $\dfrac{x^p}{1+x^p}$ 不恒为 x^p,则 $\int_0^1 \dfrac{x^p}{1+x^p} dx < \int_0^1 x^p dx = \dfrac{1}{p+1}$,即

$\int_0^1 \left(1 - \dfrac{1}{1+x^p}\right) dx < \dfrac{1}{p+1}$,或 $1 - \int_0^1 \dfrac{dx}{1+x^p} < \dfrac{1}{p+1}$,于是 $\int_0^1 \dfrac{dx}{1+x^p} > \dfrac{p}{p+1}$,故

$$\frac{p}{p+1} < \int_0^1 \frac{dx}{1+x^p} < 1.$$

9. 设 $f(x), g(x)$ 在区间 $[a,b]$ 上均连续，证明：

(1) $\left[\int_a^b f(x)g(x)dx\right]^2 \leqslant \int_a^b f^2(x)dx \cdot \int_a^b g^2(x)dx$（柯西 - 施瓦茨不等式）；

(2) $\left\{\int_a^b [f(x)+g(x)]^2 dx\right\}^{\frac{1}{2}} \leqslant \left[\int_a^b f^2(x)dx\right]^{\frac{1}{2}} + \left[\int_a^b g^2(x)dx\right]^{\frac{1}{2}}$（闵可夫斯基不等式）.

证明 (1) 对任意的 $t \in \mathbf{R}$, 有 $[tf(x)+g(x)]^2 \geqslant 0$, 即 $t^2 f^2(x) + 2tf(x)g(x) + g^2(x) \geqslant 0$, 两边在 $[a,b]$ 上关于 x 积分得

$$t^2 \int_a^b f^2(x)dx + 2t\int_a^b f(x)g(x)dx + \int_a^b g^2(x)dx \geqslant 0,$$

将上式左端视为关于 t 的二次函数，由二次函数非负的判定可知 $\Delta = 4\left[\int_a^b f(x)g(x)dx\right]^2 - 4\int_a^b f^2(x)dx \int_a^b g^2(x)dx \leqslant 0$ 得

$$\left[\int_a^b f(x)g(x)dx\right]^2 \leqslant \int_a^b f^2(x)dx \int_a^b g^2(x)dx.$$

(2) $\int_a^b [f(x)+g(x)]^2 dx = \int_a^b [f^2(x) + 2f(x)g(x) + g^2(x)]dx$

$$= \int_a^b f^2(x)dx + 2\int_a^b f(x)g(x)dx + \int_a^b g^2(x)dx$$

$$\leqslant \int_a^b f^2(x)dx + 2\left[\int_a^b f^2(x)dx\right]^{\frac{1}{2}} \left[\int_a^b g^2(x)dx\right]^{\frac{1}{2}} + \int_a^b g^2(x)dx$$

$$= \left\{\left[\int_a^b f^2(x)dx\right]^{\frac{1}{2}} + \left[\int_a^b g^2(x)dx\right]^{\frac{1}{2}}\right\}^2.$$

对上式两边开方，由 $[f(x)+g(x)]^2 \geqslant 0$, 从而本题得证.

10. 设 $f(x)$ 在区间 $[a,b]$ 上连续，且 $f(x) > 0$, 证明：

$$\int_a^b f(x)dx \cdot \int_a^b \frac{1}{f(x)}dx \geqslant (b-a)^2.$$

证明 由柯西 - 施瓦茨不等式得

$$\int_a^b f(x)dx \int_a^b \frac{dx}{f(x)} = \int_a^b \left[\sqrt{f(x)}\right]^2 dx \int_a^b \left[\frac{1}{\sqrt{f(x)}}\right]^2 dx$$

$$\geqslant \left[\int_a^b \sqrt{f(x)} \cdot \frac{1}{\sqrt{f(x)}} dx\right]^2 = (b-a)^2.$$

11. 计算下列积分：

(1) $\int_0^{\frac{\pi}{2}} \frac{x+\sin x}{1+\cos x}dx$;

(2) $\int_0^{\frac{\pi}{4}} \ln(1+\tan x)dx$;

(3) $\int_0^a \frac{dx}{x+\sqrt{a^2-x^2}} (a>0)$;

(4) $\int_0^{\frac{\pi}{2}} \sqrt{1-\sin 2x}\, dx$;

(5) $\int_0^{\frac{\pi}{2}} \frac{dx}{1+\cos^2 x}$;

(6) $\int_0^{\pi} x\sqrt{\cos^2 x - \cos^4 x}\, dx$;

(7) $\int_0^{\pi} x^2 |\cos x|\, dx$;

(8) $\int_0^{+\infty} \frac{dx}{e^{x+1}+e^{3-x}}$;

(9) $\int_{\frac{1}{2}}^{\frac{3}{2}} \frac{dx}{\sqrt{|x^2-x|}}$;

(10) $\int_0^x \max\{t^3, t^2, 1\}\, dt$.

解 (1) $\int_0^{\frac{\pi}{2}} \frac{x+\sin x}{1+\cos x}dx = \int_0^{\frac{\pi}{2}} \frac{x+\sin x}{2\cos^2 \frac{x}{2}}dx = \int_0^{\frac{\pi}{2}} \left(\frac{x}{2}\sec^2 \frac{x}{2} + \tan \frac{x}{2}\right)dx$

$$= \int_0^{\frac{\pi}{2}} \frac{x}{2} \sec^2 \frac{x}{2} dx + \int_0^{\frac{\pi}{2}} \tan \frac{x}{2} dx = \int_0^{\frac{\pi}{2}} x \, d\left(\tan \frac{x}{2}\right) + \int_0^{\frac{\pi}{2}} \tan \frac{x}{2} dx$$

$$= \left(x \tan \frac{x}{2}\right)\Big|_0^{\frac{\pi}{2}} - \int_0^{\frac{\pi}{2}} \tan \frac{x}{2} dx + \int_0^{\frac{\pi}{2}} \tan \frac{x}{2} dx = \frac{\pi}{2}.$$

(2) 令 $I = \int_0^{\frac{\pi}{4}} \ln(1 + \tan x) dx$, $t = \frac{\pi}{4} - x$, 则

$$I = \int_{\frac{\pi}{4}}^0 \ln\left(1 + \frac{1 - \tan t}{1 + \tan t}\right)(-dt) = \int_0^{\frac{\pi}{4}} \ln \frac{2}{1 + \tan x} dx = \frac{\pi}{4} \ln 2 - I,$$

则 $I = \int_0^{\frac{\pi}{4}} \ln(1 + \tan x) dx = \frac{\pi}{8} \ln 2$.

(3) $\int_0^a \frac{dx}{x + \sqrt{a^2 - x^2}} \xrightarrow{x = a \sin t} \int_0^{\frac{\pi}{2}} \frac{a \cos t}{a \sin t + a \cos t} dt = \int_0^{\frac{\pi}{2}} \frac{\cos x \, dx}{\sin x + \cos x}$.

令 $I = \int_0^{\frac{\pi}{2}} \frac{\cos x \, dx}{\sin x + \cos x}$, $t = \frac{\pi}{2} - x$, 则 $I = \int_{\frac{\pi}{2}}^0 \frac{\sin t}{\cos t + \sin t}(-dt) = \int_0^{\frac{\pi}{2}} \frac{\sin x \, dx}{\sin x + \cos x}$,

由 $2I = \int_0^{\frac{\pi}{2}} \frac{\cos x \, dx}{\sin x + \cos x} + \int_0^{\frac{\pi}{2}} \frac{\sin x \, dx}{\sin x + \cos x} = \int_0^{\frac{\pi}{2}} dx = \frac{\pi}{2}$ 得 $\int_0^a \frac{dx}{x + \sqrt{a^2 - x^2}} = \frac{\pi}{4}$.

(4) $\int_0^{\frac{\pi}{2}} \sqrt{1 - \sin 2x} \, dx = \int_0^{\frac{\pi}{2}} \sqrt{(\sin x - \cos x)^2} \, dx = \int_0^{\frac{\pi}{2}} |\sin x - \cos x| \, dx$

$$= \int_0^{\frac{\pi}{4}} (\cos x - \sin x) dx + \int_{\frac{\pi}{4}}^{\frac{\pi}{2}} (\sin x - \cos x) dx$$

$$= (\sin x + \cos x)\Big|_0^{\frac{\pi}{4}} - (\cos x + \sin x)\Big|_{\frac{\pi}{4}}^{\frac{\pi}{2}} = 2\sqrt{2} - 2.$$

(5) $\int_0^{\frac{\pi}{2}} \frac{dx}{1 + \cos^2 x} = \int_0^{\frac{\pi}{2}} \frac{\sec^2 x \, dx}{1 + \sec^2 x} = \int_0^{\frac{\pi}{2}} \frac{d(\tan x)}{(\sqrt{2})^2 + \tan^2 x} = \frac{1}{\sqrt{2}} \arctan \frac{\tan x}{\sqrt{2}}\Big|_0^{\frac{\pi}{2}} = \frac{\pi}{2\sqrt{2}}$.

(6) **方法一**: $\int_0^\pi x \sqrt{\cos^2 x - \cos^4 x} \, dx = \frac{\pi}{2} \int_0^\pi \sqrt{\cos^2 x - \cos^4 x} \, dx = \frac{\pi}{2} \int_0^\pi \sqrt{\sin^2 x \cos^2 x} \, dx$

$$= \frac{\pi}{4} \int_0^\pi \sqrt{\sin^2 2x} \, dx = \frac{\pi}{8} \int_0^\pi \sqrt{\sin^2 2x} \, d(2x) = \frac{\pi}{8} \int_0^{2\pi} \sqrt{\sin^2 x} \, dx$$

$$= \frac{\pi}{4} \int_0^\pi \sqrt{\sin^2 x} \, dx = \frac{\pi}{4} \int_0^\pi \sin x \, dx = \frac{\pi}{2} \int_0^{\frac{\pi}{2}} \sin x \, dx = \frac{\pi}{2}.$$

方法二: $\int_0^\pi x \sqrt{\cos^2 x - \cos^4 x} \, dx = \frac{\pi}{2} \int_0^\pi \sqrt{\cos^2 x - \cos^4 x} \, dx = \frac{\pi}{2} \int_0^\pi \sin x |\cos x| \, dx$

$$= \frac{\pi}{2} \int_0^{\frac{\pi}{2}} \sin x \cos x \, dx - \frac{\pi}{2} \int_{\frac{\pi}{2}}^\pi \sin x \cos x \, dx$$

$$= \frac{\pi}{2} \int_0^{\frac{\pi}{2}} \sin x \, d(\sin x) - \frac{\pi}{2} \int_{\frac{\pi}{2}}^\pi \sin x \, d(\sin x)$$

$$= \frac{\pi}{4} \sin^2 x \Big|_0^{\frac{\pi}{2}} - \frac{\pi}{4} \sin^2 x \Big|_{\frac{\pi}{2}}^\pi = \frac{\pi}{2}.$$

(7) $\int_0^\pi x^2 |\cos x| \, dx = \int_0^{\frac{\pi}{2}} x^2 \cos x \, dx - \int_{\frac{\pi}{2}}^\pi x^2 \cos x \, dx$

$$= \int_0^{\frac{\pi}{2}} x^2 d(\sin x) - \int_{\frac{\pi}{2}}^\pi x^2 d(\sin x)$$

$$= (x^2 \sin x)\Big|_0^{\frac{\pi}{2}} - 2\int_0^{\frac{\pi}{2}} x \sin x \, dx - (x^2 \sin x)\Big|_{\frac{\pi}{2}}^\pi + 2\int_{\frac{\pi}{2}}^\pi x \sin x \, dx$$

$$= \frac{\pi^2}{2} + 2\int_0^{\frac{\pi}{2}} x \, d(\cos x) - 2\int_{\frac{\pi}{2}}^\pi x \, d(\cos x)$$

$$= \frac{\pi^2}{2} + (2x\cos x)\Big|_0^{\frac{\pi}{2}} - 2\int_0^{\frac{\pi}{2}}\cos x\,dx - (2x\cos x)\Big|_{\frac{\pi}{2}}^{\pi} + 2\int_{\frac{\pi}{2}}^{\pi}\cos x\,dx$$

$$= \frac{\pi^2}{2} + 2\pi - 2\sin x\Big|_0^{\frac{\pi}{2}} + 2\sin x\Big|_{\frac{\pi}{2}}^{\pi} = \frac{\pi^2}{2} + 2\pi - 4.$$

(8) $\displaystyle\int_0^{+\infty}\frac{dx}{e^{x+1}+e^{3-x}} = \frac{1}{e^2}\int_0^{+\infty}\frac{dx}{e^{x-1}+e^{1-x}} = \frac{1}{e^2}\int_0^{+\infty}\frac{e^{x-1}dx}{1+(e^{x-1})^2} = \frac{1}{e^2}\int_0^{+\infty}\frac{d(e^{x-1})}{1+(e^{x-1})^2}$

$$= \left[\frac{1}{e^2}\arctan(e^{x-1})\right]\Big|_0^{+\infty} = \frac{1}{e^2}\left(\frac{\pi}{2} - \arctan\frac{1}{e}\right).$$

(9) **方法一**：$\displaystyle\int_{\frac{1}{2}}^{\frac{3}{2}}\frac{dx}{\sqrt{|x-x^2|}} = \int_{\frac{1}{2}}^{1}\frac{dx}{\sqrt{x-x^2}} + \int_{1}^{\frac{3}{2}}\frac{dx}{\sqrt{x^2-x}}$,

$$\int_{\frac{1}{2}}^{1}\frac{dx}{\sqrt{x-x^2}} = 2\int_{\frac{1}{2}}^{1}\frac{dx}{2\sqrt{x}\sqrt{1-x}} = 2\int_{\frac{1}{2}}^{1}\frac{d(\sqrt{x})}{\sqrt{1-(\sqrt{x})^2}} = 2\arcsin\sqrt{x}\Big|_{\frac{1}{2}}^{1} = \frac{\pi}{2},$$

$$\int_{1}^{\frac{3}{2}}\frac{dx}{\sqrt{x^2-x}} = 2\int_{1}^{\frac{3}{2}}\frac{dx}{2\sqrt{x}\sqrt{x-1}} = 2\int_{1}^{\frac{3}{2}}\frac{d(\sqrt{x})}{\sqrt{(\sqrt{x})^2-1}} = 2\ln(\sqrt{x}+\sqrt{x-1})\Big|_{1}^{\frac{3}{2}}$$

$$= 2\ln\frac{\sqrt{2}+\sqrt{6}}{2} = \ln(2+\sqrt{3}),$$

则 $\displaystyle\int_{\frac{1}{2}}^{\frac{3}{2}}\frac{dx}{\sqrt{|x-x^2|}} = \frac{\pi}{2} + \ln(2+\sqrt{3}).$

方法二：$\displaystyle\int_{\frac{1}{2}}^{\frac{3}{2}}\frac{dx}{\sqrt{|x-x^2|}} = \int_{\frac{1}{2}}^{1}\frac{dx}{\sqrt{x-x^2}} + \int_{1}^{\frac{3}{2}}\frac{dx}{\sqrt{x^2-x}}$,

$$\int_{\frac{1}{2}}^{1}\frac{dx}{\sqrt{x-x^2}} = \int_{\frac{1}{2}}^{1}\frac{d\left(x-\frac{1}{2}\right)}{\sqrt{\left(\frac{1}{2}\right)^2-\left(x-\frac{1}{2}\right)^2}} = \arcsin\frac{x-\frac{1}{2}}{\frac{1}{2}}\Big|_{\frac{1}{2}}^{1} = \arcsin(2x-1)\Big|_{\frac{1}{2}}^{1} = \frac{\pi}{2},$$

$$\int_{1}^{\frac{3}{2}}\frac{dx}{\sqrt{x^2-x}} = \int_{1}^{\frac{3}{2}}\frac{d\left(x-\frac{1}{2}\right)}{\sqrt{\left(x-\frac{1}{2}\right)^2-\left(\frac{1}{2}\right)^2}} = \ln\left[\left(x-\frac{1}{2}\right)+\sqrt{\left(x-\frac{1}{2}\right)^2-\left(\frac{1}{2}\right)^2}\right]\Big|_{1}^{\frac{3}{2}}$$

$$= \ln(2+\sqrt{3}),$$

则 $\displaystyle\int_{\frac{1}{2}}^{\frac{3}{2}}\frac{dx}{\sqrt{|x-x^2|}} = \frac{\pi}{2} + \ln(2+\sqrt{3}).$

(10) 当 $x < -1$ 时，

$$\int_0^x \max\{t^3,t^2,1\}\,dt = \int_0^{-1}dt + \int_{-1}^{x}t^2\,dt = \frac{x^3}{3} - \frac{2}{3};$$

当 $-1 \leqslant x \leqslant 1$ 时，$\displaystyle\int_0^x \max\{t^3,t^2,1\}\,dt = \int_0^x dt = x$;

当 $x > 1$ 时，$\displaystyle\int_0^x \max\{t^3,t^2,1\}\,dt = \int_0^1 dt + \int_1^x t^3\,dt = \frac{x^4}{4} + \frac{3}{4}.$

故 $\displaystyle\int_0^x \max\{t^3,t^2,1\}\,dt = \begin{cases}\dfrac{x^3}{3}-\dfrac{2}{3}, & x<-1,\\ x, & -1\leqslant x\leqslant 1,\\ \dfrac{x^4}{4}+\dfrac{3}{4}, & x>1.\end{cases}$

12. 设 $f(x)$ 为连续函数，证明：

$$\int_0^x f(t)(x-t)\mathrm{d}t = \int_0^x \left[\int_0^t f(u)\mathrm{d}u\right]\mathrm{d}t.$$

证明 **方法一**：令 $F(x) = \int_0^x f(t)\mathrm{d}t$，则

$$\int_0^x f(t)(x-t)\mathrm{d}t = x\int_0^x f(t)\mathrm{d}t - \int_0^x tf(t)\mathrm{d}t = xF(x) - \int_0^x t\,\mathrm{d}F(t)$$
$$= xF(x) - [tF(t)]\Big|_0^x + \int_0^x F(t)\mathrm{d}t = \int_0^x F(t)\mathrm{d}t,$$

$\int_0^x \left[\int_0^t f(u)\mathrm{d}u\right]\mathrm{d}t = \int_0^x F(t)\mathrm{d}t$，则 $\int_0^x f(t)(x-t)\mathrm{d}t = \int_0^x \left[\int_0^t f(u)\mathrm{d}u\right]\mathrm{d}t$.

方法二：因为 $\dfrac{\mathrm{d}}{\mathrm{d}x}\int_0^x f(t)(x-t)\mathrm{d}t = \dfrac{\mathrm{d}}{\mathrm{d}x}\left[x\int_0^x f(t)\mathrm{d}t - \int_0^x tf(t)\mathrm{d}t\right] = \int_0^x f(t)\mathrm{d}t$，

$$\dfrac{\mathrm{d}}{\mathrm{d}x}\int_0^x \left[\int_0^t f(u)\mathrm{d}u\right]\mathrm{d}t = \int_0^x f(u)\mathrm{d}u = \int_0^x f(t)\mathrm{d}t,$$

所以 $\int_0^x f(t)(x-t)\mathrm{d}t - \int_0^x \left[\int_0^t f(u)\mathrm{d}u\right]\mathrm{d}t = C_0$，取 $x=0$ 得 $C_0 = 0$，故

$$\int_0^x f(t)(x-t)\mathrm{d}t = \int_0^x \left[\int_0^t f(u)\mathrm{d}u\right]\mathrm{d}t.$$

13. 设 $f(x)$ 在区间 $[a,b]$ 上连续，且 $f(x) > 0$，

$$F(x) = \int_a^x f(t)\mathrm{d}t + \int_b^x \dfrac{\mathrm{d}t}{f(t)}, x \in [a,b].$$

证明：(1) $F'(x) \geqslant 2$；
(2) 方程 $F(x) = 0$ 在区间 (a,b) 内有且仅有一个根.

证明 (1) $F'(x) = f(x) + \dfrac{1}{f(x)}$ 由 $f(x)$ 在 $[a,b]$ 上连续，且 $f(x) > 0$ 可得 $F'(x) \geqslant 2\sqrt{f(x)\dfrac{1}{f(x)}} = 2$.

(2) 显然 $F(x)$ 在 $[a,b]$ 上连续，

$$F(a) = \int_b^a \dfrac{1}{f(t)}\mathrm{d}t = -\int_a^b \dfrac{\mathrm{d}t}{f(t)} < 0, F(b) = \int_a^b f(t)\mathrm{d}t > 0,$$

因为 $F(a)F(b) < 0$，由零点定理可知 $F(x) = 0$ 在 (a,b) 内至少有一个根，又因为 $F'(x) > 0$，所以 $F(x)$ 在 $[a,b]$ 上单调递增，故 $F(x) = 0$ 在 (a,b) 内有且仅有一个根.

14. 求 $\int_0^2 f(x-1)\mathrm{d}x$，其中 $f(x) = \begin{cases} \dfrac{1}{1+\mathrm{e}^x}, & x < 0, \\ \dfrac{1}{1+x}, & x \geqslant 0. \end{cases}$

解 $\int_0^2 f(x-1)\mathrm{d}x = \int_0^2 f(x-1)\mathrm{d}(x-1) = \int_{-1}^1 f(x)\mathrm{d}x = \int_{-1}^0 \dfrac{\mathrm{d}x}{1+\mathrm{e}^x} + \int_0^1 \dfrac{\mathrm{d}x}{1+x}$

$$= \int_{-1}^0 \dfrac{\mathrm{e}^{-x}\mathrm{d}x}{1+\mathrm{e}^{-x}} + [\ln(1+x)]\Big|_0^1 = -\int_{-1}^0 \dfrac{\mathrm{d}(1+\mathrm{e}^{-x})}{1+\mathrm{e}^{-x}} + \ln 2$$

$$= [-\ln(1+\mathrm{e}^{-x})]\Big|_{-1}^0 + \ln 2 = \ln(\mathrm{e}+1).$$

15. 设 $f'(x)$ 在 $[-\pi, \pi]$ 上连续，$a_n = \dfrac{1}{\pi}\int_{-\pi}^{\pi} f(x)\cos nx\,\mathrm{d}x (n \in \mathbf{N})$，证明：$\lim\limits_{n\to\infty} a_n = 0$.

证明 因为 $f'(x)$ 在 $[-\pi, \pi]$ 上连续，故存在 $M > 0$，使得 $|f'(x)| \leqslant M$.

由 $a_n = \dfrac{1}{\pi}\int_{-\pi}^{\pi} f(x)\cos nx\,\mathrm{d}x = -\dfrac{1}{n\pi}\int_{-\pi}^{\pi} f'(x)\sin nx\,\mathrm{d}x$ 得

$$0 \leqslant |a_n| = \dfrac{1}{n\pi}\left|\int_{-\pi}^{\pi} f'(x)\sin nx\,\mathrm{d}x\right| \leqslant \dfrac{M}{n\pi}\int_{-\pi}^{\pi} |\sin nx|\,\mathrm{d}x \leqslant \dfrac{2M}{n},$$

由夹逼准则得 $\lim\limits_{n\to\infty}|a_n|=0$，从而 $\lim\limits_{n\to\infty}a_n=0$.

16. 设 $f(x)$ 在区间 $[a,b]$ 上连续，$g(x)$ 在区间 $[a,b]$ 上连续且不变号. 证明至少存在一点 $\xi\in[a,b]$，使下式成立：
$$\int_a^b f(x)g(x)\mathrm{d}x=f(\xi)\int_a^b g(x)\mathrm{d}x \text{（积分第一中值定理）}.$$

证明 不妨设 $g(x)\geqslant 0$，因为 $f(x)$ 在 $[a,b]$ 上连续，所以 $f(x)$ 在 $[a,b]$ 上有最小值 m 和最大值 M. $mg(x)\leqslant f(x)g(x)\leqslant Mg(x)$ 两边积分得 $m\int_a^b g(x)\mathrm{d}x\leqslant\int_a^b f(x)g(x)\mathrm{d}x\leqslant M\int_a^b g(x)\mathrm{d}x$.

(1) 当 $\int_a^b g(x)\mathrm{d}x=0$ 时，$\int_a^b f(x)g(x)\mathrm{d}x=0$，对任意的 $\xi\in[a,b]$，结论成立.

(2) 当 $\int_a^b g(x)\mathrm{d}x>0$ 时，有 $m\leqslant\dfrac{\int_a^b f(x)g(x)\mathrm{d}x}{\int_a^b g(x)\mathrm{d}x}\leqslant M$，由介值定理，存在 $\xi\in[a,b]$，使得 $f(\xi)=\dfrac{\int_a^b f(x)g(x)\mathrm{d}x}{\int_a^b g(x)\mathrm{d}x}$，即 $\int_a^b f(x)g(x)\mathrm{d}x=f(\xi)\int_a^b g(x)\mathrm{d}x$.

*17. 证明：$\int_0^{+\infty}x^n\mathrm{e}^{-x^2}\mathrm{d}x=\dfrac{n-1}{2}\int_0^{+\infty}x^{n-2}\mathrm{e}^{-x^2}\mathrm{d}x(n>1)$，并用它证明
$$\int_0^{+\infty}x^{2n+1}\mathrm{e}^{-x^2}\mathrm{d}x=\dfrac{1}{2}\Gamma(n+1)(n\in\mathbf{N}).$$

证明 $\int_0^{+\infty}x^n\mathrm{e}^{-x^2}\mathrm{d}x=-\dfrac{1}{2}\int_0^{+\infty}x^{n-1}\mathrm{d}(\mathrm{e}^{-x^2})=\left(-\dfrac{1}{2}x^{n-1}\mathrm{e}^{-x^2}\right)\Big|_0^{+\infty}+\dfrac{n-1}{2}\int_0^{+\infty}x^{n-2}\mathrm{e}^{-x^2}\mathrm{d}x$
$=\dfrac{n-1}{2}\int_0^{+\infty}x^{n-2}\mathrm{e}^{-x^2}\mathrm{d}x$.

记 $I_n=\int_0^{+\infty}x^{2n+1}\mathrm{e}^{-x^2}\mathrm{d}x$，则
$$I_n=\int_0^{+\infty}x^{2n+1}\mathrm{e}^{-x^2}\mathrm{d}x=\dfrac{2n+1-1}{2}\int_0^{+\infty}x^{2n-1}\mathrm{e}^{-x^2}\mathrm{d}x=n\int_0^{+\infty}x^{2n-1}\mathrm{e}^{-x^2}\mathrm{d}x=nI_{n-1},$$
因此有
$$I_n=n!I_0=n!\int_0^{+\infty}x\mathrm{e}^{-x^2}\mathrm{d}x=n!\left(-\dfrac{1}{2}\mathrm{e}^{-x^2}\right)\Big|_0^{+\infty}=\dfrac{1}{2}n!=\dfrac{1}{2}\Gamma(n+1).$$

*18. 判定下列反常积分的收敛性：

(1) $\int_0^{+\infty}\dfrac{\sin x}{\sqrt{x^3}}\mathrm{d}x$；   (2) $\int_2^{+\infty}\dfrac{\mathrm{d}x}{x\sqrt[3]{x^2-3x+2}}$；

(3) $\int_2^{+\infty}\dfrac{\cos x}{\ln x}\mathrm{d}x$；   (4) $\int_0^{+\infty}\dfrac{\mathrm{d}x}{\sqrt[3]{x^2(x-1)(x-2)}}$.

解 (1) $x=0$ 为被积函数的瑕点. 因为 $\lim\limits_{x\to 0^+}(x-0)^{\frac{1}{2}}f(x)=\lim\limits_{x\to 0^+}\dfrac{\sin x}{x}=1$ 且 $\dfrac{1}{2}<1$，所以 $\int_0^1\dfrac{\sin x}{\sqrt{x^3}}\mathrm{d}x$ 收敛；又因为 $\lim\limits_{x\to+\infty}x^{\frac{5}{4}}\cdot f(x)=\lim\limits_{x\to+\infty}\dfrac{\sin x}{x^{\frac{1}{4}}}=0$ 且 $\dfrac{5}{4}>1$，所以 $\int_1^{+\infty}\dfrac{\sin x}{\sqrt{x^3}}\mathrm{d}x$ 收敛，故反常积分 $\int_0^{+\infty}\dfrac{\sin x}{\sqrt{x^3}}\mathrm{d}x$ 收敛.

(2) $x=2$ 为被积函数的瑕点. 因为 $\lim\limits_{x\to 2^+}(x-2)^{\frac{1}{3}}f(x)=\lim\limits_{x\to 2^+}\dfrac{1}{x\sqrt[3]{x-1}}=\dfrac{1}{2}$ 且 $\dfrac{1}{3}<1$，所以 $\int_2^3\dfrac{\mathrm{d}x}{x\sqrt[3]{x^2-3x+2}}$ 收敛；又因为 $\lim\limits_{x\to+\infty}x^{\frac{5}{3}}f(x)=1$ 且 $\dfrac{5}{3}>1$，所以 $\int_3^{+\infty}\dfrac{\mathrm{d}x}{x\sqrt[3]{x^2-3x+2}}$ 收敛，故反常积

分 $\int_2^{+\infty} \dfrac{\mathrm{d}x}{x\sqrt[3]{x^2-3x+2}}$ 收敛.

(3) $\int_2^{+\infty} \dfrac{\cos x}{\ln x}\mathrm{d}x = \int_2^{+\infty} \dfrac{\mathrm{d}(\sin x)}{\ln x} = \dfrac{\sin x}{\ln x}\bigg|_2^{+\infty} + \int_2^{+\infty} \dfrac{\sin x}{x\ln^2 x}\mathrm{d}x = \int_2^{+\infty} \dfrac{\sin x}{x\ln^2 x}\mathrm{d}x - \dfrac{\sin 2}{\ln 2}$, 因为 $\left|\dfrac{\sin x}{x\ln^2 x}\right| \leqslant \dfrac{1}{x\ln^2 x}$ 且 $\int_2^{+\infty} \dfrac{1}{x\ln^2 x}\mathrm{d}x = -\dfrac{1}{\ln x}\bigg|_2^{+\infty} = \dfrac{1}{\ln 2}$, 所以 $\int_2^{+\infty} \dfrac{\sin x}{x\ln^2 x}\mathrm{d}x$ 收敛, 故 $\int_2^{+\infty} \dfrac{\cos x}{\ln x}\mathrm{d}x$ 收敛.

(4) $x=0, x=1, x=2$ 为被积函数的瑕点,

$$\lim_{x\to 0^+} x^{\frac{2}{3}} \cdot \dfrac{1}{\sqrt[3]{x^2(x-1)(x-2)}} = \dfrac{1}{\sqrt[3]{2}} \text{ 且 } \dfrac{2}{3} < 1,$$

$$\lim_{x\to 1} (x-1)^{\frac{1}{3}} \cdot \dfrac{1}{\sqrt[3]{x^2(x-1)(x-2)}} = -1 \text{ 且 } \dfrac{1}{3} < 1,$$

$$\lim_{x\to 2} (x-2)^{\frac{1}{3}} \cdot \dfrac{1}{\sqrt[3]{x^2(x-1)(x-2)}} = \dfrac{\sqrt[3]{2}}{2} \text{ 且 } \dfrac{1}{3} < 1,$$

$$\lim_{x\to +\infty} x^{\frac{4}{3}} \cdot \dfrac{\mathrm{d}x}{\sqrt[3]{x^2(x-1)(x-2)}} = 1 \text{ 且 } \dfrac{4}{3} > 1,$$

故反常积分 $\int_0^{+\infty} \dfrac{\mathrm{d}x}{\sqrt[3]{x^2(x-1)(x-2)}}$ 收敛.

*19. 计算下列反常积分:

(1) $\int_0^{\frac{\pi}{2}} \ln \sin x \, \mathrm{d}x$;

(2) $\int_0^{+\infty} \dfrac{\mathrm{d}x}{(1+x^2)(1+x^\alpha)} (\alpha \geqslant 0)$.

解 (1) 因为

$$\lim_{x\to 0^+} \sqrt{x} \cdot f(x) = \lim_{x\to 0^+} \dfrac{\ln \sin x}{x^{-\frac{1}{2}}} = \lim_{x\to 0^+} \dfrac{\cot x}{-\dfrac{1}{2}x^{-\frac{3}{2}}} = \lim_{x\to 0^+} \dfrac{-2x\sqrt{x}}{\tan x} = 0,$$

所以反常积分 $\int_0^{\frac{\pi}{2}} \ln \sin x \, \mathrm{d}x$ 收敛.

令 $I = \int_0^{\frac{\pi}{2}} \ln \sin x \, \mathrm{d}x = \int_0^{\frac{\pi}{2}} \ln \cos x \, \mathrm{d}x$, 则

$$2I = \int_0^{\frac{\pi}{2}} \ln \sin x \, \mathrm{d}x + \int_0^{\frac{\pi}{2}} \ln \cos x \, \mathrm{d}x = \int_0^{\frac{\pi}{2}} \ln\left(\dfrac{1}{2}\sin 2x\right)\mathrm{d}x = -\dfrac{\pi}{2}\ln 2 + \dfrac{1}{2}\int_0^{\frac{\pi}{2}} \ln \sin 2x \, \mathrm{d}(2x)$$

$$= -\dfrac{\pi}{2}\ln 2 + \dfrac{1}{2}\int_0^{\pi} \ln \sin x \, \mathrm{d}x = -\dfrac{\pi}{2}\ln 2 + \int_0^{\frac{\pi}{2}} \ln \sin x \, \mathrm{d}x = -\dfrac{\pi}{2}\ln 2 + I,$$

故 $\int_0^{\frac{\pi}{2}} \ln \sin x \, \mathrm{d}x = -\dfrac{\pi}{2}\ln 2.$

(2) 因为 $\lim_{x\to +\infty} x^{2+\alpha} \cdot f(x) = 1$ 且 $2+\alpha > 1$, 所以反常积分 $\int_0^{+\infty} \dfrac{\mathrm{d}x}{(1+x^2)(1+x^\alpha)}$ 收敛.

令 $I = \int_0^{+\infty} \dfrac{\mathrm{d}x}{(1+x^2)(1+x^\alpha)}, x = \dfrac{1}{t}$, 则

$$I = \int_{+\infty}^0 \dfrac{-\dfrac{1}{t^2}\mathrm{d}t}{\left(1+\dfrac{1}{t^2}\right)\left(1+\dfrac{1}{t^\alpha}\right)} = \int_0^{+\infty} \dfrac{t^\alpha}{(1+t^2)(1+t^\alpha)}\mathrm{d}t = \int_0^{+\infty} \dfrac{x^\alpha}{(1+x^2)(1+x^\alpha)}\mathrm{d}x,$$

则

$$2I = \int_0^{+\infty} \frac{1}{(1+x^2)(1+x^a)}dx + \int_0^{+\infty} \frac{x^a}{(1+x^2)(1+x^a)}dx = \int_0^{+\infty} \frac{dx}{1+x^2} = \frac{\pi}{2},$$

故 $\int_0^{+\infty} \frac{1}{(1+x^2)(1+x^a)}dx = \frac{\pi}{4}$.

本章同步测试

(满分 100 分, 时间 100 分钟)

一、填空题(本题共 6 小题, 每小题 4 分, 共 24 分)

1. $\lim\limits_{n\to\infty} n\left(\dfrac{1}{n^2+1^2} + \dfrac{1}{n^2+2^2} + \cdots + \dfrac{1}{n^2+n^2}\right) = $ _____.

2. $\int_0^2 x\sqrt{2x-x^2}\,dx = $ _____.

3. $\dfrac{d}{dx}\int_0^x x\sin(x-t)^2\,dt = $ _____.

4. 设 $A = \int_0^\pi \dfrac{\cos x}{(x+2)^2}dx$, 则 $\int_0^{\frac{\pi}{2}} \dfrac{\sin x\cos x}{x+1}dx = $ _____.

5. 设 $f'(2) = 6, f(2) = 2, \int_0^2 f(x)dx = 4$, 则 $\int_0^1 x^2 f''(2x)dx = $ _____.

6. $\int_0^{+\infty} \dfrac{dx}{x^2+2x+2} = $ _____.

二、选择题(本题共 2 小题, 每小题 4 分, 共 8 分)

1. 设 $f(x)$ 连续, 下列函数为奇函数的是( ).

(A) $\int_0^x [f(-t)-f(t)]dt$ (B) $\int_0^x tf(t^2)dt$

(C) $\int_a^x [f(t)+f(-t)]dt$ (D) $\int_0^x f(t^2)dt$

2. 设 $f(x)$ 除 $x=0$ 为跳跃间断点外在 $[-1,2]$ 上连续, $F(x) = \int_{-1}^x f(t)dt$, 则 $F(x)$ 在 $x=0$ 处( ).

(A) 跳跃间断   (B) 可去间断

(C) 连续但不可导   (D) 可导

三、求极限(本题共 2 小题, 每题 8 分, 共 16 分)

1. 设 $f(x)$ 连续且 $f(0) \neq 0$, 求 $\lim\limits_{x\to 0} \dfrac{x\int_0^x f(x-t)dt}{\int_0^x tf(x-t)dt}$.

2. $\lim\limits_{n\to\infty} \sum\limits_{i=1}^n \dfrac{\left(1+\cos\dfrac{\pi i}{n}\right)^2}{n}$.

四、计算定积分(本题共 4 小题, 每小题 9 分, 共 36 分)

1. $\int_{-\frac{\pi}{2}}^{\frac{\pi}{2}} \left[x\ln(1+x^2) + \dfrac{\sin^2 x}{1+e^x}\right]dx$;

2. $\int_0^{\ln 2} \sqrt{e^{2x}-1}\,dx$;

3. $\int_{\frac{\sqrt{2}}{2}}^1 \dfrac{\sqrt{1-x^2}}{x^2}dx$;

4. $\int_0^\pi x\sqrt{\sin^2 x - \sin^4 x}\,dx$.

五、解答题(本题 8 分)

讨论反常积分 $\int_1^{+\infty} \dfrac{dx}{x\sqrt{x-1}}$ 是否收敛, 若收敛求其值.

六、证明题（本题 8 分）

设 $f(x)$ 在 $[0,a]$ 上连续可导，$f(0)=0$ 且 $|f'(x)| \leqslant M$，证明：
$$\left|\int_0^a f(x)\mathrm{d}x\right| \leqslant \frac{M}{2}a^2.$$

本章同步测试　答案及解析

一、填空题

1. **解** 原式 $=\displaystyle\lim_{n\to\infty}\frac{1}{n}\sum_{i=1}^n\frac{1}{1+\left(\frac{i}{n}\right)^2}=\int_0^1\frac{\mathrm{d}x}{1+x^2}=\arctan x\Big|_0^1=\frac{\pi}{4}.$

2. **解** $\displaystyle\int_0^2 x\sqrt{2x-x^2}\mathrm{d}x=\int_0^2[1+(x-1)]\sqrt{1-(x-1)^2}\mathrm{d}(x-1)$
$\xrightarrow{x-1=t}\displaystyle\int_{-1}^1(1+t)\sqrt{1-t^2}\mathrm{d}t=2\int_0^1\sqrt{1-t^2}\mathrm{d}t=\frac{\pi}{2}.$

3. **解** $\displaystyle\int_0^x x\sin(x-t)^2\mathrm{d}t=x\int_0^x\sin(x-t)^2\mathrm{d}t\xrightarrow{x-t=u}x\int_x^0\sin u^2(-\mathrm{d}u)=x\int_0^x\sin u^2\mathrm{d}u,$

则原式 $=\dfrac{\mathrm{d}}{\mathrm{d}x}\left(x\displaystyle\int_0^x\sin u^2\mathrm{d}u\right)=\int_0^x\sin u^2\mathrm{d}u+x\sin x^2=-\dfrac{1}{2}\cos x^2-\dfrac{1}{2}+x\sin x^2.$

4. **解** $\displaystyle\int_0^{\frac{\pi}{2}}\frac{\sin x\cos x}{x+1}\mathrm{d}x=\frac{1}{2}\int_0^{\frac{\pi}{2}}\frac{\sin 2x}{x+1}\mathrm{d}x=\frac{1}{2}\int_0^{\frac{\pi}{2}}\frac{\sin 2x}{2x+2}\mathrm{d}(2x)$
$=\dfrac{1}{2}\displaystyle\int_0^\pi\frac{\sin x}{x+2}\mathrm{d}x=-\frac{1}{2}\int_0^\pi\frac{1}{x+2}\mathrm{d}(\cos x)$
$=-\dfrac{\cos x}{2(x+2)}\Big|_0^\pi-\dfrac{1}{2}\displaystyle\int_0^\pi\frac{\cos x}{(x+2)^2}\mathrm{d}x$
$=\dfrac{1}{2(\pi+2)}+\dfrac{1}{4}-\dfrac{1}{2}A=\dfrac{1}{2}\left(\dfrac{1}{\pi+2}+\dfrac{1}{2}-A\right).$

5. **解** $\displaystyle\int_0^1 x^2 f''(2x)\mathrm{d}x=\frac{1}{8}\int_0^1(2x)^2f''(2x)\mathrm{d}(2x)=\frac{1}{8}\int_0^2 x^2 f''(x)\mathrm{d}x$
$=\dfrac{1}{8}\displaystyle\int_0^2 x^2\mathrm{d}f'(x)=\left[\dfrac{1}{8}x^2f'(x)\right]\Big|_0^2-\dfrac{1}{4}\int_0^2 xf'(x)\mathrm{d}x$
$=3-\dfrac{1}{4}\displaystyle\int_0^2 x\mathrm{d}f(x)=3-\left[\dfrac{1}{4}xf(x)\right]\Big|_0^2+\dfrac{1}{4}\int_0^2 f(x)\mathrm{d}x=3.$

6. **解** $\displaystyle\int_0^{+\infty}\frac{\mathrm{d}x}{x^2+2x+2}=\int_0^{+\infty}\frac{\mathrm{d}(x+1)}{1+(x+1)^2}=\arctan(x+1)\Big|_0^{+\infty}=\frac{\pi}{4}.$

二、选择题

1. **解** $f(-t)-f(t)$ 为奇函数，$\displaystyle\int_0^x[f(-t)-f(t)]\mathrm{d}t$ 为偶函数；$tf(t^2)$ 为奇函数，$\displaystyle\int_0^x tf(t^2)\mathrm{d}t$ 为偶函数；$f(t)+f(-t)$ 为偶函数，但 $\displaystyle\int_a^x[f(t)+f(-t)]\mathrm{d}t$ 不一定是奇函数；显然选(D)．

2. **解** 因为 $f(x)$ 在 $[-1,2]$ 上可积，所以 $F(x)$ 在 $x=0$ 处连续，但 $F(x)$ 在 $x=0$ 处的左右导数不等，所以 $F(x)$ 在 $x=0$ 处不可导，应选(C)．

三、求极限

1. **解** 由 $\displaystyle\int_0^x f(x-t)\mathrm{d}t\xrightarrow{x-t=u}\int_x^0 f(u)(-\mathrm{d}u)=\int_0^x f(u)\mathrm{d}u,$
$\displaystyle\int_0^x tf(x-t)\mathrm{d}t\xrightarrow{x-t=u}\int_x^0(x-u)f(u)(-\mathrm{d}u)=x\int_0^x f(u)\mathrm{d}u-\int_0^x uf(u)\mathrm{d}u$ 得
$\displaystyle\lim_{x\to 0}\frac{x\int_0^x f(x-t)\mathrm{d}t}{\int_0^x tf(x-t)\mathrm{d}t}=\lim_{x\to 0}\frac{x\int_0^x f(u)\mathrm{d}u}{x\int_0^x f(u)\mathrm{d}u-\int_0^x uf(u)\mathrm{d}u}=\lim_{x\to 0}\frac{\int_0^x f(u)\mathrm{d}u+xf(x)}{\int_0^x f(u)\mathrm{d}u}$

$$= \lim_{x \to 0} \frac{\dfrac{\int_0^x f(u)\,\mathrm{d}u}{x} + f(x)}{\dfrac{\int_0^x f(u)\,\mathrm{d}u}{x}}.$$

因为 $\lim\limits_{x \to 0} \dfrac{\int_0^x f(u)\,\mathrm{d}u}{x} = \lim\limits_{x \to 0} f(x) = f(0)$，所以 $\lim\limits_{x \to 0} \dfrac{x \int_0^x f(x-t)\,\mathrm{d}t}{\int_0^x t f(x-t)\,\mathrm{d}t} = 2$.

2. **解** $\lim\limits_{n \to \infty} \sum\limits_{i=1}^{n} \dfrac{\left(1+\cos\dfrac{\pi i}{n}\right)^2}{n} = \lim\limits_{n \to \infty} \dfrac{1}{n} \sum\limits_{i=1}^{n} \left(1+\cos\dfrac{\pi i}{n}\right)^2 = \int_0^1 (1+\cos \pi x)^2 \,\mathrm{d}x$

$= \dfrac{1}{\pi} \int_0^1 (1+\cos \pi x)^2 \,\mathrm{d}(\pi x) \xrightarrow{\pi x = t} \dfrac{1}{\pi} \int_0^{\pi} (1+\cos t)^2 \,\mathrm{d}t$

$= \dfrac{1}{\pi} \int_0^{\pi} \left(2\cos^2 \dfrac{t}{2}\right)^2 \mathrm{d}t = \dfrac{8}{\pi} \int_0^{\pi} \cos^4 \dfrac{t}{2} \,\mathrm{d}\left(\dfrac{t}{2}\right) \xrightarrow{\frac{t}{2} = u} \dfrac{8}{\pi} \int_0^{\frac{\pi}{2}} \cos^4 u \,\mathrm{d}u$

$= \dfrac{8}{\pi} \times \dfrac{3}{4} \times \dfrac{1}{2} \times \dfrac{\pi}{2} = \dfrac{3}{2}.$

四、计算定积分

1. **解** $\int_{-\frac{\pi}{2}}^{\frac{\pi}{2}} \left[x\ln(1+x^2) + \dfrac{\sin^2 x}{1+\mathrm{e}^x} \right] \mathrm{d}x = \int_{-\frac{\pi}{2}}^{\frac{\pi}{2}} \dfrac{\sin^2 x}{1+\mathrm{e}^x} \mathrm{d}x = \int_0^{\frac{\pi}{2}} \left(\dfrac{\sin^2 x}{1+\mathrm{e}^x} + \dfrac{\sin^2 x}{1+\mathrm{e}^{-x}} \right) \mathrm{d}x$

$= \int_0^{\frac{\pi}{2}} \sin^2 x \,\mathrm{d}x = \dfrac{1}{2} \times \dfrac{\pi}{2} = \dfrac{\pi}{4}.$

2. **解** 令 $\sqrt{\mathrm{e}^{2x} - 1} = t$，解得 $x = \dfrac{1}{2}\ln(1+t^2)$，则

$\int_0^{\ln 2} \sqrt{\mathrm{e}^{2x} - 1} \,\mathrm{d}x = \int_0^{\sqrt{3}} t \cdot \dfrac{1}{2} \cdot \dfrac{2t}{1+t^2} \,\mathrm{d}t = \int_0^{\sqrt{3}} \left(1 - \dfrac{1}{1+t^2}\right) \mathrm{d}t = \sqrt{3} - \dfrac{\pi}{3}.$

3. **解** $\int_{\frac{\sqrt{2}}{2}}^{1} \dfrac{\sqrt{1-x^2}}{x^2} \,\mathrm{d}x \xrightarrow{x = \sin t} \int_{\frac{\pi}{4}}^{\frac{\pi}{2}} \dfrac{\cos^2 t}{\sin^2 t} \,\mathrm{d}t = \int_{\frac{\pi}{4}}^{\frac{\pi}{2}} \dfrac{1 - \sin^2 t}{\sin^2 t} \,\mathrm{d}t = (-\cot t - t)\Big|_{\frac{\pi}{4}}^{\frac{\pi}{2}} = 1 - \dfrac{\pi}{4}.$

4. **解** $\int_0^{\pi} x\sqrt{\sin^2 x - \sin^4 x} \,\mathrm{d}x = \dfrac{\pi}{2} \int_0^{\pi} \sqrt{\sin^2 x - \sin^4 x} \,\mathrm{d}x = \dfrac{\pi}{2} \int_0^{\pi} |\sin x| |\cos x| \,\mathrm{d}x$

$= \dfrac{\pi}{2} \left(\int_0^{\frac{\pi}{2}} \sin x \cos x \,\mathrm{d}x - \int_{\frac{\pi}{2}}^{\pi} \sin x \cos x \,\mathrm{d}x \right) = \dfrac{\pi}{2}.$

五、解答题

解 因为 $\lim\limits_{x \to 1^+} (x-1)^{\frac{1}{2}} \cdot \dfrac{1}{x\sqrt{x-1}} = 1$ 且 $\alpha = \dfrac{1}{2} < 1$，又因为 $\lim\limits_{x \to +\infty} x^{\frac{3}{2}} \cdot \dfrac{1}{x\sqrt{x-1}} = 1$ 且 $\alpha = \dfrac{3}{2} > 1$，

所以反常积分 $\int_1^{+\infty} \dfrac{\mathrm{d}x}{x\sqrt{x-1}}$ 收敛，且

$\int_1^{+\infty} \dfrac{\mathrm{d}x}{x\sqrt{x-1}} = 2 \int_1^{+\infty} \dfrac{\mathrm{d}(\sqrt{x-1})}{1+(\sqrt{x-1})^2} = 2\arctan \sqrt{x-1} \Big|_1^{+\infty} = \pi.$

六、证明题

证明 由拉格朗日中值定理得 $f(x) = f(x) - f(0) = f'(\xi)x\ (0 < \xi < x)$，则 $|f(x)| \leqslant Mx$，所以

$\left| \int_0^a f(x) \,\mathrm{d}x \right| \leqslant \int_0^a |f(x)| \,\mathrm{d}x \leqslant \int_0^a Mx \,\mathrm{d}x = \dfrac{M}{2}a^2.$

第六章 定积分的应用

第一节 定积分的元素法

> 期末高分必备知识

在计算一元不规则量(包括不规则图形的面积、体积、弧长、引力、压力及做功)时,元素法是非常重要的思想和方法,具体步骤如下:

(1) 确定自变量、函数及自变量的取值范围,如:函数 $y=f(x)$,其中 $x\in[a,b]$,任取自变量的区间元素 $[x,x+\mathrm{d}x]\subset[a,b]$;

(2) 设所求的量为 A,在自变量的区间元素上按理想状态求出所求量的元素 $\mathrm{d}A$;

(3) 在 $[a,b]$ 上对所求量的元素 $\mathrm{d}A$ 积分,即可求出所求的量 A,即 $A=\int_a^b \mathrm{d}A$.

第二节 定积分在几何学上的应用

> 期末高分必备知识

一、定积分在面积上的应用

1. 曲线 $y=f(x)\geqslant 0,x=a,x=b(a<b)$ 及 x 轴所围成的曲边梯形的面积为
$$A=\int_a^b f(x)\mathrm{d}x.$$

2. 曲线 $y=f(x),y=g(x)(f(x)\geqslant g(x)),x=a,x=b(a<b)$ 所围成的图形(如图 6-1 阴影所示)的面积为
$$A=\int_a^b [f(x)-g(x)]\mathrm{d}x.$$

3. 曲线 $r=r(\theta),\theta=\alpha,\theta=\beta(\alpha<\beta)$ 所围成的曲边三角形(如图 6-2 阴影所示)的面积为
$$A=\frac{1}{2}\int_\alpha^\beta r^2(\theta)\mathrm{d}\theta.$$

4. 曲线 $r=r_1(\theta),r=r_2(\theta)(r_1(\theta)\leqslant r_2(\theta)),\theta=\alpha,\theta=\beta(\alpha<\beta)$ 所围成的图形(如图 6-3 阴影所示)的面积为
$$A=\frac{1}{2}\int_\alpha^\beta [r_2^2(\theta)-r_1^2(\theta)]\mathrm{d}\theta.$$

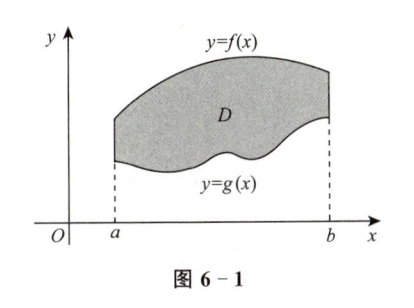

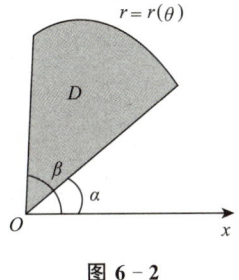

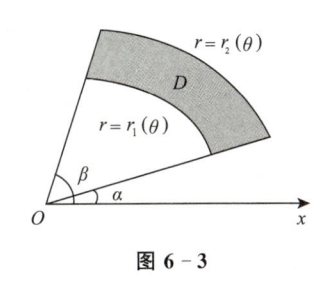

图 6-1

图 6-2

图 6-3

5. 曲线 $y=f(x),x=a,x=b(a<b)$ 及 x 轴所围成的区域绕 x 轴旋转所成几何体的表面积为
$$A=2\pi\int_a^b |f(x)|\cdot\sqrt{1+f'^2(x)}\mathrm{d}x.$$

二、定积分在体积上的应用

1. 曲线 $y = f(x), x = a, x = b(a < b)$ 及 x 轴所围成的区域绕 x 轴旋转所成几何体的体积为

$$V_x = \pi \int_a^b f^2(x) \, dx.$$

2. 曲线 $y = f(x), x = a, x = b(a < b, ab > 0)$ 及 x 轴所围成的区域绕 y 轴旋转所成几何体的体积为

$$V_y = 2\pi \int_a^b |x| \cdot |f(x)| \, dx.$$

3. 设几何体位于 $x = a$ 与 $x = b(a < b)$ 之间,对任意的 $x \in [a, b]$,截口面积为 $A(x)$,则该几何体的体积为

$$V = \int_a^b A(x) \, dx.$$

三、定积分在弧长上的应用

1. 设曲线 $L: y = f(x) (a \leqslant x \leqslant b)$,其中 $f(x)$ 连续可导,则曲线 L 的长度为

$$l = \int_a^b \sqrt{1 + f'^2(x)} \, dx.$$

2. 设曲线 $L: \begin{cases} x = \varphi(t) \\ y = \psi(t) \end{cases} (\alpha \leqslant t \leqslant \beta)$,其中 $\varphi(t), \psi(t)$ 连续可导,则曲线 L 的长度为

$$l = \int_\alpha^\beta \sqrt{\varphi'^2(t) + \psi'^2(t)} \, dt.$$

3. 设曲线 $L: r = r(\theta) (\alpha \leqslant \theta \leqslant \beta)$,其中 $r(\theta)$ 连续可导,则曲线 L 的长度为

$$l = \int_\alpha^\beta \sqrt{r^2(\theta) + r'^2(\theta)} \, d\theta.$$

▶ **60分必会题型**

题型一:面积的计算

例 1 求曲线 $L_1: y = x^2$ 与曲线 $L_2: x = y^2$ 所围成的区域的面积.

解 显然两曲线的交点为 $O(0,0), A(1,1)$,两曲线所围成的区域的面积为

$$A = \int_0^1 (\sqrt{x} - x^2) \, dx = \frac{2}{3} x^{\frac{3}{2}} \Big|_0^1 - \frac{x^3}{3} \Big|_0^1 = \frac{1}{3}.$$

例 2 求双纽线 $(x^2 + y^2)^2 = a^2(x^2 - y^2)$ 内,圆 $x^2 + y^2 = \frac{a^2}{2}(a > 0)$ 外所围区域的面积.

解 设所围区域位于第一象限的部分为 D_1(如图 6-4 阴影所示),双纽线的极坐标方程为 $r^2 = a^2 \cos 2\theta$,圆的极坐标方程为 $r^2 = \frac{1}{2} a^2$.

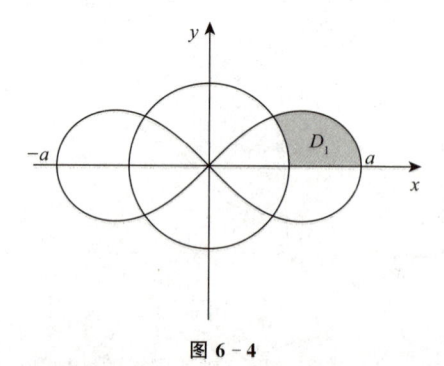

图 6-4

由 $a^2 \cos 2\theta = \frac{1}{2} a^2$ 得 $\theta = \frac{\pi}{6}$,则区域 D_1 的面积为

$$S_1 = \frac{1}{2}\int_0^{\frac{\pi}{6}}\left(a^2\cos 2\theta - \frac{1}{2}a^2\right)d\theta = \frac{a^2}{4}\sin 2\theta \Big|_0^{\frac{\pi}{6}} - \frac{\pi a^2}{24} = \frac{(3\sqrt{3}-\pi)a^2}{24},$$

故所围区域的面积为 $S = \dfrac{(3\sqrt{3}-\pi)a^2}{6}$.

例3 设抛物线 $L: y = \sqrt{x-1}$.

(1) 求曲线 L 过原点的切线.
(2) 求曲线 L、题(1)中的切线及 x 轴所围成的区域 D 的面积.
(3) 求区域 D 绕 x 轴旋转一周所成的几何体的表面积.

解 (1) 设切点为 $P(a, \sqrt{a-1})$，由 $\dfrac{1}{2\sqrt{a-1}} = \dfrac{\sqrt{a-1}}{a}$ 得

$a = 2$，切点为 $P(2,1)$，切线为 $y = \dfrac{1}{2}x$.

(2) 如图 6-5 所示，阴影区域 D 的面积为

$$A = 1 - \int_1^2 \sqrt{x-1}\,dx = 1 - \int_1^2 (x-1)^{\frac{1}{2}}\,d(x-1)$$
$$= 1 - \frac{2}{3}(x-1)^{\frac{3}{2}}\Big|_1^2 = \frac{1}{3}.$$

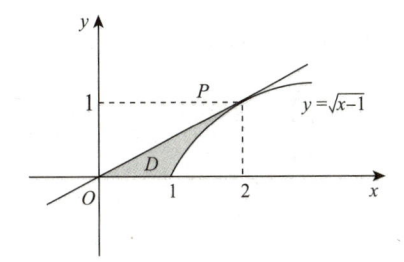

图 6-5

(3) 区域 D 绕 x 轴旋转一周所成的内表面积为 S_1，外表面积为 S_2，则

$$S_1 = 2\pi\int_1^2 \sqrt{x-1}\cdot\sqrt{1+\left(\frac{1}{2\sqrt{x-1}}\right)^2}\,dx = \pi\int_1^2 \sqrt{4x-3}\,dx$$
$$= \frac{\pi}{4}\cdot\frac{2}{3}(4x-3)^{\frac{3}{2}}\Big|_1^2 = \frac{\pi}{6}(5\sqrt{5}-1);$$
$$S_2 = 2\pi\int_0^2 \frac{1}{2}x\cdot\sqrt{1+\frac{1}{4}}\,dx = \frac{\sqrt{5}}{2}\pi\int_0^2 x\,dx = \sqrt{5}\pi,$$

所以几何体的表面积为 $S = \dfrac{\pi}{6}(5\sqrt{5}-1) + \sqrt{5}\pi = \dfrac{11\sqrt{5}-1}{6}\pi$.

题型二：体积的计算

例1 求 $L: y = 2\sin x$ 与 $x = 0, x = \dfrac{\pi}{2}$ 及 x 轴所围成图形分别绕 x 轴、y 轴旋转一周而成的几何体体积.

解 曲线段 L 与 $x = 0, x = \dfrac{\pi}{2}$ 及 x 轴所围成图形绕 x 轴旋转而成的几何体体积为

$$V_x = \pi\int_0^{\frac{\pi}{2}}(2\sin x)^2\,dx = 4\pi\int_0^{\frac{\pi}{2}}\sin^2 x\,dx = 4\pi\cdot\frac{1}{2}\cdot\frac{\pi}{2} = \pi^2.$$

曲线段 L 与 $x = 0, x = \dfrac{\pi}{2}$ 及 x 轴所围成图形绕 y 轴旋转而成的几何体体积为

$$V_y = 2\pi\int_0^{\frac{\pi}{2}} x\cdot 2\sin x\,dx = -4\pi\int_0^{\frac{\pi}{2}} x\,d(\cos x)$$
$$= (-4\pi x\cos x)\Big|_0^{\frac{\pi}{2}} + 4\pi\int_0^{\frac{\pi}{2}}\cos x\,dx = 4\pi.$$

例2 求曲线 $L: \begin{cases} x = a(t - \sin t), \\ y = a(1 - \cos t) \end{cases} (a > 0, 0 \leqslant t \leqslant 2\pi)$ 绕 x 轴旋转一周而成的几何体体积.

解 如图 6-6 中阴影部分绕 x 轴旋转一周而成的几何体即为所求的几何体，其体积为

$$V_x = \pi\int_0^{2\pi a} y^2 dx = \pi\int_0^{2\pi} a^2(1-\cos t)^2 \cdot a(1-\cos t)dt$$

$$= \pi a^3 \int_0^{2\pi}(1-\cos t)^3 dt = \pi a^3 \int_0^{2\pi}\left(2\sin^2\frac{t}{2}\right)^3 dt$$

$$= 16\pi a^3 \int_0^{2\pi}\sin^6\frac{t}{2}d\left(\frac{t}{2}\right) = 16\pi a^3 \int_0^{\pi}\sin^6 t\, dt$$

$$= 32\pi a^3 \int_0^{\frac{\pi}{2}}\sin^6 t\, dt = 32\pi a^3 \cdot \frac{5}{6}\cdot\frac{3}{4}\cdot\frac{1}{2}\cdot\frac{\pi}{2} = 5\pi^2 a^3.$$

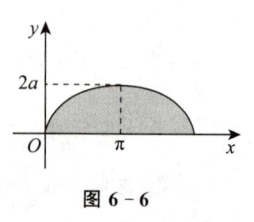

例 3 求曲线 $L: y = \sqrt{2x-x^2}$ 与 x 轴所围区域绕 $x=2$ 旋转所得几何体的体积.

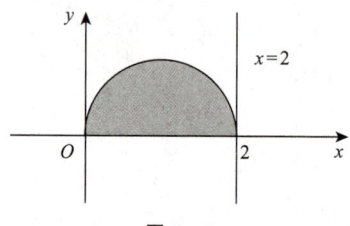

图 6-7

解 如图 6-7 所示，取 $[x, x+dx] \subset [0,2]$，$dV = 2\pi(2-x)\sqrt{2x-x^2}dx$，

$$V = \int_0^2 dV = 2\pi\int_0^2 (2-x)\sqrt{2x-x^2}dx = 2\pi\int_0^2 [1-(x-1)]\sqrt{1-(x-1)^2}d(x-1)$$

$$= 2\pi\int_{-1}^1 (1-x)\sqrt{1-x^2}dx = 2\pi\int_{-1}^1\sqrt{1-x^2}dx = 4\pi\int_0^1\sqrt{1-x^2}dx = \pi^2.$$

题型三：弧长的计算

例 求曲线 $y = \int_0^x \tan t\, dt\ \left(0 \leqslant x \leqslant \frac{\pi}{4}\right)$ 的弧长.

解 曲线的长度为

$$l = \int_0^{\frac{\pi}{4}}\sqrt{1+y'^2}dx = \int_0^{\frac{\pi}{4}}\sqrt{1+\tan^2 x}dx = \int_0^{\frac{\pi}{4}}\sec x\, dx$$

$$= \ln|\sec x + \tan x|\Big|_0^{\frac{\pi}{4}} = \ln(\sqrt{2}+1).$$

同济八版教材 ▶ 习题解答

习题 6-2 定积分在几何学上的应用

勇夺60分	1、2、3、4、5、6、7、8、9、10、11、12、13、14、15
超越80分	1、2、3、4、5、6、7、8、9、10、11、12、13、14、15、16、17、18、19、20、21、22、23、24
冲刺90分与考研	1、2、3、4、5、6、7、8、9、10、11、12、13、14、15、16、17、18、19、20、21、22、23、24、25、26、27、28、29、30

1. 求图 6-8 中各阴影部分的面积：

(1)

(2)

(3)

(4)

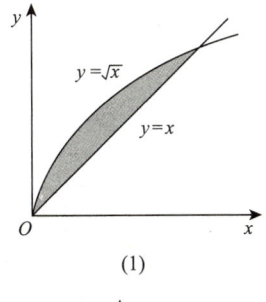

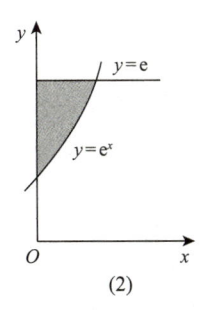

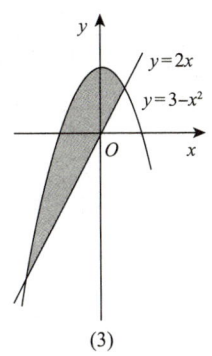

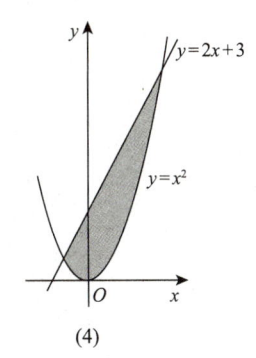

图 6-8

解 (1) 由 $\begin{cases} y = x, \\ y = \sqrt{x} \end{cases}$ 得两曲线的交点为 $(0,0)$ 和 $(1,1)$.

方法一: 取 x 作为积分变量,则 $A = \int_0^1 (\sqrt{x} - x) \mathrm{d}x = \left(\dfrac{2}{3} x^{\frac{3}{2}} - \dfrac{1}{2} x^2\right) \Big|_0^1 = \dfrac{1}{6}$.

方法二: 取 y 作为积分变量,则 $A = \int_0^1 (y - y^2) \mathrm{d}y = \left(\dfrac{1}{2} y^2 - \dfrac{1}{3} y^3\right) \Big|_0^1 = \dfrac{1}{6}$.

(2) **方法一**: 取 x 作为积分变量,则 $A = \int_0^1 (\mathrm{e} - \mathrm{e}^x) \mathrm{d}x = (\mathrm{e}x - \mathrm{e}^x) \Big|_0^1 = 1$.

方法二: 取 y 作为积分变量,则 $A = \int_1^{\mathrm{e}} \ln y \, \mathrm{d}y = (y \ln y) \Big|_1^{\mathrm{e}} - \int_1^{\mathrm{e}} \mathrm{d}y = \mathrm{e} - (\mathrm{e} - 1) = 1$.

(3) 由 $\begin{cases} y = 2x, \\ y = 3 - x^2 \end{cases}$ 得两曲线的交点为 $(-3, -6)$ 及 $(1, 2)$.

方法一: 取 x 作为积分变量,则

$$A = \int_{-3}^1 (3 - x^2 - 2x) \, \mathrm{d}x = \left(3x - \dfrac{1}{3} x^3 - x^2\right) \Big|_{-3}^1 = \dfrac{32}{3}.$$

方法二: 取 y 作为积分变量,则

$$A = \int_{-6}^2 \left[\dfrac{y}{2} - (-\sqrt{3-y})\right] \mathrm{d}y + \int_2^3 \left[\sqrt{3-y} - (-\sqrt{3-y})\right] \mathrm{d}y$$

$$= \left[\dfrac{y^2}{4} - \dfrac{2}{3}(3-y)^{\frac{3}{2}}\right] \Big|_{-6}^2 - \dfrac{4}{3}(3-y)^{\frac{3}{2}} \Big|_2^3 = \dfrac{32}{3}.$$

(4) 由 $\begin{cases} y = x^2, \\ y = 2x + 3 \end{cases}$ 得两曲线的交点为 $(-1, 1)$ 及 $(3, 9)$.

方法一: 取 x 作为积分变量,则

$$A = \int_{-1}^3 [(2x + 3) - x^2] \, \mathrm{d}x = \left(x^2 + 3x - \dfrac{1}{3} x^3\right) \Big|_{-1}^3 = \dfrac{32}{3}.$$

方法二: 取 y 作为积分变量,则

$$A = \int_0^1 [\sqrt{y} - (-\sqrt{y})]\mathrm{d}y + \int_1^9 \left(\sqrt{y} - \frac{y-3}{2}\right)\mathrm{d}y = \frac{4}{3}y^{\frac{3}{2}}\Big|_0^1 + \left(\frac{2}{3}y^{\frac{3}{2}} - \frac{y^2}{4} + \frac{3}{2}y\right)\Big|_1^9 = \frac{32}{3}.$$

2. 求由下列各曲线所围成的图形的面积：

(1) $y = \frac{1}{2}x^2$ 与 $x^2 + y^2 = 8$（两部分都要计算）；

(2) $y = \frac{1}{x}$ 与直线 $y = x$ 及 $x = 2$；

(3) $y = \mathrm{e}^x, y = \mathrm{e}^{-x}$ 与直线 $x = 1$；

(4) $y = \ln x, y$ 轴与直线 $y = \ln a, y = \ln b (b > a > 0)$.

解 (1) 由 $\begin{cases} y = \frac{1}{2}x^2 \\ x^2 + y^2 = 8 \end{cases}$ 得两曲线的交点为 $(-2, 2)$ 及 $(2, 2)$ 所

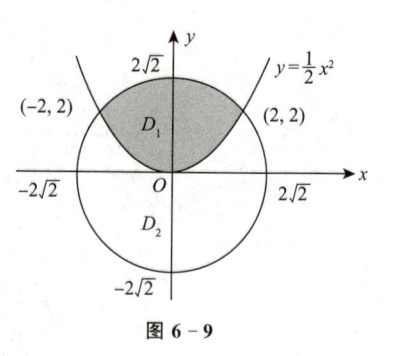

围图形（如图 6-9 中阴影部分）.

图 6-9

区域 D_1 的面积为

$$A_1 = \int_{-2}^{2}\left(\sqrt{8-x^2} - \frac{1}{2}x^2\right)\mathrm{d}x = 2\int_0^2\left(\sqrt{8-x^2} - \frac{1}{2}x^2\right)\mathrm{d}x$$

$$= 2\left(4\arcsin\frac{x}{2\sqrt{2}} + \frac{x}{2}\sqrt{8-x^2} - \frac{1}{6}x^3\right)\Big|_0^2 = 2\pi + \frac{4}{3}.$$

区域 D_2 的面积为 $A_2 = 8\pi - \left(2\pi + \frac{4}{3}\right) = 6\pi - \frac{4}{3}$.

(2) 所围图形（如图 6-10 中阴影部分）的面积为

$$A = \int_1^2\left(x - \frac{1}{x}\right)\mathrm{d}x = \left(\frac{1}{2}x^2 - \ln x\right)\Big|_1^2 = \frac{3}{2} - \ln 2.$$

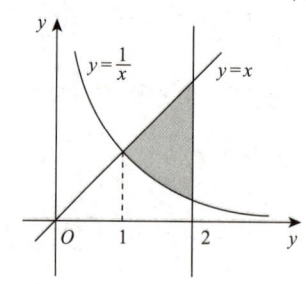

图 6-10

(3) 所围图形（如图 6-11 中阴影部分）的面积为

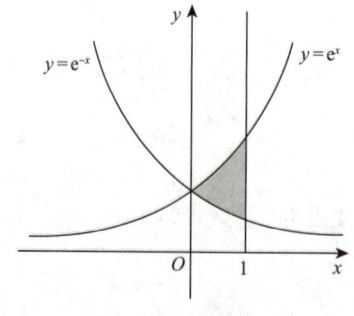

$$A = \int_0^1(\mathrm{e}^x - \mathrm{e}^{-x})\mathrm{d}x = (\mathrm{e}^x + \mathrm{e}^{-x})\Big|_0^1 = \mathrm{e} + \frac{1}{\mathrm{e}} - 2.$$

图 6-11

(4)(所围图形如图 6-12 中阴影部分)$A = \int_{\ln a}^{\ln b} e^y dy = e^y \Big|_{\ln a}^{\ln b} = b - a$.

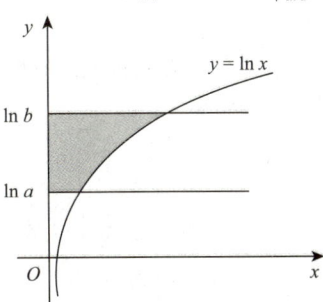

图 6-12

3. 求抛物线 $y = -x^2 + 4x - 3$ 及其在点 $(0,-3)$ 和 $(3,0)$ 处的切线所围成的图形的面积.

解 (所围图形如图 6-13 中阴影部分) 由 $y' = -2x + 4$ 得 $y'(0) = 4, y'(3) = -2$, 过 $(0,-3)$ 的切线方程为 $y + 3 = 4(x - 0)$, 过 $(3,0)$ 的切线方程为 $y - 0 = -2(x - 3)$, 整理后两条切线的方程为 $y = 4x - 3, y = -2x + 6$, 两条切线的交点为 $\left(\dfrac{3}{2}, 3\right)$, 所求的面积为

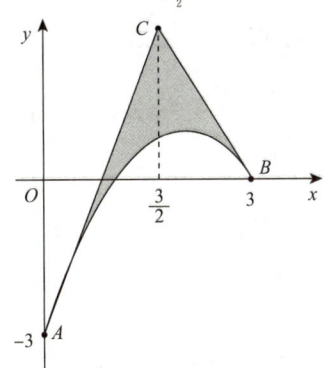

$$A = \int_0^{\frac{3}{2}} [(4x-3) - (-x^2 + 4x - 3)] dx + \int_{\frac{3}{2}}^3 [(-2x+6) - (-x^2 + 4x - 3)] dx = \dfrac{9}{4}.$$

图 6-13

4. 求抛物线 $y^2 = 2px$ 及其在点 $\left(\dfrac{p}{2}, p\right)$ 处的法线所围成的图形的面积.

解 (所围图形如图 6-14 中阴影部分) $y^2 = 2px$ 两边对 x 求导得

$$2yy' = 2p, y' = \dfrac{p}{y}, y'\Big|_{\left(\frac{p}{2}, p\right)} = 1,$$

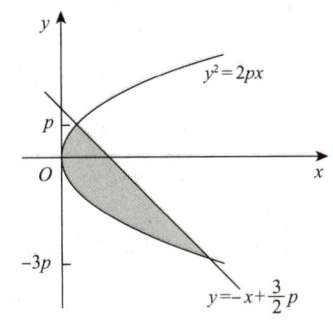

图 6-14

则法线方程为 $y - p = -\left(x - \dfrac{p}{2}\right)$，即 $y = -x + \dfrac{3p}{2}$.

由 $\begin{cases} y^2 = 2px, \\ y = -x + \dfrac{3p}{2}, \end{cases}$ 得 $\begin{cases} x = \dfrac{9p}{2}, \\ y = -3p \end{cases}$ 及 $\begin{cases} x = \dfrac{p}{2}, \\ y = p. \end{cases}$ 故所围成的面积为

$$A = \int_{-3p}^{p} \left[\left(-y + \dfrac{3p}{2}\right) - \dfrac{y^2}{2p}\right] dy = \dfrac{16}{3} p^2.$$

5. 试求 a, b 的值，使得由曲线 $y = \cos x \left(0 \leqslant x \leqslant \dfrac{\pi}{2}\right)$ 与两坐标轴所围成的图形的面积被曲线 $y = a\sin x$ 与 $y = b\sin x$ 三等分.

解 如图 6-15 所示，$y = a\sin x$ 与 $y = \cos x \left(0 \leqslant x \leqslant \dfrac{\pi}{2}\right)$ 的交点的横坐标为 $\arctan \dfrac{1}{a}$，设 $y = a\sin x$ 与 $y = \cos x \left(0 \leqslant x \leqslant \dfrac{\pi}{2}\right)$ 及 y 轴所围图形的面积为 A_1，则

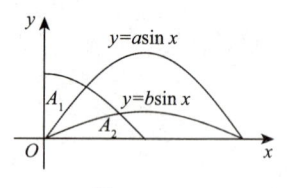

图 6-15

$$A_1 = \int_0^{\arctan \frac{1}{a}} (\cos x - a\sin x) dx = (\sin x + a\cos x)\Big|_0^{\arctan \frac{1}{a}} = \sqrt{1 + a^2} - a.$$

由题设，$A_1 = \dfrac{1}{3} \int_0^{\frac{\pi}{2}} \cos x \, dx = \dfrac{1}{3}$，即 $\sqrt{1 + a^2} - a = \dfrac{1}{3}$，解得 $a = \dfrac{4}{3}$. 类似地，设 $y = b\sin x$，$y = \cos x \left(0 \leqslant x \leqslant \dfrac{\pi}{2}\right)$ 及 x 轴所围图形的面积为 A_2，则

$$A_2 = \int_0^{\arctan \frac{1}{b}} b\sin x \, dx + \int_{\arctan \frac{1}{b}}^{\frac{\pi}{2}} \cos x \, dx = b + 1 - \sqrt{b^2 + 1},$$

由题设，$b + 1 - \sqrt{b^2 + 1} = \dfrac{1}{3}$，解得 $b = \dfrac{5}{12}$.

6. 求由下列各曲线所围成的图形的面积：

(1) $\rho = 2a\cos \theta$；　　　(2) $\begin{cases} x = a\cos^3 t, \\ y = a\sin^3 t; \end{cases}$　　　(3) $\rho = 2a(2 + \cos \theta)$.

解 (1) $A = \dfrac{1}{2} \int_{-\frac{\pi}{2}}^{\frac{\pi}{2}} (2a\cos \theta)^2 d\theta = 4a^2 \int_0^{\frac{\pi}{2}} \cos^2 \theta \, d\theta = \pi a^2$.

(2) 由对称性可知，所求面积为其在第一象限面积的 4 倍，则

$$A = 4 \int_0^a y \, dx = 4 \int_{\frac{\pi}{2}}^0 a\sin^3 t \cdot (-3a\cos^2 t \sin t) \, dt = 12a^2 \int_0^{\frac{\pi}{2}} \sin^4 t (1 - \sin^2 t) \, dt$$

$$= 12a^2 \left(\int_0^{\frac{\pi}{2}} \sin^4 t \, dt - \int_0^{\frac{\pi}{2}} \sin^6 t \, dt\right) = 12a^2 \left(\dfrac{3}{4} \cdot \dfrac{1}{2} \cdot \dfrac{\pi}{2} - \dfrac{5}{6} \cdot \dfrac{3}{4} \cdot \dfrac{1}{2} \cdot \dfrac{\pi}{2}\right) = \dfrac{3}{8} \pi a^2.$$

(3) $A = \dfrac{1}{2} \int_0^{2\pi} 4a^2 (2 + \cos \theta)^2 d\theta = 2a^2 \int_0^{2\pi} (4 + 4\cos \theta + \cos^2 \theta) d\theta$

$$= 2a^2 \int_0^{2\pi} (4 + \cos^2 \theta) d\theta = 16\pi a^2 + 8a^2 \int_0^{\frac{\pi}{2}} \cos^2 \theta \, d\theta = 18\pi a^2.$$

7. 求由摆线 $x = a(t - \sin t)$，$y = a(1 - \cos t)$ 的一拱 $(0 \leqslant t \leqslant 2\pi)$ 与横轴所围成的图形的面积.

解 $A = \int_0^{2\pi a} y \, dx = \int_0^{2\pi} a(1 - \cos t) \cdot a(1 - \cos t) dt = a^2 \int_0^{2\pi} (1 - \cos t)^2 dt = a^2 \int_0^{2\pi} \left(2\sin^2 \dfrac{t}{2}\right)^2 dt$

$$= 8a^2 \int_0^{2\pi} \sin^4 \dfrac{t}{2} d\left(\dfrac{t}{2}\right) = 8a^2 \int_0^{\pi} \sin^4 u \, du = 16a^2 \int_0^{\frac{\pi}{2}} \sin^4 u \, du = 3\pi a^2.$$

8. 求对数螺线 $\rho = ae^{\theta} (-\pi \leqslant \theta \leqslant \pi)$ 及射线 $\theta = \pi$ 所围成的图形的面积.

解 $A = \dfrac{1}{2} \int_{-\pi}^{\pi} \rho^2 d\theta = \dfrac{a^2}{2} \int_{-\pi}^{\pi} e^{2\theta} d\theta = \dfrac{a^2}{4} e^{2\theta} \Big|_{-\pi}^{\pi} = \dfrac{a^2}{4} (e^{2\pi} - e^{-2\pi})$.

9.求下列各曲线所围成图形的公共部分的面积:

(1) $\rho = 3\cos\theta$ 及 $\rho = 1 + \cos\theta$;

(2) $\rho = \sqrt{2}\sin\theta$ 及 $\rho^2 = \cos 2\theta$.

解 (1) 由 $\begin{cases} \rho = 3\cos\theta, \\ \rho = 1 + \cos\theta \end{cases}$ 得两条曲线的交点为 $\left(\dfrac{3}{2}, \dfrac{\pi}{3}\right)$, $\left(\dfrac{3}{2}, -\dfrac{\pi}{3}\right)$, 因为所围图形(如图 6-16 中阴影部分)关于极轴对称,所以所求的面积为极轴上面部分面积的 2 倍,于是

$$A = 2\left[\frac{1}{2}\int_0^{\frac{\pi}{3}}(1+\cos\theta)^2 \mathrm{d}\theta + \frac{1}{2}\int_{\frac{\pi}{3}}^{\frac{\pi}{2}}(3\cos\theta)^2 \mathrm{d}\theta\right] = \frac{5\pi}{4}.$$

(2) 由 $\begin{cases} \rho = \sqrt{2}\sin\theta, \\ \rho^2 = \cos 2\theta \end{cases}$ 得两曲线的交点为 $\left(\dfrac{\sqrt{2}}{2}, \dfrac{\pi}{6}\right)$, $\left(\dfrac{\sqrt{2}}{2}, \dfrac{5\pi}{6}\right)$,

因为图形(如图 6-17)的对称性,所以所求的面积为第一象限面积的 2 倍,于是

$$A = 2\left[\frac{1}{2}\int_0^{\frac{\pi}{6}}(\sqrt{2}\sin\theta)^2 \mathrm{d}\theta + \frac{1}{2}\int_{\frac{\pi}{6}}^{\frac{\pi}{4}}\cos 2\theta \,\mathrm{d}\theta\right] = \frac{\pi}{6} + \frac{1-\sqrt{3}}{2}.$$

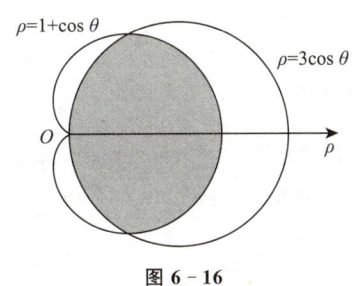

图 6-16

图 6-17

10. 求位于曲线 $y = \mathrm{e}^x$ 下方、该曲线过原点的切线的左方以及 x 轴上方之间的图形的面积.

解 设切点为 (a, e^a), 由 $\mathrm{e}^a = \dfrac{\mathrm{e}^a}{a}$ 得 $a = 1$, 即切点为 $(1, \mathrm{e})$, 切线方程为 $y = \mathrm{e}x$, 所围成图形(如图 6-18 中阴影部分)的面积为

$$A = \int_{-\infty}^0 \mathrm{e}^x \,\mathrm{d}x + \int_0^1 (\mathrm{e}^x - \mathrm{e}x)\,\mathrm{d}x = \frac{\mathrm{e}}{2}.$$

11. 在区间 $[1, \mathrm{e}]$ 上求一点 ξ, 使得图 6-19 中所示的阴影部分的面积最小.

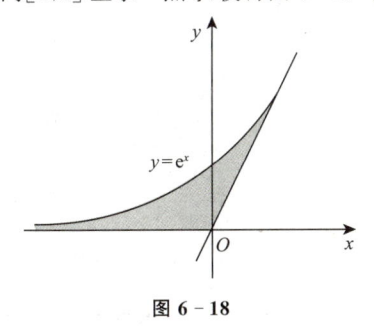

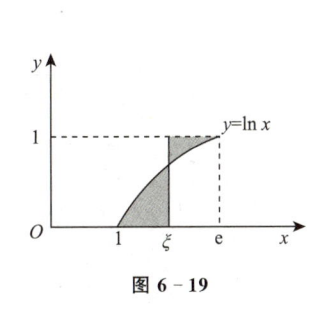

图 6-18

图 6-19

解 阴影部分的面积为

$$S(\xi) = \int_1^\xi \ln x \,\mathrm{d}x + (\mathrm{e}-\xi) - \int_\xi^{\mathrm{e}} \ln x \,\mathrm{d}x,$$

由 $S'(\xi) = 2\ln\xi - 1 = 0$ 得 $\xi = \sqrt{\mathrm{e}}$.

当 $1 < \xi < \sqrt{\mathrm{e}}$ 时, $S'(\xi) < 0$; 当 $\sqrt{\mathrm{e}} < \xi < \mathrm{e}$ 时, $S'(\xi) > 0$, 故当 $\xi = \sqrt{\mathrm{e}}$ 时, 图中阴影部分面积最小.

12. 已知抛物线 $y = px^2 + qx$ (其中 $p < 0, q > 0$) 在第一象限内与直线 $x + y = 5$ 相切, 且此抛物线与 x 轴所围成的图形的面积为 A. 问 p 和 q 为何值时, A 达到最大值, 并求出此最大值.

解 抛物线与 x 轴交点的横坐标为 $x_1 = 0, x_2 = -\dfrac{q}{p}$. 设切点为 $P(x_0, y_0)$，由题意得

$$\begin{cases} 2px_0 + q = -1, \\ px_0^2 + qx_0 = 5 - x_0, \end{cases} \text{解得 } p = -\dfrac{(1+q)^2}{20}.$$

$$A = \int_0^{-\frac{q}{p}} (px^2 + qx) \, dx = \dfrac{q^3}{6p^2} = \dfrac{200}{3} \cdot \dfrac{q^3}{(1+q)^4}.$$

令 $A' = \dfrac{200q^2(3-q)}{3(1+q)^5} = 0$ 得 $q = 3$，当 $0 < q < 3$ 时，$A' > 0$；当 $q > 3$ 时，$A' < 0$，故当 $q = 3$，即 $p = -\dfrac{4}{5}$，A 取最大值，且最大值为 $A = \dfrac{225}{32}$.

13. 由 $y = x^3, x = 2, y = 0$ 所围成的图形分别绕 x 轴及 y 轴旋转，计算所得两个旋转体的体积.

解 所围的平面区域绕 x 轴旋转而成的体积为

$$V_x = \pi \int_0^2 y^2 \, dx = \pi \int_0^2 x^6 \, dx = \dfrac{128\pi}{7}.$$

所围的平面区域绕 y 轴旋转而成的体积为

$$V_y = 2\pi \int_0^2 x f(x) \, dx = 2\pi \int_0^2 x^4 \, dx = \dfrac{64\pi}{5}.$$

14. 把星形线 $x^{\frac{2}{3}} + y^{\frac{2}{3}} = a^{\frac{2}{3}}$ 所围成的图形绕 x 轴旋转（如图 6-20），计算所得旋转体的体积.

解 由对称性可知，旋转体的体积为第一象限部分绕 x 轴旋转所得体积的 2 倍，令

$$L : \begin{cases} x = a\cos^3 t \\ y = a\sin^3 t \end{cases} \left(0 \leqslant t \leqslant \dfrac{\pi}{2}\right), \text{则}$$

$$V = 2\pi \int_0^a y^2 \, dx = 2\pi \int_{\frac{\pi}{2}}^0 a^2 \sin^6 t \cdot (-3a \cos^2 t \sin t) \, dt = 6\pi a^3 \int_0^{\frac{\pi}{2}} \sin^7 t \cdot (1 - \sin^2 t) \, dt$$

$$= 6\pi a^3 \left(\int_0^{\frac{\pi}{2}} \sin^7 t \, dt - \int_0^{\frac{\pi}{2}} \sin^9 t \, dt \right) = 6\pi a^3 \left(\dfrac{6}{7} \cdot \dfrac{4}{5} \cdot \dfrac{2}{3} \cdot 1 - \dfrac{8}{9} \cdot \dfrac{6}{7} \cdot \dfrac{4}{5} \cdot \dfrac{2}{3} \cdot 1 \right) = \dfrac{32\pi a^3}{105}$$

15. 用积分方法证明图 6-21 中球缺的体积为 $V = \pi H^2 \left(R - \dfrac{H}{3}\right)$.

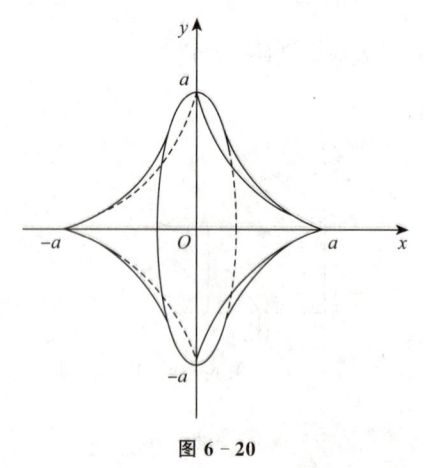

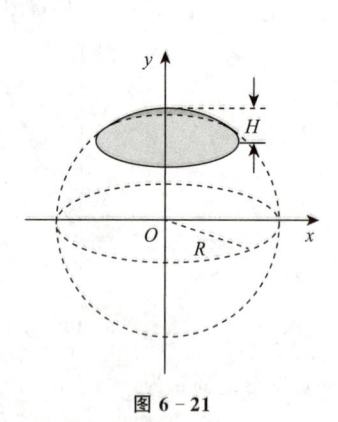

图 6-20

图 6-21

证明 所求体积可以看成平面区域 $x = 0, y = R - H, x = \sqrt{R^2 - y^2}$ 绕 y 旋转而成的体积，由旋转体的体积公式得

$$V = \pi \int_{R-H}^R x^2 \, dy = \pi \int_{R-H}^R (R^2 - y^2) \, dy = \pi H^2 \left(R - \dfrac{H}{3}\right).$$

16. 求下列已知曲线所围成的图形按指定的轴旋转所产生的旋转体的体积：

(1) $y = x^2, x = y^2$, 绕 y 轴;

(2) $y = \arcsin x, x = 1, y = 0$, 绕 x 轴;

(3) $x^2 + (y-5)^2 = 16$, 绕 x 轴;

(4) 摆线 $x = a(t - \sin t), y = a(1 - \cos t)$ 的一拱, $y = 0$, 绕直线 $y = 2a$.

解 (1) $V = \pi \int_0^1 (\sqrt{y})^2 dy - \pi \int_0^1 (y^2)^2 dy = \dfrac{3\pi}{10}$.

(2) $V = \pi \int_0^1 (\arcsin x)^2 dx \xrightarrow{x = \sin t} \pi \int_0^{\frac{\pi}{2}} t^2 d(\sin t) = \pi \left[t^2 \sin t \Big|_0^{\frac{\pi}{2}} - 2 \int_0^{\frac{\pi}{2}} t \sin t \, dt \right]$

$= \pi \left[\dfrac{\pi^2}{4} + 2 \int_0^{\frac{\pi}{2}} t \, d(\cos t) \right] = \pi \left[\dfrac{\pi^2}{4} + (2t \cos t) \Big|_0^{\frac{\pi}{2}} - 2 \int_0^{\frac{\pi}{2}} \cos t \, dt \right] = \dfrac{\pi^3}{4} - 2\pi$.

(3) 由 $x^2 + (y-5)^2 = 16$ 得 $y_1 = 5 - \sqrt{16 - x^2}, y_2 = 5 + \sqrt{16 - x^2}$, 所求的体积为

$$V = \pi \int_{-4}^4 \left[(5 + \sqrt{16 - x^2})^2 - (5 - \sqrt{16 - x^2})^2 \right] dx = 20\pi \int_{-4}^4 \sqrt{16 - x^2} \, dx$$

$$= 40\pi \int_0^4 \sqrt{16 - x^2} \, dx = 40\pi \cdot \dfrac{\pi \cdot 4^2}{4} = 160\pi^2.$$

(4) 取 $[x, x + dx] \subset [0, 2\pi a]$, $dV = [4\pi a^2 - \pi (2a - y)^2] dx$, 则

$$V = \int_0^{2\pi a} dV = \int_0^{2\pi a} 4\pi a^2 dx - \pi \int_0^{2\pi a} (2a - y)^2 dx = 8\pi^2 a^3 - \pi \int_0^{2\pi a} (2a - y)^2 dx,$$

其中

$$\int_0^{2\pi a} (2a - y)^2 dx = \int_0^{2\pi} [2a - a(1 - \cos t)]^2 \cdot a(1 - \cos t) dt$$

$$= a^3 \int_0^{2\pi} (1 + \cos t)^2 \cdot (1 - \cos t) dt$$

$$= a^3 \int_0^{2\pi} (1 + \cos t - \cos^2 t - \cos^3 t) dt$$

$$= a^3 \left(2\pi - \int_0^{2\pi} \cos^2 t \, dt \right) = a^3 \left(2\pi - 4 \int_0^{\frac{\pi}{2}} \cos^2 t \, dt \right) = \pi a^3$$

故 $V = 8\pi^2 a^3 - \pi^2 a^3 = 7\pi^2 a^3$.

17. 求圆盘 $x^2 + y^2 \leqslant a^2$ 绕 $x = -b \, (b > a > 0)$ 旋转所成旋转体的体积.

解 由 $x^2 + y^2 = a^2$ 得 $x = \pm \sqrt{a^2 - y^2}$, 如图 6-22 阴影所示, 取 $[y, y + dy] \subset [-a, a]$, 则

$$dV = \left[\pi (\sqrt{a^2 - y^2} + b)^2 - \pi (-\sqrt{a^2 - y^2} + b)^2 \right] dy = 4\pi b \sqrt{a^2 - y^2} \, dy,$$

所求的体积为

$$V = \int_{-a}^a dV = 4\pi b \int_{-a}^a \sqrt{a^2 - y^2} \, dy = 8\pi b \int_0^a \sqrt{a^2 - y^2} \, dy = 2\pi^2 a^2 b.$$

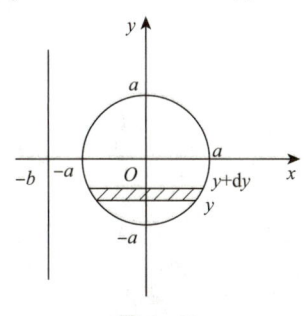

图 6-22

18. 设有一截锥体, 其高为 h, 上、下底均为椭圆, 椭圆的轴长分别为 $2a, 2b$ 和 $2A, 2B$, 求这个截锥体的体积.

解 取 $[x, x+\mathrm{d}x] \subset [0,h]$，截口为一椭圆柱，设截口椭圆长半轴为 u，短半轴为 v，则 $u = A + \dfrac{a-A}{h}x$，$v = B + \dfrac{b-B}{h}x$，截口面积为 $A(x) = \pi uv = \pi\left(A + \dfrac{a-A}{h}x\right)\left(B + \dfrac{b-B}{h}x\right)$，所求的体积为

$$V = \int_0^h A(x)\mathrm{d}x = \pi \int_0^h \left(A + \dfrac{a-A}{h}x\right)\left(B + \dfrac{b-B}{h}x\right)\mathrm{d}x = \dfrac{\pi h}{6}[aB + bA + 2(ab + AB)].$$

19. 计算底面是半径为 R 的圆，而垂直于底面上一条固定直径的所有截面都是等边三角形的立体的体积(图 6-23).

解 取 $[x, x+\mathrm{d}x] \subset [-R, R]$，对应的等边三角形的边长为 $2\sqrt{R^2 - x^2}$，截口面积

$$A(x) = \dfrac{1}{2} \times 4(R^2 - x^2) \times \dfrac{\sqrt{3}}{2} = \sqrt{3}(R^2 - x^2),$$

图 6-23

则 $V = \displaystyle\int_{-R}^{R} \mathrm{d}V = 2\sqrt{3}\int_0^R (R^2 - x^2)\mathrm{d}x = \dfrac{4\sqrt{3}}{3}R^3.$

20. 证明：由平面图形 $0 \leqslant a \leqslant x \leqslant b, 0 \leqslant y \leqslant f(x)$ 绕 y 轴旋转所成的旋转体的体积为

$$V = 2\pi \int_a^b x f(x)\mathrm{d}x.$$

证明 取 $[x, x+\mathrm{d}x] \subset [a,b]$，$[x, x+\mathrm{d}x]$ 对应的平面切片绕 y 轴旋转所得的体积等于以 $2\pi x$ 为长、$f(x)$ 为宽、$\mathrm{d}x$ 为高的长方体的体积，即 $\mathrm{d}V = 2\pi x f(x)\mathrm{d}x$，故

$$V = \int_a^b \mathrm{d}V = 2\pi \int_a^b x f(x)\mathrm{d}x.$$

21. 利用题 20 的结论和方法，计算曲线 $y = \sin x (0 \leqslant x \leqslant \pi)$ 和 x 轴所围成的图形按下列方式所得旋转体的体积.

(1) 绕 y 轴旋转；

(2) 绕直线 $x = -\pi$ 旋转.

解 $(1) V = 2\pi \displaystyle\int_0^{\pi} x \sin x\,\mathrm{d}x = \pi^2 \int_0^{\pi} \sin x\,\mathrm{d}x = 2\pi^2 \int_0^{\frac{\pi}{2}} \sin x\,\mathrm{d}x = 2\pi^2.$

(2) 取 $[x, x+\mathrm{d}x] \subset [0, \pi]$，

$$\mathrm{d}V = 2\pi(x+\pi) \cdot \sin x \cdot \mathrm{d}x,$$

所求的体积为

$$V = 2\pi \int_0^{\pi} (x+\pi)\sin x\,\mathrm{d}x = 2\pi\left(\int_0^{\pi} x\sin x\,\mathrm{d}x + \pi \int_0^{\pi} \sin x\,\mathrm{d}x\right)$$

$$= 2\pi\left(\dfrac{\pi}{2}\int_0^{\pi} \sin x\,\mathrm{d}x + 2\pi \int_0^{\frac{\pi}{2}} \sin x\,\mathrm{d}x\right) = 2\pi\left(\pi \int_0^{\frac{\pi}{2}} \sin x\,\mathrm{d}x + 2\pi\right) = 6\pi^2.$$

22. 设由抛物线 $y = 2x^2$ 和直线 $x = a, x = 2$ 及 $y = 0$ 所围成的平面图形为 D_1，由抛物线 $y = 2x^2$ 和直线 $x = a$ 及 $y = 0$ 所围成的平面图形为 D_2，其中 $0 < a < 2$(图 6-24).

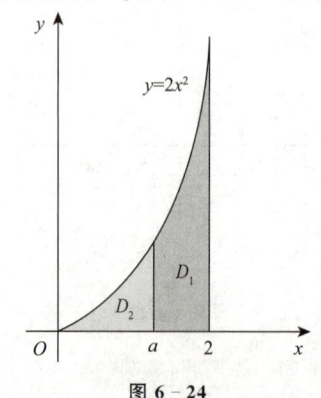

图 6-24

(1) 试求 D_1 绕 x 轴旋转而成的旋转体体积 V_1,D_2 绕 y 轴旋转而成的旋转体体积 V_2;

(2) 问当 a 为何值时,V_1+V_2 取得最大值? 试求此最大值.

解 (1) $V_1 = \pi\int_a^2 4x^4\,\mathrm{d}x = \dfrac{4\pi}{5}(32-a^5)$,取

$$[x,x+\mathrm{d}x]\subset[0,a],\mathrm{d}V_2 = 2\pi x\cdot 2x^2\,\mathrm{d}x = 4\pi x^3\,\mathrm{d}x,$$

则 $V_2 = 4\pi\int_0^a x^3\,\mathrm{d}x = \pi a^4$.

(2) $V = V_1+V_2 = \dfrac{4\pi}{5}(32-a^5)+\pi a^4$, 由 $V'(a) = -4\pi a^4+4\pi a^3 = 0$ 且 $0<a<2$ 得 $a=1$, $V''(a) = -16\pi a^3+12\pi a^2$, 因为 $V''(1) = -4\pi < 0$, 所以当 $a=1$ 时, V_1+V_2 取得最大值, 最大值为 $V(1) = \dfrac{129}{5}\pi$.

23. 计算曲线 $y = \ln x$ 上相应于 $\sqrt{3}\leqslant x\leqslant 2\sqrt{2}$ 的一段弧的长度.

解 $l = \displaystyle\int_{\sqrt{3}}^{2\sqrt{2}}\sqrt{1+y'^2}\,\mathrm{d}x = \int_{\sqrt{3}}^{2\sqrt{2}}\sqrt{1+\dfrac{1}{x^2}}\,\mathrm{d}x = \int_{\sqrt{3}}^{2\sqrt{2}}\dfrac{\sqrt{1+x^2}}{x}\,\mathrm{d}x$

$\xlongequal{x=\sqrt{t^2-1}} \displaystyle\int_2^3 \dfrac{t}{\sqrt{t^2-1}}\cdot\dfrac{t}{\sqrt{t^2-1}}\,\mathrm{d}t = \int_2^3\left(1+\dfrac{1}{t^2-1}\right)\mathrm{d}t = \left.\left(t+\dfrac{1}{2}\ln\left|\dfrac{t-1}{t+1}\right|\right)\right|_2^3$

$= 1+\dfrac{1}{2}\ln\dfrac{3}{2}$.

24. 计算半立方抛物线 $y^2 = \dfrac{2}{3}(x-1)^3$ 被抛物线 $y^2 = \dfrac{x}{3}$ 截得的一段弧的长度.

解 由 $\begin{cases}y^2 = \dfrac{2}{3}(x-1)^3,\\ y^2 = \dfrac{x}{3}\end{cases}$ 解得两曲线交点为 $\left(2,\sqrt{\dfrac{2}{3}}\right)$ 及 $\left(2,-\sqrt{\dfrac{2}{3}}\right)$, 显然曲线关于 x 轴对称,

所求曲线长为第一象限长的 2 倍,第一象限曲线为 $y = \sqrt{\dfrac{2}{3}}(x-1)^{\frac{3}{2}}(1\leqslant x\leqslant 2)$, $y' = \sqrt{\dfrac{3}{2}(x-1)}$, 则所求弧长为

$$l = 2\int_1^2\sqrt{1+y'^2}\,\mathrm{d}x = 2\int_1^2\sqrt{1+\dfrac{3}{2}(x-1)}\,\mathrm{d}x = \sqrt{2}\int_1^2\sqrt{3x-1}\,\mathrm{d}x$$

$$= \dfrac{\sqrt{2}}{3}\cdot\dfrac{2}{3}(3x-1)^{\frac{3}{2}}\bigg|_1^2 = \dfrac{2\sqrt{2}}{9}(5\sqrt{5}-2\sqrt{2}).$$

25. 计算抛物线 $y^2 = 2px(p>0)$ 从顶点到这曲线上的一点 $M(x,y)$ 的弧长.

解 因为从顶点到 $M(x,y)$ 的弧长与顶点到 $M'(x,-y)$ 的长度相等, 所以可设 $y>0$, 则

$$l = \int_0^y\sqrt{1+\left(\dfrac{\mathrm{d}x}{\mathrm{d}y}\right)^2}\,\mathrm{d}y = \int_0^y\sqrt{1+\left(\dfrac{y}{p}\right)^2}\,\mathrm{d}y = \dfrac{1}{p}\int_0^y\sqrt{y^2+p^2}\,\mathrm{d}y,$$

令 $I = \displaystyle\int_0^y\sqrt{y^2+p^2}\,\mathrm{d}y$ 则 $I = \left.\left(y\sqrt{y^2+p^2}\right)\right|_0^y - \int_0^y\dfrac{(y^2+p^2)-p^2}{\sqrt{y^2+p^2}}\,\mathrm{d}y$

$= y\sqrt{y^2+p^2} - \displaystyle\int_0^y\sqrt{y^2+p^2}\,\mathrm{d}y + \left.\left[p^2\ln(y+\sqrt{y^2+p^2})\right]\right|_0^y$

$= y\sqrt{y^2+p^2} - I + p^2\ln(y+\sqrt{y^2+p^2}) - p^2\ln p$ 得

$$\int_0^y\sqrt{y^2+p^2}\,\mathrm{d}y = \dfrac{1}{2}\left[y\sqrt{y^2+p^2} + p^2\ln\dfrac{y+\sqrt{y^2+p^2}}{p}\right],$$

故 $l = \dfrac{1}{2p}y\sqrt{y^2+p^2} + \dfrac{p}{2}\ln\dfrac{y+\sqrt{y^2+p^2}}{p}$.

26. 计算星形线 $x = a\cos^3 t, y = a\sin^3 t$ (图 6-25) 的全长.

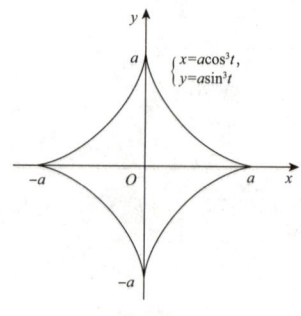

解 由对称性得 $l = 4\int_0^{\frac{\pi}{2}} \sqrt{\left(\dfrac{dx}{dt}\right)^2 + \left(\dfrac{dy}{dt}\right)^2}\,dt = 12a\int_0^{\frac{\pi}{2}} \sin t\cos t\,dt = 6a\sin^2 t\Big|_0^{\frac{\pi}{2}} = 6a.$

图 6-25

27. 将绕在圆(半径为 a)上的细线放开拉直,使细线与圆周始终相切(图 6-26),细线端点画出的轨迹叫做圆的渐伸线,它的方程为

$$x = a(\cos t + t\sin t),\ y = a(\sin t - t\cos t).$$

计算该曲线上相应于 $0 \leqslant t \leqslant \pi$ 的一段弧的长度.

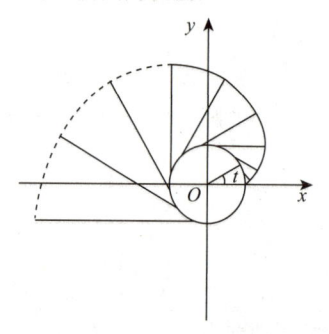

图 6-26

解 所求弧长为 $l = \int_0^{\pi} \sqrt{\left(\dfrac{dx}{dt}\right)^2 + \left(\dfrac{dy}{dt}\right)^2}\,dt = \int_0^{\pi} at\,dt = \dfrac{a}{2}\pi^2.$

28. 在摆线 $x = a(t-\sin t),\ y = a(1-\cos t)$ 上求分摆线第一拱成 $1:3$ 的点的坐标.

解 设所求点对应的参数 $t = t_0$,

$$l = \int_0^{t_0} \sqrt{\left(\dfrac{dx}{dt}\right)^2 + \left(\dfrac{dy}{dt}\right)^2}\,dt = \int_0^{t_0} \sqrt{a^2(1-\cos t)^2 + a^2\sin^2 t}\,dt$$

$$= 2a\int_0^{t_0} \sin\dfrac{t}{2}\,dt = 4a\left(1 - \cos\dfrac{t_0}{2}\right),$$

当 $t_0 = 2\pi$ 时,摆线第一拱的长为 $8a$,令 $4a\left(1 - \cos\dfrac{t_0}{2}\right) = \dfrac{8a}{4}$,解得 $t_0 = \dfrac{2\pi}{3}$,对应的点的坐标为 $\left(\left(\dfrac{2\pi}{3} - \dfrac{\sqrt{3}}{2}\right)a,\ \dfrac{3a}{2}\right).$

29. 求对数螺线 $\rho = e^{a\theta}$ 相应于 $0 \leqslant \theta \leqslant \varphi$ 的一段弧长.

解 $l = \int_0^{\varphi} \sqrt{\rho^2 + \rho'^2}\,d\theta = \sqrt{1+a^2}\int_0^{\varphi} e^{a\theta}\,d\theta = \dfrac{\sqrt{1+a^2}}{a}(e^{a\varphi} - 1).$

30. 求曲线 $\rho\theta = 1$ 相应于 $\dfrac{3}{4} \leqslant \theta \leqslant \dfrac{4}{3}$ 的一段弧长.

解 $l = \int_{\frac{3}{4}}^{\frac{4}{3}} \sqrt{\rho^2 + \rho'^2}\,d\theta = \int_{\frac{3}{4}}^{\frac{4}{3}} \sqrt{\dfrac{1}{\theta^2} + \dfrac{1}{\theta^4}}\,d\theta = \int_{\frac{3}{4}}^{\frac{4}{3}} \dfrac{\sqrt{\theta^2+1}}{\theta^2}\,d\theta$

$$= -\int_{\frac{3}{4}}^{\frac{4}{3}} \sqrt{\theta^2+1}\,\mathrm{d}\left(\frac{1}{\theta}\right) = -\frac{\sqrt{\theta^2+1}}{\theta}\bigg|_{\frac{3}{4}}^{\frac{4}{3}} + \int_{\frac{3}{4}}^{\frac{4}{3}} \frac{\mathrm{d}\theta}{\sqrt{\theta^2+1}}$$

$$= \frac{5}{12} + \ln(\theta + \sqrt{\theta^2+1})\bigg|_{\frac{3}{4}}^{\frac{4}{3}} = \frac{5}{12} + \ln\frac{3}{2}.$$

第三节　定积分在物理学上的应用

▶ 期末高分必备知识

一、变力做功(略)
二、液体的压力、物体之间的吸引力(略)

▶ 60分必会题型

题型一：变力做功问题

例1 位于 x 轴原点处有一带电量 $+q_1$ 的固定质点，距离原点 $a(a>0)$ 处有一带电量 $+q_2$ 的活动质点，求固定质点将活动质点从距离原点 a 排斥到 b 处所做的功.

解 如图 6-27 所示，取自变量的区间元素 $[x, x+\mathrm{d}x] \subset [a, b]$，

$$\mathrm{d}W = k \cdot \frac{q_1 q_2}{x^2} \cdot \mathrm{d}x;$$

所做的功为

$$W = \int_a^b \mathrm{d}W = kq_1q_2 \int_a^b \frac{\mathrm{d}x}{x^2} = -\frac{kq_1q_2}{x}\bigg|_a^b = kq_1q_2\left(\frac{1}{a} - \frac{1}{b}\right).$$

图 6-27

例2 半径为 R 的半球形水池盛满水(水的密度为1)，将池中水全部排出需做多少功？

解 建立如图 6-28 所示的坐标系，取自变量的区间元素 $[x, x+\mathrm{d}x] \subset [0, R]$，$\mathrm{d}v = \pi\left(\sqrt{R^2-x^2}\right)^2 \mathrm{d}x$，则做功元素为

$$\mathrm{d}W = \rho g \,\mathrm{d}v \cdot x = \pi\rho g(R^2 - x^2)x\,\mathrm{d}x,$$

所需做的功为

$$W = \int_0^R \mathrm{d}W = \pi\rho g \int_0^R (R^2 x - x^3)\,\mathrm{d}x = \frac{\pi\rho g R^4}{4}.$$

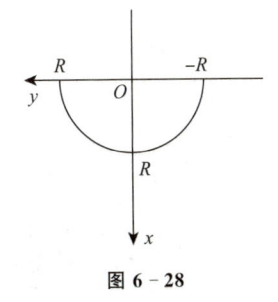

图 6-28

题型二：压力与引力

例1 洒水车的侧面为长半轴 2 m、短半轴 1 m 的椭圆面，当洒水车盛满水时，求水对侧面的压力.

解 建立如图 6-29 所示的坐标系，取 $[x, x+\mathrm{d}x] \subset [-1, 1]$，则

$$dF = \rho g(1+x) \cdot (y_2 - y_1)dx = \rho g(1+x) \cdot 4\sqrt{1-x^2}dx = 4\rho g(1+x)\sqrt{1-x^2}dx,$$

水对侧面的压力为

$$F = \int_{-1}^{1} dF = 4\rho g \int_{-1}^{1}(1+x)\sqrt{1-x^2}dx = 4\rho g \int_{-1}^{1}\sqrt{1-x^2}dx = 8\rho g \int_{0}^{1}\sqrt{1-x^2}dx$$

$$\xlongequal{x=\sin t} 8\rho g \int_{0}^{\frac{\pi}{2}} \cos t \cdot \cos t \, dt = 8\rho g \cdot \frac{1}{2} \cdot \frac{\pi}{2} = 2\pi \rho g.$$

图 6-29

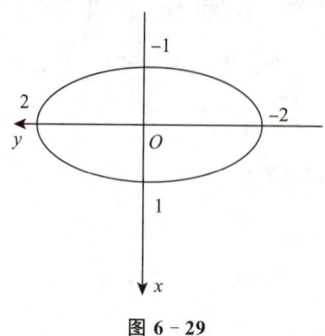

期末小锦囊 压强的计算公式是 $P = \dfrac{F}{S}$，其中 P 代表压强，F 代表垂直作用力（压力），S 代表受力面积。液柱的压强公式为 $P = \rho g h$，其中，ρ 表示液体的密度，g 表示重力加速度，h 表示液体的深度。

例 2 设 x 轴正半轴距离原点 a 处有一质量为 m 的质点，一长度为 L、质量为 M 的密度均匀细棒位于 y 轴上且关于原点对称，求质点对细棒吸引力的大小。

解 取 $[y, y+dy] \subset \left[-\dfrac{L}{2}, \dfrac{L}{2}\right]$，$dF = k\dfrac{m \cdot \dfrac{M}{L}dy}{y^2 + a^2}$，由对称性得 $F_y = 0$，

$$dF_x = dF \cdot \frac{a}{\sqrt{y^2+a^2}} = \frac{kamM}{L} \cdot \frac{dy}{(y^2+a^2)^{\frac{3}{2}}},$$

$$F_x = \int_{-\frac{L}{2}}^{\frac{L}{2}} dF_x = \frac{2kamM}{L} \int_{0}^{\frac{L}{2}} \frac{dy}{(y^2+a^2)^{\frac{3}{2}}}.$$

由 $\int \dfrac{dy}{(y^2+a^2)^{\frac{3}{2}}} \xlongequal{y=a\tan t} \int \dfrac{a\sec^2 t}{a^3 \sec^3 t}dt = \dfrac{1}{a^2}\int \cos t \, dt = \dfrac{1}{a^2}\sin t + C = \dfrac{1}{a^2} \dfrac{y}{\sqrt{y^2+a^2}} + C$ 得

$$F_x = \frac{2kamM}{L} \cdot \frac{1}{a^2} \frac{y}{\sqrt{y^2+a^2}}\bigg|_{0}^{\frac{L}{2}} = \frac{2kmM}{aL} \cdot \frac{\dfrac{L}{2}}{\sqrt{\dfrac{L^2}{4}+a^2}} = \frac{2kmM}{a\sqrt{L^2+4a^2}}.$$

同济八版教材 习题解答

习题 6-3 定积分在物理学上的应用

勇夺60分	1、2、3、4、5、6
超越80分	1、2、3、4、5、6、7、8
冲刺90分与考研	1、2、3、4、5、6、7、8、9、10、11

第六章 定积分的应用

1. 由实验知道,弹簧在拉伸过程中,需要的力 F(单位:N)与拉伸量 s(单位:cm)成正比,即 $F = ks$(k 是弹性系数). 如果把弹簧由原长拉伸 6 cm,计算所做的功.

解 取 $[s, s+ds] \subset [0,6]$,$dW = ks\,ds$,则
$$W = \int_0^6 dW = \int_0^6 ks\,ds = 18k(\text{N} \cdot \text{cm}) = 0.18k(\text{J}).$$

2. 直径为 20 cm,高为 80 cm 的圆筒内充满压强为 10 N/cm^2 的蒸汽. 设温度保持不变,要使蒸汽体积缩小一半,问需要做多少功?

解 由 $PV = k$ 得 $k = 10 \times 100^2 \times \pi \times 0.1^2 \times 0.8 = 800\pi$.

取 $[h, h+dh] \subset [0, 0.4]$,由 $P(h) = \dfrac{k}{V(h)} = \dfrac{800\pi}{(0.8-h)S}$,$dW = FS = P(h)S\,dh = \dfrac{800\pi}{0.8-h}dh$,则
$$W = \int_0^{0.4} dW = \int_0^{0.4} \frac{800\pi}{0.8-h}dh = 800\pi \ln 2 \approx 1\,742(\text{J}).$$

3. (1) 证明:把质量为 m 的物体从地球表面升高到 h 处所做的功是 $W = \dfrac{mgRh}{R+h}$,其中 g 是重力加速度,R 是地球的半径;

(2) 一颗人造地球卫星的质量为 173 kg,在高于地面 630 km 处进入轨道. 问把这颗卫星从地面送到 630 km 的高空处,克服地球引力要做多少功?已知 $g = 9.8 \text{ m/s}^2$,地球半径 $R = 6\,370$ km.

解 (1) 取 $[x, x+dx] \subset [R, R+h]$,$dW = F_{引} \cdot dx = k\dfrac{mM}{x^2}dx$,由 $mg = k\dfrac{mM}{R^2}$ 得 $k = \dfrac{R^2 g}{M}$,即 $dW = \dfrac{R^2 g}{M} \cdot \dfrac{mM}{x^2}dx = \dfrac{R^2 gm}{x^2}dx$,则
$$W = \int_R^{R+h} dW = -\frac{R^2 mg}{x}\bigg|_R^{R+h} = -R^2 mg\left(\frac{1}{R+h} - \frac{1}{R}\right) = \frac{mgRh}{R+h}.$$

(2) 把这颗卫星从地面送到 630 km 的高空处,需克服地球引力做的功为 $W = \dfrac{mgRh}{R+h} = 971\,973$(kJ).

4. 一物体按规律 $x = ct^3$ 做直线运动,介质的阻力与速度的平方成正比. 计算物体由 $x = 0$ 移至 $x = a$ 时,克服介质阻力所做的功.

解 $v(t) = \dfrac{dx}{dt} = 3ct^2$,当 $x = 0$ 时,$t = 0$;当 $x = a$ 时,$t = \sqrt[3]{\dfrac{a}{c}}$.

取 $[t, t+dt] \subset \left[0, \sqrt[3]{\dfrac{a}{c}}\right]$,$dW = kv^2 dx = 27kc^3 t^6 dt$,故克服介质所做的功为
$$W = \int_0^{\sqrt[3]{a/c}} dW = 27kc^3 \int_0^{\sqrt[3]{a/c}} t^6 dt = \frac{27kc^{\frac{2}{3}} a^{\frac{7}{3}}}{7}.$$

5. 用铁锤将一铁钉击入木板,设木板对铁钉的阻力与铁钉被击入木板的深度成正比. 在锤击第一次时,将铁钉击入木板 1 cm. 如果铁锤每次锤击铁钉所做的功相等,问锤击第二次时,铁钉又被击入木板多少?

解 取 $[x, x+dx] \subset [0, 1]$,$dW_1 = kx\,dx$,第一次所做的功为
$$W_1 = \int_0^1 dW_1 = \int_0^1 kx\,dx = \frac{k}{2}.$$

设铁锤第二次击打击入 h cm,取 $[x, x+dx] \subset [1, 1+h]$,$dW_2 = kx\,dx$,第二次所做的功为
$$W_2 = \int_1^{h+1} kx\,dx = \frac{k}{2}[(h+1)^2 - 1].$$

由 $W_1 = W_2$ 得 $\dfrac{k}{2}[(h+1)^2 - 1] = \dfrac{k}{2}$,解得 $h = \sqrt{2} - 1$(cm).

6. 设一圆锥形贮水池,深 15 m,口径 20 m,盛满水,今用泵将水吸尽,问要做多少功?

解 取 x 轴铅直向下,坐标原点位于顶端,取 $[x, x+dx] \subset [0, 15]$,区间元素对应的体积元素为

$$dV = \pi r^2 dx.$$

由 $\dfrac{r}{10} = \dfrac{15-x}{15}$ 得 $r = \dfrac{2}{3}(15-x)$，从而

$$dV = \dfrac{4\pi}{9}(15-x)^2 dx, dW = \rho g dV \cdot x = \dfrac{4\pi}{9}\rho g x(15-x)^2 dx,$$

则所做的功为

$$W = \int_0^{15} dW = \dfrac{4\pi}{9}\rho g \int_0^{15} x(15-x)^2 dx \approx 5.76975 \times 10^7 (J).$$

7. 有一铅直放置的矩形闸门，它的顶端与水面相平，一条对角线将闸门分成两个三角形区域．试证：其中一个三角形区域上所受的水压力是另一个三角形区域上所受水压力的 2 倍．

证明 设闸门的宽为 a，高为 h，建立如图 6-30 所示的坐标系，并设 A, B 两个三角形区域所受压力分别为 F_1, F_2，根据相似三角形的性质，不难得到

$$l_1 = a\left(1 - \dfrac{x}{h}\right), l_2 = \dfrac{ax}{h}.$$

取 $[x, x+dx] \subset [0, h]$，则

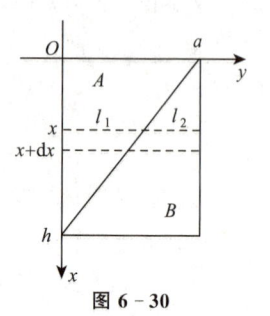

$$dF_1 = \rho g x l_1 dx = \rho g x a\left(1 - \dfrac{x}{h}\right)dx,$$

$$dF_2 = \rho g x l_2 dx = \rho g x \dfrac{ax}{h}dx,$$

$$\dfrac{F_1}{F_2} = \dfrac{\int_0^h \rho g x a\left(1 - \dfrac{x}{h}\right)dx}{\int_0^h \rho g x \dfrac{ax}{h}dx} = \dfrac{\int_0^h x(h-x)dx}{\int_0^h x^2 dx} = \dfrac{\dfrac{h^3}{2} - \dfrac{h^3}{3}}{\dfrac{h^3}{3}} = \dfrac{1}{2}.$$

图 6-30

8. 有一等腰梯形闸门，它的两条底边各长 10 m 和 6 m，高为 20 m．较长的底边与水面相齐，计算闸门的一侧所受的水压力．

解 如图 6-31，取 x 轴铅直向下，坐标原点取在梯形较长底边中点处，取 $[x, x+dx] \subset [0, 20]$，区间元素对应的小切片（图 6-31 中阴影部分）的面积为

$$dA = (6 + 2l)dx.$$

由 $\dfrac{l}{2} = \dfrac{20-x}{20}$ 得 $l = \dfrac{20-x}{10} = 2 - \dfrac{x}{10}$，从而 $dA = \left(10 - \dfrac{x}{5}\right)dx$，

$$dF = \rho g x \cdot \left(10 - \dfrac{x}{5}\right)dx = 1000 g\left(10x - \dfrac{x^2}{5}\right)dx,$$

压力为 $F = \int_0^{20} dF = 1000 g \int_0^{20} \left(10x - \dfrac{x^2}{5}\right)dx = 14\,373 \text{(kN)}.$

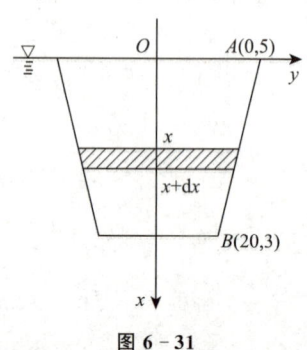

图 6-31

9. 一底为 8 cm、高为 6 cm 的等腰三角形片，铅直地沉没在水中，顶在上，底在下且与水面平行，而顶

离水面 3 cm,试求它每面所受的压力.

解 取 x 轴铅直向下,三角形顶点为坐标原点,取 $[x,x+\mathrm{d}x]\subset[0,0.06]$,区间元素对应的切片面积为

$$\mathrm{d}A = 2\times\frac{2}{3}x\mathrm{d}x = \frac{4}{3}x\mathrm{d}x,$$

$$\mathrm{d}F = \rho g(x+0.03)\cdot\frac{4}{3}x\mathrm{d}x = \frac{4}{3}\rho gx(x+0.03)\mathrm{d}x = \frac{4\ 000}{3}gx(x+0.03)\mathrm{d}x,$$

故 $F = \int_0^{0.06}\mathrm{d}F = \frac{4\ 000}{3}g\int_0^{0.06}x(x+0.03)\mathrm{d}x = 0.168g \approx 1.65(\mathrm{N}).$

10. 设有一长度为 l,线密度为 μ 的均匀细直棒,在与棒的一端垂直距离为 a 单位处有一质量为 m 的质点 M,试求这细棒对质点 M 的引力.

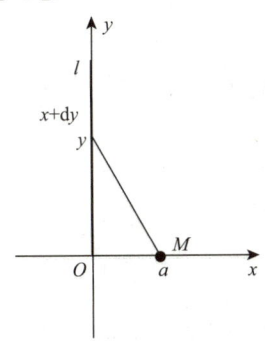

解 如图 6-32,取 $[y,y+\mathrm{d}y]\subset[0,l]$,

图 6-32

$$\mathrm{d}F = G\frac{m\cdot\mu\mathrm{d}y}{y^2+a^2},$$

$$\mathrm{d}F_x = -\mathrm{d}F\cdot\frac{a}{\sqrt{y^2+a^2}} = -G\mu am\frac{\mathrm{d}y}{(y^2+a^2)^{\frac{3}{2}}},$$

$$\mathrm{d}F_y = \mathrm{d}F\cdot\frac{y}{\sqrt{y^2+a^2}} = G\mu m\frac{y\mathrm{d}y}{(y^2+a^2)^{\frac{3}{2}}},$$

$$F_x = \int_0^l\mathrm{d}F_x = -G\mu am\int_0^l\frac{\mathrm{d}y}{(y^2+a^2)^{\frac{3}{2}}} \xrightarrow{y=a\tan t} -G\mu am\int_0^{\arctan\frac{l}{a}}\frac{a\sec^2 t\mathrm{d}t}{a^3\sec^3 t}$$

$$= -\frac{G\mu m}{a}\int_0^{\arctan\frac{l}{a}}\cos t\mathrm{d}t = -\frac{G\mu ml}{a\sqrt{a^2+l^2}},$$

$$F_y = \int_0^l\mathrm{d}F_y = G\mu m\int_0^l\frac{y\mathrm{d}y}{(y^2+a^2)^{\frac{3}{2}}} = G\mu m\left(\frac{1}{a}-\frac{1}{\sqrt{a^2+l^2}}\right).$$

11. 设有一半径为 R,圆心角为 φ 的圆弧形细棒,其线密度为常数 μ. 在圆心处有一质量为 m 的质点 M,试求这细棒对质点 M 的引力.

解 如图 6-33,取 $[\theta,\theta+\mathrm{d}\theta]\subset\left[-\frac{\varphi}{2},\frac{\varphi}{2}\right]$,$\mathrm{d}s = R\mathrm{d}\theta,\mathrm{d}m = \mu\mathrm{d}s = \mu R\mathrm{d}\theta,$

$$\mathrm{d}F = G\frac{m\cdot\mathrm{d}m}{R^2} = \frac{G\mu m}{R}\mathrm{d}\theta,$$

根据对称性可判断引力在铅直方向的分量为零,在水平方向上,$\mathrm{d}F_x = \mathrm{d}F\cdot\cos\theta = \frac{G\mu m}{R}\cos\theta\mathrm{d}\theta,$

$$F_x = \int_{-\frac{\varphi}{2}}^{\frac{\varphi}{2}}\mathrm{d}F_x = \frac{2G\mu m}{R}\int_0^{\frac{\varphi}{2}}\cos\theta\mathrm{d}\theta = \frac{2G\mu m}{R}\sin\frac{\varphi}{2},$$

故引力大小为 $\dfrac{2G\mu m}{R}\sin\dfrac{\varphi}{2}$,方向为 M 指向圆弧的中心.

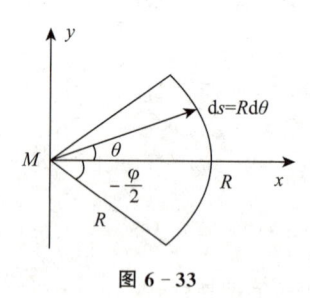

图 6-33

总习题六及答案解析

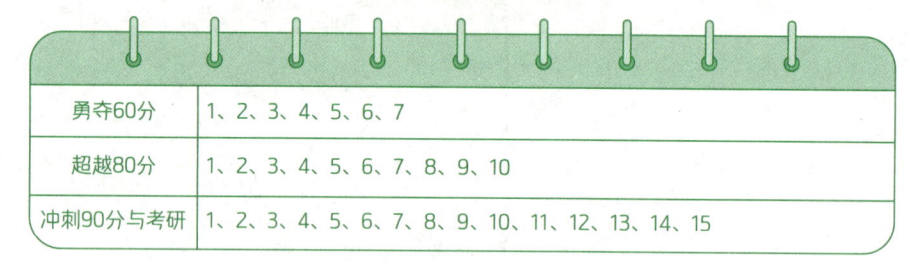

勇夺60分	1、2、3、4、5、6、7
超越80分	1、2、3、4、5、6、7、8、9、10
冲刺90分与考研	1、2、3、4、5、6、7、8、9、10、11、12、13、14、15

1. 填空：

(1) 曲线 $y = x^3 - 5x^2 + 6x$ 与 x 轴所围成的图形的面积 $A = \underline{\qquad}$.

(2) 曲线 $y = \dfrac{\sqrt{x}}{3}(3-x)$ 上相应于 $1 \leqslant x \leqslant 3$ 的一段弧的长度 $s = \underline{\qquad}$.

解 (1) 令 $x^3 - 5x^2 + 6x = 0$,解得 $x = 0, 2, 3$.

当 $0 \leqslant x \leqslant 2$ 时,$y \geqslant 0$;当 $2 \leqslant x \leqslant 3$ 时,$y \leqslant 0$. 所以

$$A = \int_0^2 (x^3 - 5x^2 + 6x)\,dx - \int_2^3 (x^3 - 5x^2 + 6x)\,dx$$

$$= \left(\dfrac{1}{4}x^4 - \dfrac{5}{3}x^3 + 3x^2\right)\bigg|_0^2 - \left(\dfrac{1}{4}x^4 - \dfrac{5}{3}x^3 + 3x^2\right)\bigg|_2^3 = \dfrac{37}{12}.$$

(2) $s = \displaystyle\int_1^3 \sqrt{1+y'^2}\,dx = \int_1^3 \dfrac{1+x}{2\sqrt{x}}\,dx = \left(\sqrt{x} + \dfrac{1}{3}x^{\frac{3}{2}}\right)\bigg|_1^3 = 2\sqrt{3} - \dfrac{4}{3}.$

2. 以下三题中均给出了四个结论,从中选出一个正确的结论：

(1) 设 x 轴上有一长度为 l、线密度为常数 μ 的细棒,在与细棒右端的距离为 a 处有一质量为 m 的质点 M(如图 6-34),已知引力常量为 G,则质点 M 与细棒之间的引力的大小为( )；

图 6-34

(A) $\displaystyle\int_{-l}^0 \dfrac{G m \mu}{(a-x)^2}\,dx$ 　　　　　　　　　(B) $\displaystyle\int_0^l \dfrac{G m \mu}{(a-x)^2}\,dx$

(C) $2\displaystyle\int_{-\frac{l}{2}}^0 \dfrac{G m \mu}{(a-x)^2}\,dx$ 　　　　　　　(D) $2\displaystyle\int_0^{\frac{l}{2}} \dfrac{G m \mu}{(a-x)^2}\,dx$

(2) 设在区间 $[a,b]$ 上,$f(x) > 0$,$f'(x) > 0$,$f''(x) < 0$. 令 $A_1 = \displaystyle\int_a^b f(x)\,dx$,$A_2 = f(a)(b-a)$,$A_3 = \dfrac{1}{2}[f(a) + f(b)](b-a)$,则有( )；

(A)$A_1 < A_2 < A_3$　　　　　　　　　　(B)$A_2 < A_1 < A_3$
(C)$A_3 < A_1 < A_2$　　　　　　　　　　(D)$A_2 < A_3 < A_1$

(3) 有半径不相等的两个木质球体,分别在中间钻出一个以球体直径为轴的圆柱形洞,使得剩下的两个环状立体的高都等于 h(图 6-35).假设对应木质球半径较大的环状立体为 P,另一个为 Q.通过计算,正确的结论是( ).

(A)P 的体积大于 Q 的体积
(B)P 的体积等于 Q 的体积
(C)P 的体积小于 Q 的体积
(D) 在 h 的不同取值范围,P 与 Q 的体积有不同的大小关系

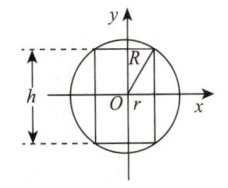

图 6-35

解 (1) 选(A).

(2) 因为 $f'(x) > 0$,所以 $f(x)$ 为单调递增函数,于是 $A_1 = \int_a^b f(x) dx > A_2 = f(a)(b-a)$,排除选项(A)(C),又因为 $f''(x) < 0$,所以 $f(x)$ 为凸函数,于是 $A_1 > A_3$,所以选(D).

(3) 如图 6-35 所示,取 $[x, x+dx] \subset [r, R]$,则环状立体的体积微元为 $dV = 2\pi x \cdot 2\sqrt{R^2-x^2} dx$,于是环状立体的体积为

$$V = \int_r^R 2\pi x \cdot 2\sqrt{R^2-x^2} dx = -2\pi \int_r^R \sqrt{R^2-x^2} d(R^2-x^2)$$
$$= -\frac{4\pi}{3}(R^2-x^2)^{\frac{3}{2}}\Big|_r^R = \frac{4\pi}{3}(R^2-r^2)^{\frac{3}{2}},$$

而 $R^2 = r^2 + \left(\dfrac{h}{2}\right)^2$,故 $V = \dfrac{4\pi}{3}\left(\dfrac{h}{2}\right)^3 = \dfrac{\pi}{6}h^3$,即环状立体的体积只与 h 有关,故选(B).

3. 一金属棒长 3 m,离棒左端 x m 处的线密度为 $\mu(x) = \dfrac{1}{\sqrt{1+x}}$ kg/m.问 x 为何值时,$[0, x]$ 一段的质量为全棒质量的一半?

解 $[0, x]$ 上金属棒的质量为

$$m(x) = \int_0^x \mu(t) dt = \int_0^x \frac{dt}{\sqrt{1+t}} = 2\sqrt{1+t}\Big|_0^x = 2\sqrt{1+x} - 2,$$

金属棒的总质量为 $m(3) = 2$,令 $2\sqrt{1+x} - 2 = 1$,解得 $x = \dfrac{5}{4}$(m).

4. 求由曲线 $\rho = a\sin\theta, \rho = a(\cos\theta + \sin\theta)(a > 0)$ 所围图形公共部分的面积.

解 由 $\begin{cases} \rho = a\sin\theta, \\ \rho = a(\cos\theta + \sin\theta) \end{cases}$ 得两曲线的交点坐标为 $\left(a, \dfrac{\pi}{2}\right)$.

当 $\rho = a(\cos\theta + \sin\theta) = 0$ 时,$\theta = \dfrac{3\pi}{4}$,则所求的面积为

$$A = \frac{1}{2} \cdot \pi\left(\frac{a}{2}\right)^2 + \frac{1}{2}\int_{\frac{\pi}{2}}^{\frac{3\pi}{4}} a^2(\cos\theta + \sin\theta)^2 d\theta$$
$$= \frac{\pi a^2}{8} + \frac{a^2}{2}\int_{\frac{\pi}{2}}^{\frac{3\pi}{4}} (1 + \sin 2\theta) d\theta$$
$$= \frac{\pi a^2}{8} + \frac{a^2}{2}\left[\frac{\pi}{4} - \left(\frac{1}{2}\cos 2\theta\right)\Big|_{\frac{\pi}{2}}^{\frac{3\pi}{4}}\right] = \frac{(\pi-1)a^2}{4}.$$

5. 如图 6-36 所示,从下到上依次有三条曲线:$y = x^2, y = 2x^2$ 和 C.假设对曲线 $y = 2x^2$ 上的任一点 P,所对应的面积 A 和 B 恒相等,求曲线 C 的方程.

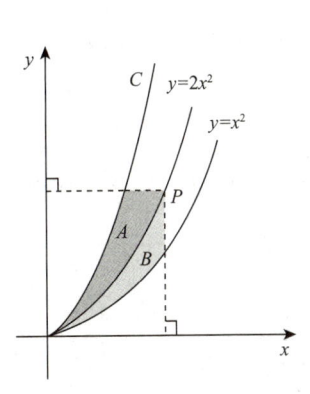

图 6-36

解 设曲线 C 的方程为 $x = f(y)$,P 点的坐标为 $\left(\sqrt{\dfrac{y}{2}}, y\right)$,则

263

$$A = \int_0^y \left[\sqrt{\frac{y}{2}} - f(y)\right] dy, \quad B = \int_0^{\sqrt{\frac{y}{2}}} (2x^2 - x^2) dx.$$

由题意得 $\int_0^y \left[\sqrt{\frac{y}{2}} - f(y)\right] dy = \int_0^{\sqrt{\frac{y}{2}}} x^2 dx$，两边求导得

$$\sqrt{\frac{y}{2}} - f(y) = \frac{y}{2} \cdot \frac{1}{2\sqrt{2}\sqrt{y}},$$

解得 $f(y) = \dfrac{3\sqrt{y}}{4\sqrt{2}}$，故所求的曲线方程为 $C: x = \dfrac{3\sqrt{y}}{4\sqrt{2}}$ 或 $C: y = \dfrac{32}{9}x^2 (x \geqslant 0)$.

6. 设抛物线 $y = ax^2 + bx + c (a \neq 0)$ 通过点 $(0,0)$，且当 $x \in [0,1]$ 时，$y \geqslant 0$. 试确定 a,b,c 的值，使得抛物线 $y = ax^2 + bx + c$ 与直线 $x = 1, y = 0$ 所围图形的面积为 $\dfrac{4}{9}$，且使该图形绕 x 轴旋转而成的旋转体的体积最小.

解 因为抛物线 $y = ax^2 + bx + c$ 通过点 $(0,0)$，所以 $c = 0$，即 $y = ax^2 + bx$.

由 $A = \int_0^1 (ax^2 + bx) dx = \dfrac{a}{3} + \dfrac{b}{2} = \dfrac{4}{9}$ 得 $a = -\dfrac{3}{2}b + \dfrac{4}{3}$，所围区域绕 x 轴旋转所得旋转体的体积为

$$V = \pi \int_0^1 (ax^2 + bx)^2 dx = \pi \left(\frac{a^2}{5} + \frac{ab}{2} + \frac{b^2}{3}\right) = \frac{\pi(b-2)^2}{30} + \frac{2\pi}{9},$$

显然当 $b = 2$ 时，旋转体的体积最小，故 $a = -\dfrac{5}{3}, b = 2, c = 0$.

7. 过坐标原点作曲线 $y = \ln x$ 的切线，该切线与曲线 $y = \ln x$ 及 x 轴围成平面图形 D.
(1) 求平面图形 D 的面积 A；
(2) 求平面图形 D 绕直线 $x = e$ 旋转一周所得旋转体的体积 V.

解 (1) 设切点为 $P(a, \ln a)$，由 $\dfrac{1}{a} = \dfrac{\ln a}{a}$ 得 $a = e$，即 $P(e, 1)$，切线为 $y = \dfrac{x}{e}$. 所求的面积为

$$A = \frac{e}{2} - \int_1^e \ln x \, dx = \frac{e}{2} - 1.$$

(2) 直线 $y = \dfrac{x}{e}$，x 轴及 $x = e$ 所围成的三角区域绕 $x = e$ 旋转而成的体积为

$$V_1 = \frac{1}{3} \cdot \pi \cdot e^2 \cdot 1 = \frac{\pi e^2}{3}.$$

曲线 $y = \ln x$、x 轴、$x = e$ 围成的区域绕 $x = e$ 旋转而成的体积为

$$V_2 = \int_0^1 \pi (e - e^y)^2 dy = \frac{\pi}{2}(-e^2 + 4e - 1),$$

故所求的旋转体的体积为

$$V = V_1 - V_2 = \frac{\pi}{6}(5e^2 - 12e + 3).$$

8. 设曲线 C 为函数 $y = xe^{-x} (x \geqslant 0)$ 的图形，$M(x_0, y_0)$ 为 C 上的一个拐点，MT 为曲线 C 在点 M 处的切线（图 6-37）. 求由曲线 C、切线 MT 和 x 轴所围的向右无限延伸的平面图形的面积.

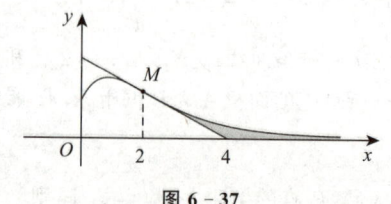

图 6-37

解 $y' = e^{-x} - xe^{-x} = (1-x)e^{-x}$, $y'' = -e^{-x} - (1-x)e^{-x} = (x-2)e^{-x}$.

令 $y'' = 0$，解得 $x = 2$，于是拐点 M 的坐标为 $(2, 2e^{-2})$. $y'|_{x=2} = -e^{-2}$. 切线 MT 的方程为 $y - 2e^{-2} = -e^{-2}(x-2)$，即 $y = -e^{-2}x + 4e^{-2} = -e^{-2}(x-4)$，于是所求面积为

$$\int_2^4 [xe^{-x} - (-e^{-2}x + 4e^{-2})]dx + \int_4^{+\infty} xe^{-x}dx = \int_2^{+\infty} xe^{-x}dx - \int_2^4 [-e^{-2}(x-4)]dx$$

$$= -\int_2^{+\infty} xd(e^{-x}) + \left[e^{-2} \cdot \frac{(x-4)^2}{2}\right]\Big|_2^4 = -\left[(xe^{-x})\Big|_2^{+\infty} - \int_2^{+\infty} e^{-x}dx\right] - 2e^{-2}$$

$$= -\left(-2e^{-2} + e^{-x}\Big|_2^{+\infty}\right) - 2e^{-2} = e^{-2} = \frac{1}{e^2}.$$

9. 求由曲线 $y = x^{\frac{3}{2}}$，直线 $x = 4$ 及 x 轴所围图形绕 y 轴旋转而成的旋转体的体积．

解 如图 6-38，$V = 2\pi \int_0^4 xf(x)dx = 2\pi \int_0^4 x^{\frac{5}{2}}dx = \frac{512}{7}\pi$.

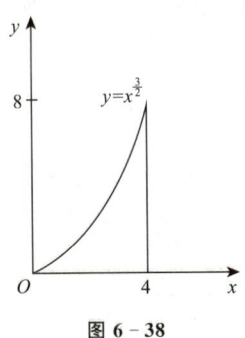

图 6-38

10. 求圆盘 $(x-2)^2 + y^2 \leqslant 1$ 绕 y 轴旋转而成的旋转体的体积．

解 **方法一**：取 $[x, x+dx] \subset [1,3]$，区间元素对应的小切片的面积为 $dA = 2\sqrt{1-(x-2)^2}dx$，则 $dV = 2\pi x \cdot dA = 4\pi x\sqrt{1-(x-2)^2}dx$，故

$$V = \int_1^3 dV = 4\pi \int_1^3 x\sqrt{1-(x-2)^2}dx = 4\pi \int_1^3 [(x-2)+2]\sqrt{1-(x-2)^2}d(x-2)$$

$$= 4\pi \int_{-1}^1 (x+2)\sqrt{1-x^2}dx = 16\pi \int_0^1 \sqrt{1-x^2}dx = 16\pi \times \frac{\pi}{4} = 4\pi^2.$$

方法二：取 $[y, y+dy] \subset [-1, 1]$，区间元素对应的截口圆环面积为

$$A(y) = \left[\pi(2+\sqrt{1-y^2})^2 - \pi(2-\sqrt{1-y^2})^2\right] = 8\pi\sqrt{1-y^2},$$

$$V = \int_{-1}^1 A(y)dy = 8\pi \int_{-1}^1 \sqrt{1-y^2}dy = 16\pi \int_0^1 \sqrt{1-y^2}dy = 4\pi^2.$$

11. 求抛物线 $y = \frac{1}{2}x^2$ 被圆 $x^2 + y^2 = 3$ 所截下的有限部分的弧长．

解 由 $\begin{cases} y = \frac{1}{2}x^2, \\ x^2 + y^2 = 3 \end{cases}$，得两曲线的交点为 $(-\sqrt{2}, 1), (\sqrt{2}, 1)$，所求弧长为

$$l = \int_{-\sqrt{2}}^{\sqrt{2}} \sqrt{1+y'^2}dx = \int_{-\sqrt{2}}^{\sqrt{2}} \sqrt{1+x^2}dx = 2\int_0^{\sqrt{2}} \sqrt{1+x^2}dx.$$

令 $I = \int_0^{\sqrt{2}} \sqrt{1+x^2}dx$，则 $I = (x\sqrt{1+x^2})\Big|_0^{\sqrt{2}} - \int_0^{\sqrt{2}} \frac{(1+x^2)-1}{\sqrt{1+x^2}}dx$

$$= \sqrt{6} - I + \ln(x+\sqrt{1+x^2})\Big|_0^{\sqrt{2}} = \sqrt{6} + \ln(\sqrt{2}+\sqrt{3}) - I$$

得 $I = \int_0^{\sqrt{2}} \sqrt{1+x^2}\,dx = \frac{1}{2}[\sqrt{6} + \ln(\sqrt{2}+\sqrt{3})]$，故 $l = \sqrt{6} + \ln(\sqrt{2}+\sqrt{3})$.

12. 半径为 r 的球沉入水中，球的上部与水面相切，球的密度与水相同，现将球从水中取出，需做多少功？

解 取 x 轴铅直向上，球心为坐标原点，取 $[x, x+dx] \subset [-r, r]$，小薄片的体积
$$dV = \pi(\sqrt{r^2-x^2})^2 dx = \pi(r^2-x^2)\,dx,$$
从水面下方至水面重力与浮力相同，合力做功为零，则将小薄片取出所做功
$$dW = 1 \times g\,dV \cdot (r+x) = \pi g(r+x)(r^2-x^2)\,dx,$$
故将球从水中取出所做功
$$W = \int_{-r}^{r} dW = \pi g \int_{-r}^{r}(r+x)(r^2-x^2)\,dx = \pi g r \int_{-r}^{r}(r^2-x^2)\,dx = 2\pi g r \int_0^r (r^2-x^2)\,dx = \frac{4}{3}\pi g r^4.$$

13. 边长为 a 和 b 的矩形薄板，与液面成 α 角斜沉于入液体中，长边平行于液面而位于深 h 处，设 $a > b$，液体的密度为 ρ，试求薄板每面所受的压力。

解 如图 6-39，建立如图所示的坐标系，取 $[x, x+dx] \subset [0, b]$，此时区间元素对应的小切片上压强为 $\rho g(h + x\sin\alpha)$,

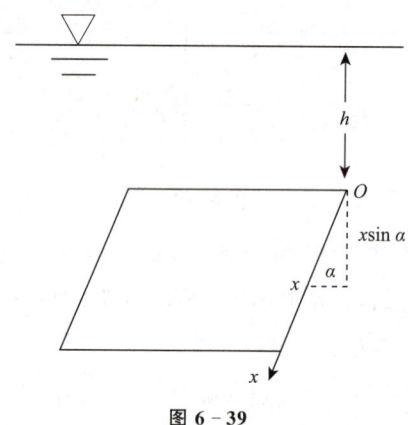

图 6-39

$$dF = \rho g(h + x\sin\alpha) \cdot a\,dx = \rho g a(h + x\sin\alpha)\,dx,$$
压力为 $F = \int_0^b dF = \rho g a \int_0^b (h + x\sin\alpha)\,dx = \frac{1}{2}\rho g a b(2h + b\sin\alpha).$

14. 设星形线 $x = a\cos^3 t, y = a\sin^3 t$ 上每一点处的线密度的大小等于该点到原点距离的立方，在原点 O 处有一单位质点，求星形线在第一象限的弧段对这质点的引力。

解 取 $[t, t+dt] \subset [0, \frac{\pi}{2}]$，$ds = \sqrt{\left(\frac{dx}{dt}\right)^2 + \left(\frac{dy}{dt}\right)^2}\,dt = 3a\sin t\cos t\,dt,$

$$dm = (a^2\cos^6 t + a^2\sin^6 t)^{\frac{3}{2}}\,ds = 3a^4\sin t\cos t(\cos^6 t + \sin^6 t)^{\frac{3}{2}}\,dt,$$

$$dF = G\frac{1 \cdot dm}{d^2} = G\frac{3a^4\sin t\cos t(\cos^6 t + \sin^6 t)^{\frac{3}{2}}\,dt}{a^2\cos^6 t + a^2\sin^6 t}$$
$$= 3a^2 G\sin t\cos t(\cos^6 t + \sin^6 t)^{\frac{1}{2}}\,dt,$$

$$dF_x = \frac{a\cos^3 t}{\sqrt{a^2\cos^6 t + a^2\sin^6 t}}dF = 3a^2 G\sin t\cos^4 t\,dt,$$

$$dF_y = \frac{a\sin^3 t}{\sqrt{a^2\cos^6 t + a^2\sin^6 t}}dF = 3a^2 G\sin^4 t\cos t\,dt,$$

曲线弧段对质点的引力在水平与铅直方向上的分量分别为

$$F_x = \int_0^{\frac{\pi}{2}} \mathrm{d}F_x = \int_0^{\frac{\pi}{2}} 3a^2 G \sin t \cos^4 t\, \mathrm{d}t = \frac{3}{5}a^2 G,$$

$$F_y = \int_0^{\frac{\pi}{2}} \mathrm{d}F_y = \int_0^{\frac{\pi}{2}} 3a^2 G \sin^4 t \cos t\, \mathrm{d}t = \frac{3}{5}a^2 G,$$

故引力为 $\boldsymbol{F} = \left(\dfrac{3}{5}a^2 G, \dfrac{3}{5}a^2 G\right)$，即大小为 $\dfrac{3\sqrt{2}}{5}a^2 G$，方向角为 $\dfrac{\pi}{4}$.

15. 某建筑工程打地基时，需用汽锤将桩打进土层．汽锤每次击打，都要克服土层对桩的阻力做功．设土层对桩的阻力的大小与桩被打进地下的深度成正比（比例系数为 $k,k>0$）．汽锤第一次击打将桩打进地下 a m. 根据设计方案，要求汽锤每次击打桩时所做的功与前一次击打时所做的功之比为常数 $r(0<r<1)$. 问：

(1) 汽锤击打桩 3 次后，可将桩打进地下多深？

(2) 若击打次数不限，则汽锤至多能将桩打进地下多深？

解 (1) 取 $[x, x+\mathrm{d}x] \subset [0, a]$，$\mathrm{d}W_1 = kx\,\mathrm{d}x$，汽锤第一次击打桩所做的功为

$$W_1 = \int_0^a kx\,\mathrm{d}x = \frac{k}{2}a^2;$$

设第二次桩下沉深度为 h_2，取 $[x, x+\mathrm{d}x] \subset [a, a+h_2]$，$\mathrm{d}W_2 = kx\,\mathrm{d}x$，第二次击打桩所做的功为

$$W_2 = \int_a^{a+h_2} kx\,\mathrm{d}x = \frac{k}{2}\left[(a+h_2)^2 - a^2\right],$$

由 $W_2 = rW_1$ 得 $h_2 = (\sqrt{1+r} - 1)a$；

设第三次桩下沉深度为 h_3（m），取 $[x, x+\mathrm{d}x] \subset \left[\sqrt{1+r}\,a, \sqrt{1+r}\,a+h_3\right]$，第三次击打所做的功为

$$W_3 = \int_{\sqrt{1+r}\,a}^{\sqrt{1+r}\,a+h_3} kx\,\mathrm{d}x = \frac{k}{2}\left[(\sqrt{1+r}\,a+h_3)^2 - (\sqrt{1+r}\,a)^2\right],$$

由 $W_3 = r^2 W_1$ 得 $h_3 = \sqrt{1+r+r^2}\,a - \sqrt{1+r}\,a$，故前三次桩被打进地下深度为 $\sqrt{1+r+r^2}\,a$ m.

(2) 若击打次数不限，则汽锤至多能将桩打进地下深度为

$$h = \lim_{n\to\infty} \sqrt{1+r+\cdots+r^{n-1}}\,a = \lim_{n\to\infty} \sqrt{\frac{1-r^n}{1-r}}\,a = \frac{a}{\sqrt{1-r}}\ \text{m}.$$

本章同步测试

（满分 100 分，时间 100 分钟）

一、填空题（本题共 3 小题，每小题 5 分，共 15 分）

1. $f(x) = \dfrac{x^2}{\sqrt{1-x^2}}$ 在 $\left[0, \dfrac{1}{2}\right]$ 上的平均值为 _____.

2. 曲线 $L: y = x^2 \mathrm{e}^{-2x}\ (x \geqslant 0)$ 与 x 轴所围成的无限区域的面积为 _____.

3. 曲线 $L: y = \displaystyle\int_0^x \tan t\,\mathrm{d}t\ \left(0 \leqslant x \leqslant \dfrac{\pi}{4}\right)$ 的弧长为 _____.

二、选择题（本题共 2 小题，每小题 5 分，共 10 分）

1. 双纽线 $L: (x^2+y^2)^2 = a^2(x^2-y^2)\ (a>0)$ 的面积表示为（　　）.

(A) $4a^2 \displaystyle\int_0^{\frac{\pi}{4}} \cos 2\theta\,\mathrm{d}\theta$ \qquad\qquad (B) $2a^2 \displaystyle\int_0^{\frac{\pi}{4}} \cos 2\theta\,\mathrm{d}\theta$

(C) $4a \displaystyle\int_0^{\frac{\pi}{4}} \sqrt{\cos 2\theta}\,\mathrm{d}\theta$ \qquad\qquad (D) $2a \displaystyle\int_0^{\frac{\pi}{4}} \sqrt{\cos 2\theta}\,\mathrm{d}\theta$

2. 曲线 $y = f(x), x=a, x=b\ (0<a<b)$ 与 x 轴围成的区域绕 y 轴旋转而成的几何体的体积为

( ).

(A) $\pi\int_a^b f^2(x)\mathrm{d}x$ (B) $\pi\int_a^b xf(x)\mathrm{d}x$

(C) $\pi\int_a^b x|f(x)|\mathrm{d}x$ (D) $2\pi\int_a^b x|f(x)|\mathrm{d}x$

三、解答题(本题 16 分)

设曲线 $L:\begin{cases} x=a(t-\sin t),\\ y=a(1-\cos t)\end{cases}(0\leqslant t\leqslant 2\pi)$.

(1) 求曲线 L 与 x 轴所围成的区域 D 的面积;

(2) 求区域 D 绕 x 轴旋转一周所成旋转体的体积.

四、解答题(本题 16 分)

过点 $M(2,3)$ 作曲线 $L:y=x^2$ 的切线.

(1) 求切线方程;

(2) 求曲线及切线所围成的区域的面积.

五、解答题(本题 10 分)

设 $y=A\sin x\left(0\leqslant x\leqslant\dfrac{\pi}{2},A>0\right)$ 及 x 轴围成的区域为 D,区域 D 绕 x 轴和 y 轴旋转而成的体积分别为 V_x 和 V_y,且 $V_x=V_y$,求 A.

六、解答题(本题 10 分)

求曲线 $y=1-x^2$ 及 x 轴所围成的区域绕铅直的直线 $x=2$ 旋转而成的几何体的体积.

七、解答题(本题 10 分)

闸门为椭圆形 $\dfrac{x^2}{4}+y^2=1$,设水面刚好到顶端,求水对闸门的压力大小.

八、解答题(本题 13 分)

木板对钉子的阻力与钉子深入木板的深度成正比,且每锤做功相等,已知第一锤钉子钉入 1 cm,求第二锤钉子深入木板的深度.

本章同步测试 答案及解析

一、填空题

1. **解** 平均值为 $\overline{f}=\dfrac{1}{\frac{1}{2}-0}\int_0^{\frac{1}{2}}f(x)\mathrm{d}x=2\int_0^{\frac{1}{2}}\dfrac{x^2}{\sqrt{1-x^2}}\mathrm{d}x\xrightarrow{x=\sin t}2\int_0^{\frac{\pi}{6}}\sin^2 t\,\mathrm{d}t$

$=\int_0^{\frac{\pi}{6}}(1-\cos 2t)\mathrm{d}t=\dfrac{\pi}{6}-\left(\dfrac{1}{2}\sin 2t\right)\Big|_0^{\frac{\pi}{6}}=\dfrac{\pi}{6}-\dfrac{\sqrt{3}}{4}.$

2. **解** 所求面积为

$A=\int_0^{+\infty}x^2\mathrm{e}^{-2x}\mathrm{d}x=\dfrac{1}{8}\int_0^{+\infty}(2x)^2\mathrm{e}^{-2x}\mathrm{d}(2x)=\dfrac{1}{8}\int_0^{+\infty}t^2\mathrm{e}^{-t}\mathrm{d}t=\dfrac{1}{8}\Gamma(3)=\dfrac{1}{4}.$

3. **解** 所求的弧长为

$l=\int_0^{\frac{\pi}{4}}\sqrt{1+(y')^2}\,\mathrm{d}x=\int_0^{\frac{\pi}{4}}\sec x\,\mathrm{d}x=\ln|\sec x+\tan x|\Big|_0^{\frac{\pi}{4}}=\ln(\sqrt{2}+1).$

二、选择题

1. **解** 双纽线位于第一象限的曲线的极坐标形式为

$r^2=a^2\cos 2\theta\left(0\leqslant\theta\leqslant\dfrac{\pi}{4}\right),$

位于第一象限的面积为 $\dfrac{1}{2}\int_0^{\frac{\pi}{4}}r^2(\theta)\mathrm{d}\theta=\dfrac{a^2}{2}\int_0^{\frac{\pi}{4}}\cos 2\theta\,\mathrm{d}\theta$,所求的面积为 $2a^2\int_0^{\frac{\pi}{4}}\cos 2\theta\,\mathrm{d}\theta$,应选(B).

2. **解** 取
$$[x,x+dx] \subset [a,b], dV = 2\pi x \mid f(x) \mid dx,$$
则所求的体积为 $V = 2\pi \int_a^b x \mid f(x) \mid dx$, 应选(D).

三、解答题

解 (1) 区域 D 的面积为
$$A = \int_0^{2\pi a} y dx = \int_0^{2\pi} a(1-\cos t) \cdot a(1-\cos t) dt = a^2 \int_0^{2\pi} (1-\cos t)^2 dt = a^2 \int_0^{2\pi} \left(2\sin^2 \frac{t}{2}\right)^2 dt$$
$$= 8a^2 \int_0^{2\pi} \sin^4 \frac{t}{2} d\left(\frac{t}{2}\right) = 8a^2 \int_0^{\pi} \sin^4 u du = 16a^2 \int_0^{\frac{\pi}{2}} \sin^4 u du = 3\pi a^2.$$

(2) 区域 D 绕 x 轴旋转而成的旋转体体积为
$$V = \pi \int_0^{2\pi a} y^2 dx = \pi \int_0^{2\pi} a^2(1-\cos t)^2 \cdot a(1-\cos t) dt = \pi a^3 \int_0^{2\pi} (1-\cos t)^3 dt$$
$$= 16\pi a^3 \int_0^{2\pi} \sin^6 \frac{t}{2} d\left(\frac{t}{2}\right) = 16\pi a^3 \int_0^{\pi} \sin^6 u du = 32\pi a^3 \int_0^{\frac{\pi}{2}} \sin^6 t dt = 5\pi^2 a^3.$$

四、解答题

解 (1) 设切点为 $P(a,a^2)$, 由 $2a = \dfrac{a^2-3}{a-2}$ 得 $a=1, a=3$, 切点为 $P(1,1)$ 及 $P(3,9)$, 所求切线为 $y-3=2(x-2)$, 即 $y=2x-1$ 及 $y-3=6(x-2)$, 即 $y=6x-9$.

(2) 所围成的面积为 $A = \int_1^2 [x^2 - (2x-1)] dx + \int_2^3 [x^2 - (6x-9)] dx = \dfrac{2}{3}$.

五、解答题

解 $V_x = \pi \int_0^{\frac{\pi}{2}} (A\sin x)^2 dx = \pi A^2 \int_0^{\frac{\pi}{2}} \sin^2 x dx = \dfrac{\pi^2 A^2}{4}$, 取
$$[x,x+dx] \subset \left[0,\dfrac{\pi}{2}\right], dV_y = 2\pi x \cdot A\sin x \cdot dx,$$
则 $V_y = 2\pi A \int_0^{\frac{\pi}{2}} x\sin x dx = -2\pi A \int_0^{\frac{\pi}{2}} x d(\cos x) = 2\pi A$,
由 $V_x = V_y$ 得 $\dfrac{\pi^2 A^2}{4} = 2\pi A$, 解得 $A = \dfrac{8}{\pi}$.

六、解答题

解 取 $[x,x+dx] \subset [-1,1], dV = 2\pi(2-x) \cdot (1-x^2) dx$, 则所求的体积为
$$V = 2\pi \int_{-1}^1 (2-x)(1-x^2) dx = 8\pi \int_0^1 (1-x^2) dx = \dfrac{16\pi}{3}.$$

七、解答题

解 取 $[y,y+dy] \subset [-1,1]$, 则 $dF = \rho g(1-y) \cdot (x_2-x_1) dy = \rho g(1-y) \cdot 4\sqrt{1-y^2} dy$,
所求的压力为 $F = \int_{-1}^1 dF = 4\rho g \int_{-1}^1 (1-y)\sqrt{1-y^2} dy = 8\rho g \int_0^1 \sqrt{1-y^2} dy = 8\rho g \cdot \dfrac{\pi}{4} = 2\pi\rho g.$

八、解答题

解 第一锤做功为 W_1, 取 $[x,x+dx] \subset [0,1], dW_1 = kx dx, W_1 = \int_0^1 kx dx = \dfrac{k}{2}.$
设第二锤钉子深入木板的深度为 h, 第二锤做功为 W_2, 取
$$[y,y+dy] \subset [1,h+1], dW_2 = kx dx, W_2 = \int_1^{h+1} kx dx = \dfrac{k}{2}[(h+1)^2 - 1],$$
由 $W_2 = W_1$ 得 $h = \sqrt{2} - 1$, 即第二锤钉子深入木板的深度为 $\sqrt{2} - 1$(cm).

第七章 微分方程

第一节 微分方程的基本概念

▶ 期末高分必备知识

1. 微分方程:含自变量、函数及导数或者微分的方程(其中导数或微分不可少)称为微分方程.
2. 微分方程的阶数:微分方程中导数或微分的最高阶数,称为微分方程的阶数.
3. 微分方程的解:使得微分方程成立的函数,称为微分方程的解.

微分方程中常见的解的形式有以下两种:

(1) 特解:微分方程中任意常数被确定为具体值的解,称为微分方程的特解.
(2) 通解:微分方程的所含相互独立的任意常数的个数与微分方程阶数相同的解,称为微分方程的通解.

▶ 60分必会题型

题型一:验证函数是否为微分方程的解

例 1 验证 $y_1 = e^x$,$y_2 = e^{2x}$ 为微分方程 $y'' - 3y' + 2y = 0$ 的解.

解 $y_1' = e^x$,$y_1'' = e^x$,因为 $y_1'' - 3y_1' + 2y_1 = e^x - 3e^x + 2e^x = 0$,所以 $y_1 = e^x$ 为 $y'' - 3y' + 2y = 0$ 的解;

$y_2' = 2e^{2x}$,$y_2'' = 4e^{2x}$,因为 $y_2'' - 3y_2' + 2y_2 = 4e^{2x} - 6e^{2x} + 2e^{2x} = 0$,所以 $y_2 = e^{2x}$ 为 $y'' - 3y' + 2y = 0$ 的解.

例 2 验证 $y_0 = 2x^2 + x$ 为微分方程 $y' - \dfrac{2}{x} y = -1$ 的解.

解 $y_0' = 4x + 1$,因为 $y_0' - \dfrac{2}{x} y_0 = 4x + 1 - \dfrac{2}{x}(2x^2 + x) = -1$,所以 $y_0 = 2x^2 + x$ 为 $y' - \dfrac{2}{x} y = -1$ 的解.

题型二:已知微分方程的通解反推微分方程

例 设 $y = C_1 e^{-x} + C_2 e^{2x}$ 为某微分方程的通解,求该微分方程.

解 由 $y = C_1 e^{-x} + C_2 e^{2x}$ 得 $y' = -C_1 e^{-x} + 2C_2 e^{2x}$,$y'' = C_1 e^{-x} + 4C_2 e^{2x}$,消去 C_1、C_2,得所求的微分方程为 $y'' - y' - 2y = 0$.

▶ 同济八版教材 ▶ 习题解答

习题 7-1 微分方程的基本概念

勇夺60分	1、2、3、4、5
超越80分	1、2、3、4、5、6
冲刺90分与考研	1、2、3、4、5、6、7

第七章 微分方程

1. 试说出下列各微分方程的阶数：

(1) $x(y')^2 - 2yy' + x = 0$；

(2) $x^2 y'' - xy' + y = 0$；

(3) $xy''' + 2y'' + x^2 y = 0$；

(4) $(7x - 6y)\mathrm{d}x + (x + y)\mathrm{d}y = 0$；

(5) $L\dfrac{\mathrm{d}^2 Q}{\mathrm{d}t^2} + R\dfrac{\mathrm{d}Q}{\mathrm{d}t} + \dfrac{Q}{C} = 0$；

(6) $\dfrac{\mathrm{d}\rho}{\mathrm{d}\theta} + \rho = \sin^2\theta$。

解 (1) 一阶；(2) 二阶；(3) 三阶；(4) 一阶；(5) 二阶；(6) 一阶.

2. 指出下列各题中的函数是不是所给微分方程的解：

(1) $xy' = 2y, y = 5x^2$；

(2) $y'' + y = 0, y = 3\sin x - 4\cos x$；

(3) $y'' - 2y' + y = 0, y = x^2 \mathrm{e}^x$；

(4) $y'' - (\lambda_1 + \lambda_2)y' + \lambda_1\lambda_2 y = 0, y = C_1\mathrm{e}^{\lambda_1 x} + C_2\mathrm{e}^{\lambda_2 x}$。

解 (1) 由 $y' = 10x$ 得 $xy' = 10x^2 = 2y$，故 $y = 5x^2$ 为微分方程 $xy' = 2y$ 的解.

(2) 由 $y' = 3\cos x + 4\sin x, y'' = -3\sin x + 4\cos x$ 得
$$y'' + y = -3\sin x + 4\cos x + 3\sin x - 4\cos x = 0,$$
故 $y = 3\sin x - 4\cos x$ 为微分方程 $y'' + y = 0$ 的解.

(3) 由 $y' = 2x\mathrm{e}^x + x^2\mathrm{e}^x = (x^2 + 2x)\mathrm{e}^x, y'' = (2x + 2)\mathrm{e}^x + (x^2 + 2x)\mathrm{e}^x = (x^2 + 4x + 2)\mathrm{e}^x$ 得
$$y'' - 2y' + y = (x^2 + 4x + 2)\mathrm{e}^x - 2(x^2 + 2x)\mathrm{e}^x + x^2\mathrm{e}^x = 2\mathrm{e}^x \neq 0,$$
故 $y = x^2\mathrm{e}^x$ 不是微分方程 $y'' - 2y' + y = 0$ 的解.

(4) 由 $y' = \lambda_1 C_1\mathrm{e}^{\lambda_1 x} + \lambda_2 C_2\mathrm{e}^{\lambda_2 x}, y'' = \lambda_1^2 C_1\mathrm{e}^{\lambda_1 x} + \lambda_2^2 C_2\mathrm{e}^{\lambda_2 x}$ 得
$$y'' - (\lambda_1 + \lambda_2)y' + \lambda_1\lambda_2 y$$
$$= \lambda_1^2 C_1\mathrm{e}^{\lambda_1 x} + \lambda_2^2 C_2\mathrm{e}^{\lambda_2 x} - (\lambda_1 + \lambda_2)(\lambda_1 C_1\mathrm{e}^{\lambda_1 x} + \lambda_2 C_2\mathrm{e}^{\lambda_2 x}) + \lambda_1\lambda_2(C_1\mathrm{e}^{\lambda_1 x} + C_2\mathrm{e}^{\lambda_2 x}) = 0,$$
故 $y = C_1\mathrm{e}^{\lambda_1 x} + C_2\mathrm{e}^{\lambda_2 x}$ 为微分方程 $y'' - (\lambda_1 + \lambda_2)y' + \lambda_1\lambda_2 y = 0$ 的解.

3. 在下列各题中，验证所给二元方程所确定的函数为所给微分方程的解：

(1) $(x - 2y)y' = 2x - y, x^2 - xy + y^2 = C$；(其中 C 为任意常数)

(2) $(xy - x)y'' + xy'^2 + yy' - 2y' = 0, y = \ln(xy)$。

解 (1) 在 $x^2 - xy + y^2 = C$ 两边对 x 求导得 $2x - y - xy' + 2yy' = 0$，整理得 $(x - 2y)y' = 2x - y$，故 $x^2 - xy + y^2 = C$ 为微分方程 $(x - 2y)y' = 2x - y$ 的解.

(2) $y = \ln(xy)$ 两边对 x 求导得 $y' = \dfrac{1}{x} + \dfrac{y'}{y}$，整理得 $(xy - x)y' - y = 0$，

两边再对 x 求导得 $(xy - x)y'' + (y + xy' - 1)y' - y' = 0$，整理得 $(xy - x)y'' + xy'^2 + yy' - 2y' = 0$，故 $y = \ln(xy)$ 为微分方程 $(xy - x)y'' + xy'^2 + yy' - 2y' = 0$ 的解.

4. 在下列各题中，确定函数关系式中所含的参数，使函数满足所给的初值条件：

(1) $x^2 - y^2 = C, y\big|_{x=0} = 5$；

(2) $y = (C_1 + C_2 x)\mathrm{e}^{2x}, y\big|_{x=0} = 0, y'\big|_{x=0} = 1$；

(3) $y = C_1\sin(x - C_2), y\big|_{x=\pi} = 1, y'\big|_{x=\pi} = 0$。

解 (1) 由 $y\big|_{x=0} = 5$ 得 $0^2 - 5^2 = C$，则 $C = -25$.

(2) 由 $y = (C_1 + C_2 x)\mathrm{e}^{2x}$ 得 $y' = (2C_1 + C_2 + 2C_2 x)\mathrm{e}^{2x}$，即 $y = \sqrt{x^2 + 5}$.

将 $x = 0, y\big|_{x=0} = 0, y'\big|_{x=0} = 1$ 代入得 $\begin{cases} C_1 = 0, \\ 2C_1 + C_2 = 1, \end{cases}$ 故 $C_1 = 0, C_2 = 1$，即 $y = x\mathrm{e}^{2x}$.

(3) 由 $y = C_1\sin(x - C_2)$ 得 $y' = C_1\cos(x - C_2)$.

将 $x = \pi, y\big|_{x=\pi} = 1, y'\big|_{x=\pi} = 0$ 代入得 $\begin{cases} C_1\sin(\pi - C_2) = C_1\sin C_2 = 1, \\ C_1\cos(\pi - C_2) = -C_1\cos C_2 = 0, \end{cases}$ 得

$$\begin{cases} C_1 = 1, \\ C_2 = 2k\pi + \dfrac{\pi}{2} (k \in \mathbf{Z}) \end{cases} \text{或} \begin{cases} C_1 = -1, \\ C_2 = (2k+1)\pi + \dfrac{\pi}{2} (k \in \mathbf{Z}). \end{cases}$$

故 $y = -\cos x$.

5. 写出由下列条件确定的曲线所满足的微分方程：
(1) 曲线在点(x,y)处的切线的斜率等于该点横坐标的平方；
(2) 曲线上点$P(x,y)$处的法线与x轴的交点为Q，且线段PQ被y轴平分；
(3) 曲线上点$P(x,y)$处的切线与y轴的交点为Q，线段PQ的长度为a，且曲线通过点$(a,0)$.

解 (1) 设曲线为$y = y(x)$，由题意得曲线满足的微分方程为$\dfrac{dy}{dx} = x^2$.

(2) 设曲线为$y = y(x)$，曲线在点P的法线的斜率为$-\dfrac{1}{y'}$，法线方程为
$$Y - y = -\dfrac{1}{y'}(X - x).$$
令$Y = 0$得$X = x + yy'$，则Q的坐标为$(x + yy', 0)$，由题意得$x + (x + yy') = 0$，则曲线满足的微分方程为$yy' + 2x = 0$.

(3) 设曲线为$L: y = y(x)$，曲线在点$P(x,y)$的切线为$Y - y = y'(X - x)$，令$X = 0$得$Y = y - xy'$，即Q点的坐标为$Q(0, y - xy')$，$|PQ| = \sqrt{x^2 + x^2 y'^2} = a$，解得$y'^2 = \dfrac{a^2}{x^2} - 1$，

所求微分方程为$y' = \pm\sqrt{\dfrac{a^2}{x^2} - 1}$，满足初始条件$y(a) = 0$.

6. 用微分方程表示一物理方程：某种气体的气压p对于温度T的变化率与压强成正比，与温度的平方成反比.

解 因为$\dfrac{dp}{dT}$与p成正比，与T^2成反比，设比例系数为k，则
$$\dfrac{dp}{dT} = k\dfrac{p}{T^2}.$$

7. 一个半球体形状的雪堆，其体积融化率与半球面面积A成正比，比例系数$k > 0$. 假设在融化过程中雪堆始终保持半球体形状，已知半径为r_0的雪堆在开始融化的$3\,\mathrm{h}$内，融化了其体积的$\dfrac{7}{8}$，问雪堆全部融化需要多少时间？

解 设t时刻雪堆的半径为r，则有$\dfrac{dV}{dt} = -2k\pi r^2$，$V(t) = \dfrac{2}{3}\pi r^3$，则$\dfrac{dV}{dt} = 2kr^2\dfrac{dr}{dt}$，于是得 $\dfrac{dr}{dt} = -k \Rightarrow r = -kt + C_0$，由$r(0) = r_0$，由$3\,\mathrm{h}$体积融化了$\dfrac{7}{8}$可知$r(3) = \dfrac{r_0}{2}$，得$C_0 = r_0$，$k = \dfrac{r_0}{6}$，于是得$r = -\dfrac{r_0}{6}t + r_0$，令$r = 0$得$t = 6$，即经过$6\,\mathrm{h}$雪堆可以全部融化.

第二节 可分离变量的微分方程

期末高分必备知识

一、可分离变量的微分方程的概念

设一阶微分方程
$$\dfrac{dy}{dx} = f(x, y),$$
若$f(x, y) = \varphi_1(x)\varphi_2(y)$，称此方程为可分离变量的微分方程.

第七章 微分方程

二、可分离变量的微分方程的解法

由 $\dfrac{\mathrm{d}y}{\mathrm{d}x} = f(x,y)$ 化为 $\dfrac{\mathrm{d}y}{\mathrm{d}x} = \varphi_1(x)\varphi_2(y) \,(\varphi_2(y) \neq 0)$.

变量分离得 $\dfrac{\mathrm{d}y}{\varphi_2(y)} = \varphi_1(x)\mathrm{d}x$,两边积分得

$$\int \dfrac{\mathrm{d}y}{\varphi_2(y)} = \int \varphi_1(x)\mathrm{d}x + C.$$

▶ **60分必会题型**

题型一:求解可分离变量的微分方程

例1 求微分方程 $\dfrac{\mathrm{d}y}{\mathrm{d}x} = 2xy$ 的通解.

解 当 $y = 0$ 时,显然 $y = 0$ 为微分方程的解;

当 $y \neq 0$ 时,由 $\dfrac{\mathrm{d}y}{\mathrm{d}x} = 2xy$ 得 $\dfrac{\mathrm{d}y}{y} = 2x\mathrm{d}x$,两边积分得

$$\ln|y| = x^2 + C_0,$$

解得 $y = \pm e^{C_0} e^{x^2}$,令 $\pm e^{C_0} = C$,则 $y = Ce^{x^2}\,(C \neq 0)$,故原方程的通解为 $y = Ce^{x^2}\,(C$ 为任意常数)[①].

例2 求微分方程 $\dfrac{\mathrm{d}y}{\mathrm{d}x} = 1 + \sin x + y^2 + y^2\sin x$ 的通解.

解 方程 $\dfrac{\mathrm{d}y}{\mathrm{d}x} = 1 + \sin x + y^2 + y^2\sin x$ 化为 $\dfrac{\mathrm{d}y}{\mathrm{d}x} = (1+\sin x)(1+y^2)$,变量分离得

$$\dfrac{\mathrm{d}y}{1+y^2} = (1+\sin x)\mathrm{d}x,$$

两边积分,得原方程的通解为

$$\arctan y = x - \cos x + C.$$

例3 设函数 $y = y(x)\,(y > 0)$ 满足 $\Delta y = \dfrac{xy}{1+x^2}\Delta x + o(\Delta x)$,且 $y(0) = 2$,求满足初始条件的函数 $y(x)$.

解 由 $\Delta y = \dfrac{xy}{1+x^2}\Delta x + o(\Delta x)$ 得 $y = y(x)$ 可微,且 $\dfrac{\mathrm{d}y}{\mathrm{d}x} = \dfrac{xy}{1+x^2}$,

因为 $y > 0$,所以变量分离得 $\dfrac{\mathrm{d}y}{y} = \dfrac{x}{1+x^2}\mathrm{d}x$,两边积分得

$$\ln y = \dfrac{1}{2}\ln(1+x^2) + C.$$

因为 $y(0) = 2$,所以 $C = \ln 2$,即 $\ln y = \ln(2\sqrt{1+x^2})$,故所求的函数为 $y(x) = 2\sqrt{1+x^2}$.

例4 求微分方程 $xy' - y[\ln(xy) - 1] = 0$ 的通解.

解 方程 $xy' - y[\ln(xy) - 1] = 0$ 化为

$$(xy' + y) - \dfrac{xy}{x}\ln(xy) = 0,\text{即}(xy)' - \dfrac{xy}{x}\ln(xy) = 0.$$

令 $u = xy$,原方程化为 $\dfrac{\mathrm{d}u}{\mathrm{d}x} = \dfrac{u\ln u}{x}$,变量分离得

$$\dfrac{\mathrm{d}u}{u\ln u} = \dfrac{\mathrm{d}x}{x},$$

[①] 本章中通解出现的常数 C 的取值范围,如无特殊说明,均为满足通解表达式中各变量在其自然定义域内取值对应的常数取值范围.

两边积分得 $\ln|\ln u| = \ln|x| + \ln C$，即 $\ln u = Cx$，原方程的通解为 $\ln(xy) = Cx$ 或 $y = \dfrac{e^{Cx}}{x}$。

期末小锦囊 通过变量代换将原微分方程化为可分离变量的微分方程，求解后不要忘记将新变量转换成原始变量。

题型二：可化为可分离变量的微分方程的求解

例 求 $\dfrac{dy}{dx} = \dfrac{1}{(x+y)^2}$ 的通解。

解 令 $u = x + y$，代入原方程得 $\dfrac{du}{dx} - 1 = \dfrac{1}{u^2}$，整理得 $\dfrac{u^2}{1+u^2}du = dx$ 或 $\left(1 - \dfrac{1}{1+u^2}\right)du = dx$，两边积分得

$$u - \arctan u = x + C,$$

故原方程的通解为

$$y - \arctan(x+y) = C.$$

同济八版教材 ▶ 习题解答

习题 7-2 可分离变量的微分方程

勇夺60分	1、2、3、4
超越80分	1、2、3、4、5
冲刺90分与考研	1、2、3、4、5、6、7

1. 求下列微分方程的通解：

(1) $xy' - y\ln y = 0$；　　　　　(2) $3x^2 + 5x - 5y' = 0$；

(3) $\sqrt{1-x^2}\,y' = \sqrt{1-y^2}$；　　　(4) $y' - xy' = a(y^2 + y')$；

(5) $\sec^2 x \tan y\, dx + \sec^2 y \tan x\, dy = 0$；　(6) $\dfrac{dy}{dx} = 10^{x+y}$；

(7) $(e^{x+y} - e^x)dx + (e^{x+y} + e^y)dy = 0$；　(8) $\cos x \sin y\, dx + \sin x \cos y\, dy = 0$；

(9) $(y+1)^2 \dfrac{dy}{dx} + x^3 = 0$；　　(10) $y\,dx + (x^2 - 4x)dy = 0$。

解 (1) 原方程可化为 $x\dfrac{dy}{dx} = y\ln y$，显然 $y = 1$ 为原方程的解；

当 $y \neq 1$ 时，原方程变量分离得 $\dfrac{dy}{y\ln y} = \dfrac{dx}{x}$，两边积分得

$$\ln|\ln y| = \ln|x| + \ln C_1\,(C_1 > 0),\text{即}\ln y = \pm C_1 x,$$

从而 $y = e^{Cx}\,(C = \pm C_1 \neq 0)$，故原方程的通解为 $y = e^{Cx}$（C 为任意常数）。

(2) 原方程可化为 $5dy = (3x^2 + 5x)dx$，两边积分得原方程的通解为

$$5y = x^3 + \dfrac{5}{2}x^2 + C \text{ 或 } y = \dfrac{x^3}{5} + \dfrac{x^2}{2} + \dfrac{C}{5}\,(C \text{ 为任意常数}).$$

(3) $y = \pm 1$ 显然为原方程的解；

当 $y \neq \pm 1$ 时，原方程可化为 $\dfrac{dy}{\sqrt{1-y^2}} = \dfrac{dx}{\sqrt{1-x^2}}$，积分得原方程的通解为

$$\arcsin y = \arcsin x + C.$$

(4) 原方程整理得 $(1-x-a)\dfrac{\mathrm{d}y}{\mathrm{d}x} = ay^2$，$y=0$ 显然为原方程的解；

当 $y \neq 0$ 时，原方程变量分离得 $\dfrac{\mathrm{d}y}{y^2} = \dfrac{a\,\mathrm{d}x}{1-x-a}$，积分得原方程的通解为

$$\frac{1}{y} = a\ln|1-x-a| + C.$$

(5) 原方程化为 $\dfrac{\sec^2 y}{\tan y}\mathrm{d}y = -\dfrac{\sec^2 x}{\tan x}\mathrm{d}x$，积分得 $\ln|\tan y| = -\ln|\tan x| + \ln C$，原方程的通解为 $\tan x \tan y = C$.

(6) 原方程变量分离得 $10^{-y}\mathrm{d}y = 10^x \mathrm{d}x$，两边积分得原方程的通解为

$$-\frac{10^{-y}}{\ln 10} = \frac{10^x}{\ln 10} + C.$$

(7) 原方程变量分离得 $\dfrac{\mathrm{e}^y}{\mathrm{e}^y - 1}\mathrm{d}y = -\dfrac{\mathrm{e}^x}{\mathrm{e}^x + 1}\mathrm{d}x$，两边积分得 $\ln|\mathrm{e}^y - 1| = -\ln(\mathrm{e}^x+1) + \ln C_1$，即 $(\mathrm{e}^y - 1)(\mathrm{e}^x + 1) = \pm C_1$，故原方程的通解为 $(\mathrm{e}^y - 1)(\mathrm{e}^x + 1) = C\ (C = \pm C_1)$.

(8) 原方程变量分离得

$$\frac{\cos y}{\sin y}\mathrm{d}y = -\frac{\cos x}{\sin x}\mathrm{d}x.$$

两边积分得 $\ln|\sin y| = -\ln|\sin x| + \ln C$，故原方程的通解为

$$\sin x \sin y = C.$$

(9) 原方程变量分离得 $(y+1)^2 \mathrm{d}y = -x^3 \mathrm{d}x$，两边积分得原方程的通解为

$$\frac{1}{3}(y+1)^3 = -\frac{1}{4}x^4 + C.$$

(10) 原方程变量分离得

$$\frac{\mathrm{d}y}{y} = \frac{\mathrm{d}x}{4x - x^2}, \text{即} \frac{\mathrm{d}y}{y} = \frac{1}{4}\left(\frac{1}{x} - \frac{1}{x-4}\right)\mathrm{d}x,$$

两边积分得 $\ln y^4 = \ln\left|\dfrac{x}{x-4}\right| + \ln C$，故原方程的通解为

$$y^4(x-4) = Cx.$$

2.求下列微分方程满足所给初值条件的特解：

(1) $y' = \mathrm{e}^{2x-y}$，$y\big|_{x=0} = 0$；

(2) $\cos x \sin y\, \mathrm{d}y = \cos y \sin x\, \mathrm{d}x$，$y\big|_{x=0} = \dfrac{\pi}{4}$；

(3) $y' \sin x = y \ln y$，$y\big|_{x=\frac{\pi}{2}} = \mathrm{e}$；

(4) $\cos y\, \mathrm{d}x + (1 + \mathrm{e}^{-x})\sin y\, \mathrm{d}y = 0$，$y\big|_{x=0} = \dfrac{\pi}{4}$；

(5) $x\,\mathrm{d}y + 2y\,\mathrm{d}x = 0$，$y\big|_{x=2} = 1$；

(6) $\dfrac{1}{\rho}\dfrac{\mathrm{d}\rho}{\mathrm{d}\theta} + \dfrac{\rho^2+1}{\rho^2-1}\cot\theta = 0$，$\rho\big|_{\theta=\frac{\pi}{6}} = 3$；

(7) $x^2(1+y'^2) = a^2$，$y\big|_{x=a} = 0$，其中 $a > 0$.

解 (1) 原方程变量分离得

$$\mathrm{e}^y \mathrm{d}y = \mathrm{e}^{2x}\mathrm{d}x,$$

两边积分得 $\mathrm{e}^y = \dfrac{1}{2}\mathrm{e}^{2x} + C$，由 $y\big|_{x=0} = 0$ 得 $C = \dfrac{1}{2}$，故原方程的特解为

$$y = \ln\frac{\mathrm{e}^{2x}+1}{2}.$$

(2) 原方程变量分离得
$$\tan y \mathrm{d}y = \tan x \mathrm{d}x,$$
两边积分得 $-\ln|\cos y| = -\ln|\cos x| - \ln C_1$,即 $\cos y = C\cos x$.

由 $y|_{x=0} = \dfrac{\pi}{4}$ 得 $C = \dfrac{\sqrt{2}}{2}$,故原方程的特解为
$$\cos y = \frac{\sqrt{2}}{2}\cos x.$$

(3) 原方程变量分离得
$$\frac{\mathrm{d}y}{y\ln y} = \frac{\mathrm{d}x}{\sin x},$$
两边积分得 $\ln|\ln y| = \ln\left|\tan\dfrac{x}{2}\right| + \ln C$,即 $\ln y = C\tan\dfrac{x}{2}$.

由 $y|_{x=\frac{\pi}{2}} = \mathrm{e}$ 得 $C = 1$,故原方程的特解为 $y = \mathrm{e}^{\tan\frac{x}{2}}$.

(4) 原方程变量分离得
$$\tan y \mathrm{d}y = -\frac{\mathrm{e}^x}{\mathrm{e}^x + 1}\mathrm{d}x,$$
两边积分得 $-\ln|\cos y| = -\ln(\mathrm{e}^x+1) - \ln C$,即 $\cos y = C(\mathrm{e}^x+1)$.

由 $y|_{x=0} = \dfrac{\pi}{4}$ 得 $C = \dfrac{\sqrt{2}}{4}$,故原方程的特解为
$$\cos y = \frac{\sqrt{2}}{4}(\mathrm{e}^x + 1).$$

(5) 原方程变量分离得 $\dfrac{\mathrm{d}y}{y} = -\dfrac{2}{x}\mathrm{d}x$,两边积分得 $\ln|y| = -\ln x^2 + \ln C$,即 $y = \dfrac{C}{x^2}$.

由 $y|_{x=2} = 1$ 得 $C = 4$,故原方程的特解为 $y = \dfrac{4}{x^2}$.

(6) $\dfrac{1}{\rho}\dfrac{\mathrm{d}\rho}{\mathrm{d}\theta} + \dfrac{\rho^2+1}{\rho^2-1}\cot\theta = 0$ 变量分离得 $\dfrac{\rho^2-1}{\rho(\rho^2+1)}\mathrm{d}\rho = -\cot\theta\mathrm{d}\theta$,两边积分得
$$\ln\frac{\rho^2+1}{\rho} = -\ln\sin\theta + C,$$
将 $\rho|_{\theta=\frac{\pi}{6}} = 3$ 代入得 $C = \ln\dfrac{5}{3}$,故微分方程的特解为
$$\rho + \frac{1}{\rho} = \frac{5}{3\sin\theta}.$$

● **期末小锦囊** 读者不要被极坐标符号"ρ,θ"吓到,对本题而言,可把它们当作"y,x"看待,同样进行变量分离.

(7) 方程 $x^2(1+y'^2) = a^2$ 化为 $y'^2 = \dfrac{a^2}{x^2} - 1$,即 $y' = \pm\dfrac{\sqrt{a^2-x^2}}{x}$,$y = \pm\int\dfrac{\sqrt{a^2-x^2}}{x}\mathrm{d}x + C$,而

$$\int\frac{\sqrt{a^2-x^2}}{x}\mathrm{d}x \xrightarrow{x=a\sin t} \int\frac{a\cos t}{a\sin t}\cdot a\cos t \mathrm{d}t = a\int(\csc t - \sin t)\mathrm{d}t$$
$$= a(\ln|\csc t - \cot t| + \cos t)$$
$$= a\left(\ln\left|\frac{a-\sqrt{a^2-x^2}}{x}\right| + \frac{\sqrt{a^2-x^2}}{a}\right)$$
$$= a\left(\ln\left|\frac{x}{a+\sqrt{a^2-x^2}}\right| + \frac{\sqrt{a^2-x^2}}{a}\right),$$

即原方程通解为

$$y = \pm a\left(\ln\left|\frac{x}{a+\sqrt{a^2-x^2}}\right| + \frac{\sqrt{a^2-x^2}}{a}\right) + C.$$

由 $y(a) = 0$ 得 $C = 0$,故特解为 $y = \pm a\left(\ln\left|\frac{x}{a+\sqrt{a^2-x^2}}\right| + \frac{\sqrt{a^2-x^2}}{a}\right).$

3. 有一盛满了水的圆锥形漏斗,高为 10 cm,顶角为 60°,漏斗下面有面积为 0.5 cm² 的孔,求水面高度变化的规律及水流完所需的时间.

解 从孔口流出的水量 $Q = \frac{dV}{dt}$,又由力学知识得 $Q = 0.62S\sqrt{2gh}$,其中 S 为孔口面积,h 为从孔口到水面的高度,则

$$\frac{dV}{dt} = 0.62S\sqrt{2gh}.$$

设 t 时刻水面高度为 $h(t)$,此时水面圆的半径为 $r = \frac{\sqrt{3}}{3}h$,$[t, t+dt]$ 内水的体积的改变量为

$$dV = -\pi r^2 dh = -\frac{\pi}{3}h^2 dh,$$

从而 $\frac{dV}{dt} = -\frac{\pi}{3}h^2 \frac{dh}{dt}$,故

$$-\frac{\pi}{3}h^2 \frac{dh}{dt} = 0.62S\sqrt{2gh}.$$

变量分离得 $\frac{\pi h^{\frac{3}{2}}}{3 \times 0.62S\sqrt{2g}}dh = -dt$,两边积分得 $\frac{2\pi h^{\frac{5}{2}}}{15 \times 0.62S\sqrt{2g}} = -t + C.$

由 $t = 0, h = 10$ 得 $C = \frac{2\pi 10^{\frac{5}{2}}}{15 \times 0.62S\sqrt{2g}}$,于是 $t = \frac{2\pi(10^{\frac{5}{2}} - h^{\frac{5}{2}})}{15 \times 0.62S\sqrt{2g}} = 9.64 - 0.030\,5 h^{\frac{5}{2}}$,令 $h = 0$ 得 $t \approx 10(s)$,即水全部流完大约需要 10 s.

期末小锦囊 本题通过微元分析法将体积元素 dV 同时满足的两个关系式联立后得到微分方程,微元分析法是建立微分方程的一种常用方法.

4. 质量为 1 g 的质点受外力作用做直线运动,这外力和时间成正比,和质点运动的速度成反比.在 $t = 10$ s 时,速度等于 50 cm/s,外力为 4 g·cm/s²,问从运动开始经过了 1 min 后的速度是多少?

解 设 t 时刻质点运动的速度为 $v = v(t)$,由牛顿第二定律得 $F = ma = m\frac{dv}{dt} = k\frac{t}{v}$.

将 $m = 1, t = 10, v = 50, F = 4$ 代入得 $k = 20$,则所满足的微分方程为 $\frac{dv}{dt} = 20\frac{t}{v}$,分离变量得 $v dv = 20t dt$,两边积分得 $\frac{1}{2}v^2 = 10t^2 + C.$

将 $t = 10, v = 50$ 代入得 $C = 250$,于是 $v = \sqrt{20t^2 + 500}$,当 $t = 60$ 时,$v = \sqrt{20 \times 60^2 + 500} \approx 269.3(\text{cm/s}).$

5. 镭的衰变有如下的规律:镭的衰变速度与它的现存量 R 成正比.由经验材料得知,镭经过 1 600 年后,只余原始量 R_0 的一半.试求镭的现存量 R 与时间 t 之间的函数关系.

解 设时刻 t 镭的存量为 $R(t)$,由题意得 $\frac{dR}{dt} = -kR$,变量分离得 $\frac{dR}{R} = -k dt$,两边积分得 $\ln R = -kt + \ln C$,即 $R = Ce^{-kt}.$

当 $t = 0$ 时,$R = R_0$,代入得 $C = R_0$,即 $R = R_0 e^{-kt}.$

将 $t = 1\,600, R = \dfrac{R_0}{2}$ 代入得 $k = \dfrac{\ln 2}{1\,600}$,故 $R = R_0 \mathrm{e}^{-\frac{\ln 2}{1\,600}t}$.

6. 一曲线通过点 $(2,3)$,它在两坐标轴间的任一切线线段均被切点所平分,求这曲线方程.

▶**解** 设曲线为 $y = y(x)$,点 $P(x,y)$ 为曲线上任一点,由题意得过该点的切线在 x 轴,y 轴上的截距分别为 $2x$, $2y$,则 $\dfrac{\mathrm{d}y}{\mathrm{d}x} = \dfrac{2y - 0}{0 - 2x}$.

变量分离得 $\dfrac{\mathrm{d}y}{y} = -\dfrac{\mathrm{d}x}{x}$,两边积分得 $\ln|y| = -\ln|x| + \ln C$,即 $y = \dfrac{C}{x}$.

因为曲线过点 $(2,3)$,所以 $C = 6$,故所求的曲线为 $xy = 6$.

7. 小船从河边点 O 处出发驶向对岸(两岸为平行直线).设船速为 a,小船航行的方向始终与河岸垂直,又设河宽为 h,河中任一点处的水流速度与该点到两岸距离的乘积成正比(比例系数为 k).求小船的航行路线.

▶**解** 设小船航行路线为 $L: \begin{cases} x = \varphi(t) \\ y = \psi(t) \end{cases}$,则 t 时刻小船航行速度为 $v(t) = (\varphi'(t), \psi'(t))$,其中 $\varphi'(t) = \dfrac{\mathrm{d}x}{\mathrm{d}t} = ky(h - y), \psi'(t) = \dfrac{\mathrm{d}y}{\mathrm{d}t} = a$,由题意得 $\dfrac{\mathrm{d}y}{\mathrm{d}x} = \dfrac{\frac{\mathrm{d}y}{\mathrm{d}t}}{\frac{\mathrm{d}x}{\mathrm{d}t}} = \dfrac{a}{ky(h - y)}$.

变量分离得 $\mathrm{d}x = \dfrac{k}{a}(hy - y^2)\mathrm{d}y$,两边积分得 $x = \dfrac{k}{a}\left(\dfrac{h}{2}y^2 - \dfrac{1}{3}y^3\right) + C$,再由 $x = 0, y = 0$ 得 $C = 0$,故小船航行路线为 $x = \dfrac{k}{a}\left(\dfrac{h}{2}y^2 - \dfrac{1}{3}y^3\right)$.

第三节　齐次方程

▶ **期末高分必备知识**

一、齐次微分方程

(一)齐次微分方程的概念

设一阶微分方程

$$\dfrac{\mathrm{d}y}{\mathrm{d}x} = f(x, y),$$

若 $f(x, y) = \varphi\left(\dfrac{y}{x}\right)$,称此方程为齐次微分方程.

(二)齐次微分方程的解法

将 $\dfrac{\mathrm{d}y}{\mathrm{d}x} = f(x, y)$ 化为 $f(x, y) = \varphi\left(\dfrac{y}{x}\right)$,令 $\dfrac{y}{x} = u$,即 $y = xu$,$\dfrac{\mathrm{d}y}{\mathrm{d}x} = u + x\dfrac{\mathrm{d}u}{\mathrm{d}x}$,代入得 $u + x\dfrac{\mathrm{d}u}{\mathrm{d}x} = \varphi(u)$,整理并变量分离得 $\dfrac{\mathrm{d}u}{\varphi(u) - u} = \dfrac{\mathrm{d}x}{x}$,两边积分得 $\displaystyle\int \dfrac{\mathrm{d}u}{\varphi(u) - u} = \int \dfrac{\mathrm{d}x}{x} + C$,解得 $u = g(x) + C$,则 $y = xg(x) + Cx$.

二、可化为齐次微分方程的方程及解题思路

形如 $\dfrac{\mathrm{d}y}{\mathrm{d}x} = f\left(\dfrac{a_1 x + b_1 y + c_1}{a_2 x + b_2 y + c_2}\right)$,可以通过变换化为齐次微分方程,从而解出此方程.

情形一:当 $c_1 = c_2 = 0$ 时,

$$\dfrac{\mathrm{d}y}{\mathrm{d}x} = f\left(\dfrac{a_1 x + b_1 y}{a_2 x + b_2 y}\right) = f\left(\dfrac{a_1 + b_1 \frac{y}{x}}{a_2 + b_2 \frac{y}{x}}\right),\text{令}\dfrac{y}{x} = u,\text{可化为齐次微分方程}.$$

第七章 微分方程

情形二：当 $\begin{vmatrix} a_1 & b_1 \\ a_2 & b_2 \end{vmatrix} = 0$ 时，

由 $\begin{vmatrix} a_1 & b_1 \\ a_2 & b_2 \end{vmatrix} = 0$ 得 $\dfrac{a_1}{a_2} = \dfrac{b_1}{b_2} = k$，则 $\dfrac{\mathrm{d}y}{\mathrm{d}x} = f\left(\dfrac{a_1 x + b_1 y + c_1}{a_2 x + b_2 y + c_2}\right)$ 化为

$$\dfrac{\mathrm{d}y}{\mathrm{d}x} = f\left[\dfrac{k(a_2 x + b_2 y) + c_1}{a_2 x + b_2 y + c_2}\right],$$

令 $a_2 x + b_2 y = u$，则 $\dfrac{\mathrm{d}u}{\mathrm{d}x} = a_2 + b_2 \dfrac{\mathrm{d}y}{\mathrm{d}x}$，代入得

$$\dfrac{\mathrm{d}u}{\mathrm{d}x} = a_2 + b_2 f\left(\dfrac{ku + c_1}{u + c_2}\right).$$

情形三：当 $\begin{vmatrix} a_1 & b_1 \\ a_2 & b_2 \end{vmatrix} \neq 0$ 时，

令 $\begin{cases} a_1 x + b_1 y + c_1 = 0, \\ a_2 x + b_2 y + c_2 = 0, \end{cases}$ 解得 $\begin{cases} x = a, \\ y = b. \end{cases}$

再令 $\begin{cases} X = x - a, \\ Y = y - b, \end{cases}$ 则 $\dfrac{\mathrm{d}y}{\mathrm{d}x} = f\left(\dfrac{a_1 x + b_1 y + c_1}{a_2 x + b_2 y + c_2}\right)$ 化为 $\dfrac{\mathrm{d}Y}{\mathrm{d}X} = f\left(\dfrac{a_1 X + b_1 Y}{a_2 X + b_2 Y}\right)$，即

$$\dfrac{\mathrm{d}Y}{\mathrm{d}X} = f\left(\dfrac{a_1 + b_1 \dfrac{Y}{X}}{a_2 + b_2 \dfrac{Y}{X}}\right).$$

▶ 60分必会题型

题型一：求解齐次微分方程

例1 求微分方程 $(2y - x)\mathrm{d}x - x\mathrm{d}y = 0$ 的通解.

解 由 $(2y - x)\mathrm{d}x - x\mathrm{d}y = 0$ 得 $\dfrac{\mathrm{d}y}{\mathrm{d}x} = \dfrac{2y}{x} - 1$.

令 $u = \dfrac{y}{x}$，代入原方程得 $u + x\dfrac{\mathrm{d}u}{\mathrm{d}x} = 2u - 1$，整理及变量分离得 $\dfrac{\mathrm{d}u}{u - 1} = \dfrac{1}{x}\mathrm{d}x$，

两边积分得 $\ln|u - 1| = \ln|x| + C_1$，即 $u - 1 = Cx$，故原方程的通解为 $y = x(Cx + 1)$.

例2 求微分方程 $x\mathrm{d}y = (y + \sqrt{x^2 + y^2})\mathrm{d}x\ (x > 0)$ 的通解.

解 方程 $x\mathrm{d}y = (y + \sqrt{x^2 + y^2})\mathrm{d}x$ 化为

$$\dfrac{\mathrm{d}y}{\mathrm{d}x} = \dfrac{y}{x} + \sqrt{1 + \left(\dfrac{y}{x}\right)^2}.$$

令 $u = \dfrac{y}{x}$，代入原方程得 $u + x\dfrac{\mathrm{d}u}{\mathrm{d}x} = u + \sqrt{1 + u^2}$，整理及分离变量得 $\dfrac{\mathrm{d}u}{\sqrt{1 + u^2}} = \dfrac{\mathrm{d}x}{x}$，

两边积分得 $\ln(u + \sqrt{1 + u^2}) = \ln x + \ln C$，即 $u + \sqrt{1 + u^2} = Cx$.

因为 $-u + \sqrt{1 + u^2} = \dfrac{1}{Cx}$，所以两式相减得 $u = \dfrac{1}{2}\left(Cx - \dfrac{1}{Cx}\right)$，故原方程的通解为

$y = \dfrac{1}{2}\left(Cx^2 - \dfrac{1}{C}\right)$.

例3 求微分方程 $\left(x - y\cos\dfrac{y}{x}\right)\mathrm{d}x + x\cos\dfrac{y}{x}\mathrm{d}y = 0$.

解 原方程化为 $\dfrac{\mathrm{d}y}{\mathrm{d}x} = \dfrac{y}{x} - \dfrac{1}{\cos\dfrac{y}{x}}$.

令 $u = \dfrac{y}{x}$,代入原方程得 $u + x\dfrac{du}{dx} = u - \dfrac{1}{\cos u}$,整理及变量分离得 $\cos u\, du = -\dfrac{dx}{x}$,

两边积分得 $\sin u = -\ln|x| + C$,故原方程的通解为 $\sin\dfrac{y}{x} = -\ln|x| + C$.

题型二：求解可化为齐次线性微分方程的方程

例 求微分方程 $\dfrac{dy}{dx} = \dfrac{y - x - 2}{y + x}$ 的通解.

解 由 $\begin{cases} y - x - 2 = 0, \\ y + x = 0 \end{cases}$ 得 $\begin{cases} x = -1, \\ y = 1. \end{cases}$

再令 $\begin{cases} X = x + 1, \\ Y = y - 1, \end{cases}$ 代入原方程得 $\dfrac{dY}{dX} = \dfrac{Y - X}{Y + X}$,即 $\dfrac{dY}{dX} = \dfrac{\dfrac{Y}{X} - 1}{\dfrac{Y}{X} + 1}$,

令 $u = \dfrac{Y}{X}$,代入得 $u + X\dfrac{du}{dX} = \dfrac{u - 1}{u + 1}$,分离变量得 $\dfrac{u + 1}{u^2 + 1}du = -\dfrac{dX}{X}$,

积分得 $\dfrac{1}{2}\ln(1 + u^2) + \arctan u = -\ln|X| + C$,故原方程的通解为

$$\dfrac{1}{2}\ln\left[1 + \left(\dfrac{y - 1}{x + 1}\right)^2\right] + \arctan\dfrac{y - 1}{x + 1} = -\ln|x + 1| + C.$$

同济八版教材 习题解答

习题 7-3 齐次方程

勇夺60分	1、2
超越80分	1、2、3
冲刺90分与考研	1、2、3、4

1. 求下列齐次方程的通解：

(1) $xy' - y - \sqrt{y^2 - x^2} = 0$;

(2) $x\dfrac{dy}{dx} = y\ln\dfrac{y}{x}$;

(3) $(x^2 + y^2)dx - xy\,dy = 0$;

(4) $(x^3 + y^3)dx - 3xy^2\,dy = 0$;

(5) $\left(2x\sin\dfrac{y}{x} + 3y\cos\dfrac{y}{x}\right)dx - 3x\cos\dfrac{y}{x}\,dy = 0$;

(6) $(1 + 2e^{\frac{x}{y}})dx + 2e^{\frac{x}{y}}\left(1 - \dfrac{x}{y}\right)dy = 0$.

解 (1) 当 $x > 0$ 时,原方程化为 $\dfrac{dy}{dx} = \dfrac{y}{x} + \sqrt{\left(\dfrac{y}{x}\right)^2 - 1}$,令 $\dfrac{y}{x} = u$,原方程化为 $u + x\dfrac{du}{dx} = u + \sqrt{u^2 - 1}$,分离变量得 $\dfrac{du}{\sqrt{u^2 - 1}} = \dfrac{dx}{x}$,两边积分得 $\ln|u + \sqrt{u^2 - 1}| = \ln|x| + \ln C_1$,即 $u + \sqrt{u^2 - 1} = Cx$,将 $u = \dfrac{y}{x}$ 代入得原方程通解为 $y + \sqrt{y^2 - x^2} = Cx^2$;

当 $x<0$ 时,原方程化为 $\dfrac{dy}{dx}=\dfrac{y}{x}-\sqrt{\left(\dfrac{y}{x}\right)^2-1}$,令 $\dfrac{y}{x}=u$,原方程化为 $u+x\dfrac{du}{dx}=u-\sqrt{u^2-1}$,

变量分离得 $\dfrac{du}{\sqrt{u^2-1}}=-\dfrac{dx}{x}$,两边积分得 $\ln|u+\sqrt{u^2-1}|=-\ln|x|+\ln C_1$,即 $x(u+\sqrt{u^2-1})=C$.

将 $\dfrac{y}{x}=u$ 代入得原方程的通解为 $y-\sqrt{y^2-x^2}=C$.

(2) 原方程化为 $\dfrac{dy}{dx}=\dfrac{y}{x}\ln\dfrac{y}{x}$,令 $u=\dfrac{y}{x}$,原方程化为 $u+x\dfrac{du}{dx}=u\ln u$,

变量分离得 $\dfrac{du}{u(\ln u-1)}=\dfrac{dx}{x}$,

两边积分得 $\ln|\ln u-1|=\ln|x|+\ln C_1$,即 $\ln u-1=Cx$,

故原方程的通解为 $y=xe^{Cx+1}$.

(3) 原方程化为 $\dfrac{dy}{dx}=\dfrac{x^2+y^2}{xy}$,即 $\dfrac{dy}{dx}=\dfrac{x}{y}+\dfrac{y}{x}$.

令 $u=\dfrac{y}{x}$,原方程化为 $u+x\dfrac{du}{dx}=\dfrac{1}{u}+u$,

变量分离得 $udu=\dfrac{dx}{x}$ 即 $2udu=\dfrac{2dx}{x}$,两边积分得 $u^2=\ln x^2+C$,

故原方程的通解为 $y^2=x^2(\ln x^2+C)$.

(4) 原方程化为 $\dfrac{dy}{dx}=\dfrac{1}{3}\left(\dfrac{x^2}{y^2}+\dfrac{y}{x}\right)$.

令 $u=\dfrac{y}{x}$,原方程化为 $u+x\dfrac{du}{dx}=\dfrac{1}{3}\left(u+\dfrac{1}{u^2}\right)$,整理得

$$\dfrac{3u^2}{2u^3-1}du=-\dfrac{dx}{x} \text{ 即 } \dfrac{6u^2}{2u^3-1}du=-2\dfrac{dx}{x},$$

两边积分得 $\ln|2u^3-1|=-\ln x^2+\ln C_1$,即 $2u^3-1=\dfrac{C}{x^2}$,

故原方程的通解为 $2y^3-x^3=Cx$.

(5) 原方程化为 $\dfrac{dy}{dx}=\dfrac{2}{3}\tan\dfrac{y}{x}+\dfrac{y}{x}$,

令 $u=\dfrac{y}{x}$,原方程化为 $x\dfrac{du}{dx}=\dfrac{2}{3}\tan u$,

变量分离得 $3\cot u\,du=\dfrac{2dx}{x}$,两边积分得

$$3\ln|\sin u|=2\ln|x|+\ln C_1,\text{即}\sin^3 u=Cx^2,$$

故原方程的通解为 $\sin^3\dfrac{y}{x}=Cx^2$.

(6) 原方程化为 $(1+2e^{\frac{x}{y}})\dfrac{dx}{dy}=2\left(\dfrac{x}{y}-1\right)e^{\frac{x}{y}}$.

令 $u=\dfrac{x}{y}$,原方程化为 $(1+2e^u)\left(u+y\dfrac{du}{dy}\right)=2(u-1)e^u$,整理得 $\dfrac{1+2e^u}{u+2e^u}du=-\dfrac{dy}{y}$,

两边积分得 $\ln|u+2e^u|=-\ln|y|+\ln C_1$,即 $u+2e^u=\dfrac{C}{y}$,

原方程的通解为 $x+2ye^{\frac{x}{y}}=C$.

2. 求下列齐次方程满足所给初值条件的特解:

(1) $(y^2-3x^2)dy+2xydx=0,y|_{x=0}=1$;

(2) $y' = \dfrac{x}{y} + \dfrac{y}{x}, y\big|_{x=1} = 2$；

(3) $(x^2 + 2xy - y^2)\,dx + (y^2 + 2xy - x^2)\,dy = 0, y\big|_{x=1} = 1$；

(4) $x\dfrac{dy}{dx} = y + x\sec\dfrac{y}{x}, y\big|_{x=1} = \dfrac{\pi}{4}$.

解 (1) 原方程化为 $\dfrac{dx}{dy} = \dfrac{3x^2 - y^2}{2xy}$ 或 $\dfrac{dx}{dy} = \dfrac{3}{2}\cdot\dfrac{x}{y} - \dfrac{y}{2x}$.

令 $u = \dfrac{x}{y}$, 原方程化为 $u + y\dfrac{du}{dy} = \dfrac{3u}{2} - \dfrac{1}{2u}$, 整理得 $\dfrac{2u}{u^2 - 1}du = \dfrac{dy}{y}$, 两边积分得

$$\ln|u^2 - 1| = \ln|y| + \ln C_1, \text{ 即 } u^2 - 1 = Cy,$$

原方程的通解为 $x^2 - y^2 = Cy^3$.

由 $x = 0, y = 1$ 得 $C = -1$, 故所求特解为 $x^2 - y^2 = -y^3$.

(2) 令 $u = \dfrac{y}{x}$, 原方程化为 $u + x\dfrac{du}{dx} = u + \dfrac{1}{u}$,

变量分离得 $2u\,du = \dfrac{2dx}{x}$, 两边积分得 $u^2 = \ln x^2 + C$,

故原方程的通解为 $y^2 = x^2(\ln x^2 + C)$.

由 $x = 1, y = 2$ 得 $C = 4$, 所求的特解为 $y^2 = x^2(\ln x^2 + 4) = 2x^2(\ln|x| + 2)$.

(3) 原方程化为 $\dfrac{dy}{dx} = \dfrac{y^2 - 2xy - x^2}{y^2 + 2xy - x^2}$, 即 $\dfrac{dy}{dx} = \dfrac{\left(\dfrac{y}{x}\right)^2 - 2\dfrac{y}{x} - 1}{\left(\dfrac{y}{x}\right)^2 + 2\dfrac{y}{x} - 1}$.

令 $u = \dfrac{y}{x}$, 原方程化为 $u + x\dfrac{du}{dx} = \dfrac{u^2 - 2u - 1}{u^2 + 2u - 1}$, 整理得

$$\dfrac{u^2 + 2u - 1}{u^3 + u^2 + u + 1}du = -\dfrac{dx}{x}, \text{ 即 } \left(\dfrac{2u}{u^2 + 1} - \dfrac{1}{u + 1}\right)du = -\dfrac{dx}{x},$$

两边积分得 $\ln(u^2 + 1) - \ln|u + 1| = -\ln|x| + \ln C_1$,

即 $\left|\dfrac{u^2 + 1}{u + 1}\right| = \left|\dfrac{C}{x}\right|$, 故原方程的通解为 $\dfrac{x^2 + y^2}{x + y} = C$.

将 $x = 1, y = 1$ 代入得 $C = 1$, 即 $\dfrac{x^2 + y^2}{x + y} = 1$, 又因为当 $x = 0, y = 0$ 时原方程也成立, 故所求特解可表示为 $x^2 + y^2 = x + y$.

(4) 将 $x\dfrac{dy}{dx} = y + x\sec\dfrac{y}{x}$ 化为 $\dfrac{dy}{dx} = \dfrac{y}{x} + \sec\dfrac{y}{x}$,

令 $\dfrac{y}{x} = u$, 则 $\dfrac{dy}{dx} = u + x\dfrac{du}{dx}$, 代入得 $x\dfrac{du}{dx} = \sec u$, 变量分离得 $\cos u\,du = \dfrac{dx}{x}$,

积分得 $\sin u = \ln x + C$,

将 $y\big|_{x=1} = \dfrac{\pi}{4}$, 即 $u\big|_{x=1} = \dfrac{\pi}{4}$ 代入得 $C = \dfrac{\sqrt{2}}{2}$, 即 $\sin u = \ln x + \dfrac{\sqrt{2}}{2}$, 故原方程满足初始条件的特解为 $\sin\dfrac{y}{x} = \ln x + \dfrac{\sqrt{2}}{2}$.

3. 设有连接点 $O(0,0)$ 和 $A(1,1)$ 的一段向上凸的曲线弧 $\overset{\frown}{OA}$, 对于 $\overset{\frown}{OA}$ 上任一点 $P(x,y)$, 曲线弧 $\overset{\frown}{OP}$ 与直线段 $\overline{OP}$ 所围图形的面积为 x^2, 求曲线弧 $\overset{\frown}{OA}$ 的方程.

解 设曲线为 $y = y(x)$, 由题意得 $\displaystyle\int_0^x y(x)\,dx - \dfrac{1}{2}xy = x^2$,

两边求导得 $y - \dfrac{1}{2}y - \dfrac{1}{2}xy' = 2x$, 整理得 $y' - \dfrac{1}{x}y = -4$,

令 $u = \dfrac{y}{x}$,则 $\dfrac{dy}{dx} = u + x\dfrac{du}{dx}$,微分方程化为 $\dfrac{du}{dx} = -\dfrac{4}{x}$,

积分得 $u = -4\ln x + C$,又 $u = \dfrac{y}{x}$,故

解得 $y = x(-4\ln x + C)$.

因为曲线经过点 $A(1,1)$,所以 $C = 1$,故所求的曲线为 $y = x(1 - 4\ln x)$.

*4. 化下列方程为齐次方程,并求出通解:

(1) $(2x - 5y + 3)dx - (2x + 4y - 6)dy = 0$;

(2) $(x - y - 1)dx + (4y + x - 1)dy = 0$;

(3) $(3y - 7x + 7)dx + (7y - 3x + 3)dy = 0$;

(4) $(x + y)dx + (3x + 3y - 4)dy = 0$.

解 (1) 由 $\begin{cases} 2x - 5y + 3 = 0, \\ 2x + 4y - 6 = 0 \end{cases}$ 得 $\begin{cases} x = 1, \\ y = 1, \end{cases}$

令 $\begin{cases} X = x - 1, \\ Y = y - 1, \end{cases}$ 原方程化为 $(2X - 5Y)dX - (2X + 4Y)dY = 0$,整理得

$$\dfrac{dY}{dX} = \dfrac{2X - 5Y}{2X + 4Y},\text{即}\ \dfrac{dY}{dX} = \dfrac{2 - 5\dfrac{Y}{X}}{2 + 4\dfrac{Y}{X}}.$$

令 $u = \dfrac{Y}{X}$,方程化为 $u + X\dfrac{du}{dX} = \dfrac{2 - 5u}{2 + 4u}$,整理及变量分离得

$\dfrac{4u + 2}{4u^2 + 7u - 2}du = -\dfrac{dX}{X}$,即 $\left[\dfrac{2}{3(u+2)} + \dfrac{4}{3(4u-1)}\right]du = -\dfrac{dX}{X}$,两边积分得

$$2\ln|u+2| + \ln|4u-1| = -\ln|X^3| + \ln C_1,$$

从而 $(u+2)^2(4u-1) = \dfrac{C}{X^3}$,于是 $(2X + Y)^2(4Y - X) = C$,故原方程的通解为

$$(2x + y - 3)^2(4y - x - 3) = C.$$

(2) 由 $\begin{cases} x - y - 1 = 0, \\ 4y + x - 1 = 0 \end{cases}$ 得 $\begin{cases} x = 1, \\ y = 0. \end{cases}$

令 $\begin{cases} X = x - 1, \\ Y = y, \end{cases}$ 原方程化为 $\dfrac{dY}{dX} = \dfrac{\dfrac{Y}{X} - 1}{4\dfrac{Y}{X} + 1}$.

令 $u = \dfrac{Y}{X}$,方程化为 $u + X\dfrac{du}{dX} = \dfrac{u - 1}{4u + 1}$,整理得 $\dfrac{4u + 1}{4u^2 + 1}du + \dfrac{dX}{X} = 0$,两边积分得

$$\dfrac{1}{2}\ln(4u^2 + 1) + \dfrac{1}{2}\arctan(2u) + \ln|X| = C_1,$$

即 $\ln[X^2(4u^2 + 1)] + \arctan(2u) = C(C = 2C_1)$,从而 $\ln(X^2 + 4Y^2) + \arctan\left(2\dfrac{Y}{X}\right) = C$.

故原方程的通解为 $\ln[(x-1)^2 + 4y^2] + \arctan\dfrac{2y}{x-1} = C$.

(3) 令 $\begin{cases} 3y - 7x + 7 = 0, \\ 7y - 3x + 3 = 0 \end{cases}$ 得 $\begin{cases} x = 1, \\ y = 0, \end{cases}$

令 $\begin{cases} X = x - 1, \\ Y = y, \end{cases}$ 原方程化为 $\dfrac{dY}{dX} = \dfrac{7X - 3Y}{7Y - 3X}$,即 $\dfrac{dY}{dX} = \dfrac{7 - 3\dfrac{Y}{X}}{7\dfrac{Y}{X} - 3}$,

令 $u = \dfrac{Y}{X}$,方程化为 $u + X\dfrac{\mathrm{d}u}{\mathrm{d}X} = \dfrac{7-3u}{7u-3}$,整理及变量分离得

$$\dfrac{7u-3}{u^2-1}\mathrm{d}u = -7\dfrac{\mathrm{d}X}{X}, 即 \left(\dfrac{2}{u-1} + \dfrac{5}{u+1}\right)\mathrm{d}u = -7\dfrac{\mathrm{d}X}{X}, 两边积分得$$

$$\ln|u-1|^2 + \ln|u+1|^5 = -\ln|X|^7 + \ln C_1,$$

从而 $X^7(u-1)^2(u+1)^5 = C(C = \mathrm{e}^{C_1})$,故原方程的通解为 $(y-x+1)^2(x+y-1)^5 = C$.

(4) 原方程写成 $\dfrac{\mathrm{d}y}{\mathrm{d}x} = \dfrac{x+y}{4-3(x+y)}$.

令 $u = x+y$,原方程化为 $\dfrac{\mathrm{d}u}{\mathrm{d}x} - 1 = \dfrac{u}{4-3u}$,整理得 $\dfrac{3u-4}{u-2}\mathrm{d}u = 2\mathrm{d}x$,两边积分得

$$3u + \ln(u-2)^2 = 2x + C,$$

故原方程的通解为 $x + 3y + \ln(x+y-2)^2 = C$.

第四节　一阶线性微分方程

▶ **期末高分必备知识**

一、一阶齐次线性微分方程

(一) 一阶齐次线性微分方程的概念

形如 $\dfrac{\mathrm{d}y}{\mathrm{d}x} + P(x)y = 0$ 的微分方程,称为一阶齐次线性微分方程.

(二) 一阶齐次线性微分方程的通解公式

微分方程 $\dfrac{\mathrm{d}y}{\mathrm{d}x} + P(x)y = 0$ 的通解公式为

$$y = C\mathrm{e}^{-\int P(x)\mathrm{d}x}.$$

二、一阶非齐次线性微分方程

(一) 一阶非齐次线性微分方程的概念

形如 $\dfrac{\mathrm{d}y}{\mathrm{d}x} + P(x)y = Q(x)(Q(x) \not\equiv 0)$ 的微分方程,称为一阶非齐次线性微分方程.

(二) 一阶非齐次线性微分方程的通解公式

微分方程 $\dfrac{\mathrm{d}y}{\mathrm{d}x} + P(x)y = Q(x)(Q(x) \not\equiv 0)$ 的通解公式为

$$y = \left[\int Q(x)\mathrm{e}^{\int P(x)\mathrm{d}x}\mathrm{d}x + C\right]\mathrm{e}^{-\int P(x)\mathrm{d}x}.$$

三、伯努利方程

(一) 伯努利方程的概念

形如 $\dfrac{\mathrm{d}y}{\mathrm{d}x} + P(x)y = Q(x)y^n$(其中 $n \neq 0, 1$)的微分方程,称为伯努利方程.

(二) 伯努利方程的解法

令 $y^{1-n} = u$,则原方程化为

$$\dfrac{\mathrm{d}u}{\mathrm{d}x} + (1-n)P(x)u = (1-n)Q(x),$$

求解该一阶非齐次线性微分方程,即可对原方程求解.

第七章 微分方程

> **60分必会题型**

题型一：求解一阶齐次线性微分方程

例1 求下列微分方程的通解：

(1) $\dfrac{dy}{dx} = 3x^2 y$；　　　　(2) $y\dfrac{dy}{dx} - 2xy^2 = 0$.

解 (1) 原方程化为 $\dfrac{dy}{dx} - 3x^2 y = 0$，故原方程的通解为 $y = Ce^{-\int -3x^2 dx} = Ce^{x^3}$.

(2) 原方程化为 $2y\dfrac{dy}{dx} - 4xy^2 = 0$，即 $\dfrac{d(y^2)}{dx} - 4xy^2 = 0$，

令 $u = y^2$，则原方程化为 $\dfrac{du}{dx} - 4xu = 0$，

解得 $u = Ce^{-\int -4x dx} = Ce^{2x^2}$，

故原方程的通解为 $y^2 = Ce^{2x^2}$.

例2 设 $y = y(x)$ 满足 $\Delta y = \dfrac{y\Delta x}{1+x^2} + o(\Delta x)$，且 $y(0) = 3$，求函数 $y = y(x)$.

解 因为 $\Delta y = \dfrac{y\Delta x}{1+x^2} + o(\Delta x)$，即 $y = y(x)$ 可微，

所以 $y = y(x)$ 可导，且 $\dfrac{dy}{dx} = \dfrac{y}{1+x^2}$ 或 $\dfrac{dy}{dx} - \dfrac{1}{1+x^2}y = 0$.

通解为 $y = Ce^{-\int -\frac{1}{1+x^2}dx} = Ce^{\arctan x}$.

因为 $y(0) = 3$，所以 $C = 3$. 故满足初始条件的特解为 $y = 3e^{\arctan x}$.

题型二：求解一阶非齐次线性微分方程

例1 求解下列微分方程：

(1) $(y - x^3)dx - 2xdy = 0$；
(2) $(1-x)y' + y = x, y(0) = 2$；
(3) $(x+1)y' - ny = (x+1)^{n+1}e^x \sin x$.

解 (1) 原方程化为 $\dfrac{dy}{dx} - \dfrac{1}{2x}y = -\dfrac{1}{2}x^2$，原方程的通解为

$$y = \left[\int \left(-\dfrac{1}{2}x^2\right)e^{\int -\frac{1}{2x}dx}dx + C\right]e^{-\int -\frac{1}{2x}dx} = \begin{cases} C\sqrt{x} - \dfrac{x^3}{5}, & x \geqslant 0, \\ C\sqrt{-x} - \dfrac{x^3}{5}, & x < 0. \end{cases}$$

(2) 原方程化为 $\dfrac{dy}{dx} + \dfrac{1}{1-x}y = \dfrac{x}{1-x}$，解得

$$y = \left[\int \dfrac{x}{1-x}e^{\int \frac{1}{1-x}dx}dx + C\right]e^{-\int \frac{1}{1-x}dx} = C(1-x) + 1 + (1-x)\ln(1-x),$$

因为 $y(0) = 2$，所以 $C = 1$，故满足初始条件的特解为 $y = 2 - x + (1-x)\ln(1-x)$.

(3) 原方程化为 $y' - \dfrac{n}{x+1}y = (x+1)^n e^x \sin x$，原方程的通解为

$$y = \left[\int (x+1)^n e^x \sin x \cdot e^{\int -\frac{n}{x+1}dx}dx + C\right]e^{-\int -\frac{n}{x+1}dx} = C(x+1)^n + \dfrac{1}{2}e^x(\sin x - \cos x)(x+1)^n.$$

例2 求微分方程 $\dfrac{dy}{dx} = \dfrac{1}{x+y}$ 的通解.

解 **方法一**：由 $\dfrac{dy}{dx} = \dfrac{1}{x+y}$ 得 $\dfrac{dx}{dy} = x+y$ 或 $\dfrac{dx}{dy} - x = y$,

原方程的通解为 $x = \left[\int y e^{\int (-1)dy} dy + C\right] e^{-\int -dy} = Ce^y - (y+1)$.

方法二：令 $x + y = u$, 则 $\dfrac{dy}{dx} = \dfrac{du}{dx} - 1$, 代入原方程整理得 $\left(1 - \dfrac{1}{u+1}\right)du = dx$,

两边积分得 $u - \ln|u+1| = x + C$,

故原方程的通解为 $y - \ln|x+y+1| = C$.

例3 设 $y = f(x)$ 连续且满足 $f(x) - 2\int_0^x f(x-t)dt = 3e^x$, 求 $f(x)$.

解 由 $\int_0^x f(x-t)dt \xrightarrow{x-t=u} \int_x^0 f(u)(-du) = \int_0^x f(u)du$ 得 $f(x) - 2\int_0^x f(u)du = 3e^x$,

两边对 x 求导得 $f'(x) - 2f(x) = 3e^x$,

解得 $f(x) = \left[\int 3e^x \cdot e^{\int -2dx} dx + C\right]e^{-\int -2dx} = Ce^{2x} - 3e^x$,

因为 $f(0) = 3$, 所以 $C = 6$, 故 $f(x) = 6e^{2x} - 3e^x$.

题型三：一阶线性微分方程的实际应用

例 连接两点 $A(0,1), B(1,0)$ 的曲线 $y = y(x)$ 位于弦 AB 的上方, $P(x,y)$ 为曲线上任一点, 且曲线与弦 AB 之间的面积为 x^3, 求曲线 $y = y(x)$.

解 由题意得 $\int_0^x y(t)dt - \dfrac{1}{2}x(y+1) = x^3$,

两边对 x 求导再除以 x, 整理得 $\dfrac{dy}{dx} - \dfrac{1}{x}y = -6x - \dfrac{1}{x}$,

解得 $y = \left[-\int \left(6x + \dfrac{1}{x}\right)e^{\int -\frac{1}{x}dx}dx + C\right]e^{-\int -\frac{1}{x}dx} = Cx - 6x^2 + 1$,

由 $y(0) = 1, y(1) = 0$ 得 $C = 5$, 故所求曲线为 $y = 5x - 6x^2 + 1$.

题型四：解伯努利方程

例 求解微分方程 $\dfrac{dy}{dx} + y = xy^3$.

解 令 $u = y^{-2}$, 则原方程化为 $\dfrac{du}{dx} - 2u = -2x$,

解得 $u = \left[\int (-2x)e^{\int -2dx}dx + C\right]e^{-\int -2dx} = Ce^{2x} + \left(x + \dfrac{1}{2}\right)$,

故原方程的通解为 $\dfrac{1}{y^2} = Ce^{2x} + \left(x + \dfrac{1}{2}\right)$.

同济八版教材 习题解答

习题 7－4 一阶线性微分方程

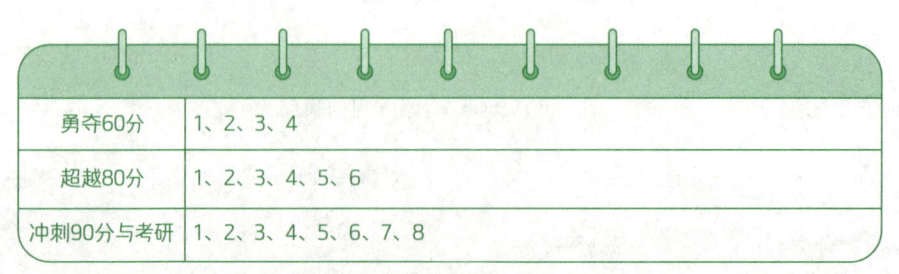

勇夺60分	1、2、3、4
超越80分	1、2、3、4、5、6
冲刺90分与考研	1、2、3、4、5、6、7、8

1. 求下列微分方程的通解：

(1) $\dfrac{dy}{dx} + y = e^{-x}$；

(2) $xy' + y = x^2 + 3x + 2$；

(3) $y' + y\cos x = e^{-\sin x}$；

(4) $y' + y\tan x = \sin 2x$；

(5) $(x^2 - 1)y' + 2xy - \cos x = 0$；

(6) $\dfrac{d\rho}{d\theta} + 3\rho = 2$；

(7) $\dfrac{dy}{dx} + 2xy = 4x$；

(8) $y\ln y\, dx + (x - \ln y)\, dy = 0$；

(9) $(x-2)\dfrac{dy}{dx} = y + 2(x-2)^3$；

(10) $(y^2 - 6x)\dfrac{dy}{dx} + 2y = 0$.

解 (1) 方程 $\dfrac{dy}{dx} + y = e^{-x}$ 的通解为

$$y = \left(\int e^{-x} \cdot e^{\int dx}\, dx + C\right) e^{-\int dx} = e^{-x}(x + C).$$

(2) **方法一**：方程可化为 $\dfrac{dy}{dx} + \dfrac{1}{x}y = x + 3 + \dfrac{2}{x}$，原方程的通解为

$$y = \left[\int \left(x + 3 + \dfrac{2}{x}\right) e^{\int \frac{dx}{x}}\, dx + C\right] e^{-\int \frac{dx}{x}} = \dfrac{1}{x}\left[\int (x^2 + 3x + 2)\, dx + C\right]$$

$$= \dfrac{1}{x}\left(\dfrac{x^3}{3} + \dfrac{3}{2}x^2 + 2x + C\right) = \dfrac{C}{x} + \dfrac{x^2}{3} + \dfrac{3x}{2} + 2.$$

方法二：原方程化为 $(xy)' = x^2 + 3x + 2$，从而有 $xy = \dfrac{x^3}{3} + \dfrac{3x^2}{2} + 2x + C$，

故原方程的通解为 $y = \dfrac{C}{x} + \dfrac{x^2}{3} + \dfrac{3x}{2} + 2$.

(3) 方程 $\dfrac{dy}{dx} + \cos x \cdot y = e^{-\sin x}$ 的通解为

$$y = \left(\int e^{-\sin x} \cdot e^{\int \cos x\, dx}\, dx + C\right) e^{-\int \cos x\, dx} = e^{-\sin x}(x + C).$$

(4) 方程 $\dfrac{dy}{dx} + \tan x \cdot y = \sin 2x$ 的通解为

$$y = \left(\int \sin 2x\, e^{\int \tan x\, dx}\, dx + C\right) e^{-\int \tan x\, dx} = \cos x \left(\int 2\sin x\, dx + C\right) = \cos x(-2\cos x + C).$$

(5) 原方程化为 $\dfrac{dy}{dx} + \dfrac{2x}{x^2 - 1}y = \dfrac{\cos x}{x^2 - 1}$，原方程的通解为

$$y = \left(\int \dfrac{\cos x}{x^2 - 1} \cdot e^{\int \frac{2x}{x^2-1}dx}\, dx + C\right) e^{-\int \frac{2x}{x^2-1}dx} = \dfrac{1}{x^2 - 1}(\sin x + C).$$

(6) 原方程的通解为 $\rho = \left(\int 2e^{\int 3d\theta}\, d\theta + C\right) e^{-\int 3d\theta} = e^{-3\theta}\left(\dfrac{2}{3}e^{3\theta} + C\right) = Ce^{-3\theta} + \dfrac{2}{3}$.

(7) 原方程的通解为

$$y = \left(\int 4x\, e^{\int 2x\, dx}\, dx + C\right) e^{-\int 2x\, dx} = e^{-x^2}\left(2\int 2x\, e^{x^2}\, dx + C\right) = e^{-x^2}(2e^{x^2} + C) = Ce^{-x^2} + 2.$$

(8) 原方程可化为 $\dfrac{dx}{dy} + \dfrac{1}{y\ln y}x = \dfrac{1}{y}$，原方程的通解为

$$x = \left(\int \dfrac{1}{y} e^{\int \frac{dy}{y\ln y}}\, dy + C\right) e^{-\int \frac{dy}{y\ln y}} = \dfrac{1}{\ln y}\left(\dfrac{1}{2}\ln^2 y + C\right) = \dfrac{C}{\ln y} + \dfrac{1}{2}\ln y.$$

(9) 原方程化为 $\dfrac{dy}{dx} - \dfrac{1}{x-2}y = 2(x-2)^2$，原方程的通解为

$$y = \left[\int 2(x-2)^2 e^{-\int \frac{dx}{x-2}}\, dx + C\right] e^{\int \frac{dx}{x-2}} = (x-2)\left[(x-2)^2 + C\right] = C(x-2) + (x-2)^3.$$

(10) 原方程化为 $\dfrac{dx}{dy} = \dfrac{6x - y^2}{2y}$，即 $\dfrac{dx}{dy} - \dfrac{3}{y}x = -\dfrac{y}{2}$，原方程的通解为

$$x = \left(\int -\dfrac{y}{2} e^{\int -\frac{3}{y} dy} dy + C\right) e^{-\int -\frac{3}{y} dy} = y^3 \left(-\dfrac{1}{2}\int \dfrac{1}{y^2} dy + C\right) = Cy^3 + \dfrac{y^2}{2}.$$

2. 求下列微分方程满足所给初值条件的特解：

(1) $\dfrac{dy}{dx} - y\tan x = \sec x, y\big|_{x=0} = 0$；

(2) $\dfrac{dy}{dx} + \dfrac{y}{x} = \dfrac{\sin x}{x}, y\big|_{x=\pi} = 1$；

(3) $\dfrac{dy}{dx} + y\cot x = 5e^{\cos x}, y\big|_{x=\frac{\pi}{2}} = -4$；

(4) $\dfrac{dy}{dx} + 3y = 8, y\big|_{x=0} = 2$；

(5) $\dfrac{dy}{dx} + \dfrac{2 - 3x^2}{x^3} y = 1, y\big|_{x=1} = 0$；

(6) $x(1+x^2) y' + y = 1 + x^2, y\big|_{x=1} = 0$.

解 (1) 原方程的通解为 $y = \left(\int \sec x \cdot e^{\int -\tan x dx} dx + C\right) e^{-\int -\tan x dx} = \dfrac{x + C}{\cos x}$，

由 $y(0) = 0$ 得 $C = 0$，所求的特解为 $y = \dfrac{x}{\cos x}$.

(2) 原方程通解为 $y = \left(\int \dfrac{\sin x}{x} \cdot e^{\int \frac{dx}{x}} dx + C\right) e^{-\int \frac{dx}{x}} = \dfrac{C - \cos x}{x}$，

由 $y(\pi) = 1$ 得 $C = \pi - 1$，所求的特解为 $y = \dfrac{\pi - 1 - \cos x}{x}$.

(3) 原方程的通解为 $y = \left(\int 5e^{\cos x} e^{\int \cot x dx} dx + C\right) e^{-\int \cot x dx} = \dfrac{-5e^{\cos x} + C}{\sin x}$，

由 $y\left(\dfrac{\pi}{2}\right) = -4$ 得 $C = 1$，所求的特解为 $y = \dfrac{1 - 5e^{\cos x}}{\sin x}$.

(4) 原方程的通解为 $y = \left(\int 8 e^{\int 3 dx} dx + C\right) e^{-\int 3 dx} = e^{-3x}\left(\dfrac{8}{3} e^{3x} + C\right) = Ce^{-3x} + \dfrac{8}{3}$，

由 $y(0) = 2$ 得 $C = -\dfrac{2}{3}$，所求的特解为 $y = \dfrac{2}{3}(4 - e^{-3x})$.

(5) 原方程的通解为

$$y = \left[\int 1 \cdot e^{\int \left(\frac{2}{x^3} - \frac{3}{x}\right) dx} dx + C\right] e^{-\int \left(\frac{2}{x^3} - \frac{3}{x}\right) dx} = x^3 e^{\frac{1}{x^2}} \left(\int \dfrac{1}{x^3} e^{-\frac{1}{x^2}} dx + C\right)$$

$$= x^3 e^{\frac{1}{x^2}} \left[\dfrac{1}{2} \int e^{-\frac{1}{x^2}} d\left(-\dfrac{1}{x^2}\right) + C\right] = Cx^3 e^{\frac{1}{x^2}} + \dfrac{x^3}{2},$$

由 $y(1) = 0$ 得 $C = -\dfrac{1}{2e}$，所求的特解为 $y = \dfrac{x^3}{2}(1 - e^{\frac{1}{x^2} - 1})$.

(6) 原方程化为 $y' + \dfrac{1}{x(1+x^2)} y = \dfrac{1}{x}$，

则 $y = \left[\int \dfrac{1}{x} \cdot e^{\int \frac{dx}{x(1+x^2)}} dx + C\right] e^{-\int \frac{dx}{x(1+x^2)}}$，

由 $\int \dfrac{dx}{x(1+x^2)} = \dfrac{1}{2} \int \dfrac{d(x^2)}{x^2(1+x^2)} = \ln \dfrac{x}{\sqrt{1+x^2}}$ 得

$y = \dfrac{\sqrt{x^2 + 1}}{x} [\ln(x + \sqrt{x^2 + 1}) + C]$，将 $y(1) = 0$ 代入得 $C = -\ln(1 + \sqrt{2})$，

故原方程满足初始条件的特解为 $y = \dfrac{\sqrt{x^2+1}}{x}\ln\dfrac{x+\sqrt{x^2+1}}{1+\sqrt{2}}$.

3. 若曲线通过原点,并且它在点 (x,y) 处的切线斜率等于 $2x+y$,求这曲线的方程.

解 设所求曲线为 $y = y(x)$,根据题意得 $\dfrac{dy}{dx} = 2x + y$,即 $\dfrac{dy}{dx} - y = 2x$,则

$$y = \left[\int 2x\,e^{\int(-1)dx}dx + C\right]e^{-\int(-1)dx} = e^x\left(2\int x\,e^{-x}dx + C\right) = e^x\left[-2\int x\,d(e^{-x}) + C\right]$$

$$= e^x\left(-2xe^{-x} + 2\int e^{-x}dx + C\right) = e^x(-2xe^{-x} - 2e^{-x} + C) = Ce^x - 2(x+1),$$

因为所求曲线经过原点,即 $y(0) = 0$,所以 $C = 2$,故所求曲线为 $y = 2(e^x - x - 1)$.

4. 设有一质量为 m 的质点做直线运动,从速度等于零的时刻起,有一个与运动方向一致、大小与时间成正比(比例系数为 k_1)的力作用于它,此外还受一与速度成正比(比例系数为 k_2)的阻力作用.求质点运动的速度与时间的函数关系.

解 由题意得 $F = ma = k_1 t - k_2 v$,注意到 $\dfrac{dv}{dt} = a$,则方程化为 $\dfrac{dv}{dt} + \dfrac{k_2}{m}v = \dfrac{k_1}{m}t$,解得

$$v = \left(\int \dfrac{k_1}{m}t\,e^{\int\frac{k_2}{m}dt}dt + C\right)e^{-\int\frac{k_2}{m}dt} = e^{-\frac{k_2}{m}t}\left(\dfrac{k_1}{m}\int t\,e^{\frac{k_2}{m}t}dt + C\right) = e^{-\frac{k_2}{m}t}\left(\dfrac{k_1}{k_2}t\,e^{\frac{k_2}{m}t} - \dfrac{k_1}{k_2}\int e^{\frac{k_2}{m}t}dt + C\right)$$

$$= Ce^{-\frac{k_2}{m}t} + \dfrac{k_1}{k_2}t - \dfrac{k_1 m}{k_2^2},$$

由 $v(0) = 0$ 得 $C = \dfrac{k_1 m}{k_2^2}$,故质点运动的速度与时间关系函数为

$$v(t) = \dfrac{k_1 m}{k_2^2}(e^{-\frac{k_2}{m}t} - 1) + \dfrac{k_1}{k_2}t.$$

5. 设有一个由电阻 $R = 10\,\Omega$、电感 $L = 2\,\text{H}$ 和电源电压 $E = 20\sin 5t\,\text{V}$ 串联组成的电路. 开关 S 合上后,电路中有电流通过.求电流 i 与时间 t 的函数关系.

解 由题意得 $10i + 2\dfrac{di}{dt} = 20\sin 5t$,即 $\dfrac{di}{dt} + 5i = 10\sin 5t$,解得

$$i = \left(\int 10\sin 5t \cdot e^{\int 5dt}dt + C\right)e^{-\int 5dt} = e^{-5t}\left(10\int e^{5t}\sin 5t\,dt + C\right),$$

令 $I = 10\int e^{5t}\sin 5t\,dt$,则 $I = 2\int \sin 5t\,d(e^{5t}) = 2e^{5t}\sin 5t - 2\int 5e^{5t}\cos 5t\,dt = 2e^{5t}\sin 5t - 2\int \cos 5t\,d(e^{5t}) = 2e^{5t}\sin 5t - 2e^{5t}\cos 5t - I$ 得 $I = e^{5t}(\sin 5t - \cos 5t)$,

从而 $i = Ce^{-5t} + \sin 5t - \cos 5t$,

由 $i(0) = 0$ 得 $C = 1$,故电流与时间的函数关系为

$$i(t) = e^{-5t} + \sin 5t - \cos 5t.$$

6. 验证形如 $yf(xy)dx + xg(xy)dy = 0$ 的微分方程可经变量代换 $v = xy$ 化为可分离变量的方程,并求其通解.

解 令 $xy = v$,两边对 x 求导得 $y + x\dfrac{dy}{dx} = \dfrac{dv}{dx}$ 或 $\dfrac{v}{x} + x\dfrac{dy}{dx} = \dfrac{dv}{dx}$,即 $\dfrac{dy}{dx} = \dfrac{1}{x}\dfrac{dv}{dx} - \dfrac{v}{x^2}$,原方程化为 $\dfrac{1}{x}\dfrac{dv}{dx} - \dfrac{v}{x^2} = -\dfrac{vf(v)}{x^2 g(v)}$,整理得 $\dfrac{dv}{dx} = \dfrac{vg(v) - vf(v)}{xg(v)}$,变量分离得 $\dfrac{g(v)dv}{v[g(v) - f(v)]} = \dfrac{dx}{x}$,积分得

$$\int \dfrac{g(v)}{v[g(v) - f(v)]}dv = \ln|x| + C,$$

将 $v = xy$ 代入即可得原方程的通解为

$$\ln|x| + C = \int \dfrac{g(xy)}{xy[g(xy) - f(xy)]}d(xy).$$

7. 用适当的变量代换将下列方程化为可分离变量的方程，然后求出通解：

(1) $\dfrac{dy}{dx} = (x+y)^2$;

(2) $\dfrac{dy}{dx} = \dfrac{1}{x-y} + 1$;

(3) $xy' + y = y(\ln x + \ln y)$;

(4) $y' = y^2 + 2(\sin x - 1)y + \sin^2 x - 2\sin x - \cos x + 1$;

(5) $y(xy+1)dx + x(1+xy+x^2y^2)dy = 0$.

解 (1) 令 $u = x+y$，则 $\dfrac{dy}{dx} = \dfrac{du}{dx} - 1$，原方程化为 $\dfrac{du}{dx} - 1 = u^2$，变量分离得 $\dfrac{du}{1+u^2} = dx$，两边积分得 $\arctan u = x + C$，故原方程的通解为 $y = \tan(x+C) - x$.

(2) 令 $u = x - y$，则 $\dfrac{dy}{dx} = 1 - \dfrac{du}{dx}$，原方程化为 $\dfrac{du}{dx} = -\dfrac{1}{u}$，变量分离得 $u\,du = -dx$，两边积分得
$$\dfrac{u^2}{2} = -x + C_1,$$
故原方程的通解为 $(x-y)^2 = -2x + C\;(C = 2C_1)$.

(3) 令 $u = xy$，则 $xy' + y = \dfrac{du}{dx}$，原方程化为 $\dfrac{du}{dx} = \dfrac{u \ln u}{x}$，变量分离得 $\dfrac{du}{u \ln u} = \dfrac{dx}{x}$，两边积分得
$$\ln|\ln u| = \ln x + \ln C \text{ 或 } \ln u = Cx,$$
故原方程的通解为 $xy = e^{Cx}$，即 $y = \dfrac{e^{Cx}}{x}$.

(4) 原方程化为 $y' = (y + \sin x - 1)^2 - \cos x$，即 $(y + \sin x - 1)' = (y + \sin x - 1)^2$，令 $u = y + \sin x - 1$，原方程化为 $\dfrac{du}{dx} = u^2$，变量分离得 $\dfrac{du}{u^2} = dx$，两边积分得 $-\dfrac{1}{u} = x + C$，即 $u = -\dfrac{1}{x+C}$，故原方程通解为 $y = 1 - \sin x - \dfrac{1}{x+C}$.

(5) 原方程化为 $xy(xy+1)dx + x^2(1+xy+x^2y^2)dy = 0$，令 $u = xy$，则 $\dfrac{dy}{dx} = \dfrac{x\dfrac{du}{dx} - u}{x^2}$，代入原方程得 $u(u+1) + (1+u+u^2)\left(x\dfrac{du}{dx} - u\right) = 0$，整理得 $x(1+u^2)\dfrac{du}{dx} = u^3$，变量分离得 $\dfrac{1+u+u^2}{u^3}du = \dfrac{dx}{x}$，积分得 $-\dfrac{1}{2u^2} - \dfrac{1}{u} + \ln|u| = \ln|x| + C_1$，将 $u = xy$ 代入得原方程的通解为 $2x^2y^2\ln|y| - 2xy - 1 = Cx^2y^2\;(C = 2C_1)$.

*8. 求下列伯努利方程的通解：

(1) $\dfrac{dy}{dx} + y = y^2(\cos x - \sin x)$;

(2) $\dfrac{dy}{dx} - 3xy = xy^2$;

(3) $\dfrac{dy}{dx} + \dfrac{1}{3}y = \dfrac{1}{3}(1-2x)y^4$;

(4) $\dfrac{dy}{dx} - y = xy^5$;

(5) $x\,dy - [y + xy^3(1+\ln x)]dx = 0$.

解 (1) 令 $u = y^{-1}$，原方程化为
$$\dfrac{du}{dx} - u = \sin x - \cos x,$$

$$u = \left[\int (\sin x - \cos x) e^{\int (-1) dx} dx + C\right] e^{-\int (-1) dx} = \left[\int (\sin x - \cos x) e^{-x} dx + C\right] e^x,$$

由 $\int (\sin x - \cos x) e^{-x} dx = \int e^{-x} \sin x dx - \int e^{-x} \cos x dx = -\int \sin x d(e^{-x}) - \int e^{-x} \cos x dx = -e^{-x} \sin x$

得 $u = (-e^{-x} \sin x + C) e^x$,故通解为 $\dfrac{1}{y} = Ce^x - \sin x$.

(2) 令 $u = y^{-1}$,原方程化为 $\dfrac{du}{dx} + 3xu = -x$,

$$u = \left[\int (-x) e^{\int 3x dx} dx + C_1\right] e^{-\int 3x dx} = \left(-\int x e^{\frac{3}{2} x^2} dx + C_1\right) e^{-\frac{3}{2} x^2} = C_1 e^{-\frac{3}{2} x^2} - \dfrac{1}{3},$$

故通解为 $\dfrac{1}{y} = C_1 e^{-\frac{3}{2} x^2} - \dfrac{1}{3}$ 或写为 $\dfrac{3}{2} x^2 + \ln\left|1 + \dfrac{3}{y}\right| = C(C = \ln|3C_1|)$.

(3) 令 $u = y^{-3}$,原方程化为 $\dfrac{du}{dx} - u = 2x - 1$,则

$$u = \left[\int (2x-1) e^{\int (-1) dx} dx + C\right] e^{-\int (-1) dx} = \left[\int (2x-1) e^{-x} dx + C\right] e^x = Ce^x - (2x+1),$$

故原方程的通解为 $y^{-3} = Ce^x - (2x+1)$.

(4) 令 $u = y^{-4}$,原方程化为 $\dfrac{du}{dx} + 4u = -4x$,则

$$u = \left[\int (-4x) e^{\int 4 dx} dx + C\right] e^{-\int 4 dx} = \left[-\dfrac{1}{4}(4x-1) e^{4x} + C\right] e^{-4x} = Ce^{-4x} - x + \dfrac{1}{4},$$

故原方程的通解为 $y^{-4} = Ce^{-4x} - x + \dfrac{1}{4}$.

(5) 原方程整理得 $\dfrac{dy}{dx} - \dfrac{1}{x} y = (1 + \ln x) y^3$,

令 $u = y^{-2}$,原方程化为 $\dfrac{du}{dx} + \dfrac{2}{x} u = -2(1 + \ln x)$,

$$u = \left[\int -2(1+\ln x) e^{\int \frac{2}{x} dx} dx + C\right] e^{-\int \frac{2}{x} dx} = \dfrac{1}{x^2}\left[-2\int (1+\ln x) x^2 dx + C\right]$$
$$= \dfrac{1}{x^2}\left[-\dfrac{2}{3}\int (1+\ln x) d(x^3) + C\right] = \dfrac{1}{x^2}\left[-\dfrac{2}{3} x^3 (1+\ln x) + \dfrac{2}{3}\int \dfrac{1}{x} \cdot x^3 dx + C\right]$$
$$= \dfrac{1}{x^2}\left[-\dfrac{2}{3} x^3 (1+\ln x) + \dfrac{2}{9} x^3 + C\right] = \dfrac{C}{x^2} + \dfrac{2}{9} x - \dfrac{2}{3} x (1 + \ln x),$$

通解为 $\dfrac{1}{y^2} = \dfrac{C}{x^2} + \dfrac{2}{9} x - \dfrac{2}{3} x (1+\ln x) = \dfrac{C}{x^2} - \dfrac{4}{9} x - \dfrac{2}{3} x \ln x$.

第五节　可降阶的高阶微分方程

▶ **期末高分必备知识**

一、形如 $y^{(n)} = f(x)$

解法:只要对 $y^{(n)} = f(x)$ 连续进行 n 次不定积分即可求出通解.

二、形如 $f(x, y', y'') = 0$(不含 y 的显式表达)

解法:令 $y' = p$, $y'' = \dfrac{dp}{dx}$,代入得

$$f\left(x, p, \dfrac{dp}{dx}\right) = 0, 解得 p = \varphi(x, C_1), 即 y' = \varphi(x, C_1),原方程的通解为$$

$$y = \int \varphi(x, C_1) dx + C_2.$$

三、形如 $f(y, y', y'') = 0$(不含 x 的显式表达)

解法：令 $y' = p$, $y'' = \dfrac{\mathrm{d}p}{\mathrm{d}x} = \dfrac{\mathrm{d}y}{\mathrm{d}x}\dfrac{\mathrm{d}p}{\mathrm{d}y} = p\dfrac{\mathrm{d}p}{\mathrm{d}y}$，代入原方程得

$$f\left(y, p, p\dfrac{\mathrm{d}p}{\mathrm{d}y}\right) = 0,$$

解得 $p = \varphi(y, C_1)$，即 $\dfrac{\mathrm{d}y}{\mathrm{d}x} = \varphi(y, C_1)$，变量分离、积分得

$$\int \dfrac{\mathrm{d}y}{\varphi(y, C_1)} = x + C_2.$$

▶ **60分必会题型**

题型一：求解形如 $f(x, y', y'') = 0$ 的方程

例 1 求微分方程 $xy'' + 2y' = 3x$ 的通解.

解 **方法一**：令 $p = y'$，原方程化为 $\dfrac{\mathrm{d}p}{\mathrm{d}x} + \dfrac{2}{x}p = 3$，

解得 $p = \left(\int 3\mathrm{e}^{\int \frac{2}{x}\mathrm{d}x}\mathrm{d}x + C_1\right)\mathrm{e}^{-\int \frac{2}{x}\mathrm{d}x} = \dfrac{C_1}{x^2} + x$，即 $y' = \dfrac{C_1}{x^2} + x$，

故原方程的通解为 $y = -\dfrac{C_1}{x} + \dfrac{1}{2}x^2 + C_2$.

方法二：原方程化为 $x^2y'' + 2xy' = 3x^2$，即 $(x^2y')' = 3x^2$，积分得

$$x^2y' = x^3 + C_1 \text{ 或 } y' = \dfrac{C_1}{x^2} + x,$$

故原方程的通解为 $y = -\dfrac{C_1}{x} + \dfrac{1}{2}x^2 + C_2$.

例 2 求微分方程 $y'' + y' = 2x$ 的通解.

解 令 $p = y'$，原方程化为 $\dfrac{\mathrm{d}p}{\mathrm{d}x} + p = 2x$，解得

$$p = \left(\int 2x\mathrm{e}^{\int \mathrm{d}x}\mathrm{d}x + C_1\right)\mathrm{e}^{-\int \mathrm{d}x} = [2(x-1)\mathrm{e}^x + C_1]\mathrm{e}^{-x} = 2(x-1) + C_1\mathrm{e}^{-x},$$

原方程的通解为

$$y = \int [2(x-1) + C_1\mathrm{e}^{-x}]\mathrm{d}x = (x-1)^2 - C_1\mathrm{e}^{-x} + C_2.$$

例 3 求微分方程 $(1+x)y'' + y' = \ln(1+x)$ 的通解.

解 **方法一**：令 $p = y'$，原方程化为

$$\dfrac{\mathrm{d}p}{\mathrm{d}x} + \dfrac{1}{x+1}p = \dfrac{\ln(1+x)}{1+x},$$

解得 $p = \left[\int \dfrac{\ln(1+x)}{1+x} \cdot \mathrm{e}^{\int \frac{1}{x+1}\mathrm{d}x}\mathrm{d}x + C_1\right]\mathrm{e}^{-\int \frac{1}{x+1}\mathrm{d}x} = \dfrac{C_1}{x+1} + \ln(x+1) - \dfrac{x}{x+1}$，

即 $y' = \dfrac{C_1}{x+1} + \ln(x+1) - \dfrac{x}{x+1}$，积分得原方程的通解为

$$y = C_1\ln(x+1) + (x+2)\ln(x+1) - 2x + C_2.$$

方法二：原方程化为 $[(1+x)y']' = \ln(1+x)$，积分得

$$(1+x)y' = (x+1)\ln(1+x) - x + C_1,$$

解得 $y' = \dfrac{C_1}{x+1} + \ln(x+1) - \dfrac{x}{x+1}$，积分得原方程的通解为

$$y = C_1\ln(x+1) + (x+2)\ln(x+1) - 2x + C_2.$$

题型二：求解形如 $f(y, y', y'') = 0$ 的方程

例 求微分方程 $yy'' + y'^2 = 0$ 的满足初始条件 $y(0) = 1, y'(0) = 2$ 的特解.

解 方法一：令 $p = y'$，则 $y'' = p\dfrac{\mathrm{d}p}{\mathrm{d}y}$，代入原方程得 $yp\dfrac{\mathrm{d}p}{\mathrm{d}y} + p^2 = 0$.

因为 $p \neq 0$，所以 $\dfrac{\mathrm{d}p}{\mathrm{d}y} + \dfrac{1}{y}p = 0$，

解得 $p = C_1 \mathrm{e}^{-\int \frac{1}{y}\mathrm{d}y} = \dfrac{C_1}{y}$，将 $y(0) = 1, y'(0) = 2$ 代入得 $C_1 = 2$，

从而 $\dfrac{\mathrm{d}y}{\mathrm{d}x} = \dfrac{2}{y}$ 或 $y\mathrm{d}y = 2\mathrm{d}x$，积分得 $\dfrac{1}{2}y^2 = 2x + C_2$，

由 $y(0) = 1$ 得 $C_2 = \dfrac{1}{2}$，即 $y^2 = 4x + 1$，

故满足初始条件的特解为 $y = \sqrt{4x + 1}$.

方法二：由 $yy'' + y'^2 = 0$ 得 $(yy')' = 0$，从而 $yy' = C_1$，

由 $y(0) = 1, y'(0) = 2$ 得 $C_1 = 2$，于是 $y\mathrm{d}y = 2\mathrm{d}x$，积分得 $\dfrac{1}{2}y^2 = 2x + C_2$，

由 $y(0) = 1$ 得 $C_2 = \dfrac{1}{2}$，即 $y^2 = 4x + 1$，

故满足初始条件的特解为 $y = \sqrt{4x + 1}$.

同济八版教材 习题解答

习题 7-5 可降阶的高阶微分方程

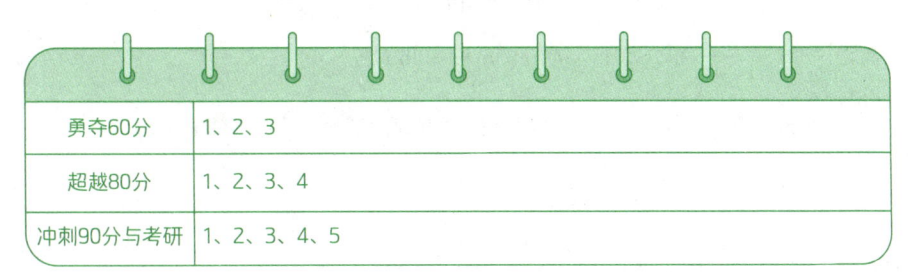

勇夺60分	1、2、3
超越80分	1、2、3、4
冲刺90分与考研	1、2、3、4、5

1. 求下列各微分方程的通解：

   (1) $y'' = x + \sin x$；
   (2) $y''' = x\mathrm{e}^x$；
   (3) $y'' = \dfrac{1}{1 + x^2}$；
   (4) $y'' = 1 + y'^2$；
   (5) $y'' = y' + x$；
   (6) $xy'' + y' = 0$；
   (7) $yy'' + 2y'^2 = 0$；
   (8) $y^3 y'' - 1 = 0$；
   (9) $y'' = \dfrac{1}{\sqrt{y}}$；
   (10) $y'' = y'^3 + y'$.

解 (1) $y' = \dfrac{x^2}{2} - \cos x + C_1$, $y = \dfrac{x^3}{6} - \sin x + C_1 x + C_2$.

(2) $y'' = \int x\mathrm{e}^x \mathrm{d}x = (x-1)\mathrm{e}^x + C_1$，

$y' = \int [(x-1)\mathrm{e}^x + C_1]\mathrm{d}x = (x-2)\mathrm{e}^x + C_1 x + C_2$，

$y = \int [(x-2)\mathrm{e}^x + C_1 x + C_2]\mathrm{d}x = (x-3)\mathrm{e}^x + \dfrac{C_1}{2}x^2 + C_2 x + C_3$.

(3) $y' = \arctan x + C_1$,

$$y = \int (\arctan x + C_1) \mathrm{d}x = x \arctan x - \int \frac{x}{1+x^2} \mathrm{d}x + C_1 x$$

$$= x \arctan x - \frac{1}{2} \ln(1+x^2) + C_1 x + C_2.$$

(4) 令 $p = y'$, $y'' = \frac{\mathrm{d}p}{\mathrm{d}x}$, 原方程化为 $\frac{\mathrm{d}p}{\mathrm{d}x} = 1 + p^2$,

变量分离得 $\frac{\mathrm{d}p}{1+p^2} = \mathrm{d}x$, 积分得 $\arctan p = x + C_1$, 即 $y' = \tan(x + C_1)$,

则 $y = -\ln|\cos(x + C_1)| + C_2$.

(5) 令 $p = y'$, $y'' = \frac{\mathrm{d}p}{\mathrm{d}x}$, 原方程化为 $\frac{\mathrm{d}p}{\mathrm{d}x} - p = x$,

解得 $p = \left[\int x \mathrm{e}^{\int(-1)\mathrm{d}x} \mathrm{d}x + C_1\right] \mathrm{e}^{-\int(-1)\mathrm{d}x} = \mathrm{e}^x \left(\int x \mathrm{e}^{-x} \mathrm{d}x + C_1\right) = C_1 \mathrm{e}^x - x - 1$,

故 $y = C_1 \mathrm{e}^x - \frac{x^2}{2} - x + C_2$.

(6) **方法一**: 令 $y' = p$, $y'' = \frac{\mathrm{d}p}{\mathrm{d}x}$, 原方程化为 $\frac{\mathrm{d}p}{\mathrm{d}x} + \frac{1}{x}p = 0$,

解得 $p = C_1 \mathrm{e}^{-\int \frac{1}{x}\mathrm{d}x} = \frac{C_1}{x}$, 则通解为 $y = C_1 \ln|x| + C_2$.

方法二: 原方程化为 $(xy')' = 0$, 则 $xy' = C_1$ 或 $y' = \frac{C_1}{x}$,

故原方程的通解为 $y = C_1 \ln|x| + C_2$.

(7) 令 $p = y'$, 则 $y'' = p \frac{\mathrm{d}p}{\mathrm{d}y}$, 原方程化为 $yp \frac{\mathrm{d}p}{\mathrm{d}y} + 2p^2 = 0$,

变量分离得 $\frac{\mathrm{d}p}{p} = -\frac{2\mathrm{d}y}{y}$, 积分得 $\ln|p| = \ln \frac{1}{y^2} + \ln C_1$,

即 $\frac{\mathrm{d}y}{\mathrm{d}x} = \frac{C_1}{y^2}$, 变量分离得 $y^2 \mathrm{d}y = C_1 \mathrm{d}x$, 积分得原方程的通解为 $\frac{y^3}{3} = C_1 x + C_2$.

(8) 令 $p = y'$, 则 $y'' = p \frac{\mathrm{d}p}{\mathrm{d}y}$, 原方程化为 $y^3 p \frac{\mathrm{d}p}{\mathrm{d}y} = 1$,

变量分离得 $p \mathrm{d}p = \frac{\mathrm{d}y}{y^3}$, 积分得 $\frac{p^2}{2} = -\frac{1}{2y^2} + \frac{C_1}{2}$,

从而 $y' = \pm \sqrt{C_1 - \frac{1}{y^2}}$, 即 $\frac{\mathrm{d}y}{\mathrm{d}x} = \pm \frac{\sqrt{C_1 y^2 - 1}}{|y|}$,

分离变量得 $\frac{|y|\mathrm{d}y}{\sqrt{C_1 y^2 - 1}} = \pm \mathrm{d}x$, 积分得 $\mathrm{sgn}(y) \sqrt{C_1 y^2 - 1} = \pm C_1 x + C_2$, 两边平方得原方程通解为

$C_1 y^2 - 1 = (C_1 x + C_2)^2$.

(9) 原方程化为 $2y'y'' = \frac{2y'}{\sqrt{y}}$, 即 $(y'^2)' = (4\sqrt{y})'$,

解得 $y'^2 = 4\sqrt{y} + 4C_1$, 从而 $y' = \pm 2\sqrt{\sqrt{y} + C_1}$,

变量分离得 $\frac{\mathrm{d}y}{2\sqrt{\sqrt{y} + C_1}} = \pm \mathrm{d}x$,

积分得 $x = \pm \left[\frac{2}{3}(\sqrt{y} + C_1)^{\frac{3}{2}} - 2C_1 \sqrt{\sqrt{y} + C_1}\right] + C_2$.

(10) 令 $p = y'$, 则 $y'' = p \frac{\mathrm{d}p}{\mathrm{d}y}$, 原方程化为 $p \frac{\mathrm{d}p}{\mathrm{d}y} = p^3 + p$,

若 $p \equiv 0$,即 $y = C$ 为原方程的解;

若 $p \not\equiv 0$,则存在 x 的某区间内 $p \neq 0$,由 $p\dfrac{\mathrm{d}p}{\mathrm{d}y} = p^3 + p$ 得 $\dfrac{\mathrm{d}p}{\mathrm{d}y} = p^2 + 1$,变量分离得 $\dfrac{\mathrm{d}p}{1+p^2} = \mathrm{d}y$,积分得 $\arctan p = y + C_1$,

即 $\dfrac{\mathrm{d}y}{\mathrm{d}x} = \tan(y + C_1)$,变量分离得 $\dfrac{\mathrm{d}y}{\tan(y+C_1)} = \mathrm{d}x$,积分得 $\ln\sin(y+C_1) = x + \ln C_2$,

通解为 $\sin(y+C_1) = C_2 \mathrm{e}^x$.

2. 设 $f(x)$ 具有二阶连续导数,满足:
$$f'^2(x) = f(x) + \int_0^x [f'(t)]^3 \mathrm{d}t,$$
且 $f'(0) = 1$,求 $f(x)$.

解 $f'^2(x) = f(x) + \int_0^x [f'(t)]^3 \mathrm{d}t$ 两边对 x 求导得
$$2f'(x)f''(x) = f'(x) + f'^3(x),$$

因为 $f'(x) \neq 0$,所以 $2f''(x) = 1 + f'^2(x)$ 或 $\dfrac{f''(x)}{1+f'^2(x)} = \dfrac{1}{2}$,积分得

$$\int \dfrac{[\mathrm{d}f'(x)]}{1+f'^2(x)} = \dfrac{x}{2} + C_1,\text{即 } f'(x) = \tan\left(\dfrac{x}{2} + C_1\right),$$

因为 $f'(0) = 1$,所以 $C_1 = k\pi + \dfrac{\pi}{4}(k \in \mathbf{Z})$,即 $f'(x) = \tan\left(\dfrac{x}{2} + \dfrac{\pi}{4}\right)$,积分得

$$f(x) = -2\ln\left|\cos\left(\dfrac{x}{2} + \dfrac{\pi}{4}\right)\right| + C_2,$$

由 $f(0) = 1$ 得 $C_2 = 1 - \ln 2$,故 $f(x) = -\ln\left|\cos\left(\dfrac{x}{2} + \dfrac{\pi}{4}\right)\right| + 1 - \ln 2$.

3. 求下列各微分方程满足所给初值条件的特解:

(1) $y^3 y'' + 1 = 0, y\big|_{x=1} = 1, y'\big|_{x=1} = 0$;

(2) $y'' - a y'^2 = 0, y\big|_{x=0} = 0, y'\big|_{x=0} = -1$;

(3) $y''' = \mathrm{e}^{ax}, y\big|_{x=1} = y'\big|_{x=1} = y''\big|_{x=1} = 0$;

(4) $y'' = \mathrm{e}^{2y}, y\big|_{x=0} = y'\big|_{x=0} = 0$;

(5) $y'' = 3\sqrt{y}, y\big|_{x=0} = 1, y'\big|_{x=0} = 2$;

(6) $y'' + y'^2 = 1, y\big|_{x=0} = 0, y'\big|_{x=0} = 0$.

解 (1) 令 $p = y'$,则 $y'' = p\dfrac{\mathrm{d}p}{\mathrm{d}y}$,原方程化为 $y^3 p\dfrac{\mathrm{d}p}{\mathrm{d}y} = -1$,

即 $p\mathrm{d}p = -y^{-3}\mathrm{d}y$,两边积分得 $\dfrac{1}{2}p^2 = \dfrac{1}{2}y^{-2} + C_1$,

由 $y\big|_{x=1} = 1, y'\big|_{x=1} = 0$ 得 $C_1 = -\dfrac{1}{2}$,解得 $p^2 = \dfrac{1-y^2}{y^2}$,

从而 $y' = \pm\dfrac{\sqrt{1-y^2}}{y}$,变量分离得 $\dfrac{y\mathrm{d}y}{\sqrt{1-y^2}} = \pm\mathrm{d}x$,积分得 $-\sqrt{1-y^2} = \pm x + C_2$,

由 $y\big|_{x=1} = 1$ 得 $C_2 = \mp 1$,于是 $-\sqrt{1-y^2} = \pm(x-1)$,平方得 $x^2 + y^2 = 2x$,

故满足初始条件的特解为 $y = \sqrt{2x - x^2}$.

(2) 令 $p = y'$,则 $y'' = \dfrac{\mathrm{d}p}{\mathrm{d}x}$,原方程化为 $\dfrac{\mathrm{d}p}{\mathrm{d}x} - ap^2 = 0$,

分离变量得 $\dfrac{\mathrm{d}p}{p^2} = a\mathrm{d}x$,积分得 $-\dfrac{1}{p} = ax + C_1$.

由 $y'|_{x=0} = -1$ 得 $C_1 = 1$,从而有 $y' = -\dfrac{1}{ax+1}$,

积分得 $y = -\dfrac{1}{a}\ln|ax+1| + C_2$,

再由 $y|_{x=0} = 0$ 得 $C_2 = 0$,故特解为 $y = -\dfrac{1}{a}\ln|ax+1|$.

(3) 由 $y''' = e^{ax}$ 得 $y'' = \dfrac{1}{a}e^{ax} + C_1$,

由 $y''|_{x=1} = 0$ 得 $C_1 = -\dfrac{e^a}{a}$,即 $y'' = \dfrac{1}{a}e^{ax} - \dfrac{e^a}{a}$,积分得

$y' = \dfrac{1}{a^2}e^{ax} - \dfrac{e^a}{a}x + C_2$,由 $y'|_{x=1} = 0$ 得 $C_2 = \dfrac{e^a}{a} - \dfrac{e^a}{a^2}$,

即 $y' = \dfrac{1}{a^2}e^{ax} - \dfrac{e^a}{a}x + \dfrac{e^a}{a} - \dfrac{e^a}{a^2}$,再积分得

$$y = \dfrac{1}{a^3}e^{ax} - \dfrac{e^a}{2a}x^2 + \left(\dfrac{e^a}{a} - \dfrac{e^a}{a^2}\right)x + C_3,$$

由 $y|_{x=1} = 0$ 得 $C_3 = -\dfrac{e^a}{2a} + \dfrac{e^a}{a^2} - \dfrac{e^a}{a^3}$,

故 $y = \dfrac{1}{a^3}e^{ax} - \dfrac{e^a}{2a}x^2 + \left(\dfrac{e^a}{a} - \dfrac{e^a}{a^2}\right)x - \dfrac{e^a}{2a} + \dfrac{e^a}{a^2} - \dfrac{e^a}{a^3}$.

(4) 由 $y'' = e^{2y}$ 得 $2y'y'' = 2y'e^{2y}$,即 $(y'^2)' = (e^{2y})'$,

从而 $y'^2 = e^{2y} + C_1$,由 $y|_{x=0} = y'|_{x=0} = 0$ 得 $C_1 = -1$,

即 $y'^2 = e^{2y} - 1$,从而有 $y' = \pm\sqrt{e^{2y}-1}$,分离变量得 $\dfrac{dy}{\sqrt{e^{2y}-1}} = \pm dx$,积分得 $\displaystyle\int\dfrac{d(e^{-y})}{\sqrt{1-(e^{-y})^2}} = \mp\int dx$,即 $\arcsin(e^{-y}) = \mp x + C_2$,

由 $y|_{x=0} = 0$ 得 $C_2 = \dfrac{\pi}{2}$,所得的特解为

$$e^{-y} = \sin\left(\dfrac{\pi}{2} \mp x\right) = \cos x \text{ 或 } y = -\ln\cos x.$$

(5) 由 $y'' = 3\sqrt{y}$ 得 $2y'y'' = 6y'\sqrt{y}$,即 $(y'^2)' = (4y^{\frac{3}{2}})'$,

从而 $y'^2 = 4y^{\frac{3}{2}} + C_1$,由 $y|_{x=0} = 1, y'|_{x=0} = 2$ 得 $C_1 = 0$,即 $y' = \pm 2y^{\frac{3}{4}}$,

因为 $y|_{x=0} = 1, y'|_{x=0} = 2$,所以 $y' = 2y^{\frac{3}{4}}$,

变量分离得 $\dfrac{dy}{y^{\frac{3}{4}}} = 2dx$,积分得 $4y^{\frac{1}{4}} = 2x + C_2$,

再由 $y|_{x=0} = 1$ 得 $C_2 = 4$,故特解为 $4y^{\frac{1}{4}} = 2x + 4$ 或 $y = \left(\dfrac{x}{2}+1\right)^4$.

(6) 令 $y' = p, y'' = p\dfrac{dp}{dy}$,原方程化为 $p\dfrac{dp}{dy} + p^2 = 1$,变量分离得

$\dfrac{pdp}{1-p^2} = dy$,两边积分得 $\dfrac{1}{2}\ln|1-p^2| = -y + C_1$.

由 $y|_{x=0} = 0, y'|_{x=0} = 0$ 得 $C_1 = 0$,即 $\dfrac{1}{2}\ln|1-p^2| = -y$,解得 $p = \pm\sqrt{1-e^{-2y}}$,分离变量得

$\dfrac{dy}{\sqrt{1-e^{-2y}}} = \pm dx$,积分得 $\displaystyle\int\dfrac{d(e^y)}{\sqrt{(e^y)^2-1}} = \pm\int dx$,即

$$\ln(e^y + \sqrt{e^{2y}-1}) = \pm x + C_2.$$

由 $y|_{x=0} = 0$ 得 $C_2 = 0$,解得 $e^y = \dfrac{e^{-x}+e^x}{2}$,故特解为 $y = \ln\dfrac{e^{-x}+e^x}{2}$.

4.试求 $y'' = x$ 的经过点 $M(0,1)$ 且在此点与直线 $y = \dfrac{x}{2}+1$ 相切的积分曲线.

解 因为所求曲线经过点 $M(0,1)$ 且在该点与直线 $y = \dfrac{x}{2}+1$ 切线相同,所以

$$y(0) = 1, y'(0) = \dfrac{1}{2},$$

由 $y'' = x$ 得 $y' = \dfrac{x^2}{2}+C_1$,从而 $y = \dfrac{x^3}{6}+C_1 x+C_2$,

由 $y(0) = 1, y'(0) = \dfrac{1}{2}$ 得 $C_1 = \dfrac{1}{2}, C_2 = 1$,所求的积分曲线为 $y = \dfrac{x^3}{6}+\dfrac{x}{2}+1$.

5.设有一质量为 m 的物体在空中由静止开始下落,如果空气阻力 $R = cv$(其中 c 为常数,v 为物体运动的速度),试求物体下落的距离 s 与时间 t 函数关系.

解 由牛顿第二定律得

$$ma = mg - cv,\text{即 } m\dfrac{d^2 s}{dt^2} + c\dfrac{ds}{dt} = mg,$$

令 $\dfrac{ds}{dt} = v$,则 $\dfrac{d^2 s}{dt^2} = \dfrac{dv}{dt}$,原方程化为 $m\dfrac{dv}{dt} + cv = mg$,

解得 $v = \left(\int g e^{\int \frac{c}{m}dt} dt + C_1\right) e^{-\int \frac{c}{m}dt} = e^{-\frac{c}{m}t}\left(\dfrac{mg}{c} e^{\frac{c}{m}t} + C_1\right)$,即 $v = C_1 e^{-\frac{c}{m}t} + \dfrac{mg}{c}$,

由 $v(0) = 0$ 得 $C_1 = -\dfrac{mg}{c}$,从而 $v(t) = \dfrac{mg}{c}(1 - e^{-\frac{c}{m}t})$,

积分得 $s = \dfrac{mg}{c}\left(t + \dfrac{m}{c} e^{-\frac{c}{m}t}\right) + C_2$,由 $s|_{t=0} = 0$ 得 $C_2 = -\dfrac{m^2 g}{c^2}$,

故物体下落的距离 s 与时间 t 的函数关系为

$$s = \dfrac{mg}{c}t + \dfrac{m^2 g}{c^2}(e^{-\frac{c}{m}t} - 1).$$

第六节　高阶线性微分方程

▶ **期末高分必备知识**

一、高阶线性微分方程的基本概念

1.高阶齐次线性微分方程

形如

$$y^{(n)} + a_{n-1}(x) y^{(n-1)} + \cdots + a_1(x) y' + a_0(x) y = 0 \tag{1}$$

的方程称为 n 阶齐次线性微分方程.

2.高阶齐次线性微分方程

形如

$$y^{(n)} + a_{n-1}(x) y^{(n-1)} + \cdots + a_1(x) y' + a_0(x) y = f(x) \tag{2}$$

的方程称为 n 阶非齐次线性微分方程.

若 $f(x) = f_1(x) + f_2(x)$,则(2)可拆成两个非齐次线性微分方程:

$$y^{(n)} + a_{n-1}(x) y^{(n-1)} + \cdots + a_1(x) y' + a_0(x) y = f_1(x) \tag{3}$$

和

$$y^{(n)}+a_{n-1}(x)y^{(n-1)}+\cdots+a_1(x)y'+a_0(x)y=f_2(x). \tag{4}$$

二、线性微分方程解的结构

1. 若 $\varphi_1(x),\varphi_2(x),\cdots,\varphi_s(x)$ 为方程(1)的一组解,则 $k_1\varphi_1(x)+k_2\varphi_2(x)+\cdots+k_s\varphi_s(x)(k_1,k_2,\cdots,k_s$ 为任意常数)为方程(1)的解.

2. 若 $\varphi_1(x),\varphi_2(x),\cdots,\varphi_s(x)$ 为方程(2)的一组解,则

(1) $k_1\varphi_1(x)+k_2\varphi_2(x)+\cdots+k_s\varphi_s(x)$ 为方程(1)的解的充要条件是 $k_1+k_2+\cdots+k_s=0$;

(2) $k_1\varphi_1(x)+k_2\varphi_2(x)+\cdots+k_s\varphi_s(x)$ 为方程(2)的解的充要条件是 $k_1+k_2+\cdots+k_s=1$.

3. 若 $\varphi_1(x),\varphi_2(x)$ 分别为方程(1)和方程(2)的解,则 $\varphi_1(x)+\varphi_2(x)$ 为方程(2)的解.

4. 若 $\varphi_1(x),\varphi_2(x)$ 为方程(2)的两个解,则 $\varphi_2(x)-\varphi_1(x)$ 为方程(1)的解.

5. 若 $\varphi_1(x),\varphi_2(x)$ 为方程(3)和方程(4)的解,则 $\varphi_1(x)+\varphi_2(x)$ 为方程(2)的解.

▶ **60分必会题型**

题型:线性微分方程解的结构的命题

例 设 $\varphi_1(x),\varphi_2(x)$ 为非齐次线性方程组 $y''+a(x)y'+b(x)y=f(x)$ 的两个解,若函数 $k\varphi_1(x)+l\varphi_2(x)$ 为非齐次线性微分方程 $y''+a(x)y'+b(x)y=f(x)$ 的解,而函数 $k\varphi_1(x)-l\varphi_2(x)$ 为齐次线性微分方程 $y''+a(x)y'+b(x)y=0$ 的解,求 k,l.

解 由线性微分方程解的结构得 $\begin{cases} k+l=1, \\ k-l=0 \end{cases}$ 解得 $k=l=\dfrac{1}{2}$.

▶ **同济八版教材 ▶ 习题解答**

习题 7-6 高阶线性微分方程

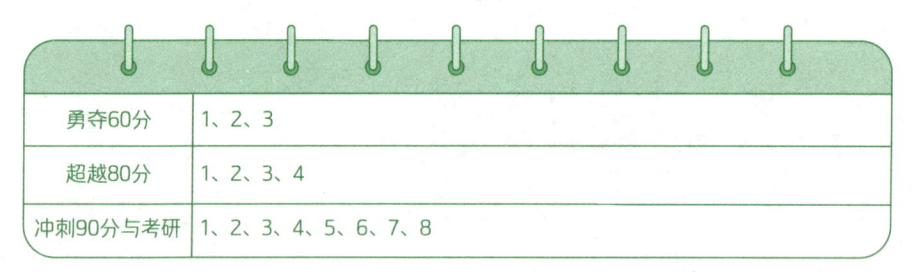

勇夺60分	1、2、3
超越80分	1、2、3、4
冲刺90分与考研	1、2、3、4、5、6、7、8

1. 下列函数组在其定义区间内哪些是线性无关的?

(1) x,x^2; (2) $x,2x$; (3) $e^{2x},3e^{2x}$; (4) e^{-x},e^x; (5) $\cos 2x,\sin 2x$;

(6) e^{x^2},xe^{x^2}; (7) $\sin 2x,\cos x\sin x$; (8) $e^x\cos 2x,e^x\sin 2x$;

(9) $\ln x,x\ln x$; (10) $e^{ax},e^{bx}(a\neq b)$.

解 两个函数线性无关的充要条件是两个函数不成比例,两个函数线性相关的充要条件是两个函数成比例,故(1),(4),(5),(6),(8),(9),(10) 的两个函数线性无关,(2),(3),(7) 的两个函数线性相关.

2. 验证 $y_1=\cos\omega x$ 及 $y_2=\sin\omega x$ 都是方程 $y''+\omega^2 y=0$ 的解,并写出该方程的通解.

解 $y_1'=-\omega\sin\omega x, y_1''=-\omega^2\cos\omega x,$ 显然 $y_1''+\omega^2 y_1=0,$

$y_2'=\omega\cos\omega x, y_2''=-\omega^2\sin\omega x,$ 显然 $y_2''+\omega^2 y_2=0,$

则 y_1,y_2 都是方程 $y''+\omega^2 y=0$ 的两个解,

因为 y_1,y_2 为方程的两个线性无关解,所以方程的通解为 $y=C_1\cos\omega x+C_2\sin\omega x.$

3. 验证 $y_1=e^{x^2}$ 及 $y_2=xe^{x^2}$ 都是方程 $y''-4xy'+(4x^2-2)y=0$ 的解,并写出该方程的通解.

解 $y_1'=2xe^{x^2}, y_1''=2e^{x^2}+4x^2 e^{x^2},$

因为 $y_1''-4xy_1'+(4x^2-2)y_1=2e^{x^2}+4x^2 e^{x^2}-8x^2 e^{x^2}+(4x^2-2)e^{x^2}=0,$ 所以 $y_1=e^{x^2}$ 为方

第七章 微分方程

程的解；

$y_2' = e^{x^2} + 2x^2 e^{x^2}, y_2'' = 6x e^{x^2} + 4x^3 e^{x^2}$,

因为 $y_2'' - 4x y_2' + (4x^2 - 2) y_2 = 6x e^{x^2} + 4x^3 e^{x^2} - 4x e^{x^2} - 8x^3 e^{x^2} + (4x^2 - 2) x e^{x^2} = 0$，所以 $y_2 = x e^{x^2}$ 为方程的解，

因为 y_1, y_2 线性无关，所以原方程的通解为 $y = (C_1 + C_2 x) e^{x^2}$.

4. 验证：

(1) $y = C_1 e^x + C_2 e^{2x} + \frac{1}{12} e^{5x}$ (C_1, C_2 是任意常数) 是方程 $y'' - 3y' + 2y = e^{5x}$ 的通解；

(2) $y = C_1 \cos 3x + C_2 \sin 3x + \frac{1}{32}(4x \cos x + \sin x)$ (C_1, C_2 是任意常数) 是方程 $y'' + 9y = x \cos x$ 的通解；

(3) $y = C_1 x^2 + C_2 x^2 \ln x$ (C_1, C_2 是任意常数) 是方程 $x^2 y'' - 3x y' + 4y = 0$ 的通解；

(4) $y = C_1 x^5 + \frac{C_2}{x} - \frac{x^2}{9} \ln x$ (C_1, C_2 是任意常数) 是方程 $x^2 y'' - 3x y' - 5y = x^2 \ln x$ 的通解；

(5) $y = \frac{1}{x}(C_1 e^x + C_2 e^{-x}) + \frac{e^x}{2}$ (C_1, C_2 是任意常数) 是方程 $xy'' + 2y' - xy = e^x$ 的通解；

(6) $y = C_1 e^x + C_2 e^{-x} + C_3 \cos x + C_4 \sin x - x^2$ (C_1, C_2, C_3, C_4 是任意常数) 是方程 $y^{(4)} - y = x^2$ 的通解.

解 (1) 令 $y_1 = e^x, y_2 = e^{2x}, y_0 = \frac{1}{12} e^{5x}$,

由 $y_1'' - 3y_1' + 2y_1 = e^x - 3e^x + 2e^x = 0, y_2'' - 3y_2' + 2y_2 = 4e^{2x} - 6e^{2x} + 2e^{2x} = 0$ 可验证 $y_1 = e^x$, $y_2 = e^{2x}$ 是齐次线性微分方程 $y'' - 3y' + 2y = 0$ 的两个线性无关解，

因为 $y_0'' - 3y_0' + 2y_0 = \frac{25 - 15 + 2}{12} e^{5x} = e^{5x}$,

即 $y_0 = \frac{1}{12} e^{5x}$ 为非齐次线性微分方程 $y'' + 3y' + 2y = e^{5x}$ 的特解，

故 $y = C_1 e^x + C_2 e^{2x} + \frac{1}{12} e^{5x}$ 为非齐次线性微分方程 $y'' - 3y' + 2y = e^{5x}$ 的通解.

(2) 令 $y_1 = \cos 3x, y_2 = \sin 3x, y_0 = \frac{1}{32}(4x \cos x + \sin x)$,

由 $y_1'' + 9y_1 = -9 \cos 3x + 9 \cos 3x = 0, y_2'' + 9y_2 = -9 \sin 3x + 9 \sin 3x = 0$ 可验证 $y_1 = \cos 3x$, $y_2 = \sin 3x$ 为二阶齐次线性微分方程 $y'' + 9y = 0$ 的两个线性无关解，

又 $y_0'' + 9y_0 = x \cos x$，即 $y_0 = \frac{1}{32}(4x \cos x + \sin x)$ 为二阶非齐次线性微分方程 $y'' + 9y = x \cos x$ 的特解，故 $y = C_1 \cos 3x + C_2 \sin 3x + \frac{1}{32}(4x \cos x + \sin x)$ 为二阶非齐次线性微分方程 $y'' + 9y = x \cos x$ 的通解.

(3) 令 $y_1 = x^2, y_2 = x^2 \ln x$,

由 $x^2 y_1'' - 3x y_1' + 4y_1 = 0, x^2 y_2'' - 3x y_2' + 4y_2 = 0$ 得

$y_1 = x^2, y_2 = x^2 \ln x$ 为微分方程 $x^2 y'' - 3x y' + 4y = 0$ 的两个线性无关解，

故 $y = C_1 x^2 + C_2 x^2 \ln x$ 为微分方程 $x^2 y'' - 3x y' + 4y = 0$ 的通解.

(4) 令 $y_1 = x^5, y_2 = \frac{1}{x}, y_0 = -\frac{x^2}{9} \ln x$,

299

由 $x^2y_1''-3xy_1'-5y_1=20x^5-15x^5-5x^5=0$，$x^2y_2''-3xy_2'-5y_2=\dfrac{2}{x}+\dfrac{3}{x}-\dfrac{5}{x}=0$ 可验证 $y_1=x^5$，$y_2=\dfrac{1}{x}$ 为微分方程 $x^2y''-3xy'-5y=0$ 的两个线性无关解，

又 $x^2y_0''-3xy_0'-5y_0=x^2\ln x$，即 $y_0=-\dfrac{x^2}{9}\ln x$ 为 $x^2y''-3xy'-5y=x^2\ln x$ 的特解，

故 $y=C_1x^5+\dfrac{C_2}{x}-\dfrac{x^2}{9}\ln x$ 为方程 $x^2y''-3xy'-5y=x^2\ln x$ 的通解.

(5) 令 $y_1=\dfrac{\mathrm{e}^x}{x}$，$y_2=\dfrac{\mathrm{e}^{-x}}{x}$，$y_0=\dfrac{\mathrm{e}^x}{2}$，

由 $xy_1''+2y_1'-xy_1=x\left(\dfrac{1}{x}-\dfrac{2}{x^2}+\dfrac{2}{x^3}\right)\mathrm{e}^x+2\left(\dfrac{1}{x}-\dfrac{1}{x^2}\right)\mathrm{e}^x-x\cdot\dfrac{\mathrm{e}^x}{x}=0$，$xy_2''+2y_2'-xy_2=x\left(\dfrac{1}{x}+\dfrac{2}{x^2}+\dfrac{2}{x^3}\right)\mathrm{e}^{-x}+2\left(-\dfrac{1}{x}-\dfrac{1}{x^2}\right)\mathrm{e}^{-x}-x\cdot\dfrac{\mathrm{e}^{-x}}{x}=0$ 可验证 $y_1=\dfrac{\mathrm{e}^x}{x}$，$y_2=\dfrac{\mathrm{e}^{-x}}{x}$ 为微分方程 $xy''+2y'-xy=0$ 的两个线性无关解，

又 $xy_0''+2y_0'-xy_0=\mathrm{e}^x$，即 $y_0=\dfrac{\mathrm{e}^x}{2}$ 为 $xy''+2y'-xy=\mathrm{e}^x$ 的特解，

故 $y=\dfrac{1}{x}(C_1\mathrm{e}^x+C_2\mathrm{e}^{-x})+\dfrac{\mathrm{e}^x}{2}$ 为微分方程 $xy''+2y'-xy=\mathrm{e}^x$ 的通解.

(6) 令 $y_1=\mathrm{e}^x$，$y_2=\mathrm{e}^{-x}$，$y_3=\cos x$，$y_4=\sin x$，$y_0=-x^2$，

由 $y_1^{(4)}-y_1=\mathrm{e}^x-\mathrm{e}^x=0$，$y_2^{(4)}-y_2=\mathrm{e}^{-x}-\mathrm{e}^{-x}=0$，$y_3^{(4)}-y_3=\cos x-\cos x=0$，$y_4^{(4)}-y_4=\sin x-\sin x=0$ 可验证 $y_1=\mathrm{e}^x$，$y_2=\mathrm{e}^{-x}$，$y_3=\cos x$，$y_4=\sin x$ 为 $y^{(4)}-y=0$ 的四个线性无关解，

又 $y_0^{(4)}-y_0=x^2$，即 $y_0=-x^2$ 为微分方程 $y^{(4)}-y=x^2$ 的特解，

故 $y=C_1\mathrm{e}^x+C_2\mathrm{e}^{-x}+C_3\cos x+C_4\sin x-x^2$ 为 $y^{(4)}-y=x^2$ 的通解.

*5. 已知 $y_1(x)=\mathrm{e}^x$ 是齐次线性方程
$$(2x-1)y''-(2x+1)y'+2y=0$$
的一个解，求此方程的通解.

解 设 $y_2(x)=y_1(x)u=u\mathrm{e}^x$ 为方程的另一个解，代入方程得

$(2x-1)u''+(2x-3)u'=0$ 或 $(u')'+\left(1-\dfrac{2}{2x-1}\right)u'=0$，解得

$u'=C_0\mathrm{e}^{-\int\left(1-\frac{2}{2x-1}\right)\mathrm{d}x}=C_0(2x-1)\mathrm{e}^{-x}$，取 $C_0=1$，则 $u'=(2x-1)\mathrm{e}^{-x}$，

于是 $u=\int(2x-1)\mathrm{e}^{-x}\mathrm{d}x+C=-(2x+1)\mathrm{e}^{-x}+C$，

取 $C=0$，则 $u=-(2x+1)\mathrm{e}^{-x}$，$y_2=-(2x+1)$，

方程的通解为 $y=C_1\mathrm{e}^x+C_2(2x+1)$.

*6. 已知 $y_1(x)=x$ 是齐次线性方程 $x^2y''-2xy'+2y=0$ 的一个解，求非齐次线性方程 $x^2y''-2xy'+2y=2x^3$ 的通解.

解 设 $y_2=y_1u=xu$ 为齐次线性方程的解，代入得 $u''=0$，

取 $u=x$，显然 $y_1=x$，$y_2=x^2$ 为齐次线性方程的两个线性无关解；

非齐次线性方程化为 $y''-\dfrac{2}{x}y'+\dfrac{2}{x^2}y=2x$，

$f=2x$，$w=\begin{vmatrix}y_1&y_2\\y_1'&y_2'\end{vmatrix}=x^2$，则原方程的通解为

$$y = C_1 x + C_2 x^2 - y_1 \int \frac{y_2 f}{w} dx + y_2 \int \frac{y_1 f}{w} dx = C_1 x + C_2 x^2 + x^3.$$

*7.已知齐次线性方程 $y'' + y = 0$ 的通解为 $Y(x) = C_1 \cos x + C_2 \sin x$,求非齐次线性方程 $y'' + y = \sec x$ 的通解.

解 $y_1 = \cos x, y_2 = \sin x$ 为齐次线性方程的两个线性无关解;

$$f = \sec x, w = \begin{vmatrix} y_1 & y_2 \\ y_1' & y_2' \end{vmatrix} = 1,\text{则原方程的通解为}$$

$$y = C_1 \cos x + C_2 \sin x - y_1 \int \frac{y_2 f}{w} dx + y_2 \int \frac{y_1 f}{w} dx$$

$$= C_1 \cos x + C_2 \sin x + \cos x \ln|\cos x| + x \sin x.$$

*8.已知齐次线性方程 $x^2 y'' - xy' + y = 0$ 的通解为 $Y(x) = C_1 x + C_2 x \ln|x|$,求非齐次线性方程 $x^2 y'' - xy' + y = x$ 的通解.

解 显然 $y_1 = x, y_2 = x \ln|x|$ 为齐次线性方程的两个线性无关的特解;

非齐次线性方程化为 $y'' - \frac{1}{x} y' + \frac{1}{x^2} y = \frac{1}{x}, f = \frac{1}{x}, w = \begin{vmatrix} y_1 & y_2 \\ y_1' & y_2' \end{vmatrix} = x$,原方程的通解为

$$y = C_1 x + C_2 x \ln|x| - y_1 \int \frac{y_2 f}{w} dx + y_2 \int \frac{y_1 f}{w} dx$$

$$= C_1 x + C_2 x \ln|x| + \frac{x}{2} \ln^2|x|.$$

第七节　常系数齐次线性微分方程

▶ 期末高分必备知识

一、二阶常系数齐次线性微分方程及通解

（一）基本概念

形如 $y'' + py' + qy = 0$（其中 p, q 为常数）,称为二阶常系数齐次线性微分方程,方程 $\lambda^2 + p\lambda + q = 0$ 称为特征方程.

（二）二阶常系数齐次线性微分方程的通解

设特征方程 $\lambda^2 + p\lambda + q = 0$ 的特征值为 λ_1, λ_2,则通解如下:

判别式	特征值	通解形式
$\Delta = p^2 - 4q > 0$	两个不相等的实根即为特征值 $\lambda_1 \neq \lambda_2$	$y = C_1 e^{\lambda_1 x} + C_2 e^{\lambda_2 x}$
$\Delta = p^2 - 4q = 0$	两个相等的实根即为特征值 $\lambda_1 = \lambda_2$	$y = (C_1 + C_2 x) e^{\lambda_1 x}$
$\Delta = p^2 - 4q < 0$	一对共轭的虚根即为特征值 $\lambda_{1,2} = \alpha \pm i\beta$	$y = e^{\alpha x}(C_1 \cos \beta x + C_2 \sin \beta x)$

二、三阶常系数齐次线性微分方程及通解

（一）基本概念

形如 $y''' + py'' + qy' + ry = 0$（其中 p, q, r 为常数）,称为三阶常系数齐次线性微分方程,方程 $\lambda^3 + p\lambda^2 + q\lambda + r = 0$ 称为特征方程.

（二）三阶常系数齐次线性微分方程的通解

设特征方程 $\lambda^3 + p\lambda^2 + q\lambda + r = 0$ 的特征值为 $\lambda_1, \lambda_2, \lambda_3$,则通解如下:

特征值的情形	通解形式
特征值 $\lambda_1, \lambda_2, \lambda_3$ 都是实根且互不相等	$y = C_1 e^{\lambda_1 x} + C_2 e^{\lambda_2 x} + C_3 e^{\lambda_3 x}$
特征值 $\lambda_1, \lambda_2, \lambda_3$ 都是实根且 $\lambda_1 = \lambda_2 \neq \lambda_3$	$y = (C_1 + C_2 x) e^{\lambda_1 x} + C_3 e^{\lambda_3 x}$
特征值 $\lambda_1, \lambda_2, \lambda_3$ 都是实根且 $\lambda_1 = \lambda_2 = \lambda_3$	$y = (C_1 + C_2 x + C_3 x^2) e^{\lambda_1 x}$
特征值 λ_1 为实根, $\lambda_{2,3} = \alpha \pm i\beta$ 为一对共轭的虚根	$y = C_1 e^{\lambda_1 x} + e^{\alpha x}(C_2 \cos \beta x + C_3 \sin \beta x)$

▶ 60分必会题型

题型一：求解二阶常系数齐次线性微分方程

例1 求微分方程 $y'' - y' - 6y = 0$ 的通解.

解 特征方程为 $\lambda^2 - \lambda - 6 = 0$, 特征值为 $\lambda_1 = -2, \lambda_2 = 3$, 通解为 $y = C_1 e^{-2x} + C_2 e^{3x}$.

例2 求微分方程 $y'' - 6y' + 9y = 0$ 的通解.

解 特征方程为 $\lambda^2 - 6\lambda + 9 = 0$, 特征值为 $\lambda_1 = \lambda_2 = 3$, 通解为 $y = (C_1 + C_2 x) e^{3x}$.

例3 求微分方程 $y'' - 2y' + 2y = 0$ 的通解.

解 特征方程为 $\lambda^2 - 2\lambda + 2 = 0$, 特征值为 $\lambda_1 = 1 + i, \lambda_2 = 1 - i$, 通解为 $y = e^x(C_1 \cos x + C_2 \sin x)$.

题型二：微分方程的反问题

例 求以 $y = 3e^x + e^{-3x}$ 为特解的二阶常系数齐次线性微分方程.

解 显然特征值为 $\lambda_1 = 1, \lambda_2 = -3$, 特征方程为 $(\lambda - 1)(\lambda + 3) = 0$, 即 $\lambda^2 + 2\lambda - 3 = 0$, 故所求的微分方程为 $y'' + 2y' - 3y = 0$.

同济八版教材 ▶ 习题解答

习题 7-7 常系数齐次线性微分方程

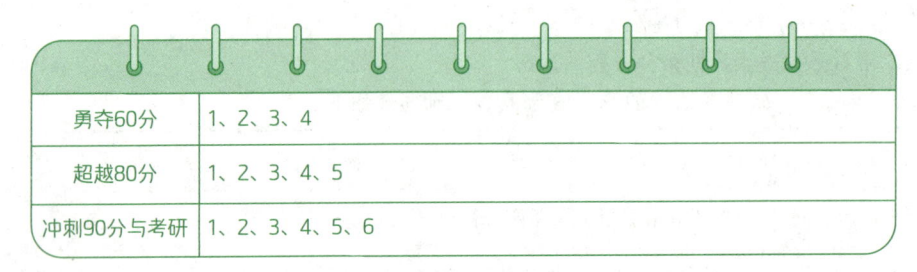

勇夺60分	1、2、3、4
超越80分	1、2、3、4、5
冲刺90分与考研	1、2、3、4、5、6

1. 下题中给出了四个结论，从中选一个正确的结论：

在下列微分方程中，以 $y = C_1 e^{-x} + C_2 \cos x + C_3 \sin x$ (C_1, C_2, C_3 为任意常数) 为通解的常系数齐次线性微分方程是( ).

(A) $y''' + y'' - y' - y = 0$ (B) $y''' + y'' + y' + y = 0$

(C) $y''' - y'' - y' + y = 0$ (D) $y''' - y'' - y' - y = 0$

解 显然三阶常系数齐次线性微分方程的特征值为 $\lambda_1 = -1, \lambda_2 = i, \lambda_3 = -i$, 特征方程为 $(\lambda + 1)(\lambda - i)(\lambda + i) = 0$, 即 $\lambda^3 + \lambda^2 + \lambda + 1 = 0$, 微分方程为 $y''' + y'' + y' + y = 0$, 应选(B).

2. 求下列微分方程的通解：

(1) $y'' + y' - 2y = 0$;   (2) $y'' - 4y' = 0$;

(3) $y'' + y = 0$;   (4) $y'' + 6y' + 13y = 0$;

(5) $4\dfrac{d^2 x}{dt^2} - 20\dfrac{dx}{dt} + 25x = 0$;　　　　　(6) $y'' - 4y' + 5y = 0$;

(7) $y^{(4)} - y = 0$;　　　　　　　　　　　(8) $y^{(4)} + 2y'' + y = 0$;

(9) $y^{(4)} - 2y''' + y'' = 0$;　　　　　　　(10) $y^{(4)} + 5y'' - 36y = 0$.

解 (1) 特征方程为 $\lambda^2 + \lambda - 2 = 0$,特征值为 $\lambda_1 = -2, \lambda_2 = 1$.

方程的通解为 $y = C_1 e^{-2x} + C_2 e^x$.

(2) 特征方程为 $\lambda^2 - 4\lambda = 0$,特征值为 $\lambda_1 = 0, \lambda_2 = 4$.

方程的通解为 $y = C_1 + C_2 e^{4x}$.

(3) 特征方程为 $\lambda^2 + 1 = 0$,特征值为 $\lambda_1 = -i, \lambda_2 = i$.

方程的通解为 $y = C_1 \cos x + C_2 \sin x$.

(4) 特征方程为 $\lambda^2 + 6\lambda + 13 = 0$,特征值为 $\lambda_1 = -3 + 2i, \lambda_2 = -3 - 2i$.

方程的通解为 $y = e^{-3x}(C_1 \cos 2x + C_2 \sin 2x)$.

(5) 特征方程为 $4\lambda^2 - 20\lambda + 25 = 0$,特征值为 $\lambda_1 = \lambda_2 = \dfrac{5}{2}$.

方程的通解为 $x = (C_1 + C_2 t) e^{\frac{5t}{2}}$.

(6) 特征方程为 $\lambda^2 - 4\lambda + 5 = 0$,特征值为 $\lambda_1 = 2 + i, \lambda_2 = 2 - i$.

方程的通解为 $y = e^{2x}(C_1 \cos x + C_2 \sin x)$.

(7) 特征方程为 $\lambda^4 - 1 = 0$,特征值为 $\lambda_1 = -1, \lambda_2 = 1, \lambda_3 = -i, \lambda_4 = i$.

方程的通解为 $y = C_1 e^{-x} + C_2 e^x + C_3 \cos x + C_4 \sin x$.

(8) 特征方程为 $\lambda^4 + 2\lambda^2 + 1 = 0$,特征值为 $\lambda_{1,2} = -i, \lambda_{3,4} = i$.

方程的通解为 $y = (C_1 + C_2 x)\cos x + (C_3 + C_4 x)\sin x$.

(9) 特征方程为 $\lambda^4 - 2\lambda^3 + \lambda^2 = 0$,特征值为 $\lambda_{1,2} = 0, \lambda_3 = \lambda_4 = 1$.

方程的通解为 $y = C_1 + C_2 x + (C_3 + C_4 x) e^x$.

(10) 特征方程为 $\lambda^4 + 5\lambda^2 - 36 = 0$,特征值为 $\lambda_1 = 3i, \lambda_2 = -3i, \lambda_3 = -2, \lambda_4 = 2$.

方程的通解为 $y = C_1 \cos 3x + C_2 \sin 3x + C_3 e^{-2x} + C_4 e^{2x}$.

3. 求下列微分方程满足所给初值条件的特解:

(1) $y'' - 4y' + 3y = 0, y|_{x=0} = 6, y'|_{x=0} = 10$;

(2) $4y'' + 4y' + y = 0, y|_{x=0} = 2, y'|_{x=0} = 0$;

(3) $y'' - 3y' - 4y = 0, y|_{x=0} = 0, y'|_{x=0} = -5$;

(4) $y'' + 4y' + 29y = 0, y|_{x=0} = 0, y'|_{x=0} = 15$;

(5) $y'' + 25y = 0, y|_{x=0} = 2, y'|_{x=0} = 5$;

(6) $y'' - 4y' + 13y = 0, y|_{x=0} = 0, y'|_{x=0} = 3$.

解 (1) 特征方程为 $\lambda^2 - 4\lambda + 3 = 0$,特征值为 $\lambda_1 = 1, \lambda_2 = 3$.

方程的通解为 $y = C_1 e^x + C_2 e^{3x}$.

由 $y(0) = 6, y'(0) = 10$ 得 $\begin{cases} C_1 + C_2 = 6, \\ C_1 + 3C_2 = 10, \end{cases}$ 解得 $C_1 = 4, C_2 = 2$.

所求的特解为 $y = 4e^x + 2e^{3x}$.

(2) 特征方程为 $4\lambda^2 + 4\lambda + 1 = 0$,特征值为 $\lambda_1 = \lambda_2 = -\dfrac{1}{2}$.

方程的通解为 $y = (C_1 + C_2 x) e^{-\frac{1}{2}x}$.

由 $y(0) = 2, y'(0) = 0$ 得 $\begin{cases} C_1 = 2, \\ -\dfrac{1}{2}C_1 + C_2 = 0, \end{cases}$ 解得 $C_1 = 2, C_2 = 1$.

所求的特解为 $y = (x+2)e^{-\frac{1}{2}x}$.

(3) 特征方程为 $\lambda^2 - 3\lambda - 4 = 0$,特征值为 $\lambda_1 = -1, \lambda_2 = 4$.

方程的通解为 $y = C_1 e^{-x} + C_2 e^{4x}$.

由 $y(0) = 0, y'(0) = -5$ 得 $\begin{cases} C_1 + C_2 = 0, \\ -C_1 + 4C_2 = -5, \end{cases}$ 解得 $C_1 = 1, C_2 = -1$.

所求的特解为 $y = e^{-x} - e^{4x}$.

(4) 特征方程为 $\lambda^2 + 4\lambda + 29 = 0$,特征值为 $\lambda_1 = -2 - 5i, \lambda_2 = -2 + 5i$.

方程的通解为 $y = e^{-2x}(C_1 \cos 5x + C_2 \sin 5x)$.

由 $y(0) = 0, y'(0) = 15$ 得 $\begin{cases} C_1 = 0, \\ -2C_1 + 5C_2 = 15, \end{cases}$ 解得 $C_1 = 0, C_2 = 3$,所求的特解为 $y = 3e^{-2x} \sin 5x$.

(5) 特征方程为 $\lambda^2 + 25 = 0$,特征值为 $\lambda_1 = -5i, \lambda_2 = 5i$.

方程的通解为 $y = C_1 \cos 5x + C_2 \sin 5x$.

由 $y(0) = 2, y'(0) = 5$ 得 $\begin{cases} C_1 = 2, \\ 5C_2 = 5, \end{cases}$ 解得 $C_1 = 2, C_2 = 1$.

所求的特解为 $y = 2\cos 5x + \sin 5x$.

(6) 特征方程为 $\lambda^2 - 4\lambda + 13 = 0$,特征值为 $\lambda_1 = 2 - 3i, \lambda_2 = 2 + 3i$.

方程的通解为 $y = e^{2x}(C_1 \cos 3x + C_2 \sin 3x)$.

由 $y(0) = 0, y'(0) = 3$ 得 $\begin{cases} C_1 = 0, \\ 2C_1 + 3C_2 = 3, \end{cases}$ 解得 $C_1 = 0, C_2 = 1$.

所求的特解为 $y = e^{2x} \sin 3x$.

4. 一个单位质量的质点在数轴上运动,开始时质点在原点 O 处且速度为 v_0,在运动过程中,它受到一个力的作用,这个力的大小与质点到原点的距离成正比(比例系数 $k_1 > 0$),而方向与初速度一致. 又介质的阻力与速度成正比(比例系数 $k_2 > 0$). 求反映这质点的运动规律的函数.

解 设 t 时刻物体位置为 $x(t)$,由题意得

$$\frac{d^2 x}{dt^2} = k_1 x - k_2 \frac{dx}{dt}, \text{即} \frac{d^2 x}{dt^2} + k_2 \frac{dx}{dt} - k_1 x = 0,$$

特征方程为 $\lambda^2 + k_2 \lambda - k_1 = 0$,特征值为 $\lambda_1 = \dfrac{-k_2 + \sqrt{k_2^2 + 4k_1}}{2}, \lambda_2 = \dfrac{-k_2 - \sqrt{k_2^2 + 4k_1}}{2}$,

通解为 $x = C_1 e^{\lambda_1 t} + C_2 e^{\lambda_2 t}$,

由初始条件 $x|_{t=0} = 0, x'|_{t=0} = v_0$ 得 $\begin{cases} C_1 + C_2 = 0, \\ \lambda_1 C_1 + \lambda_2 C_2 = v_0. \end{cases}$

解得 $\begin{cases} C_1 = \dfrac{v_0}{\sqrt{k_2^2 + 4k_1}}, \\ C_2 = -\dfrac{v_0}{\sqrt{k_2^2 + 4k_1}}. \end{cases}$

故 $x = \dfrac{v_0}{\sqrt{k_2^2 + 4k_1}} \left(e^{\frac{-k_2 + \sqrt{k_2^2 + 4k_1}}{2} t} - e^{\frac{-k_2 - \sqrt{k_2^2 + 4k_1}}{2} t} \right)$.

5. 在图 7-1 所示的电路中先将开关 S 拨向 A,达到稳定状态后再将开关 S 拨向 B,求电压 $u_C(t)$ 及电流 $i(t)$. 已知 $E = 20 \text{ V}, C = 0.5 \times 10^{-6} \text{ F}, L = 0.1 \text{ H}, R = 2\,000 \text{ Ω}$.

解 由电路原理得 $L \dfrac{di}{dt} + Ri + \dfrac{q}{C} = 0$,

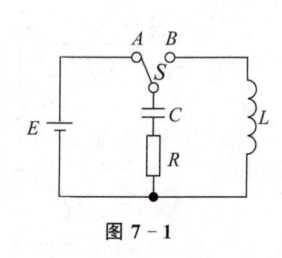

图 7-1

由 $q = Cu_C, i = \dfrac{\mathrm{d}q}{\mathrm{d}t} = C\dfrac{\mathrm{d}u_C}{\mathrm{d}t}$ 得 $\dfrac{\mathrm{d}i}{\mathrm{d}t} = C\dfrac{\mathrm{d}^2 u_C}{\mathrm{d}t^2}$，则原方程化为

$$LC\dfrac{\mathrm{d}^2 u_C}{\mathrm{d}t^2} + RC\dfrac{\mathrm{d}u_C}{\mathrm{d}t} + u_C = 0, \text{即} \dfrac{\mathrm{d}^2 u_C}{\mathrm{d}t^2} + \dfrac{R}{L}\dfrac{\mathrm{d}u_C}{\mathrm{d}t} + \dfrac{1}{LC}u_C = 0,$$

将已知条件代入得 $\dfrac{\mathrm{d}^2 u_C}{\mathrm{d}t^2} + 2 \times 10^4 \dfrac{\mathrm{d}u_C}{\mathrm{d}t} + 2 \times 10^7 u_C = 0$，

特征方程为 $\lambda^2 + 2 \times 10^4 \lambda + 2 \times 10^7 = 0$，特征值为 $\lambda_1 \approx -1.9 \times 10^4, \lambda_2 \approx -10^3$，

通解为 $u_C(t) = C_1 \mathrm{e}^{-1.9 \times 10^4 t} + C_2 \mathrm{e}^{-10^3 t}$，

由 $u_C|_{t=0} = 20, u_C'|_{t=0} = 0$ 得 $\begin{cases} C_1 + C_2 = 20, \\ -1.9 \times 10^4 C_1 - 10^3 C_2 = 0. \end{cases}$

解得 $C_1 = -\dfrac{10}{9}, C_2 = \dfrac{190}{9}$，

故 $u_C(t) = -\dfrac{10}{9}\mathrm{e}^{-1.9 \times 10^4 t} + \dfrac{190}{9}\mathrm{e}^{-10^3 t}$ (V)，

$i(t) = Cu_C' = \dfrac{19}{18} \times 10^{-2}(\mathrm{e}^{-1.9 \times 10^4 t} - \mathrm{e}^{-10^3 t})$ (A)。

6. 设圆柱形浮筒的底面直径为 0.5 m，将它铅直放在水中，当稍向下压后突然放开，浮筒在水中上下振动的周期为 2 s，求浮筒的质量。

解 建立坐标系，x 轴正向铅直向下，原点位于水面，t 时刻浮筒的位置为 $x(t)$，则

$$m\dfrac{\mathrm{d}^2 x}{\mathrm{d}t^2} = -1\,000 g \pi R^2 x,$$

令 $\dfrac{1\,000 g \pi R^2}{m} = \omega^2$，原方程写成 $\dfrac{\mathrm{d}^2 x}{\mathrm{d}t^2} + \omega^2 x = 0$，通解为 $x = C_1 \cos \omega t + C_2 \sin \omega t$，

振动周期 $T = \dfrac{2\pi}{\omega} = 2$，则 $\omega = \pi$，由 $\dfrac{1\,000 g \pi R^2}{m} = \pi^2$ 得 $m = \dfrac{1\,000 g R^2}{\pi} \approx 195$ (kg)。

第八节 常系数非齐次线性微分方程

▶ 期末高分必备知识

一、基本概念

已知 $y'' + py' + qy = 0$（其中 p, q 为常数）为二阶常系数齐次线性微分方程，称 $y'' + py' + qy = f(x)$（其中 p, q 为常数）为二阶常系数非齐次线性微分方程。

令

$$y'' + py' + qy = 0, \tag{1}$$

$$y'' + py' + qy = f(x), \tag{2}$$

方程 (2) 的通解即方程 (1) 的通解与方程 (2) 的一个特解之和。

二、二阶常系数非齐次线性微分方程的特解求法

（一）$f(x) = \mathrm{e}^{kx} P_n(x)$（其中 $P_n(x)$ 为 n 次多项式）

情形一：若 $\lambda_1 \neq k, \lambda_2 \neq k$

令特解为 $f_0(x) = (a_n x^n + \cdots + a_1 x + a_0)\mathrm{e}^{kx}$，代入原方程求出 $a_0, a_1, \cdots, a_n$ 即可得特解；

情形二：若 $\lambda_1 = k, \lambda_2 \neq k$

令特解为 $f_0(x) = x(a_n x^n + \cdots + a_1 x + a_0)\mathrm{e}^{kx}$，代入原方程求出 $a_0, a_1, \cdots, a_n$ 即可得特解；

情形三：若 $\lambda_1 = \lambda_2 = k$

令特解为 $f_0(x) = x^2(a_n x^n + \cdots + a_1 x + a_0)\mathrm{e}^{kx}$，代入原方程求出 $a_0, a_1, \cdots, a_n$ 即可得特解。

（二）$f(x) = \mathrm{e}^{\alpha x}[P_l(x)\cos \beta x + P_m(x)\sin \beta x]$（其中 $P_l(x), P_m(x)$ 为 l 次和 m 次多项式，令 $n = $

$\max\{l,m\}$)

情形一:$\alpha + i\beta$ 不是特征值

令特解为
$$f(x) = e^{\alpha x}[Q_n^{(1)}(x)\cos\beta x + Q_n^{(2)}(x)\sin\beta x],$$

其中 $Q_n^{(1)}(x), Q_n^{(2)}(x)$ 为两个系数待定的 n 次多项式,代入原方程求出系数即可求出特解;

情形二:$\alpha + i\beta$ 是特征值

令特解为
$$f(x) = xe^{\alpha x}[Q_n^{(1)}(x)\cos\beta x + Q_n^{(2)}(x)\sin\beta x],$$

其中 $Q_n^{(1)}(x), Q_n^{(2)}(x)$ 为两个系数待定的 n 次多项式,代入原方程求出系数即可求出特解.

▶ **60分必会题型**

题型一:求解非齐次线性微分方程

例1 求微分方程 $y'' - y' - 2y = (2x+3)e^x$ 的通解.

解 特征方程为 $\lambda^2 - \lambda - 2 = 0$,特征值为 $\lambda_1 = -1, \lambda_2 = 2$,
$y'' - y' - 2y = 0$ 的通解为 $y = C_1 e^{-x} + C_2 e^{2x}$;
令原方程的特解为 $y_0(x) = (ax+b)e^x$,代入原方程得 $a = -1, b = -2$,
原方程的通解为 $y = C_1 e^{-x} + C_2 e^{2x} - (x+2)e^x$.

例2 求微分方程 $y'' + y' - 2y = (2x+3)e^x$ 的通解.

解 特征方程为 $\lambda^2 + \lambda - 2 = 0$,特征值为 $\lambda_1 = 1, \lambda_2 = -2$,
$y'' + y' - 2y = 0$ 的通解为 $y = C_1 e^x + C_2 e^{-2x}$;
令原方程的特解为 $y_0(x) = x(ax+b)e^x = (ax^2+bx)e^x$,代入原方程得 $a = \frac{1}{3}, b = \frac{7}{9}$,原方程的通解为 $y = C_1 e^x + C_2 e^{-2x} + \left(\frac{1}{3}x^2 + \frac{7}{9}x\right)e^x$.

例3 求微分方程 $y'' - 2y' + y = (3x-2)e^x$ 的通解.

解 特征方程为 $\lambda^2 - 2\lambda + 1 = 0$,特征值为 $\lambda_1 = \lambda_2 = 1$,
$y'' - 2y' + y = 0$ 的通解为 $y = (C_1 + C_2 x)e^x$;
令原方程的特解为 $y_0(x) = x^2(ax+b)e^x = (ax^3+bx^2)e^x$,代入原方程得 $a = \frac{1}{2}, b = -1$,原方程的通解为 $y = (C_1 + C_2 x)e^x + \left(\frac{1}{2}x^3 - x^2\right)e^x$.

题型二:微分方程的反问题

例1 求以 $y = 3 + 2e^{2x}$ 为特解的二阶常系数齐次线性微分方程.

解 设所求的微分方程为 $y'' + py' + qy = 0$,
因为特征值为 $\lambda_1 = 0, \lambda_2 = 2$,所以特征方程为 $\lambda(\lambda-2) = 0$,即 $\lambda^2 - 2\lambda = 0$,
从而 $p = -2, q = 0$,故所求的微分方程为 $y'' - 2y' = 0$.

例2 求以 $y = e^x \sin 2x$ 为特解的二阶常系数齐次线性微分方程.

解 设所求的微分方程为 $y'' + py' + qy = 0$,
该微分方程的特征值为 $\lambda_1 = 1 + 2i, \lambda_2 = 1 - 2i$,
特征方程为 $(\lambda - 1 - 2i)(\lambda - 1 + 2i) = 0$,即 $\lambda^2 - 2\lambda + 5 = 0$,
所求的方程为 $y'' - 2y' + 5y = 0$.

例3 微分方程 $y'' - 3y' + 2y = 2e^x + \sin x$ 的特解形式为( ).

(A) $ax e^x + b\cos x + c\sin x$

(B)$ae^x + b\cos x + c\sin x$
(C)$ae^x + x(b\cos x + c\sin x)$
(D)$axe^x + x(b\cos x + c\sin x)$

解 特征方程为 $\lambda^2 - 3\lambda + 2 = 0$,特征值为 $\lambda_1 = 1, \lambda_2 = 2$,
$y'' - 3y' + 2y = 2e^x$ 的特解为 $y_1(x) = axe^x$;
$y'' - 3y' + 2y = \sin x$ 的特解为 $y_2(x) = b\cos x + c\sin x$,
故方程的特解形式为 $axe^x + b\cos x + c\sin x$,应选(A).

题型三:微积分方程

例 设 $f(x)$ 连续,且 $f(x) - \int_0^x tf(x-t)dt = e^x$,求 $f(x)$.

解 $\int_0^x tf(x-t)dt \xrightarrow{x-t=u} x\int_0^x f(u)du - \int_0^x uf(u)du$,

方程 $f(x) - \int_0^x tf(x-t)dt = e^x$ 化为 $f(x) - x\int_0^x f(u)du + \int_0^x uf(u)du = e^x$,

求导得 $f'(x) - \int_0^x f(u)du = e^x$,再求导得 $f''(x) - f(x) = e^x$,

对应齐次方程的特征方程为 $\lambda^2 - 1 = 0$,特征值为 $\lambda_1 = -1, \lambda_2 = 1$,

$f''(x) - f(x) = 0$ 的通解为 $f(x) = C_1 e^{-x} + C_2 e^x$,

$f''(x) - f(x) = e^x$ 的特解为 $f(x) = axe^x$,代入原方程得 $a = \dfrac{1}{2}$,

$f''(x) - f(x) = e^x$ 的通解为 $f(x) = C_1 e^{-x} + C_2 e^x + \dfrac{1}{2}xe^x$,

由 $f(0) = 1, f'(0) = 1$ 得 $C_1 = \dfrac{1}{4}, C_2 = \dfrac{3}{4}$,

故 $f(x) = \dfrac{1}{4}e^{-x} + \dfrac{3}{4}e^x + \dfrac{1}{2}xe^x$.

同济八版教材 ▶ 习题解答

习题 7-8 常系数非齐次线性微分方程

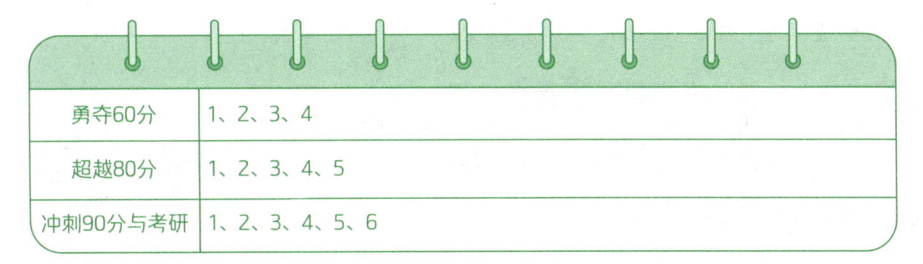

勇夺60分	1、2、3、4
超越80分	1、2、3、4、5
冲刺90分与考研	1、2、3、4、5、6

1.求下列各微分方程的通解:
(1)$2y'' + y' - y = 2e^x$;
(2)$y'' + a^2 y = e^x$;
(3)$2y'' + 5y' = 5x^2 - 2x - 1$;
(4)$y'' + 3y' + 2y = 3xe^{-x}$;
(5)$y'' - 2y' + 5y = e^x \sin 2x$;
(6)$y'' - 6y' + 9y = (x+1)e^{3x}$;
(7)$y'' + 5y' + 4y = 3 - 2x$;
(8)$y'' + 4y = x\cos x$;
(9)$y'' + y = e^x + \cos x$;
(10)$y'' - y = \sin^2 x$.

解 (1) 特征方程为 $2\lambda^2 + \lambda - 1 = 0$,特征值为 $\lambda_1 = -1, \lambda_2 = \dfrac{1}{2}$,

$2y'' + y' - y = 0$ 的通解为 $y = C_1 \mathrm{e}^{-x} + C_2 \mathrm{e}^{\frac{x}{2}}$,

因为 $k = 1$ 不是特征值,所以可设原方程的特解为 $y_0 = a\mathrm{e}^x$,代入原方程得 $a = 1$,故原方程的通解为
$$y = C_1 \mathrm{e}^{-x} + C_2 \mathrm{e}^{\frac{x}{2}} + \mathrm{e}^x.$$

(2) 特征方程为 $\lambda^2 + a^2 = 0$,特征值为 $\lambda_1 = -a\mathrm{i}, \lambda_2 = a\mathrm{i}$,

$y'' + a^2 y = 0$ 的通解为 $y = C_1 \cos ax + C_2 \sin ax$,

因为 $k = 1$ 不是特征值,所以可设原方程的特解为 $y_0 = A\mathrm{e}^x$,代入原方程得 $A = \dfrac{1}{1+a^2}$,

故原方程的通解为 $y = C_1 \cos ax + C_2 \sin ax + \dfrac{\mathrm{e}^x}{1+a^2}$.

(3) 特征方程为 $2\lambda^2 + 5\lambda = 0$,特征值为 $\lambda_1 = 0, \lambda_2 = -\dfrac{5}{2}$,

$2y'' + 5y' = 0$ 的通解为 $y = C_1 + C_2 \mathrm{e}^{-\frac{5x}{2}}$,

因为 $k = 0$ 是其中一个特征值,所以可设原方程的特解为 $y_0 = x(ax^2 + bx + c)$,

代入原方程得 $a = \dfrac{1}{3}, b = -\dfrac{3}{5}, c = \dfrac{7}{25}$,

故原方程的通解为 $y = C_1 + C_2 \mathrm{e}^{-\frac{5x}{2}} + \dfrac{x^3}{3} - \dfrac{3}{5}x^2 + \dfrac{7}{25}x$.

(4) 特征方程为 $\lambda^2 + 3\lambda + 2 = 0$,特征值为 $\lambda_1 = -1, \lambda_2 = -2$,

$y'' + 3y' + 2y = 0$ 的通解为 $y = C_1 \mathrm{e}^{-x} + C_2 \mathrm{e}^{-2x}$,

因为 $k = -1$ 是其中一个特征值,所以可设原方程的特解为 $y_0 = x(ax+b)\mathrm{e}^{-x}$,

代入原方程得 $a = \dfrac{3}{2}, b = -3$,

故原方程的通解为 $y = C_1 \mathrm{e}^{-x} + C_2 \mathrm{e}^{-2x} + \mathrm{e}^{-x}\left(\dfrac{3}{2}x^2 - 3x\right)$.

(5) 特征方程为 $\lambda^2 - 2\lambda + 5 = 0$,特征值为 $\lambda_1 = 1 - 2\mathrm{i}, \lambda_2 = 1 + 2\mathrm{i}$,

$y'' - 2y' + 5y = 0$ 的通解为 $y = \mathrm{e}^x(C_1 \cos 2x + C_2 \sin 2x)$,

因为 $k = 1 + 2\mathrm{i}$ 是其中一个特征值,所以可设原方程的特解为 $y_0 = x\mathrm{e}^x(a\cos 2x + b\sin 2x)$,

代入原方程得 $a = -\dfrac{1}{4}, b = 0$,

故原方程的通解为 $y = \mathrm{e}^x(C_1 \cos 2x + C_2 \sin 2x) - \dfrac{1}{4}x\mathrm{e}^x \cos 2x$.

(6) 特征方程为 $\lambda^2 - 6\lambda + 9 = 0$,特征值为 $\lambda_1 = \lambda_2 = 3$,

$y'' - 6y' + 9y = 0$ 的通解为 $y = (C_1 + C_2 x)\mathrm{e}^{3x}$,

因为 $k = 3$ 是二重特征值,所以可设原方程的特解为 $y_0 = (ax^3 + bx^2)\mathrm{e}^{3x}$,

代入原方程得 $a = \dfrac{1}{6}, b = \dfrac{1}{2}$,

故原方程的通解为 $y = (C_1 + C_2 x)\mathrm{e}^{3x} + \left(\dfrac{x^3}{6} + \dfrac{x^2}{2}\right)\mathrm{e}^{3x}$.

(7) 特征方程为 $\lambda^2 + 5\lambda + 4 = 0$,特征值为 $\lambda_1 = -1, \lambda_2 = -4$,

$y'' + 5y' + 4y = 0$ 的通解为 $y = C_1 \mathrm{e}^{-x} + C_2 \mathrm{e}^{-4x}$,

因为 $k = 0$ 不是特征值,所以可设原方程的特解为 $y_0 = ax + b$,

代入原方程得 $a = -\dfrac{1}{2}, b = \dfrac{11}{8}$,

故原方程的通解为 $y = C_1 \mathrm{e}^{-x} + C_2 \mathrm{e}^{-4x} - \dfrac{1}{2}x + \dfrac{11}{8}$.

(8) 特征方程为 $\lambda^2 + 4 = 0$，特征值为 $\lambda_1 = -2i, \lambda_2 = 2i$，

$y'' + 4y = 0$ 的通解为 $y = C_1 \cos 2x + C_2 \sin 2x$，

因为 $k = 1 + i$ 不是特征值，所以可设原方程的特解为 $y_0 = (ax + b)\cos x + (cx + d)\sin x$，

代入原方程得 $a = \dfrac{1}{3}, b = 0, c = 0, d = \dfrac{2}{9}$，

故原方程的通解为 $y = C_1 \cos 2x + C_2 \sin 2x + \dfrac{1}{3}x\cos x + \dfrac{2}{9}\sin x$.

(9) 特征方程为 $\lambda^2 + 1 = 0$，特征值为 $\lambda_1 = -i, \lambda_2 = i$，

$y'' + y = 0$ 的通解为 $y = C_1 \cos x + C_2 \sin x$，

$y'' + y = e^x$ 的特解显然为 $y_1 = \dfrac{1}{2}e^x$，

对方程 $y'' + y = \cos x$，因为 $k = i$ 是其中一个特征值，

所以可设该方程的特解为 $y_2 = x(a\cos x + b\sin x)$，代入 $y'' + y = \cos x$ 得

$a = 0, b = \dfrac{1}{2}$，即 $y_2 = \dfrac{1}{2}x\sin x$，

原方程的特解为 $y_0 = \dfrac{1}{2}e^x + \dfrac{1}{2}x\sin x$，

故原方程的通解为 $y = C_1 \cos x + C_2 \sin x + \dfrac{1}{2}e^x + \dfrac{1}{2}x\sin x$.

(10) 特征方程为 $\lambda^2 - 1 = 0$，特征值为 $\lambda_1 = -1, \lambda_2 = 1$，

$y'' - y = 0$ 的通解为 $y = C_1 e^{-x} + C_2 e^x$，

$y'' - y = \sin^2 x$ 化为 $y'' - y = \dfrac{1}{2} - \dfrac{1}{2}\cos 2x$，

显然 $y'' - y = \dfrac{1}{2}$ 有特解 $y_1 = -\dfrac{1}{2}$，

对方程 $y'' - y = -\dfrac{1}{2}\cos 2x$，

因为 $k = 2i$ 不是特征值，所以可设该方程的特解为 $y_2 = a\cos 2x + b\sin 2x$，

代入 $y'' - y = -\dfrac{1}{2}\cos 2x$ 得 $a = \dfrac{1}{10}, b = 0$，即 $y_2 = \dfrac{1}{10}\cos 2x$，

原方程的特解为 $y_0 = -\dfrac{1}{2} + \dfrac{1}{10}\cos 2x$，

故原方程的通解为 $y = C_1 e^{-x} + C_2 e^x - \dfrac{1}{2} + \dfrac{1}{10}\cos 2x$.

2. 求下列各微分方程满足已给初值条件的特解：

(1) $y'' + y + \sin 2x = 0, y|_{x=\pi} = 1, y'|_{x=\pi} = 1$；

(2) $y'' - 3y' + 2y = 5, y|_{x=0} = 1, y'|_{x=0} = 2$；

(3) $y'' - 10y' + 9y = e^{2x}, y|_{x=0} = \dfrac{6}{7}, y'|_{x=0} = \dfrac{33}{7}$；

(4) $y'' - y = 4xe^x, y|_{x=0} = 0, y'|_{x=0} = 1$；

(5) $y'' - 4y' = 5, y|_{x=0} = 1, y'|_{x=0} = 0$.

解 (1) 特征方程为 $\lambda^2 + 1 = 0$，特征值为 $\lambda_1 = -i, \lambda_2 = i$，

$y'' + y = 0$ 的通解为 $y = C_1 \cos x + C_2 \sin x$，

因为 $k = 2i$ 不是特征值，所以令原方程的特解为 $y_0 = a\cos 2x + b\sin 2x$，代入原方程得

$$a = 0, b = \dfrac{1}{3},$$

原方程的通解为 $y = C_1 \cos x + C_2 \sin x + \dfrac{1}{3} \sin 2x$,

由 $y(\pi) = 1, y'(\pi) = 1$ 得 $\begin{cases} -C_1 = 1, \\ -C_2 + \dfrac{2}{3} = 1, \end{cases}$ 解得 $C_1 = -1, C_2 = -\dfrac{1}{3}$,

所求的特解为 $y = -\cos x - \dfrac{1}{3}\sin x + \dfrac{1}{3}\sin 2x$.

(2) 特征方程为 $\lambda^2 - 3\lambda + 2 = 0$, 特征值为 $\lambda_1 = 1, \lambda_2 = 2$,

$y'' - 3y' + 2y = 0$ 的通解为 $y = C_1 e^x + C_2 e^{2x}$,

因为 $k = 0$ 不是特征值, 所以令原方程的特解为 $y_0 = a$, 代入原方程得

$$a = \dfrac{5}{2},$$

原方程的通解为 $y = C_1 e^x + C_2 e^{2x} + \dfrac{5}{2}$,

由 $y(0) = 1, y'(0) = 2$ 得 $\begin{cases} C_1 + C_2 + \dfrac{5}{2} = 1, \\ C_1 + 2C_2 = 2, \end{cases}$ 解得 $C_1 = -5, C_2 = \dfrac{7}{2}$,

所求的特解为 $y = -5e^x + \dfrac{7}{2}e^{2x} + \dfrac{5}{2}$.

(3) 特征方程为 $\lambda^2 - 10\lambda + 9 = 0$, 特征值为 $\lambda_1 = 1, \lambda_2 = 9$,

$y'' - 10y' + 9y = 0$ 的通解为 $y = C_1 e^x + C_2 e^{9x}$,

因为 $k = 2$ 不是特征值, 所以令原方程的特解为 $y_0 = a e^{2x}$, 代入原方程得

$$a = -\dfrac{1}{7},$$

原方程的通解为 $y = C_1 e^x + C_2 e^{9x} - \dfrac{1}{7}e^{2x}$,

由 $y(0) = \dfrac{6}{7}, y'(0) = \dfrac{33}{7}$ 得 $\begin{cases} C_1 + C_2 - \dfrac{1}{7} = \dfrac{6}{7}, \\ C_1 + 9C_2 - \dfrac{2}{7} = \dfrac{33}{7}, \end{cases}$ 解得 $C_1 = \dfrac{1}{2}, C_2 = \dfrac{1}{2}$,

所求的特解为 $y = \dfrac{1}{2}e^x + \dfrac{1}{2}e^{9x} - \dfrac{1}{7}e^{2x}$.

(4) 特征方程为 $\lambda^2 - 1 = 0$, 特征值为 $\lambda_1 = -1, \lambda_2 = 1$,

$y'' - y = 0$ 的通解为 $y = C_1 e^{-x} + C_2 e^x$,

因为 $k = 1$ 是其中一个特征值, 所以令原方程的特解为 $y_0 = x(ax + b)e^x$, 代入原方程得

$$a = 1, b = -1,$$

原方程的通解为 $y = C_1 e^{-x} + C_2 e^x + (x^2 - x)e^x$,

由 $y(0) = 0, y'(0) = 1$ 得 $\begin{cases} C_1 + C_2 = 0, \\ -C_1 + C_2 - 1 = 1, \end{cases}$ 解得 $C_1 = -1, C_2 = 1$,

所求的特解为 $y = -e^{-x} + e^x + (x^2 - x)e^x$.

(5) 特征方程为 $\lambda^2 - 4\lambda = 0$, 特征值为 $\lambda_1 = 0, \lambda_2 = 4$,

$y'' - 4y' = 0$ 的通解为 $y = C_1 + C_2 e^{4x}$,

因为 $k = 0$ 是其中一个特征值, 所以令原方程的特解为 $y_0 = ax$, 代入原方程得

$$a = -\dfrac{5}{4},$$

原方程的通解为 $y = C_1 + C_2 e^{4x} - \dfrac{5}{4}x$,

由 $y(0) = 1, y'(0) = 0$ 得 $\begin{cases} C_1 + C_2 = 1, \\ 4C_2 - \dfrac{5}{4} = 0, \end{cases}$ 解得 $C_1 = \dfrac{11}{16}, C_2 = \dfrac{5}{16}$,

所求的特解为 $y = \dfrac{11}{16} + \dfrac{5}{16}e^{4x} - \dfrac{5}{4}x$.

3. 已知二阶常系数齐次线性微分方程 $y'' + my' + ny = 0$ 的通解为 $y = (C_1 + C_2 x)e^x$, 求 m, n 的值, 并求非齐次方程 $y'' + my' + ny = x$ 满足初值条件 $y(0) = 2, y'(0) = 0$ 的特解.

解 显然二阶常系数齐次线性微分方程的特征值为 $\lambda_1 = \lambda_2 = 1$, 特征方程为 $\lambda^2 + m\lambda + n = 0$, 解得 $m = -2, n = 1$.

设非齐次线性微分方程的特解为 $y^* = ax + b$, 则非齐次方程的通解为
$y = (C_1 + C_2 x)e^x + ax + b$, 代入原方程及初值条件解得特解为 $y = -xe^x + x + 2$.

4. 大炮以仰角 α、初速度 v_0 发射炮弹, 若不计空气阻力, 求弹道曲线.

解 取发射位置为坐标原点, 炮弹发射的水平方向为 x 轴正方向, 铅直方向为 y 轴正方向, t 时刻炮弹所在的位置为 $(x(t), y(t))$, 由题意得

$\begin{cases} \dfrac{d^2 y}{dt^2} = -g, \\ \dfrac{d^2 x}{dt^2} = 0, \end{cases}$ 且 $x(0) = 0, y(0) = 0, x'(0) = v_0 \cos\alpha, y'(0) = v_0 \sin\alpha$,

由 $\dfrac{d^2 x}{dt^2} = 0$ 得 $x = C_1 t + C_2$,

再由 $x(0) = 0, x'(0) = v_0 \cos\alpha$ 得 $C_1 = v_0 \cos\alpha, C_2 = 0$, 即 $x = v_0 \cos\alpha \cdot t$;

由 $\dfrac{d^2 y}{dt^2} = -g$ 得 $y = -\dfrac{g}{2}t^2 + C_3 t + C_4$,

再由 $y(0) = 0, y'(0) = v_0 \sin\alpha$ 得 $C_3 = v_0 \sin\alpha, C_4 = 0$, 即 $y = -\dfrac{g}{2}t^2 + v_0 \sin\alpha \cdot t$,

故炮弹的弹道曲线为 $L: \begin{cases} x = v_0 \cos\alpha \cdot t, \\ y = -\dfrac{g}{2}t^2 + v_0 \sin\alpha \cdot t. \end{cases}$

5. 在 RLC 含源串联电路中, 电动势为 E 的电源对电容器 C 充电. 已知 $E = 20$ V, $C = 0.2$ μF, $L = 0.1$ H, $R = 1\,000$ Ω, 试求合上开关 S 后的电流 $i(t)$ 及电压 $u_C(t)$.

解 由电路原理得

$$LC\dfrac{d^2 u_C}{dt^2} + RC\dfrac{du_C}{dt} + u_C = E, 即 \dfrac{d^2 u_C}{dt^2} + \dfrac{R}{L}\dfrac{du_C}{dt} + \dfrac{1}{LC}u_C = \dfrac{E}{LC},$$

将已知条件代入得 $\dfrac{d^2 u_C}{dt^2} + 10^4 \dfrac{du_C}{dt} + 5 \times 10^7 u_C = 10^9$,

特征方程为 $\lambda^2 + 10^4 \lambda + 5 \times 10^7 = 0$, 解得 $\lambda_1 = -5 \times 10^3 + 5 \times 10^3 i, \lambda_2 = -5 \times 10^3 - 5 \times 10^3 i$, 令该方程的特解为 $u_C^* = A$, 代入得 $A = 20$, 通解为

$$u_C = e^{-5 \times 10^3 t}[C_1 \cos(5 \times 10^3 t) + C_2 \sin(5 \times 10^3 t)] + 20,$$

将初始条件 $u_C \big|_{t=0} = u_C' \big|_{t=0} = 0$ 代入得 $C_1 = C_2 = -20$, 故

$$u_C = 20 - 20e^{-5 \times 10^3 t}[\cos(5 \times 10^3 t) + \sin(5 \times 10^3 t)] \text{ (V)},$$

$$i(t) = Cu_C' = 4 \times 10^{-2} e^{-5 \times 10^3 t} \sin(5 \times 10^3 t) \text{ (A)}.$$

6. 设函数 $\varphi(x)$ 连续, 且满足

$$\varphi(x) = e^x + \int_0^x t\varphi(t)dt - x\int_0^x \varphi(t)dt,$$

求 $\varphi(x)$.

解 $\varphi(x) = e^x + \int_0^x t\varphi(t)dt - x\int_0^x \varphi(t)dt$ 两边对 x 求导得 $\varphi'(x) = e^x - \int_0^x \varphi(t)dt$,两边再对 x 求导得 $\varphi''(x) + \varphi(x) = e^x$,该方程的特征方程为 $\lambda^2 + 1 = 0$,特征值为 $\lambda_1 = i, \lambda_2 = -i$,显然该方程有特解

$$\varphi_0(x) = \frac{1}{2}e^x,$$

方程的通解为 $\varphi(x) = C_1\cos x + C_2\sin x + \frac{1}{2}e^x$,

由 $\varphi(0) = 1, \varphi'(0) = 1$ 得 $\begin{cases} C_1 + \frac{1}{2} = 1, \\ C_2 + \frac{1}{2} = 1, \end{cases}$ 解得 $C_1 = C_2 = \frac{1}{2}$,

故 $\varphi(x) = \frac{1}{2}(\sin x + \cos x + e^x)$.

*第九节 欧拉方程

▶ 期末高分必备知识

一、欧拉方程的概念

形如 $x^n y^{(n)} + a_{n-1}x^{n-1}y^{(n-1)} + \cdots + a_1 xy' + a_0 y = f(x)$,称为欧拉方程,其中 $a_0, a_1, \cdots, a_{n-1}$ 为常数.

二、欧拉方程的解法

令 $x = e^t, D = \dfrac{d}{dt}$,则

$$xy' = Dy = \frac{dy}{dt}, x^2 y'' = D(D-1)y = \frac{d^2 y}{dt^2} - \frac{dy}{dt}, \cdots,$$

$x^n y^{(n)} = D(D-1)(D-2)\cdots(D-n+1)y$,代入欧拉方程可得常系数线性微分方程.

▶ 60分必会题型

题型:求解欧拉方程

例1 求微分方程 $x^2 y'' - 2xy' + 2y = 0$ 的通解.

解 令 $x = e^t, D = \dfrac{d}{dt}$,则

$$xy' = Dy = \frac{dy}{dt}, x^2 y'' = D(D-1)y = \frac{d^2 y}{dt^2} - \frac{dy}{dt},$$ 代入得

$$\frac{d^2 y}{dt^2} - 3\frac{dy}{dt} + 2y = 0,$$

特征方程为 $\lambda^2 - 3\lambda + 2 = 0$,特征值为 $\lambda_1 = 1, \lambda_2 = 2$,通解为 $y = C_1 e^t + C_2 e^{2t}$,

故原方程的通解为 $y = C_1 x + C_2 x^2$.

例2 求微分方程 $x^2 y'' + xy' - 4y = x^2$ 的通解.

解 令 $x = e^t, D = \dfrac{d}{dt}$,则

$$xy' = Dy = \frac{dy}{dt}, x^2 y'' = D(D-1)y = \frac{d^2 y}{dt^2} - \frac{dy}{dt},$$ 代入得

$$\frac{d^2 y}{dt^2} - 4y = e^{2t},$$

特征方程为 $\lambda^2 - 4 = 0$,特征值为 $\lambda_1 = -2, \lambda_2 = 2$,

$\frac{d^2 y}{dt^2} - 4y = 0$ 的通解为 $y = C_1 e^{-2t} + C_2 e^{2t}$.

$\frac{d^2 y}{dt^2} - 4y = e^{2t}$ 的特解为 $y = at e^{2t}$,代入得 $a = \frac{1}{4}$,

则 $\frac{d^2 y}{dt^2} - 4y = e^{2t}$ 的通解为 $y = C_1 e^{-2t} + C_2 e^{2t} + \frac{1}{4} t e^{2t}$,

故原方程的通解为 $y = \frac{C_1}{x^2} + C_2 x^2 + \frac{1}{4} x^2 \ln x$.

同济八版教材 ▶ 习题解答

习题 7-9 欧拉方程

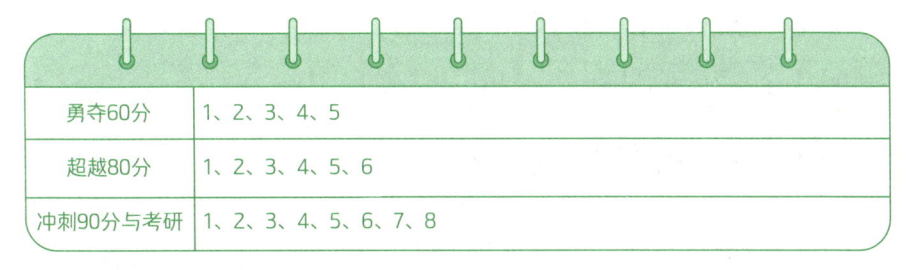

勇夺60分	1、2、3、4、5
超越80分	1、2、3、4、5、6
冲刺90分与考研	1、2、3、4、5、6、7、8

求下列欧拉方程的通解：

1. $x^2 y'' + xy' - y = 0$;
2. $y'' - \frac{y'}{x} + \frac{y}{x^2} = \frac{2}{x}$;
3. $x^3 y''' + 3x^2 y'' - 2xy' + 2y = 0$;
4. $x^2 y'' - 2xy' + 2y = \ln^2 x - 2\ln x$;
5. $x^2 y'' + xy' - 4y = x^3$;
6. $x^2 y'' - xy' + 4y = x \sin(\ln x)$;
7. $x^2 y'' - 3xy' + 4y = x + x^2 \ln x$;
8. $x^3 y''' + 2xy' - 2y = x^2 \ln x + 3x$.

1. **解** 令 $x = e^t$,记 $\frac{d}{dt} = D$,

由 $xy' = Dy = \frac{dy}{dt}, x^2 y'' = D(D-1)y = D^2 y - Dy = \frac{d^2 y}{dt^2} - \frac{dy}{dt}$,

则原方程化为 $\frac{d^2 y}{dt^2} - y = 0$,

特征方程为 $\lambda^2 - 1 = 0$,特征值为 $\lambda_1 = -1, \lambda_2 = 1$,通解为 $y = C_1 e^{-t} + C_2 e^t$,

故原方程的通解为 $y = \frac{C_1}{x} + C_2 x$.

2. **解** 原方程化为 $x^2 y'' - xy' + y = 2x$,

令 $x = e^t$,记 $\frac{d}{dt} = D$,

由 $xy' = Dy = \frac{dy}{dt}, x^2 y'' = D(D-1)y = D^2 y - Dy = \frac{d^2 y}{dt^2} - \frac{dy}{dt}$,

则原方程化为 $\dfrac{d^2y}{dt^2} - 2\dfrac{dy}{dt} + y = 2e^t$,

特征方程为 $\lambda^2 - 2\lambda + 1 = 0$,特征值为 $\lambda_1 = \lambda_2 = 1$,通解为 $y = (C_1 + C_2 t)e^t$,

因为 $k = 1$ 为二重特征值,所以原方程的特解为 $y_0 = at^2 e^t$,

代入得 $a = 1$,通解为 $y = (C_1 + C_2 t)e^t + t^2 e^t$,

故原方程的通解为 $y = (C_1 + C_2 \ln x)x + x\ln^2 x$.

3. **解** 令 $x = e^t$,记 $\dfrac{d}{dt} = D$,

由 $xy' = Dy = \dfrac{dy}{dt}$, $x^2 y'' = D(D-1)y = D^2 y - Dy = \dfrac{d^2 y}{dt^2} - \dfrac{dy}{dt}$,

$x^3 y''' = D(D-1)(D-2)y = D^3 y - 3D^2 y + 2Dy = \dfrac{d^3 y}{dt^3} - 3\dfrac{d^2 y}{dt^2} + 2\dfrac{dy}{dt}$,

则原方程化为 $\dfrac{d^3 y}{dt^3} - 3\dfrac{dy}{dt} + 2y = 0$,

特征方程为 $\lambda^3 - 3\lambda + 2 = 0$,解得 $\lambda_1 = \lambda_2 = 1, \lambda_3 = -2$,

通解为 $y = (C_1 + C_2 t)e^t + C_3 e^{-2t}$,

原方程的通解为 $y = (C_1 + C_2 \ln|x|)x + \dfrac{C_3}{x^2}$.

4. **解** 令 $x = e^t$,记 $\dfrac{d}{dt} = D$,原方程化为

$D(D-1)y - 2Dy + 2y = t^2 - 2t$,即 $(D^2 - 3D + 2)y = t^2 - 2t$,

该方程的特征方程为 $\lambda^2 - 3\lambda + 2 = 0$,特征值为 $\lambda_1 = 1, \lambda_2 = 2$,

令该方程的特解为 $y_0(t) = At^2 + Bt + C$,代入方程得 $A = B = \dfrac{1}{2}, C = \dfrac{1}{4}$,

该方程的通解为 $y = C_1 e^t + C_2 e^{2t} + \dfrac{1}{2}t^2 + \dfrac{1}{2}t + \dfrac{1}{4}$,

故原方程的通解为 $y = C_1 x + C_2 x^2 + \dfrac{1}{2}\ln^2 x + \dfrac{1}{2}\ln x + \dfrac{1}{4}$.

5. **解** 令 $x = e^t$,记 $\dfrac{d}{dt} = D$,原方程化为

$[D(D-1) + D - 4]y = e^{3t}$,整理得 $(D^2 - 4)y = e^{3t}$,

该方程的特征方程为 $\lambda^2 - 4 = 0$,特征值为 $\lambda_1 = -2, \lambda_2 = 2$,

令 $y_0(t) = Ae^{3t}$ 为该方程的特解,代入得 $A = \dfrac{1}{5}$,该方程通解为

$y = C_1 e^{-2t} + C_2 e^{2t} + \dfrac{1}{5}e^{3t}$,故原方程通解为

$$y = \dfrac{C_1}{x^2} + C_2 x^2 + \dfrac{1}{5}x^3.$$

6. **解** 令 $x = e^t$,记 $\dfrac{d}{dt} = D$,原方程化为

$[D(D-1) - D + 4]y = e^t \sin t$,即 $(D^2 - 2D + 4)y = e^t \sin t$,

该方程的特征方程为 $\lambda^2 - 2\lambda + 4 = 0$,特征值为 $\lambda_1 = 1 + \sqrt{3}i, \lambda_2 = 1 - \sqrt{3}i$,

令该方程的特解为 $y_0(t) = e^t(A\cos t + B\sin t)$,代入该方程得 $A = 0, B = \dfrac{1}{2}$,

该方程的通解为 $y = e^t(C_1 \cos\sqrt{3}t + C_2 \sin\sqrt{3}t) + \dfrac{1}{2}e^t \sin t$,

故原方程的通解为 $y = x\left[C_1\cos(\sqrt{3}\ln x) + C_2\sin(\sqrt{3}\ln x)\right] + \dfrac{x}{2}\sin(\ln x)$.

7. **解** 令 $x = e^t$，记 $\dfrac{d}{dt} = D$，原方程化为

$[D(D-1) - 3D + 4]y = e^t + te^{2t}$，即 $(D^2 - 4D + 4)y = e^t + te^{2t}$，

该方程的特征方程为 $\lambda^2 - 4\lambda + 4 = 0$，特征值为 $\lambda_1 = \lambda_2 = 2$，

令 $(D^2 - 4D + 4)y = e^t$ 的特解为 $y_1 = Ae^t$，代入得 $A = 1$，

令 $(D^2 - 4D + 4)y = te^{2t}$ 得特解为 $y_2 = (Bt^3 + Ct^2)e^{2t}$，代入得 $B = \dfrac{1}{6}, C = 0$，

方程 $(D^2 - 4D + 4)y = e^t + te^{2t}$ 的通解为 $y = (C_1 + C_2 t)e^{2t} + e^t + \dfrac{t^3}{6}e^{2t}$，

原方程的通解为 $y = (C_1 + C_2 \ln x)x^2 + x + \dfrac{x^2}{6}\ln^3 x$.

8. **解** 令 $x = e^t$，记 $\dfrac{d}{dt} = D$，原方程化为

$[D(D-1)(D-2) + 2D - 2]y = te^{2t} + 3e^t$，即 $(D-1)(D^2 - 2D + 2)y = te^{2t} + 3e^t$，

对应齐次方程的特征方程为 $(\lambda - 1)(\lambda^2 - 2\lambda + 2) = 0$，特征值为 $\lambda_1 = 1, \lambda_2 = 1 + i, \lambda_3 = 1 - i$，

令 $(D-1)(D^2 - 2D + 2)y = te^{2t}$ 的特解为 $y_1 = (At + B)e^{2t}$，

代入得 $A = \dfrac{1}{2}, B = -1$，即 $y_1 = \left(\dfrac{1}{2}t - 1\right)e^{2t}$；

令 $[D(D-1)(D-2) + 2D - 2]y = 3e^t$ 的特解为 $y_2 = Cte^t$，代入得 $C = 3$，

方程的通解为 $y = C_1 e^t + e^t(C_2 \cos t + C_3 \sin t) + \left(\dfrac{1}{2}t - 1\right)e^{2t} + 3te^t$，

原方程的通解为 $y = C_1 x + x\left[C_2\cos(\ln x) + C_3\sin(\ln x)\right] + \left(\dfrac{1}{2}\ln x - 1\right)x^2 + 3x\ln x$.

*第十节 常系数线性微分方程组解法举例

（本节期末高分必备知识与60分必会题型略）

同济八版教材 ▶ 习题解答

*习题 7－10 常系数线性微分方程组解法举例

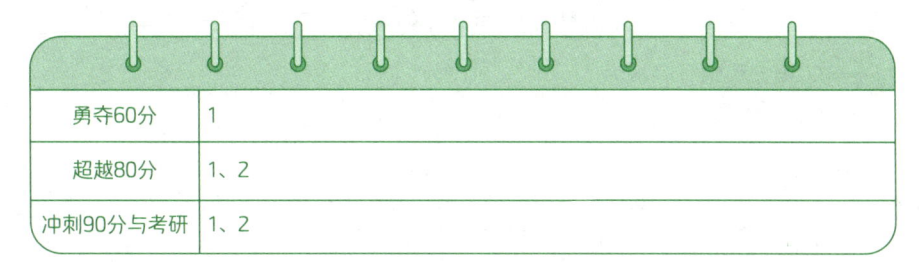

勇夺60分	1
超越80分	1、2
冲刺90分与考研	1、2

1. 求下列微分方程组的通解：

(1) $\begin{cases} \dfrac{dy}{dx} = z, \\ \dfrac{dz}{dx} = y; \end{cases}$

(2) $\begin{cases} \dfrac{d^2 x}{dt^2} = y, \\ \dfrac{d^2 y}{dt^2} = x; \end{cases}$

$$(3)\begin{cases}\dfrac{\mathrm{d}x}{\mathrm{d}t}+\dfrac{\mathrm{d}y}{\mathrm{d}t}=-x+y+3,\\ \dfrac{\mathrm{d}x}{\mathrm{d}t}-\dfrac{\mathrm{d}y}{\mathrm{d}t}=x+y-3;\end{cases} \qquad (4)\begin{cases}\dfrac{\mathrm{d}x}{\mathrm{d}t}+5x+y=\mathrm{e}^t,\\ \dfrac{\mathrm{d}y}{\mathrm{d}t}-x-3y=\mathrm{e}^{2t};\end{cases}$$

$$(5)\begin{cases}\dfrac{\mathrm{d}x}{\mathrm{d}t}+2x+\dfrac{\mathrm{d}y}{\mathrm{d}t}+y=t,\\ 5x+\dfrac{\mathrm{d}y}{\mathrm{d}t}+3y=t^2;\end{cases} \qquad (6)\begin{cases}\dfrac{\mathrm{d}x}{\mathrm{d}t}-3x+2\dfrac{\mathrm{d}y}{\mathrm{d}t}+4y=2\sin t,\\ 2\dfrac{\mathrm{d}x}{\mathrm{d}t}+2x+\dfrac{\mathrm{d}y}{\mathrm{d}t}-y=\cos t.\end{cases}$$

解 (1) 由 $\dfrac{\mathrm{d}y}{\mathrm{d}x}=z$ 得 $\dfrac{\mathrm{d}^2y}{\mathrm{d}x^2}=\dfrac{\mathrm{d}z}{\mathrm{d}x}$,从而有

$$\dfrac{\mathrm{d}^2y}{\mathrm{d}x^2}-y=0,$$

该方程的特征方程为 $\lambda^2-1=0$,特征值为 $\lambda_1=-1,\lambda_2=1$,该方程的通解为

$$y=C_1\mathrm{e}^{-x}+C_2\mathrm{e}^x;$$

则 $z=\dfrac{\mathrm{d}y}{\mathrm{d}x}=-C_1\mathrm{e}^{-x}+C_2\mathrm{e}^x$,故方程组的通解为

$$\begin{cases}y=C_1\mathrm{e}^{-x}+C_2\mathrm{e}^x,\\ z=-C_1\mathrm{e}^{-x}+C_2\mathrm{e}^x.\end{cases}$$

(2) 由 $\dfrac{\mathrm{d}^2x}{\mathrm{d}t^2}=y$ 得 $\dfrac{\mathrm{d}^4x}{\mathrm{d}t^4}=\dfrac{\mathrm{d}^2y}{\mathrm{d}t^2}$,从而有 $\dfrac{\mathrm{d}^4x}{\mathrm{d}t^4}-x=0$,

该方程的特征方程为 $\lambda^4-1=0$;特征值为 $\lambda_1=-1,\lambda_2=1,\lambda_3=\mathrm{i},\lambda_4=-\mathrm{i}$,该方程的通解为
$x=C_1\mathrm{e}^{-t}+C_2\mathrm{e}^t+C_3\cos t+C_4\sin t$,

则 $y=\dfrac{\mathrm{d}^2x}{\mathrm{d}t^2}=C_1\mathrm{e}^{-t}+C_2\mathrm{e}^t-C_3\cos t-C_4\sin t$,故该方程组的通解为

$$\begin{cases}x=C_1\mathrm{e}^{-t}+C_2\mathrm{e}^t+C_3\cos t+C_4\sin t,\\ y=C_1\mathrm{e}^{-t}+C_2\mathrm{e}^t-C_3\cos t-C_4\sin t.\end{cases}$$

(3) 两式相加得 $\dfrac{\mathrm{d}x}{\mathrm{d}t}=y$,再代入 $\dfrac{\mathrm{d}x}{\mathrm{d}t}+\dfrac{\mathrm{d}y}{\mathrm{d}t}=-x+y+3$ 得 $\dfrac{\mathrm{d}^2x}{\mathrm{d}t^2}+x=3$,

该方程的特征方程为 $\lambda^2+1=0$,特征值为 $\lambda_1=-\mathrm{i},\lambda_2=\mathrm{i}$,显然 $x_0(t)=3$ 为该方程的一个特解,故该方程的通解为 $x=C_1\cos t+C_2\sin t+3$,

$y=\dfrac{\mathrm{d}x}{\mathrm{d}t}=-C_1\sin t+C_2\cos t$,故该方程组的通解为

$$\begin{cases}x=C_1\cos t+C_2\sin t+3,\\ y=-C_1\sin t+C_2\cos t.\end{cases}$$

(4) 记 $\dfrac{\mathrm{d}}{\mathrm{d}t}=\mathrm{D}$,则方程组可表示为

$$\begin{cases}(\mathrm{D}+5)x+y=\mathrm{e}^t,\\ -x+(\mathrm{D}-3)y=\mathrm{e}^{2t}.\end{cases}$$

记 $\Delta=\begin{vmatrix}\mathrm{D}+5 & 1\\ -1 & \mathrm{D}-3\end{vmatrix}, \Delta_x=\begin{vmatrix}\mathrm{e}^t & 1\\ \mathrm{e}^{2t} & \mathrm{D}-3\end{vmatrix}$,则有 $\Delta x=\Delta_x$,即

$$(\mathrm{D}^2+2\mathrm{D}-14)x=-2\mathrm{e}^t-\mathrm{e}^{2t}.$$

由其对应的特征方程 $\lambda^2+2\lambda-14=0$,解得 $\lambda_1=-1+\sqrt{15},\lambda_2=-1-\sqrt{15}$,令 $x^*=A\mathrm{e}^t+B\mathrm{e}^{2t}$ 是方程 $(\mathrm{D}^2+2\mathrm{D}-14)x=-2\mathrm{e}^t-\mathrm{e}^{2t}$ 的特解,代入此方程中并比较系数,得

$$x^*=\dfrac{2}{11}\mathrm{e}^t+\dfrac{1}{6}\mathrm{e}^{2t},$$

于是得 $x = C_1 e^{(-1+\sqrt{15})t} + C_2 e^{(-1-\sqrt{15})t} + \dfrac{2}{11} e^t + \dfrac{1}{6} e^{2t}$,

再根据 $(D+5)x + y = e^t$, 得 $y = e^t - (D+5)x$,

即 $y = (-4-\sqrt{15})C_1 e^{(-1+\sqrt{15})t} - (4-\sqrt{15})C_2 e^{(-1-\sqrt{15})t} - \dfrac{1}{11} e^t - \dfrac{7}{6} e^{2t}$.

故该方程组的通解为

$$\begin{cases} x = C_1 e^{(-1+\sqrt{15})t} + C_2 e^{(-1-\sqrt{15})t} + \dfrac{2}{11} e^t + \dfrac{1}{6} e^{2t}, \\ y = (-4-\sqrt{15})C_1 e^{(-1+\sqrt{15})t} - (4-\sqrt{15})C_2 e^{(-1-\sqrt{15})t} - \dfrac{1}{11} e^t - \dfrac{7}{6} e^{2t}. \end{cases}$$

(5) 记 $\dfrac{d}{dt} = D$, 原方程化为 $\begin{cases} (D+2)x + (D+1)y = t, \\ 5x + (D+3)y = t^2. \end{cases}$

解得 $\begin{vmatrix} D+2 & D+1 \\ 5 & D+3 \end{vmatrix} y = \begin{vmatrix} D+2 & t \\ 5 & t^2 \end{vmatrix}$, 整理得 $(D^2+1)y = 2t^2 - 3t$,

该方程的特征方程为 $\lambda^2 + 1 = 0$, 特征值为 $\lambda_1 = i, \lambda_2 = -i$,

令该方程的特解为 $y_0(t) = At^2 + Bt + C$, 代入方程得 $A = 2, B = -3, C = -4$,

该方程的通解为 $y = C_1 \cos t + C_2 \sin t + 2t^2 - 3t - 4$,

由 $5x + \dfrac{dy}{dt} + 3y = t^2$ 得

$$x = \dfrac{1}{5}\left(t^2 - \dfrac{dy}{dt} - 3y\right) = -\dfrac{3C_1 + C_2}{5} \cos t + \dfrac{C_1 - 3C_2}{5} \sin t - t^2 + t + 3,$$

故该方程组的通解为

$$\begin{cases} x = -\dfrac{3C_1 + C_2}{5} \cos t + \dfrac{C_1 - 3C_2}{5} \sin t - t^2 + t + 3, \\ y = C_1 \cos t + C_2 \sin t + 2t^2 - 3t - 4. \end{cases}$$

(6) 记 $\dfrac{d}{dt} = D$, 原方程组化为

$$\begin{cases} (D-3)x + 2(D+2)y = 2\sin t, \quad ① \\ 2(D+1)x + (D-1)y = \cos t, \quad ② \end{cases}$$

从而 $\begin{vmatrix} D-3 & 2D+4 \\ 2D+2 & D-1 \end{vmatrix} x = \begin{vmatrix} 2\sin t & 2D+4 \\ \cos t & D-1 \end{vmatrix}$, 整理得

$$(3D^2 + 16D + 5)x = 2\cos t,$$

该方程的特征方程为 $3\lambda^2 + 16\lambda + 5 = 0$, 特征值为 $\lambda_1 = -5, \lambda_2 = -\dfrac{1}{3}$,

设该方程的特解为 $x_0(t) = A\cos t + B\sin t$, 代入得 $A = \dfrac{1}{65}, B = \dfrac{8}{65}$,

该方程的通解为 $x = C_1 e^{-5t} + C_2 e^{-\frac{t}{3}} + \dfrac{1}{65} \cos t + \dfrac{8}{65} \sin t$,

① $- 2 \times$ ② 化简后得

$$y = \dfrac{1}{6}\left(2\sin t - 2\cos t + 3\dfrac{dx}{dt} + 7x\right) = -\dfrac{4}{3} C_1 e^{-5t} + C_2 e^{-\frac{t}{3}} - \dfrac{33}{130} \cos t + \dfrac{61}{130} \sin t,$$

方程组的通解为

$$\begin{cases} x = C_1 e^{-5t} + C_2 e^{-\frac{t}{3}} + \dfrac{1}{65} \cos t + \dfrac{8}{65} \sin t, \\ y = -\dfrac{4}{3} C_1 e^{-5t} + C_2 e^{-\frac{t}{3}} - \dfrac{33}{130} \cos t + \dfrac{61}{130} \sin t. \end{cases}$$

2. 求下列微分方程组满足所给初值条件的特解：

(1) $\begin{cases} \dfrac{\mathrm{d}x}{\mathrm{d}t} = y, x\big|_{t=0} = 0, \\ \dfrac{\mathrm{d}y}{\mathrm{d}t} = -x, y\big|_{t=0} = 1; \end{cases}$

(2) $\begin{cases} \dfrac{\mathrm{d}^2 x}{\mathrm{d}t^2} + 2\dfrac{\mathrm{d}y}{\mathrm{d}t} - x = 0, x\big|_{t=0} = 1, \\ \dfrac{\mathrm{d}x}{\mathrm{d}t} + y = 0, y\big|_{t=0} = 0; \end{cases}$

(3) $\begin{cases} \dfrac{\mathrm{d}x}{\mathrm{d}t} + 3x - y = 0, x\big|_{t=0} = 1, \\ \dfrac{\mathrm{d}y}{\mathrm{d}t} - 8x + y = 0, y\big|_{t=0} = 4; \end{cases}$

(4) $\begin{cases} 2\dfrac{\mathrm{d}x}{\mathrm{d}t} - 4x + \dfrac{\mathrm{d}y}{\mathrm{d}t} - y = \mathrm{e}^t, x\big|_{t=0} = \dfrac{3}{2}, \\ \dfrac{\mathrm{d}x}{\mathrm{d}t} + 3x + y = 0, y\big|_{t=0} = 0; \end{cases}$

(5) $\begin{cases} \dfrac{\mathrm{d}x}{\mathrm{d}t} + 2x - \dfrac{\mathrm{d}y}{\mathrm{d}t} = 10\cos t, x\big|_{t=0} = 2, \\ \dfrac{\mathrm{d}x}{\mathrm{d}t} + \dfrac{\mathrm{d}y}{\mathrm{d}t} + 2y = 4\mathrm{e}^{-2t}, y\big|_{t=0} = 0; \end{cases}$

(6) $\begin{cases} \dfrac{\mathrm{d}x}{\mathrm{d}t} - x + \dfrac{\mathrm{d}y}{\mathrm{d}t} + 3y = \mathrm{e}^{-t} - 1, x\big|_{t=0} = \dfrac{48}{49}, \\ \dfrac{\mathrm{d}x}{\mathrm{d}t} + 2x + \dfrac{\mathrm{d}y}{\mathrm{d}t} + y = \mathrm{e}^{2t} + t, y\big|_{t=0} = \dfrac{95}{98}. \end{cases}$

解 (1) 记 $D = \dfrac{\mathrm{d}}{\mathrm{d}t}$，原方程组可化为 $\begin{cases} Dx - y = 0, \\ x + Dy = 0, \end{cases}$ 因此 $D^2 x + x = 0$，其通解为

$$x = C_1 \cos t + C_2 \sin t, y = Dx = -C_1 \sin t + C_2 \cos t.$$

因为 $x\big|_{t=0} = 0, y\big|_{t=0} = 1$，所以 $C_1 = 0, C_2 = 1$，故所求特解为 $\begin{cases} x = \sin t, \\ y = \cos t. \end{cases}$

(2) $\begin{cases} \dfrac{\mathrm{d}^2 x}{\mathrm{d}t^2} + 2\dfrac{\mathrm{d}y}{\mathrm{d}t} - x = 0, \\ \dfrac{\mathrm{d}x}{\mathrm{d}t} + y = 0, \end{cases}$ 所以 $y' = -x''$，代入方程 $x'' + y' = 0$，

$$-x'' - x = 0 \Rightarrow x'' + x = 0 \Rightarrow \lambda^2 + 1 = 0 \Rightarrow \lambda_1 = \mathrm{i}, \lambda_2 = -\mathrm{i},$$

故 $\begin{cases} x = C_1 \cos t + C_2 \sin t, \\ y = -x' = C_1 \sin t - C_2 \cos t, \end{cases}$

将初值条件代入，求得 $C_1 = 1, C_2 = 0$. 故所求特解为 $\begin{cases} x = \cos t, \\ y = \sin t. \end{cases}$

(3) 记 $D = \dfrac{\mathrm{d}}{\mathrm{d}t}$，方程组即为 $\begin{cases} (D+3)x - y = 0, \\ -8x + (D+1)y = 0. \end{cases}$

则有 $\begin{vmatrix} D+3 & -1 \\ -8 & D+1 \end{vmatrix} x = 0$，即 $(D^2 + 4D - 5)x = 0$. 特征方程为 $\lambda^2 + 4\lambda - 5 = 0$，解得 $\lambda_1 = 1$，$\lambda_2 = -5$. 所以 $x = C_1 \mathrm{e}^t + C_2 \mathrm{e}^{-5t}$. 又 $y = (D+3)x = 4C_1 \mathrm{e}^t - 2C_2 \mathrm{e}^{-5t}$.

代入初值条件得 $C_1 = 1, C_2 = 0$. 故所求特解为 $\begin{cases} x = \mathrm{e}^t, \\ y = 4\mathrm{e}^t. \end{cases}$

(4) 记 $D = \dfrac{d}{dt}$,方程组即为 $\begin{cases}(2D-4)x + (D-1)y = e^t,\\ (D+3)x + y = 0.\end{cases}$

则有 $\begin{vmatrix}2D-4 & D-1\\ D+3 & 1\end{vmatrix} x = \begin{vmatrix}e^t & D-1\\ 0 & 1\end{vmatrix}$,即 $(D^2+1)x = -e^t$. 特征方程为 $\lambda^2 + 1 = 0$,解得 $\lambda_1 = i$, $\lambda_2 = -i$. 令 $x^* = Ae^t$,代入上式比较系数得 $A = -\dfrac{1}{2}$,即 $x^* = -\dfrac{1}{2}e^t$,从而

$$x = C_1 \cos t + C_2 \sin t - \dfrac{1}{2}e^t.$$

又 $y = -(D+3)x = (C_1 - 3C_2)\sin t - (3C_1 + C_2)\cos t + 2e^t$. 代入初值条件 $t = 0, x = \dfrac{3}{2}, y = 0$,得 $C_1 = 2, C_2 = -4$. 故所求特解为 $\begin{cases} x = 2\cos t - 4\sin t - \dfrac{1}{2}e^t,\\ y = 14\sin t - 2\cos t + 2e^t.\end{cases}$

(5) 记 $D = \dfrac{d}{dt}$,方程组即为 $\begin{cases}(D+2)x + (-D)y = 10\cos t,\\ Dx + (D+2)y = 4e^{-2t}.\end{cases}$

则有 $\begin{vmatrix}D+2 & -D\\ D & D+2\end{vmatrix} y = \begin{vmatrix}D+2 & 10\cos t\\ D & 4e^{-2t}\end{vmatrix}$,即 $(D^2 + 2D + 2)y = 5\sin t$.

特征方程为 $\lambda^2 + 2\lambda + 2 = 0$ 解得 $\lambda_1 = -1 + i, \lambda_2 = -1 - i$.

因而齐次方程的通解为 $y = e^{-t}(C_1 \cos t + C_2 \sin t)$.

设特解 $y^* = A\cos t + B\sin t$,则 $(y^*)' = -A\sin t + B\cos t$,$(y^*)'' = -A\cos t - B\sin t$,代入得 $A = -2, B = 1$,故 $y^* = -2\cos t + \sin t$,因此通解为

$$y = e^{-t}(C_1 \cos t + C_2 \sin t) + \sin t - 2\cos t.$$

又代入初值条件得 $C_1 = 2, C_2 = 0$. 故所求特解为 $\begin{cases} x = 4\cos t + 3\sin t - 2e^{-2t} - 2e^{-t}\sin t,\\ y = \sin t - 2\cos t + 2e^{-t}\cos t.\end{cases}$

(6) $\begin{cases} x' - x + y' + 3y = e^{-t} - 1, & \text{①}\\ x' + 2x + y' + y = e^{2t} + t. & \text{②}\end{cases}$

② − ① 得 $3x - 2y = e^{2t} - e^{-t} + t + 1$ ③

对 ③ 两边求导得 $3x' - 2y' = 2e^{2t} + e^{-t} + 1$. ④

① × 2 + ④ 得

$$5x' - 2x + 6y = 2e^{2t} + 3e^{-t} - 1,$$

将 ③ 代入得 $5x' + 7x = 5e^{2t} + 3t + 2$.

故 $x = \dfrac{5}{17}e^{2t} + \dfrac{3}{7}t - \dfrac{1}{49} + Ce^{-\frac{7}{5}t}$. 代入 $x|_{t=0} = \dfrac{48}{49}$,解得 $C = \dfrac{12}{17}$,故所求特解为

$$\begin{cases} x = \dfrac{5}{17}e^{2t} + \dfrac{3}{7}t - \dfrac{1}{49} + \dfrac{12}{17}e^{-\frac{7}{5}t},\\ y = -\dfrac{1}{17}e^{2t} + \dfrac{1}{7}t - \dfrac{26}{49} + \dfrac{18}{17}e^{-\frac{7}{5}t} + \dfrac{1}{2}e^{-t}.\end{cases}$$

总习题七及答案解析

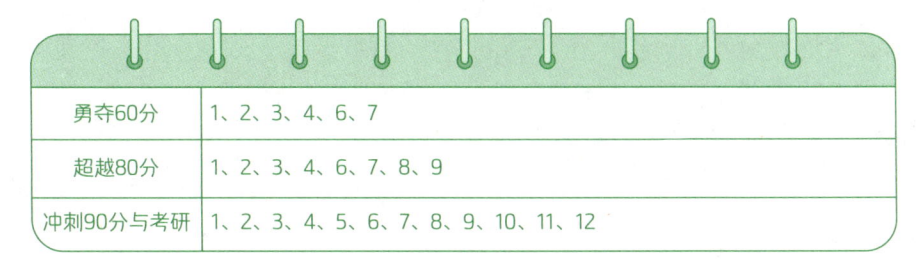

勇夺60分	1、2、3、4、6、7
超越80分	1、2、3、4、6、7、8、9
冲刺90分与考研	1、2、3、4、5、6、7、8、9、10、11、12

1. 填空：

(1) $xy''' + 2x^2 y'^2 + x^3 y = x^4 + 1$ 是_____阶微分方程；

(2) 一阶线性微分方程 $y' + P(x)y = Q(x)$ 的通解为_____；

(3) 与积分方程 $y = \int_{x_0}^{x} f(x, y) \mathrm{d}x$ 等价的微分方程初值问题是_____；

(4) 已知 $y = 1, y = x, y = x^2$ 是某二阶非齐次线性微分方程的三个解，则该方程的通解为_____.

解 (1) 三.

(2) $y = \left[\int Q(x) \mathrm{e}^{\int P(x) \mathrm{d}x} \mathrm{d}x + C \right] \mathrm{e}^{-\int P(x) \mathrm{d}x}$.

(3) $\dfrac{\mathrm{d}y}{\mathrm{d}x} = f(x, y), y(x_0) = 0$.

(4) $y = C_1(x-1) + C_2(x^2 - 1) + 1$.

2. 以下两题中给出了四个结论，从中选出一个正确的结论：

(1) 设非齐次线性微分方程 $y' + P(x)y = Q(x)$ 有两个不同的解 $y_1(x)$ 与 $y_2(x)$，C 为任意常数，则该方程的通解是(　　)；

(A) $C[y_1(x) - y_2(x)]$ (B) $y_1(x) + C[y_1(x) - y_2(x)]$

(C) $C[y_1(x) + y_2(x)]$ (D) $y_1(x) + C[y_1(x) + y_2(x)]$

(2) 具有特解 $y_1 = \mathrm{e}^{-x}, y_2 = 2x\mathrm{e}^{-x}, y_3 = 3\mathrm{e}^{x}$ 的三阶常系数齐次线性微分方程是(　　).

(A) $y''' - y'' - y' + y = 0$ (B) $y''' + y'' - y' - y = 0$

(C) $y''' - 6y'' + 11y' - 6y = 0$ (D) $y''' - 2y'' - y' + 2y = 0$

解 (1) $y_1(x) - y_2(x)$ 是对应的齐次方程 $y' + P(x)y = 0$ 的非零解，从而由线性微分方程解的性质定理知 $C[y_1(x) - y_2(x)]$ 是齐次方程的通解，再由非齐次线性方程解的结构定理知 $y_1(x) + C[y_1(x) - y_2(x)]$ 是原方程的通解. 故选(B).

(2) 由题设知 $\lambda = -1, -1, 1$ 为所求齐次线性微分方程对应的特征方程的3个根，而 $(\lambda+1)^2(\lambda-1) = \lambda^3 + \lambda^2 - \lambda - 1$. 故选(B).

3. 求以下各式所表示的函数为通解的微分方程：

(1) $(x + C)^2 + y^2 = 1$ (其中 C 为任意常数)；

(2) $y = C_1 \mathrm{e}^x + C_2 \mathrm{e}^{2x}$ (其中 C_1, C_2 为任意常数).

解 (1) 对 $(x+C)^2 + y^2 = 1$ 两边关于 x 求导得 $x + C + yy' = 0$，于是将 $C = -yy' - x$ 代入原方程可得 $(-yy')^2 + y^2 = 1$，即为 $y^2(y'^2 + 1) = 1$，故所满足的微分方程为 $y^2(y'^2 + 1) = 1$.

(2) 由通解形式可知方程的两个特征根为 $\lambda_1 = 1, \lambda_2 = 2$，故特征方程为 $(\lambda-1)(\lambda-2) = 0$，即 $\lambda^2 - 3\lambda + 2 = 0$，其对应的齐次微分方程为 $y'' - 3y' + 2y = 0$.

4. 求下列微分方程的通解：

(1) $xy' + y = 2\sqrt{xy}$；   (2) $xy' \ln x + y = ax(\ln x + 1)$；

(3) $\dfrac{\mathrm{d}y}{\mathrm{d}x} = \dfrac{y}{2(\ln y - x)}$；   *(4) $\dfrac{\mathrm{d}y}{\mathrm{d}x} + xy - x^3 y^3 = 0$；

(5) $y'' + y'^2 + 1 = 0$；   (6) $yy'' - y'^2 - 1 = 0$；

(7) $y'' + 2y' + 5y = \sin 2x$；   (8) $y''' + y'' - 2y' = x(\mathrm{e}^x + 4)$；

*(9) $(y^4 - 3x^2) \mathrm{d}y + xy \mathrm{d}x = 0$；   (10) $y' + x = \sqrt{x^2 + y}$.

解 (1) 原方程可化为 $\dfrac{\mathrm{d}y}{\mathrm{d}x} + \dfrac{y}{x} = 2\sqrt{\dfrac{y}{x}}$，

令 $\dfrac{y}{x}=u$，则原方程化为 $x\dfrac{\mathrm{d}u}{\mathrm{d}x}=2\sqrt{u}-2u$，变量分离得 $\dfrac{\mathrm{d}u}{2\sqrt{u}(1-\sqrt{u})}=\dfrac{\mathrm{d}x}{x}$，积分得

$\ln|1-\sqrt{u}|=-\ln|x|+\ln C_1$，即 $x(1-\sqrt{u})=C$，

将 $u=\dfrac{y}{x}$ 代入得原方程的通解为 $x-\sqrt{xy}=C$。

(2) 原方程化为 $\dfrac{\mathrm{d}y}{\mathrm{d}x}+\dfrac{1}{x\ln x}y=a\left(1+\dfrac{1}{\ln x}\right)$，解得

$$y=\left[a\int\left(1+\dfrac{1}{\ln x}\right)\mathrm{e}^{\int\frac{\mathrm{d}x}{x\ln x}}\mathrm{d}x+C\right]\mathrm{e}^{-\int\frac{\mathrm{d}x}{x\ln x}}=\dfrac{1}{\ln x}\left[a\int(\ln x+1)\mathrm{d}x+C\right]=\dfrac{C}{\ln x}+ax,$$

故原方程的通解为 $y=\dfrac{C}{\ln x}+ax$。

(3) 原方程化为 $\dfrac{\mathrm{d}x}{\mathrm{d}y}+\dfrac{2}{y}x=\dfrac{2\ln y}{y}$，解得

$$x=\left(\int\dfrac{2\ln y}{y}\mathrm{e}^{\int\frac{2}{y}\mathrm{d}y}\mathrm{d}y+C\right)\mathrm{e}^{-\int\frac{2}{y}\mathrm{d}y}=\dfrac{1}{y^2}\left(2\int y\ln y\,\mathrm{d}y+C\right)=\dfrac{1}{y^2}\left(y^2\ln y-\dfrac{1}{2}y^2+C\right)$$

$$=\dfrac{C}{y^2}+\ln y-\dfrac{1}{2},$$

故原方程的通解为

$$x=\dfrac{C}{y^2}+\ln y-\dfrac{1}{2}.$$

(4) 令 $z=y^{-2}$，则 $y=z^{-\frac{1}{2}}$，$y'=-\dfrac{1}{2}z^{-\frac{3}{2}}z'$，

则原方程可化为 $-\dfrac{1}{2}z^{-\frac{3}{2}}z'+xz^{-\frac{1}{2}}-x^3z^{-\frac{3}{2}}=0$，即 $z'-2zx=-2x^3$，则

$$z=\mathrm{e}^{\int 2x\mathrm{d}x}\left[\int(-2x^3)\cdot\mathrm{e}^{-\int 2x\mathrm{d}x}\mathrm{d}x+C\right]=\mathrm{e}^{x^2}\left[\int(-2x^3)\cdot\mathrm{e}^{-x^2}\mathrm{d}x+C\right]$$

$$=\mathrm{e}^{x^2}\left[\mathrm{e}^{-x^2}(x^2+1)+C\right]=x^2+1+C\mathrm{e}^{x^2}.$$

即原方程的通解为 $y^{-2}=x^2+1+C\mathrm{e}^{x^2}$。

(5) 令 $y'=p$，则 $y''=p'$，方程变形为 $p'+p^2+1=0$。

分离变量并积分得 $\int\dfrac{\mathrm{d}p}{1+p^2}=-\int\mathrm{d}x$，解得 $\arctan p=-x+C_1$，

即 $y'=p=\tan(-x+C_1)$，得通解为

$$y=-\int\tan(x-C_1)\mathrm{d}x=\ln|\cos(x-C_1)|+C_2.$$

(6) 此方程不显含 x，令 $y'=p$，则 $y''=p\dfrac{\mathrm{d}p}{\mathrm{d}y}$，且原方程化为 $yp\dfrac{\mathrm{d}p}{\mathrm{d}y}-p^2-1=0$，

分离变量得 $\dfrac{p\mathrm{d}p}{p^2+1}=\dfrac{\mathrm{d}y}{y}$，

两端积分得 $\dfrac{1}{2}\ln(p^2+1)=\ln y+\ln C_1$，

即 $p^2+1=(C_1y)^2$，故 $p=\pm\sqrt{(C_1y)^2-1}$。

取 $y'=\sqrt{(C_1y)^2-1}$，分离变量并积分得

$$x=\int\mathrm{d}x=\int\dfrac{1}{\sqrt{(C_1y)^2-1}}\mathrm{d}y=\dfrac{1}{C_1}\int\dfrac{\mathrm{d}(C_1y)}{\sqrt{(C_1y)^2-1}}=\dfrac{1}{C_1}\left[\ln\left|C_1y+\sqrt{(C_1y)^2-1}\right|-C_2\right],$$

即 $C_1 y = \dfrac{e^{C_1 x + C_2} + e^{-(C_1 x + C_2)}}{2}.$

对于 $y' = -\sqrt{(C_1 y)^2 - 1}$ 有相同的结果，所以原方程的通解为 $y = \dfrac{1}{2C_1}(e^{C_1 x + C_2} + e^{-C_1 x - C_2}).$

(7) 对应的齐次方程为 $y'' + 2y' + 5y = 0$，特征方程为 $\lambda^2 + 2\lambda + 5 = 0$，$\lambda_1 = -1 + 2i$，$\lambda_2 = -1 - 2i$，故齐次方程通解为 $y = e^{-x}(C_1 \cos 2x + C_2 \sin 2x).$

设原方程一特解为 $y_0 = A\cos 2x + B\sin 2x$，代入原方程并利用待定系数法可求得

$$A = -\dfrac{4}{17}, B = \dfrac{1}{17},$$

所以 $y_0 = -\dfrac{4}{17}\cos 2x + \dfrac{1}{17}\sin 2x.$ 所以原方程的通解为

$$y = e^{-x}(C_1 \cos 2x + C_2 \sin 2x) - \dfrac{4}{17}\cos 2x + \dfrac{1}{17}\sin 2x.$$

(8) 原方程对应的齐次方程的特征方程为 $\lambda^3 + \lambda^2 - 2\lambda = 0$，得特征根为 $\lambda_1 = 0, \lambda_2 = 1, \lambda_3 = -2$，故对应齐次方程的通解为 $Y = C_1 + C_2 e^x + C_3 e^{-2x}.$

对于方程

$$y''' + y'' - 2y' = xe^x, \qquad ①$$

由于 $f_1(x) = xe^x$，其中 $\lambda = 1$ 是特征方程的单根，故令 $y_1^* = x(A_1 x + B_1)e^x$，代入①式中并消去 e^x，得 $6A_1 x + 8A_1 + 3B_1 = x$，比较系数得 $A_1 = \dfrac{1}{6}, B_1 = -\dfrac{4}{9}.$

所以 $y_1^* = \left(\dfrac{1}{6}x^2 - \dfrac{4}{9}x\right)e^x.$

对于方程

$$y''' + y'' - 2y' = 4x, \qquad ②$$

因 $f_2(x) = 4x$，其中 $\lambda = 0$ 是特征方程的单根，故令 $y_2^* = x(A_2 x + B_2)$，代入 ② 式中得 $-4A_2 x + 2A_2 - 2B_2 = 4x$，比较系数得 $A_2 = -1, B_2 = -1$，于是 $y_2^* = -x^2 - x.$ 根据线性方程解的叠加原理知 $y^* = y_1^* + y_2^*$ 是原方程的特解，故原方程的通解为

$$y = Y + y^* = C_1 + C_2 e^x + C_3 e^{-2x} + \left(\dfrac{1}{6}x^2 - \dfrac{4}{9}x\right)e^x - x^2 - x.$$

(9) x 视为未知函数，将原方程化为

$$\dfrac{dx}{dy} - \dfrac{3}{y}x = -y^3 x^{-1},$$

令 $z = x^2$，于是有 $\dfrac{1}{2}z^{-\frac{1}{2}} \cdot z' - \dfrac{3}{y} \cdot z^{\frac{1}{2}} = -y^3 z^{-\frac{1}{2}}$，即 $z' - \dfrac{6}{y} \cdot z = -2y^3.$

所以 $z = e^{\int \frac{6}{y} dy}\left[\int(-2y^3) \cdot e^{-\int \frac{6}{y} dy} dy + C\right] = y^6\left(\int -\dfrac{2}{y^3} dy + C\right) = y^6(y^{-2} + C) = Cy^6 + y^4.$ 即原方程的通解为 $x^2 = Cy^6 + y^4.$

(10) 令 $u = \sqrt{x^2 + y}$，即 $y = u^2 - x^2$，则 $\dfrac{dy}{dx} = 2u\dfrac{du}{dx} - 2x.$

且原方程化为 $2u\dfrac{du}{dx} - x = u$，即 $\dfrac{du}{dx} - \dfrac{1}{2}\left(\dfrac{x}{u}\right) = \dfrac{1}{2},$

又令 $\dfrac{u}{x} = v$，即 $u = xv$，则 $\dfrac{du}{dx} = v + x\dfrac{dv}{dx}.$ 且原方程化为 $v + x\dfrac{dv}{dx} - \dfrac{1}{2v} = \dfrac{1}{2}.$

分离变量得 $\dfrac{v dv}{2v^2 - v - 1} = -\dfrac{1}{2}\dfrac{dx}{x}.$

积分得
$$-\frac{1}{2}\ln|x| = \int \frac{v\mathrm{d}v}{2v^2-v-1} = \frac{1}{3}\left(\int \frac{1}{v-1}\mathrm{d}v + \int \frac{1}{2v+1}\mathrm{d}v\right)$$
$$= \frac{1}{3}\left(\ln|v-1| + \frac{1}{2}\ln|2v+1|\right) + C_1,$$

即 $(v-1)^2(2v+1)x^3 = C_2 \ (C_2 = \mathrm{e}^{-6C_1})$.

代入 $v = \dfrac{u}{x}$, 得 $2u^3 - 3xu^2 + x^3 = C_2$,

再代入 $u = \sqrt{x^2+y}$, 得原方程的通解为 $2(x^2+y)^{\frac{3}{2}} - 3x(x^2+y) + x^3 = C_2$,

即 $(x^2+y)^{\frac{3}{2}} = x^3 + \dfrac{3}{2}xy + C\left(C = \dfrac{C_2}{2}\right)$.

5. 求下列微分方程满足所给初值条件的特解:

*(1) $y^3\mathrm{d}x + 2(x^2-xy^2)\mathrm{d}y = 0$, $x=1$ 时 $y=1$;

(2) $y'' - ay'^2 = 0$, $x=0$ 时 $y=0$, $y'=-1$;

(3) $2y'' - \sin 2y = 0$, $x=0$ 时 $y = \dfrac{\pi}{2}$, $y'=1$;

(4) $y'' + 2y' + y = \cos x$, $x=0$ 时 $y=0$, $y' = \dfrac{3}{2}$.

解 (1) 将原方程变形为 $\dfrac{\mathrm{d}x}{\mathrm{d}y} - \dfrac{2}{y}x = -\dfrac{2}{y^3}x^2$, 这是关于未知函数 x 的伯努利方程, 令 $z = x^{-1}$, 则
$$x = \frac{1}{z}, \frac{\mathrm{d}x}{\mathrm{d}y} = -\frac{1}{z^2} \cdot \frac{\mathrm{d}z}{\mathrm{d}y},$$

原方程化为
$$-\frac{1}{z^2} \cdot \frac{\mathrm{d}z}{\mathrm{d}y} - \frac{2}{y} \cdot \frac{1}{z} = -\frac{2}{y^3} \cdot \frac{1}{z^2},$$

即 $\dfrac{\mathrm{d}z}{\mathrm{d}y} + \dfrac{2}{y} \cdot z = \dfrac{2}{y^3}$, 根据一阶线性微分方程通解计算公式, 得通解为
$$z = \mathrm{e}^{-\int \frac{2}{y}\mathrm{d}y}\left(\int \frac{2}{y^3}\mathrm{e}^{\int \frac{2}{y}\mathrm{d}y}\mathrm{d}y + C\right) = \frac{1}{y^2}\left(\int \frac{2}{y}\mathrm{d}y + C\right) = \frac{1}{y^2}(2\ln|y| + C).$$

将 $z = x^{-1}$ 代入上式得原方程的通解为 $\dfrac{1}{x} = \dfrac{1}{y^2}(2\ln|y| + C)$, 即 $y^2 = x(2\ln|y| + C)$.

将初值条件 $x=1, y=1$ 代入通解得 $C=1$, 故满足初值条件的特解为 $y^2 = x(2\ln|y| + 1)$.

(2) 令 $y' = p$, 则原方程化为 $p' - ap^2 = 0$.

分离变量并积分得
$$\int \frac{\mathrm{d}p}{p^2} = \int a\mathrm{d}x, -\frac{1}{p} = ax + C_1, 即 p = -\frac{1}{ax+C_1}.$$

代入初值条件 $x=0, p=y'=-1$, 得 $C_1 = 1$, 从而有 $y' = -\dfrac{1}{ax+1}$.

所以 $y = -\int \dfrac{1}{ax+1}\mathrm{d}x = -\dfrac{1}{a}\ln|ax+1| + C_2$.

代入初值条件 $x=0, y=0$, 得 $C_2 = 0$.

故所求特解为
$$y = -\frac{1}{a}\ln|ax+1|.$$

(3) 在方程 $2y'' - \sin 2y = 0$ 两端同乘以 y',则有 $2y'y'' - y'\sin 2y = 0$,即 $\left(y'^2 + \dfrac{1}{2}\cos 2y\right)' = 0$,从而有 $y'^2 + \dfrac{1}{2}\cos 2y = C_1$,代入初值条件 $y = \dfrac{\pi}{2}, y' = 1$,得 $C_1 = \dfrac{1}{2}$,故有 $y'^2 + \dfrac{1}{2}\cos 2y = \dfrac{1}{2}$,即 $y'^2 = \dfrac{1}{2} - \dfrac{1}{2}\cos 2y = \sin^2 y$,由题目条件 $x = 0$ 时 $y = \dfrac{\pi}{2}, y' = 1$,得到 $y' = \sin y$.

分离变量并积分得

$$\int \dfrac{\mathrm{d}y}{\sin y} = \int \mathrm{d}x, \text{得}\ln\left|\tan \dfrac{y}{2}\right| = x + C_2.$$

代入初值条件 $x = 0, y = \dfrac{\pi}{2}$,得 $C_2 = 0$,故所求特解为 $\ln\left|\tan \dfrac{y}{2}\right| = x$. 即 $y = 2\arctan \mathrm{e}^x$.

(4) 由原方程对应齐次方程的特征方程 $\lambda^2 + 2\lambda + 1 = 0$,解得 $\lambda_1 = \lambda_2 = -1$,故对应齐次方程的通解为 $Y = (C_1 + C_2 x)\mathrm{e}^{-x}$.

因为 $f(x) = \cos x, \lambda + \mathrm{i}\omega = 0 + \mathrm{i}$ 不是特征方程的根,故令 $y^* = A\cos x + B\sin x$ 为原方程的特解,并代入原方程,得 $-2A\sin x + 2B\cos x = \cos x$.

比较系数得 $A = 0, B = \dfrac{1}{2}$,故 $y^* = \dfrac{1}{2}\sin x$,且原方程的通解为

$$y = (C_1 + C_2 x)\mathrm{e}^{-x} + \dfrac{1}{2}\sin x.$$

且 $y' = (C_2 - C_1 - C_2 x)\mathrm{e}^{-x} + \dfrac{1}{2}\cos x$,代入初值条件 $x = 0, y = 0, y' = \dfrac{3}{2}$,

$$\begin{cases} C_1 = 0, \\ C_2 - C_1 + \dfrac{1}{2} = \dfrac{3}{2}, \end{cases}$$

即 $C_1 = 0, C_2 = 1$,故所求特解为 $y = x\mathrm{e}^{-x} + \dfrac{1}{2}\sin x$.

6. 已知某曲线经过点 $(1,1)$,它的切线在纵轴上的截距等于切点的横坐标,求它的方程.

解 设所求的曲线为 $y = y(x)$,曲线上的点 $P(x,y)$ 处的切线方程为 $Y - y = y'(X - x)$.

令 $X = 0$ 得 $Y = y - xy'$,由题意得 $y - xy' = x$ 或 $y' - \dfrac{1}{x}y = -1$,

解得 $y = \left[\int(-1)\mathrm{e}^{\int\left(-\frac{1}{x}\right)\mathrm{d}x}\mathrm{d}x + C\right]\mathrm{e}^{-\int\left(-\frac{1}{x}\right)\mathrm{d}x} = (C - \ln|x|)x$,

由 $y(1) = 1$ 得 $C = 1$,所求的曲线为 $y = (1 - \ln|x|)x$.

7. 已知某车间的容积为 $5\,400\,\mathrm{m}^3$,其中的空气含 0.12% 的 CO_2(以容积计算). 现以含 $CO_2\,0.04\%$ 的新鲜空气输入,问每分钟应输入多少,才能在 $30\,\mathrm{min}$ 后使车间空气中 CO_2 的含量不超过 0.06%?(假定输入的新鲜空气与原有空气很快混合均匀后,以相同的流量排出)

解 设每分钟输入 $v(\mathrm{m}^3)$ 的新鲜空气,且设 t 时刻空气中 CO_2 的含量为 $x(t)(\%)$,且 $x(0) = 0.001\,2$.

取 $[t, t + \mathrm{d}t]$,$30 \times 30 \times 6\mathrm{d}x = \dfrac{0.04}{100}v\mathrm{d}t - vx\,\mathrm{d}t$,整理得

$$\dfrac{\mathrm{d}x}{x - 0.000\,4} = -\dfrac{v}{5\,400}\mathrm{d}t, \text{积分得} \ln(x - 0.000\,4) = -\dfrac{v}{5\,400}t + \ln C, \text{解得} x = 0.000\,4 + C\mathrm{e}^{-\frac{v}{5\,400}t},$$

将 $t = 0$ 代入得 $C = 0.000\,8$,则 $x(t) = 0.000\,4 + 0.000\,8\mathrm{e}^{-\frac{v}{5\,400}t}$,

将 $t = 30, x = 0.000\,6$ 代入得 $v = 180\ln 4$,即每分钟至少注入 $180\ln 4(\mathrm{m}^3)$ 的新鲜空气.

8. 设可导函数 $\varphi(x)$ 满足 $\varphi(x)\cos x + 2\displaystyle\int_0^x \varphi(t)\sin t\,\mathrm{d}t = x + 1$,求 $\varphi(x)$.

解 方程 $\varphi(x)\cos x + 2\int_0^x \varphi(t)\sin t\,\mathrm{d}t = x+1$ 两端关于 x 求导,得
$$\varphi'(x)\cos x - \varphi(x)\sin x + 2\varphi(x)\sin x = 1,$$
即 $\varphi'(x) + \tan x \cdot \varphi(x) = \sec x$,且在原方程中取 $x=0$,可得 $\varphi(0) = 1$.
由一阶线性方程的通解公式,得
$$\varphi(x) = \mathrm{e}^{-\int \tan x\,\mathrm{d}x}\left(\int \sec x\,\mathrm{e}^{\int \tan x\,\mathrm{d}x}\,\mathrm{d}x + C\right) = \cos x\left(\int \sec^2 x\,\mathrm{d}x + C\right) = \cos x(\tan x + C)$$
$$= \sin x + C\cos x.$$
代入初值条件 $\varphi(0) = 1$,可得 $C = 1$,因此 $\varphi(x) = \sin x + \cos x$.

9. 设光滑曲线 $y = \varphi(x)$ 过原点,且当 $x > 0$ 时 $\varphi(x) > 0$. 对应于 $[0,x]$ 一段曲线的弧长为 $\mathrm{e}^x - 1$,求 $\varphi(x)$.

解 由题意得 $\int_0^x \sqrt{1 + \varphi'^2(t)}\,\mathrm{d}t = \mathrm{e}^x - 1$,
两边求导得 $\sqrt{1+\varphi'^2(x)} = \mathrm{e}^x$,解得 $\varphi'(x) = \pm\sqrt{\mathrm{e}^{2x} - 1}$,由题意 $x > 0$ 时 $\varphi(x) > 0$,故
$$\frac{\mathrm{d}y}{\mathrm{d}x} = \sqrt{\mathrm{e}^{2x} - 1},$$
解得 $y = \sqrt{\mathrm{e}^{2x} - 1} - \arctan\sqrt{\mathrm{e}^{2x} - 1} + C$,
再由 $y(0) = 0$ 得 $C = 0$,故所求曲线为 $y = \varphi(x) = \sqrt{\mathrm{e}^{2x} - 1} - \arctan\sqrt{\mathrm{e}^{2x} - 1}$.

10. 设 $y_1(x), y_2(x)$ 是二阶齐次线性方程 $y'' + p(x)y' + q(x)y = 0$ 的两个解,令
$$W(x) = \begin{vmatrix} y_1(x) & y_2(x) \\ y_1'(x) & y_2'(x) \end{vmatrix} = y_1(x)y_2'(x) - y_1'(x)y_2(x),$$
证明:(1) $W(x)$ 满足方程 $W' + p(x)W = 0$;
(2) $W(x) = W(x_0)\mathrm{e}^{-\int_{x_0}^x p(t)\,\mathrm{d}t}$.

证明 (1) $W'(x) = y_1(x)y_2''(x) - y_1''(x)y_2(x)$,
$W' + p(x)W = y_1(x)y_2''(x) - y_1''(x)y_2(x) + p(x)y_1(x)y_2'(x) - p(x)y_1'(x)y_2(x)$,
由 $y_1''(x) = -p(x)y_1'(x) - q(x)y_1(x), y_2''(x) = -p(x)y_2'(x) - q(x)y_2(x)$ 得
$$W' + p(x)W = 0.$$
(2) $W(x) = C\mathrm{e}^{-\int_{x_0}^x p(t)\,\mathrm{d}t}$,由 $W(x_0) = C$ 得 $W(x) = W(x_0)\mathrm{e}^{-\int_{x_0}^x p(t)\,\mathrm{d}t}$.

*11. 求下列欧拉方程的通解:
(1) $x^2 y'' + 3xy' + y = 0$; (2) $x^2 y'' - 4xy' + 6y = x$.

解 (1) 令 $x = \mathrm{e}^t$,即 $t = \ln x$,并记 $\mathrm{D} = \dfrac{\mathrm{d}}{\mathrm{d}t}$,则原方程可化为 $[\mathrm{D}(\mathrm{D}-1) + 3\mathrm{D} + 1]y = 0$,即
$$(\mathrm{D}^2 + 2\mathrm{D} + 1)y = 0.$$
该方程的特征方程为 $\lambda^2 + 2\lambda + 1 = 0$,有根 $\lambda_{1,2} = -1$,于是该方程的通解为 $y = (C_1 + C_2 t)\mathrm{e}^{-t}$,
故原方程的通解为 $y = \dfrac{C_1 + C_2 \ln x}{x}$.

(2) 令 $x = \mathrm{e}^t$,即 $t = \ln x$,并记 $\mathrm{D} = \dfrac{\mathrm{d}}{\mathrm{d}t}$,则原方程可化为 $[\mathrm{D}(\mathrm{D}-1) - 4\mathrm{D} + 6]y = \mathrm{e}^t$,即
$$(\mathrm{D}^2 - 5\mathrm{D} + 6)y = \mathrm{e}^t.$$
该方程对应的齐次方程的特征方程为 $\lambda^2 - 5\lambda + 6 = 0$,有根 $\lambda_1 = 2, \lambda_2 = 3$,于是齐次方程的通解为
$$Y = C_1 \mathrm{e}^{2t} + C_2 \mathrm{e}^{3t}.$$

因为 $f(t) = e^t, k = 1$ 不是特征方程的根,故可令 $y^* = Ae^t$ 是非齐次方程的特解. 代入 $(D^2 - 5D + 6)y = e^t$ 中,并消去 e^t,得 $A = \dfrac{1}{2}$,即 $y^* = \dfrac{1}{2}e^t$.

于是得 $y = C_1 e^{2t} + C_2 e^{3t} + \dfrac{1}{2}e^t$,故原方程的通解为 $y = C_1 x^2 + C_2 x^3 + \dfrac{x}{2}$.

*12. 求下列常系数线性微分方程组的通解:

(1) $\begin{cases} \dfrac{dx}{dt} + 2\dfrac{dy}{dt} + y = 0, \\ 3\dfrac{dx}{dt} + 2x + 4\dfrac{dy}{dt} + 3y = t; \end{cases}$

(2) $\begin{cases} \dfrac{d^2 x}{dt^2} + 2\dfrac{dx}{dt} + x + \dfrac{dy}{dt} + y = 0, \\ \dfrac{dx}{dt} + x + \dfrac{d^2 y}{dt^2} + 2\dfrac{dy}{dt} + y = e^t. \end{cases}$

解 (1) 记 $\dfrac{d}{dt} = D$,原方程组写成

$$\begin{cases} Dx + (2D+1)y = 0, & \text{①} \\ (3D+2)x + (4D+3)y = t, & \text{②} \end{cases}$$

$\begin{vmatrix} D & 2D+1 \\ 3D+2 & 4D+3 \end{vmatrix} x = \begin{vmatrix} 0 & 2D+1 \\ t & 4D+3 \end{vmatrix}$,整理得

$$(2D^2 + 4D + 2)x = -t - 2, \quad \text{③}$$

特征方程为 $2\lambda^2 + 4\lambda + 2 = 0$,特征值为 $\lambda_1 = \lambda_2 = -1$,

方程 ① 的特解为 $x_0(t) = at + b$,代入得 $a = \dfrac{1}{2}, b = 0$,方程 ③ 的通解为

$$x(t) = (C_1 + C_2 t)e^{-t} + \dfrac{1}{2}t,$$

由 ② $- 2 \times$ ① 解得 $y = -(D+2)x + t = -(C_1 + C_2 + C_2 t)e^{-t} - \dfrac{1}{2}$,

故原方程组的通解为 $\begin{cases} x(t) = (C_1 + C_2 t)e^{-t} + \dfrac{1}{2}t, \\ y(t) = -(C_1 + C_2 + C_2 t)e^{-t} - \dfrac{1}{2}. \end{cases}$

(2) 令 $\dfrac{d}{dt} = D$,原方程组化为

$$\begin{cases} (D^2 + 2D + 1)x + (D+1)y = 0, \\ (D+1)x + (D^2 + 2D + 1)y = e^t, \end{cases}$$

整理得 $\begin{cases} (D+1)^2 x + (D+1)y = 0, \\ (D+1)x + (D+1)^2 y = e^t, \end{cases}$

由 $\begin{vmatrix} (D+1)^2 & D+1 \\ D+1 & (D+1)^2 \end{vmatrix} x = \begin{vmatrix} 0 & D+1 \\ e^t & (D+1)^2 \end{vmatrix}$ 得

$$(D^3 + 3D^2 + 2D)x = -e^t, \quad \text{④}$$

特征方程为 $\lambda^3 + 3\lambda^2 + 2\lambda = 0$,特征值为 $\lambda_1 = 0, \lambda_2 = -1, \lambda_3 = -2$,

设方程 ④ 的特解为 $x_0(t) = ae^t$,代入得 $a = -\dfrac{1}{6}$,方程 ④ 的通解为

$$x(t) = C_1 + C_2 e^{-t} + C_3 e^{-2t} - \frac{1}{6} e^t,$$

$$(D+1)y = -(D+1)^2 x = -x''(t) - 2x'(t) - x(t) = -C_1 - C_3 e^{-2t} + \frac{2}{3} e^t,$$

即 $\dfrac{dy}{dt} + y = -C_1 - C_3 e^{-2t} + \dfrac{2}{3} e^t$,解得

$$y = \left[\int \left(-C_1 - C_3 e^{-2t} + \frac{2}{3} e^t \right) e^{\int dt} dt + C_4 \right] e^{-\int dt} = -C_1 + C_3 e^{-2t} + C_4 e^{-t} + \frac{1}{3} e^t,$$

故方程组的通解为 $\begin{cases} x(t) = C_1 + C_2 e^{-t} + C_3 e^{-2t} - \dfrac{1}{6} e^t, \\ y(t) = -C_1 + C_3 e^{-2t} + C_4 e^{-t} + \dfrac{1}{3} e^t. \end{cases}$

本章同步测试

(满分 100 分,时间 100 分钟)

一、填空题(本题共 6 小题,每小题 5 分,共 30 分)

1. $\dfrac{dy}{dx} + \dfrac{y}{x} = \dfrac{\cos 2x}{x}$ 的通解为_____.

2. 设连续函数 $f(x)$ 满足 $f(x) = \int_0^{2x} f\left(\dfrac{t}{2} \right) dt + x$,则 $f(x) =$ _____.

3. 方程 $y'' + y' - 2y = 3e^x$ 的通解为_____.

4. 微分方程 $(1 + x^2) y'' = 2xy'$ 的满足初始条件 $y(0) = 1, y'(0) = 6$ 的特解为_____.

5. 以 $y = 3e^x \cos 2x$ 为特解的二阶常系数齐次线性微分方程为_____.

6. 微分方程 $\dfrac{dy}{dx} = \dfrac{y}{x} + \dfrac{x^2 + y^2}{x^2}$ 的通解为_____.

二、选择题(本题共 3 小题,每小题 5 分,共 15 分)

1. 设 $\varphi_1(x), \varphi_2(x)$ 为一阶非齐次线性微分方程 $y' + a(x) y = b(x)$ 的两个解,且 $p\varphi_1(x) - 2q\varphi_2(x)$ 为 $y' + a(x) y = 0$ 的解,$p\varphi_1(x) + q\varphi_2(x)$ 为 $y' + a(x) y = b(x)$ 的解,则( ).

(A) $p = \dfrac{1}{3}, q = \dfrac{2}{3}$ (B) $p = \dfrac{2}{3}, q = \dfrac{1}{3}$

(C) $p = -\dfrac{1}{3}, q = -\dfrac{2}{3}$ (D) $p = -\dfrac{2}{3}, q = -\dfrac{1}{3}$

2. 微分方程 $y'' + y' - 2y = (x + 1) e^x$ 的特解形式为( ).

(A) $(ax + b) e^x$ (B) $a e^x$

(C) $x(ax + b) e^x$ (D) $x^2 (ax + b) e^x$

3. 以 $y = 2e^x + 3\cos x$ 为特解的三阶常系数齐次线性微分方程为( ).

(A) $y''' - y = 0$ (B) $y''' + y = 0$

(C) $y''' - y'' + y' - y = 0$ (D) $y''' + y'' + y' + y = 0$

三、解答题(本题 10 分)

设函数 $y = y(x)$ 满足:$\Delta y = \dfrac{y}{1 + x^2} \Delta x + o(\Delta x)$,且 $y(0) = \pi$,求 $y = y(x)$.

四、解答题(本题 11 分)

求方程 $yy'' - y'^2 = 0$ 满足条件 $y(0) = y'(0) = 1$ 的特解.

五、解答题(本题 10 分)

设 $y = f(x)$ 满足 $xf'(x) - 2f(x) = -x (x \geqslant 0)$,且曲线 $y = f(x), x = 0, x = 1$ 及 x 轴所围成的区域绕 x 轴旋转而成的体积最小,求 $f(x)$.

六、解答题(本题 10 分)

设 $f(x)$ 连续,且满足 $f(x) - 2\int_0^x f(x-t)\mathrm{d}t = \mathrm{e}^x$,求 $f(x)$.

七、解答题(本题 14 分)

求解下列微分方程:

1. $y'' - y = 2\mathrm{e}^x$;
2. $y'' + y = \cos x$.

本章同步测试 答案及解析

一、填空题

1. **解** 通解为 $y = \left(\int \dfrac{\cos 2x}{x} \cdot \mathrm{e}^{\int \frac{1}{x}\mathrm{d}x}\mathrm{d}x + C\right)\mathrm{e}^{-\int \frac{1}{x}\mathrm{d}x} = \dfrac{1}{x}\left(C + \dfrac{1}{2}\sin 2x\right)$.

2. **解** 由 $\int_0^{2x} f\left(\dfrac{t}{2}\right)\mathrm{d}t = 2\int_0^{2x} f\left(\dfrac{t}{2}\right)\mathrm{d}\left(\dfrac{t}{2}\right) = 2\int_0^x f(t)\mathrm{d}t$ 得

$$f(x) = 2\int_0^x f(t)\mathrm{d}t + x,\text{求导得 } f'(x) - 2f(x) = 1,\text{解得}$$

$$f(x) = \left[\int 1 \cdot \mathrm{e}^{\int (-2)\mathrm{d}x}\mathrm{d}x + C\right]\mathrm{e}^{-\int (-2)\mathrm{d}x} = \left(C - \dfrac{1}{2}\mathrm{e}^{-2x}\right)\mathrm{e}^{2x},$$

由 $f(0) = 0$ 得 $C = \dfrac{1}{2}$,故 $f(x) = \dfrac{1}{2}(\mathrm{e}^{2x} - 1)$.

3. **解** 特征方程为 $\lambda^2 + \lambda - 2 = 0$,特征值为 $\lambda_1 = 1, \lambda_2 = -2$,

$y'' + y' - 2y = 0$ 的通解为 $y = C_1\mathrm{e}^x + C_2\mathrm{e}^{-2x}$;

设特解为 $y_0(x) = ax\mathrm{e}^x$,代入得 $a = 1$,

故通解为 $y = C_1\mathrm{e}^x + C_2\mathrm{e}^{-2x} + x\mathrm{e}^x$.

4. **解** 令 $y' = p$,则原方程化为

$\dfrac{\mathrm{d}p}{\mathrm{d}x} - \dfrac{2x}{1+x^2}p = 0$,解得 $p = C_1\mathrm{e}^{-\int \left(-\frac{2x}{1+x^2}\right)\mathrm{d}x} = C_1(1+x^2)$,

由 $y'(0) = 6$ 得 $C_1 = 6$,即 $y' = 6(1+x^2)$,

解得 $y = 6x + 2x^3 + C_1$,由 $y(0) = 1$ 得 $C_1 = 1$,故 $y = 6x + 2x^3 + 1$.

5. **解** 所求的微分方程的特征值为 $\lambda_1 = 1 + 2\mathrm{i}, \lambda_2 = 1 - 2\mathrm{i}$,

特征方程为 $(\lambda - 1 + 2\mathrm{i})(\lambda - 1 - 2\mathrm{i}) = 0$,即 $\lambda^2 - 2\lambda + 5 = 0$,

故所求的微分方程为 $y'' - 2y' + 5y = 0$.

6. **解** 令 $\dfrac{y}{x} = u$,代入得 $u + x\dfrac{\mathrm{d}u}{\mathrm{d}x} = u + u^2 + 1$,变量分离得 $\dfrac{\mathrm{d}u}{1+u^2} = \dfrac{\mathrm{d}x}{x}$,

积分得 $\arctan u = \ln|x| + C$,通解为 $\arctan \dfrac{y}{x} = \ln|x| + C$.

二、选择题

1. **解** 由线性微分方程解的结构得 $\begin{cases} p - 2q = 0, \\ p + q = 1, \end{cases}$ 解得 $p = \dfrac{2}{3}, q = \dfrac{1}{3}$,选(B).

2. **解** 二阶常系数非齐次线性微分方程,且函数 $f(x)$ 是 $\mathrm{e}^{\lambda x}P_m(x)$ 型(其中 $\lambda = 1, P_m(x) = x + 1$).

对应的齐次线性微分方程为 $y'' + y' - 2y = 0$,

它的特征方程为 $\lambda^2 + \lambda - 2 = 0$,两个根分别为 $\lambda_1 = -2, \lambda_2 = 1$.

所以,特解形式为 $y^* = x(ax+b)e^x$. 对照选项可知,选(C).

3. **解** 显然特征值为 $\lambda_1 = 1, \lambda_2 = i, \lambda_3 = -i$,特征方程为 $(\lambda-1)(\lambda-i)(\lambda+i) = 0$,整理得 $\lambda^3 - \lambda^2 + \lambda - 1 = 0$,所求的微分方程为 $y''' - y'' + y' - y = 0$,选(C).

三、解答题

解 由题意得函数 $y = y(x)$ 可微,且 $\dfrac{dy}{dx} = \dfrac{y}{1+x^2}$,

即 $\dfrac{dy}{dx} - \dfrac{1}{1+x^2} y = 0$,解得 $y = Ce^{-\int \left(-\frac{1}{1+x^2}\right) dx} = Ce^{\arctan x}$,

由 $y(0) = \pi$ 得 $C = \pi$,故 $y = \pi e^{\arctan x}$.

四、解答题

解 由 $yy'' - y'^2 = 0$ 得 $\dfrac{yy'' - y'^2}{y^2} = 0$,即 $\left(\dfrac{y'}{y}\right)' = 0$,从而 $\dfrac{y'}{y} = C_1$,由 $y(0) = y'(0) = 1$ 得 $C_1 = 1$,

于是 $y' - y = 0$,解得 $y = C_2 e^{-\int (-1) dx} = C_2 e^x$,再由 $y(0) = 1$ 得 $C_2 = 1$,故 $y = e^x$.

五、解答题

解 由 $xf'(x) - 2f(x) = -x$ 得 $f'(x) - \dfrac{2}{x} f(x) = -1$,解得

$$f(x) = \left[\int (-1) e^{\int \left(-\frac{2}{x}\right) dx} dx + C\right] e^{-\int \left(-\frac{2}{x}\right) dx} = Cx^2 + x,$$

旋转体的体积为 $V(C) = \pi \int_0^1 (Cx^2 + x)^2 dx = \pi \left(\dfrac{C^2}{5} + \dfrac{C}{2} + \dfrac{1}{3}\right)$,

由 $V'(C) = \pi \left(\dfrac{2C}{5} + \dfrac{1}{2}\right) = 0$ 得 $C = -\dfrac{5}{4}$,

因为 $V''\left(-\dfrac{5}{4}\right) = \dfrac{2\pi}{5} > 0$,所以当 $C = -\dfrac{5}{4}$ 时,体积最小,故 $f(x) = x - \dfrac{5}{4} x^2$.

六、解答题

解 由 $\int_0^x f(x-t) dt \xrightarrow{x-t=u} \int_0^x f(u) du$ 得 $f(x) - 2\int_0^x f(u) du = e^x$,

两边求导得 $f'(x) - 2f(x) = e^x$,

解得 $f(x) = \left[\int e^x \cdot e^{\int (-2) dx} dx + C\right] e^{-\int (-2) dx} = Ce^{2x} - e^x$,

再由 $f(0) = 1$ 得 $C = 2$,故 $f(x) = 2e^{2x} - e^x$.

七、解答题

1. **解** 特征方程为 $\lambda^2 - 1 = 0$,特征值为 $\lambda_1 = -1, \lambda_2 = 1$,

$y'' - y = 0$ 的通解为 $y = C_1 e^{-x} + C_2 e^x$;

令特解为 $y_0(x) = ax e^x$,代入得 $a = 1$,故通解为 $y = C_1 e^{-x} + C_2 e^x + x e^x$.

2. **解** 由特征方程为 $\lambda^2 + 1 = 0$ 得特征值为 $\lambda_1 = i, \lambda_2 = -i$,

$y'' + y = 0$ 的通解为 $y = C_1 \cos x + C_2 \sin x$,

令特解为 $y_0(x) = x(a \cos x + b \sin x)$,代入得 $a = 0, b = \dfrac{1}{2}$,

故原方程的通解为 $y = C_1 \cos x + C_2 \sin x + \dfrac{1}{2} x \sin x$.

郑重声明

高等教育出版社依法对本书享有专有出版权。任何未经许可的复制、销售行为均违反《中华人民共和国著作权法》，其行为人将承担相应的民事责任和行政责任；构成犯罪的，将被依法追究刑事责任。为了维护市场秩序，保护读者的合法权益，避免读者误用盗版书造成不良后果，我社将配合行政执法部门和司法机关对违法犯罪的单位和个人进行严厉打击。社会各界人士如发现上述侵权行为，希望及时举报，我社将奖励举报有功人员。

反盗版举报电话 （010）58581999　58582371

反盗版举报邮箱　dd@hep.com.cn

通信地址　北京市西城区德外大街 4 号　高等教育出版社法律事务部

邮政编码　100120

作者投稿及读者意见反馈

为方便作者投稿，以及收集读者对本书的意见建议，进一步完善图书的编写，做好读者服务工作，作者和读者可将稿件或对本书的反馈意见、修改建议发送至 kaoyan@pub.hep.cn。

防伪查询说明

用户购书后刮开封底防伪涂层，使用手机微信等软件扫描二维码，会跳转至防伪查询网页，获得所购图书详细信息。

防伪客服电话　（010）58582300